運籌視野之
供應鏈管理

Supply Chain Management：
A Logistics Perspective, 10e

John J. Coyle・C. John Langley, Jr.
Robert A. Novack・Brian J. Gibson 著

袁正綱　編譯

CENGAGE

Australia • Brazil • Mexico • Singapore • United Kingdom • United States

運籌視野之供應鏈管理 / John J. Coyle 等著；袁正綱編譯. -- 初版. -- 臺北市：新加坡商聖智學習, 2017.07
面；　公分
譯自：Supply Chain Management : A Logistics Perspective, 10th ed.
ISBN 978-986-94626-8-6 (平裝)

1. 供應鏈管理

494.5　　106008761

運籌視野之供應鏈管理

Original: Supply Chain Management: A Logistics Perspective, 10e
By John J. Coyle・C. John Langley, Jr.・Robert A. Novack・Brian J. Gibson
ISBN: 9781305859975

1 2 3 4 5 6 7 8 9 2 0 1 9 8 7

出版商　新加坡商聖智學習亞洲私人有限公司台灣分公司
10448 臺北市中山區中山北路二段 129 號 3 樓之 1
http://cengageasia.com
電話：(02) 2581-6588　傳真：(02) 2581-9118

原　著　John J. Coyle・C. John Langley, Jr.・Robert A. Novack・Brian J. Gibson

編　譯　袁正綱

總經銷　台灣東華書局股份有限公司
地址：100 臺北市中正區重慶南路一段 147 號 3 樓
http://www.tunghua.com.tw
郵撥：00064813
電話：(02) 2311-4027
傳真：(02) 2311-6615

出版日期　西元 2017 年 7 月　初版一刷

ISBN 978-986-94626-8-6

(17CMS0)

譯者序

本書譯自美國聖智學習 (Cengage Learning) 教育出版集團於 2016 年印刷出版，由美國賓州州立大學科伊爾 (John J. Coyle)、蘭利 (C. John Langley Jr.)、諾瓦克 (Robert Novack) 及奧本大學吉布森 (Brian J. Gibson) 等四位教授合著的第十版〈運籌視野之供應鏈管理〉(*Supply Chain Management: A Logistics Perspective, Tenth Edition*) 一書。此第十版改版距離 1976 年第一版〈商業運籌之管理〉(*The Management of Business Logistics*) 出版時間已 40 年，雖然當時無法預測到現代無人機運輸、3D 列印技術、倉儲自動訂單履行系統及智慧型手機採購等新科技發展趨勢，但各版的逐次修訂，仍能反映出這 40 年間在運籌及供應鏈管理領域的動態發展與對全球經濟的衝擊影響，並總結出運籌與供應鏈管理在改善組織效率、效能及提升競爭力等所扮演逐漸吃重的角色。

本書架構說明

本書共區分四篇共 15 章，方便教師能於一完整學期中運用。各篇及各章重點列舉說明如下：

第 1 篇：SCM 供應鏈管理在公、私營組織內的策略性角色與重要性。

1. **供應鏈管理綜論：**在今日變動激烈的環境下，供應鏈管理在企業組織所扮演的角色及其重要性日益增加。本章討論的主要議題包括衝擊全球供應鏈的外力因素，21 世紀供應鏈概念的發展與主要挑戰及當前供應鏈管理的主要關切議題如供應鏈網路、複雜性、庫存配置、資訊、成本與價值、組織關係、績效衡量、技術、運輸管理、供應鏈防護及才能管理……等。
2. **供應鏈之全球化考量：**以全球地緣政經角度探討全球供應鏈的理論，全球商務與供應鏈之貢獻因素，全球供應鏈的流通及其他全球向度的考量因素如全球市場與策略、供應鏈安全的平衡、港口、及自由貿易協議……等。

3. **運籌於供應鏈中的角色**：運籌是供應鏈管理的骨幹。本章重點著重在探討運籌於供應鏈管理中的意義，運籌所能添加供應鏈的價值類型，主要運籌活動，宏觀與微觀的運籌及影響運籌成本的因素……等。

4. **物流與全通路網路設計**：在現代消費者能運用技術的擴散前提下，本章開始介紹全通路物流的規劃，網路設計，主要物流設施選址考量及分析物流與全通路網路設計的建模方法……等。

第 2 篇：SCM 供應鏈合作夥伴必須個別或協力運作的四個關鍵程序

5. **物料與服務的策略性籌資程序**：專注在策略性籌資的關鍵步驟與考量，使讀者瞭解作業性採購與策略性籌資之間的差異，與其等在供應鏈中扮演的角色。此外，第五章最後，也對目前盛行的 EC 電子商務運用在電子採購與電子籌資的模式做一介紹。

6. **產品與服務的實現**：使讀者瞭解生產與作業在供應鏈中所扮演的策略性角色，重點在生產或其他各種附加價值程序在組織轉換程序中的關係。其他的重點還包括組裝與生產程序的設計，產量與品質的衡量，及可用於生產與作業程序的資訊技術等。

7. **需求管理**：著重在滿足與為供應鏈客戶與終端顧客創造價值的訂單履行，其中要點包括瞭解影響供需的因素，需求的預測與管理，銷售點資訊運用，S&OP 營銷規劃等協力技術的運用於供需平衡等。本章最後也介紹訂單履行的主要程序。

8. **訂單管理與顧客服務**：專注於訂單管理與顧客服務的概念與其之間的關係。訂單管理包含其主要的產出，績效如何衡量，及對買賣雙方的財務衝擊影響。顧客服務則從買賣雙方的觀點辨識對雙方的影響等。本章最後另包括對現代企業組織相當重要的服務補救的概念與程序。

第 3 篇：跨鏈運籌程序的訂單履行及運輸管理程序規劃

9. **供應鏈中的庫存管理**：有效的庫存管理，是任何組織供應鏈運作的關鍵成功要素。本章即對此重要運籌程序執行全面性的解說。首先，是企業組織為何要持有庫存的理由及其重要性。其次為庫存的類型、成本及與運籌決策的關係解說。接下來，在說明基本的 EOQ 經濟訂購量模型後，介紹目前盛行於業界的 JIT 及時系統，MRP 物料需求規劃，DRP 物流需求規劃及 VMI 供應商管理庫存等庫存管理系統。最後，則說明庫存水準如何受庫存設施點數量的影響。

10. **履行作業的管理：**庫存數量與位置，將影響倉儲活動及訂單履行程序。本章重點在探討為滿足顧客需求跨供應鏈物流作業的重要性。本章以物流於供應鏈中的策略性角色開始，探討物流、運輸與庫存之間的權衡分析及其履行策略與方法等。其次，主要的訂單履行程序、其支援性功能及績效評估準據等，將詳加說明。最後，再說明資訊技術於提供精確、及時與有效訂單履行所扮演的角色。本章另以附錄方式，提供物料處理目標、原則及其使用的裝備……等。

11. **運輸：**供應鏈的流通管理：當物流團隊集結了顧客訂單後，接下來就要交貨至顧客指定的地點。本章探討連接地理位置相隔供應鏈夥伴的運輸程序，及其對供應念所能提供的時間與地點效用。首先，先解說運輸於組織供應鏈所扮演的角色、其策略規劃與整體成本管理……等。其次，則探討運輸規劃、執行管控等重要活動。最後，則辨識出可用於運輸規劃、執行與管控的可用技術。本章附錄則提供一運輸費率計算基礎的範例說明。

第 4 篇：今日供應鏈管理能成功運作的幾項關鍵挑戰

12. **供應鏈的校準：**專注於將人員、程序與技術校準管理模型，使幾項供應鏈管理關係類型得以確保。本章討論包括逐步的程序模型，組織內部校準，及與組織外部供應商與顧客需求的校準等。本章最後則討論以資源惟基礎的運籌服務提供商如 3PL 及 4PL 等。

13. **供應鏈的績效衡量與財務分析：**著重在使讀者瞭解供應鏈的績效衡量與財務分析方法等。重點包括良好績效衡量的特質，衡量供應練成本、服務、獲利及收入等各種可用方法，及提供供應鏈財務管理價值角度的策略獲利模型等。本章另討論如何量化衡量服務失效對組織財務的影響，最後，則介紹幾種能執行財務分析的電腦表單處理軟體。

14. **管理資訊流的供應鏈技術：**專注在目前供應鏈管理最重要的兩個領域，分別是資訊流的管理及技術運用等。在資訊新技術及各種分析方法爆炸式發展的現代，要如何選用可用的技術以支持供應鏈各功能領域的發展與評估，需要有策略性規劃作為。本章最後則討論將可能衝擊到供應鏈新技術的創新發展。

15. **供應鏈的變化與策略性挑戰：**辨識幾項供應鏈的關鍵挑戰及變化領域。本章開始再回顧供應鏈管理的幾項歷久彌新關鍵原則，並提供一些運用這些原則的成功企業範例。本章討論的重點包括如供應鏈的績效分析，全通路，可持續性、逆向流路、3D 列印及才能管理等。本章內容可作為高階管理人員掌握供應鏈管理的重點提示，並使供應鏈管理專業人員能充分辨識規劃、管理及評估供應鏈的有效方法。

致謝

本書能順利完成撰述與出版，要感謝東華書局編輯團隊於甚短時間內的校稿與編排，亦為本書得以順利出版的主要推動力量，於此申謝。

此外，雖盡可能的於架構編排與內容撰述上能符合國內大專學生的需求，但難免掛一漏萬的錯誤與缺失，竭誠希望前輩先進、同儕與讀者於閱覽本書時如發現錯誤或缺失，均請不吝回饋指正與賜教，使作者得以持續精進、成長，於此先行致謝。

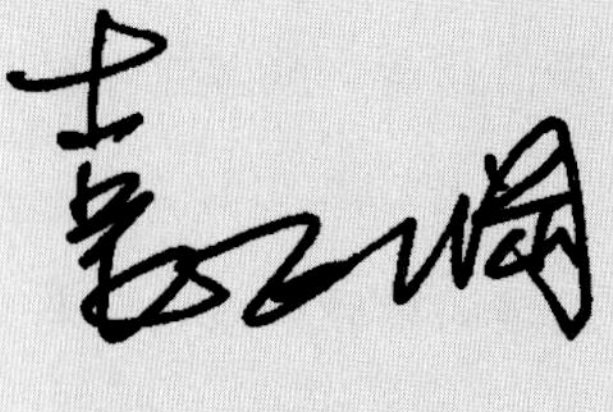

謹誌

2017 年三月於桃園龍華科技大學

賜教處：bxy@mail.lhu.edu.tw

目錄

第一篇

本書第一篇在強調過去 30 年來於供應鏈管理的發展歷程，以反映現代 21 世紀全球供應鏈環境的動態變化及對供應鏈管理的影響。企業組織都必須瞭解現代環境對供應鏈管理所帶來的挑戰，才能在符合其顧客需求與預期的同時，做好有效率且有成效的供應鏈管理。本篇區分 4 章，各章重點分別簡述如下：

1. **供應鏈管理綜論：**在今日變動激烈的環境下，供應鏈管理在企業組織所扮演的角色及其重要性日益增加。本章討論的主要議題包括衝擊全球供應鏈的外力因素，21 世紀供應鏈概念的發展與主要挑戰及當前供應鏈管理的主要關切議題如供應鏈網路、複雜性、庫存配置、資訊、成本與價值、組織關係、績效衡量、技術、運輸管理、供應鏈防護及才能管理……等。

2. **供應鏈之全球化考量：**以全球地緣政經角度探討全球供應鏈的理論、全球商務與供應鏈之貢獻因素、全球供應鏈的流通及其他全球向度的考量因素如全球市場與策略、供應鏈安全的平衡、港口及自由貿易協議……等。

3. **運籌於供應鏈中的角色：**運籌是供應鏈管理的骨幹。本章重點著重在探討運籌於供應鏈管理中的意義、運籌所能添加供應鏈的價值類型、主要運籌活動、宏觀與微觀的運籌及影響運籌成本的因素……等。

4. **物流與全通路網路設計：**在現代消費者能運用技術的擴散前提下，本章開始介紹全通路物流的規劃、網路設計、主要物流設施選址考量及分析物流與全通路網路設計的建模方法……等。

第 1 章

供應鏈管理綜論

閱讀本章後，你應能……

學習目標

» 瞭解供應鏈效率與效能的意義
» 瞭解領先企業如何塑造其供應鏈及其對財務活力的貢獻
» 瞭解供應鏈管理對各類型組織的重要性
» 瞭解供應鏈管理對組織在全球市場上競爭效率與效能的貢獻
» 掌握各種供應鏈最佳應用實務的好處
» 瞭解供應鏈管理所面臨的重要挑戰及主要關切議題

供應鏈側寫　SAB 物流最終章

SAB 物流 (SAB Distribution)，一家傳統的中型物流商，它向卡夫 (Kraft)、金百利 (Kimberly-Clark)、寶鹼 (Procter & Gamble, P&G)、聯合利華 (Unilever)……等生產廠家購買消費產品後，再銷售給其他較小型的物流商、批發商及零售商。當韋伯 (Susan Weber) 2010 年接掌 SAB 執行長後，她瞭解要讓 SAB 繼續待在市場，就必須重新檢視 SAB 於供應鏈的各個面向，並做出必要的策略性調整。

公司背景

SAB 物流由三位二戰退休海軍軍需官 Skip, Al 及 Bob (故取名為 SAB) 於 1949 年於賓州哈里斯堡 (Harrisburg, Pennsylvania) 創設，選擇哈里斯堡的原因是它處於太西洋沿岸的中間位置，接近高速公路及河運 (美國東岸最長河流薩斯奎漢納河 (Susquehanna River))，可服務周遭 200 哩內的中小型消費產品零售商。由於時機與地點都對，SAB 在戰後發展迅速，1978 年上市，當創辦人都決定退休後，1980 年指定史汪 (Pete Swan) 擔任公司執行長，SAB 的業務擴充至鄰近紐約、紐澤西、德拉瓦等州，其銷售產品種類也從非易腐食品擴充到生鮮食品及非食物的消費性產品等。1995 年，普登 (Sue Purdum) 接任史汪的位置，因積極引進資訊科技 (IT) 改善營運，成功的使 SAB 免於在競爭環境下遭受幾乎賣掉公司的風險。到了 2010 年，韋柏 (Susan Weber) 接任執行長的職位，立即體認到 SAB 必須做立即的轉型與改變，才能在此市場上持續生存與獲利。

目前狀態

SAB 目前面臨一些威脅其未來生存的挑戰。首先，是許多其零售商顧客現在必須與如沃爾瑪 (Walmart) 等大型零售商競爭，而這些大型零售商也跟 SAB 一樣，能從產品製造商直接進貨，其低價大量購貨的營運模式，使 SAB 失去價格競爭性；大型零售商也不需要如 SAB 等中間商的介入。其次，全球化時代的來臨，許多國外進口的低價產品也讓消費產品市場更形紊亂與動盪。

在普登擔任執行長期間，因體認到競爭環境下的變革需要，她專注在倉儲、訂單履行等效率的提升，並發展與公路運輸核心群組的夥伴關係，最後也最重要的，她在資訊技術上的積極投資，使 SAB 與合作夥伴及顧客都能降低營運成本，有效度過高度競爭市場上的考驗並維持獲利。

到韋柏接掌執行長職務時，她瞭解必須吸引如沃爾瑪等大型零售商為顧客，才能避免因小型零售商無法競爭退出市場，而對 SAB 營運所造成的衝擊。她也瞭解像沃爾瑪等大型零售商的物流業務，通常都外包給**第三方物流** (3rd Party Logistics, 3PL) 公司執行，而這也是 SAB 專精的領域。在韋柏最初的五年領導期間，其經營團隊成功的減少其供應鏈中重複的層級，並吸引五家大型區域零售連鎖鏈，並在距哈里斯堡東北方約兩小時車程

的斯克藍頓 (Scranton) 設立一包含倉儲、運輸樞紐站及一客服中心的物流園區，以滿足大型零售商的物流需求。

在建立物流園區後，韋柏也希望能吸引其他的區域供應鏈商如維格曼 (Wegman) 生鮮超商，建立起所謂**冷供應鏈** (Cold Supply Chain)，以供應顧客新鮮蔬果及其他生鮮食品。SAB 物流園區的成功，也吸引了幾家美國東岸類似公司的注意。

最近，一名創辦人家族成員通知韋柏，有個投資群組打算購買 SAB 創辦人家族的 65% 股權，並使 SAB 下市成為私營企業。為此，韋柏必須提出能讓 SAB 持續經營並獲利的計畫，使創辦人家族安心繼續保有目前的公司股權。

1.1 簡介

二十一世紀企業經營環境的特徵之一，就是快速的變化。從 SAB 物流的案例就可看出企業為持續經營並獲利，就必須因應外在環境的快速變化而做因應調整。在企業經營領域中，有一些說法正能恰當的形容企業的必須改變如：

變化不可避免，但成長與改善是可選擇的 (變化)。

"Change is inevitable, but growth and improvement are optional."

跟不上外部環境的變化，就準備被淘汰。

"When the rate of change outside the organization is faster than inside, the end is near."

韋柏是 SAB 物流的現任執行長，瞭解上述說法所蘊含的智慧及必須與其顧客及供應鏈夥伴合作的必要。SAB 物流的變化需求，也可從美國前十大零售商的排名變化看出端倪。表 1.1 顯示 2000, 2010 及 2014 年美國前十大零售商的排名變化如：

表 1.1 首先顯示企業變革的重要性，如 2000 年前十大零售商中有五家在 2010 年即不在前十名排行內，其中 Sears 與 Kmart 合併後排名在 2010 年掉到第十名 (企業併購可能不具競爭實效？)。2010-2014 年，有兩家公司新上榜，而 Sears Holding 與 Best Buy 則掉出前十名名單；而新上榜的兩家公司中，以 Amazon.com 無實體店面經營模式的上榜最引人注意。

✤表 1.1 美國領先零售商排名（每年銷售額）

2000 年	2010 年	2014 年
1. Walmart	1. Walmart	1. Walmart
2. Kroger	2. Kroger	2. Kroger
3. The Home Depot	3. Target	3. Costco
4. Sears, Roebuck & Com.	4. Walgreen	4. The Home Depot
5. Kmart	5. The Home Depot	5. Walgreen
6. Albertson's	6. Costco	6. Target
7. Target	7. CVS Caremark	7. CVS Caremark
8. JC Penny	8. Lowe's	8. Lowe's
9. Costco	9. Best Buy	9. Amazon.com
10. Safeway	10. Sears Holdings	10. Safeway

資料來源：National Retail Federation (NRF) https://nrf.com/resources/annual-ratailer-lists/top-100-retailers

1.2 二十一世紀供應鏈之形塑

從 90 年代全球環境的動態改變開始，許多企業必須跟著改變、否則即將滅亡。在此改變途徑上，有許多過去成功的企業因不能因應改變而不再存在，如西屋 (Westinghouse)、伯明罕鋼鐵 (Bethlehem Steel) 及美國無線電 (RCA)……等；而許多現今領導的企業如國際商業機器 (IBM)、奇異 (General Electric, GE)、麥當勞 (McDonald) 等，仍持續在其產業領域，努力的調整其經營模式以保持持續經營。有些變革專家主張以「破壞或被破壞」(Disrupt or be Disrupted) 為老格言「跳脫思維」(Think Outside the Box) 的起點，做出變革的策略性思維。

在形塑適應 21 世紀快速變化環境的**供應鏈** (Supply Chains) 前，應先瞭解五個驅動變化速度的主要外部影響力量如全球化、技術、組織權力移轉、消費者主導及政府政策與法規變化等，這些影響力量的合流將大幅改變企業經營的經濟層面，雖是威脅與挑戰，但同時也提供企業構建全球供應鏈與對應**供應鏈管理** (Supply Chain Management, SCM) 的機會。

1.2.1 全球化

在二次大戰及冷戰後的**全球化** (Globalization) 的趨勢，是現代企業領導者談得最多，也是驅動與主導世界經濟的主要力量。全球市場 (Global Market) 及全球經濟 (Global Economic) 等概念，對所有營利、非營利及公部門組織都有特別的意義，全球化對所有組織都同時帶來政治與經濟層面上的威脅與機會。簡單的說，全球化趨勢壓縮了**時**、**空**，使組織的運作不再有地理上的限制。

全球化的影響，可從一欲構建全球化網路 (Global Network) 的策略規劃，必須先自問下列問題：

1. 我們要從這個世界的哪裡獲得所需的物料與服務？
2. 要在世界的何處生產我們的產品與服務？
3. 要向世界哪個市場銷售我們的產品與服務？
4. 要在世界何處儲存與分送我們的產品？
5. 要考量何種全球運輸方式及替代性服務？

在全球經濟體制下的供應鏈規劃，也須考量某些特定的挑戰如政經風險、更短的產品生命週期及傳統組織界線的模糊等，都值得進一步討論。

政經風險：現代的國際政經局勢，為企業的供需帶來更劇烈的影響與衝擊。舉例來說，恐怖行動如 ISIS 在中東發動的攻擊、非洲及東南亞海盜的攻擊貨輪等，都對商業流通造成嚴重的影響。雖然某些措施如保險可抵銷這些風險，但風險始終存在，也使供應鏈營運的成本增加。

另因氣候劇烈變化導致的颶風、颱風、洪水、火災、地震……等自然災害，對全球經營的供需帶來的問題越來越嚴重。日本或台灣的嚴重地震，可能就對汽車製造業或半導體產業的零組件供應造成斷貨危機。雖然這也可以異地備源或**多重商源** (Multiple Sourcing) 等方式因應，但也徒增供應鏈的營運成本與降低經營效率。總之，全球供應鏈的廠家，必須保持能因應挑戰的調適性、活力與反應性，同時，也要發展處理這些破壞性力量的因應策略。

更短的產品生命週期：由於科技與技術的快速流通，全球性產品都面臨著被快速複製的命運。從供應鏈的角度來看，更短的**產品生命週期** (Product Life Cycle,

PLC）意味著對**庫存管理**（Inventory Management）帶來新的挑戰，如需求的快速縮減、定價政策的不斷改變，兩者都對庫存管理的有效執行帶來障礙。新產品的發展，也對過時產品帶來庫存壓力。新產品的快速發展，有時也會造成無法迅速更新產品的企業無法持續經營。

模糊的組織界線：全球化經營對組織的經營模式也帶來劇烈衝擊與影響。舉例來說，全球經營的企業為保持其財務活力（獲利能力），企業通常會將部分活動**外包**（Outsourcing）給其他公司處理，並希望能獲得更有效率及效果、為顧客提供附加價值的預期結果。本章「供應鏈側寫」專欄的 SAB 物流，就是採取這種（提供第三方物流外包服務）策略，以維持及增加新的顧客。

但從供應鏈管理的角度來看，外包的情形越多，供應鏈也就更長與更複雜。這也增加了供應鏈管理的困難度與不確定性。

1.2.2 技術

技術的快速演進是促動組織變革的主要因素，同時也是造成市場變動的主要力量。有人認為技術的衝擊影響，甚至超過全球化對企業所帶來的影響。

網際網路的時代裡，一般人與企業在資訊蒐集的能力處於同樣基礎上，且此資訊網路是 24/7 全時的連接。諸如 Google 等搜尋引擎能使一般人主動的搜尋所需資訊，不再依賴廠商推式行銷所傳達的訊息。社群軟體如臉書（Facebook）、推特（Twitter）等在資訊的迅速傳播上也扮演了重要的角色。有些人甚至將 21 世紀的商務資訊傳播形容成「推特發聲，否則撤退。」（Twitter and tweet or retreat）。網路及社群網路上大量的散布與傳播資訊，使許多企業想以**資料探勘**（Data Mining）或甚至**雲端計算**（Cloud Computing）等資訊技術，發掘或預測潛在顧客與市場的發展趨勢。資料探勘與雲端計算等已不再是流行語（Buzz Word），而是正在「革新」新一代資訊系統的資訊分析技術。

技術普及的效應，使一般人、微型公司都可以從網路連接世界的「知識池」（Knowledge Pools）獲得新的工作、外包與合作機會。如優步（Uber）、民宿（Airbnb）等網路連接組織的快速發展，各自衝擊其相關產業的市場機會。

本章「供應鏈側寫」專欄的 SAB 物流，前任執行長普登積極引進資訊技術，提升其內部程序如庫房管理、訂單履行及與運輸商之間的溝通等的運作效率，使其度過全球化競爭難關。現任的韋柏則應進一步將資訊技術運用到採購與行銷端，使 SAB 物流與外部供應鏈合作夥伴之間的運作效率與效能更進一步的提升。

1.2.3 組織權力移轉

二次大戰後的產品製造商，是供應鏈的主要驅動力量。他們全包研發、生產、行銷及配送，將產品「推」至批發商、零售商，最後到顧客的手裡。他們通常也是供應鏈上最大的組織，擁有影響整個供應鏈運作的權力。

到了 80-90 年代，如沃爾瑪 (Walmart)、西爾斯 (Sears)、凱瑪 (Kmart)、家得寶 (Home Depot)、目標百貨 (Target)、克羅格超市 (Kroger) 及麥當勞 (McDonald)……等零售巨人的出現，大幅改變供應鏈與市場的權力狀態，由於其強大的議價能力，許多製造商發現，其 15% 至 20% 的客戶，占其產品採購量的 70% 至 80% (80/20 法則)！這些零售巨人將供應鏈的權力重心從製造商移到零售端。

大型零售商的商業與經濟實力，也制定供應鏈上的服務法則，如**排程交貨** (Scheduled Deliveries)，**「彩虹」棧板** (Rainbow Pallets)，即混裝產品或**庫存單位** (Stock-Keeping Unit, SKU)、**發貨通知** (Advance Shipment Notice, ASN)、熱縮包裝棧板 (Shrink-Wrapped Pallets)……等。這些供應鏈服務法則，不但能使零售商更能有效率、有效果的運作，同時也提供製造商的規模經濟能力。這是一個節約從製造商到顧客端通路的雙贏局面。

供應鏈上組織的合作，除能提升供應鏈的運作效率、節約成本外，同時也能改善客服效率。如供應鏈夥伴間分享**銷售點** (Point of Sales, POS) 的資訊，能有效減緩供應鏈尾端的**長鞭效應** (Bullwhip Effect)。

1.2.4 消費者主導

如同之前技術演進的介紹，現代的消費者能在網路上蒐集、比較商品價格、品質及服務等相關資訊，另隨著消費意識的抬頭，消費者要求產品有競爭性的價格、更高的服務水準、客製化的產品與服務、產品 (採購、使用) 方便性、服務彈性與反應性……等。消費者對不良的品質與服務尤其不能忍受，訴諸媒體及網路商店評論軟體如 Yelp，導致企業聲譽下降。另外，因消費者有更多的選擇，因此當經濟通膨時期，供應鏈各組成也不敢隨意加價，以維持穩定的銷售……等，這些來自消費者正、反面的要求，都對提供消費產品或服務供應鏈的各組成份子帶來相當大的壓力。

現代社會結構的改變，雙薪與單親家庭都比以往都增加許多，這些家庭對消費產品與服務另有時間與方便性兩項關鍵要求。合起來說，他們要求 24/7 全時的服務，另等待服務時間也要越少越好。

上述這些有關現代消費者對消費產品與服務的要求，改變了傳統「讓買方知曉」(Let the Buyer Beware) 的公理而成「讓賣方知曉」(Let the Seller Beware)。這是所謂**消費者主導** (The Empowered Consumer) 的市場，也是供應鏈要採取**全通路物流** (Omni-Channel Distribution) 策略的理由之一。

1.2.5 政府政策與法規

消費者也是選民，在現代民主政治體系下，政府的施政也必須隨著民意而改變。從 90 年代開始，有關消費權益相關的運輸、通訊及財務等領域，各民主國家的政府也逐漸在政策與法規上鬆綁，使廠商能更有效的對消費者提供產品與服務。

以運輸產業來說，政府法規的鬆綁使傳統的運輸業者逐漸轉型為運籌服務公司，除運輸功能外，同時也能提供諸如訂單履行、庫存管理及倉儲等服務。

對金融財務產業來說，法規的鬆綁能對業者與消費者提供更多的財務服務如現金流通融資、購物卡及短期投資……等，這讓業者能更有效的運用其資產與現金流。但財務法規的鬆綁，也對產業的金融運作帶來負面的效應，如 2008-2010 期間因金融風暴所導致的經濟不景氣！

通訊產業法規的鬆綁，如同資訊技術所帶來的衝擊與影響一樣，業者與消費者均能利用網際網路、社群軟體及手機通訊……等，更快、更有效的獲得所需資訊。通訊技術的改進，對供應鏈效率與效果的提升有莫大助益，其效益包括如資產透明度、快速反應補貨、改良的運輸排程、快速的訂單處理及同日交貨……等。

第一線上 美國醫藥產業

醫藥產業在過去的數個年代中，始終是美國經濟的主力產業之一。醫藥產業為美國提供許多就業機會，並為企業股東創造出豐厚的報酬，但此榮景在最近幾年來已逐漸黯淡。來自國外藥廠的激烈競爭，國內學名藥 (Generic Drugs) 處方的快速增加，國內藥廠主力專利藥品專利期限將屆，而針對主要疾病新藥品研發速度的遲緩，對藥品更多的法規限制及供應鏈反應性不及等因素，都讓美國醫藥產業處於危境中 (On the Line)，必須要做出重大改變。

在挑戰美國醫藥產業的眾多因素中，業者目前能做的只能在其供應鏈反應能力的提升上。過去醫藥產業的供應鏈都是由藥廠主導，**推式運籌** (Push Logistics) 的結果，是藥廠超量庫存，但零售藥商卻常缺貨的高庫存成本與失去銷售機會。此推式運籌必須轉向**拉式運籌** (Pull Logistics)，同時對供應鏈尾端客戶 (零售藥商) 的需求也必須要能及時反應與補貨。要推動拉式運籌，藥廠也必須要能與供應鏈上的夥伴合作、分享資訊，才能有效降低供應鏈上的庫存成本與改善服務水準。

資料來源：John J. Coyle and Kusumal Ruamsook, Center for Supply Chain Research, Penn State University.

1.3 二十一世紀供應鏈概念之發展

學界普遍認為，現代供應鏈管理的概念，實際上是第三個演化階段。首先第一個階段是 60-80 年代所謂的**實體物流** (Physical Distribution)，專注於生產者將產品推向供應鏈的**外向運籌** (Outbound Logistics)。外向運籌並未能考量運輸、庫存要求、倉儲、產品的外部包裝、物料處理、成本中心及服務水準……等要求，除無法有效降低供應鏈系統的成本，另也無法提升服務水準。

1980-90 年代，因各國對運輸、財務、通訊等法規的鬆綁，供應鏈管理的概念也由實體物流的外向運籌，開始納入**內向運籌** (Inbound Logistics)，成為所謂的**整合式運籌管理** (Integrated Logistics Management, ILM)。這階段供應鏈管理的概念，從整合內、外向運籌，並以供應鏈總運作成本為系統核心，除整合供應鏈系統中的各組成，降低彼此的運作成本外；另也符合國際策略管理大師波特 (Michael Eugene

Porter）所提出的**價值鏈分析**（Value Chain Analysis, VCA）概念，供應鏈組織應檢討、分析彼此之間的介面活動，並找出能提升自己（與顧客）價值的改善機會。

1990 年代以後，因美國執行兩個重要研究的結果，讓供應鏈管理的重要性，再度獲得業者的注意。

第一個研究，是美國「食品雜貨製造商協會」（Grocery Manufacturers Association, GMA）委託克里夫蘭顧問公司（Cleveland Consulting Company）執行針對美國食品雜貨供應鏈的研究計畫。研究結果顯示，若僅在外向運籌一端，將庫存水準從 104 天降為 61 天（降幅約 40%），則每年可省下近 300 億美元的驚人效益。

第二個研究是國際非營利組織供應鏈協會（Supply Chain Council, SSC）公布一份 1996/1997 年供應鏈企業經營效果的比較報告，這份報告比較全球前 10% 供應鏈企業與「中位數」供應鏈企業經營績效的平均值。結果顯示 1996 年前 10% 企業的相關成本為銷售額的 7.0%，而中位數企業則為 13.1%。換句話說，在每一美元銷售或獲利中，前 10% 企業的相關供應鏈運作成本僅 7.0 美分，而中位數企業則要花將近兩倍的 13.1 美分。到 1997 年，這兩組企業的平均值都分別下降到 6.3% 與 11.6%。雖然都有降低（節約成本的效果），但兩組之間的差距仍將近兩倍。

在上述兩個研究後，供應鏈產業的業者都已認知到供應鏈應視為企業的延伸，而此延伸從原物料的獲得一直到終端顧客為止，所有供應鏈上的個別企業或公司，都應針對產品與服務、資訊、現金及需求等四個流路執行協調、雙向的溝通，才能達成降低供應鏈總成本的效率及使顧客滿意的效果。要使供應鏈流路在跨越各組成企業時沒有任何障礙，是需要有科學方法與藝術態度的。以下即分別說明供應鏈四個流路的管理考量如後。

1. **產品與服務流（Product/Service Flow）**：供應鏈流路中最顯著的，就是產品與服務流。這是傳統運籌管理者最重視、也被視為供應鏈「生命活血」的流路。除了要滿足「七適」的**正向運籌**（Forward Logistics）外，因顧客不滿意而退貨、產品損壞、過期或耗損產品的回收等，也需要**反向運籌**（Reverse Logistics）才能維持供應鏈雙向正常的流通。現代許多 3PL 第三方物流，都可提供正向與逆向運籌的專業服務。

2. **資訊流 (Information Flow)**：資訊流路可視為供應鏈的燃料。傳統運籌的資訊流方向與產品與服務流相反，亦即供應鏈廠商需從市場需求預測或更直接的顧客下單，來啟動產品的製造與服務的規劃。若此市場或顧客需求資訊有任何不確定的延誤，就容易在供應鏈上造成過多庫存或缺貨的「長鞭效應」。

   為減低長鞭效應帶來超量庫存成本或缺貨而未達成銷售損失等負面影響，現代供應鏈以零售商處銷售點的及時銷售數據，回傳給所有供應鏈合作單位，使能做到及時生產與補貨。

   資訊的前向流路，對現代供應鏈效率與效果的提升也有重要的影響。前向資訊的形式包括如提前發貨通知、訂單狀態資訊、可用庫存資訊等，都可增加**庫存可見度** (Inventory Visibility) 以降低供應鏈下游廠商對庫存的不確定性並維持安全的庫存。供應鏈上資訊流路的暢通與可見度，也能開發出一些提升效率的機會如合併運輸、**途中合併** (Merge-In-Transit, MIT) 等。

3. **現金流 (Cash Flow)**：供應鏈的第三種流路是現金流。傳統的現金流通常只是單一、反向的管道，及收到顧客或客戶對產品與服務的付款。現代供應鏈的極度壓縮 (減少層級) 與更快速的訂單循環時間，對供應鏈帶來更大的壓力。若供應鏈能做到更快的訂單兌現現金循環 (Order-to-Cash Cycle) 或供應鏈夥伴間的現金對現金循環 (Cash-to-Cash Cycle)，則能有效降低營運所需資金。事實上，有些供應鏈公司能做到**自由現金流** (Free Cash Flow, FCF) 的財務運作，即先收到顧客付款後，才償付供應商的應付款項。若自由現金的財務運作穩定，企業還能將此自由現金做進一步的投資。

4. **需求流 (Demand Flow)**：這是供應鏈的第四種流路，需求流路的概念並非新穎，但隨著資訊技術的進步，使需求導向的供應鏈企業可藉由正確、精準的偵測到市場需求訊號，而將供需關係同步化，這意味著適時的調整庫存與生產程序。

舉例來說，傳統的消費產品製造商，通常以庫存單位預測需求，然後鎖定 30 天的生產排程。但此供需預測模式，並無法掌握零售商實際的銷售量，而生產線仍持續的生產並將產品推向物流中心。如此，除無法獲得銷售利潤外，供應鏈上超量生產或庫存的成本也將提高。

但一流的供應鏈企業，能以彈性生產排程技術，將供需平衡做到 24 小時內調整的水準。如此，生產成本可能較高，但較低庫存與符合實際銷售所獲得的利潤，足以補償因調整排程所衍生較高的生產成本。

總結以上供應鏈概念各階段的演進，我們可以說現代的供應鏈管理能提供供應鏈企業掌握降低成本（改善效率）與改善服務水準（效果），以增加獲利的機會。

1.4 供應鏈管理主要關切議題

要發展與維持一有效率、有效果的供應鏈，企業組織必須關切一些重要議題，將於本節略予介紹，並將在爾後相關章節中進一步闡釋。

1.4.1 供應鏈網路

網路設施如工廠、物流中心、各終端站及支持設施間的運輸服務等，對現代處於動態、全球競爭環境下的供應鏈相當重要。需要供應鏈網路的公司與組織，對供應鏈網路的基本要求，是有能反應情境變化的彈性。

舉例來說，有製造技術的公司，可能在成本、顧客服務，甚至國際政經情勢與天候的劇烈改變等，有時必須在 6-8 個月的期間內轉移生產運作（基地）。此時所謂的應變彈性，是指設施、裝備與其他支援服務的租借。而此租借期間也可能因為港口罷工、洪水氾濫、颱風侵襲、政治動盪、恐怖攻擊與其他的動盪因素而實施短期租借。

這種應變動盪因素的反應彈性，需要有能提供早期預警的資訊系統及事先規劃好的應變計畫。

1.4.2 複雜性

如前所述，全球化的競爭壓力及組織權力的轉移等，都增加現代供應鏈組織運作的複雜性。所謂供應鏈規劃的複雜性如庫存單位的規劃、供應商與顧客的位置、運輸需求、貿易法規及稅務……等。對供應鏈組織來說，其挑戰是在此複雜的要求下，還要盡可能的簡化供應鏈運作程序。

現代製造商的庫存單位數量均不斷的擴充，供應鏈組織必須致力於庫存單位的合理化，以消除會降低獲利基礎的緩慢運輸與交貨。供應商與顧客的位置，對供應鏈網路設施與運輸的規劃也有盡可能降低運輸成本與設施重複設置的高成本影響。客服水準也須由慎選替代供應商而達成合理化。

1.4.3 庫存配置

一般供應鏈有兩個相當耐人尋味的特徵：一是沿著供應鏈的重複庫存；另一則是因庫存管理不善所造成的長鞭效應。因此，**庫存配置** (Inventory Deployment) 對供應鏈的成本與運作效率就有很大影響。有效的供應鏈管理，通常需要有充分的協調與整合能力，另外還有壓縮庫存與延遲交貨策略等，都有助於有效的庫存配置。

所有供應鏈管理者都應該知道，庫存是供應鏈管理的必要元素，但庫存水準必須要能有效管理，如此才能降低供應鏈上運作所需的**營運資金** (Working Capital)。另外，資訊技術的運用，也是有效率庫存管理的關鍵要素。

1.4.4 資訊

因資訊技術與通訊系統的蓬勃發展，現代組織可以大量蒐集與儲存資料。但有意思的是，大部分組織卻未能建置能有效支援其決策的資訊系統。資料若不能在供應鏈上水平與垂直的分享，對庫存、客服、運輸……等做出有效決策，則資料毫無用處可言！若資料與其衍生出來的資訊能及時、精確、有管理的分享，因能降低不確定性而作為庫存的替代品！

不確定性是導致過高庫存水準（安全庫存）的主要因素，因此，資訊的有效與有紀律的分享，能精確的控制庫存水準，故被稱為「庫存的替代品」。

1.4.5 成本與價值

本章到此處已重複提起多次供應鏈的效率與效果，分別就是指成本 (Cost) 與價值 (Value)。供應鏈的一項挑戰就是避免所謂的**次佳化** (Sub-optimization)。供應鏈上所有組成組織，必須要能通力合作，一起致力於降低供應鏈的營運成本，並進一步的提升供應鏈終端顧客的價值感或認知價值 (Perceived Value)。

試考量本章「供應鏈側寫」專欄中 SAB 物流公司的情境，它必須瞭解與其傳統顧客競爭大型零售商所提供的成本與價值。該公司可以思考如何增加其傳統顧客（小型零售商）的競爭力、吸引不同類型的顧客（大型零售商）或在兩者之間取得**綜效** (Synergy)。SAB 物流在倉儲、物流及庫存管理的專業可加以探索，是否能確保其顧客的效率（成本）與效果（價值），從供應鏈水平與垂直整合的角度來看，正是「跳脫思維」是否能提供綜效的機會。

1.4.6 組織關係

供應鏈組織強調傳統功能分工部門間的水平合作關係，同時也要與組織外部的供應商、顧客、運輸公司、第三方物流或其他服務提供者維持必要的合作關係。簡單的說，供應鏈組織對組織內外的協調與合作，對供應鏈的正常運作都同樣重要。

溝通是讓供應鏈系統更具競爭力的主要關鍵因素。舉例來說，當製造經理提出一個讓生產線全時生產、以降低生產成本計畫的同時，必須等到產品銷售出去才能解除成本壓力的倉儲與庫存成本要如何因應？單獨的考量生產成本，反而可能導致更高的整體系統成本。

1.4.7 績效衡量

大多數組織都會發展自己適用的績效衡量方式與評估準據，以評估在組織與各部門（甚至到個人）在不同時期的運作成效。績效準據也通常成為組織設定目標或預期結果的依據，例如，訂單滿足率、每天交運次數……等。

在供應鏈管理的績效衡量上，管理者必須認知到組織上下，甚至推及到整個供應鏈外部組織準據的一致性；另外，低階績效評估準據必須要能直接與高階績效衡量產生連結。在多數情況下，由組織各部門訂定其績效評估準據看似符合邏輯；但前面提及的「次佳化」問題，可能會使整體組織或整個供應鏈績效的降低！在設定績效評估準據時，必須謹記 “What you measure is what you get”，**「行為取代」** (Behavior Substitution) 不良管控的副作用。總括來說，組織的績效衡量與評估準據的規劃，必須是一由上而下的展開為宜。

1.4.8 技術

如前所述，技術是變動的驅動因素之一，但它同時也是企業改善效率、提升效果的變革契機。不過在運用技術推動變革時，必須有妥適的規劃。試想，若對問題直接投入技術，通常會導致令人沮喪的失敗。正確的變革規劃程序，是分析情境、規劃調整或改變程序、教育所有涉及的人員，然後選擇並實施適用的技術以促使變革程序的發生。若跳過技術實施前的步驟，就好像錯誤的射擊指令——射擊、準備、瞄準！時值今日，可用的管理技術已相當完備，但分析與規劃始終是達成預期結果的必要步驟。

1.4.9 運輸管理

運輸 (Transportation) 可視為所有供應鏈系統功能的膠和劑。供應鏈的關鍵預期結果是所謂運籌管理 (Logistic Management) 的**七適** (7 Rights)：「將適當的產品或服務之品項、數量，以適合的狀況及價格，適時、適地的遞交給適當的顧客。」而運輸就是達成這「七適」的重要功能。

運輸也與供應鏈企業維持其持續競爭優勢的策略相關。舉例來說，**及時系統** (Just-In-Time, JIT) 庫存、**精實運籌與製造** (Lean Logistics and Manufacturing) 及一日交運排程 (Scheduled and One-Day Deliveries) 等，都與**運輸管理** (Transportation Management) 直接相關。

但在全球化經營的現代，全球企業都在爭取有限的運輸資源。司機短缺、燃油成本、車輛司機工作時數的法規限制等，都對供應鏈系統中的運輸提供者帶來新的威脅與挑戰。若涉及海運與空運，運輸系統的基礎設施整建更是全球供應鏈管理的主要關切議題。

1.4.10 供應鏈防護

安全、可靠的將貨物交給顧客，是所有人對供應鏈的當然預期。在過去，這被視為理所當然，但在全球化的現代，因距離、複雜性、不確定性，甚至政經與自然環境的劇烈變化……等因素的影響，使供應鏈中斷的風險越來越高。因此，企業組織必須為供應鏈中斷的潛在風險提前做出準備。

以因應恐怖攻擊為例，企業必須執行**情境分析** (Scenario Analysis)，考量各種可能威脅、評估其發生機率並做出因應替選方案，才是**供應鏈防護** (Supply Chain Security) 的應有作為。

1.4.11 才能管理

在供應鏈管理還沒受到業者注意以前，一般認為只要組織內有多個功能部門歷練的經理人員，就可以輕易轉換成運籌或供應鏈管理的經理人。雖然目前有許多組織仍然如此運作，但越來越多企業組織體認到 21 世紀經營環境的複雜性與嚴峻挑戰，必須要有專業的供應鏈管理專才與經驗才能適任。因此，越來越多大學與訓練機構開始引進運籌與供應鏈管理的專業課程。企業從引進新人到高階管理階層的**人才管理** (Talent Management)，也越來越重視運籌與供應鏈管理專業與經驗的培養。

總結

- 二十一世紀企業經營環境的特徵之一，就是快速的變化。變化不可避免，但成長與改善是可選擇的 (變化)。跟不上外部環境的變化，就準備被淘汰。
- 五種外部力量在形塑 21 世紀快速變化環境的供應鏈如全球化、技術快速演進、組織權力移轉、消費者主導及政府政策與法規變化等。
- 全球化經營環境帶來的挑戰包括國際政經情勢快速變化的風險、產品生命週期的縮短及模糊的組織界線等，都增加了供應鏈管理的困難與不確定性。
- 技術的快速演進是促動組織變革的主要因素，同時也是造成市場變動的主要力量。有人認為技術的衝擊影響，甚至超過全球化對企業所帶來的影響。
- 現代供應鏈的組織權力移轉，從製造商主導的推式運籌，轉移到大型零售商的議價能力或由消費者主導市場需求趨勢等。
- 現代消費者的資訊蒐集與分享能力，家庭結構的改變對產品及服務的時間與方便性要求高等的消費者主導市場趨勢，是供應鏈要採取全通路物流策略的理由之一。

- 供應鏈管理的概念演化階段，從 60-80 年代專注於實體物流的外向運籌開始，到 80-90 年代合併內、外向運籌的整合式運籌管理，發展到兼顧產品與服務、資訊、金流及需求等四種雙向流路的現代供應鏈管理模型。
- 供應鏈的效率與效果，分別就是指成本與價值。成本是指降低供應鏈整體的營運成本，而價值則指提升終端顧客對產品與服務的認知價值。
- 供應鏈的關鍵預期結果是所謂運籌管理的七適 (7 Rights)：「將適當的產品或服務之品項、數量，以適合的狀況及價格，適時、適地的遞交給適當的顧客。」

第 2 章

供應鏈之全球化考量

閱讀本章後，你應能……

學習目標

- 使管理者瞭解全球經濟與供應鏈的複雜性與挑戰
- 解釋國際貿易的相關重要理論
- 各國生產力要素對國際貿易的重要性與影響
- 人口與年齡層分布對經濟成長與活力的影響
- 區域超級城市對經濟帶來的威脅與機會
- 移民對全球經濟發展的衝擊與影響
- 世界各國進出口貿易的現況與發展趨勢
- 區域貿易協議所帶來的影響與挑戰

供應鏈側寫 氣候改變導致的衝擊

全球供應鏈除了全球經營環境的高度競爭與複雜性等政經風險外，另一項較不受人注意但也潛藏的細微風險，就是與氣候異常變遷所帶來的風險。

近代氣候的異常變遷，已對人類生活及企業經營帶來細微但顯著的影響。具體的說，就是**全球暖化** (Global Warming) 對全球供應鏈帶來的威脅與挑戰。

眾所周知，在全球海運上，有兩條人工開鑿運河可供不同大洲間海運的縮短。如處於埃及西奈半島西側，橫跨在亞、非兩大洲交界處的蘇伊士運河 (Suez Canal)，連結了歐洲與亞洲之間的南北雙向海運，而不必繞過非洲南端好望角。另一條則是位於中南美巴拿馬的巴拿馬運河 (Panama Canal)，連接太平洋與大西洋之間的海運。巴拿馬運河更於 2016 年完成擴建工程，以容納更大的巨型貨輪通過。

另一條因全球暖化融冰而開創神祕的北極「東北航道」，相對於經過俗稱加拿大北極 (Canadian Artic) 的西北航道，這條經過「俄國北極」(Russia Artic) 的東北航道能縮短 35-40% 歐、亞之間的航運時間，同時也能縮短歐洲到美國西岸港口的航程。這條替代性東北航道顯然對上述兩條運河航道都帶來負面衝擊，而且其地緣政治的衝擊影響顯然要比經濟衝擊影響還大！對地處北極區域的各國，這條航道有充沛尚未開發的資源，尤其是天然氣與原油。各相關國家都積極的宣稱主權及合縱連橫當中。雖然短期之間還未能有定論，但對未來的國際企業經營顯然會有重大的影響。

資料來源：John J. Coyle and Kusumal Ruamsook, Center for Supply Chain Research, Penn State University.

2.1 簡介

全球供應鏈的運作，有賴於世界各國與區域之間商務如物流、金流、資訊流及供需流等的有效流動。可能影響商務自由流動的因素甚多，從主要的政經因素，到氣候變遷 (請參照本章「供應鏈側寫」)、恐怖攻擊的威脅、到人口統計學……等不一而足。本章探討影響全球供應鏈運作的一些主要因素，如以下各節所述。

2.2 全球貿易的理論

所有瞭解經濟與政治發展歷史的人，都會瞭解國際貿易並非 21 世紀的新產物。實際上，從中世紀 (5-15 世紀) 的歐洲開始，國與國之間即開始有以物易物 (Barter) 的初期貿易形式，以換取本國沒有的產品。隨著歐洲探險家對世界各國的探索，其主要目的就是在尋找各地所擁有的各種有價值的資源。

到了 18 世紀，隨著歐洲國家的經濟發展，開始對國際貿易有了理論上的發展。最初的國際貿易理論是〈國富論〉(The Wealth of Nations)，作者蘇格蘭哲學與經濟學家亞當史密斯 (Adam Smith) 所主張的**絕對優勢理論** (Theory of Absolute Advantage)。絕對優勢理論指在某種商品的生產上，一個經濟體在勞動生產率上占有絕對優勢，或其生產所耗費的勞動成本絕對低於另一個經濟體。若各個經濟體都從事自己占絕對優勢的產品的生產，繼而進行交換，雙方都可以藉由交換獲得絕對利益，整個世界也可以獲得分工的好處。

絕對優勢理論的核心概念是所謂的分工 (Division of Labor) 或勞動力的專業化，因各經濟體的專業分工，可在降低單位生產成本的前提下，使世界的總產出增加。但絕對利益理論的明顯缺陷，是沒有說明無任何絕對優勢可言的區域，如何參與分工並從中獲利？

為改良絕對優勢理論的缺陷，由英國政治、經濟學家李嘉圖 (David Ricardo) 等學者提出的**相對優勢理論** (Theory of Comparative Advantage)，相對優勢理論的核心概念是一個國家若專門生產自己相對優勢較大的產品 (有可用資源及生產成本較低等兩項相對優勢)，並經由國際貿易換取自己不具有相對優勢的產品就能獲得利益。比較優勢理論實際上說明在單一要素經濟中，生產率的差異造成比較優勢，而比較優勢決定了生產模式。

相對優勢理論只考慮抽象的 2×2 貿易模型 (兩個國家與兩種產品)，勢必存在兩國在兩種商品生產成本對比上不存在程度的差異，即所謂「等優勢或等劣勢貿易模型」(Equal Advantage or Equal Disadvantage Model)，一旦出現等優勢或等劣勢情況，比較優勢理論及其基本原則「兩優擇其甚，兩劣權其輕」就不再靈光了！

在絕對與相對優勢理論後，兩位瑞典經濟學者海克契與歐林 (Eli Heckscher & Bertil Ohlin) 提出**要素稟賦理論** (Factor Endowment Theory)，認為某一個國家出口哪一類產品最主要是由此國的「要素稟賦」與產品的「要素密集度」而定，而一國要素稟賦可分成勞動 (L) 與資本 (K) 兩種，而產品可以區分成勞動密集 (如成衣) 與資本密集 (如鋼鐵)。勞動要素稟賦相對豐富的國家必須出口勞動密集的產品，而資本要素稟賦相對豐富的國家則必須出口資本密集的產品。

到了 20 世紀初，以美國經濟學家克魯格曼 (Paul Krugman) 為代表的一批經濟學家提出一系列關於國際貿易的原因、國際分工的決定因素、貿易保護主義的效果及最優貿易政策的思想和觀點，是為所謂的**新貿易理論** (New Trade Theory)。新貿易理論強調兩個重點如：

- 因生產專業化衍生的經濟規模。
- 因學習效果衍生的先行者優勢。

隨後，美國策略管理大師波特提出所謂**鑽石模型** (The Diamond Model) 的國家競爭優勢理論、日本學者赤松要 (Kaname Akamatsu) 提出所謂的**雁行模型** (Flying Geese Model)，指某一產業在不同國家伴隨著產業轉移先後興盛衰退過程……等。

上述有關國際貿易的各種理論，各自有其適用的論點與缺陷。但在實務運作上，則有許多**自由貿易協議**或**自由貿易區域** (Free Trade Agreement/Area, FTA) 的形成。另國際經濟學者也從觀察世界各國的經濟發展，提出各式各樣的分析組合如 BRIC **金磚四國** (巴西、俄國、印度與中國)、VISTA **展望五國** (越南、印尼、南非、土耳其與阿根廷)……等。無論金磚四國或展望五國，都是以這些國家於人口結構、教育普及、技術提升及資源可開發性……等來預測未來的發展性。

2.3 全球商務與供應鏈之貢獻因素

人口的成長與適切的年齡層分布、都市化程度、土地與資源、經濟整合、知識分享、勞動力的機動性、公部門與私營企業對基礎建設的投資、快速的通訊系統、能促進貨品與服務流通的財務服務……等，都是促使經濟發展和全球貿易流通的因素。本節探討一些必要的因素影響如後。

2.3.1 人口數量與分布

世界人口數不斷增加，但各國的人口則各有增減。表 2.1 顯示 2015 年聯合國發布前十大國家人口數統計數量，中國與印度是前兩大人口數國家，人口總數都超過 12 億以上。美國排名第三，人口數也有 3 億 2,136 萬以上，是中國與印度人口數的 1/4 左右。前十大人口數國家的人口總數占全世界人口總數將近六成，中國與印度兩國即占了全球總人口約 36%。

2050 年人口預期的估計中，有些現象值得注意：一是印度人口數預計將超越中國成為世界第一大人口數國家；另外，俄國與日本兩國的人口總數則將降低！

中國與印度兩國的龐大人口數，在經濟能支持其人口總數的前提下，龐大人口有潛在的經濟優勢。但俄國、日本兩國於 2050 年預期人口總數下降的趨勢下，則可能會因可用人力不足導致經濟成長上的劣勢。

除了人口總數的統計外，各國人口中的年齡層分布也是探討一國經濟力量的重要參考數據。圖 2.1 顯示 1950, 2010, 2025 及 2050 年於國家開發程度的年齡中位數

表 2.1 前十大人口數國家（單位：百萬[1]）

排名[2]	國家	2010 年人口數	2015 年人口數	2050 年人口預期
1	中國	1,330	1,362	1,304
2	印度	1,173	1,252	**1,657**
3	美國	310	321	439
4	印尼	242	256	313
5	巴西	201	204	261
6	巴基斯坦	184	199	276
7	奈及利亞	152	182	264
8	孟加拉	156	169	234
9	俄國	139	142	109
10	日本	127	127	94
前十大總數		4,017	4,214	4,950
其他國家		2,829	3,051	4,306
世界總人口		6,846	7,265	9,256

註：1. 人口數單位百萬以下四捨五入；2. 排名根據 2015 年數據。

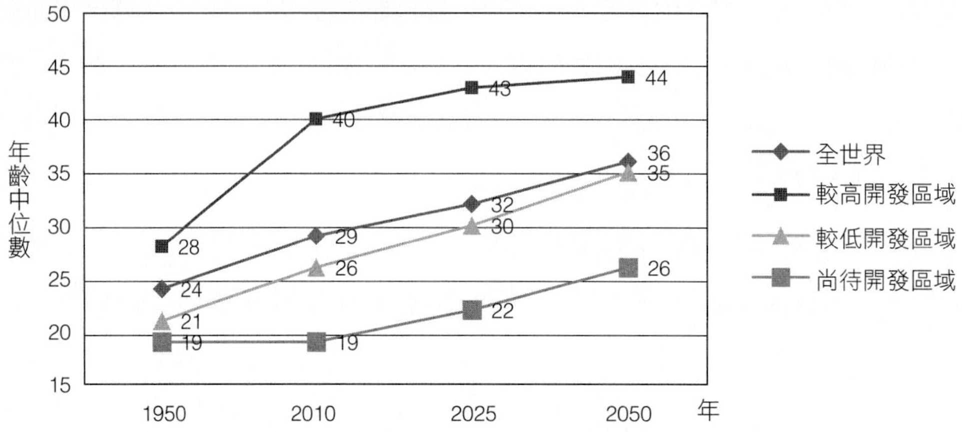

✧ 圖 2.1　世界不同開發程度區域年齡中位數折線圖

的比較。圖 2.1 顯示，無論哪一種開發程度，在四個比較年份中，都呈現逐漸上升的趨勢，其中又以較高開發區域的上升幅度較大，在二次大戰後，較高開發國家的年齡中位數僅為 28 歲，到 2010 年即已超過 40 歲，更在 2025 及 2050 年達到預估的 43 歲與 44 歲！而尚待開發區域的國家，其年齡中位數雖也呈現上升的趨勢，但漲幅不大，到 2025 年和 2050 年的預估值僅分別為 22 歲與 26 歲。這反映著開發程度較高區域的國家（較低開發區域國家亦然），其總人口的年齡有老化的趨勢。這對經濟成長活力及社會對支持高齡化須承擔成本等都有負面的衝擊影響。

較高與尚待開發區域國家於人口年齡中位數的顯著差異，可能是教育、健保水準及生活經濟福祉……等所造成；但已開發區域（包含較高與較低開發區域）年齡中位數的顯著上升，則可能由出生率低、人口老化……等所造成。無論如何，年齡中位數的上升，對已開發區域國家的未來經濟發展及福祉……等，都會造成顯著的衝擊與影響。

若比較全球人口最老與最年輕的國家分別如表 2.2 與表 2.3 所示。表 2.2 顯示人口老化前十名國家，日本及三個歐洲國家到 2030 年時，其人口年齡中位數都已超過 50 歲！這些人口老化的國家，將面臨健保成本增加、勞動力不足……等問題。

相對於表 2.2 人口老化國家，表 2.3 則顯示人口最年輕的前十名國家。值得注意的是，這些人口最年輕國家絕大部分都是非洲地區國家，無論現在或 2030 年的估計，這些國家的人口年齡中位數都不超過 20 歲。這現象可能因政治動盪、天

表 2.2 人口老化前十名國家

2015 年			2030 年估計		
排名	國家或區域	年齡中位數	排名	國家或區域	年齡中位數
1	日本	46.5	1	**日本**	**51.5**
2	德國	46.2	2	**義大利**	**50.8**
3	馬提尼克	46.1	3	**葡萄牙**	**50.2**
4	義大利	45.9	4	**西班牙**	**50.1**
5	葡萄牙	44.0	5	希臘	48.9
6	希臘	43.6	6	香港	48.6
7	保加利亞	43.5	7	德國	48.6
8	奧地利	43.2	8	未指明區域	48.1
9	香港	43.2	9	斯洛伐尼亞	48.1
10	西班牙	43.2	10	南韓	47.5
	世界	29.6		世界	33.1

表 2.3 人口最年輕前十名國家

2015 年			2030 年估計		
排名	國家或區域	年齡中位數	排名	國家或區域	年齡中位數
1	尼日	14.8	1	尼日	15.2
2	烏干達	15.9	2	索馬利亞	17.7
3	查德	16.0	3	安哥拉	17.7
4	安哥拉	16.1	4	查德	17.9
5	馬利	16.2	5	馬利	17.9
6	索馬利亞	16.5	6	烏干達	18.1
7	甘比亞	16.8	7	甘比亞	18.3
8	桑比亞	16.9	8	蒲隆地	18.5
9	剛果	16.9	9	桑比亞	18.5
10	布吉納法索	17.0	10	剛果	18.6
	世界	29.6		世界	33.1

災、戰亂……等所造成，也導致這些年輕國家的基礎建設不足、亟需教育與醫療服務……等，使其經濟成長的負擔愈形加重；但從另一個角度來看，這些年輕國家的勞力可供勞力密集產業所用，如無其他限制，向高齡國家輸出人力也是可供的選擇之一。

與人口相關的另一個議題，是所謂**都市化**（Urbanization）人口移動的趨勢，這種人口移動對發展程度較低的國家中尤其顯著。根據聯合國的估計，到 2025 年時，50% 的亞洲人口都集中在都市區域，而其中又以中國人口都市化的情形最為嚴重。一種新的城市樣態被賦予新的定義，那就是居民人數超過一千萬以上的超級城市 (Megacities)。同樣根據聯合國的估計，到 2025 年時，亞洲將有 18 個超級城市出現、拉丁美洲有 4 個、北美則有 2 個，歐洲則沒有任何超級城市。屆時印度的孟買 (Mumbai) 或尼日的拉哥斯 (Logos) 將挑戰日本東京 (Tokyo) 為世界第一大城的地位。

都市化與超級城市的現象，固然反映出一個國家人民從鄉鎮移動到都市，以謀求更好的工作機會、提升生活水準的現象外；也突顯出現代各國都市為因應大量人口移入所必須從事基礎建設提升的挑戰，如交通運輸網路、乾淨飲用水、污水處理、健保醫療服務、教育設施……等。為做好都市與超級城市的基礎設施，需要有公、私部門大量資源的投入，才能確保都市居民的生活水準。

若大量人口於短時間內的移動，換句話說，就是難民潮的移動，也會對各國政治與經濟帶來相當大的衝擊。近年來，因內戰而往鄰近各國避難的數百萬計敘利亞難民，就對歐盟各國造成人道援助與國內政經動盪的兩難情境。收留難民以擴充國家的勞動力，是除了人道援助精神外的可能實質效益；但難民水準不一、生活習性與宗教信仰不同……等因素，也使收留過多難民會稀釋，甚至衝擊到本國人民生活福祉。

第一線上　經濟成長與低出生率

雖然某些專家或政客屢屢呼籲要重視世界人口膨脹的風險，但實際上世界人口至今也沒有膨脹到會造成世界末日。事實上，世界人口在二次世界大戰後以每年 2.2% 的成長，世界人口的總數的確增加；但到目前世界人口成長率僅 1%，預測到 2025 年還會繼續下降到 0.75%。

真正的問題，是有高出生率的國家，通常卻沒有能力承擔人口的增加，而經濟發達國家的出生率卻逐年下滑，勞動人口的逐漸降低造成勞動者與退休就養者之間的不平衡，如日本、德國等。

國家人口中 20-60 歲年齡層對經濟發展活力有重要意義。移民對一國經濟的成長或停滯始終是個難題。以標榜為移民國家的美國而言，大量的移民同時造就經濟發展活力與社會階層對立的現象。若公布目前人口統計數據，許多美國人會驚訝的發現，主導美國政經地位的高加索人種（此處泛指白種人）只是美國社會中的第三大族群，而亞裔人種是第一大族群，第二則是拉美裔人種。

再以德國為例，德國是世界上人口出生率最低的國家之一，每 1,000 名國民中的年出生嬰兒數僅 8 名！為了維持目前可勞動人口與退休就養人口的平衡，未來 15 年每年須有 150 萬的移民移入，才能維持此均衡。而此移民政策，都希望是有才能者的移民，而非避難的難民！

資料來源：John J. Coyle and Kusumal Ruamsook, Center for Supply Chain Research, Penn State University.

2.3.2 土地與資源

除了上一小節所介紹的人口資源外，傳統**生產力要素** (Factors of Production) 包括土地、資源等，對一國家的經濟發展也相當重要。

此處所謂的土地與資源，泛指一國所擁有、可運用的資源，包括能源、食物、水源……等，另技術的突破發展對天然資源不足的國家而言也相當重要，諸如海水淡化、**水力裂解** (Fracking) 運用於頁岩油的開發，以及提升農產品產量的生物與基改技術……等，對一國的經濟發展，甚至全球資源的分配都有重大的衝擊影響。舉例來說，美國成功的開發頁岩油水力裂解技術，改變了全球油源產業的權力配置，使北美成為主要產油區域，並可能輸出原油及天然氣。

2.3.3 技術與資訊

技術對全球商務與供應鏈有兩個向度的意涵，它可被視為組織為提升全球市場競爭力，而強化運作效率和效果的內部變革機制；也能被視為與全球化有相同影響的組織外部驅動力。

新技術的快速發展，改變了全球化市場上的接戰規則 (Rules of Engagement)，另也提供企業用於競爭新經營模式 (New Business Model) 所需的資源。全球市場上運用新技術新公司的蓬勃發展，更突顯「不變革就滅亡」警語的現實。

資訊技術中，特別是網際網路的廣泛運用，能使一般大眾方便利用電腦、智慧型手機……等裝置，及時的搜尋相關資訊，被視為企業「不變革，就滅亡」的「罪魁禍首」！資訊與網路技術的資訊分享能力，同時扮演著市場競爭和發展新經營模式的驅力。舉例來說，如亞馬遜、Zappos 等網路經營模式，能有效的與有實體店面零售商競爭，這也稱為**實體與虛擬通路** (Bricks and Clicks)，也驅使全球供應鏈朝向全通路物流導向的規劃。

資訊與運輸技術的發展，也讓各種規模的公司，尤其是個人微型與小型公司能以外包的形式，參與全球市場的競爭。對傳統階層式大型企業而言，資訊技術也能讓大型公司將部分程序分割 (Split-Off)，並以競爭效率為基礎外包給其他第三方服務者執行。

2.4 全球供應鏈的流通

根據世界貿易組織 (World Trade Organization, WTO) 公布 2015 年進出口貿易流通統計資料 (如圖 2.2 與表 2.4)，我們可看出正、反兩面的訊息。正面的好消息是參與全球貿易的國家數量越來越多；負面的壞消息則是全球貿易有集中在幾個主要經濟體的現象。

圖 2.2 顯示 2015 年全球出口貿易流通比較示意圖 (進口貿易流通比較圖亦類似)，另實際數據則分列比較如表 2.4 所示。進口貿易流通量最大的是歐盟 (European Union, EU) 28 國，其次由中國、美國及德國等分占第二至四名，其出口

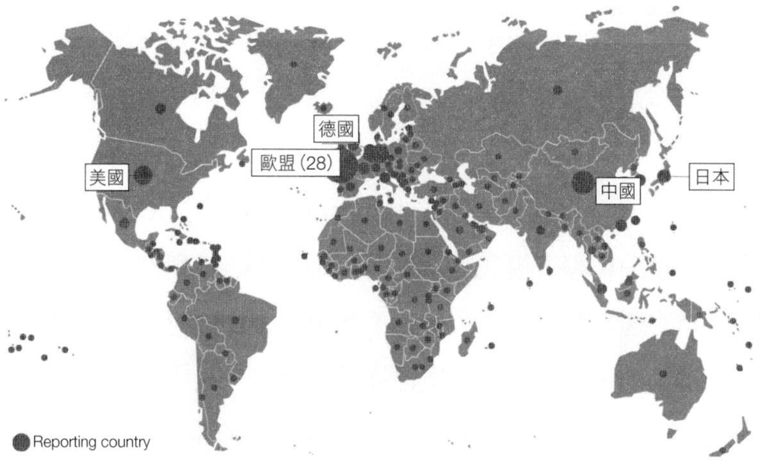

✧ **圖 2.2** 2015 年全球進出口貿易流通示意圖

資料來源：WTO 網站：https://www.wto.org/english/res_e/statis_e/data_pub_e.htm.

表 2.4 2014 年商品進出口貿易流通金額比較表（單位：百萬美元）

出口			進口		
排名	國家或區域	貿易額	排名	國家或區域	貿易額
1	歐盟（28 國）	6,161,140	1	歐盟（28 國）	6,128,985
2	中國	2,342,747	2	美國	2,409,385
3	美國	1,623,197	3	中國	1,960,290
4	德國	1,510,934	4	德國	1,217,385
5	日本	683,846	5	日本	822,251
6	荷蘭	672,358	6	英國	682,923
7	法國	583,183	7	法國	679,199
8	南韓	572,665	8	香港	600,613
9	義大利	528,679	9	荷蘭	586,764
10	香港	524,065	10	南韓	525,515

資料來源：WTO 2015 "International Trade and Market Access Data."

貿易流通量都是第五名日本的兩倍以上。至於進口貿易流通量，仍以歐盟 28 國為第一，但第二、三名則由出口的中國及美國對調，美國進口貿易流通量大於中國。另外，在進口數據中第六名的英國，其出口貿易流通額僅為全球的第十一名（未列於表 2.4 內）。

無論進或出口貿易流通量，都以目前由歐洲 28 個國家組成的歐盟領先，且其額度都遠大於第二名至第五名，甚至相當於第二名至第五名的總和。顯示歐盟為目前全球貿易最重要的經濟體。但表 2.4 中德國、法國、荷蘭、義大利、英國（2016 年脫歐）……等，都屬於歐盟的會員國，與其他不屬於歐盟會員國的國家相比也不見得公允，故僅能視為全球最大的經濟體！

若以國家為比較對象，則中、美、德為最重要的前三名國家。若加上香港的中國，則無論進、出口貿易流通量都是世界第一，而美國與德國則分占第二、三名。因此，以往由歐洲、美國及日本構成所謂的世界**經濟三極體**（Economic Triad）已被打破，另中國（含香港）更一舉超越美國，成為世界進出口貿易量最大的國家。另德國也超越日本，成為繼中、美之後的第三名；日本則退居到第四名。圖 2.3 中可發現美國的進出口貿易量有相當大的差異，入超值高達 7,862 億美元，日本也有 1,384 億美元的入超；相對的，中國與德國則為出超貿易國家。

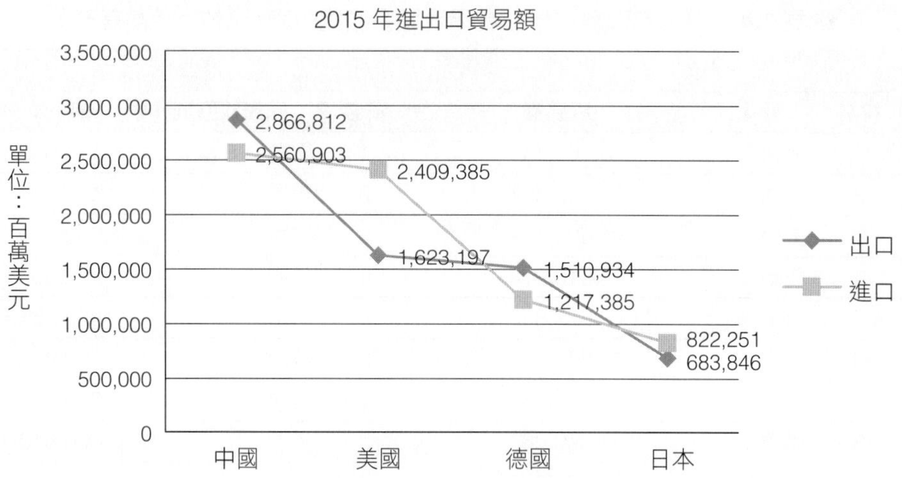

✧ **圖 2.3** 前四名國家 2015 年進出口貿易量比較折線圖

2.5 全球經濟下的供應鏈

如第 1 章所述，由於資訊與通訊技術的進步，再加上如優比速快遞 (UPS)，聯邦快遞 (FedEx) 及快遞 DHL 等全球快遞運輸服務的改良……等因素的貢獻，若企業能更關注其供應鏈的運作，即使在外包的狀況下，也能使中小型企業甚至微型公司都能參與國際市場的競逐。換句話說，供應鏈尾端 (終端顧客) 的成本和價值 (效率與效果) 決定了企業是否能在全球市場競爭的能力。

全球供應鏈的運作也對企業全球經營帶來全面性的衝擊如更低的產品價格、更多的產品種類及對顧客的方便性，如 24/7 全時運作、一站購足……等。雖然全球運作有優有劣，需要企業自己決定。但對全球化企業而言，全球供應鏈的運作已是一條不歸路，只有持續提升其供應鏈運作的效率與效能，才能在全球市場占有一席之地。

為促進全球貿易或全球經濟的發展，世界各國致力於降低關稅及貿易壁壘，所努力的第一個成果是 1947 年由美國、英國、法國……等 23 個國家在日內瓦簽訂的**關稅及貿易總協定** (General Agreement on Tariffs and Trade, GATT)，隨後在 1995 年成立**世界貿易組織**，則專注於制定全球貿易法律與解決貿易爭端……等，目前全球已有 161 個國家或經濟體加入世界貿易組織，是當代最重要的國際經濟組織之一，其成員的貿易額占世界貿易額的絕大多數，被稱為「經濟聯合國」。

第一線上 如何在不增加成本狀況下執行高頻率補貨？

已有 140 年歷史的美國個人消費產品大廠金百利 (Kimberly-Clark)，主要提供一些個人的護理產品，包括知名的舒潔面紙 (Kleenex Facial Tissues)、好奇紙尿布 (Huggies Diapers) 及可麗舒廚房紙巾 (Scott Paper Towel)……等。其 2010 年在全球 150 個國家據點的營收總和就高達 197 億美元之多。

在歐洲區域，金百利以 15 個工廠、32 個物流中心，負責提供 45 個國家所需的產品，而所有的供應鏈都是由第三方物流公司負責。

從 2003 年開始，荷蘭的一些零售量販商，想要根據實際的顧客交易情形，也就是以銷售點資訊決定其補貨時機。換句話說，荷蘭的零售量販商要求金百利能在及時的狀況下，增加補貨的頻率。這要求對金百利的意義是「如何在不增加其他成本的前提下，縮短補貨循環時程以交運小批量產品，又不使客戶有缺貨的現象？」

解決上述問題的最佳方案，是能找到也對相同零售量販商提供產品的其他廠商，以卡車負載併裝的方式，讓兩家公司都能在不增加運輸成本的狀況下，達成顧客增加補貨頻率的要求。金百利找上提供化妝用品的利華 (Lever Faberge，現為 Unilever 聯合利華)，並提出合作計畫。兩家公司開始在荷蘭的萬客隆 (Makro) 量販店進行計畫的試驗。試驗結果大有斬獲，除了節約運輸成本外，其他的好處還包括縮短補貨循環時間、降低店面庫存的同時卻也提升了貨架利用率。與利華及萬客隆的合作，不但降低供應鏈中存貨價值的 30%(亦即有效降低庫存)，也降低缺貨率達 30%。

這種供應鏈上的合作模式，目前在歐洲甚為流行，尤其是提供**消費包裝產品** (Consumer Packaged Goods, CPG) 的廠商而言，這種分享供應鏈的概念，甚至也促成一些非營利組織 (Non-Profit Organization, NPO) 的成立，以強化消費包裝產品廠家、零售量販商及第三方物流公司間的合作。

資料來源："Sharing Supply Chains for Mutual Gain", James A. Cooke, CSCMP's Supply Chain Quarterly, Quarter 2/2011, p. 39.

雖然已有如世界貿易組織作為全球貿易的促進、監督與管理者；但世界許多國家仍組織起來，成立所謂的**區域貿易協議** (Regional Trade Agreement, RTA) 或自由貿易協議區，先前提過的歐盟就是目前世界最大的區域貿易協議或自由貿易協議區 (以下統稱為自由貿易協議)。

全球供應鏈在此全球經濟體制變化趨勢下的運作，也就必須考量與自由貿易協議的融合。換句話說，各國企業必須在該國加入某自由貿易協議的前提下，才能方便的擴張或發展新的國外市場，在與自由貿易協議他國供應鏈的整合，才能提升供應鏈運作效率與效果，最終提升顧客的價值。

2.6 全球市場與策略

如 2.5 節所述，世界貿易組織及各種自由貿易協議，都在積極的降低關稅及解除貿易壁壘，但也使得全球經濟更加競爭化。許多企業因未能及時反應此全球化的趨勢而消失於全球市場；但能掌握此契機的企業，則持續在全球市場上積極的擴充。根據非正式的調查，許多〈財星〉(*Fortune*) 五百大企業，其營收的一半以上是來自於全球市場，另許多中小型企業如能發展好的全球供應鏈關係，也能在全球市場上採購和銷售其產品與服務。

要在全球市場中成功的運作，需要對企業經營層面做全面性的整合，如產品的發展；新技術的運用；製造、行銷及供應鏈……等整合。全球化的公司，必須發展出能同時達成其企業整體與全球各地的營運目標。從供應鏈的角度來看，這代表著瞭解世界各地政府對供應鏈流路的限制與影響、全球策略性的採購原物料、選擇全球庫房與物流中心的關鍵設置地點、選擇適當的運輸與配送管道、評估與選擇與第三方或甚至第四方物流公司的合作……等。

從顧客服務的角度來看，全球市場及其策略規劃有四個重要考量，分別說明如下：

1. **客服水準的權衡：**全球化經營的企業，都希望能將產品與程序標準化，以降低複雜性；但這些企業必須瞭解，在世界各地都需要程度不等的客製化。如美國的大賣場中場地、產品量與顧客採購量都大，但在發展程度較低的國家，零售店空間甚小、所販售的產品種類也少，但對那些販售的產品而言，則需要少量與高的補貨頻率。因此，即便是全球化的企業，在世界不同國家也須根據補貨時程、數量、訂單履行……等調整其客服水準。
2. **全球競爭導致產品生命週期縮短：**前文已提及因資訊的迅速擴散與技術的快速發展，全球各國的技術導向廠家都面臨產品被快速複製或工程再造 (Reengineered)

的威脅。因此，技術導向公司必須持續快速的推出新產品，如蘋果 (Apple) 的 iPod 雖有市場上的優勢，但隨即快速的推出 iPhone 到現在的 iPad，以維持其財務獲利動力。產品生命週期的縮短，意味著庫存管理必須處理過期產品所造成的庫存壓力。同時，產品生命週期的縮短，也衝擊著顧客服務水準。因為當產品成熟而銷售量下降時，會降低公司的獲利率；而當銷售量下降時，一般公司負擔不起提供如新產品時的服務水準。

3. **組織架構與經營模式的改變：**全球化經營通常會涉及運籌活動如製造、運輸、倉儲，甚至訂單履行……等的外包，而所有運籌與供應鏈活動的外包，需要供應鏈夥伴組織之間的密切協調與整合，才能確保客服水準如準時交貨、訂單完成率、可靠性……等的達成與維持。

　　當牽涉到國際供應鏈夥伴之間的協調與整合時，文化差異是所有供應鏈管理者的最大挑戰，除語言、時區差異外，對衝突管理的不同態度、決策風格的不同……等的「軟式」供應鏈流通會影響「硬式」供應鏈的流通。因此，跨文化溝通能力，也是所有全球經營供應鏈管理者必修的課題。

4. **全球化增加易變性與複雜性：**如第 1 章已提及，全球供應鏈會受到如氣候、恐怖攻擊、罷工或其他破壞性因素的影響，增加全球經營環境的易變性 (Volatility)。因此，為維持一定的客服水準，供應鏈夥伴必須要能保持彈性與反應性。全球化經營也會因不同國家間的貿易政策、關稅、匯率……等的差異，而增加全球供應鏈運作的複雜性。除此之外，供應鏈上如增加任何一層的中間商 (Intermediaries)，如批發商或第三方或第四方物流服務提供商 (4PL) 時，都會增加供應鏈系統的複雜性。

除上述因全球化經營所需考量的四個因素外，即使在國內市場，以往習慣的經營模式也必須要做調整或改變。舉例來說，降低**訂單循環** (Order Cycle) 時間，對現代的供應鏈管理也相當重要。為提升客服水準、降低客戶的庫存水準、改善其現金流通及應收帳款……等，都需要供應商及製造商有效的降低客戶的訂單循環。供應鏈的長度與複雜性都增加了降低訂單循環 (其他客服水準要求) 的難度。

同樣的，需求導向或拉式運籌系統雖能有效降低庫存水準；但同時也會對有較長距離 (如全球經營) 與多層級供應鏈帶來更大的挑戰。全球經營也對追求壓縮或

精實生產 (Lean Production) 與供應鏈的廠家帶來更大的挑戰。以上說明雖然都強調全球化經營所帶來的威脅與挑戰，但不意味著廠商不該追求全球化經營！毫無疑問的，若能成功的推動全球化經營策略，會為企業帶來更多的市場銷售與獲利機會。因此，全球化是一把兩面刃，需要企業管理者謹慎的面對挑戰與主動管理。

2.7 供應鏈安全的平衡

2001 年 911 恐怖攻擊事件之前，海運貨輪的港口通關只要幾個小時；但 911 事件後，更多的文件作業、更多的貨品檢查及更長時間的通關手續等成了現實，某些貨輪更可能因其出發國的因素，可能在進港前就被攔下檢查。

另因全球貿易對美國經濟的重要性，海運港口的安全與全球商務的有效流通之間，必須有微妙的平衡。港口或邊界海關，可能因嚴密的安全檢查措施，而阻礙了貨運流路的通暢，導致延誤與供應鏈效率的下降等。雖然通關程序從過去的幾小時可能延誤至幾天，但為了全球經濟與供應鏈的安全，港口與海關等的安全防護措施也是必要的。

貨運資訊的電子化傳輸，有助於現在美國港口與海關的快速通關。美國於 2002 年通過的〈貿易法案〉(The Trade Act)，規定出口商必須在貨物運送至港口或貨輪離港 24 小時前，將貨運資訊傳輸到美國海關。對進口商而言，則在運往美國船運在外國港口出發 24 小時前由船運商將船運資訊傳輸到美國海關。至於加拿大為美國的重要貿易夥伴，則另在美、加邊界上有快速通關的機制設計。

美國在 2002 年另通過〈海運安全法案〉(U.S. Maritime Transportation Security Act)，授權美國海岸防衛隊評估美國各港口的安全，在必要時也得拒絕不符合美國安全標準的船隻進入美國領海。美國〈海運安全法案〉包括貨櫃的密封與上鎖；貨輪追蹤、辨識及安全性篩檢等。

除上述保安法案外，美國國土安全部也於 2001 年 12 月建立一所謂**反恐海關商貿夥伴** (The Customs Trade Partnership Against Terrorism, C-TPAT) 的自願性計畫，以確保全球供應鏈的安全。計畫開始之初，只有七家廠商參加，到了 2007 年，全球已有將近 7,400 家企業申請加入此計畫，以保障合法的船運與全球供應鏈的安全。

反恐海關商貿夥伴計畫是由前身為美國海關的海關邊境保護局 (U.S. Customs and Border Protection Agency, CBP) 所主導，負責避免不法人員與毒品的進入美國、防護美國農業遭受病蟲害的傷害、保護企業經營的智慧財產權、收取進口關稅及規範與促進全球貿易……等。參與反恐海關商貿夥伴計畫的企業，則同意遵守美國相關的保安規定，並負責保障並扮演好自己於全球供應鏈安全防護上的角色。其目的是在確保美國安全的同時，發展一條能加速貨品通關的「綠色通道」(Green Lane)。

2.8 港口

港口，對全球供應鏈與全球安全都扮演著重要的角色。每天，數以千計的貨輪來往於世界各國港口，使全球供應鏈得以順利運作。

以美國為例，每年經由港口的貿易量高達 2 兆美元，並為美國帶來超過 200 億美元的港口規費與稅收。每天有將近 6 百億美元價值的貨物在美國五十州 15 個海運港口中進出。而美國出口的貨品，有 99% 以經由港口的貨輪運輸。每年的貨運量則高達 30 億噸以上。根據美國自己的統計數據顯示，1960 年國際貿易占其**國內生產總值** (Gross Domestic Product, GDP) 的 9%，到了今日，則超過 30% ！

除了貨運外，港口也對郵輪產業有相當大的助益。2015 年，總計有 8,000 萬名的旅客在北美郵輪上過夜。美國前五大郵輪出發港口，占北美郵輪運輸量的 60%。由於搭乘郵輪遊客的高消費力，郵輪產業與其停靠港口對美國的經濟有相當正面的貢獻。

港口對國防與國土安全也有相當重要的意義，無論人員與貨物在港口都必須要有周全的防護與保安措施。而這要靠政府公部門與私營企業的合作與分享資訊。這也是美國推動反恐海關商貿夥伴計畫的主因。

2.9 自由貿易協議

自由貿易協議（Free Trade Agreement, FTA）也可稱為**自由貿易區域**（Free Trade Area, FTA），通常為相鄰兩國之間或區域內各國，對關稅減免、共同市場、經濟聯盟、經濟與貨幣聯盟等形式的自由貿易。

自由貿易協議，雖然對協議國有零關稅、貿易最惠國待遇、自由貨物進出口……等好處，但對非協議國家則形成另一種的貿易壁壘。因此，世界各國無不積極參與各區域的自由貿易協議洽簽。

世界上規模最大的自由貿易協議（區），要算是世界貿易組織內的各項協議。其他涉及兩國、多國或區域，且目前正在運作中的自由貿易協議計如：

- 東盟自由貿易區（ASEAN Free Trade Area, AFTA）
- 亞太貿易協議（Asia-Pacific Trade Agreement, APTA）
- 中美洲整合系統（Central American Integration System, SICA）
- 中歐自由貿易協議（Central European Free Trade Agreement, CEFTA）
- 東南非共同市場（Common Market for Eastern and Southern Africa, COMESA）
- 哥倫比亞、墨西哥、委內瑞拉三國自由貿易協議（Free Trade Agreement, G-3）
- 泛阿拉伯自由貿易區（Greater Arab Free Trade Area, GAFTA）
- 多明尼加暨中美洲自由貿易協議（Dominican Republic–Central America Free Trade Agreement, DR-CAFTA）
- 海灣阿拉伯國家合作委員會（Gulf Cooperation Council, GCC）
- 北美自由貿易協議（North American Free Trade Agreement, NAFTA）
- 太平洋聯盟（Pacific Alliance）
- 南亞自由貿易協議（South Asia Free Trade Agreement, SAFTA）
- 非南發展共同體（Southern African Development Community, SADC）
- 南錐共同市場（Southern Common Market, MERCOSUR）
- 跨太平洋戰略經濟夥伴協定 [Trans-Pacific Strategic Economic Partnership（TPP）Agreement]

目前仍處倡議狀態，但仍未正式執行的協議還有很多，主要包括：

- 亞太經合組織（Asia-Pacific Economic Cooperation, APEC）
- 美洲自由貿易區（Free Trade Area of the Americas, FTAA）
- 亞太自由貿易區（Free Trade Area of the Asia Pacific, FTAAP）
- 區域全面經濟夥伴協議（ASEAN 東盟 ＋ 6）[(Regional Comprehensive Economic Partnership, RCEP)（ASEAN plus 6)]
- 上海合作組織（Shanghai Cooperation Organization, SCO）
- 跨大西洋自由貿易區（Transatlantic Free Trade Area, TAFTA）
- 非洲三方自由貿易區（Tripartite Free Trade Area, T-FTA）
- 中日韓自由貿易協議（China–Japan–South Korea Free Trade Agreement）

總結

❖ 促使全球貿易的理論主要有強調分工的絕對優勢理論、以資源及生產產品為主要考量的相對優勢理論、強調勞動與資本兩種要素的要素稟賦論、強調國家競爭優勢的鑽石模型的國家競爭優勢理論，以及雁行模型……等。在實務運作上，則有許多自由貿易協議或自由貿易區域的形成。

❖ 促成全球商務與供應鏈的主要貢獻因素，包括如人口數量與分布、土地與資源及技術與資訊……等

❖ 在國家人口數量與分布的考量上，除人口總數外，年齡層分布與都市化也是全球化經營的重要考量因素。

❖ 在全球供應鏈流通（亦即國際貿易）的分析中，則中、美、德為最重要的前三名國家。若加上香港的中國，則無論進、出口貿易流通量都是世界第一，美國與德國則分占第二、三名。目前美、日兩國為入超國家，而中、德兩國則為出超貿易國家。

- 目前全球已有 161 個國家或經濟體加入世界貿易組織，是當代最重要的國際經濟組織之一，其成員的貿易額占世界貿易額的絕大多數，被稱為「經濟聯合國」。
- 雖然已有如 WTO 世界貿易組織作為全球貿易的促進、監督與管理者；但世界許多國家仍組織起來，成立所謂的區域貿易協議或自由貿易協議區，歐盟就是目前世界最大的區域貿易協議或自由貿易協議區。
- 全球供應鏈在此全球經濟體制變化趨勢下的運作，也就必須考量與自由貿易協議的融合；換句話說，各國企業必須在該國加入某自由貿易協議的前提下，才能方便的擴張或發展新的國外市場，在與自由貿易協議他國供應鏈的整合，才能提升供應鏈運作效率與效果，最終提升顧客的價值。
- 從顧客服務的角度來看，全球市場與其策略規劃有四個重要考量，如客服水準的權衡、全球競爭導致產品生命週期縮短、組織架構與經營模式的改變及全球化增加易變性與複雜性。
- 全球化經營所帶來的威脅與挑戰；不意味著廠商不該追求全球化經營！若能成功的推動全球化經營策略，會對企業帶來更多的市場銷售與獲利機會。因此，全球化是一把兩面刃，需要企業管理者謹慎的面對挑戰與主動管理。
- 2001 年 911 恐怖攻擊事件之後，美國國土安全部於 2001 年 12 月建立反恐海關商貿夥伴的自願性計畫，以確保全球供應鏈的安全。計畫開始之初，只有七家廠商參加，到了 2007 年，全球已有將近 7,400 家企業申請加入此計畫，以保障合法的船運與全球供應鏈的安全。參與反恐海關商貿夥伴計畫的企業，則同意遵守美國相關的保安規定，並負責保障並扮演好自己於全球供應鏈安全防護上的角色。其目的是在確保美國安全的同時，發展一條能加速貨品通關的綠色通道。
- 自由貿易協議也可稱為自由貿易區，通常為相鄰兩國之間或區域內各國，對關稅減免、共同市場、經濟聯盟、經濟與貨幣聯盟等形式的自由貿易。自由貿易協議雖然對協議國有零關稅、貿易最惠國待遇、自由貨物進出口……等好處，但對非協議國家則形成另一種的貿易壁壘。因此，世界各國無不積極的參與各區域的自由貿易協議洽簽。

第 3 章

運籌於供應鏈中的角色

閱讀本章後，你應能……

學習目標

» 瞭解運籌對改善組織供應鏈的貢獻
» 有效且具效能的運籌管理對經濟活力的貢獻
» 從宏觀及微觀角度掌握運籌扮演附加價值的角色
» 瞭解運籌與其他組織功能間的關係
» 掌握運籌管理的重要活動
» 瞭解運籌系統分析中的總成本與成本權衡

供應鏈側寫 大船不入小港

吉姆奧哈洛倫 (Jim O'Halloran) 在看完〈西雅圖塔科馬先鋒報〉(*Seattle-Tacoma Herald*) 後，在辦公室內大叫：「天啊！我們要被這些大貨櫃輪逼出市場啦！」吉姆是塔科馬波特蘭穀物與種子公司 (Tacoma/Portland Grain and Seed Company) 的運籌長，這家公司利用塔科馬及波特蘭兩地的港口 (都位於華盛頓州內) 輸運貨物。

塔科馬是海港，而波特蘭是位於哥倫比亞河的內陸河港，以往美國中西部的農產品如馬鈴薯、扁豆、豌豆及小麥等，都由愛達荷州的河運駁船運往波特蘭，然後再陸運到塔科馬由海運貨輪裝箱運往亞、歐等地。進口貨物如鋼鐵、汽車及肥料等，也經由波特蘭港運往美國內陸。進、出口的總值，使波特蘭成為美國前 25 大港口的第 21 名，對美國西北及中西部的產品進出口運輸相當重要。

2014 年一年，波特蘭港處理 13 萬個以上的 20 呎**標準貨櫃** (Twenty-foot Equivalent Unit, TEU)，但 2015 年卻幾乎沒有任何貨櫃經由波特蘭港！現代一次能攜帶 8-10 萬個貨櫃的大型貨櫃輪發現要在哥倫比亞河道上頂風航行 100 哩抵達波特蘭港不但緩慢而且昂貴，因此除非廠商願意支付波特蘭到塔科馬的陸運費用，這些大型貨櫃輪紛紛經由巴拿馬或蘇伊士運河直接轉向其他較大海港。波特蘭河港不是唯一面臨這種處境的港口，許多美國東、西岸的港口因為無法處理大型貨櫃輪而紛紛失去生意。

波特蘭港的處境，正反映出港口設施與運輸能力對現代全球供應鏈的重要性。如果你是吉姆，試想你會採取哪種策略因應波特蘭港競爭力下降的處境？

3.1 簡介

即便在網際網路、全通路物流……等名詞的盛行狀況下，運籌專業人員與有經驗的管理者都知道，若要能讓公司有競爭優勢且獲利，最基本的功夫還是在有效的管理訂單履行 (Order Fulfillment)。1999 年美國聖誕季**電子零售** (e-Tailing) 所衍生的問題，更突顯出基礎、好的運籌程序的必要性。華麗、複雜的前台系統 (Front-End Systems) 並不能保障現代競爭市場上的成功，而後台或內勤 (Back Office) 才是確保顧客滿意的關鍵性要素。常被引用的諺語「經營力來自好的運籌」(Good Logistics is Business Power) 正適合形容運籌對建構顧客忠誠度的重要性。這不是說產品品質與行銷不重要，而是在強調必須結合有效率且有效果的運籌，才是持續經營競爭力與獲利能力的保證。

上述說明強調一家公司要維持競爭優勢與獲利能力的基本功在訂單履行的確實執行，以滿足或甚至超越顧客的預期。但產品從製造廠商到顧客手裡，實際上是整合供應鏈上許多個別公司的運籌活動。本章即針對運籌在供應鏈上所扮演的各種角色，說明運籌如何使供應鏈為顧客添加附加價值。

3.2 運籌之定義

運籌的概念最早源自於 1960 年代專注於工程導向的系統可靠度、維護性、型態管理及生命週期……等的**軍事後勤**（Military Logistics），若運用在商業領域，則多指由製造商到市場的**實體物流**（Physical Distribution）或稱為（製造商的）**外向運籌**（Outbound Logistics）。無論軍事後勤或商業領域的外向運籌，都著重於系統或產品的工程維護，因此，運籌活動多半專注在維護系統零附件的運補。

到 70-90 年代，運籌概念進一步整合內、外向運籌而稱為**整合運籌系統**（Integrated Logistics System, ILS），內向運籌是支持製造的物料管理，而外向運籌則為支持市場的產品配送。軍事後勤的運作，更在 1990 年代美國發動的波斯灣戰爭中達到高峰，為支持波斯灣地區的作戰任務，美軍的後勤作業被形容成「鋼鐵山」（Iron Mountain）——成千上萬噸的物資堆積如山——固然顯現出美軍後勤作業的龐大，也更突顯出後勤服務效率與品質的重要性——鋼鐵山的備料過多、運補項目與需求不符……等。

再回到商務運籌上，整合運籌系統只是一家廠商的內外向運籌的整合而已，但要達成終端顧客的滿意，必須要有供應商、製造商、批發商、零售商等廠商之間各自運籌網路的協調、整合與管理，形成今日所稱的供應鏈管理。

從運籌管理發展到供應鏈管理，不但適用於製造業，也擴充至服務業，甚至公部門及非營利組織各領域的應用。各領域對運籌有其各自的定義，本文採取美國學者羅素（Stephen H. Russell）於 2000 年〈空軍後勤期刊〉（*Air Force Journal of Logistics*）發表〈後勤實務的一般理論〉（A General Theory of Logistics Practices）中的定義分類如下：

- **庫存**(Inventory):物料的靜態與動態管理。
- **顧客**(Customer):將適當的產品或服務之品項、數量,以適合的狀況及價格,適時、適地的遞交給適當的顧客(運籌的「七適」)。
- **字典**(Dictionary)定義:與人員、物料、裝備、設施有關的採購、維護及運輸等軍事科學的一支。
- **國際運籌學會**(International Society of Logistics)定義:為支持組織目標、計畫與運作所需資源的需求規劃、設計、供應與維護的管理、工程及技術活動等的科學與藝術。
- **效用價值**(Utility/Value)觀點:為支持組織目標而在物料與產品上提供的時間、地點效用與價值。
- **美國供應鏈管理專業協會**(Council of Supply Chain Management Professionals, CSCMP)定義:供應鏈程序的一部分,為達成顧客需求,從起始點到消耗點流程中有關貨物儲存、服務與相關資訊有效流通的計畫、執行與管控作為。
- **物料支持**(Material Support):工廠的進料管理(內向運籌)及工廠顧客(客戶)的物流管理(外向運籌)。

另外,本文也以組織(網路)管理的角度,將運籌區分為下列四種類型:

1. **商業運籌**(Business Logistics):同美國供應鏈管理專業協會定義。
2. **軍事後勤**(Military Logistics):為支持與確保軍事活動備便、可靠與效率而在軍(人)力及其所需裝備的設計與整合。
3. **活動運籌**(Event Logistics):為促成一活動及活動結束後撤除有關設施、人力與活動網路的組織、排程與資源部署。
4. **服務運籌**(Service Logistics):為支持服務運作而對物料、設施、資產及人力的獲得、排程與管理。

上述四種分類都有一些共同的特性需求如預測、排程及運輸……等;僅在各自的目的上有所差異而已。在瞭解運籌的內涵與定義後,我們即可討論運籌如何對組織的產品與服務提供價值。

3.3 運籌能添加的價值

對一企業的產品與服務，運籌能提供五種相互關聯的經濟效用，如型式（轉換）、地點、時間、數量及持有……等。一般來說，廠家的生產活動提供的是型式轉換效用，運籌活動則能提供地點、時間及數量效用，而行銷活動則能提供持有效用。各種效用將簡單討論如以下各小節所述。

3.3.1 型式效用

型式效用 (Form Utility) 或稱轉換效用 (Transformation Utility)，是經過生產工廠產製或組裝程序後，由原物料、組件成為最終產品所生成的經濟效用，如電腦大廠戴爾 (Dell) 根據顧客的需求，將電腦硬體組裝並灌入軟體後，成為特定電腦規格，即為型式效用的範例之一。

3.3.2 地點效用

運籌將廠商生產的產品運送到所需的地點，稱為**地點效用** (Place Utility)。地點效用主要由運籌活動中的運輸 (Transportation) 所達成。運輸能突破所謂的市場邊界，如將產品運送至大賣場或零售店等，會影響產品於價格（大賣場的經濟規模）或方便性（便利商店的可及性）的權衡與獲利能力。

3.3.3 時間效用

運籌的**時間效用** (Time Utility) 指的是在特定的需求時間（與地點）能提供顧客所需產品與服務所產生的效用，而此時間效用須由適當的庫存管理、提供地點的策略性選擇及運輸來達成。舉例來說，大量廣告後應在廣告承諾時間內讓所有的零售店內都有足夠的鋪貨，或在緊急或臨時需求發生時有足夠的庫存能因應等，都是時間效用的範例。

現代的運籌管理因為強調**交貨時間** (Lead Time) 的降低；盡量減少庫存水準與改善現金流通等要求，使時間效用愈形重要。

3.3.4 數量效用

在今日全球競爭的環境下，何時、何處的時間與地點效用，也須有「多少」的**數量效用** (Quantity Utility) 的配合，才能遞交正確數量的產品到顧客手中，更重要的是降低庫存成本與避免缺貨的損失。

數量效用對追求及時系統生產概念的汽車製造業而言特別重要。舉例來說，若某汽車生產廠家有一筆 1,000 輛汽車的訂單，在某個組裝作業時需要 5,000 個輪胎。當該組裝作業開始時，若只在要求的時間與地點收到 4,000 個輪胎，雖然滿足了時間與地點效用，但數量效用卻未能滿足，最終仍將延誤交貨的時程。由此可見時間、地點與數量效用間的關聯性。

3.3.5 持有效用

若對產品與服務的需求不存在，則前述型式、時間、地點與數量效用亦無從發揮！**持有效用** (Possession Utility) 主要須由行銷的促銷與銷售努力來達成。業務人員應積極的宣傳公司的產品與服務，並讓消費者產生需求、主動的想擁有該項產品與服務，促成顧客的持有效用。但相對來說，持有效用也需有前述型式、時間、地點與數量效用的配合才能達成。

第一線上　無人機時代：好消息或壞消息？

在所有運籌與供應鏈相關出版刊物中，有太多新科技的運用，可能對運籌與供應鏈管理產生重大的影響，如無人駕駛車輛、智慧高速公路、智慧型倉儲、機器人、雲端計算、3D 列印……等，但最受人矚目的，要算是無人機 (Drone) 的運用了。

無人機的運用不算晚，約莫二、三十年前即以運用在農業、林業、交通控制及保防用途上，軍事用途無人機的發展的成本也越來越低，也可用於取代或避免戰場上人命的損失。

2013 年亞馬遜宣布將在舊金山區域開始運送一些特定物品的試驗，這項試驗計畫引起公眾正、反兩面的熱烈討論。支持的正面論述並不意外，因亞馬遜向來是引進運籌與供應鏈管理新技術的領導廠商，在如舊金山等擁擠市區中被稱為「最後一哩」(Last Mile) 的貨品運輸，可能是最不需要基礎設施整建而能有效、彈性運作的運輸系統。但此試驗最終還須得到美國法規的許可後才能進行。

繼亞馬遜後，與聯邦快遞及優比速快遞競爭的 DHL 快遞也宣布將使用無人機執行偏遠、難以抵達區域 [如德國沿岸的尤伊斯特島 (Juist Island)] 的藥品例行運輸任務。

前述亞馬遜無人機試驗尚待美國法規的許可時，亞馬遜已在加拿大，而谷歌已於澳大利亞開始提供類似的服務。若美國及世界其他各國在法規上開放無人機的商業運用，無疑的是在農業、林業、交通控制、保防及軍事用途等外，另增無人機的商業用途。這是無人機運用的好消息！

什麼又是無人機運用的壞消息呢？這也不難想像！無人機系統的越來越普及，裝上攝影機時可能造成侵犯個人隱私，如不加規範的到處亂飛，則可能造成正常空運與大眾安全的隱憂，若裝上炸藥或生化施放裝置，也可能被恐怖份子作為恐攻的運用……等。但如同槍械、核能、醫藥等新科技的發展與運用一樣，科技本身無罪，不當運用才造就其罪！若能有效規範其運用，無人機的運用與人類福祉間，也可以是雙贏的局面。

3.4 運籌活動

從上一節所介紹的運籌定義與其效用中，我們可知一組織的運籌管理者，可能須承擔下列職掌任務如運輸、倉儲管理、工業包裝、物料處理、庫存控制、訂單履行、庫存預測、生產規劃與排程、採購、顧客服務、設施位置決策、回收物品處理、零件與服務支援、廢品處理……等。上述職掌活動清單已相當完整，但特定組織運籌管理者所須承擔的任務也可能稍有不同，無論如何，運籌管理者須負責上述任務與**全運籌成本** (Total Logistics Costs, TLC) 間的權衡與決策。

3.4.1 運輸

運輸 (Transportation) 是供應鏈各組成組織間的實體連接，通常也是所有運籌變動成本的最大宗，它與其他運籌活動之間，通常都有直接的互動與影響關係。

運輸在運籌及供應鏈中扮演著實體物流移動的角色，其運輸模式、網路及支援設施等的規劃良窳，會直接影響全運籌成本的節約或浪費。

3.4.2 儲存

儲存 (Storage) 是能與運輸產生權衡關係的第二個運籌活動。儲存包含兩個分開但彼此相關的活動：庫存管理 (Inventory Management) 與倉儲 (Warehousing)，且都與運輸有直接的互動影響關係。舉例來說，若一組織採用速度較慢的運輸模式（如海運），則需要有較多的倉儲庫房與較大的倉儲空間，已維持較高的庫存水準。若採取較昂貴但較快速的運輸模式（如空運），則可減少倉儲數量、空間與庫存水準。

在儲存活動的規劃中，須配合運輸活動的規劃，才能在倉儲庫房的位置、數量及其庫存水準等各種替選方案中，做出最符合成本效益的決定。

3.4.3 包裝

運籌管理的第三個考量，通常是產品的**工業包裝** (Industrial Packing)。所謂的工業包裝，指配合儲存與運輸所需的包裝，如瓦楞紙箱、彈性包覆膠帶、緊固綁帶、包裝袋……等。工業包裝通常與運輸有直接關係，如海運及鐵路運輸等，因在運輸途中的搬運處理有較大的損傷風險，因此須有較多的工業包裝防護成本；但若是較高級的運輸模式如空運或陸路運輸等，所需的工業防護包裝成本則較低。

因產品的外部工業包裝通常都直接棄置於垃圾場，因此現代運籌的工業包裝，也逐漸朝向永續化（對環境無害的自然分解）發展。

3.4.4 物料處理

物料處理 (Material Handling) 是所有製造廠商都必須關注的運籌功能之一，通常也與倉儲及（短距離的）運輸相關。運籌管理者所須考量的物料處理，包括將原物料從運輸車輛移進倉儲庫房的搬運（內向運籌）、將成品移至訂單處理區、最終在外送碼頭區移至外送車輛（外向運籌）等物料的（搬運）處理。

物料處理也與處理的物料與倉儲形式有關，負責短程搬運的機具包括輸送帶 (Conveyor)、叉動車 (Fork Lifter)、天橋式起重機 (Overhead Crane) 及 ASRS 自動儲存與取貨系統 (Automated Storage and Retrieval System) 等。

3.4.5 庫存控制

第五個運籌任務的**庫存控制** (Inventory Control) 包含兩個向度的考量：一是維持適當的庫存水準；另一則是確認庫存的精確性。適當的庫存水準須持續的監控生產所耗用的原物料及供應商的供貨時程，以避免生產的缺貨待料。

庫存的精確性則有賴於庫存資訊系統的有效追蹤庫存狀況，使供貨採購能及時的支援生產所耗用的原物料。而庫存資訊系統可運用條碼及無線射頻辨識技術 (Radio Frequency Identification) 等確保庫存的精確性。

3.4.6 訂單履行

訂單履行 (Order Fulfillment) 又可稱為訂單交貨期 (Order Lead Time)，從顧客下單開始，一直到顧客收到訂貨為止，其中包含訂單傳送 (Order Transmittal)、訂單處理 (Order Processing)、訂單準備 (Order Preparation) 及訂單交付 (Order Delivery) 等四個活動。

3.4.7 預測

運籌的另一個重要功能角色，是對市場的**需求預測** (Demand Forecasting)。可靠的需求預測，是達成生產效率及滿足顧客需求的必要庫存管理要求。運籌及供應鏈管理者須配合生產排程及市場需求預測，才能確保適當的庫存水準。

3.4.8 生產規劃

生產規劃 (Production Planning) 與需求預測及庫存控制有關。一旦需求預測已建立，且掌握現有庫存及運用率後，生產經理即可計算能支援市場行銷需求的產量。但如為多產品線的生產，生產規劃與相關的排程即可能須由運籌長來協調、管控。

3.4.9 採購

傳統企業的**採購** (Purchasing) 任務，通常也須納入現代的運籌角色中。其原因是原物料的採購地點、採購數量及需求時程……等，都與運籌成本相關。舉例來說，如在美國的生產工廠要向中國的廠商採購原物料，其採購時程通常需要 10-12 週左右。若採購發生問題，就會直接衝擊到庫存水準，嚴重的話甚至會導致生產的中斷。

若採用高價的運輸模式（如空運）雖可有效降低庫存水準，但會導致運輸成本的增加。僅此範例說明，即可知採購也須有系統化的考量。

3.4.10 顧客服務

顧客服務 (Customer Service) 在運籌所扮演的功能角色有兩個重要向度值得討論：一是與顧客直接互動使其下單的程序；另一則是決定要對顧客提供何種服務水準。從顧客下單的角度來看，運籌管理者要關注的是在顧客下單時，讓顧客知道訂單何時可交貨，而這需要庫存控制、製造程序、倉儲及運輸等運籌功能的密切協調。

另一個顧客服務的向度，是組織對服務水準的承諾，包括訂單完成率及準時交貨率等，這也須庫房、運輸、倉儲等功能的協調。總括來說，運籌的主要任務是確保顧客能在適當的時間、接收到數量與品項正確的產品與服務。

3.4.11 設施位置

另一項運籌管理者應關切的議題是，工廠與庫房設施地點的選擇與規劃，任何**設施地點** (Facility Location) 的變化，都會影響到製造與交貨時程、運輸成本、服務水準及庫存水準需求等。因此，在組織規劃供應鏈設施位置時，運籌管理者應提供其專業考量的資訊饋入。

3.4.12 其他活動

其他或可考量的議題，包括零件與服務的支援、回收產品的處理、費品的處置……等反向運籌 (Reverse Logistics) 考量。另外，在產品的設計及其維護與支援需求等，都會影響到運輸和倉儲的決策，因此運籌管理者對這些領域也應提供其專業資訊。

第一線上 優比速快遞與威利狼

2015 年，優比速快遞宣布併購郊狼運籌 (Coyote Logistics)。這項採購案，讓人們可以再檢視這家美國排名第四、全球排名第十七、年營收將近 60 億美元第三方物流公司的策略方向，以瞭解它未來在全球供應鏈上可能的發展。

優比速快遞創業之初，只是美國東岸地區的一家小型公司，負責對紐約州、費城及華盛頓特區等區域小型包裹的運輸服務。二次大戰期間，美國的居民大多沒有汽車，他們通常搭乘公共運輸系統，如巴士、電車……等，從郊區到市區採購通常在郊區沒有的非食品項目，採購後因大包小包不方便搭乘公共運輸載具，因此將這些採購項目委託優比速送回郊區的家中。這項服務在戰時相當有價值，但時代將快速轉變。

戰後，因戰時的壓抑，美國居民的消費力暴增，大多家庭採購了汽車，而在有大型停車場的購物中心採購物品，然後直接開車回家。在對如優比速快遞的需求大幅下降的狀況下，優比速必須重新檢視其經營模式與策略，而要自問一個根本的問題：「我們到底在做哪一行？」

優比速很快的回答了這個問題，它重新定義其企業任務為「為公司及住宅提供小型包裹的專業運輸公司」。也就是現在所謂的企業對企業 (B2B)、**企業對住宅** (Business to Residences, B2R) 及**住宅對住宅** (Residences to Residences, R2R) 等經營模式，這項任務陳述開啟了優比速快遞的新契機，但同時也帶來一些新的挑戰。

第一個挑戰是美國戰後對州際的運輸法規仍未解禁，另一個挑戰則是與美國郵局的直接競爭。與美國郵局的直接競爭，在優比速能提供到府取貨的服務優勢下，很快擺脫郵局的競爭。另在 90 年代，當美國聯邦對州際運輸法規鬆綁後，雖然為優比速提供了更寬廣的經營空間，但同時也造成與另一家第三方物流商聯邦快遞 (2015 年全美排行 24，世界排行 50) 的競爭。當時的競爭場域還有分際，一般人認為優比速是陸運服務商，而聯邦快遞為空運服務商，但此分際在兩家公司持續擴張競爭領域的狀況下越來越模糊。

聯邦快遞及優比速快遞於近代都採取**併購** (Merge & Acquisition, M&A) 的經營策略，以強化其經營能力。2015 年 2 月，聯邦快遞併購了逆向運籌專長的珍科物流 (GENCO Distribution)，顯然想要建構與提供完整的產品生命週期運籌服務。而稍後在 2015 年 8 月，優比速快遞也宣布併購郊狼運籌 (Coyote Logistics) 的消息。郊狼運籌是一家貨運經紀公司，有一套專利的貨運排程技術。顯然的，優比速想要改善其運輸車隊在假期尖峰時段的服務效能。

值得省思的是，在獲得郊狼運籌的專利貨運排程技術後，優比速是否能因應此項排程技術的運用而改變其內部運作程序與經營模式？若真能吸納並運用郊狼運籌的專利貨運排程技術，而提升優比速過去數十年在供應鏈上「最後一哩」(運送到顧客) 的服務效能，或許此專欄的標題就可改成「郊狼運籌與威利優比速」(Coyote Logistics& Willy UPS)。

註：美國漫畫卡通中的郊狼被稱為威利郊狼 (Willy Coyote)。

3.5 經濟中的宏觀運籌

從宏觀的經濟角度來看，運籌成本須以經濟成長來衡量。換句話說，當經濟成長時，有更多的產品與服務被生產或提供出來，整體運籌成本也會隨之增加。為判斷一經濟體系運籌系統運作的效率，通常會以整體運籌成本與國內生產總值的關係來衡量。如圖 3.1 所示，美國企業於 2014 年的整體運籌成本約 1.45 兆美元，比前一年度增加約 3.1%，並占美國 2014 年國內生產總值的 8.3%，其原因是隨著經濟成長，美國企業在運輸、庫存成本上的增加。

圖 3.1 中也可看出美國經濟除了 2008-2009 年間的衰退例外之外，從 2005 年以來就持續穩定的成長。

若再與 1970 年代以前的數據比較，美國早期的企業總運籌成本，從 70 年代占約 20% 國內生產總值的情況下，逐漸下滑到 2014 年約占 8.3%。如此整體運籌成本的下降，顯示著美國企業運籌能力的提升、使產品生產成本下降與提升市場競爭力等現象。

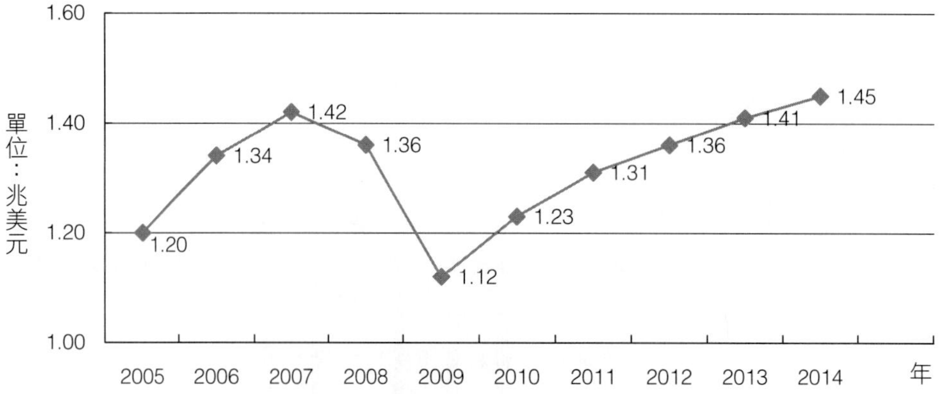

✧ 圖 3.1　美國企業運籌成本趨勢折線圖

為瞭解與掌握美國對企業整體運籌成本的計算方式，通常將整體運籌成本區分成三大區塊，即運籌成本、庫存成本及其他運輸模式成本。運籌成本主要指美國境內的卡車運輸成本；其他運輸模式則指鐵路運輸、水路運輸、管路運輸、空運……等；而庫存成本則包含倉儲及庫房管理衍生的稅務、保險、貶值……等成本。美國於 2014 年企業整體運籌成本的劃分，如表 3.1 所示。

從表 3.1 所列的數據顯示，美國的整體運籌成本以陸路卡車運輸為大宗，比其他運輸模式要高出許多（7,020 億美元相對於 2,050 億美元），這也顯示美國陸路卡車運輸對國際貿易到岸成本 (Landed Cost) 的重要性。有關運籌的運輸成本，將於本書第 11 章中進一步討論。

表 3.1 美國 2014 年企業整體運籌成本劃分表

美國所有企業庫房總持有成本：2,496 兆美元		
運輸成本（公路運輸）		**單位：十億美元**
境內卡車運輸		486
州際卡車運輸		216
	小計	**702**
庫存成本		
倉儲		143
稅務、過期、貶值、保險		331
利息		2
	小計	**476**
其他運輸模式成本		
鐵路運輸		80
水路運輸（國際：31；國內：9)		40
油管運輸		17
空運（國際：12；國內：16)		28
貨運商 (Forwarders)		40
	小計	**205**
托運 (Shipper) 相關成本		10
運籌管理		56
整體運籌成本		**1,449**

資料來源：美國供應鏈管理專業協會年度運籌報告，http://cscmp.org (2015).

3.6 公司內的微觀運籌

若從一公司內部運作的角度來看，運籌是跨組織功能分工，尤其是製造、行銷及財務等功能領域的流路、程序的協調與管控，分別如以下各小節說明。

3.6.1 與製造的介面

運籌與製造的傳統介面，是生產運作的時間。對製造效率而言，盡量減少生產線整備或變更的時間，使生產運作時間越長越好。但生產運作時間越長，所生產成本的庫存水準就越高。相對而言，較短的生產運作時間，可彈性因應需求的變更。對現代拉式系統的生產，顯然的要求較短的生產運作時間，除了能滿足顧客的需求變化外，也有降低庫存水準、進一步降低運籌成本等好處。

對製造公司的生產經理所需面對的另一項挑戰，是季節性產品所帶來的生產與庫存壓力。舉例來說，糖果產業的生產會受幾個重要假期的影響，如情人節、復活節、返校購物日、萬聖節及耶誕節等，為盡量減少生產波動所衍生的製造成本與可能的缺貨風險，生產經理通常都在假日活動之前即安排生產。這種生產策略雖然平衡了生產波動現象，但會累積與增加庫存成本。因此，從整體運籌成本的角度來看，生產成本須與庫存成本權衡。

運籌與製造也在所謂的內向運籌發生介面的互動。舉例來說，若原物料供應不及或庫存短缺，會造成生產程序的中斷，因而增加生產成本。因此，運籌長必須在確保能供應生產所需原物料的同時，也要在庫存持有成本上採取保守的態度。因有此介面的協調必要，許多現代的製造公司已將生產排程責任由生產經理移轉到由運籌長來掌控。

另一項運籌與製造（及行銷）的互動介面：工業包裝，通常被視為運籌長的管控職務，其主要目的是保護產品於運籌搬運過程中的損傷。工業包裝與行銷領域的**消費者包裝** (Consumer Packing) 有顯著不同！消費者包裝著重在產品商標的辨識與使用說明，而不同於工業包裝的保護功能。

若考量全球運籌的生產，運籌長要處理的包括可能須由海外採購生產所需的原物料，可能由其他國外合作廠家共同生產、包裝外包、合約外包組裝或甚至整個生產程序等，都需要運籌長與負責生產的經理人（不見得是同一家公司）密切的協調。

3.6.2 與行銷的介面

將產品遞交給客戶的訂單履行與對顧客的行銷，也與運籌的「七適」息息相關。本節以 4P 行銷組合（4P Marketing Mix）中的各行銷要素，分別討論其與運籌之間的關係如下。

產品與運籌

市場上的產品不斷推陳出新，產品的形狀、體積、重量、包裝及其他物理特性等，都會影響運籌與供應鏈系統移動及儲存的效能。當然，在產品研發及行銷規劃階段，運籌長都應提供意見，盡量降低新產品所造成的運籌問題。

除了新產品外，為提升現有產品的銷售量，企業也常在包裝尺寸與設計上做出變更。若這些變更在物理特性上有甚大的變化，則其對運籌與供應鏈上儲存與運輸的影響，也就與新產品沒有差別！若在包裝尺寸上有較大的變化，則有可能無法以標準的棧板包裝、儲存與搬運。這對行銷而言，可能不算什麼；但對運籌而言則是相當大的挑戰。若產品的設計與尺寸經常性的變動，長期而言，對降低運籌成本與提升銷售獲利等，都是不利的影響。

另一項產品與運籌的關聯性是產品的消費者包裝。行銷經理通常稱消費者包裝為「無聲的銷售員」！從零售的角度來看，產品的消費者包裝會影響消費者是否採購產品的決策。行銷經理關注的是產品消費者包裝必須能吸引顧客的注意、提供產品的必要資訊……等；但消費者包裝對運籌長確有不同的意義：其一是消費者包裝必須能適應（裝進）工業包裝內；其二則是消費者包裝的防護能力，消費者包裝在運輸、物料處理及倉儲等過程，也都必須要能維持其完整性。換句話說，若消費者包裝在運籌過程中被破壞，就會影響其銷售而賣不出去。

價格與運籌

企業組織對大量購買產品的顧客會提供折扣價（Discount Pricing）。若此大量折扣再能配合廠商的交運時程，則對托運者及顧客而言，都能降低其整體運輸成本。

在某些組織，整個產品的價格表 (Pricing Schedule) 會配合著不同運輸模式與數量而調整。在美國雖有**〈魯賓遜－帕特曼法案〉**(Robinson-Patman Act) 反價格競爭法案的限制，但節約運輸成本是提供折扣價格的有力原因！

組織的運籌長必須瞭解整個價格表中對採購數量的不同要求，因為這會衝擊到庫存、補貨時間及顧客服務水準等。若有特價銷售專案，也應知會使運籌長能調整達成專案需求的庫存水準。

促銷與運籌

一般公司可能花費百萬元以上的行銷廣告 (Advertising) 與促銷 (Promotion) 活動，因此在廣告與促銷階段，行銷經理必須協調運籌長確保在各物流點上有足夠的存貨可供銷售。即便如此，可能因新產品需求預測的困難而依舊發生問題！但經常性的互通訊息仍有助於因應需求預測困難的問題。

另將於第 4 章介紹的全通路物流因涉及許多通路與零售商，更需要行銷經理與運籌長之間的密切協調和溝通。

地點與運籌

行銷組合中的地點 (Place)，在運籌角度來說是物流管道的選擇及其所衍生的交易與實體物流管道決策。對業務員或行銷經理而言，其所關切的是行銷交易決策；換句話說，是將產品賣給批發商或直接與零售商交易。對運籌長而言，則是實體物流管道的決策。一般而言，批發商通常會採購大量的產品，其採購行為也較為一致且可預測，比面對許多不同零售商要節約得多。但如第 1 章談過諸如沃爾瑪等大型零售商的出現，也改變了行銷組合中的地點或通路考量。

3.6.3 與其他領域介面

除製造與行銷兩個主要組織內部功能的介面互動影響外，對製造業的廠商而言，還有財務、會計等組織支援性功能間的介面互動。

在過去幾個年代裡，財務對組織的運作越來越重要。事實上，在運籌領域有人稱財務是「運籌與供應鏈管理的第二語言」！運籌與供應鏈管理對財務評估指標中的**資產報酬率** (Return on Assets, ROA) 或**投資報酬率** (Return on Investment, ROT) 有顯著的關聯性。運籌對資產報酬率在下列方面有正面的影響：

1. 庫存可同時是資產負債表中的流動資產與收益表中的變動費用。降低庫存水準能降低資產計算基準及相對應的變動費用，因此反映著正向的資產報酬率。
2. 若公司擁有自己的倉儲庫房與運輸車隊，它們是資產表中的固定資產。若能降低或消除運輸與倉儲成本，也會反映資產報酬率的增加。
3. 若公司利用第三方物流所提供的倉儲與運輸服務，則會以較低的變動費用降低資產持有水準。
4. 最後，專注顧客服務的運籌能增加收入，當增加的收入大於客服成本時，資產報酬率也會增加。

組織的運籌長通常也會被期待應評估與驗證運籌相關的資產運用效率，故除了上述資產報酬率外，運籌長通常也必須擁有一些財務績效評估和管理的知識如**內部報酬率** (Internal Rate of Return, IRR)、**淨現值** (Net Present Value, NPV)、**回收年限** (Payback Period, PP) ……等。

會計 (Accounting) 也是會與運籌產生互動介面的重要組織功能之一，會計系統對分析各種運籌方案時能提供相關成本資訊至關重要。在過去，因未能專注各項運籌相關成本的衡量，大多以經常性開支 (Overhead Account) 彙整所有運籌相關成本，以致於無法系統性的分析運籌成本。但**作業成本法** (Activity-Based Costing, ABC) 能有效改善運籌相關成本的衡量與分析。

3.7 影響運籌成本的因素

本節從競爭、產品及空間等角度說明影響運籌成本的關係，並突顯出運籌活動在組織內的策略性角色。

3.7.1 競爭關係

人們經常將企業的競爭能力窄化解釋成產品的競爭價格，當然，產品的價格對企業競爭能力固然重要，但顧客服務也是重要的競爭動力之一。舉例來說，若一公司能對其客戶穩定且快速的提供產品，除提升客戶對公司的服務滿意度外，也能使其客戶降低其庫存成本。對公司與其客戶兩者而言，都能提升其產品於市場上的價格競爭力，因而提升其獲利能力。

本小節針對因顧客服務的屬性如訂貨週期、替代性、庫存效應、運輸效應等對提升企業與其客戶競爭能力的關係如下。

訂單週期

訂單週期(Order Cycle)的長短，會直接影響庫存水準。具體點說，縮短訂單週期能降低庫存水準。訂單週期指從顧客下單開始到顧客接收到訂貨為止的時間，對訂單履行的公司而言，其中包括訂單傳輸、確認訂單、訂單處理、訂單準備(檢貨、包裝)及訂單交運……等。

圖 3.2 顯示從顧客(客戶)角度來看，訂單週期與其庫存水準之間的一般關係。若訂單週期縮短，則(客戶的)庫存水準也可隨之降低。圖 3.2 顯示的只是訂單週期與庫存水準之間的一般關係，圖中的曲線通常也可以簡單的線性關係來簡單估計。如假設客戶每天會耗用 10 個產品，而產品供應商的訂單週期若是 8 天，則客戶在此訂單週期內(8 天共需耗用 80 個產品)的平均庫存是 80/2 = 40(除以 2 取平均值)！若供應商能將訂單週期縮短為 4 天，則客戶的平均庫存亦可降低成 40/2 = 20 個產品。因此，降低的庫存水準(即降低庫存成本)對產品的價格競爭力有相當的重要性。

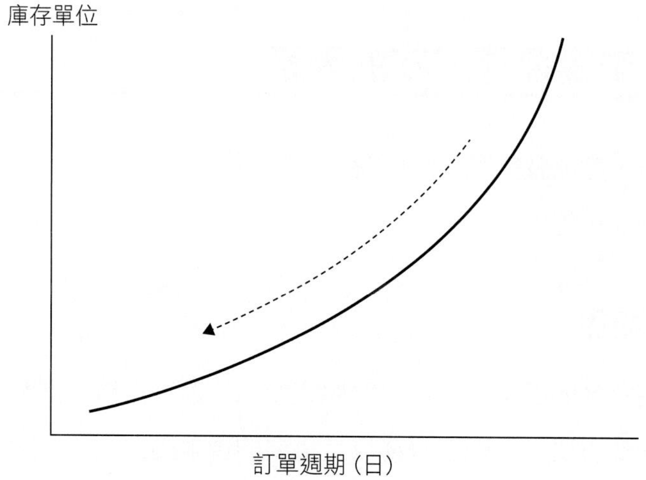

✧ **圖 3.2** 訂單週期與庫存水準一般關係示意圖

可替代性

若一公司的產品與其他公司的產品有可替代性 (Substitutability)，而顧客在市場上找不到該公司的產品（或因公司未能及時補貨或缺貨），則顧客極有可能轉換採購其他公司的類似產品，這是一般公司為何要推廣其品牌及強化顧客服務的原因。有效的品牌宣傳與好的顧客服務能有效留住顧客，亦即當市場上即便發生缺貨或找不到該項產品時，顧客也願意等待補貨！

對一公司的運籌長而言，其任務是要能維持足夠的庫存水準，避免因缺貨所造成的未銷售或滯銷成本 (Lost Sales Cost)，這也是組織對顧客服務水準與其產品可替代性的衡量指標。

庫存效應

如前所述，運籌長通常會以提高庫存水準或增加再訂貨點等方式來降低市場上缺貨或滯銷的風險及其衍生的成本，但此舉會增加庫存成本，此處稱此現象為**庫存效應** (Inventory Effect) 如圖 3.3 所示。增加庫存成本 (INV) 會使滯銷成本 (COLS) 下降。但運籌長在考量庫存成本時，通常會以最低運籌總成本 (TC) 為庫存數量的選擇依據。

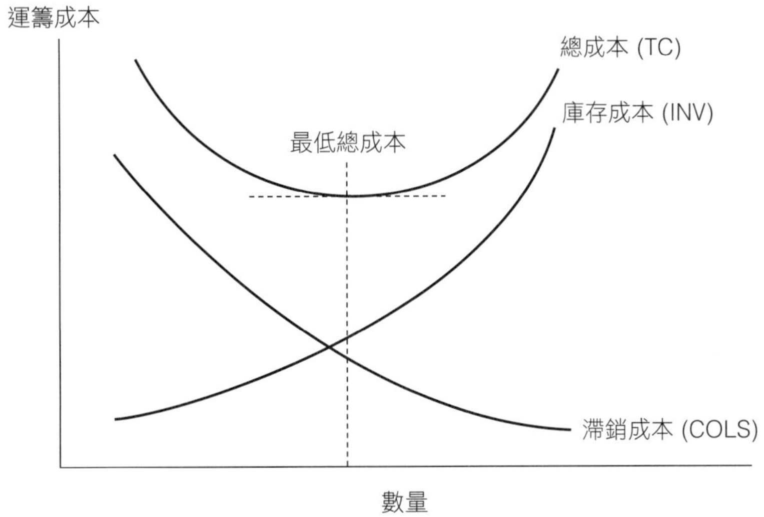

✧ **圖 3.3** 庫存效應示意圖

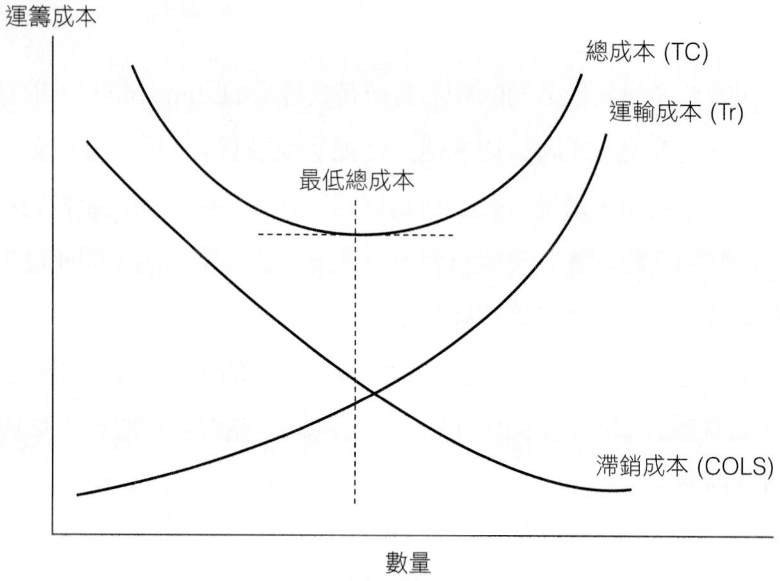

✧ 圖 3.4　運輸效應示意圖

運輸效應

與庫存效應類似，運輸成本對滯銷成本的關係如圖 3.4 所示。為提升服務水準所增加的運輸成本，會使滯銷成本下降，此處稱此現象為**運輸效應** (Transportation Effect)。而增加運輸成本或提升運輸服務水準的方式包括改用較快速（也較貴）的運輸模式，如水路改成鐵路運輸、鐵路運輸改成陸路運輸或陸路運輸改成空運，或以多次小量的高頻率運輸等，都能提升運輸服務水準，而在增加運輸成本的狀況下、降低滯銷成本。同樣的，運籌長在考量運輸成本時，通常也會以最低運籌總成本 (TC) 為運輸數量或模式的選擇依據。

3.7.2　產品關係

在影響運籌成本並突顯其重要性的產品相關因素，包含產品價值、密度、易損性及特殊處理的空間需求等，分別說明如下。

產品價值

產品價值 (Dollar Value) 會影響庫存與倉儲成本、運輸成本、包裝成本，甚至物料處理成本……等。如圖 3.5 所示，當產品價值提高時，上述相關運籌成本也會相對應的增加，其實際曲率與成本函數依據產品類別而有不同。

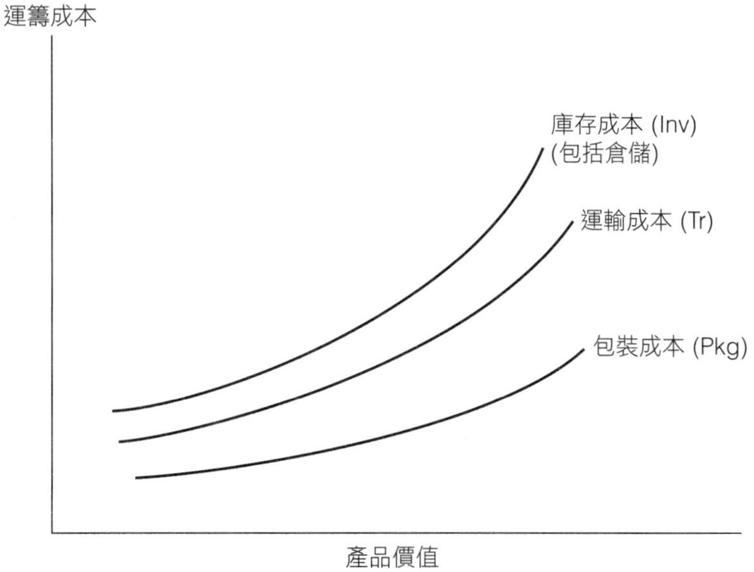

✧ 圖 3.5　產品價值與相關運籌成本一般關係示意圖

庫存與倉儲成本 (Inv) 隨著產品價值的提升而增加。高價值的產品在倉儲與庫存管理上須投入更多的資金，另外高價產品在逾期過時與貶值的風險也較（一般價值產品）高。

運輸成本 (Tr) 也會隨著產品價值的提高而增加。高價產品在運輸時的易損性及遺失風險都高，因此需要有特別的運輸保全與保險投入。對高價產品的運輸，一般客戶通常也願意對運輸服務提供者付出較高的運輸費率，以確保高價產品的順利運輸。

包裝成本 (Pkg) 也會隨著產品價值的增加而增加。一般公司對高價產品都會投入更多、更周延的包裝防護，以避免搬運時可能造成的損傷或遺失。在物料處理裝備上，對高價產品也有較精密與複雜的物料處理機具、設備與設施等。

密度

另一項有關產品會影響運籌成本的因素是密度 (Density)，通常指產品的重量與所占空間體積比。產品的密度會影響運輸、庫存與倉儲成本等，其一般關係如圖 3.6 所示。

一般運輸提供者通常以運輸貨物的重量來計價，因此高密度（較重、體積較小）產品比低密度（較輕但體積較大）產品可有較低的運輸成本。舉例來說，若運

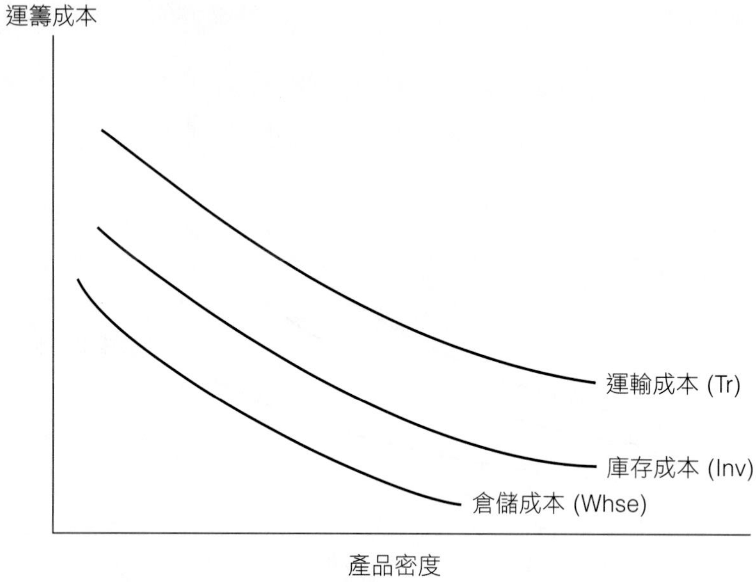

✧ **圖 3.6** 產品密度與相關運籌成本一般關係示意圖

輸商以一 53 呎貨櫃裝運貨物，裝滿一貨櫃收取 5,000 美元。則低密度產品可能裝載 2 萬磅即已裝滿貨櫃，運輸提供者對交運者收取的運輸費用是每磅 0.25 美元；但若裝載密度較高（體積較小）的產品，可能 4 萬磅裝滿貨櫃，對交運者而言，其運輸成本是每磅 0.125 美元。

易損性

產品的易損性（Susceptibility to Damage）也會衝擊到相關運籌成本，其一般關係如如圖 3.7 所示。

很好理解的是，產品易損性越高，如易脆裂、易腐敗、機構複雜，甚至高價值產品等，其倉儲、庫房管理及運輸所需投入的保全與保險費用都比一般產品要高。

特殊處理需求

產品對運籌成本有影響的第四項因素，是產品是否有特殊處理的需求。若有特殊處理需求，如冷凍、加熱或緊固包裝……等，都要由特殊設計的處理機具、裝備或設施的額外投入。因此，也會增加倉儲、庫存與運輸成本。

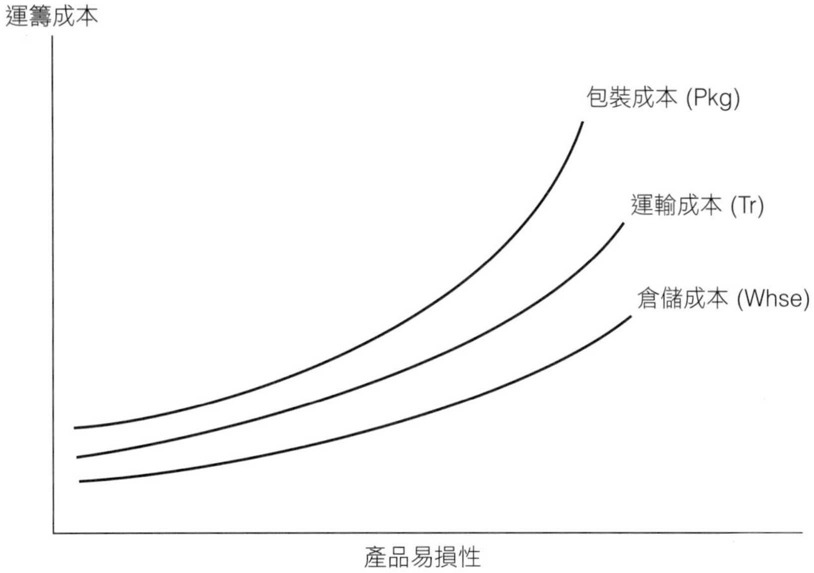

✧ 圖 3.7 產品易損性與相關運籌成本一般關係示意圖

3.7.3 空間關係

對運籌成本有顯著影響關係的最後一個因素，是運籌設施之間的空間配置關係。因運籌設施如工廠、物流中心與市場等的空間位置通常固定，彼此之間的空間或距離關係，對運籌成本會有相當大的影響。

舉例來說，如圖 3.8 所示，若有兩個離市場有不同距離的企業 (A, B)，距市場較遠 (郊區) 的 B 公司，其每單位產品的生產成本 (PCB = $7.00) 相較於距市場較近 (市區) A 公司 (PCA = $8.50) 有每單位產品 $1.50 的生產優勢 (PCA – PCB = $1.50)。但 B 公司由供應商 (SB1 & SB2) 的內向運輸成本 (SB1 + SB2 = $1.35)，加上外向運

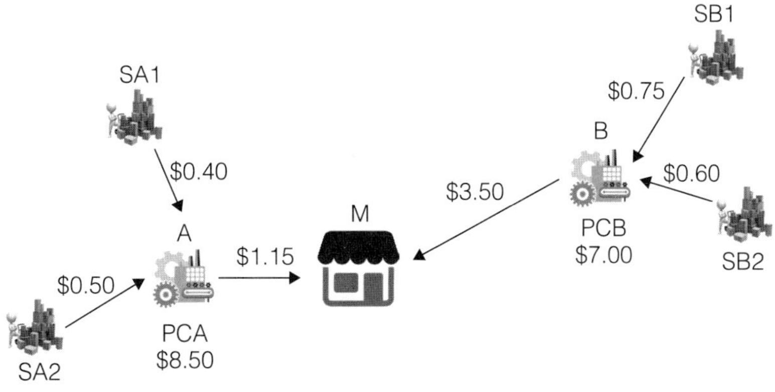

✧ 圖 3.8 運籌空間關係示意圖

輸成本 (B to M = $3.50) 共 $4.85，比 A 公司從生產到市場的運輸成本 ($0.40 + $0.50 + $1.15 = $2.08) 來得高！距離市場較近 A 公司的運輸成本優勢可抵銷其生產成本劣勢。

圖 3.8 所示範例雖說明空間距離關係對運輸成本的影響，但距離因素也可以其他運籌設施來彌補，如距離市場較遠的廠家，可在市場附近設置倉儲庫房或物流中心等，以庫存來彌補遠距離運輸成本的劣勢。但如此作法卻又會增加庫存持有成本及倉儲、庫房設施等的資金投入。由此可見，運籌設施地點對運籌成本選擇與權衡的重要性。

3.7.4 運籌與系統分析

從以上各節的說明，我們可知有很多因素會影響整體運籌成本，而且因素之間也彼此有互動關係。因此，在規劃運籌系統時，也必須從系統分析的角度來分析各運籌組成對整體運籌成本的影響。

運籌系統分析技術

運籌系統分析可運用的技術，一般區分為短程靜態分析與長程動態分析兩大類，**短程靜態分析** (Short-Run/Static Analysis) 為針對某一特定時點或產量水準，來解析不同運籌系統中各成本要素，並據以決定選擇何種運籌系統。

舉例來說，若一公司目前以全鐵路運輸方式，將包裝後的產品直接運送到客戶端。但在顧客導向的現代市場趨勢，運籌長又規劃另一運籌系統方案，在市場附近設置倉儲庫房，並以河運方式運至庫房，包裝後再以鐵路運送至客戶端。運籌長將目前及提議方案的相關運籌成本，解析分列如表 3.2 所示。

表 3.2 中提案系統與目前系統的主要差異，一是另外設置一市場端的庫房，以提升顧客服務水準及市場反應彈性；另一則是以河運方式取代大部分的鐵路運輸，使運輸成本大幅下降 ($250 相對於 $800)；但因新設置一市場端的庫房，使提案系統的總成本略高於目前系統 ($5,950 相對於 $5,775)。若純以此靜態 (五萬磅定量產出) 成本分析，組織可能捨棄運籌長的提案系統！但從上述解析中，我們可發現提案系統雖然比目前系統有較高的總成本，但短程靜態分析僅考量目前時點與產出

表 3.2 五萬磅產出運籌系統靜態分析成本解析表

運籌成本項目		目前系統	提案系統
包裝		$ 500	$ 0
儲存與處理		150	50
庫房持有		50	25
管理		75	25
固定		4,200	2,400
運輸成本			
河運至庫房		0	150
鐵運至客戶		800	100
	市場端庫房		
	包裝	0	500
	儲存與處理	0	150
	庫房持有	0	75
	管理	0	75
	固定	0	2,400
總成本		5,775	5,950

量，無法對提案系統未來對公司帶來的經濟效益做出預測。因此，我們還需要另一種動態分析技術。

當短程靜態分析僅專注於特定的時段與產出量時，長程動態分析 (Long-Run/Dynamic Analysis) 則可用於評估運籌系統於一較長時段或產出量區域執行分析。若仍使用表 3.2 的數據，並以一簡單、線性預測模式如下：

$$y = a + bx$$

y：總成本

a：固定成本

b：每單位變動成本

x：產出量

運籌長可根據上式，分別列出兩個系統的總成本計算公式，並令其「相等」後，求出兩系統等值的產出量如下：

目前系統總成本 $y_1 = 4{,}200 + 0.0315x$

提案系統總成本 $y_2 = 4{,}800 + 0.0230x$

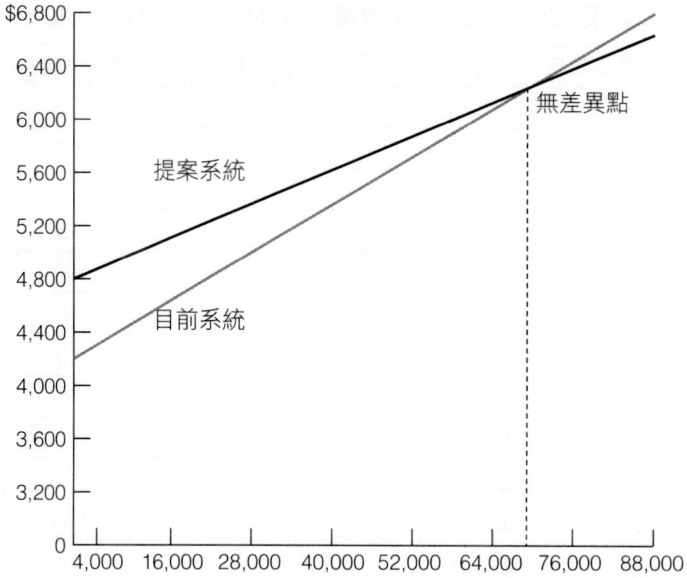

	固定成本	總變動成本	每磅變動成本	總成本
目前系統	4,200	1,575	0.0315	5,775
提案系統	4,800	1,150	0.0230	5,950

✧ 圖 3.9　運籌系統動態成本分析示意圖

令 $y_1 = y_2$，則

$$4{,}200 + 0.0315x = 4{,}800 + 0.0230x$$

$$\Rightarrow 600 = 0.0085x$$

$$\text{得解 } x = 600 / 0.0085 = 70{,}588$$

上述分析程序與結果如圖 3.9 所示。

此例計算所得 x = 70,588 的意義，是指產量如在 70,588 磅以下，目前系統的總成本都低於提案系統，以維持目前系統的運作有較高的經濟利益；但當產量超出 70,588 磅以上，則提案系統有較低的總成本。

一個組織可能同時須考量多個運籌系統的分析與選擇，上述靜態與動態分析技術同樣可運用在所有系統的分析，並協助做出運籌決策。

運籌系統分析方法

因運籌系統的組成甚為複雜，包含倉儲庫房設施地點的選擇、運輸模式與成本考量、物料處理、成本中心、物流管道規劃……等，因此在分析運籌系統效能與經濟效益時，不同的組成會有不同的考量角度。此處列舉四種常用的運籌系統分析方法，並分別簡述如下：

1. 物料處理或實體物流

物料處理 (Material Handling) 與實體物流 (Physical Distribution) 在運籌系統中可分別視為內向運籌與外向運籌，而原物料的處理與產品的儲存與移動有很大不同。舉例來說，石膏板的製造廠家可能會以鐵路運輸方式運送石膏原料，而大量原料則通常儲放在工廠外、僅在頂部有開口、可供軌道車灌入石膏石的圓頂式原料儲放槽。但製成石膏板成品後的儲放與運輸方式則與原料不同，成品通常以棧板整齊堆放在工廠內，並以特殊設計的平板軌道車或貨車運輸。

上述物料處理與實體物流間的差異，對運籌系統的規劃與設計會有很大影響。無論如何，物料處理與實體物流間的需求差異，都需要組織運籌長與其他功能經理人之間的密切協調和權衡。

2. 成本中心

如前所述，運籌系統中通常包括運輸、倉儲庫房、物料處理、工業包裝等功能活動組成。在分析運籌系統的總成本時，可將上述活動視為個別的成本中心 (Cost Centers)。視運籌系統的目標是最低總成本或是最高服務水準，進而以前述短程靜態或長程動態分析技術，決定選擇哪些最佳的成本中心組合。

舉例來說，運輸模式由鐵路運輸轉換成陸路貨櫃運輸，通常會導致運輸成本的增加，但貨櫃運輸較鐵路運輸快、有更可靠的轉運時間及降低庫存水準（成本）等優點，而這些優點的綜效通常能抵銷或甚至蓋過運輸成本增加的缺點。

另外的例子可能是增加運籌系統中倉儲庫房的數量，如此有可降低運輸成本、滯銷成本與提升服務水準等優點；但增加倉儲庫房的設置，會導致系統固定成本的增加，以短期來看，通常不是最低成本的最佳財務選擇；但長遠來看，其優點仍可能強過缺點。

3. 節點與鏈路

在運籌系統節點與鏈路的考量中，節點 (Nodes) 是如工廠或倉儲庫房等固定設施。工廠將原物料製造或組裝成半成品或成品，而倉儲庫房則執行半成品與成品的

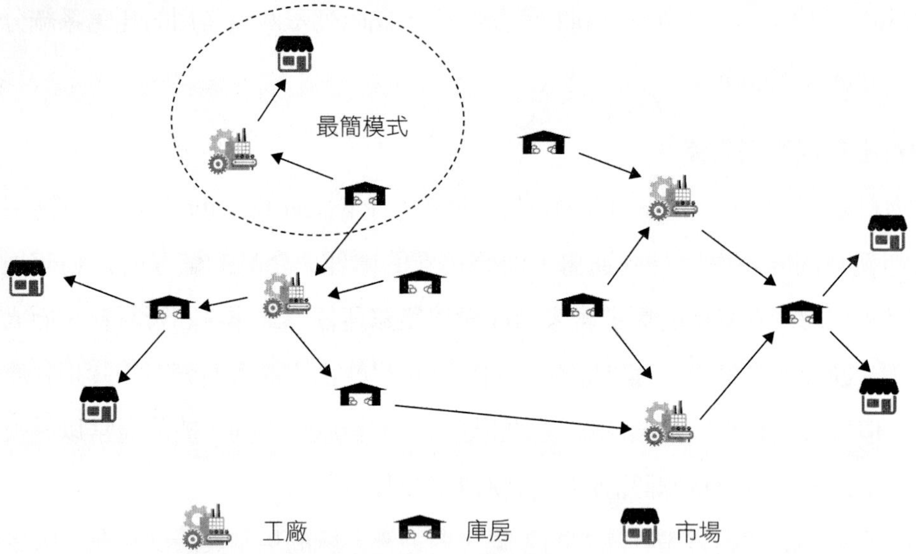

✧ **圖 3.10** 多節點鏈路運籌系統動態成本分析示意圖

倉儲與庫存管理等作業。鏈路 (Links) 則為連接所有運籌系統中節點的運輸網路。此運輸網路可能是單純的單一運輸模式（鐵路運輸、陸路貨櫃運輸、空運、管路運輸、海運或水運等），也可能是多種運輸模式的組合型式。

節點與鏈路分析，會隨著節點數量、位置及鏈路模式與組合的方式而變得相當複雜。若一家廠家直接將產品運交特定市場，則其節點與鏈路模式相當簡單；但如一家企業有多個工廠、庫房且針對多個市場，則其節點與鏈路系統就可能相當複雜，如圖 3.10 所示。多節點與鏈路運籌系統的配置，更需要運籌長的規劃與協調、整合能力。

4. 運籌通路

另一種運籌系統的分析方法，是運籌通路 (Logistics Channel) 或供應鏈網路的設計，有效的物流流通為其主要考量。

運籌通路可以非常簡單，如單一製造廠家將供應商提供的原物料轉換成成品後，直接運交給市場客戶（可以是批發商、零售店或終端顧客……等），如圖 3.11 所示。

運籌通路也可能因製造廠家與市場間的距離較遠，需要加入批發商、庫房或等第三方物流服務商支援對市場的供貨（另可能包括原物料的運輸）時，其多層級通路 (Multi-Echelon Channel) 就可能變得複雜，如圖 3.12 所示。

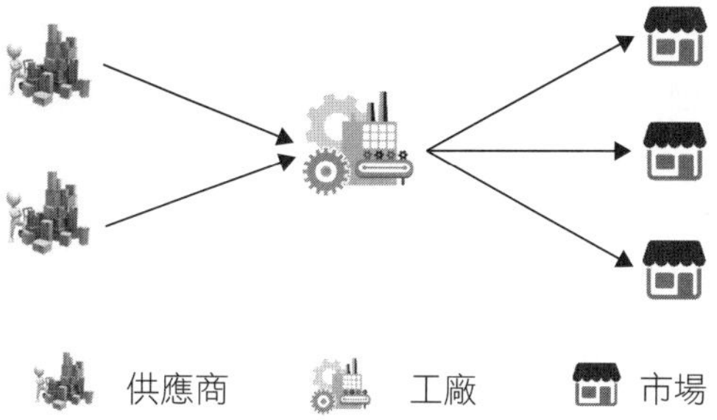

✧ 圖 3.11 簡單運籌通路示意圖

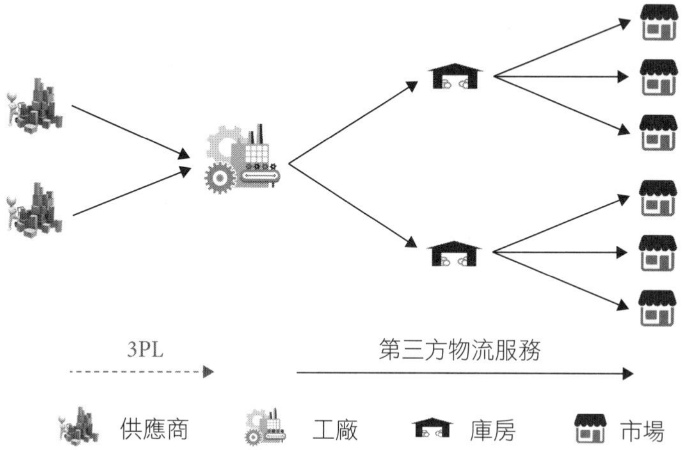

✧ 圖 3.12 多層級運籌通路示意圖

若企業涉及全球運籌，有多個生產工廠據點（多種產品生產線）、多個庫房、需要第三方、第四方物流服務商及多個市場客戶……等，其多層級運籌通路就會變得異常複雜，會對企業運籌長帶來巨大的挑戰！

總結

❖ 運籌的概念發展，從最初的實體物流或稱外向運籌開始，發展到結合內、外向運籌的整合運籌系統，最後將供應商、配送商各自運籌網路的協調、整合與管理，形成今日所稱的供應鏈管理。

- 美國供應鏈管理專業協會對運籌的定義為：「供應鏈程序的一部分，為達成顧客需求，從起始點到消耗點流程中有關貨物儲存、服務與相關資訊有效流通的計畫、執行與管控作為。」
- 對一企業的產品與服務，運籌能提供五種相互關聯的經濟效用如型式（轉換）、地點、時間、數量及持有。一般來說，廠家的生產活動提供的是型式轉換效用，運籌活動則能提供地點、時間及數量效用，而行銷活動則能提供持有效用。
- 型式效用或轉換效用，是經過生產工廠產製或組裝程序後，由原物料、組件成為最終產品所生成的經濟效用。
- 運籌將廠商生產的產品運送到所需的地點，稱為地點效用，地點效用主要由運籌活動中的運輸所達成。
- 運籌的時間效用指的是在特定的需求時間（與地點）能提供顧客所需產品與服務所產生的效用，而此時間效用須由適當的庫存管理、提供地點的策略性選擇及運輸來達成。
- 在今日全球競爭的環境下，何時、何處的時間與地點效用，也須有「多少」的數量效用的配合，才能遞交正確數量的產品到顧客手中，更重要的是降低庫存成本與避免缺貨的損失。數量效用對追求及時系統生產概念的汽車製造業而言特別重要。
- 若對產品與服務的需求不存在，則前述型式、時間、地點與數量效用亦無從發揮！持有效用主要須由行銷的促銷與銷售努力來達成。
- 運籌管理者可能須承擔下列職掌任務，如運輸、倉儲管理、工業包裝、物料處理、庫存控制、訂單履行、庫存預測、生產規劃與排程、採購、顧客服務、設施位置決策、回收物品處理、零件與服務支援、廢品處理……等。
- 運輸在運籌及供應鏈中扮演著實體物流移動的角色，其運輸模式、網路及支援設施等的規劃良窳，會直接影響全運籌成本的節約或浪費。
- 儲存包含兩個分開但彼此相關的活動：庫存管理與倉儲，且都與運輸有直接的互動影響關係。

- 產品的工業包裝指配合儲存與運輸所需的包裝，如瓦楞紙箱、彈性包覆膠帶、緊固綁帶、包裝袋……等。工業包裝通常與運輸有直接關係。
- 物料處理（Material Handling）包括將原物料從運輸車輛移進倉儲庫房的搬運（內向運籌）、將成品移至訂單處理區、最終在外送碼頭區移至外送車輛（外向運籌）等物料的（搬運）處理。
- 庫存控制（Inventory Control）包含兩個向度的考量：一是維持適當的庫存水準；另一則是確認庫存的精確性。適當的庫存水準須持續的監控生產所耗用的原物料及供應商的供貨時程，以避免生產的缺貨待料。
- 訂單履行又稱為訂單交貨期，從顧客下單開始，一直到顧客收到訂貨為止，其中包含訂單傳送、訂單處理、訂單準備及訂單交付四個活動。
- 可靠的需求預測是達成生產效率及滿足顧客需求的必要庫存管理要求。運籌及供應鏈管理者須配合生產排程及市場需求預測，才能確保適當的庫存水準。
- 生產規劃與需求預測及庫存控制有關。一旦需求預測已建立，且掌握現有庫存及運用率後，生產經理即可計算能支援市場行銷需求的產量。但如為多產品線的生產，生產規劃與相關的排程，即可能須由運籌長來協調、管控。
- 原物料的採購地點、採購數量及需求時程等，都與運籌成本相關。
- 顧客服務在運籌所扮演的功能角色有兩個重要向度：一是與顧客直接互動使其下單的程序；另一則是要對顧客提供何種服務水準的決定。
- 工廠與庫房設施地點的選擇與規劃，是運籌管理者應關切的重要議題。任何設施地點的變化，都會影響到製造與交貨時程、運輸成本、服務水準及庫存水準需求等。
- 從宏觀的經濟角度來看，運籌成本須以經濟成長來衡量。換句話說，當經濟成長時，有更多的產品與服務被生產或提供，整體運籌成本也會隨之增加。為判斷一經濟體系運籌系統運作的效率，通常會以整體運籌成本與國內生產總值的關係來衡量。
- 公司內的運籌指跨組織功能分工，尤其是製造、行銷及財務等功能領域的流路、程序的協調與管控。

❖ 運籌與製造介面的關係，包括內向運籌、生產運作的時間、季節性產品所帶來的生產與庫存壓力及工業包裝等。

❖ 若考量全球運籌的生產，運籌長要處理的包括可能須由海外採購生產所需的原物料，可能由其他國外合作廠家共同生產、包裝外包、合約外包組裝，或甚至整個生產程序等，都需要運籌長與負責生產的經理人（不見得是同一家公司）密切的協調。

❖ 將產品遞交給客戶的訂單履行與對顧客的行銷，也與運籌的「七適」息息相關。

❖ 除製造與行銷兩個主要組織內部功能的介面互動影響外，對製造業的廠商而言，還有財務、會計等組織支援性功能間的介面互動。

❖ 影響運籌成本的因素，包括競爭關係、產品關係及空間關係等。競爭關係考量顧客服務的屬性，如訂貨週期、替代性、庫存效應、運輸效應等對提升企業與其客戶競爭能力的關係。

❖ 影響運籌成本的產品關係，包括產品價值、密度、易損性及特殊處理的空間需求等。

❖ 空間關係是指因運籌設施，如工廠、物流中心與市場等的空間位置通常固定，彼此之間的空間或距離關係，對運籌成本會有相當大的影響。

❖ 運籌系統的分析技術可概分為短程靜態分析 (Short-Run/Static Analysis) 與長程動態分析 (Long-Run/Dynamic Analysis) 兩大類。短程靜態分析僅專注於特定的時段與產出量；長程動態分析則可用於評估運籌系統於一較長時段或產出量區域執行分析。

❖ 運籌系統分析方法，包括物料處理或實體物流、節點與鏈路、成本中心及運籌通路考量四大類。

第 4 章

物流與全通路網路設計

閱讀本章後，你應能……

學習目標

- 瞭解評估、做出改變以改善供應鏈網路結構與功能的重要性
- 瞭解執行供應鏈網路設計的有效程序
- 瞭解供應鏈設施選址的關鍵決定因素及其衝擊與影響
- 掌握各種供應鏈網路設計與設施選址模型
- 以簡單的方格與重心選址法瞭解不同因素對選址決策的影響
- 瞭解行銷與運籌管道之差異
- 瞭解全通路供應鏈策略對供應鏈結構與功能的衝擊與影響
- 掌握近代供應鏈公司如何因應全通路物流的挑戰範例

供應鏈側寫 田納西州為何能成為製造業的溫床？

許多世界知名的大公司在過去數年都湧向美國田納西州，如福斯汽車 (Volkswagen AG) 在查塔努加 (Chattanooga) 投資一個 10 億美元的新組裝廠；日產汽車 (Nissan Motor Company) 也宣布將首度在美國田納西州設立一個引擎製造廠；惠而浦 (Whirlpool Corp) 在田納西州的新廠，也將追求美國綠色建築委員會所頒發的能源與環保領導設計 (Leadership in Energy and Environmental Design, LEED) 的黃金認證，美國普利司通 (Bridgestone) 在田納西州的工廠也擴充規模，預期將能提升每天產量提升 10% 以上。這些大廠的名單還沒結束，其他還有江森自控 (Johnson Controls Inc.)、德納控股 (Dana Holding Corp.)、寶僑……等。

汽車工業仍是田納西州的主要產業，田納西州在全美汽車產量排名中占第八位，其所提供超過 10 萬個工作機會，占田納西州總體製造業的 34%。若加總代工製造 (Original Equipment Manufacturer, OEM) 廠、供應商及衛星工廠等，田納西州內總計有 864 個汽車製造相關公司。

美國基地的優勢

田納西州以接近巨大美國消費市場的優勢，持續吸引非美國製造商在田納西州設廠。美國福斯汽車集團執行長亞各比 (Stefan Jacoby) 說：「我們 2008 年的設廠決定，是朝向美國市場新策略的一部分。」惠而浦執行長費帝格 (Jeff Fettig) 也響應上述說法，費帝格說：「我們在克里夫蘭 (Cleveland) 1 億 2,000 萬美元的投資，是惠而浦在全球各地最大的一筆投資，也表示我們對美國製造競爭力的信心與承諾。」

現有能量的擴充

日產汽車也打算在田納西州繼續擴充其過去的成功經驗，美國日產副董事長克魯格 (Bill Krueger) 說：「我們在西麥納 (Smyrna) 工廠的運作，能讓我們繼續以高品質的製造迎接未來挑戰。」

克魯格所說的高品質製造，需要有勞工高品質技能來達成！「我的施政第一優先，是將田納西州變成美國東南部高品質工作的第一名。」田納西州長哈斯納姆 (Bill Haslam) 繼續闡釋：「我們的 "Job4TN" 計畫，就是達成此目標的藍圖。藉著我們在各州區內資源的有效運用，除吸引新的企業來本州投資外，也能協助既有企業在保持競爭力的同時持續擴充能量。我們將持續投資，讓田納西州在未來成為全美第一的領導者。」

資料來源：Adapted from Adrienne Selko, "Why is Tennessee a Hotbed for Manufacturing?" *Industry Week*, June 18, 2012. Reprinted with permission.

4.1 簡介

企業持續尋找降低成本與提升顧客服務水準方法時，運籌設施的位置選擇，始終是個複雜且關鍵的議題。除了提升供應鏈的效率、效果外，供應鏈網路的再設計也能提供企業於市場上的差異化選擇，進而創造出新的競爭優勢形式。考量今日企業經營持續增加的動態性，有一些在美國經營成功的範例可供參考如下：

- 一家家用品零售商為提升對惡劣天候影響區域的服務，在全國設置 18 個專責型庫房，提供如發電機、吹雪器及合板材料等就近交運服務。此策略使其供應能力更快且更便宜。
- 一家藥品物流商在全國大幅縮減其物流中心數量，取而代之者，提供能由顧客選擇服務模式，如當天交運、一般交運……等，事實也證明能獲得顧客的滿意與支持。
- 一家知名的辦公室用品公司，將全國物流設施從 11 個縮減到 3 個，但顯著提升留存設施的**越庫**(Cross-Docking)能力，也能顯著提升其運籌服務效率。
- 兩家食品雜貨製造商合併後，在全國共有 54 個物流中心。在審慎分析未來經營策略後，這家合併公司將物流中心數量整併成 15 個策略性設施，除顯著降低整體運籌成本外，其顧客服務水準也隨之提升。
- 一家消費性產品零售商為整合從全球各地製造廠進口的產品，特別設立一大型的進口用物流中心，有效整合其美國本土的內向運籌。
- 一家提供全球運籌服務合約商，將歐洲的多個物流中心整併成一個，同時提升其顧客訂單履行率，對歐洲多家製造商所提供的運籌服務有增無減。
- 一家全球半導體產品製造商將其運籌網路整併成一個設於新加坡的物流中心，同時委由第三方物流商負責其全球運籌任務，結果不但降低成本、提升服務水準外，也形成市場上的另一種新形式的差異化策略。

從以上範例來看，在國際貿易大幅變動的狀況下，即便供應鏈企業採取不同的作法(物流設施的增或減)，若能配合其他運籌策略，卻也能獲得相當的成功！從一般角度來看，若固定物流設施的成本節約優勢能勝過運輸成本的節約，則縮減物流設施數量可視為正常作法，反之亦然。因此，物流設施數量及位置的長程策略性規劃，是本章物流網路設計的重要探討議題。

4.2 長程規劃的重要性

對短期的經營而言，一家公司供應鏈網路及其關鍵設施的位置通常為固定。運籌經理必須在設施固定的限制下執行其任務。設施可用性、租用、合約或對設施的投資等，都不是短期運作所能考量的。但對長久經營而言，固定設施的成本限制不是重點，反而是能達成顧客、供應商的需求，與同業之間的競爭力……等，才是持續經營應考量的要點。

此外，今日對物流設施的決策可能符合經濟效益、具備競爭優勢……等，但在經營環境快速變動的狀況下，今日之是未必能使明日仍是！因此，占用大部分固定投資與成本的物流設施，於規劃時就必須能彈性反應顧客的未來需求，這也突顯出現代第三方物流服務提供商對運籌運作的重要性。

4.2.1 供應鏈網路再設計的策略重要性

為何要分析供應鏈網路？這問題的答案是「目前（經營環境）唯一不變的就是變！」諸如消費者與客戶的需求、技術演進、競爭態勢、市場……等都不斷的變化中，為了保持在市場上的競爭力與持續經營能力，企業應能不斷的預測環境的變化，並重新部署其資源以資因應。

若考量環境的變化速度，企業是否能以更新其現有供應鏈網路來因應，是一個值得深究的議題。一般的作法，使已成功運作多年，但已顯現出缺陷的供應鏈網路作為系統評估與再設計的當然首選。但即便供應鏈網路並未過時，不斷的評估與分析，也可能使企業發掘能降低成本、改善服務效率等新的機會。

4.2.2 全球貿易型態的改變

隨著時間流逝，我們能輕易的發現全球貿易型態的轉變。舉例來說，僅就全球貿易匯率波動此一項因素，就會顯著影響企業於全球各地的籌資策略，消費者與工業客戶也可在不同通路選擇其採購管道。其他隨著全球貿易型態轉變而須考量的因素還包括：

- 世界各區域或國家之間的貿易量。
- 全球各區域或國家對採購項目交運至全球各地的能力。
- 從供應端到需求端對實體貨物交付的全球運輸及基礎設施。
- 涉及全球運籌與運輸服務貿易通路供需平衡與否……等。

4.2.3 客服需求的變化

顧客與客戶對物流服務的需求各自不同，有的要求成本須低廉，而有的則希望與供應商維持好的長期夥伴關係。除了顧客需求的變化外，企業對客服水準的規劃，也會隨著顧客需求而改變。舉例說明，傳統食品製造廠商過去依賴地區零售商來銷售其產品，但目前也會於其顧客名單上增加倉儲會員 (Warehouse Club) 與線上零售 (Online Retailer) 等客服項目。這些在企業與顧客端的變化，對運籌任務如交貨時間、訂單數量與頻率、交運通知、標識與包裝……等，會產生顯著的衝擊與影響。

為因應顧客需求的變化，目前在運籌領域有一種**全通路供應鏈** (Omni-Channel Supply Chain) 的概念正快速的發展中。其概念就是以多種供應鏈通路，如零售店面、目錄行銷、線上銷售……等，讓顧客與客戶能方便的採購到產品。

4.2.4 顧客與供應市場的轉移

試想製造商與物流商在供應端到消費端供應鏈中的位置，任何供應商、市場或顧客的變動，都需要製造商與物流商重新考量其供應鏈的適宜性。在全球化的趨勢下，供應鏈中的廠家都需要考量其物流設施的策略性位置。對製造商而言，須考量其生產工廠於全球各地的配置與部署及這些地點分散工廠運作之間的協調與整合；對供應端而言，供應商則須考量其設施位置是否能有效支援其製造商客戶的生產需求。

舉例來說，對追求及時生產的汽車產業而言，汽車原物料供應商通常都將其設施布置於製造商附近。汽車製造商也為能因應主要消費國家的需求，而通常會在當地國設置生產工廠……等。這些設施地點的移轉，都在實現降低物流成本與提升客服水準。

同樣也是全球化的影響，許多新興經濟體對全球貿易的貢獻日益增加。為能在這些新興經濟的國家中擴建新的市場機會，全球供應鏈廠家也逐漸重視於當地國設置分支機構，或與當地既有企業組成**合作投資**（Joint Venture, JV）企業，以追求新的市場機會。

4.2.5 企業併購與所有權的變化

在當今的國際企業經營中，企業之間的併購，除了企業所有權的變更之外，對併購後企業國際競爭力的提升，也有重要的策略意涵。對企業的物流網路而言，併購規劃時就應隨著企業所有權的變更，而思考物流網路的重新配置，以避免重複的物流設施而增加不必要的運籌花費。

雖然**運籌長**（Chief Logistic Officer, CLO）對企業的順利與成功經營有重要影響力，但常在企業併購的規劃過程中被忽略，運籌長也通常是最後才得知併購案的確定，這對併購後供應鏈與物流網路的運作有非常不利的影響。至少，在併購後物流網路的重新設計中，相關供應鏈的管理者們泰半會採取防禦性的消極態度。

4.2.6 成本壓力

降低經營成本，始終是企業追求的重要目標之一。但在生產程序中壓低成本的努力已幾近極限的情況下，運籌與物流網路的成本就成為企業降低經營成本新的思路。因此，不斷評估與分析現有供應鏈網路與新方案的成本架構，可能有助於發掘降低成本的機會。

若以全球經營考量的角度來看，工資率對製造與物流業的設施配置有顯著的影響。在近代的經濟發展歷史中，BRIC 金磚四國及 VISTA 展望五國等國家，都受惠於其廉價的勞工工資而吸引大量外資，如高科技廠家英特爾（Intel）晶片製造商於 2010 年在越南新建一座數十億美元的生產工廠，有助於為越南創造數千個工作機會，並提升越南勞工的技術水準。

但是隨著新興經濟國家國民生活水準的提升，其勞工工資率也隨之提升。若新興國家工資率增加至接近本國水準，則國外設廠的勞工成本即不具優勢，可能使企業傾向在岸 (In-Shoring) 設廠。當然，勞工成本仍只是成本考量的因素之一，新興國家的市場機會及產業群聚效應……等，仍應做整體的考量與規劃。

4.2.7 競爭能力

另一項須企業持續檢視與分析的因素是企業的競爭能力。具體的說，企業的物流設施位置是否能持續維持其市場競爭力，這通常包含服務水準與整體運籌成本的雙重考量。

舉例來說，許多公司都將其物流設施設置在靠近聯邦快遞或優比速等快遞公司的主要樞紐運作區域，以強化快速運交產品的服務能力。這項物流配置策略對生產高價、時間敏感產品廠家的庫存管理特別重要。快速運輸能力能使客服水準提高，其整體運籌成本也比設置多個近接市場的設施成本來得低。總括而言，物流設施的策略性配置如靠近主要快遞服務、鄰近市場……等，有助於提升企業的總體競爭力。

4.2.8 企業的組織性變革

隨著經營環境的變化，企業調整其組織架構或規模也是常見的事。當企業打算執行如**裁撤** (Downsizing)，**企業流程再造或再設計** (Business Process Reengineering, BRP/Redesign) 等組織性變革作為時，必須納入其運籌網路資源的防護考量，以確保企業執行變革後，其運籌功能仍能順利的運作。

4.3 供應鏈網路設計

當企業組織審視或打算重新設計其供應鏈網路，尤其是設施選址時，有許多影響因素必須考量，這將在 4.4 節加以介紹。本節先針對供應鏈網路設計的六個主要程序（如圖 4.1 所示）分別解說如後。

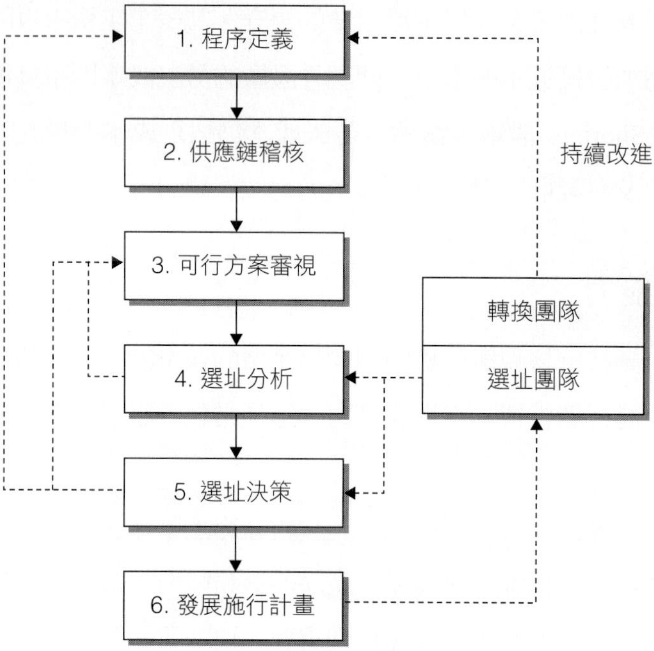

✧ **圖 4.1** 供應鏈網路設計程序圖

資料來源：C. John Langley, Ph.D. Penn State University. Used with permission.

4.3.1 程序定義

供應鏈網路設計執行程序的第一步，是成立組織的轉換團隊。此團隊通常為跨功能性的任務編組，主要負責供應鏈網路設計程序的推動與後續持續改進作為納入組織正常運作的規劃。在轉換團隊中另可成立專責的選址分析與決策小組，專門負責物流設施的分析與選址決策。

轉換團隊內的所有成員，都必須瞭解公司的企業與經營策略方向，才能設計出真正符合企業目前需求及未來發展所需的供應鏈網路。除企業與經營策略外，若高階領導或管理人員未納入轉換團隊，則團隊也應能掌握高階人員對未來供應鏈網路的期待，如此才能獲得組織高階的支持。

程序定義最主要的工作，是有關資金、人力等資源與網路系統需求的議題管理。任何可能會在供應鏈網路設計程序中的潛在影響因素（議題），都必須辨識出來，並在後續程序中加以管理。

另外，在供應鏈網路設計的初期，也必須納入未來可能需用到的第三方物流服務，必要時也可邀請第三方物流服務提供商的參與團隊規劃。

4.3.2 供應鏈稽核

供應鏈稽核可讓轉換團隊對公司目前的運籌程序與供應鏈網路有一全盤的瞭解。此外，此程序也使團隊開始蒐集後續步驟將用到的必要資訊如下：

- 顧客需求與關鍵環境影響因素。
- 關鍵的長、短程運籌目標。
- 目前供應鏈網路的現況及公司在供應鏈中所處的位置。
- 供應鏈的關鍵程序與活動。
- 供應鏈成本及關鍵績效衡量的標竿學習、目標與價值。
- 辨識目前與期望運籌與供應鏈績效之間的差異。
- 以績效衡量表示供應鏈設計的主要目標。
- 未來運籌與供應鏈的可行方案(包含跨國與全球觀點)……等。

供應鏈稽核的一般程序，從蒐集基礎經營資訊開始，一直到發展運籌與供應鏈網路的策略發展計畫為止，可區分為六個步驟如圖 4.2 所示。

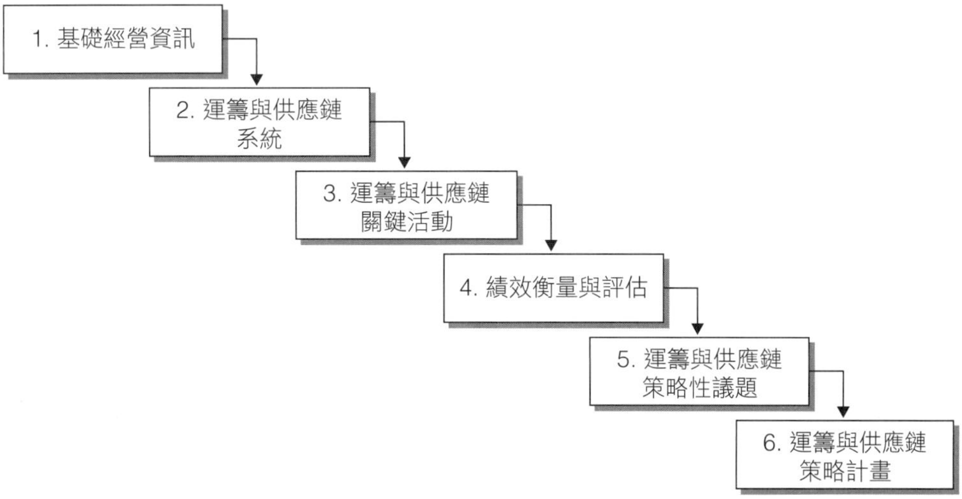

✧ **圖 4.2** 供應鏈稽核程序示意圖

資料來源：C. John Langley, Ph.D. Penn State University. Used with permission.

4.3.3 可行方案審視

在供應鏈稽核程序中辨識出未來運籌與供應鏈的可行方案，於此程序運用適合的量化模型執行分析。可用的量化模型主要有最佳化、模擬及啟發式三種模型（後述），或這三種模型的混合運用。簡單的說，最佳化模型在尋找最佳方案；模擬則在顯示供應鏈網路功能的最可能發生狀況；而啟發式模型則用在辨識方案的主要運籌問題及其影響程度。

選擇替選方案評估模型時，須與稽核程序辨識未來網路所須達成目標有一致性。通常在模型分析時，能讓轉換團隊產生更多見解；但同時也會產生更多問題，能讓轉換團隊更進一步的瞭解未來供應鏈網路的運作情形。

一旦辨識出主要可行的替選方案後，接著就應執行 "What-If" 的**敏感度分析**(Sensibility Analysis)，藉由改變關鍵影響變數，如運輸費率、物流設施成本及設施距離市場、顧客的距離……等，瞭解替選方案的變化情形。

如前所述，在運籌與供應鏈網路設計時，除國內特定區域的考量外，另應提早納入跨國與全球化經營的考量，如此才能在後續程序中發展出適合未來擴充能量的網路設計。

4.3.4 選址分析

當替選方案經上述分析驗證可行後，接下來還要以質性方法進一步評估替選方案的價值。這些質性分析角度包括勞動氛圍、運輸相關議題、與顧客及市場的近接性、生活品質、稅務與工業發展誘因、供應商網路、土地成本與公共設施可用性、運籌與供應鏈基礎設施及公司的偏好……等，將於後續節次分別介紹。

從這一程序開始，團隊中的專責型選址團隊開始針對替選方案中，蒐集設施位置的特定屬性資料如地形、地質及設施設計等。

選址分析的第一步，是篩除那些不符合經濟效益的區域。如此，除可大幅縮減須分析的廠址區域數量外，另可針對選定區域執行更細緻的成本效益與敏感度分析。舉例來說，如某家廠商打算在美國東南部設廠，經質性選址分析後，大致決定最佳設廠區域為田納西與喬治亞兩州的區域。若是國際選址分析，在初步的質性選址分析後，可能顯示中國南部或越南為可能的選址區域。接下來，就是針對縮小範圍內特定區域可能廠址的選址分析與優缺點比較。

供應鏈網路設計發展到這一程序，應同時納入外部供應商與第三方物流服務提供商對可能選址成本與服務水準的衝擊影響。這納入外部可用資源的考量，也具有策略性意涵。

4.3.5 網路選址決策

如圖 4.1 所示，選址決策程序的主要工作，就是將選址決策與「程序 3. 可行方案審視」，甚至回溯到「程序 1. 程序定義」辨識出目標進行校準 (Alignment)，以確定最終選址確實為未來運籌網路所需，且可在供應鏈網路中運作。

4.3.6 發展施行計畫

在上述程序執行後，就是發展施行計畫的最終程序。施行計畫是組織推動運籌與供應鏈網路再設計的變革藍圖。若組織要執行供應鏈網路的再設計，就代表轉換團隊的最終產出是一變革計畫，因此組織高層應於此階段投入先前承諾的資源，以確保施行計畫順利、及時的執行。計畫施行的結果也應納入組織的正常運作，使組織得以持續改進！

第一線上 美國在岸工作機會的增加

根據美國哈克特顧問集團 (Hackett Group Inc.) 的最新研究結果，許多美國的中型城市，越來越受到美國供應鏈管理者的青睞，並有將以往**離岸外包** (Offshoring Outsourcing) 給印度的財務、資訊科技、客服中心或全球服務中心……等業務移回美國**在岸運作** (Onshoring) 的趨勢。

上述研究結果顯示，由於國際間勞力成本差異的逐漸消失，再加上美國擁有的員工低離職率、較佳的企業經營知識、與顧客與企業總部的近接性及美國各州所提出的稅務誘因計畫等，使越來越多的 (美國) 企業開始考量將原本外包給印度、中國……等的複雜、高價值程序轉回美國本土。

哈克特的「全球經營服務高階諮詢計畫」(Global Business Services Executive Advisory Program) 以因素加權法，列舉出前 30 名美國適合高階諮詢服務的城市，其中前 10 名分別是紐約州錫拉丘茲 (Syracuse, NY 或習稱雪城)、佛州傑克遜維爾 (Jacksonville, FL)、坦帕 (Tampa, FL)、密西根州藍辛 (Lansing, MI)、大急流城 (Grand Rapids, MI)、喬治亞州亞特蘭大 (Atlanta, GA)、賓州艾倫敦 (Allentown, PA)、威斯康辛州綠灣 (Green Bay, WI)、維吉尼亞州里奇蒙 (Richmond, VA) 及科羅拉多州朗蒙特 (Longmont, CO)。

目前哈克特發布的研究，也與過去的研究結果類似，都顯示上一世紀中大量離岸外包的業務，如企業財務、資訊管理、採購、人資……等，都使美國本土相關的工作大量流失；但此趨勢在過去幾年已穩定緩和，許多公司會發現過去離岸外包的成本優勢已逐漸消失。

雖然與東歐、拉丁美洲及亞洲比較，目前美國本土的勞力成本仍高，但此人力成本差距已逐漸縮小。此外，美國也擁有許多比其他區域較佳的競爭優勢。總之，美國人民希望把工作留在本土的期望與呼籲，是許多美國企業回到本土經營的使命，只待環境成熟時！

資料來源：Patrick Burrnson, Executive Editor, *Logistics Management and Supply Chain Management Review*, May 26, 2015.

4.4 主要選址決定因素

在供應鏈網路設計（或再設計）的第四個步驟，使有關設施廠址的分析與選定。無論區域、全國或全球的選址，都包含一些主要的選址考量因素如下：

區域、國內與全球選址考量因素

- 勞動氛圍。
- 運輸服務與基礎設施。
- 與市場、顧客的近接性。
- 生活品質。
- 稅務與工業發展誘因。
- 供應商網路。
- 土地成本與公共設施。
- 資訊科技基礎設施。
- 公司偏好……等。

廠址特定考量因素

- 運輸可及性（海運、空運、鐵運、陸路運輸）。
- 都會區域內或外。

- 有技能員工的可用性。
- 土地成本及稅務。
- 公共設施……等。

上述選址考量因素雖以一般重要性排序，但各個因素的權重會因不同產業、不同企業策略，甚至不同區域的差異而有變化。舉例來說，如紡織、家具及家用產品等人力密集產業，在選址時即相當重視當地或區域市場內的勞動力成本。相對的，如電腦及其周邊設備、半導體及工程、科學儀器等高科技產業，在選址時即相當強調特定技能員工的可用性及與市場與顧客的近接性等。對藥品、飲料及印刷產業，其運籌成本的競爭性相關重要，因此與運籌相關的因素就變得相當關鍵。

4.4.1 主要考量因素

因廠址特定考量因素的影響變數太多、不好一般化的描述。因此，本小節針對區域、國內與全球選址考量因素分別說明如下：

勞動氛圍 (Labor Climate)：如前所述，勞力密集型產業的運作，相當強調區域內勞力成本與可用性。除此之外，勞工工會組織、技術水準、職場倫理、生產力及當地政府官員的熱切程度……等，都是有關勞動氛圍必須考量的因素。

目前先進國家的各地政府，通常會有有關停工、一般勞工生產力(每名勞工的附加價值)、產業別的工資費率、技能類型與等級、失業率與轉職率等資料可供企業查詢運用。以失業率與離職率舉例來說，若某一區域的勞工失業率很低(大部分皆已就業)，新進企業就必須提高工資以吸引有技術與經驗的勞工，但若轉職率也很低(大部分勞工不願意轉換工作)，該區域可能就對先進企業不具吸引力！

在企業選址時，選址團隊應到訪該區域，以體驗、蒐集與分析該區域勞工的職場倫理、曠職率、勞工管理議題及當地政府官員的配合性……等。

運輸服務與基礎設施 (Transportation Service and Infrastructure)：在選址決策前，該區域運輸服務的品質與運能是相當關鍵的應考慮因素。根據產業與產品的不同，該區域應考量運輸服務的特性，如州際高速公路可及性、鐵路與聯運 (Intermodal) 的可用性、主要機場貨物設施運用的方便性、內陸港與海港的近接性……等，均應審慎評估。除此之外，該區域內運輸服務商的數量、運能與服務範圍……等也須予評估。

若在全球選址考量中，不同國家特定區域內的運輸基礎設施是供應鏈網路設計重要的考量因素。舉例來說，近年來中國為加速其經濟建設，在都會區之間高速公路與高速鐵路的持續建設，對國際供應鏈廠家的吸引力就遠高於運輸基礎設施落後甚多的印度！

與市場、顧客的近接性 (Proximity to Markets and Customers)：與市場、顧客戶的近接性有運籌及競爭力雙重的考量。運籌考量因素包括運輸的可用性、貨運成本及市場地理規模……等，能被供應鏈網路服務。舉例來說，在當天或隔天早上基礎服務顧客的能力。在某市場區內能被服務的顧客廠家（即客戶）越多，該廠址就越具競爭力。

值得一提的是，當絕大多數廠商都強調將供應鏈設施設在離市場與顧客較近的地方；但過度複雜的供應鏈網路布局，反而會造成成本增加的負面效果。現代高品質運輸服務與資訊技術的運能提升，有助於關鍵運籌設施擴大其及時服務範圍。

生活品質 (Quality of Life)：雖然不好量化分析，但是這項因素確實會影響在某一地區員工（尤其指企業既有員工）生活福祉與工作意願。對擁有高技能員工的高科技產業而言，某特地區域廠址的生活品質水準，是讓員工是否願意出差或移動工作位置的關鍵因素。在美國有兩份刊物：〈地點評等年鑑〉(*Places Rated Almanac*) 及〈城市評等〉(*Cities Ranked and Rated*)，對美、加兩國主要城鎮的氣候、環境、住房成本、健保、犯罪率、公共運輸、教育、休憩、藝術及經濟活動機會等做出評等，是供應鏈廠家在選址時對員工生活品質的主要參考依據。

稅務與工業發展誘因 (Taxes and Industrial Development Incentives)：在國際選址時，一個國家對企業與個人的國稅與地方稅是重要考量因素。與企業經營相關的稅務包括營業稅、庫存稅、財產稅……等，對企業經營的成本當然有顯著的影響；與個人相關的稅務則包含收入稅、適用營業稅及消費稅等。

另一項與稅務相關的是，一國家或地區的工業發展誘因計畫，是能否吸引外國企業到該地區投資的主要影響因素之一。誘因計畫包括稅務誘因（減稅或免稅）、財務誘因（國家貸款或保證貸款）、降低排廢費率、提供免租建築（由企業設計但社區建構）……等。許多國家或地方政府為吸引外資，大多有程度不等的工業發展誘因計畫。

目前世界上有一特殊的稅務與工業發展誘因計畫範例，就是中國**上海外高橋自由貿易區** (Shanghai Waigaoqiao Free Trade Zone) 的設立。上海外高橋自由貿易區於 1990 年即開始規劃，並於 2013 年 9 月 29 日正式試行運作。在此占地一萬平方公里的區域內，參與廠家除享有自貿區的各種誘因計畫外，另享有五年內稅務優惠（頭一年 8%，並於五年逐漸增至一般的 15%）。

另一個範例則是德國 BMW 汽車集團在 2014 年宣布將在墨西哥波托西市 (San Luis Potosi) 設立新廠，並打算在 2019 年正式生產運作前持續投入 10 億美元，並為墨西哥新廠創造 1,500 個工作機會。這項國外投資決策，顯然是 BMW 集團「生產緊隨市場」(Production Follows the Market) 的策略性作為。為開創美洲市場，在墨西哥設廠可加入北美自由貿易區及南美共同市場自由貿易區。加上德國參與的歐盟，使 BMW 汽車集團在各個主要自由貿易區更具全球競爭力。

供應商網路 (Supplier Networks)：對一製造工廠而言，原物料與組件的可用性與成本，及運輸原物料到預劃廠址的成本等，都會顯著影響運籌網路規劃的整體成本。另對物流中心而言，它是否處於關鍵供應設施的地理中心位置也相當重要。為瞭解不同選址方案的可行性，供應商內向運籌的成本與服務敏感性是必要的考量因素。

舉例來說，專門提供福特汽車卡車座椅的製造公司——里爾 (Lear Corporation)，由於就位於福特工廠的旁邊，座椅從里爾生產線下線後，就直接以搬運車輛運至福特卡車的生產線。但當里爾要擴充產能時，由於可用土地的限制，里爾將擴充新廠設置於離福特兩個工廠分別 10 與 20 分鐘的車程，每天 20 個小時以每 15 分鐘發車一次的頻率，將座椅運至福特工廠內。根據里爾內部高階主管表示，這個新廠的距離是里爾能負擔得起並持續維持及時交運的最好位置。

土地成本與公共設施 (Land Costs and Utilities)：根據設施的類型，廠址所涉及的土地成本與需要設施的可用性也是關鍵的考量。對生產工廠或物流中心而言，必須有足夠的廠房面積或物料處理空間，而這是一筆可觀的花費。其他諸如當地的建築法規、建造成本、電力可用性、廢水或工業廢料的處理費用……等，都是選址決策前的必要考量因素。

資訊科技基礎設施 (IT Infrastructure)：在資訊科技發達的現代，廠址於資訊科技基礎設施的健全性，也是公司選址的重要考量因素之一。除了資訊科技的軟體、硬體網路及才能資源外，資料傳輸的速度與品質、網際網路與企業內外網路的聯通性、擋火牆與資訊保全等，都是必須考量的議題。

目前對資訊科技基礎設施的一項通用衡量標準，是以每秒兆位 (Megabytes per second, Mbps) 的頻寬來衡量與比較。根據彭博社 (Bloomberg.com) 的調查，全世界各國網際網路連線速度最快的前三名國家或地區，分別為香港（中國排名 123）、南韓與日本。

公司偏好 (Company Preferences)：除上述各類型因素外，一家公司高層或執行長的偏好，也會影響其運籌設施的選址決策。一般公司通常會選擇附近有可用的技能勞力供應、充沛的市場資源或與主要供應商近接的地點，或甚至直接選擇與競爭對手在同樣地點設置其運籌設施，這就是所謂的**群聚效應** (Agglomeration)。

4.4.2 目前選址趨勢

除了上述有關區域、國內與全球的選址考量因素外，對特定廠址另有一些選址考量的發展趨勢，分別簡述如下：

- **庫房的策略性位置：**簡單的說，對能快速運輸、獲利基礎較大項目的儲存位置，一般傾向於國際市場導向，亦即接近市場；對移動速度較慢、獲利基礎較小的項目，則傾向於區域或國內庫房儲存。
- **顧客指定交運：**除了一般批發、物流運作外，目前物流公司越來越傾向顧客指定交運模式。換言之，即由製造商直接投遞貨物到顧客指定地點，如此可免除中間商的物流網路配置。
- **越庫 (Cross-Docking) 交運模式：**又稱為流通物流 (Flow-Through Distribution)。物流商將不同供應商的各種貨物到達倉庫後加以分揀與組配後，直接送至貨車裝載區，省去其間上架入儲位、存儲等物流程序，立刻把貨物轉運至下游的不同消費點，如零售商、大賣場，如此可縮短前置時間及減少貨物流通成本，降低庫存量。

- **接近運輸港口：**對外銷貨物的物流商而言，物流設施應接近主要機場或海港的趨勢。
- **運用第三方物流服務商：**無論進口或出口貨物，現代的製造商越來越傾向運用專責型第三方物流服務商，提供貨物進、出口的運輸與配送。
- **全通路運能之建立：**除設施地點的審慎考量外，與其他物流通路的整合，以滿足顧客需求為導向的全通路運能之建立，也是目前物流網路設計的趨勢。

4.5 建模方法

在供應鏈網路設計時，設施選址及其他支援供應鏈功能的流路設計，都涉及到各種不同方案的選擇與權衡。因此，廠商在考量其物流網路設計時，通常須以某些建模方法來規劃與決定其物流網路的設計。

各種建模方法通常都以定義物流網路的關鍵目標後，以選定的建模方法辨識出提議方案與目前方案的優缺點後，再執行「若……則……」(What-If) 的敏感度分析，以判斷在關鍵供應鏈變數變化的狀況下，替選方案的可行性。本節介紹常用的三種建模方法為最佳化、模擬及啟發式模型。在說明各種建模方法的程序前，讀者應先瞭解與建模相關的管理與策略性考量議題如下：

設施相關議題 (Facility Issues)：如供應商、製造工廠、物流中心、越庫及匯池 (Pool) 設施、港口等設施的數量、規模及位置；所有權及在物流網路中的任務……等。

設施任務議題 (Facility Mission Issues)：

- 對原物料供應商採購的數量、成本與限制性因素。
- 製造工廠的製造量、成本、能量與庫存需求等。
- 物流中心的儲存水準與流通量、運作成本、流通及儲存量等。
- 港口、越庫及匯池設施等的流通量、運作成本等。

行銷相關議題 (Marketing Issues)：如競爭場域的選擇 (Campaign Selection)；市場、通路與產品；最大獲利組合的選擇等。

政策考量議題 (Major Policy Issues)：

- 策略性籌資。
- 擴張目標市場。
- 國際化的擴張。
- 供應鏈的易損性。
- 國際併購。
- 能量規劃。
- 運輸政策。
- 季節性供需。
- 長程規劃。
- 庫存策略。
- 顧客、通路與產品的獲利能力。
- 產品的推出與撤除。
- 可持續性目標與衡量。
- 節能與碳足跡。
- 顧客的獲利能力。
- 服務成本……等。

4.5.1 最佳化模型

最佳化模型 (Optimization Model) 是一種數學運算模型，以各種限制條件求解問題範圍的最佳解。如在庫存管理常用的經濟訂購量 (Economic Order Quantity, EOQ) 即為最佳化模型求解的典型範例。

在最佳化模型求解的數學運算中，目前有**線性規劃** (Linear Programming, LP) 的建模方式，可在設定目標函數 (最低成本、最小風險、最高獲利、最高客服水準……等) 狀況下，將關鍵考量議題 (因素) 設為限制條件，並在各種因素為線性影響關係的前提下，相對簡單的求出最佳解。但即便是物流網路設計的最傳統考量，包括工廠及物流中心的數量、位置及能量等，使商品的流通達到成本最低、獲利最高及改善顧客服務水準等目標，另從前述物流網路的管理與策略性考量議題的複雜性，及最低成本、最高獲利等目標可能的衝突狀況下，使物流網路的最佳化建模可能變得相當複雜！

因此，有許多公司發展出較趨近於實際狀況的電腦軟體，如美國 Insight 公司發展的**整合運籌系統策略性分析**（Strategic Analysis of Integrated Logistics Systems, SAILS），它能針對複雜的供應鏈設計（如圖 4.3 所示）中牽涉的供應商、工廠、物流中心到顧客運作程序中的顧客需求（運用歷史或預測資料）、工廠及物流中心能量、運輸方案與費率及公司運籌政策考量（如運輸規劃原則、物流中心庫存限制、顧客服務水準……等），以網路因子分解（Network Factorization）技術求出如貨物匯池（Pool）、中途停留（Stop-offs）、提貨（Pickups）及工廠直運（Direct Shipments）等運輸方案規劃（或其他目標函數規劃）的最佳解。

4.5.2 模擬模型

另一種建模方法是所謂的**模擬**（Simulation）或**模式模擬**（Modeling and Simulation）。模擬的最簡單定義，是利用電腦以事前建立的邏輯運算規則，將系統各種相互關聯模型（Models）內的數據隨機抽樣並執行多次（成千上萬次）演算，以得出最可能發生的情況。模擬若要能充分反映實際狀況，各類型模式建模與邏輯運算規則都必須盡可能的符合實際（擬真），如此一來，從統計學的角度來看，模擬運算出的最可能發生狀況，即為該模式組合的最可能解。

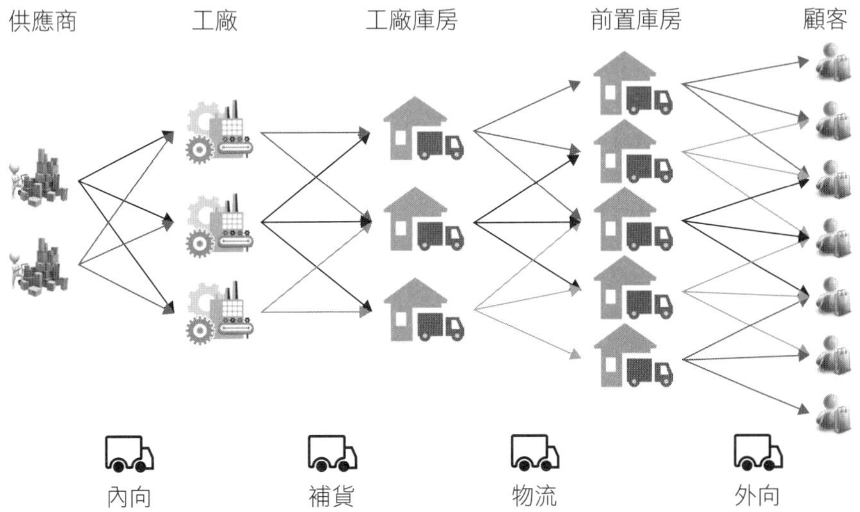

✧ **圖 4.3** 供應鏈網路複雜性示意圖

由上述模擬的定義來看，模擬的目的不在求出最佳解；而是評估一替選方案（模式組合）的最可能狀況。因此，在執行物流網路的模擬建模分析時，應針對各種替選方案執行模擬分析後，再比較各替選方案於設計目標（最低成本、最高利潤……等）的成本或效益。

如前所述，模擬的目的並不在於求取最佳解，但模擬非常適合執行在模式參數改變狀況下的敏感度分析，以瞭解模式參數對設計目標的影響程度。因此，在電腦模擬資源允許的狀況下（擬真模擬系統所費不貲），物流網路的設計可先以最佳化模型得出一最佳解後，再以模擬系統探討各設計參數改變狀況下最佳解可能發生的變化。

4.5.3 啟發式模型

無論最佳化或電腦模擬，都需要嚴謹的數學運算或模擬系統建置，這對一般公司而言並不實用。因此，另一種**啟發式模型**（Heuristic Models）方法，可使一般公司對其物流網路的規劃與設計，得出近似（Approximation）解。

啟發式模型方法，一般先從設定範圍的限制開始，再以經驗法則（Rule of Thumb）作為目標的求解。若以一庫房選址的決策為例，所謂的範圍限制可能如下（可個別或組合限制）：

- 在主要市場 20 哩範圍內。
- 距離其他公司物流中心 250 哩以上。
- 在州際高速公路交流道 3 哩以內。
- 距離主要機場設施 40 哩範圍內……等。

而目標的經驗法則可能如：

- 使庫房區域內的客戶可在一或兩天收到交貨。
- 鄰近供應商的庫房……等。

啟發式模型的名稱，看起來不如最佳化或模擬模式來得嚴謹，但在處理複雜的物流網路設計時卻也相當實用。若公司有足夠的規劃資源，則可同時運用上述三種建模技術，如先以啟發式模型縮減問題與範圍的複雜性，並得出替選方案後，再以最佳化模型或模擬模型求取最佳解或最可能解。

4.5.4 啟發式模型之方格技術

本小節描述一種常見、簡單的啟發式模型分析技術：方格技術(Grid Technique)來說明廠址選址對運輸成本的影響。

若在一有多市場、多供應商物流網路環境中，要尋找最低成本的設施地點，運輸成本即是分析物流網路總成本的主要影響因素。舉例來說，若一公司打算在美國東部設廠，除獲得該區域水牛城、曼菲斯、聖路易斯等地供應商的供貨外，另也要服務處於亞特蘭大、波士頓、傑克遜維爾、費城、紐約等地的市場。在執行方格技術分析時，只要將一張有等比例距離刻度的透明方格圖紙附加在美國地圖上，方格紙最左下方設為原點，然後標出各供應商與市場相對於原點的水平與垂直座標距離，如圖 4.4 所示，即完成方格分析的準備工作。

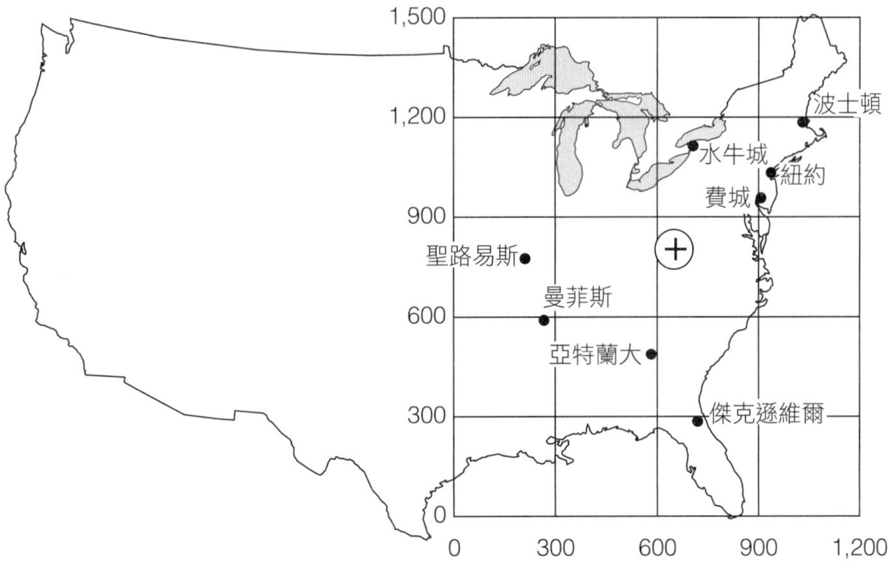

	方格座標	
供應來源	水平	垂直
水牛城 (S_1)	700	1,125
曼菲斯 (S_2)	250	600
聖路易斯 (S_3)	225	825
市場		
亞特蘭大 (M_1)	600	500
波士頓 (M_2)	1,050	1,200
傑克遜維爾 (M_3)	800	300
費城 (M_4)	925	975
紐約 (M_5)	1,000	1,080

✧ **圖 4.4** 方格技術計算廠址重心示意圖

若假設該公司選址確定後的廠址，其供應商運送原物料與產品運送至市場的運輸價格一致，接下來的動作，只要以下列公示計算各供應點與市場點構成網路中的重心 (Center of Mass) 或重量距離中心 (Ton-Mile Center) 如下：

$$C=\frac{\sum_{1}^{m} d_i S_i + \sum_{1}^{n} D_i M_i}{\sum_{1}^{m} S_i + \sum_{1}^{n} M_i} \tag{4.1}$$

C：重心或重量距離中心

d_i：原物料供應商 i 至方格原點的距離

S_i：從原物料供應商 i 購置的重量或體積

D_i：產品運送到市場 i 的距離

M_i：市場 i 販賣產品的重量或體積

上述重心或重量距離中心計算公式，顯然未考量運輸費率變動的實際狀況，若加上原物料與產品的不同運輸費率考量，則上述 (4.1) 式變成：

$$C=\frac{\sum_{1}^{m} r_i d_i S_i + \sum_{1}^{n} R_i M_i}{\sum_{1}^{m} r_i S_i + \sum_{1}^{n} R_i M_i} \tag{4.2}$$

r_i：原物料供應商 i 的每單位距離運輸費率

R_i：產品運送至市場 i 的每單位距離運輸費率

上述每單位距離運輸費率仍假設為線性關係，亦即不隨運輸距離的長短而有不同，則方格技術計算出來的數值如表 4.1 所示。

由表 4.1 所計算出來，在上述物流網路中的重心方格的水平與垂直座標為 (655, 826)，如圖 4.4 標示的 ⊕ 位置，為該物流網路中的最低運輸成本位置，也就是廠址應選定的位置。

上述範例說明製造工廠的選址計算，當然也可運用於庫房位置的選址計算，但此時的工廠應被視為庫房的供應源，計算方式與上例相同。

顯然的，上述範例所述的選址計算，有許多簡化的限制如下：

✤ 表 4.1 廠址方格技術計算數值表

供應商或市場	單位距離運輸費率 $A	運輸噸數 B	水平座標 H	垂直座標 V	A × B × H	A × B × V
S_1	0.90	500	700	1,125	315,000	506,250
S_2	0.95	300	250	600	71,250	171,000
S_3	0.85	700	225	825	133,875	490,875
	小計	1,500			520,125	1,168,125
M_1	1.50	225	600	500	202,500	168,750
M_2	1.50	150	1,050	1,200	236,250	270,000
M_3	1.50	250	800	300	300,000	112,500
M_4	1.50	175	925	975	242,813	255,938
M_5	1.50	300	1,000	1,080	450,000	486,000
	小計	1,100			1,431,563	1,293,188
					水平	**垂直**
				分子：$\sum(r \times d \times s)$ =	520,125	1,168,125
				+ $\sum(R \times D \times M)$ =	1,431,563	1,293,188
				小計	1,951,688	2,461,313
				分母：$\sum(r \times S)$ =	1,330	1,330
				+ $\sum(R \times M)$ =	1,650	1,650
				小計	2,980	2,980
				方格重心	655	826

1. 方格技術為靜態的分析技術，一次僅能計算一個選址重心，任何參數如供應或銷售量的變化、運輸費率的變化或供應商與市場位置的變化等，都會改變最低成本重心的位置而必須重新計算。
2. 運輸費率通常會隨著距離而變化，即運輸距離越遠則費率較高；距離較近則費率較低。
3. 方格技術僅單純的考量二度空間的直線距離，但未能考量實際的地形或地貌影響，如計算出來的重心位置可能在湖泊中！
4. 另外，方格技術僅考量地點與地點之間水平及垂直的移動距離，但實際的運輸通常會採取兩點之間的連線或最近距離方式移動。

基於上述簡化限制，在運用方格技術計算選址位置時，通常仍須加上 What-If 敏感度分析，以探討重要物流因素變動的情況下對選址位置的影響。

若仍以上述案例為例，僅對傑克遜維爾 (M_3) 市場的供貨由鐵路運輸改為公路貨櫃運輸，如此將使對傑克遜維爾 (M_3) 市場的運輸成本增加 50%（每單位距離運輸費率由 1.50 美元增加到 2.25 美元），則表 4.1 的計算數值改變成表 4.2 所示。

表 4.2 所示運輸費率的改變，將使新的廠址位置由原先的 (655, 826) 移往東南方的 (664, 795) 位置，也就是更靠近傑克遜維爾 (M_3) 市場的位置。由此可知，運輸費率的增加，會使最低成本廠址朝向增加運輸費用的市場或供應源而移動。

若延續上述運輸費率改變對選址的衝擊影響案例為例，再加上去掉水牛城 (S_1) 的供應而全由曼菲斯 (S_2) 供應的 What-If 情境，則表 4.2 的數據計算再度改變如表 4.3 所示。

表 4.3 所示供應源供應量的改變，將使新的廠址再從的 (664, 795) 移往西南方更靠近曼菲斯 (S_2) 供應源的位置。由此可知，供應源供應量或市場銷量的增加，會使最低成本廠址朝向銷量增加的市場或供應源而移動。

✤ 表 4.2 廠址方格技術計算數值表（運輸成本改變）

供應商或市場	單位距離運輸費率 $A	運輸噸數 B	水平座標 H	垂直座標 V	A × B × H	A × B × V
S_1	0.90	500	700	1,125	315,000	506,250
S_2	0.95	300	250	600	71,250	171,000
S_3	0.85	700	225	825	133,875	490,875
	小計	1,500			520,125	1,168,125
M_1	1.50	225	600	500	202,500	168,750
M_2	1.50	150	1,050	1,200	236,250	270,000
M_3	2.25	250	800	300	450,000	168,750
M_4	1.50	175	925	975	242,813	255,938
M_5	1.50	300	1,000	1,080	450,000	486,000
	小計	1,100			1,581,563	1,349,438
					水平	**垂直**
				分子：$\sum(r \times d \times s)$ =	520,125	1,168,125
				$+\sum(R \times D \times M)$ =	1,581,563	1,349,438
				總計	2,101,688	2,517,563
				分母：$\sum(r \times S)$ =	1,330	1,330
				$+\sum(R \times M)$ =	1,838	1,838
				總計	3,168	3,168
				方格重心	664	795

表 4.3 廠址方格技術計算數值表（運輸成本及供應源改變）

供應商或市場	單位距離運輸費率 $A	運輸噸數 B	水平座標 H	垂直座標 V	A × B × H	A × B × V
S_1	0.90	0	700	1,125	0	0
S_2	0.95	800	250	600	190,000	465,000
S_3	0.85	700	225	825	133,875	490,875
	小計	1,500			323,875	946,875
M_1	1.50	225	600	500	202,500	168,750
M_2	1.50	150	1,050	1,200	236,250	270,000
M_3	2.25	250	800	300	450,000	168,750
M_4	1.50	175	925	975	242,813	255,938
M_5	1.50	300	1,000	1,080	450,000	486,000
	小計	1,100			1,581,563	1,349,438
					水平	垂直
				分子：$\sum(r \times d \times s)$ =	323,875	946,875
				$+\sum(R \times D \times M)$ =	1,581,563	1,349,438
				總計	1,905,438	2,296,313
				分母：$\sum(r \times S)$ =	1,330	1,330
				$+\sum(R \times M)$ =	1,838	1,838
				總計	3,193	3,193
				方格重心	597	719

4.5.5 供應鏈建模應避免的陷阱

在規劃與設計供應鏈的物流網路時，無論採取哪一種建模方法，都必須避免一般常見的建模陷阱如下：

- **短視 (Short-term Horizon)**：若不以長程角度考量建模特性，在實施與運用時，極容易發生次佳化 (Suboptimization) 的缺點。
- **過猶不及 (Too Little or Too Much Detail)**：建模時的資訊若太少或不夠詳細，則無法使模式有效運作；相對的，若建模資訊過多或過度專注於細節，則會增加不必要的模型複雜度。
- **二度空間思維 (Thinking in Two Dimension)**：雖然在透視供應鏈問題時會參考二度空間的地圖，但須謹慎實際地形、地貌如山川、湖泊等對真實距離的影響……等。

- **使用表訂的成本資料 (Using Published Costs)**：許多已發布的成本資料只是表訂價格，在實際運用時，不要忽略協商或談判可帶來的大幅成本節約。
- **不精確或不完整的成本資料 (Inaccurate or Incomplete Costs)**：分析時若成本資料不精確或不完整，會衍生無效的結論、次佳化的資源配置……等，而導致有嚴重瑕疵的策略。
- **模式資料的波動 (Fluctuating Model Inputs)**：許多模型輸入的資料都有其不確定性，因此物流網路設計時必須執行敏感度分析以掌握資料波動所造成的影響。
- **運用不正確的分析技術 (Use of Erroneous Analytical Techniques)**：物流網路設計分析時，須選用與能與期望精準度匹配的分析技術。通常，模型目標的辨識即可作為選用技術的參考依據。
- **分析缺乏堅韌效度 (Lack of Appropriate Robustness Analysis)**：由於許多模型輸入都有不確定性，因此除了敏感度分析外，也應執行輸入變動時分析結果是否仍具有效度的效度堅韌性分析。

4.5.6 運輸語用學

在先前物流網路設計建模方法的說明中，均假設運輸成本為線性（即每一哩的運輸成本為固定！），但實際卻非如此。本小節整理一些有關運輸的專門語用學 (Pragmatic) 以解說運輸成本的不同計價方式。

遞減費率原則 (Tapering Rate Principle)：在實務狀況的運輸成本，會隨著運輸哩數的增加而遞減，這是所謂的「遞減費率」(Tapering Rate)，這種費率也顯現運輸業者於較大運輸範圍分散固定運輸成本，如裝載、計費、物料處理費用的能力。

區域或覆蓋費率 (Zone or Blanket Rate)：遞減費率原則的一項例外，是在某一特定區域內運輸費率一致的區域或覆蓋費率。區域費率通常被如優比速等快遞公司採用，在設立某一特定區域後，在此特定區域內的運輸費率都一樣，以確保在該特定區域的運輸價格競爭優勢。覆蓋費率覆蓋區域較大，如美國西岸的紅酒生產商，將其覆蓋區域定義為洛磯山脈 (Rocky Mountain) 以東區域（除美國西岸數州外，幾乎涵蓋全美的 2/3）的運輸費率均一致，以強化美國西岸生產紅酒與東岸進口紅酒的競爭力。

商業區 (Commercial Zone) 費率：為覆蓋費率的一種特別形式，主要針對都會與都會區域（包含都會及其鄰近城鎮區域）的運輸，在商業區內的費率一致，但在超出商業區外的運輸則會增加。這種費率突顯出運輸業者定義其運輸範圍與點對點的運作模式。

外貿區 (Foreign Trade Zone, FTZ) 費率：外貿區是在一國境內劃定區域內的廠商，可獲得處理商品的減稅或免稅優惠政策。外貿區政策對廠商的優惠包括：

- 商品可在外貿區（倉儲）內無限期且免稅的存放。
- 商品可在外貿區內執行開箱、檢視、重組、混裝、清潔、貼標或重新包裝等活動。
- 商品在外貿區內可展示、抽樣或檢驗。
- 廢棄物及損壞的商品可在外貿區內免稅的被處理（摧毀）。

舉例說明外貿區廠商的運作方式，如美國在加州長灘的外貿區 50 的某家電子廠商，每年從亞洲以每個 200 美元加上 9.6% 關稅的價格進口 40,000 個電容器，在外貿區內執行開箱、品質檢驗後重新包裝，再出口到墨西哥邊境加工免稅區 (Mexican Maquiladora) 進行成品的組裝。這家廠商可從外貿區 50 獲得每年 768,000 美元的稅務減免優惠。

目前在美國境內共有 230 個 FTZ 外貿區計畫及將近 400 個次級外貿區，使參與外貿區計畫的廠商（不限於美國廠商）獲得全球商務的競爭優勢。

第一線上　全通路對供應鏈管理的衝擊

在 2015 年供應鏈管理協會年會的主題演講中，西爾斯的供應鏈高階主管向聽眾展示他們對執行全通路的獨特看法。在演說中，負責零售供應鏈的資深副總裁哈欽森 (Bill Hutchinson) 與運籌副總裁史特契斯基 (Jeff Starecheski) 都解說他們如何執行能改善整體顧客體驗的全通路履行策略。

「今日的經營管理與三十年前已有很大不同！」史特契斯基說：「最大的差異，是管理者必須面對更複雜的環境。」他舉例說，以往的管理者只須面對簡單、沒太大變化的市場，但現在管理者很多時候不知道競爭者會從哪裡冒出來！

史特契斯基進一步闡釋說：「目前的零售業仍在持續變化中，也變化得更快。現在的顧客擁有以前沒有的資訊賦權能力，在他們手上就有購物中心。現在，他們以手指採購而不是逛街採購！」

接著，史特契斯基說明他們新的全通路規劃要考慮的核心問題：「為何人們要在你的店裡採購？」這與傳統零售商要問的問題一樣，但內涵卻也有相當大的變化。史特契斯基說：「是購物體驗、價格、服務、貨品項量、位置、選項——或所有上述因素的總合——能吸引數位授權消費者前往零售店面？」

西爾斯資深副總裁哈欽森則解釋西爾斯如何以其簡單企業經營使命：「服務、取悅，並以顧客的方式接觸顧客！」來解答上述問題。哈欽森說：「始終是顧客主導！」西爾斯的單層庫存 (Single Pile Inventory)，讓不管在哪一個供應鏈位置的顧客都能方便瞭解庫存，始終上線的供應鏈網路及最後一哩零售方案——一週六或七天的當天交付——是西爾斯處理更高顧客需求的全通路策略。

哈欽森繼續表示：當前零售供應鏈的最明智作法，就是從傳統的階層式供應鏈轉換成全通路供應鏈，積極的投資技術平台與人才。「而跨文化與領導技能是必要的。」

資料來源：Bridget McCrea, *Logistics Management*, January 2015, pp. 58S-60S. Reprinted with permission of Peerless Media, LLC.

4.6 全通路網路設計

1886 年，西爾斯百貨的創辦人西爾斯 (Richard W. Sears) 為增加收入而開始銷售手錶，十年後的 1896 年，西爾斯發行他的第一份產品型錄 (Catalog)，到 1925 年於芝加哥西城開設他的第一家型錄零售中心。這是史上首次由零售商提供消費者多種產品零售管道的首例。

時至今日，因網際網路的盛行，許多傳統**實體店面** (Brick & Mortar) 零售商開始轉向虛擬網站，為顧客提供採購產品的不同管道。但近期的研究顯示，在接受調查的零售商中，有 1/3 還沒準備好所謂的全通路 (Omni-Channel) 的零售模式，另在有打算推動全通路物流模式的回應中，僅 2% 認為能有效的執行全通路物流模式。換句話說，在所有調查零售業者中，僅有 1.3% 的業者能有效的執行全通路物流模式。可能的原因之一，是絕大多數的零售業者雖也追求虛擬通路，但沒能將實體與虛擬通路加以有效整合；另一項原因，則可能是實體與虛擬通路的物流網路運作方式不同，使大部分零售業者還不能適應。

4.6.1 簡介

撇開上述調查研究的結果不說，傳統實體店面零售商也開始重視虛擬通路的銷售是不爭的趨勢，而亞馬遜則是在此虛擬通路領域扮演著領導者的角色。亞馬遜是美國目前第九大零售商，但卻是唯一沒有實體資產的一家零售廠商。

所以，為消費者提供不同零售產品購物管道的概念並不新，新的是全通路零售的概念。因此，此處宜先將全通路定義成：

為提供消費者無差異的購物體驗及維持公司的品牌倡議，將所有銷售管道如線上、移動、電話、郵購、自助及實體零售整合起來指向消費者 (Direct to Consumer, D2C) 的訂單履行 (Order Fulfillment) 經營模式。

上述定義，強調全通路經營模式的三個重點如下：

1. **策略校準：**全通路策略必須與公司的上市 (Go to Market) 策略校準，使消費者能方便的「接觸」到公司的產品。
2. **訂單履行的整合：**無論消費者的訂單從何處而來，所有訂單履行與補貨程序，都必須整合成能有效提供快速、一致的交貨服務。
3. **輕鬆採購：**無論消費者的訂單從何處而來，全通路經營模式的最優先考量是讓消費者能輕鬆採購。

為使讀者瞭解全通路物流模式與傳統物流通路的差異，後續兩小節將分別介紹傳統物流通路與全通路物流模式。

4.6.2 物流通路

一**物流通路** (Channel of Distribution) 是由超過一個以上人或組織，參與從產品生產源頭到最終消費點有關貨品、服務、資訊及財務等流路的運作。物流通路也可視為負責上述流路的實體組織或稱中間商 (Intermediaries)，包括批發商、零售商、物流商、運輸商及經紀商……等。

因物流通路涉及到貨品、服務、資訊及財務等流路及實體中間商的運作，故又可區分成運籌與行銷兩種通路，如圖 4.5 所示。**運籌通路** (Logistics Channel) 指實體產品從生產源頭到需求端的流動方式；而**行銷通路** (Marketing Channel) 則指產品行銷過程中必要的交易管理作為，如顧客訂單處理、帳單處理、應收帳款……等。

為能有效管理通路，管理者必須能分辨各種通路的分類與功能意涵。以運籌通路來說，從供應商到零售商等都必須執行四種運籌通路的基本功能，如檢整 (Sorting)、累積 (Accumulating)、分類 (Assorting) 與分配 (Allocating)。

另外，在行銷通路則可區分直接與間接通路，而在直接與間接通路下，又可再區分為傳統與**垂直行銷系統** (Vertical Marketing System, VMS)。傳統的行銷通路是由獨立製造商、批發商與零售商所組成，他們的目標都在追求個別的最大利潤，因此往往會與通路中的其他成員發生利益衝突的情形。成員的衝突使得行銷通路的整體利益蒙受損失，到頭來誰也沒占到便宜。有鑑於此，垂直行銷系統的概念開始興起，它是將製造商、批發商與零售商整合起來，置於垂直行銷系統中，以專業化管理與集中規劃的方法來運作行銷通路。

若以食品產業來說，傳統行銷通路的中間商，如物流商、批發商、經紀商，甚至網路零售商等，都對消費者提供雜貨食品，中間商之間可能會有通路衝突 (如圖 4.6 中的雜貨批發商與食品經紀商對機構買方)，但若能以垂直行銷系統實施食品通路的管理與協調 (如圖 4.6 所示)，則都能對消費者提供多樣選擇，而達到互榮互利的結果。

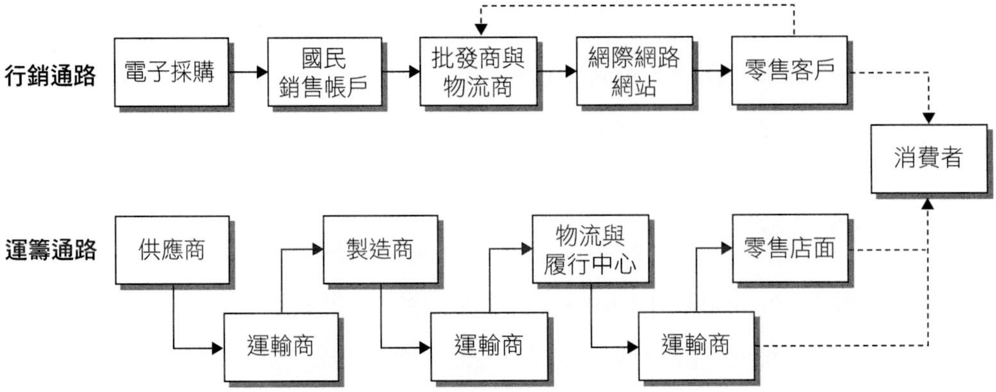

✧ **圖 4.5** 典型零售業行銷與運籌通路示意圖

資料來源：Robert A. Novack, Ph.D. Used with permission.

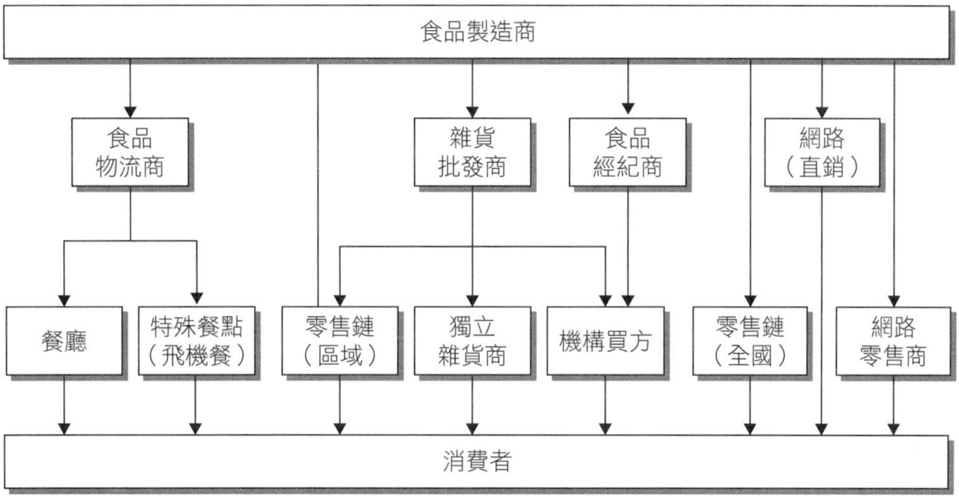

✧ 圖 4.6　食品產業物流通路示意圖

資料來源：C. John Langley Jr., Ph.D. Used with permission.

另在圖 4.6 顯示的通路架構中，也應注意一項重點，即中間商固定與變動成本的考量。如製造商決定以傳統的通路來銷售其產品，則此經由製造商、批發商物流中心、零售物流中心到最後的零售店面等固定設施成本會相當高，而運輸變動成本則可因大量運輸、縮短運輸路徑等方式而相對降低。但如製造商決定以網路執行對消費者的直銷，則此通路幾乎沒有固定設施成本，但直接運輸至消費者的變動成本將大幅增加。因此，在通路設計時的一般通律是：「當源頭與終點不變的狀況下，中間商越多的通路，固定成本越高，但變動成本則降低，反之亦然！」

4.6.3　滿足顧客模型

全通路此一名詞，通常指零售商經由零售店面與網站將產品交付給顧客。對零售業而言，店面及消費者都被視為顧客。因此，對履行顧客的要求，供應鏈的全通路網路設計就產生了許多不同類型，如圖 4.7 所示。本小節將對各種類型的供應鏈網路模型的特性，分別說明如後。

整合式履行 (Integrated Fulfillment)：目前許多零售商對消費者提供實體店面與網路售物兩種模式。最好的例子是美國辦公室用品廠商辦公室補給站 (Office Depot) / Office Max，它在擁有許多實體店面的同時，也能在 http://www.officedepot.com 網

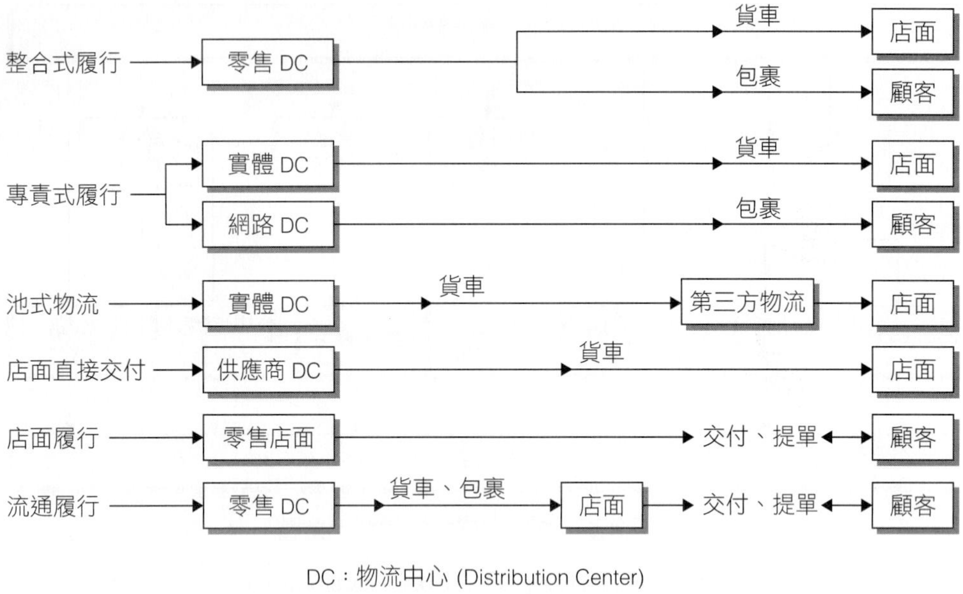

✧ **圖 4.7** 顧客履行網路模型彙整圖

站上提供售貨服務。一家零售商以一零售物流中心 (Retail Distribution Center) 同時提供實體店面與網站服務，則可稱為整合式履行模式。

整合式履行模式由一物流中心 (Distribution Center, DC) 統一負責實體店面與網站上的顧客訂單，店面與顧客的訂貨則分別以貨車 [包含**整車** (Truckload, TL) 與**零擔** (Less-than-Truckload, LTL) 貨運] 或包裹 (利用優比速、聯邦快遞或美國郵政快遞等) 分別運交，如圖 4.8 所示。

整合式履行通路模式有啟動成本低及人力有效運用兩項優點。如零售商已有實體物流網路，只要加上網站上的呈現即可滿足實體與虛擬兩種通路。另零售物流中心與店面中的既有人力，也可將實體與虛擬訂單合併執行，無須另外增設人力。但整合式履行通路模型也有下列缺點：

1. **訂單處理模式將有變化：**實體店面可彙整處理顧客的訂單 (提單) 後，物流中心再以彙整的棧板或貨箱運至店面後，再由店面個別交付給顧客；但網路上下單的顧客需求，則須以個別的包裹處理與交付。
2. **增加個別訂單處理的負荷：**物流中心對顧客的需求，通常會以最小訂貨數量來處理，但個別顧客的零星需求，會增加物流中心庫存管理的負荷。

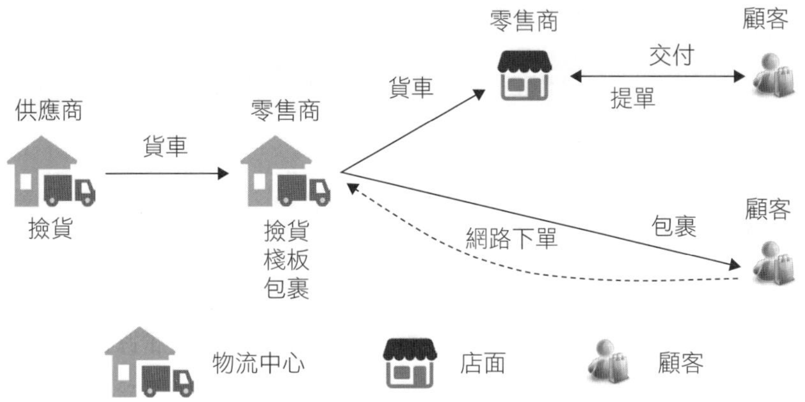

✧ **圖 4.8** 整合式履行通路模式示意圖

資料來源：Robert A. Novack, Ph.D. Used with permission.

3. **個別提單增加人力負荷：**物流中心對彙整的提單可以自動化系統來撿貨，但網路上顧客的個別訂單，則須以人力個別處理。
4. **通路可能發生衝突：**若店面提單與網路下單同一項貨品，但在庫存不足時，應優先處理滿足何種通路？

專責式履行：若假設實體通路與虛擬通路訂單量約略相當，且網站上可提供更多產品展示（實體店面則有展示空間的限制）的前提下，**專責式履行** (Dedicated Fulfillment) 通路模式再新增一個專責處理網路訂單的物流中心，如此可避免整合式通路模式衍生的問題；但專責式模式的設施重複設置顯然為其缺點（如圖 4.9）！故目前的零售商通常會捨棄專責式履行模式，而採用整合式履行通路模式。

池式物流：雖然傳統上不被視為全通路履行的模式，但**池式物流** (Pool Distribution) 卻是零售業界店面補貨的常用方法。大型零售商如沃爾瑪或目標百貨……等，通常可以每天一或多次全載貨車實施補貨；但小型零售商卻無此大量補貨的物流效率，因此可用池式物流來對多個獨立店面實施補貨，如圖 4.10 所示。池式物流通常由零售物流中心委託第三方物流服務商對多個零售店面實施零擔貨運補貨，另以所謂「循環交貨」(Milk Run) 方式：第一天對店面 1 補貨、第二天對店面 2 補貨……如此一來，可使小型零售商都能獲得既定補貨時程的效率。但可以想見的是，池式物流僅適用於店面集中在某特定地理區域內，若貨車運補的幅員過大，採用池式物流通路模式會有運輸成本過多的缺點。

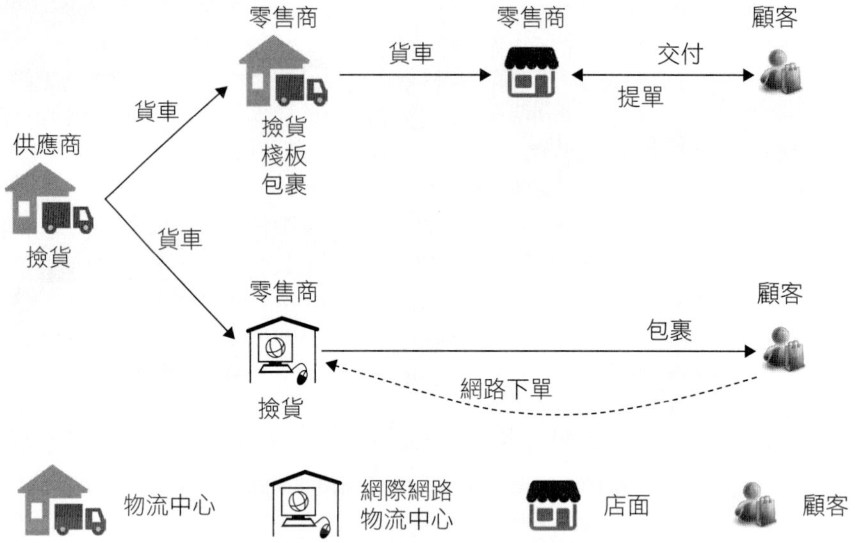

✧ 圖 4.9　專責式履行通路模式示意圖

資料來源：Robert A. Novack, Ph.D. Used with permission.

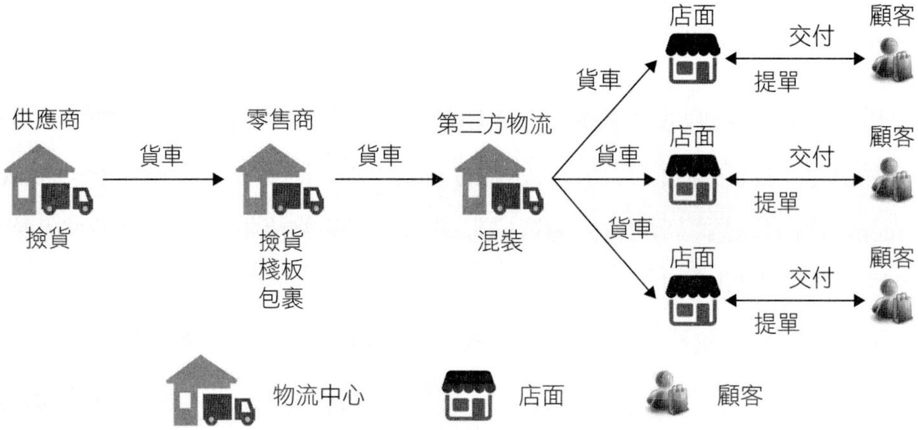

✧ 圖 4.10　池式物流通路模式示意圖

資料來源：Robert A. Novack, Ph.D. Used with permission.

店面直接交付：另一種零售業界常用的通路模式為被稱為**店面直接交付**（Direct Store Delivery, DSD）的通路模式，產品製造商將產品直接運輸並交付至零售店面，而略過零售物流中心（或零售商並未設置物流中心），如圖 4.11 所示。這種中央物流網路如同池式物流一樣，僅適用於小地理範圍內對零售店面的直接交付。

店面直接交付通路模式的優點之一，是能降低物流網路的庫存水準，亦即零售店面無須維持某特定廠家產品的庫存；另一項優點則是製造廠家能直接控制零售

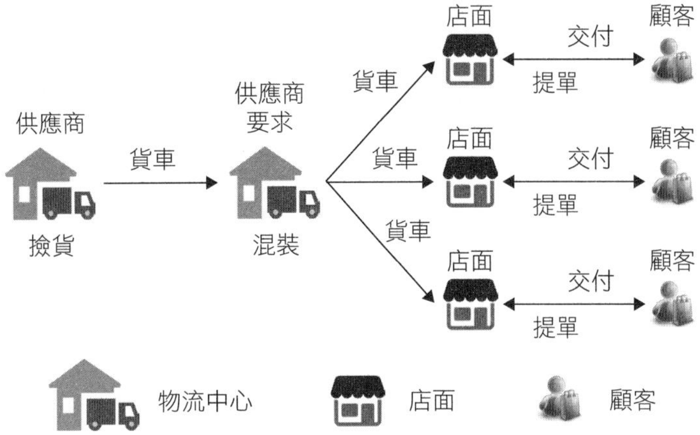

✧ **圖 4.11** 店面直接交付通路模式示意圖

資料來源：Robert A. Novack, Ph.D. Used with permission.

店面的庫存水準，以利**供應商管理庫存** (Vendor Managed Inventory, VMI) 的施行。但除僅適用於小地理範圍內的缺點之外，零售商也無法掌握供應商的庫存狀況！因此，零售商須與供應商保持良好的溝通與事前約定，才能確保零售店面的正常供貨。總之，店面直接交付通路模式適用於上架壽命短或生鮮產品的物流通路。

店面履行 (Store Fulfillment)：對同時擁有實體與虛擬呈現的零售店面而言，圖 4.12 所示的店面履行通路模式可能是一個選項。當零售物流中心接到一份顧客網路訂單後，就將此訂單交付給離顧客最近的零售店面處理（履行）該零售店面接到此訂單後，應從展示架上將此產品移下、包裝，並安排顧客提貨。這種店面履行通路模式，適用於如百思買等大型家電的物流通路。對顧客而言，若店面有此產品，則交貨時程甚短。其次，對零售店面而言，有啟動成本低的優點。此外，零售店面也可負責處理產品的回收，產品通常就是個別消費包裝形式。

店面履行也有一些缺點。首先，是因個別店面分別處理顧客訂單的履行，可能有缺乏訂單履行一致性的缺點。其次，零售店面通常僅持有少數（或甚至僅一個）產品為實體銷售之用，網路訂單的需求可能因產品的下架（準備交付）而缺貨。其三，零售店面須對零售物流中心有足夠的庫存可見度，才能放心的將實體存貨轉為網路訂單的交貨。最後，零售店面通常缺乏足夠的庫存空間，以同時滿足實體與網路訂單的銷售。

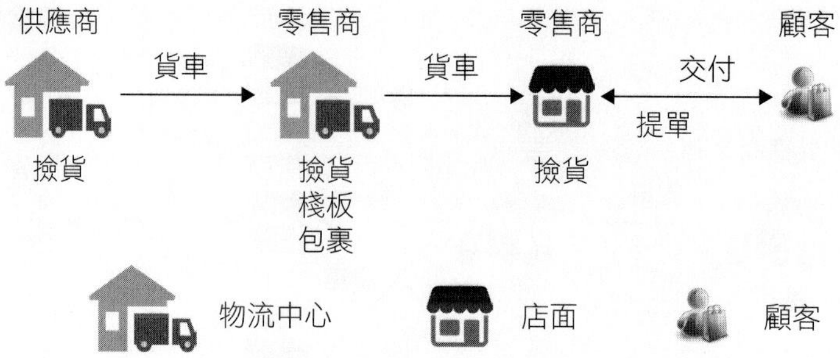

✧ 圖 4.12　店面履行通路模式示意圖

資料來源：Robert A. Novack, Ph.D. Used with permission.

流通履行 (Flow-Through Fulfillment)：與前述店面履行模式相當類似，最大的差別在零售店面並不負責網路訂單的履行，而由零售物流中心負責顧客的網路下單，然後將顧客所需貨物運至離顧客最近的店面，準備顧客的就近提貨，如圖 4.13 所示。

流通履行被如沃爾瑪等大型零售商所採用，沃爾瑪稱此為 “Site to Store” 店面提貨模式。如此可降低店面須處理訂單、為網路訂單存貨及最後一哩運輸貨物……等的負荷（由零售物流中心負責），但店面儲放網路訂單貨品的空間仍是一項問題。另對顧客網路下單而言，流通履行模式通常需要較長的處理時間。

總結來說，零售產業可用的通路模式很多，各種模式各自有其優、缺點。零售廠家要採取哪種通路模式，須依據成本考量與市場影響力而定。

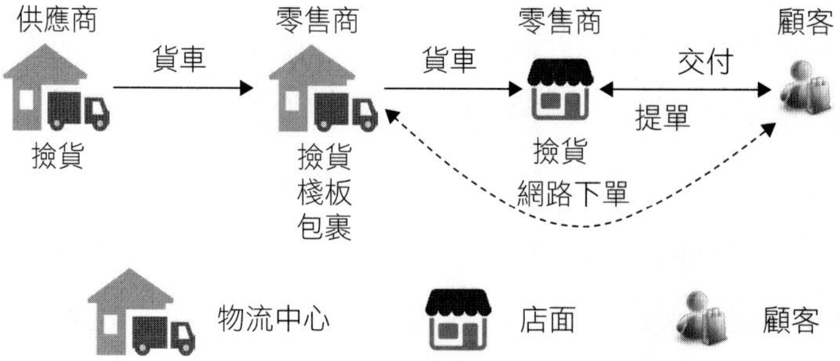

✧ 圖 4.13　流通履行通路模式示意圖

資料來源：Robert A. Novack, Ph.D. Used with permission.

第一線上　如何才能成為滿足顧客的物流中心？

零售訂單的履行及電子商務物流不再是一個或且的選項，為因應彈性、速度、最大運作時間……等需求，現代的運送商必須採用新一代的技術與創新程序，以處理棧板、貨箱，另以單一處理線滿足上述兩種訂單。

美國聖昂格公司 (St. Onge Company) 的副總裁詹森 (Bryan Jensen) 強調將公司轉向全通路物流中心 (Distribution Center) 的策略、技術及最佳實務。詹森列舉幾種服務零售商、批發商及直銷的供應鏈網路類型如下：

- 組合中心 (Combination Center)：由同一設施服務零售商店、批發商及線上顧客。
- 專責中心 (Dedicated Center)：由不同地點分別服務商店、批發商或線上顧客。
- 分散式店面 (Store Distributed)：由不同店面服務各地的線上顧客。
- 混合 (Hybrid)：以地理位置、庫存單位區隔（類型或速度）等為基礎，結合上述策略。

詹森解釋前述三種類型（組合、專責與分散式）物流中心各自有其優缺點。舉例來說，單一地點的物流中心專注於規模經濟與投入技術的運用，而強調量的訂單履行，但對顧客而言，會有循環時間過長的問題。相對而言，多地點的物流中心能降低訂單循環時間，但也會有多重庫存的管理問題。

無論組織採取哪一種類型的物流中心，都必須在訂單處理與庫存管理之間取得平衡。如果必須兼顧零售商鋪貨、供應批發商與直接運送至顧客端的物流設施，其**倉儲管理系統** (Warehouse Management System, VMS) 就必須能同時支援上述三種不同物流管道的需求，並對顧客維持必要的庫存可見度 (Inventory Visibility) 及設施布局。

「這套（倉儲管理）系統必須要能掌握各個設施地點的庫存狀況。」詹森解釋說：「這能強化物流中心的多線訂單處理能力，單一庫存單位的多撿貨類型，及開啟各通路間庫存分享與支援 (Inventory-Sharing) 能力等。」

資料來源：Bridget McCrea, *Logistics Management*, January 2015, p. 60S. Reprinted with permission of Peeless Media, LLC.

總結

❖ 今日對物流設施的決策可能符合經濟效益、具備競爭優勢……等，但在經營環境快速變動的狀況下，今日之是未必能使明日仍是！因此，占用大部分固定投資與成本的物流設施，於規劃時就必須能彈性反應顧客的未來需求。

- 為因應顧客需求的變化，全通路供應鏈的概念正快速的發展中。其概念就是以多種供應鏈通路，如零售店面、目錄行銷、線上銷售……等，讓顧客與客戶能方便的採購到產品。
- 供應鏈網路設計的決策，對公司的運籌功能與程序、供應鏈及整體運作績效有策略重要性。尤其在製造、行銷、籌資與採購等日益全球化的趨勢下，其重要性也愈加重要。
- 供應鏈網路設計的主要程序包括程序定義、供應鏈稽核、可行方案審視、選址分析、選址決策與發展施行計畫六個程序。一般須由組織組成轉換團隊執行網路的分析、決策與持續改進等。
- 在運籌與供應鏈網路設計時，除國內特定區域的考量外，另應提早納入跨國與全球化經營的考量。如此，才能在後續程序中發展出適合未來擴充能量的網路設計。
- 選址考量因素包括區域、國內與全球選址考量因素及廠址特定考量因素兩大類。區域、國內與全球選址考量因素包括勞動氛圍、運輸服務與基礎設施、與市場、顧客的近接性、生活品質、稅務與工業發展誘因、供應商網路、土地成本與公共設施、資訊科技基礎設施及公司偏好……等。而廠址特定考量因素則包括運輸可及性、都會區域內或外、有技能員工的可用性、土地成本及稅務及公共設施……等。
- 因選址考量因素甚多且頗為複雜，且對成本與服務水準均有顯著衝擊與影響。因此，在供應鏈網路設計或再設計時，宜採用正式、結構化的程序模型執行。
- 供應鏈網路設計的分析、評估模型，主要有最佳化、模擬及啟發式三種模型。最佳化模型是一種數學運算模型，以各種限制條件求解問題範圍的最佳解。模擬的目的不在求出最佳解；而是評估一替選方案（模式組合）的最可能狀況。啟發式模型方法，則先從設定範圍的限制開始，再以經驗法則作為目標的求解。
- 啟發式模型所用的方格技術，雖不能得到最佳的解決方案，但對設施廠址位置的評估有不錯的效果。
- 強調全通路經營模式的三個重點為策略校準、訂單履行的整合及能讓顧客輕鬆採購。

第二篇

除了提供供應鏈管理的完整基礎概念外，本書第一篇前四章的內容，專注在使讀者瞭解，在當前全球化競爭日益激烈的環境下，供應鏈管理在公、私營組織內的策略性角色與重要性。供應鏈管理對個別組織而言，其意義在符合或超越客戶與顧客的預期之外，還要能確保獲利與市場上的持續成長。同樣重要的，個別組織也必須瞭解它在整個供應鏈中的位置與其他供應鏈合作夥伴的任務。「供應鏈的強度由最弱環節決定！」這句諺語，在現代的供應鏈管理仍然適用。

本書第二篇的四章，則專注在供應鏈合作夥伴必須個別或協力運作的四個關鍵程序，以確保整個供應鏈的運作效率與效果。這四個關鍵程序分別是：物料與服務的策略性籌資程序、作業——產品與服務的實現、需求管理及訂單管理與顧客服務，分別簡述各章要點如下：

5. **物料與服務的策略性籌資程序：**專注在策略性籌資 (Strategic Sourcing) 的關鍵步驟與考量，使讀者瞭解作業性採購與策略性籌資之間的差異，及其等在供應鏈中扮演的角色。此外，第 5 章最後，也對目前盛行的電子商務 (E-Commerce, EC) 運用在電子採購 (E-Procumbent) 與電子籌資 (E-Sourcing) 的模式做一介紹。

6. **產品與服務的實現：**使讀者瞭解生產與作業 (Production and Operation) 在供應鏈中所扮演的策略性角色，重點在生產或其他各種附加價值程序在組織轉換程序中的關係。其他的重點還包括組裝與生產程序的設計、產量與品質的衡量，及可用於生產與作業程序的資訊技術等。

7. **需求管理：**著重在滿足與為供應鏈客戶與終端顧客創造價值的訂單履行，其中要點包括瞭解影響供需的因素、需求的預測與管理、銷售點資訊運用、營銷規劃等協力技術的運用於供需平衡等。本章最後也介紹訂單履行 (Order Fulfillment) 的主要程序。

8. 訂單管理與顧客服務：專注於訂單管理 (Order Management) 與顧客服務 (Customer Service) 的概念及其間的關係。訂單管理包含其主要的產出、績效如何衡量，及對買賣雙方的財務衝擊影響。顧客服務則從買賣雙方的觀點辨識對雙方的影響等。本章最後包括對現代企業組織相當重要的服務補救 (Service Recovery) 的概念與程序。

第 5 章

物料與服務的籌資

閱讀本章後，你應能……

學習目標

- 瞭解在供應鏈領域中採購與策略性籌資意涵的差異
- 採購與籌資程序中項目與服務考量的重要性
- 策略性籌資程序
- 採購與籌資活動的原則與有效管理
- 有效維持與供應商關係的重要性
- 審視總落地成本的概念及其對採購程序的運用價值
- 現代電子採購與籌資的進展及其在不同類型電子商務類型扮演的角色

供應鏈側寫 促進創新、轉換與降低成本的策略性籌資

在近兩年來的供應管理協會 (Institute for Supply Management, ISM) 年會中，最常出現的兩個詞是創新 (Innovation) 與轉換 (Transformation)，而且此兩個名詞都在策略性籌資 (Strategic Sourcing) 及供應商關係管理 (Supplier Relationship Management) 的架構下被提出。

上述現象在供應鏈管理專業領域中相當合理，所有供應鏈管理專業人員無不思考著如何從發出採購訂單、安排生產排程與交運時程……等平凡的作業中，轉換其單位在組織內的策略性角色並為組織帶來創新價值？

接下來，我們這些專業人員的角色定位在哪裡？顯然已開始做出改變。在最近兩期〈供應鏈管理評論〉(*Supply Chain Management Review*, SCMR) 的文章中，詳細描述兩家公司於此方向的進展。如英國第二大釀酒公司莫爾森酷爾斯 (Molson Coors) 將其供應管理整合進其新產品的發展程序；另美國國防廠商雷神 (Raytheon) 也發起一個供應商顧問諮詢委員會，目的在提升雷神顧客的選擇與滿意度，這是第一家開始利用供應商創新能力的案例。

在此同時，仍然有一段長路要走。倡議策略性籌資、轉換與創新的美國顧問公司哈克特集團的高層說：「當你跟（多家公司）財務長談時，他們仍然專注在成本的降低，而這是真相揭曉 (where the rubber hits the road) 的事實！」所以，未來是否仍以縮減成本領導著供應鏈的發展呢？這是現代相當值得探討的議題。

另一個來自於消費包裝產品 (Consumer Packing Goods, CPG) 品類管理 (Category Management) 經理人的說法相當耐人尋味，她說持續的被供應商要求創新。「我個人沒什麼創意！」她帶點沮喪的說：「當我們跟供應商談時，發現他們都是能提供公司所需解決方案的專家。我們真的應學習如何傾聽他們所說！」這個案例開啟了創新與縮減成本之間的廣泛討論，如果時間允許，這種辯論仍將持續。

姑且不論相關的辯論還要多久，絕大多數採購專業經理人都會同意，如果正確的執行，採購這一項功能可同時達成上述三個目標——轉換（採購）程序，與供應商一起創新及節約產品或服務總成本。但這些專業經理人也認為，應與供應鏈上其他諸如製造、運籌與物流專業經理人一起說服組織高層 (C-Suite)，才能實現策略性籌資對組織的價值貢獻。

資料來源：摘自Bob Trebilcock, Editorial Director, *Supply Chain Management Review*, May 7, 2015. Used with permission.

5.1 簡介

運籌與供應鏈經理人無不想在採購作業為組織帶來更多的價值。但因來自於顧客需求增加、全球原物料的低成本競爭及供應鏈本身具有的複雜性……等壓力，經理人發現以往的採購策略已不再能進一步的壓低成本。

因此，有關購買、採購及策略性籌資等，成為現代企業組織為提升整體運作效率與效果的關切議題。雖然購買、採購與策略性籌資三個名詞，在商業領域中常被交互使用，但在繼續下列的討論前，宜先對此三個相似、關聯，但在運用內涵上有差異的名詞，闡釋其意義如下：

- **購買 (Purchasing)：**指企業組織標準物料與服務採購程序中的實際交易活動，對企業而言，實際就是採購的下單活動。
- **採購 (Procurement)：**對企業組織而言，就是獲得 (Acquire) 企業運作所需原物料與服務等的一系列程序的通稱，其中涉及的獲得程序包括產品與服務的資源籌措 (Sourcing)、供應商選擇、價格談判、合約管理、交易管理及供應商績效管理……等。
- **策略性籌資 (Strategic Sourcing)：**涉及的運作程序比採購更廣泛，主要是讓採購的優先次序能與供應鏈與組織的整體營運目標「校準」(Alignment)。這意味著採購作為須與組織內部的研發、製造及行銷等功能領域整合、企業外部供應鏈夥伴之間目標校準……等的策略性規劃與管理作為。

從上述內涵定義的說明中，若簡單的講，購買是活動 (Activity)，採購為程序 (Process)，而策略性籌資則是管理 (Management) 作為。另雖然在實務中這三個名詞常被互換使用，但讀者仍應瞭解相較於購買或採購，策略性籌資仍有五個獨特的特性如下：

- **購買力 (Purchasing Power) 的整合與運用：**如果組織各單位各自制定其採購決策，其整體成本顯然會比整合運作的成本高。若能做好組織的策略性籌資規劃與管理，除大幅降低組織的整體採購成本外，也可與較少供應商執行大量、低成本的採購。

- **強調生命週期價值：**一般企業的傳統採購專注於以最低成本採購所需的物料與服務；但此舉非常容易忽視採購的**生命週期價值**（Life Cycle Value）機會。以影印機、掃描機及傳真機等辦公室機器的採購來說，若未能考量後續運作所需的碳粉、維修……等成本，僅在採購時專注於供應商對機器的報價，則可能採購到最低報價，但在後續運用與維護成本卻高的機器！
- **更有意義的供應商合作關係：**傳統的採購，不論是買方或賣方市場，採購雙方在採購價格上始終是對立的關係。但策略性籌資著重與（選定的）供應商保持策略性夥伴關係，不但在採購價格上能滿足雙方所需，也能獲得**供應商管理庫存**（Vendor Managed Inventory, VMI）或及時供貨等好處。
- **強化程序改良：**策略性籌資關切的要點超越了傳統的採購作為，而專注於與組織內外及採購相關程序（如研發、製造、行銷與供應鏈管理）的整合與改良，如此更能使採購作為得以順利的執行。
- **強化團隊運作與專業能力：**策略性籌資要能成功，有賴於組織內部與供應鏈夥伴之間的團隊運作；另外，此團隊中供應商、顧客代表的參與，更能強化供應鏈之間合作的專業性。

最後，除了購買、採購與策略性籌資等名詞之外，現代於採購領域中還有許多隨著時代與科技演進而衍生的專有名詞，其意涵與演進之間的關係，如圖 5.1 所示：

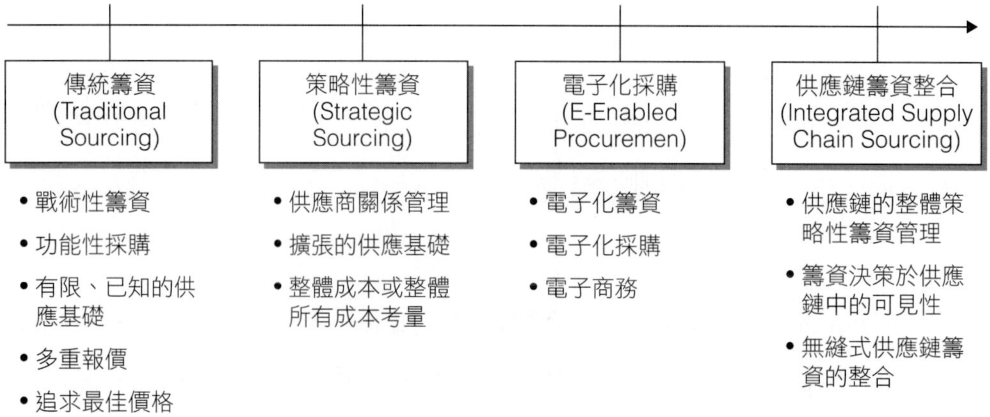

✧ **圖 5.1** 籌資程序的策略性演進示意圖

資料來源：C. John Langley Jr., Ph.D., Penn State University. Used with permission.

5.2 採購的類型與重要性

顯然的，每家公司對所需採購品類與服務都不盡相同。一般來說，價值高、重要的品類要付出更多的採購心血。舉例來說，電腦製造商對晶片採購的重視度就要比採購辦公室用品來得高，這是因為電腦晶片對電腦製造商有其獨特性。

為瞭解每個品類對企業採購的影響，一般是以所謂的**價值風險象限法** (Value-Risk Quadrant Technique) 來做區分。價值風險象限法是以價值或獲利潛力 (Value or Profit Potential) 及風險或獨特性 (Risk or Uniqueness) 分別為橫縱座標區分的 2 × 2 矩陣 (如圖 5.2)，以評估採購品類與服務對企業的重要性。

價值評估準據：檢視採購品類或服務於企業獲利潛力或競爭能力的影響。以前述電腦廠商的採購為例，能高速運作的晶片或使用者親和設計操作系統的採購，顯然能對電腦製造廠商的獲利與市場競爭能力有所幫助；相對的，使用說明書用的鍍金紙夾，則不太可能增加電腦的銷售量與提升其競爭能力。在此範例中，晶片與操作系統屬高價值採購品類，而鍍金的紙夾則屬於低價值採購品類。

風險評估準據：反應採購品類缺貨、失效及市場接受度……等影響。紙夾的失效，顯然對電腦的製造不會產生顯著的衝擊影響；但如晶片失效讓電腦無法運作，則市場會立刻產生負面的影響。因此，對電腦製造廠家而言，晶片的可能風險要比紙夾來得大。

圖 5.2 價值風險象限中各象限的品類屬性，則分別說明如下：

✧ **圖 5.2** 價值風險象限

資料來源：C. John Langley Jr., Ph.D., Penn State University. Used with permission.

通用 (Generics) 品類：指低價值、低風險且通常不會在成品呈現的品類，如辦公室用品及**維修運作項目** (Maintenance, Repair and Operating (MRO) Items) 等皆屬通用品類。對此類品項的獲得處理成本通常會比實際採購價格還要低！因此，對通用品類的採購，應將採購程序盡可能的簡化，以降低管理與處理成本。如以採購卡 (企業信用卡) 付款，以免除開立支票、銀行驗證……等程序所衍生的管理成本。

商品 (Commodities) 品類：風險低但價值高的品類，如基本零件 (如螺栓、墊片)、基本包裝材料 (外包裝盒) 及運輸服務等，均屬於此商品品類。這類商品因並不獨特且市場供應無缺，故風險低。另因為產品成品的基礎零組件，故價值高。商品品類因無品牌的獨特性，在採購時，此類品項的價格與運輸、庫存成本就成為主要考量因素。適合這類商品的採購策略包括以量制價，及以及時系統來降低庫存成本等。

獨特 (Distinctives) 品類：高風險但價值低的品類，如供應商源有限的客製化工程項目 (Customized Engineered Items)，或交貨時間甚長的項目。雖然顧客並不能體驗到此類品項的獨特性，但其獨特性卻會因缺貨而影響生產交貨，也會導致高的採購成本。因應這種獨特項目的獲得策略，是標準化程序的發展，如產業推動標準化或甚至就自製，將獨特品項轉換成通用項目。

關鍵 (Criticals) 品類：最後，為高風險、高價值的品類區分，如前述晶片對電腦製造商能在市場上發揮競爭優勢的項目，通常為顧客對最終產品運用時的認知價值。適用於關鍵品項的獲得策略包括運用新科技強化或提升產品的價值、供應商維持緊密夥伴關係……等，重點在保持關鍵品類項目的持續創新，不斷提升產品於市場的價值。

上述針對各品類項目於價值風險象限的分析，是提醒供應鏈經理人應靈活運用各品類的採購與獲得 (包含自製) 策略。另在採購人力配置上，針對每一項關鍵項目，都應各自指定一專責採購經理人負責；而對其他成千上百的通用品類，則由一全職採購經理人負責即可。

另外，在採購項目的類型區分上，還可以區分如資本項目 (Capital Goods)、重購項目 (Rebuy) 及維修運作項目三種類型。資本項目指企業的長程投資項目，如廠房、主要機具設備……等；重購項目則包含與過去採購項目一致 (標準品) 或有小幅變化（修改品）等項目；最後，則是公司或其供應鏈活動正常運作所需的維修運作項目。

5.3 策略性籌資程序

如前所述，策略性籌資的範疇比傳統的採購要來得廣，且有許多描述策略性籌資的方式被發展出來。本節以一稱為**策略性籌資管理程序** (Managing Strategic Sourcing Process, MSSP) 模型來解說策略性籌資的程序內涵，如圖 5.3 所示，各程序內涵分別解說如以下各小節。

在發展策略性籌資管理程序前，我們先介紹為達成策略性籌資的預期價值，先介紹必須依循的五個核心原則如下：

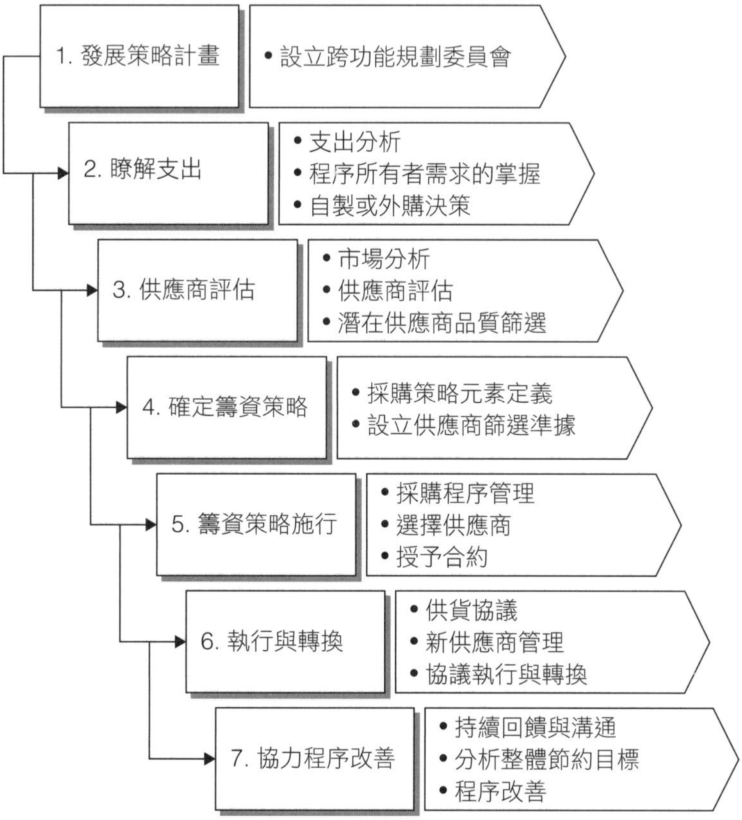

✧ 圖 5.3 策略性籌資管理程序模型

資料來源：C. John Langley Jr., Ph.D., Penn State University. Used with permission.

1. **評估整體價值：**策略性籌資管理程序重視的是總持有成本及建構與供應商關係的價值，而非僅獲得成本的考量而已。
2. **發展個別的籌資策略：**組織內每一項支出類別 (Spend Categories) 都需要制定個別的籌資策略。
3. **評估內部需求：**組織內部各需求單位的籌資需求與規格，必須完整的評估與驗證其合理性。
4. **專注供應商的經濟考量：**決定採購前，必須充分瞭解供應商的經濟考量，以決定運用適合的採購策略，如大量採購的槓桿優勢 (Volume Leveraging)、價格分拆 (Price Unbundling) 或價格調整機制……等。
5. **驅動持續改善：**策略性籌資計畫必須是組織對採購與籌資等作為的持續改善驅動力之一。

5.3.1 發展策略計畫

發起策略性籌資管理程序行動之前，最好由跨功能領域的成員組成規劃委員會，並先對管理程序制定正式的設計與執行計畫。在發展此策略計畫時，委員會成員得以通盤瞭解組織內部各單位的籌資需求，並在策略性籌資管理程序的規模與程序設計上達成共識。

5.3.2 瞭解支出

一旦策略性籌資管理程序的方向與步驟確定後，委員會接著須執行正式的支出分析 (Spend Analysis)，以確實瞭解與掌握組織內部各程序所有者 (Process Owners) 的籌資需求和合理性。

支出分析的結果，可作為 (籌資後所得) 使用者與潛在供應商之間的溝通基礎，並作為**自製或外購決策** (Make or Buy Decision) 的依據。一般而言，若所需資源在市場上充分且可得，則以符合成本效益經濟考量的外購為主；但若所需資源在市場上為壟斷、不可得或對組織未來發展有重要策略性意涵，則以自製 (自行研發) 為主。即便為自製的關鍵性品類，只要能掌握關鍵項目內的核心 (研發) 活動，該關鍵項目中的一般通用或商品品類零、組件，仍可向外部供應商採購獲得，以達成籌資的經濟效益最大化。

此瞭解支出程序的主要產出，是委員會對策略性籌資管理程序的範圍與規模的確定。經由此範圍與規模的確定，能提供委員會成員對當前基準情境的瞭解，設定程序發展過程中與基準情境的比較準據，最後，能在整個程序完成後作為程序改善與財務效益的分析基礎。

5.3.3 供應商評估

這是策略性籌資管理程序中的關鍵性程序，其意義在辨識潛在的供應商及其供應能力的比較。此程序包含三個主要考量為完整的市場分析、辨識所有可能的潛在供應商與潛在供應商的資格初步篩選，分別解說如下：

- **完整的市場分析：**市場分析的目的，在瞭解目前籌資項目市場的狀況，是競爭市場（有許多供應商）、寡占市場（僅有幾家主要供應商），或獨占市場（僅有一家供應商），此市場分析資訊可作為議價力、採購方式（競爭性投標或議價）等的籌資決策依據。某些特定籌資項目的市場狀況並非輕易可得，可能就需要參照如美國穆迪 (Moody's) 信用評等公司、各國商貿協會或甚至在網際網路上搜尋可能供應商的詳盡資訊。
- **辨識所有可能的潛在供應商：**市場分析揭露的所有可能供應商中，委員會應按照組織內使用者的需求來辨識可能提供所需籌資項目的供應商。之前有合作經驗的廠家固然為首選，但委員會仍應對其他可能潛在供應商的能力做詳盡研究。尤其是國際市場上通常擁有新技術的新興小公司，可能仍須參考當地的採購指引等相關資訊。
- **潛在供應商的資格初步篩選：**在可能、潛在供應商的選單中，仍根據組織內使用者的需求與開立規格，對供應商執行初步的資格與能力篩選。對一般通用或商品品類項目的採購，這一程序不難執行；但如所需籌資項目須有客製化需求或屬獨特品類項目，則潛在供應商的能力與資格篩選就相當重要。

除了上述主要考量外，此供應資源評估程序也應盡可能的降低後續籌資程序的複雜性，發展一詳盡的價格分析，辨識未來獲得程序可用的槓桿採購及發展與潛在供應商關係的機會。

5.3.4 確定籌資策略

在最後選商前，委員會發展一供應商組合篩選程序與定義程序參數對確定籌資策略相當重要。供應商組合篩選程序跨接了策略性籌資管理程序的程序 3 至程序 5，從供應商研究與篩選（程序 3）到供應商的選商為止，其中包括制定與發布**資訊徵詢書** (Request for Information, RFI)、**招標書** (Request for Proposal, RFP) 及供應商的時地查訪等，如圖 5.4 所示。

資訊徵詢書：通常用於籌資項目有客製化需求或屬獨特品類項目，由採購組織向潛在供應商發出，要求潛在供應商提供可能的解決方案、供應商的研發、技術及財務能力等相關資訊，以供採購組織作為是否與潛在供應商合作的判斷依據。

招標書：通常是對合格供應商發出提案徵詢的文件。此招標書通常針對有客製化需求或獨特品類項目的籌資需求，要求合格供應商提供其解決方案、報價等資訊。若為一般通用或商品類項目的採購，則為較簡單的**報價書** (Request for Quotation, RFQ)。

在確定籌資策略前，還有籌資程序所需投入資源（包括人力與時間）與資訊需求的考量。當然，若籌資項目越複雜與獨特，所需投入的人力與時間越多。而籌資決策所需的資訊，則再區分內部與外部資訊兩大類。內部資訊通常指需求單位對籌

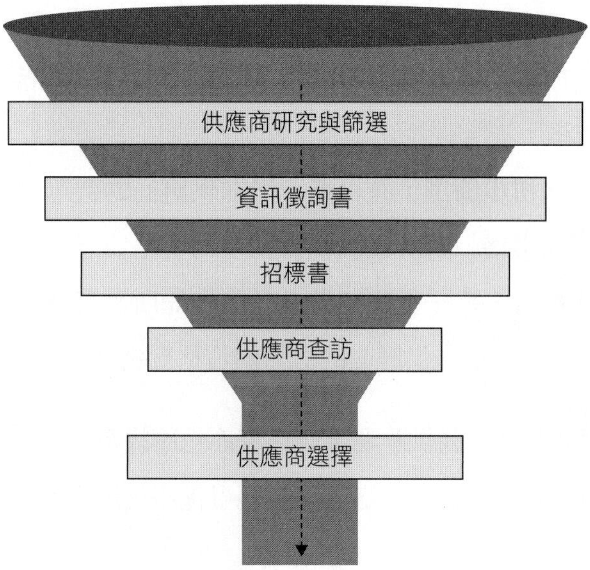

✧ 圖 5.4 供應商組合篩選程序示意圖

資料來源：C. John Langley Jr., Ph.D., Penn State University. Used with permission.

資項目的規格、需求時間與數量等資訊，當然必須要正確且越詳盡越好；組織外部的資訊需求，則包含籌資項目對公司及供應鏈的衝擊影響等。當上述資源投入與資訊需求確定後，籌資程序則可向後繼續推進。

籌資策略的規劃，包括商源的選擇（單一商源或多重商源）及選商準據的評估等。選商準據應與先前設定的籌資目標相符，包括供應商的品質、可靠度、風險、能力、財務、期待特質與持續性等，分別討論如下：

品質（Quality）：一般包括技術規格、設計、產品生命週期、容易維修性……等考量。今日的經營環境，對產品與服務的品質要求甚高，一般消費者也認為產品與服務的品質為供應商的基本責任。因此，品質精進相關作為在近代已有長足的進步。以下說明一些常用的品質精進作為：

- **全面品質管理（Total Quality Management, TQM）：**在日本產業競爭力崛起的 1980 年代，由戴明（Edward Deming）博士在美國提倡。全面品質管理為一組織全面性的程序變異改善及持續改進作為，主要運用**統計製程管制**（Statistical Process Control, SPC）及員工的全面參與，來達成組織的品質追求目標。
- **六標準差專案（6 Sigma Project）：**與全面品質管理類似，但專注於以統計手法解決問題來改善程序的穩定性。六標準差專案由美國摩托羅拉（Motorola）公司所倡議，主要先由經過訓練的程序改善專家（區分綠帶或黑帶等級），並由這些專家訓練公司成員來執行問題解決與程序穩定性的改善。六標準差追求的理想目標為零缺點（Zero Defect），或在統計學上為每百萬件產出中，僅允許有 3.4 件（實務為 4 件）不良品的機率。
- **ISO 9000 國際標準系列：**最初於 1987 年由國際標準組織（International Organization for Standardization）發布的一系列品質計畫，其目的在讓公司能確保「文件紀錄下所做，並做紀錄下的品質政策」。ISO 9000 必須由第三單位執行認證。

可靠度（Reliability）：一般包括準時交運、過去表現紀錄、產品保證政策……等考量。採購方對供應商的可靠度考量，主要是避免因缺料造成的生產停滯，無法及時生產和最終無法滿足市場訂單需求等狀況。若為一般通用或商品等品類項目的採購，則應對較長的供貨距離付諸更多的關切。

風險 (Risk)：一般包括交貨風險與不確定性、供應不確定性、成本風險……等考量。供應商供貨能力或交貨的不確定性等，都會造成臨時缺貨的風險，也直接影響採購籌資成本的增加。因此，在選商前，採購組織應對供應商可能造成的風險類型、發生機率及其衝擊影響等，做出事前妥善的因應計畫與管控作為，才能有效降低供應商風險對組織的衝擊。

能力 (Capability)：一般包括生產、技術、管理、資訊、管控等能力及勞工關係……等考量。主要是指供應商生產設施與能力的評估，判斷供應商是否能適時、適質、適量的提供採購組織所需的產品與服務。供應商的勞工關係與資訊科技能力，也是評估是否能作為合格供應鏈夥伴的重要考量因素。

財務 (Financial)：一般包括產品價格及財務穩定性……等考量。除了採購價格外，採購組織也應評估潛在供應商的財務能力，以確定供應商能長期、穩定的提供貨源而不中斷。若供應商財務狀況不佳而宣告破產，可能會對採購組織的正常生產形成嚴重威脅。

期待特質 (Desired Qualities)：這是指採購組織對供應商的特定特質期待，一般包括如兩家公司運作文化的適配性、供應商的配合態度、供應商設施位置的遠近、供貨產品包裝的穩固性、維修與回收能力及訓練輔助……等考量。

持續性 (Sustainability)：這是對供應商持續經營與企業社會責任態度的評估，在供應鏈的長久、穩定運作有重要意涵。一般包括對持續經營的承諾及將持續性視為提升效率與效能驅動力……等考量。

5.3.5 籌資策略施行

這一階段的主要活動，是視籌資需求選擇一個或多個供應商，並視籌資項目特性施行籌資策略。如籌資項目屬簡單、標準化的商品，一般以競標方式挑選可提供最佳價格或價值的供應商；若供應商僅有一或兩家，或籌資項目屬於特定須客製化項目，一般則以議價方式執行。

另外，無論是競標或議價，供應商的能力或是否適合，仍須以 5.3.4 小節所述各項因素加以評估。在選擇最終供應商後，就是授予供貨合約。

5.3.6 執行與轉換

此一階段的主要活動，包括協議合約的履行，將此供應商納入公司的管理程序，並規劃後續接收貨品的轉換過程等。

雖然籌資決策於此階段已近尾聲，但實際經驗顯示，供應商的績效管理卻是整個籌資程序過程中最重要的一步。供應商是否能如協議合約規定的執行供貨，是否能配合籌資方所需如期、如質、如量……等的提供籌資所需物品與服務等，是整個籌資程序是否有效執行與轉換的重要關鍵。

5.3.7 協力程序改善

策略性籌資管理程序的最後一步，是與供應商共同協力、建立(後續)籌資程序的改善機制。包括採購方與供應商之間的持續回饋和溝通、分析籌資程序是否達成整體節約目標及辨識後續程序的改善機會等。

當策略性籌資管理程序可由採購方主導與控制時，仍有許多組織內外部因素非採購專業人員所能掌控。如政府政策的改變、市場需求的變化及供應鏈夥伴的突然財務失效……等，都會造成策略性籌資管理程序無法順利執行的問題。因此，只有當供應鏈上採購專業經理人持續溝通、持續協同推動採購程序的改善作為，才能使後續的籌資與採購程序精益求精。

第一線上　黑沃斯公司的跨境節約

黑沃斯公司 (Haworth, Inc.)，是美國一家位於密西根州霍藍市 (Holland) 的辦公室與家具用品設計與製造商，全球有超過 600 家零售店，每年對北美自由貿易區的出口值約 2 億美元(對加拿大與墨西哥兩國)，占其全球出口總值約 85% 左右。

在北美自由貿易區協議國的進出口貿易，必須先獲得認證才能獲得自由貿易協議的免稅優惠。黑沃斯每年須認證的供應商超過 1,000 家以上、採購項目有 43,000 項之多，黑沃斯以往的作法，是將認證工作外包給第三方服務提供商執行。因認證工作相當繁瑣，第三方服務提供商每年也只能成功申請到五成，約莫 16,000 項採購項目的認證。為使生產與銷售工作能順利執行，黑沃斯取得認證工作的完全控制權，顯然是勢在必行！

為解決北美自由貿易協議免稅優惠的認證問題，黑沃斯自行開發一個網路入口網站，統整全球供應商的招標與資料認證管理工作。此網站包括四個內部系統，如訂單管理、庫房管理各一及兩個專責製造生產的企業資源規劃系統 (ERP)，並將所有進出口貿易資料，全部納入一個全球貿易資料庫內。經由此網站系統的整建，黑沃斯終於能自動處理全球採購項目的認證工作。

在此新系統內，每天例行處理的出口交易文件，顧客訂單所需的零組件，將自動產生**物料清單** (Bill of Material, BOM)，若零組件採購或出口來源有屬於自由貿易區內國家的廠商，則系統將自動對供應商發出電子郵件通知，並由系統自動提出北美自由貿易協議免稅優惠的申請……等。

採用新系統後的成果，包括每年可獲得 1,200 萬美元的免稅優惠；除此之外，每年還可節省下 22 萬 5,000 美元左右的外包、行政管理費用……等。

資料來源：摘自 John D. Schultz, "Erasing Cross-Border Complexities." *Logistics Management*, June 2015, pp. 36-39. Used with permission.

5.4 供應商評估與關係

「好的供應商不會憑空產生！」供應鏈中的專業經理人都會認同，好的供應商關係是公司籌資策略得以順利推動的關鍵因素。雖然籌資程序有其複雜性，但若能依照前述策略性籌資管理程序系統化的執行，則應能發展出好的供應商夥伴關係。對製造或生產廠家而言，好的供應商夥伴關係，有助於企業於新產品的開發設計，能提供必要、關鍵的工程協助及控制產品與服務的品質……等。

當然，好的供應商關係應從供應商的甄選初期即已開始，在策略性籌資管理各程序中，雙方開始建立瞭解與共識，亦即公司瞭解供應商的能力與品質，而供應商也能瞭解公司的籌資需求後，若也能順利履約，則雙方以後的夥伴關係可進一步的建立。

是否能建立供應商與企業之間的夥伴關係，一般可從三個面向來評估：

1. 供應商是否能正確無誤的滿足採購方企業的需求。
2. 雙方於策略方向與戰術作為上的互動，是否能改善籌資程序，並為雙方創造持續與額外獲利機會。

3. 籌建供應鏈夥伴關係的時間與精力投入，是否能獲得超出經濟利益以外的無形利益……等。

5.5 總到岸成本

無論對採購商或供應商而言，採購與獲得所付出的成本，只是**總到岸成本**(Total Landed Cost, TLC) 中有形、可見的一小部分成本 (如圖 5.5 所示)。其他從需求產生、製造生產、交付運用，一直到產品經使用後報廢、回收及廢棄處理等所有相關成本，包括生命週期、運籌、庫存、策略性籌資、品質管控、廢棄處置、管理、技術及交易成本……等，都是無形、不可見，但也會影響選擇供應商時的成本考量。

為說明選擇供應商時應考量總到岸成本，表 5.1 示範一由瑞士企業選擇中國、越南及歐盟區內三家供應商的籌資方案成本比較表。若僅從淨採購成本來看，似乎應選擇淨採購報價最低 (8,000 歐元) 的越南；但若納入運輸成本、關稅支出及增值稅 (Value-Added Tax, VAT) 等成本考量後，反而是淨採購報價最高的歐盟區內供應商有最低的總到岸成本 (14,203 歐元)。

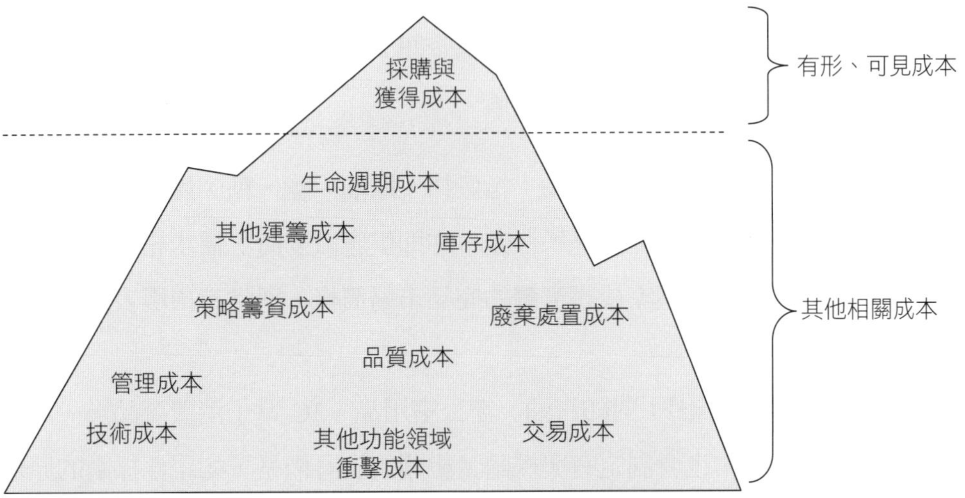

✧ 圖 5.5 成本冰山模型示意圖

資料來源：C. John Langley Jr., Ph.D., Penn State University. Used with permission.

✤ **表 5.1** 籌資方案成本比較表

目的國家：瑞士	商源國家		
價格組成（歐元）	**中國**	**越南**	**歐盟**
淨採購價格（三個不同商源的定量採購）	10,000	8,000	12,000
總運輸成本（中、越為海運，歐盟為陸運）	4,000	6,000	1,200
貿易協定關稅	1,000	1,500	0
增值稅（瑞士為 7.6%）	1,140	1,178	1,003
總到岸成本	16,140	16,678	14,203

資料來源：C. John Langley Jr., Ph.D., Penn State University. Used with permission.

表 5.1 所示範例中，可知在籌資與採購時，除採購價格的基礎成本資訊外，仍須考量其他運籌或供應鏈相關成本，這將於下一節中加以說明。

5.6 採購價格的特殊考量

企業採購時，首先應先對採購項目的市場價格有一基礎認識外，也應考量會影響供應商報價的其他成本因素，才能獲得最佳的採購結果。本節先介紹採購價格的資訊來源後，再針對其他影響報價的成本因素，分別如以下各小節說明。

5.6.1 採購價格的資訊來源

企業的採購經理人，通常可由下列四種資訊來源來判斷供應商報價的合理性，即商品市場、表訂價格、競標報價及議價。

商品市場 (Commodity Markets)：指穀物、原油、鹽、糖、煤及木材等自然資源的市場，其價格通常由供需關係所決定，亦即供應減少時、需求相對增加而使價格增加，反之亦然。一個國家或經濟體的商品市場價格，通常有市場表訂的調節機制。

表訂價格 (Price Lists)：對如汽油、辦公室用品、3C 電子消費產品……等標準化商品，產業公會通常也會制定有與採購量相關的表訂價格，如單件採購的原價、小批量採購的小折扣（如九折）與定期、大批量採購的大折扣（如六五折）……等。

競標價格 (Price Quotation)：適用於標準商品或客製化產品的採購。採購方向潛在供應商發出報價書或招標書，請供應商提供報價或提出適合採購方需求的供貨方案。供應商評估採購方所需的項、量及供貨時程、條件後，分析自己的成本結構及期望獲利後，對採購方提出報價。採購方則比較各家的報價，從而選擇最佳（不見得是最低）報價的供應商。

議價 (Price Negotiation)：通常適用於僅有少數或僅有一家供應商，也適用採購方打算與供應商建立策略性聯盟或維持長期關係等情形。議價的過程可能耗時費力，但能在產品的品質與價格上獲得更好的潛在利益。另為建構與供應商的長期夥伴關係，目前越來越多的採購經理人也日益重視以議價方式取代其他上述三種採購價格。

在繼續討論採購時所涉及的成本考量因素前，此處應強調採購的最終目標是獲得「最佳」而非「最低」的價格。因競標所獲得的最低價格，可能會犧牲其他供貨條件或弱化供應鏈夥伴關係，更糟的若是惡意競標的供應商，未來在供貨時極可能會發生品質不良、偷工減料或追加預算……等不良採購情形。只有當供應商認為有合理利潤、採購方認為價格合理的採購，才會有使雙方都滿意的結果。因此，此時有必要對採購價格的評估層級先予說明，如圖 5.6 所示。

採購方運用圖 5.6 所示的價格評估層級的意義，是在資源輸入端要能戰術性的掌握市場或供應商報價的基礎或單位成本，並如 5.5 節所述考量總到岸成本，以決定採購的合理價格。在營運轉換的過程，則應追求壓低製造或生產成本，並使自己產品或服務的價格，能為在供應鏈最尾端的客戶提供最低的成本優勢。最後，也

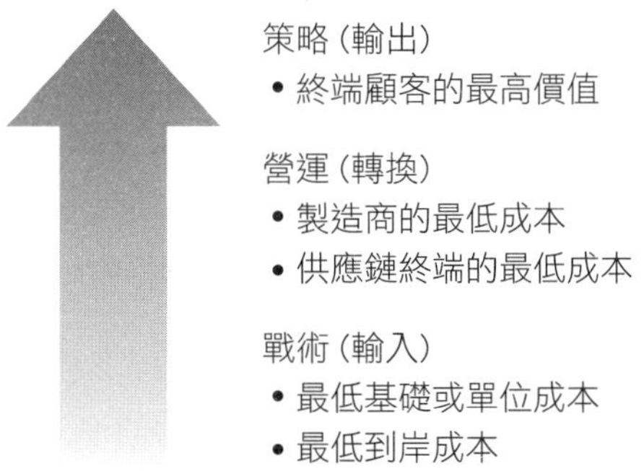

✧ **圖 5.6** 價格評估層級示意圖

傳統基礎成本（價格）
+
直接交易成本
+
供應商關係成本
+
到岸成本
+
品質成本
+
運籌運作成本

= 總採購價格

✧ 圖 5.7　總採購成本示意圖

是整體策略性籌資程序輸出的終極目標，在提供市場或終端顧客能感受到的最高價值。

對採購方而言，能使終端顧客有最高價值認知的整體採購價格，要遠比基礎或單位採購價格來得重要。而總採購價格一般是由基礎價格加上直接交易成本、供應商關係成本、在岸成本、品質成本與運籌運作成本等，才形成最終的總採購成本，如圖 5.7 所示。以下即分別說明構成總採購成本的相關成本。

5.6.2　傳統基礎成本

基礎成本 (Basic Costs) 是採購方為採購物料或服務所付出的價格，這也是傳統競標、議價等程序所討論採購方應支付的價格，通常也被用來作為評估採購程序績效的參考基準。但對整體供應鏈而言，基礎成本只是整個採購程序所需考量的一個成本因素而已。

5.6.3　直接交易成本

直接交易成本 (Direct Transaction Costs) 為偵測、處理採購需求所衍生的交易與處理成本，包括市場需求的辨識、庫存成品缺貨的偵測、發出採購訂單、確認訂單及交運文件的處理……等。

直接交易成本通常為不可見時間與精力的投入，傳統以人力與文件作業時的直接交易成本甚高，但在資訊科技進步的現代，組織內外都可以電子或網路系統，如以電子郵件於組織內外傳送資訊與文件，電子資料交換系統 (EDI) 或其他自動化處理系統等，則能自動產生採購訂單、交運文件……等，能大幅降低直接交易成本。

5.6.4 供應商關係成本

建立新供應商的關係及與既有供應商維繫關係都需要付出成本，包含訪商時的差旅、溝通協調、會議討論與談判，或在驗證供應商能力與品質過程所衍生的各項成本，也被稱為經常性成本。對新的供應商而言，買賣雙方都會在建立關係上投入相當的時間與精力成本。

若買賣雙方已有合作經驗，且已建立良好的供應鏈夥伴關係，除能大幅降低此關係成本外，還能獲得其他額外的無形利益。

5.6.5 到岸成本

到岸成本 (Landed Cost) 或即內向運籌成本，一般指國際採購所涉及的船運條款 (Incoterms)，如**離岸價** (Free on Board, FOB) 和**成本、保險加運費** (Cost, Insurance & Freight, CIF)……等。因國際貿易所涉及的交運條款有超過十數條之多，在國際貿易中被用來說明買賣雙方在貨物交接方面的責任 (Responsibility)、費用 (Cost) 和風險 (Risk) 等的劃分，有許多成本責任的不同歸屬。因此，若採購涉及國際貿易，則採購方與國際供應商雙方都應對交運所涉及的各項責任、成本、風險、保險及運費……等加以確定。

5.6.6 品質成本

採購方對供應商供貨的品質，通常由規格 (Specification) 所限制，而規格也通常是採購合約的附屬條款。與品質相關的成本，包括符合成本、不符合成本、評估成本及最終使用成本……等考量。

品質符合成本指規格所律定的品質規範，規格越嚴，品質符合成本越高，但卻有助於降低不符合、評估及使用成本等；不符合成本則指若供應商的供貨無法通過品質檢驗要求以後的重工、索賠或甚至罰款等成本。評估成本則指驗證供貨品質所衍生的檢驗與認證等費用；而最終使用成本則指採購方使用採購零組件製造成品，或終端顧客使用產品的品質認知所衍生的相關成本等。

5.6.7 運籌運作成本

與運籌運作相關的成本，計有下列四個領域：

1. **接收與備便成本 (Receiving and Make-Ready Costs)**：指在內向運輸交貨後至生產程序前所有相關活動衍生的成本。一般包括拆包、檢驗、計數、檢整、分類、拆包包裝材料的廢棄或處置，以及移至生產所需的地點……等。製造商若使用生產線上的直接叉動輸運裝置，就是一個有效接收與備便系統的範例。另外，使用先進交貨資訊系統的運輸商，可將交運資料包括檢驗表、裝卸載次序及自動計數檢核等資訊在交運前先傳給接收商，如此可大幅降低或甚至免除接收與備便相關成本。
2. **批量成本 (Lot-Size Costs)**：採購物料的批量除直接影響採購單價外，也影響著儲存空間需求、處理流程及相關的現金流量，這也是庫存的最主要成本來源。
3. **生產成本 (Production Costs)**：不同供應商提供類似的原物料或零組件的形式與品質，也會影響生產成本的高低。如供應商提供品質較好、採購單價較高的零組件，可縮減生產加工時數、縮減工序、提升良品率……等，使生產成本降低；反之，若供應商提供單價較低，但品質稍差的零組件，則可能會增加加工時數、增加工序、使不良率增加……等，而使生產成本增加。
4. **上下游整備成本 (Upstream and Downstream Settings)**：生產程序上、下游的整備，是重要的運籌成本，受影響的因素包括生產產品的批量、重量、體積及形狀……等，會影響運輸、處理、儲存及損傷(防護)成本等。採購貨品的包裝，也對上下游運籌整備成本有直接的影響。

當產品在供應鏈中流動時，所有供應鏈相關公司都在產品的製成過程中付出成本，也希望能添加產品的附加價值。增加產品價值的途徑除降低產品的總獲得成本外，也可藉強化產品的功能達成。

製造商的採購與籌資程序，可在整個供應鏈上發揮重要的功能。其關鍵在使供應鏈上所有參與公司都瞭解降低產品總獲得成本的重要性。因此，在分析運籌運作成本時，也應納入間接財務成本（付款條件）、戰術輸入成本（供應商能力）及策略性因素（促使顧客購買產品）等考量。

5.7 電子籌資與採購

眾所周知的，電腦與網際網路技術的突飛猛進，已對企業經營及消費者採購行為產生巨大的影響。舉例來說，現代消費者會在網路上搜尋採購所需的產品與服務，並在網路上追蹤產品的交運狀況。而這些都是消費者在家或以其方便的方式進行著。根據美國佛雷斯特研究（Forrester Research）最近一次五年期的**電子商務**（Electronic Commerce, EC）預測中，美國線上的零售總額在 2015 年約 3,340 億美元，到 2019 年預估將達到 4,800 億美元之譜。將近七成（69%）的美國網民會定期的在線上採購產品與服務，而在所有線上採購的項目統計中，衣物、消費電子產品與電腦三項即占了約 1/3。

在電子商務運用技術的領域中，大部分公司都用**電子資料交換**（Electronic Data Interchange, EDI）技術來執行主要顧客（客戶）的下單、交運通知及資金轉換……等運籌作業。當電子資料交換技術盛行一段長時間後，網際網路技術可使廠商與消費者更低成本、更容易、更快且更方便的執行交易，也開啟了採購與籌資等活動運用電子商務技術的機會。

本節討論以電子相關技術（包括電子資料交換及電子商務）執行採購與籌資的功能和活動，本文分別稱為**電子採購**（E-Procurement）與**電子籌資**（E-Sourcing）。以下列舉電子採購與電子籌資可提供企業的功能：

- **產業分析與供應商源辨識（Industry Analysis and Supplier Identification）**：提供特定商品的市場與供應產業資訊，如產品類型、供應商設施能力及地理位置分布……等。

- **解析性工具 (Analytical Tools)**：提供有關供應商選擇、競標、支出分析及績效管理分析……等。
- **招標文件的管理 (Sourcing Documentation Management)**：準備並對多家供應商發出一致性招標文件，如資訊徵詢書、招標書、報價書……等之管理。
- **程序自動化 (Process Automation)**：提供從籌資軟體系統或線上目錄系統中，挑選項目與產生採購單的買方需要的自動化能力。
- **線上議價 (Online Negotiations)**：支持及時的籌資活動，亦即如線上競標 (Online Bidding) 或反向拍賣 (Reverse Auction) 等。
- **協力工具 (Collaboration Tools)**：支持組織內不同部門，或組織和供應商之間的互動與協力整合。
- **運籌採購 (Logistics Procurement)**：電子式的採購與籌資除物料與服務的採購外，同時也能支援對運籌服務如運輸、貨運、包裝……等的採購。
- **專案管理 (Project Management)**：在成本、期限與品質等範疇的標準化和持續改進。
- **知識管理 (Knowledge Management)**：提供過去、現在及未來與採購和籌資活動相關的集中、電腦化資訊，有助於組織採購作業的知識管理。
- **合約管理 (Contract Management)**：招標後對供應商協議與合約的履約管理。

哪些企業應該採用電子採購與電子籌資等電子商務系統？根據一般看法，只要企業對外採購的金額達到某一程度（如 5,000 萬美元），就可以考慮使用特定的電子商務系統來執行企業的電子採購與電子籌資作業。

當然，並非所有採購項目都須以電子商務方式執行。企業應先將年度採購品項加以分類、排序，並對採購總金額排名前幾項的重要項目執行電子採購與電子籌資。另如企業規模較小，可以考慮由有電子商務軟體的外包服務商代理執行其採購及籌資活動；但對規模較大、採購活動甚多的企業，則宜以買斷的電子商務軟體來執行其採購及籌資活動。

此外，採購交易數量，也是企業是否使用專責型電子商務系統軟體的考量因素。如企業每年的採購訂單數量超過一萬筆以上，應考量專責型的交易處理系統；

但如每年的採購交易數量較少，則可利用供應商的網站執行企業對企業（B2B）的電子商務交易。

中至大型企業的**資料管理系統**（Data Management System, DMS）也是執行電子商務的有效工具，尤其對設施分處於各地或跨國型的企業更是如此。當採購資訊並非中央管理時，資料管理系統對資料格式標準化的要求，能使分處各地的企業設施能搜尋同樣的供應商及其供應貨品，並讓企業能整合、聚集採購作為，以獲得大量採購的折扣優惠。

以下即對電子採購及電子籌資相關的優點與應考量關切事項等，分別列舉說明：

電子商務的優點

1. **降低運作成本：**電子商務的最主要優點，是減少或甚至消除處理、歸檔、儲存等紙本文件化的成本。雖然目前許多企業與組織都已積極推動少紙或無紙化作業，但仍有許多可供進一步改善的空間。
2. **電子轉帳：**也與無紙化作業相關。根據業界實務資料，人力開立支票償付貨款的成本，每筆約在 10 美元至 85 美元之間。電子商務於資金的**電子轉帳**（Electronic Funds Transfer, EFT）也可大幅降低人力開立支票與相關財會作業的成本。
3. **節約作業時間：**節約籌資與採購作業時間，也就意味著提升產能。採購專業經理人處理一個訂單，或在特定時間內處理多個訂單的時間，都可以在電子商務模式中獲得大量作業時間的縮減。另一個角度來看，運用電子商務模式，可使客服代表在線上及時回答顧客的問題以提升客服水準。
4. **及時控制：**電子商務模式運用於採購時，賣方可及時運用需求資訊調整其生產與採購作業，買方則可根據自己的庫存量與採購單位，及時的與供應賣方協調，以獲得最有效率的採購、庫存的預算管制。
5. **提升效率：**在電子商務運作模式中，採購者只要一個搜尋動作，就可以搜尋全世界可用、潛在的供應來源，採購管理者也可經由一個滑鼠按鍵確認採購項、量。這些動作都在辦公室內直接進行，而無須電話聯絡、人員來往……等額外資源。

6. **改善溝通：**電子商務可提供買賣雙方的另一項效率因素是溝通的改善。買方可在線上獲得與確定供應商的資訊，如生產線、價格及產品可用性……等，賣方也可獲得買方的採購資訊，如招標書、產品藍圖、技術規格與採購需求……等。除此之外，買賣雙方也可在線上及時溝通採購、交運及付款狀態，當有潛在問題可能發生前，也可讓買賣雙方先行溝通並預做因應。
7. **採購人力的有效運用：**電子商務系統，能將專業採購人員從例行的行政、文書作業中解脫出來，免除文件準備與電話協調……等行政負荷，使採購專業人員得以專注長程、策略性的採購與籌資議題，如產品項目的長程可用性，供應鏈效率的改善機會及產品的創新……等。
8. **降低採購價格：**對買方而言，最低價格雖不一定是最佳選擇。但從線上可得知多家供應商的供貨條件與價格，使買方在採購招標或議價時，能獲得最佳採購價格的優勢。多家供應商及價格比較兩種效應的綜合結果，通常也就是最低與最佳採購價格。

EC 電子商務應關切事項

1. **網路安全：**電子商務經營模式最常為業界討論的關切議題為網路安全(Cyber Security)，包括入侵企業資料庫的各種駭客形式，無論是惡意的網路攻擊(Cyber Attack)或竊取個資(身分證字號、信用卡卡號、銀行交易資料……等)，都有可能干擾，或甚至破壞製造與供應鏈活動。
2. **缺乏人性互動：**這是資訊時代的通病！買賣雙方都經由網路進行溝通與交易，減少了人際互動的機會，有礙於彼此關係(供應商關係)的建立。但這可以買賣雙方人員的經常電話聯絡與見面討論、開會，甚至聯誼聚會等改善。
3. **資訊系統更新的調適：**電子商務也是網路資訊系統之一，由於技術的快速進步，系統可能需要經常的更新(也需要更新成本)，若前後軟體版本的操作介面不一致，會造成系統使用人員的不便。若更新速率太頻繁(如 Windows 操作介面)且變動太大，會讓使用者不願意更新、不願意使用……等因素，降低電子商務系統運作的效能。

第一線上 **運輸籌資：競標最佳化的創新作法**

在貨物交運時，交運者 (Shipper) 尋找其經濟最佳化的運輸方式是合理的邏輯，但傳統的作法是，交運者要求多個運輸商對某種特定運輸方式與管道的報價後，選擇最低的報價者為其運輸商，但這種方法通常也導致較高的總運輸成本！

運輸籌資 (Transportation Sourcing) 實際上也代表著一種新的運輸競標最佳化的創新作法，在電子採購或電子籌資網路系統裡，運輸商可對各種不同組合管道與運輸方式對各種交運需求 (體積和重量) 提供報價，或交運者可在線上提出交運需求，並與潛在可行運輸商執行線上議價……等。這是一種雙贏策略，交運者可在少數幾個潛在運輸商中，選擇最有效率及效果的運輸模式，並節省其運輸成本；而運輸商也能藉由運輸能量的有效運用、更具策略性的調配其運輸載具及駕駛……等，獲得更多的商業機會與運輸效益。

資料來源：C. John Langley Jr., Ph.D., Penn State University. Used with permission.

5.8 電子商務模型

在電子商務領域中，用於採購或籌資的模型區分有**買方系統** (Buy-Side System)、**賣方系統** (Sell-Side System)、**電子市場** (Electronic Marketplace)，以及**線上貿易社群** (Online Trading Community) 四種基本類型，分別舉例說明如下：

- **買方系統**：設置在買方並由買方控制的系統，通常由買方先篩選通過，然後賦予供應商系統擷取權的電子商務系統。這種買方系統能同時管理許多的供應商，限制非授權的採購，並能追蹤與控制採購支出……等。但系統成本高為其主要缺點，因此買方系統通常為供應鏈甚為深廣的大型系統製造商所採用。有趣的是，雖然不是單一的大型買家，但目前有一家名為 Elemica.com 的網路商務公司，提供客戶企業與供應商之間的企業對企業 (B2B) 電子商務服務。
- **賣方系統**：為線上企業銷售其產品與服務給個別的客戶 (B2B) 及終端消費者 (B2C)，範例包括辦公室補給站 / Office Max (www.officedepot.com)、史泰博 (Staples；www.staples.com) 及 CNET (www.cnet.com) 等。目前越來越多的賣方系統網站也提供採購方(客戶與消費者)的登錄功能，以儲存買方採購偏好、採購歷史紀錄等資訊，以供買、賣雙方未來的進一步運用。

- **電子市場**：這是由賣方運作的系統，在一個網站上提供多家供應商型錄產品，提供買方一次購足的服務。範例包括 Expedia.com (www.expedia.com), PlasticsNet (www.plasticsnet.com), ThomasNet (www.thomasnet.com), Froogle (www.froogle.google.com), Amazon (www.amazon.com), eBay (www.ebay.com) 及 Hotwire (www.hotwire.com) 等。
- **線上貿易社群**：這是由第三方技術提供者維護的系統，使一市場上多個買家與賣家執行電子商務。線上貿易社群與電子市場不同之處，為電子市場專注於提供賣方的產品資訊；而線上貿易社群則允許多個買、賣雙方在網站上執行交易。

線上貿易社群也可被視為電子拍賣系統，如買方在網站上表明欲採購的商品類型、數量……等後，由有興趣的賣方回應。或在一接續式的拍賣中，買方申明接受競價的期限，當期限已到時，買方選擇最佳出價的賣方(可能不止一家)後接著議價，當買賣雙方都滿意時，則達成並完成交易。

執行線上貿易的公司，包括 Travelocity (www.travelocity.com), Priceline (www.priceline.com), eBay (www.ebay.com) 及 NTE (www.nteinc.com) 等。其他線上貿易社群的範例還包括專注於高技術端電子產品的 E2open (www.e2open.com) 及提供全球零售產業服務的 AGENTics (www.agentics.com) 等。

專門提供資訊科技研究與諮詢服務的高德納 (Gartner) 顧問公司，定義能支援上游採購活動策略性籌資的軟體組件，共區分為四個主要組成，如支出分析 (Spend Analysis)、電子籌資 (E-Sourcing)、合約管理 (Contract Management) 及供應基地管理 (Supply Base Management, SBM) 應用。

總而言之，電子採購已快速建立起未來採購與籌資的發展趨勢，雖然仍不能取代所有的採購活動，但至少已可處理一家公司近八成左右的採購訂單活動。電子採購較專注於訂單的處理與及時呈現商源資訊，以供採購人員決策之用。相對於電子採購，採購專業人員則可較專注於供應商的選擇、價格談判與協商、品質監控及發展與供應商的關係等。

總結

- 採購人員於購物、採購及策略性籌資等領域的專業性，是成功供應鏈管理的必要因素。
- 在採購領域中，購買 (Purchasing) 是活動，採購 (Procurement) 是串接活動的程序，而策略性籌資 (Strategic Sourcing) 則是統整購買與採購的整體性管理作為。
- 策略性籌資有五個獨特的特性，如購買力的整合與運用、強調生命週期價值、更有意義的供應商合作關係、強化程序改良及強化團隊運作與專業能力。
- 以價值風險象限法區分採購品類，分別計有通用、商品、獨特及關鍵四種品類。
- 策略性籌資管理程序的五個核心原則，即評估整體價值、發展個別的籌資策略、評估內部需求、專注供應商的經濟考量及驅動持續改善。其管理程序則依序為發展策略計畫、瞭解支出、供應商評估、確定籌資策略、籌資策略施行、執行與轉換及協力改善程序。
- 支出分析的結果，可作為自製或外購決策 (Make or Buy Decision) 的依據。一般而言，若所需資源在市場上充分且可得，則以符合成本效益經濟考量的外購為主；但若所需資源在市場上為壟斷、不可得或對組織未來發展有重要策略性意涵，則以自製（自行研發）為主。
- 選商準據應與籌資目標相符，準據的選擇則包括如供應商的品質、可靠度、風險、能力、財務、期待特質與持續能力等。
- 對製造或生產廠家而言，好的供應商夥伴關係有助於企業於新產品的開發設計，能提供必要、關鍵的工程協助及控制產品與服務的品質……等。
- 採購與獲得所付出的成本，只是總到岸成本中有形、可見的一小部分成本。其他從需求產生、製造生產、交付運用，一直到產品經使用後報廢、回收及廢棄處理等所有相關成本，包括生命週期、運籌、庫存、策略性籌資、品質管控、廢棄處置、管理、技術及交易成本……等，都是無形、不可見，但也會影響選擇供應商時的成本考量。

- ❖ 採購經理人通常可由下列四種資訊來源來判斷供應商報價的合理性，即商品市場、表訂價格、競標價格及議價。
- ❖ 總採購價格一般是由基礎價格加上直接交易成本、供應商關係成本、到岸成本、品質成本與運籌運作成本，才形成最終的總採購成本。
- ❖ 與運籌運作相關的成本，計有下列四個領域，如接收與備便成本、批量成本、生產成本及上下游整備成本。
- ❖ 以電子商務執行電子採購與電子籌資的優點，包括降低運作成本、電子轉帳、節約作業時間、及時控制、提升效率、改善溝通、採購人力的有效運用及降低採購價格等；但也須關切網路安全、缺乏人性互動與資訊系統更新的調適等。
- ❖ 電子商務領域中，用於採購或籌資的模型區分為買方系統、賣方系統、電子市場及線上貿易社群四種基本類型。

第 6 章

產品與服務的實現

閱讀本章後，你應能……

學習目標

- 說明生產對供應鏈添加價值的策略性角色
- 解釋生產對產品與服務實現的轉換程序
- 辨識生產運作的權衡與挑戰
- 瞭解主要的生產策略與規劃類型
- 說明實現產品的主要組裝程序及生產方法
- 描述各種生產程序布局
- 解釋產量與品質準據對改善生產績效的影響
- 瞭解資訊科技如何支持產品與服務實現的效率

供應鏈側寫 建立生產足跡：福斯汽車的旅程

建立一個新的生產設施不是一件容易的事，它需要投入大量的資金、資源與時間，政府的獎勵措施，合格供應商及運籌服務商所建立的供應鏈……等，都必須能到位。

德國福斯汽車於 2008 年 7 月宣布將在美國田納西州查塔努加 (Chattanooga) 設立一個占地 1,400 畝的組裝廠，3 年投入 10 億美元後，新廠整建完成，超過 2,400 名新聘員工接受三週的訓練，供應商業已選定，另僱用當地兩條主要鐵路，負責成品新車的運輸。

這座新廠的設計目標，是要比福斯其他組裝廠的效率提高 20%。整座 20 億平方呎面積的廠房呈現水母狀，而非一般汽車組裝廠所慣用的魚骨狀布局。次組裝線都流向主組裝場中兩個醒目的大型機械組裝框架以組裝車身。

主組裝場運用 383 個先進的機器人，使自動化水準達到 77%。292 個焊槍負責全車 4,730 個焊點的焊接。油漆工場也運用 52 個機器人，而車漆是浸泡而非噴灑式。採用大量自動化機器人，使查塔努加廠的組裝時間、原物料及化學品的運用都大幅降低。查塔努加廠的產量目標是每小時生產 31 輛車。

另因查塔努加廠大量運用建築節能設計，主要特徵包括礦岩棉絕緣材料、LED 外部照明、高反射率屋面材料、液電式 (Hydroelectric Dam) 供電、回收雨水與地下排水設施……等的設計，使查塔努加廠獲得美國綠色建築委員會 (U.S. Green Building Council) 所頒發的能源與環保領導設計 (Leadership in Energy and Environmental Design, LEED®) 的白金認證。

2011 年 4 月 18 日，第一輛福斯 Passat 由查塔努加廠出廠，到了 2015 年，查塔努加廠達成 50 萬輛車的組裝目標，但福斯汽車仍未停下腳步，進一步宣布將以 9 億美元的投資，繼續在查塔努加廠擴建一條能生產一款七人座中型的運動休旅車 (Sport Utility Vehicle, SUV)。在 2016 年底完成後，這條生產線預期能增加 2,000 個工作機會。

資料來源：Mike Pare, "Chattanooga's Volkswagen Plant Expansion gets Supersized," *TimesFreePress.com* (April 5, 2015). Retrieved August 4, 2015 from http://www.timesfreepress.com/news/local/story/2015/apr/05/vw-plant-expansigets-supersized/297001/; Bill Visnic, "To Become No. 1, Volkswagen Needs to Succeed in Chattanooga," *Edmunds Auto Observer* (December 6, 2010); and, "Volkswagen Chattanooga," *Volkswagengroupofamerica.com*. Retrieved August 4, 2015 from http://www.volkswagengroupamerica.com/facts.html.

6.1 簡介

生產與作業 (Production and Operation) 是供應鏈上「製造或實現」的部分，專注在提供能滿足顧客需求的產品與服務的實現。生產與作業也可以達成顧客需求的輸入程序輸出模型 (Input-Process-Output, IPO) 將原料的輸入 (Input) 轉換 (Process) 成產品輸出 (Output) 來描述。舉例來說，聯想 (Lenovo) 與蘋果兩家電腦製造商，將處理器、記憶體、硬碟……等組成組裝成 Y50 或 MacBook Air 筆記型電腦。同樣的，一家醫院急診室中有合格的醫護人員，將傷病的民眾 (輸入) 以其醫護能力 (轉換) 恢復其健康 (輸出)。

生產與作業程序的執行，須與所有供應鏈功能產生互動才能有效施行。無論電腦製造商或醫護服務都需要從供應商獲得所需的資源輸入。聯想與蘋果須從供應商獲得所需的軟、硬體，才能使組裝筆記型電腦成品從包裝箱取出後即可正常運作。醫護人員則需要有診斷設備、醫療供應品、藥品……等，才能對病患執行醫療作為。因此，生產與作業與供應鏈管理、庫存、內向運輸……等，都有關鍵性的連接。

同樣的，生產與作業的輸出，也須經由供應鏈網路配送其產出。當顧客下單後，電腦製造商的生產排程，必須與交付時程、運輸方式等密切配合，才能確保庫房內有能交付訂單的庫存。醫院的救護車、運輸車輛與各地區處方箋藥房的配合，才能使病患出院後仍能維持必須的療養。由上述描述可知，生產與作業無法獨立運作，而必須與供應鏈中的採購、庫存、運輸……等協調運作，才能確保一致、有效的產品與服務流。

前述生產與作業的輸入與輸出程序雖不簡單，但其原則卻適用於所有產品生產者與服務提供者，就是在合理的生產與作業成本下，追求有品質和讓顧客滿意的產出。也就是在彈性與反應性的權衡下，達成生產和作業轉換程序的效率。

本章將討論生產能量、程序績效準據及支援生產技術……等的規劃與發展。在全盤瞭解後，讀者應可掌握能滿足顧客需求的生產策略與規劃作為。

6.2 生產在供應鏈管理扮演的角色

本書全書所討論運籌和供應鏈的許多活動，都與作業有關，如採購作業獲得（生產）所需的物料，運輸作業支援物料與貨品的流動，而物流作業則在精簡化訂單履行……等。結合採購、運輸、物流等運籌作業，產生時間與地點效用（Time & Place Utility），而生產與服務作業，則提供所謂的**形式效用**（Form Utility）。生產與服務作業的目標，則在使產出能吸引顧客的產品與服務。形式效用也是時間與地點效用的主要驅動力。

有效的生產與服務作業，需要供應鏈的支持，同時也支持著供應鏈的順利運作，這意味著生產作業必須能有效的規劃、設計並確實無誤的執行。而支持生產與服務規劃作業的供應鏈關鍵因素對生產與作業的衝擊和權衡，也必須能讓生產經理人充分瞭解與掌握，才能達成生產的經濟規模和幫助組織因應市場競爭力的挑戰。在瞭解生產與服務作業與供應鏈管理之間的關鍵連接和重要性後，本節進一步探討生產作業的細節，如以下各小節所述。

6.2.1 生產程序功能

製造商、合約組裝商及服務提供者等，都涉及生產作業。而無論是製作三明治、生產雷射印表機或提供銀行借款……等，這些組織都會執行一系列由輸入、轉換到輸出的程序活動，如圖 6.1 所示。

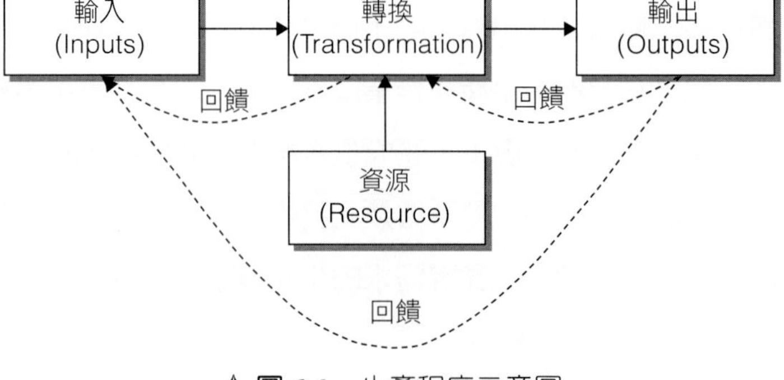

✧ **圖 6.1** 生產程序示意圖

資料來源：Brian J. Gibson, Ph.D. Used with permission.

圖 6.1 中的輸入程序，指的是轉換程序所需有形原物料及無形知能的饋入，轉換程序則指經由組裝、製造或設計、規劃……等，將原物料及知能轉換成最終產品或服務方案，最後輸出可銷售給顧客的成品與服務。圖 6.1 與一般 IPO 程序稍有不同的，是將資源從輸入程序獨立出來，以突顯設施、裝備、知識、人力及資本……等有形與無形資源對轉換程序的重要性。另外，圖 6.1 中顯示的各回饋（虛）線，也強調著程序間回饋的重要性。以輸出到轉換的回饋為例，若輸出端的產品銷售無法滿足市場的需求或滯銷等訊息不能回饋到轉換程序，則會產生庫存短缺或超量庫存等問題！

當上述 ITO 模型 (Input-Transformation-Output) 通用於所有生產程序時，卻沒有兩個企業組織會有完全一致的生產程序。舉例來說，達美樂 (Dominos)、賽百味 (Subway) 及麥當勞等，都是速食業者，但三家廠商的生產策略確有很大的差異。如達美樂及賽百味都是採取接單組裝 (Assemble-to-Order, ATO) 生產模式，亦即要等到顧客下單（訂餐）後，達美樂或賽百味再根據顧客的需求（各種不同肉類、起司、蔬菜……等組合）製成產品後再交給顧客。麥當勞則以備貨生產 (Make-to-Stock, MTS) 模式，以預估的顧客需求，先以庫存預製一些成品展示於售貨架上，供顧客直接選擇。當貨架貨物遞減到一定程度時，再製作備貨補充。看起來，接單組裝比備貨生產有較為複雜、需要人力較多及轉換時間也較長等缺點，但不會有備貨生產可能的多餘備貨（需求量少時）或補貨不及（需求量大時）的問題；另外，接單組裝生產模式，讓顧客有充分的選擇權，其顧客滿意度一般也比備貨生產模式要高。

生產的程序功能，對組織的成功運作與否也有重要的影響，但要看組織如何運用，才能在低成本、高服務水準與品項多樣選擇性……等整體運作績效指標上，強化組織的競爭能力並獲得市場上的競爭優勢。舉例來說，亞馬遜的線上零售模式，比傳統實體店面能提供較多的顧客選擇性與方便性。但即便是一般通用的運作模式，程序功能的好壞也要看組織如何運用。最好的例子是美國西南航空 (Southwest Airlines)，提供與其他航空公司並無二致的旅客輸運服務，但其運作成本就是比其他航空公司來得低。在多數旅客在意票價的現代，西南航空顯然比其他航空公司更具有市場吸引力！

6.2.2 生產的權衡

從上一節生產程序功能的範例說明中，我們可瞭解在供應鏈管理的專業中，生產程序與組織內其他程序，或組織及其他供應鏈活動之間的互動，都牽涉到所謂權衡 (Tradeoffs) 的考量，而此權衡的決策也都會對組織與供應鏈的運作成本、產量、品質及顧客滿意度等領域造成衝擊。本小節說明一些有關生產的權衡考量如下。

量相對於多樣性的權衡 (Volume vs. Variety Tradeoff)：這是與生產程序有關的主要權衡考量。如在**規模經濟** (Economies of Scale) 原則下，單一項目的大量生產，可有較低的單位生產成本，對有高固定設施成本，如化工、製紙……等製造廠商顯然較為合理。相對的，對追求有多樣產品的**範疇經濟** (Economies of Scope) 原則下，少量多樣的彈性生產模式，較能符合顧客的需求。生產廠家必須評估其產品特性、生產程序及市場需求特性等，決定產量或多樣性的相對需求。

反應彈性相對於效率的權衡 (Responsiveness vs. Efficiency Tradeoff)：生產設施的部署，也是生產程序的另一項基本權衡考量。中央生產設施能獲得較高的成本與庫存效率，但地區部署的生產設施因較接近市場而有較高的反應彈性。有餘裕產能的大型生產設施，較能反應突增的需求；但產能較小的小型生產設施，則因產能的有效運用而有較低的成本效率。最後，生產設施採用的生產方法，也會衝擊到反應彈性與效率的權衡。如產品導向 (Product-oriented) 的生產模式，可能運用多種生產程序產製單一品項產品；而程序導向 (Process-oriented) 的生產模式，則以少數幾個生產程序產製多品項產品。相較而言，產品導向生產模式的效率較佳，而程序導向生產模式則是市場反應彈性較佳。

生產模式與成本的權衡 (Production Models vs. Cost Tradeoff)：如圖 6.2 所示，總製造成本要通盤考量庫存、運輸、採購與生產等成本，而不同生產模式於各種成本類型中也各自有其差異。一般來說，接單設計 (Engineer-to-Order, ETS) 因牽涉到工程研發，總製造成本最高，接單組裝的總製造成本在生產模式中最低，接單生產模式則要看產量而定。

自製或外購權衡 (Make or Buy Tradeoff)：前已提及，自製或外購考量，除了策略性或經濟性的權衡外，也涉及組織對產品品質的管控，最終將影響到顧客的滿意與否。若組織決定自製，品質當然應由自己控制；若決定外包或外購，則必須付

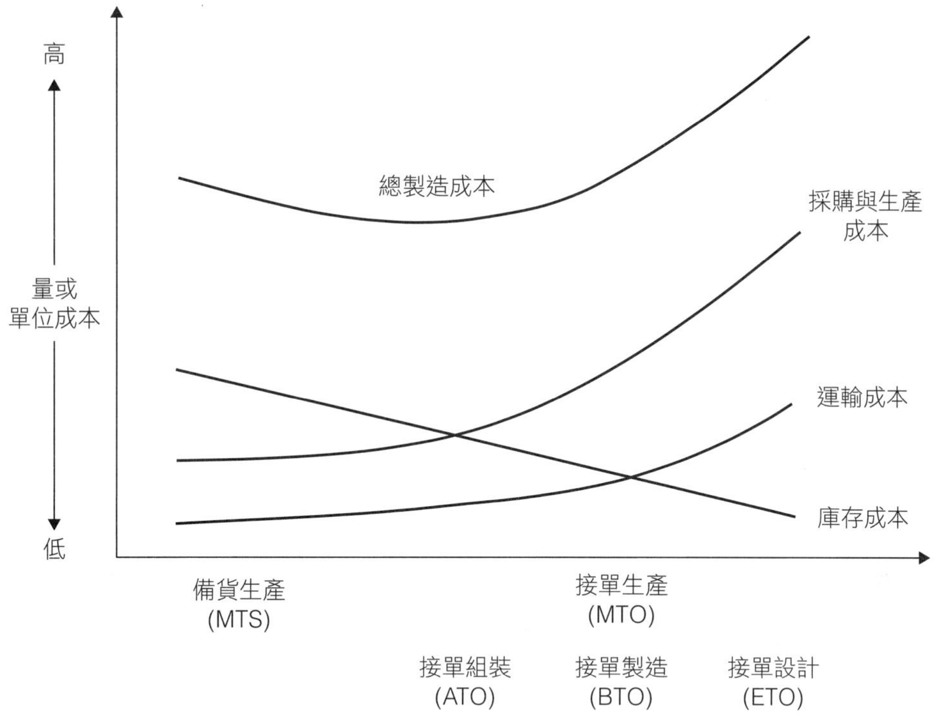

✧ **圖 6.2** 製造總成本示意圖

資料來源：摘自Bowersox, Closs, and Cooper, *Supply Chain Logistics Management*, 4th ed. (Boston, MA: McGraw Hill/Irwin, 2012). Copyright © 2012 by McGraw-Hill. Reproduced by permission of McGraw-Hill Companies, Inc.

出額外心力，使外包或外購供應商能確保提供產品的品質。舉例來說，近年來發生多次汽車製造商因零組件失效而須大量召修的情況，因零組件供應商提供產品的瑕疵，就可能造成汽車製造商與成千上萬顧客的大震盪！

最後，在生產的權衡中，企業雖須專注於低生產成本、高品質、快速交貨、高交貨可靠性及反應需求變化的能力等，雖都是製造廠家追求市場競爭優勢的考量因素，但因上述考量權衡因素間可能就有衝突（如追求高品質通常也意味著生產成本高），實務運作時通常無法全盤兼顧而必須做出權衡。但世界級的企業組織卻能在相互衝突的權衡中找到平衡的經營模式，而在成本、品質、速度、彈性及顧客滿意度等都做到完美！

6.2.3 生產的挑戰

若說今日的生產是一動態程序，實在是一種嚴重低估的說法！目前製造業中的生產經理們所面對的挑戰，除了上一小節所介紹的權衡外，還必須在自己組織內的生產效率外，追求供應鏈整體績效的達成。目前生產經理們所面臨的挑戰，還包括法規對生產履歷的要求、跟上產品創新的步伐、克服技能勞工的短缺、有效管理生產的環保議題、平衡產量與維護需求……等。

市場上的競爭壓力，也是許多既有製造商與服務提供商的主要挑戰之一。由於供應鏈籌資的全球化，使原物料及產品可能來自於世界任何地方。製造商與服務提供商必須持續更新其生產能量與創新反應性，以隨時反應暴起的競爭者。美國的汽車製造業，是面臨市場競爭壓力的最好範例。通用汽車 (General Motors) 與福特 (Ford) 必須與日本豐田 (Toyota) 的精實生產 (Lean Production) 產能與本田 (Honda) 的高品質汽車競爭外，也須發展能與韓國現代 (Hyundai) 與奇亞 (Kia) 低成本汽車的競爭策略。堅持「一切照舊」(business as usual) 的經營模式，只會使市占率進一步萎縮，也會造成供應鏈的困境。

顧客對產品多樣選擇的需求與口味的快速轉變，也對製造商帶來新的挑戰。量產的生產形式，已不符合市場需求，現代的顧客對客製化的需求越來越高。因此，現代的供應鏈越來越圍繞著製造商的外包與接單組裝生產作業，以強化其市場反應彈性。時至今日，你可在運動商品大廠耐吉 (Nike) 網站上 (NikeiD.com) 設計你自己所要的鞋型！

雖然小量、多樣的反應式生產模式越來越明顯，但組織高層仍對生產經理人有產量與效率上的要求。他們要求生產經理人能同時滿足經濟效益與需求反應彈性，因此現代的生產經理人越來越傾向於彈性製造系統 (FMS)，能同時兼顧量產與客製化的需求。

當然，除了上述挑戰外，現代製造廠家的生產經理人所面對的挑戰還不只如此。勞工的生產力、供應鏈上活動的整合及重要設施的資本投資決策……等，都是生產經理人需要克服的難題與障礙。下一節將專注於生產經理人可採用的策略與規劃方法，使生產程序的設計在眾多權衡因素中取得平衡，讓公司能持續成長與獲利！

6.3 生產策略與規劃

為使製造商生產程序對整體供應鏈做出正面的貢獻，許多單位都必須在規劃、準備及實施上做出努力，而製造商必須發展的生產策略，包括產品與服務特性、內部產能、顧客預期及相關市場競爭關切議題……等，策略制定後，短程及長程的生產計畫才得以發展，繼而執行產品組裝或服務遞交等程序。

6.3.1 生產策略

在過去三、四十年來，製造業的生產策略有很大的轉變，從 1970 年代開始著重在由市場需求預測驅動量產的效率，轉向由顧客實際需求拉動的精實、彈性、調適與智慧製造策略等。圖 6.3 提供一隨時代演變的生產策略演化，並區分年代分別說明其要點如後。

1970 年代的量產

量產 (Mass Production) 時代的生產，專注在效率與規模。生產的依據是來自於市場需求的預測，進而執行生產的規劃與決策，因此是所謂的推式系統。生產程序的產出儲存在倉儲庫房內，並對市場進行推銷銷售，故生產程序稱為**備貨生產** (Make-to-Stock, MTS)。這種生產策略適合用在市場需求穩定且變動較少的狀況，也無須建立所謂的及時系統、產量也可追求極大化……等。

	1970 年代	1980 年代	1990 年代	2000 年代	2010 年代
策略	量產	精實製造	彈性製造	調適製造	智慧製造
市場差異	成本 庫存防護	品質 越少浪費	可用性 資源調配	速度 及時執行	感測 + 解析 及時最佳化
程序選擇	MTS	+ ATO	+ BTO + ETO	+ 混合形式	極度客製化
物料處理	推式	拉式	拉式	拉式	拉式
績效重點	生產流通	成本管理	區隔 市場分享	顧客滿意	極度靈活性

✧ **圖 6.3** 生產策略演化示意圖

資料來源：摘自 *Manufacturing Strategy: An Adaptive Perspective* (Newton Square, PA: SAP AG, 2003).

但在實際狀況下，鮮少有公司能做到完美的需求預測，而維持生產與產品消耗（銷售）的完美配合。通常的狀況是公司必須要面對與處理需求的變動，尤其是產品有季節性需求變化的狀況。在這種需求會變動的狀況下，公司通常會在淡季時執行備貨生產、累積成品以因應旺季時需求的突增。因此，量產策略的成效，必須依賴市場需求的精準預測。若預測不準，則會造成超量生產積壓庫存或生產跟不上需求……等缺失。

量產的推式生產策略，適用於低成本、標準化、一般市場現貨商品，如運動飲料、運動休閒鞋類……等的生產。只要市場上仍有一定數量的買方持續搜尋這類低價商品的需求，製造或生產廠家則能從這種量產策略上獲得利潤。

推式供應鏈的運作，也會對製造商帶來其他的挑戰。首先是供應鏈下游合作夥伴的需求預測，會限制製造商的市場反應性。若製造商過度依賴供應鏈下游夥伴的市場需求預測，而對實際終端顧客的需求缺乏可視度 (Visibility)，則當生產供貨高峰時，可能會發現需求已下降，造成超量生產或甚至過時的產品。另一項挑戰則是**長鞭效應** (Bullwhip Effect) 所描述因預測誤差隨供應鏈的上溯（從需求端到製造端）而放大的現象。無論超量生產或生產不足，都會造成製造商資源運用的無效率——有時是超量工作 (Overworked)，有時卻是怠工 (Idled) 狀態中！

1980 年代的精實生產

為處理推式量產策略無法因應需求變化的缺點，從 1980 年代起開始興起所謂**精實生產** (Lean Production) 的概念。精實生產實際上源自於日本**豐田生產系統** (Toyota Production System, TPS) 的生產哲學，其重點在盡量降低生產程序前後原物料、**在製品** (Work-in-Process, WIP) 及成品等的無謂移動與庫存，並利用在生產當時，讓生產所需所有資源同時到位的及時生產管理方式，使生產資源能在生產程序與系統中快速、通暢的流通。

豐田生產系統的管理哲學，在發展與設計能移除壓力 (Muri)、平順生產 (Mura) 及消除浪費 (Muda) 的生產程序，其中又以消除生產程序中的浪費為其精髓。在豐田生產系統中，列舉生產系統常見的**七種浪費** (7 Muda) 如：

1. 超量生產 (Overproduction)：生產超過能賣的產品。

2. 延遲 (Delays)：生產程序中的待料。

3. 無效移動 (Inefficient Transporting)：零附件在庫房中與工序之間的無效移動。

4. 過度加工 (Overprocessing)：對產品執行做不需要的加工程序。

5. 無效庫存 (Invalid Inventory)：對賣不出去零附件、在製品及成品等投入的資金與儲存空間。

6. 無效動作 (Inefficient Motion)：在工作機台或工序間對零附件、在製品與成品的無效動作。

7. 不良品 (Defective Products)：製程中的不良品或須重工……等。

從精實生產開始，生產策略已從量產的推式概念轉變成拉式概念。製造商只針對顧客的訂單執行生產。顧客下單的需求訊號，啟動所謂**組裝生產** (Assembly to Order, ATO) 的生產，以模組化零附件與組件的客製化組裝快速回應顧客的訂單需求。為支援拉式系統對顧客需求的可見度，可用的技術包括銷售點 (Point of Sale, POS) 的掃描貨品售出資訊、電子交換技術、網際網路的電子商務及自動識別標籤……等 (將於本書第 14 章中再詳加介紹)，這些技術都能使製造商快速反應市場需求的同時，也能降低顧客的訂單循環時間。

精實生產的拉式生產概念最主要的好處，是能降低生產程序中的浪費。製造商無須為預測需求而建構備貨庫存。拉式生產概念也能降低超量生產、無效庫存與過度加工……等問題；另因供應鏈夥伴也是根據顧客的下單而提出或傳遞需求，因此也能降低長鞭效應的影響。降低浪費、減少供需變異……等的總體效益，使拉式系統比推式系統更能有效管理生產資源，並降低整個生產系統的運作成本。

適合拉式生產的產品，通常必須有高價值、短生命週期與可客製化等特性如電腦組裝業者。如戴爾等世界主要電腦生產企業，實際上並不實際從事生產，而是當顧客經由網路或客服中心下單後，快速的從零組件供應商及第三方倉儲庫房中獲得所需零附件與組件，再由合作組裝商進行最終成品的組裝和貼標後運交給顧客。如戴爾等大型電腦提供商而言，所執行的任務只是接單、協調組裝生產、銷售，最後開立銷售發票，而向顧客收款 (或下單時即已付款)。

但拉式系統並非沒有挑戰！某些狀況下，顧客要求要能立即獲得商品而不願意 (或不能) 等待產品的生產與交運，如牛奶、麵包……等生鮮產品即為最佳範例。

另以組裝生產或**接單生產**（Build-to-Order, BTO）生產策略無法獲得規模經濟（亦即無法量產）、生產成本較高（相對於量產）……等。最後，若製造商缺乏相關技術能力而無法獲得供應鏈可見度的情況下，也無法有效執行拉式系統的生產策略。

雖然現代許多製造廠家大多已從量產的策略轉換到精實生產的策略，但仍然未臻完善！許多產業專家已對拉式生產策略提出追求完美應改善或關切的議題，如庫存水準最小化（及時系統）、過度依賴單一商源，或在多項產品使用通用零組件……等，可能會因供應商的品質問題而產生風險。換句話說，如依賴單一供應商的主動供貨，而備貨庫存又缺乏的狀況下，製造商會受制於供應商！除此之外，對產品技術複雜度要求越來越高的現代，也是精實生產的另一項挑戰。

1990 年代的彈性製造

彈性製造（Flexible Manufacturing）的概念在 1990 年代初期開始生成，以因應已於本章前段的生產挑戰，包括產品的擴散、更短的產品生命週期、競爭的快速增加及顧客需求複雜度提高……等。彈性製造策略的目標，是在生產程序中內建彈性應變能力，使生產程序能因應市場上對產品項量需求的快速轉變。

彈性製造的反應能力之一，是機具（工作機台）的彈性。換句話說，即能以快速換裝刀具、夾具與模型，而能執行多項工作（如車、刨、鑽、銑……等）的多工機具。多工機具則須多能工的配合，才能發揮彈性製造系統（Flexible Manufacturing System, FMS）的效能。日本本田汽車於北美市場就是彈性製造的最佳範例，本田在北美的 9 個組裝線上產製 16 款本田與 Acura 汽車。

另一種彈性製造的反應能力，是所謂的**工序彈性**（Routing Flexibility），此工序彈性能讓生產管理者在某個機具失效或工作站工作滿載時，能將製造工作轉向另一台機具或工作站來取代執行。這種工序彈性，能讓彈性製造系統「吸收」外部需求與內部能量的大幅變化。

彈性製造策略的主要優點，是支援不同轉換程序生產資源的有效利用。而彈性製造的目標是能以符合生產成本效率的執行多樣、小批量生產，並且達到範疇經濟。另外，由於工作機台的高度自動化，也能獲得在產量、品質及人工成本等方面的改善。

即便有前述優點，但彈性製造策略也非完美無缺！其主要缺點是對多工機具與工作站的高資本投入、整個生產系統的複雜性也須增加教育訓練成本、需要擁有高生產技能的員工，及需要高度規劃能力……等。

因有上述關切議題，許多製造商可選擇將其部分組裝或生產程序外包的策略，而使組織能專注於關鍵零組件及成品的生產製造。若此外包牽涉到另一個國家，則形成所謂**離岸外包** (Offshoring Outsourcing) 的現象。整個 1990 年代到 2000 年代初期，世界各國將製造程序離岸外包給中國就是最好的範例。但目前因中國勞工成本的增加，使得全世界製造商開始尋求勞力成本更低廉的區域或國家。

企業尋求外包或離岸外包的理由，通常是以更低的成本獲得不同或多樣的生產能力。其他外包的原因還可能包括：

- 擺脫無謂的工作而專注於組織核心能力的發揮。
- 缺乏內部資源或能量。
- 使生產更有效率與效果。
- 提升因應環境變化的彈性。
- 對可預期成本實施更有效的預算控制。
- 降低對內部基礎設施資金的投入。
- 驅動創新與領導統合能力。

雖然外包已成製造業流行的有價值策略，但企業仍須對外包，尤其是離岸外包可能衍生的缺點，如將生產離岸外包會增加運輸成本、移轉程序中的庫存持有成本、關稅成本及其他隱藏性費用……等。另外，當生產活動遍布不同國家的不同設施，維持協同運作的可見度會降低，最終可能會使企業喪失對產品品質、智慧財產權 (Intellectual Property Rights, IPR) 及維護顧客關係等的控制能力。

當企業瞭解到離岸外包有上述的隱憂後，許多製造商開始尋求**在岸** (On-Shoring) 或**近岸** (Near-Shoring) 生產的方式。所謂的在岸生產是將生產設施移回本國內，而近岸生產則指在鄰近本土的國家從事生產活動。如美國的製造業開始降低對東亞區域供應商的依賴，而將生產能量逐漸轉回美國本土或拉丁美洲國家。

第一線上 重返北美製造

北美製造商目前已積極開始將生產活動帶回國內或鄰近本土的近岸國家。根據國際知名企業重整與財務諮詢公司 AlixPartners 於 2015 年的調查，有 42% 的北美企業執行長表示已採取或將在未來三年內執行近岸製造作業。

北美製造商為何要將海外生產設施連根拔起，並跨洋將生產能量移回國內或近岸？最近一篇〈今日製造業〉(Manufacturing Today) 的文章顯示，北美地區因下列因素而對製造業更具吸引力：

- 中國的勞力成本以兩位數字的成長率激升中。
- 35-45 天的海運時間，已逐漸不被顧客所接受。
- 政治不穩定與環境災難：從阿拉伯之春 (Arab Spring) 到日本 311 複合式災難等，都突顯出亞洲供應鏈會被外力因素影響的易損性。
- 時區差異造成北美總公司與亞洲生產設施管理者間的溝通困難。
- 品質管制監控困難。

北美已有許多知名的企業採取在岸或近岸製造策略，關鍵性範例如下：

- 蘋果將現有 Mac Pro 生產線移往德州。
- 開拓重工 (Caterpillar)（美國重型工業設備製造公司）在德州維多利亞 (Victoria) 花費 1 億 2,000 萬美元成立一座生產挖土機的新工廠。
- 陶氏化學 (Dow Chemical)（總部設於美國密西根州的跨國化學公司）在密西根州米蘭德 (Milland) 開設一占地 80 萬平方呎的工廠，生產電動或混合動力車輛的電池。
- 惠而浦（總部設於美國密西根州的家電製造商）將其攪拌器（果汁機、料理機……等）組裝線從中國移回俄亥俄州，並在田納西州克里夫蘭投資 1 億 2,000 萬美元成立一家新的工廠。

除了企業自己的利益考量外，在岸或近岸生產策略也對當地經濟帶來好處。根據陶氏化學的估計，在密西根州米蘭德新工廠的每一個新工作，都將在供應鏈上的相關公司多創造出另外五個工作機會。

資料來源：John T. Costanzo, "Near-Shoring Takes Hold," *Manufacturing Today*. Retrieved July 31, 2015 from http://www.manufacturing-today.com/index.php/sections/columns1/801-near-shoring-takes-hold; Rita Gunther McGrath, "Why 'Nearshoring' is Replacing 'Outsourcing'," *The Wall Street Journal*, (June 4, 2014); and, Premium Staffing, "Manufacturing Industry on the Rise in the United States," (November 26, 2013). Retrieved July 31, 2015 from http://www.premiumstaffinginc.com/2013/11/26/manufacturing-industry-rise-united-states/.

2K 年代的調適製造

調適製造（Adaptive Manufacturing）是經由最佳化運用現有資源彈性的發展、生產與遞交產品。這是一種從工廠現場角度運用精實製造原則、六標準差品質最佳實務，與及時可行動的情報資訊等的生產策略。調適製造策略傾向快速偵測與反應顧客需求的需求導向，其結果是增加生產彈性與需求履行的速度等。

為達成調適製造能力，企業必須能將定義、排程及生產的知識在企業系統與工作現場系統中無縫移轉和傳遞。這些及時資訊與其連接方式，對偵測製造程序和供應鏈中的「例外」狀況相當關鍵，使製造商能以適當的行動快速反應。

2010 年代的智慧製造

智慧製造（Smart Manufacturing）或在歐洲被稱為「工業 4.0」（Industries 4.0）計畫的生產策略，打算運用機器人與自動機械、網路化的資料蒐集與分析等，驅動生產效能的更大提升。智慧製造生產在產品單位各個物料轉換程序中，大量運用偵測器來推動並執行品質管控與程序的持續改善。其預期的正面效果包括人力、物料及能源的更大運用效率、更好的裝備維護與利用及產品與程序的更高穩定性（可靠度）等。

要使智慧製造可行，必須具備三種能力：一是有傳訊標準的資訊網路連接；一套使資訊成為有用情報（智慧）的解析工具組及付諸生產行動的彈性自動化系統。簡單的講，智慧製造是讓生產程序讀取的數位資料，能自動執行肇因分析（Root Cause Analysis, RCA）與採取對應更正行動的一套智慧系統，能使生產自動化發揮到極致。

較新的生產策略，不見得能完全取代舊有的。上述各種既存或演化中的生產策略，在今日的供應鏈中各自有其扮演角色，即便傳統的推式量產也一樣！組織高階與生產經理人的任務，是根據自己生產產品的特性、顧客需求的變動性及組織的生產能量等，發展適合組織的生產策略。另外，因現代顧客與產品的多元，越來越多的組織也開始採用能利用多種生產策略的混合系統。

6.3.2 生產規劃

當生產策略決定後，組織應開始將注意力擺在生產的規劃上，生產經理人在生產規劃階段的主要任務，是生產系統輸入、轉換與輸出之間的平衡，以免產生浪費。過度的輸入與產出，都將產生不必要的庫存，而過多的（轉換）能量，也會導致生產成本的增加；反過來講，若生產程序的資源輸入不足，當然無法產製出所需的產出，能量不足則將導致機具與人力的過度運作而衍生出品質問題等。

本小節專注在生產規劃中的兩種規劃作為：**產能規劃** (Capacity Planning) 與**物料規劃** (Material Planning)。另在規劃時程上，則區分三種時段如下：

1. **長程規劃：**通常超過一年以上，針對未來產品族群生產的資源需求與總生產計畫等。
2. **中程規劃：**通常指半年到一年半期程內，針對特定產品的戰術性生產規劃，如粗略產能規劃及主生產計畫……等。
3. **短程規劃：**從幾天到幾週，針對特定生產程序所需的能量與物料需求等程序規劃。

前述各期程的生產規劃活動，整理如圖 6.4 所示。各規劃活動與產出計畫的要點，則分述如後。

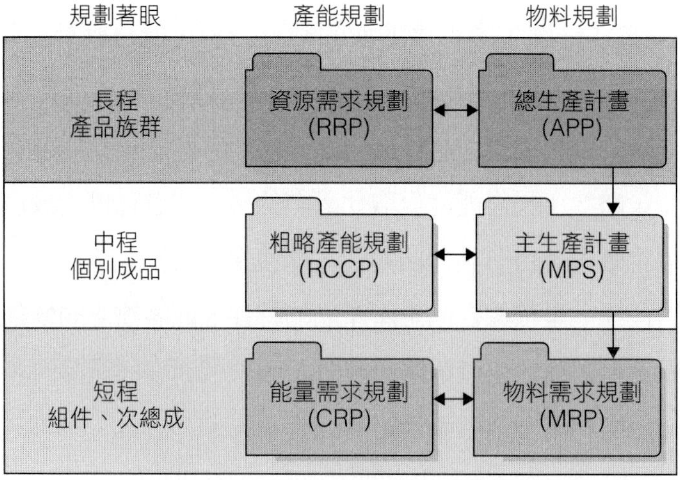

✧ **圖 6.4** 生產規劃活動示意圖

資料來源：摘自 Wisner, Tan, and Leong, *Principles of Supply Chain Management: A Balanced Approach*, 4th ed. (Boston, MA: Cengage Learning, 2015). Reproduced by permission.

產能規劃

所謂的產能，是指組織在某特定時段內能完成的最大工作量。而此產能的適切規劃，能使組織因應顧客的需求、不因需求的變動產生供需差異！產能規劃的目標，即在盡可能的將供需之間的差異最小化。

資源需求規劃 (Resource Requirements Planning, RRP)：屬於長程、宏觀角度的規劃工具，它使生產領導者瞭解總可用資源是否能支援總生產計畫 (Aggregate Production Plan, APP)。總人力工時及機具時數是此規劃作為的主要關切。若資源需求規劃發現資源不足處，則可能發起新設施、資本裝備或合約製造資源等計畫，或者也可從修改總生產計畫，使其適合可用資源的限制內。

粗略產能規劃 (Rough-Cut Capacity Planning, RCCP)：為中程規劃作為，為主生產計畫 (Master Production Schedule, MPS) 可行性的檢核程序。粗略產能規劃將主生產程序轉換成所需能量，並與各生產程序可用的資源比較且做調整。若粗略產能規劃能與主生產計畫協同，則此產能計畫即確定；不然，則將由加班工作、外包、資源擴充或彈性工作程序……等調整生產所需的資源。若產能無法調整，主生產計畫則應下修！

最後，生產經理人以**能量需求規劃** (Capacity Requirements Planning, CRP) 檢核物料需求規劃 (Materials Requirement Plan, MRP) 的可行性。此短程產能規劃技術將細部的審視各生產程序與步驟所需的資源能量，如人力工時及機具裝備使用時間等。雖然粗略產能規劃顯示有足夠的資源支持主生產計畫；但在此能量需求規劃階段，仍可能發現在某特定生產階段，資源可用性的不足。

物料規劃

物料規劃 (Materials Planning)，一般專注在未來供需的平衡，包括銷售預測、制定主生產計畫，與執行相關物料需求規劃工具等。

總生產計畫 (Aggregate Production Plan, APP)：為將年度經營計畫、行銷計畫與市場需求預測等轉換成組織整體產品族群的總生產計畫，以用來制定各生產設施的產出率、人力運用率及庫存利用率……等。總生產計畫通常著眼於超過一年以上生產能量的預估，並以滾浪式規劃法 (Rolling Wave Planning) 持續向前執行分析。

主生產計畫(Master Production Schedule, MPS)：為長程總生產計畫在特定時段內(通常為季度)生產特定產品的細部展開。換句話說，主生產計畫為滿足所有顧客需求，將所有特定產品生產時所需的資源(能量、人力、庫存……等)依照時序的展開。主生產計畫也是物料需求計畫的主要輸入項目主生產計畫的有效執行，可避免缺料、過度花費、臨時的排程及資源的不當配置……等。

物料需求規劃(Materials Requirement Plan, MRP)：相較於前述兩種物料規劃文件，物料需求規劃屬於短期、作業階層的物料需求規劃文件，將主生產計畫的特定產品，依照時序展開為生產特定產品所需零、組件時間與數量清單。我們也可將物料需求規劃視為生產特定產品的依賴性需求(Dependent Demand)零、組件等的需求排程與再訂購規劃文件。舉例來說，對一家生產摩托車的工廠而言，其物料需求規劃列舉的依賴性需求，則包括車架鋁件、輪胎、座椅及排氣管等組件。

為使物料需求規劃成為有效的規劃文件，必須要能提供下列三組資訊：

1. **獨立的需求資訊**：主生產計畫能定義出最終產品或組件的需求。
2. **產品族系關係**：物料清單除必須列出構成最終產品的零、組件與總成外，也必須包含交貨時間等資訊。
3. **重要組件的庫存狀態**：生產最終產品所需零、組件等的淨庫存需求(總需求－現有庫存)，需求項目的再訂購時點……等資訊，以確保生產最終產品時，有足夠的零、組件庫存可供支援。

上述物料需求規劃文件，尤其是物料需求規劃，能提供有效生產決策所需的資訊，如生產排程、現有庫存、淨庫存需求及再訂購點……等，以適時的完成組裝、生產及顧客訂單的履行。

6.4 生產決策

生產策略與規劃的計畫產出與產品特性……等，都會影響每日作業方法的選擇。生產程序的有效選擇，能讓組織有效因應顧客需求的變化。組織也必須做好生產程序的布局，使生產流程能配合需求量。另外，組織也必須使用適當的包裝，以安全的處理與運輸產品。本節即分別介紹這三種會影響每日生產績效的議題如後。

6.4.1 生產程序

本章稍前已提示過產品可由計畫或需求而產製，根據計畫的生產程序為備貨生產，而根據需求的生產程序則是接單生產，接單生產還可進一步區分三種變形——接單組裝、接單製造與接單設計。每種生產程序各自適合某些類型產品的生產，分別說明如後。

備貨生產：是傳統的量產生產模式，以完工的庫存成本來滿足顧客的訂單，而生產則在補充庫房內成本的庫存。備貨生產通常使生產排程較容易執行，可以規模經濟支持符合成本效益的生產模式，並可使製造商以庫存備品來滿足顧客的訂單。要使備貨生產能順利運作，精確的需求預估及庫存控制是關鍵議題。

由於備貨生產是一種事前生產的方式，生產計畫通常由歷史需求資訊與市場需求預測資訊的結合而驅動。這種生產方式較適用於需求能事前預測或有季節性需求的大量產品。備貨生產的製造程序也適用於有通用商品基礎的產品，如藥品、化學品與紙製產品等的連續生產。

接單組裝：是在接到、確定有顧客訂單時，才開始組裝產品的生產模式。此處所謂組裝，在強調成品可能來自於一些有限定選擇組件的組合，而這些組件則通常如備貨生產模式般的預先庫存，在接單後提至生產線上組裝成最終成品後才遞交給顧客。

接單組裝對重複、大量生產的情境相當有用。成品可在組成方式與附件等上有所選擇，汽車及個人電腦即是接單組裝生產的典型範例，但如下「第一線上」專欄的描述，可知接單組裝可運用在許多產品類型的生產。

一般而言，接單組裝比備貨生產有下列優點，如較低的成品庫存、因應需求變動的調適性較高，及較高程度的顧客接觸互動……等。

第一線上　走自己的路

電子商務並不限於零售商於網上的銷售，許多製造商也抓住此能與顧客直接接觸的機會，這種製造商與顧客直接接觸的特殊面向之一，是產品的能實施部分或完全的客製化。製造商根據顧客的特定需求產製出成本後，並將成本遞交到顧客指定的地點。今天，我們已可在網路上訂製自己設計的產品，從巧克力棒到汽車都有，範例包括：

Chocomize.com: 顧客能選擇不同形狀(棒形或心形)、不同口味(黑、牛奶或白)巧克力，並從 100 種配料中任選 5 種。上述不同的選擇可構成多達百萬種以上的選擇組合，而這些客製化的巧克力則以接單生產的方式製作，並在四個工作天內運抵顧客處。

Hem.com: 在此網站內，顧客僅以四個步驟設計他們想要的各式家具。顧客依序決定想要的家具構型(由 Hem 設計師所設計)、尺寸、材料與顏色後，網站即會列出報價及預計交運的時間。

TeslaMotors.com: 顧客可在特斯拉(Tesla)所提供設計工作室的網站中自行設計其 Model S 車型，選項包括會決定行駛距離、動力傳動系統等的電池大小，外觀顏色、車輪大小及內裝設施與顏色，另有許多其他可供升級的選項……等。在顧客選定上述選項後，網站會列出車價及生產交貨的估計時間等。

為何製造商要支持顧客主導(設計)的產品？這個問題的答案還是在顧客的接觸及收入成長考量。Chocomize 創辦人之一的海恩勃克(Eric Heinbockel)表示：「我們選擇這概念的原因，是網際網路提供顧客的強大購買力，使我們相信大量客製化是許多產業的未來。」

資料來源："About Chocomize." *Chocomize.com.* Retrieved August 3, 2015 from http://www.chocomize.com/About-chocomize-customer-chocolate; "Custom Furniture." *hem.com* Retrieved August 3, 2015 from http://hem.com/en/customize/?ref=home.home.cust_sub; and, "Design Studio." *Teslamotors.com.* Retrieved August 3, 2015 from http://my.teslamotors.com/models/design.

接單製造：也是在接到、確定有顧客訂單後，才開始組裝或製造產品的生產模式。終端產品通常是標準組件與客製組件的組合。與接單組裝模式不同之處，是接單製造(Build to order, BTO)的客製化程度較高，通常需要根據顧客的特定需求對產品做特定構型的製造與生產。典型的範例如私人飛機，雖然飛機有一定的機型，但顧客對航電系統與內裝系統則有不同的設計需求。

接單製造具備接單組裝的部分優點，如僅維持標準組件的庫存以因應顧客需求的變化；但在客製化組件製造的部分，則因設置成本高、交貨期程較長……等特性，若需求在生產過程有變化，則對接單製造能量的運用會有較大影響。

接單設計：是接單生產各模型中客製化程度最高，或即稱須完全客製化的生產模式。在接單設計的模式中，所有成品都不一樣，每項顧客訂單都須經詳細的成本估計與量身訂製的定價。在生產每一項產品時，都須有特定的零件清單、物料清單、生產工序……等，致使生產程序複雜性極高、交貨時程也最長等。

接單設計 (Engineer to Order) 也可稱為**專案製造** (Project Manufacturing)，有效的接單設計有賴於供應鏈上夥伴的協力合作。要使接單設計能夠成功運作，最好也能從設計到生產整個程序都讓顧客全程參與。另外，因接單設計的每個訂單都有其各自的獨特性，因此供應商也應參與整個設計到生產程序，才能使產品的供貨、生產到交貨期程都完美搭配。接單設計的產品類型包括資本裝備、工業化機具、航太與國防產業的複雜系統等。

表 6.1 彙整與比較接單生產三種模式的特性比較。有些公司完全依賴備貨生產模式，另有些公司依賴接單設計生產模式，但因產品類型的快速擴散，許多製造商開始採取混合生產方式，即某些量產產品執行備貨生產，另一些客製化產品則以接單生產方式生產。

延遲差異化 (Delayed Differentiation)：是一種混合的生產模式，只在顧客的特定需求被確定後才開始最後的客製化。因此，延遲差異化實際上是庫存生產與接單組裝兩種生產模式的組合。在庫存生產階段，那些無差異的組件與半成品被先行產製並予庫存，到確定顧客特定的需求後，才啟動第二階段的接單生產模式。舉例來說，手機製造商通常先將手機的主要組成件先生產出來，並予以庫存（庫存生產），當顧客確定下單後，才根據訂單所需的外殼顏色、記憶體大小，甚至銘刻……等進行客製化組裝（接單組裝）。

表 6.1 接單生產模式比較表

	接單組裝 (ATO)	接單製造 (BTO)	接單設計 (ETO)
客製化程度	有限	中度	完全
成品成本	中	高	最高
訂單履行速度	日至週	週至月	月至年
生產程序複雜性	中	高	極高
產品範例	個人電腦、汽車	電腦伺服器、私人飛機	體育場巨型螢幕、核能電廠

資料來源：Biran, J. Gilbson, Ph.D. Used with permission.

延遲差異化生產模式有許多有關半成本庫存的優點，首先是庫存生產的半成品庫存能使延遲差異化生產模式比接單生產及接單設計有更短的訂單週期；若與維持相同數量成品庫存比較，延遲差異化對半成品庫存的投資也較小；另外，半成品庫存也使延遲差異化同時擁有庫存生產及接單組裝的優點；但與庫存生產一樣，延遲差異化的半成品庫存也有持有成本、可能多餘庫存……等缺點。

6.4.2 生產程序布局

設施布局（Facility Layout）是影響生產活動將如何執行的主要驅動力之一。所謂的設施布局，指機具位置的安排、儲物空間大小及所有在工廠內其他生產所需資源的安排。設施布局通常由公司的生產策略所決定，但也會受到產品特性（重量、尺寸、易損性）、需求特性（數量與變化性）等之影響。此外，公司的服務承諾、設施成本……等，都會影響生產設施的部署。

設施布局通常可由分析生產程序就能得到明顯、理想的結果，而生產程序布局的目的，即在確保生產程序能有效率、有效果的執行。有效、成功的生產程序布局，意味著能做到下列事項：

- 減少人員與物料移動的瓶頸。
- 促進面對面溝通與協調。
- 物料處理成本最小化。
- 有效利用可用空間。
- 降低對人員的危害。
- 增加運作彈性。
- 有效運用人力。
- 提升士氣。

設施布局或生產程序布局通常也與不同的生產類型相關，如圖 6.5 所示，生產類型通常可由產量（高低）與產品標準化程度（高低），而從專案生產到連續生產線生產。當生產類型從專案逐漸移至連續生產線的過程中，我們可察覺到下列特性的改變：

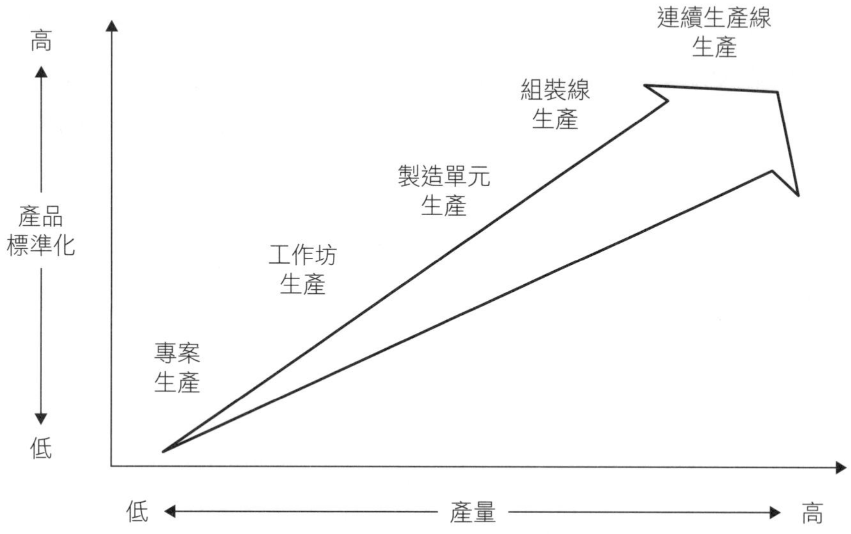

✧ **圖 6.5** 設施布局矩陣

資料來源：摘自 Jacobs and Chase, *Operation and Supply Chain Management*, 14th ed. (Boston, MA: McGraw-Hill Irwin, 2014). Reprinted with permission of McGraw-Hill Companies, Inc.

- 員工技能要求降低。
- 物料需求的明確化。
- 產能利用率變成重要成本管控項目。
- 產品彈性下降。
- 因應市場變化彈性逐漸消失。

專案生產 (Project Layout) 為一在整個生產程序中產品位置固定的生產部署，而人力及物料則移往生產位置。舉例來說，一郵輪的組裝生產，從船體的建構、推進系統及船上設施的安裝……等，通常都在一乾塢內實施。場區內的支援活動通常也有指定的區域，如物料堆積處、先期組裝處、特殊機具進出通路及專案辦公室……等。專案布局也常見於道路施工、樓房建築……等。

工作中心生產 (WorkCentre) 是一種將相似裝備或生產功能群聚在一起的程序導向生產布局。物料從一部門移到另一部門，以完成該部門的特定工作與生產活動。舉例來說，毛巾等紡織品的生產，就是在紡織生產各功能間流動，如紡紗、編織、染色、裁切及縫製……等。這種生產布局對人員與裝備的運用甚具彈性，需要的裝備投資也低；另外，各部門的管理者也可獲得該功能的專業性……等。工作中心生產布局的缺點是，物料處理及移動的成本較高、工作移轉間工人有閒置時間、訓練跨功能領域技術人員成本較高……等。

製造單元生產 (Manufacturing Cell) 是另一種專注程序的生產布局類型，將有類似生產程序的各種產品聚攏在製造單元內生產。設置一製造單元通常包含四個主要活動如：(1) 辨識有類似工序的零件族系；(2) 將機具按照零件族系群組成一製造單元；(3) 安排單元內機具的位置與次序，使零件於工序內的移動最少化；(4) 將大型、共用的機具安排在使用位置。若規劃得宜，製造單元生產具有高生產效率、降低浪費、降低庫存水準、縮短生產循環時間及改善顧客反應時間等優點。這種生產布局廣泛運用在如手機、電腦晶片及汽車次總成等之製造。

組裝線生產 (Assembly Line) 是專注於產品的生產布局，機具與人員是依據產品的生產工序而安排。組裝線生產通常用於量產，許多個別的組裝線執行特定的組裝程序，然後各組裝線逐次合併到最終的組裝線，另在最終組裝線最後緊隨著物料處理裝備，以包裝、運輸成品。組裝線生產成功的關鍵，在控制與匹配組裝線的速度與人員的技能。組裝線生產符合具備成本效益、消除不必要的工序交叉與回溯加工 (Backtracking)、限制或降低在製品 (WIP) 的數量及精簡生產時間……等。組裝線生產模式適合於家電產品及汽車等有複雜次系統產品的生產。

連續生產線生產 (Continuous Process Facilities) 與組裝線生產類似，產品以一預先決定的工序步驟在生產線上流動，與組裝線不同之處，連續生產線的產品流動為連續、不中斷的。因此，連續生產線生產模式較適用於極大量、標準化產品如化學品、紙製品及飲料……等。處理連續生產產品的設施通常為須投入大量資本的高度自動化裝備，因此須不停的運轉才能獲得其規模效率。連續生產線生產模式的缺點是裝備龐大且固定，限制了因應需求變化的彈性，另因生產量大，通常也會造成超量庫存。

6.4.3 包裝

當成品從最終組裝線下線時，生產作業正式移轉到運籌作業。而包裝 (Packaging) 在成本從生產工廠移轉到物流中心或顧客指定地點時，扮演著重要的角色，包裝的設計有時會影響人力及設施運用的效率。好的包裝設計能促進產品處理與交運的效率，使落地成本 (Landed Cost) 維持在控制水準。適當的包裝也能保護成本的完整性與品質。客製化的包裝，也提供顧客想要表達產品的差異化資訊。包裝牽涉生產到運籌間的連接，做一簡單的討論如下。

空間利用：包裝的設計如形狀、強度及使用材料……等，將影響一組織對空間與裝備的運用能力。包裝設計的形狀，應配合工廠、物流中心及顧客處等物料處理裝備。使用材料配合著形狀設計，通常也能產生需要的包裝強度。如許多紙箱都設計成立方體或長方體，以提供堆積時所需的支撐強度。

容易處理：也是包裝設計的主要關切之一，這包括了物料的處理及運輸。對生產經理而言，容易處理指的是將成品(或在製品)以人力裝進包裝內，因此大的包裝是生產經理所偏好的；但大包裝的尺寸及重量，卻可能會造成運輸裝備的問題。此外，包裝設計也應考量運輸棧板及運輸貨櫃的容量，以充分運用這些運輸資產，以免形成「運輸空氣」而非產品的浪費。

容易處理還包括製造商與客戶之間物料處理裝備能力匹配的考量。匹配的包裝，能使物料及產品於供應鏈中快速的移動，降低成本、增加產品可用率及提升顧客滿意度等；反之，不匹配的包裝與物料處理裝備，將降低接收與儲存的效能，也可能增加損傷產品的風險。

產品防護：另一項有關產品包裝的主要關切，是對產品的防護。在生產設施內，物料及在製品等在生產線上移動時，都需要適當程度的包裝來防護製程中的可能損傷。從生產線上掉落或被叉動車撞擊等，是製程中兩種可能的損傷風險。產品防護還包括避免產品與其他物品接觸的污染或混合、浸水、溫度變化、遭竊或在處理與運輸途中的電擊……等。產品包裝應能支持堆積於其上方的產品，另在包裝內的重量分布也應平衡，以利於人工及自動化的物料處理。

包裝資訊：包裝的另一項主要功能，即在包裝上提供內裝產品的資訊。包裝上提供的資訊，對生產與運籌人員都相當重要。工作中心與組裝線上的生產人員，藉著包裝上的資訊來確定處理的是正確的物料或在製品。儲存在物流中心的貨品也須有辨識資訊，使運籌人員能輕易、正確的撿貨。條碼、無線射頻辨識標籤及其他自動辨識裝置，都可貼附或內建於包裝中，以包裝中的產品資訊更容易擷取與運用。

要達成上述包裝能提供主要功能的要點，就在外部包裝與內部緩衝材料的選擇。選用材料的考量當然是經濟性、強度及持續性……等。可靠的材料如木料或金屬等雖然有足夠的強度與持續性，但成本過高且重量過重！目前多由軟性材料，如再生紙箱、紙袋，塑膠袋及由玉米澱粉與黃豆等製成可生物分解的緩衝材料所取代。包裝的設計與材料運用，除了成本、效率考量外，近代也越來越重視包裝的持續性創新 (Sustainability Innovation)，如後續「第一線上」專欄之描述。

在製造商追求新包裝材料與技術時，降低 (reduce)、回收 (recycle)、再利用 (reuse) 等有關持續性的口頭禪並未消逝。事實上，根據估計，全球在持續性包裝的市場總值在 2018 年將達到 2,440 億美元之多，除了經濟效益外，追求持續性包裝的廠家也能在消費者心中留下良心企業的印象。

根據持續性包裝聯盟 (Sustainable Packing Coalition) 的定義，所謂的持續性包裝，應符合下列準據：

- 在整個生命週期中對個人及社區而言，都是有益、安全與健康的。
- 符合績效與成本的市場準據。
- 運用再生能源獲得、製造、運輸及回收。
- 回收與再生材料的最佳化運用。
- 以潔淨生產技術製造。
- 在整個生命週期中都健康的使用相關材料。
- 物料及能源使用的最佳設計。
- 能在生物或產業封閉迴路內有效的回收與利用。

第一線上　持續性包裝

在理想世界裡，所有的包裝 (Packing) 材料都是有社會責任的獲得，在其生命週期中被有效及安全的設計與運用，符合市場上對其績效與成本的要求，全部利用再生能源製作，一旦被使用後，仍能有效再循環利用……等，這是美國可持續包裝聯盟 (Sustainable

Packaging Coalition®, SPC) 的遠景——一個針對所有包裝材料從蒐集到回收利用期間，以經濟可行性發揮最大價值的真正封閉迴路系統。

一家公司應如何強化其包裝項目的可持續性？目前一般發展趨勢如下：

- 降低包裝尺寸與重量。
- 提升再循環或廢品回收率。
- 增加再循環利用內容。
- 增加再生材料的利用。
- 改善包裝與運籌效率。

以下列舉一些運用可持續性包裝的實際案例：

- 全球第四大丹麥啤酒製造商嘉士柏 (Carlsberg) 最近正和其全球供應商一起發展一種可循環再利用的塑膠啤酒桶，以取代現在所用的不銹鋼啤酒桶。
- 全球食品製造商也積極發展更小、更輕及使用更少材料的包裝。如亨氏食品 (Heinz Company) 改用一僅有 10 盎司的番茄醬罐，同時降低生產與消費成本；可口可樂 (Coca-Cola) 及百事可樂 (PepsiCola) 也正努力降低其 16.9 盎司水瓶的含塑量。
- 美國膠囊咖啡製造商克里格 (Keurig) 每年銷售出超過 90 億包咖啡膠囊，以其銷售數量之大，有必要對此一次性咖啡膠囊的再循環利用；而英國 Biome Bioplastics 公司目前正在發展一種以天然植物為基礎的包裝材料，以符合國際對咖啡膠囊複合材料的更高要求。
- 歐洲專業製紙廠詹式農作 (James Cropper) 開發出一種新的技術，能將可可豆糠製成纖維原料，以產製食品級的紙製品。因全球每年用在生產巧克力的可可豆都在 350 萬公噸以上，這項技術的創新能大幅降低掩埋場 (掩埋豆糠) 需用的土地面積。

資料來源：Mike Hower, "Sustainable Packaging Market to Hit $244 Billion by 2018," *Sustainable Brands* (February 19, 2014). Retrieved August 2, 2015 from http://www.sustainablebrands.com/news_and_views/packaging/mike_hower/report_sustainable_packaging_market_hit_244_billion_2018; Tom Skzaky, "Blog: 5 Sustainable Packaging Trends to Look Out for in 2014," *Packaging Digest* (March 19, 2014). Retrieved August 2, 2015 from http://www.packagingdigest.com/sustainable-packaging/blog-5-sustainable-packaging-trends-look-out-2014; and, Sustainable Packaging Coalition, *Definition of Sustainable Packaging Version 2.0* (Revised August 2011). Retrieved August 1, 2015, from http://sustainablepackaging.org/uploads/Documents/Definition%20of%20Sustainable%20Packaging.pdf.

6.5 生產準據

本章討論至此，我們雖已瞭解不同的生產作業類型如組裝線生產、量產程序、到精實、彈性生產程序等；但問題是絕大部分的製造業廠家，仍然以庫存生產概念衍生的**關鍵績效指標**（Key Performance Indicator, KPI）來衡量與監控生產的績效！這種生產準據評量指標，不但不能支持作業性策略，也無法支持組織整體目標及滿足顧客需求……等。因此，在建立生產評估準據時，必須先懂得避免下列三項錯誤：

1. **運用過於狹隘的關鍵績效指標：**避免運用僅能評估離散事件，而非整體程序的關鍵績效指標。舉例來說，勞工成本僅是整體成本中的一部分，不宜做為整體成本的評估準據。
2. **目標錯置：**或鼓勵錯誤的行為，如僅針對活動而非需要產出的衡量與評估。如專注於標準成本會計準則的依循，雖可能有好的直接人工成本運用效率、更高的機具運用率及連續生產效率等，卻也可能導致不必要的超量庫存與更高的管銷費用等。
3. **專注於非關鍵事項：**應避免追求不能與組織整體策略連接的短視生產目標。舉例來說，年復一年的追求降低製造成本，可能並不符合精實生產的實際運作環境。

因此，生產經理人應如何確保他能正確的衡量對的事？原則上，生產準據應能與公司目標校準，能使員工有達成組織整體目標的正確行為，生產準據的設定也應簡單、直接，每個團隊、功能領域甚至個人的關鍵績效指標數量不要超過五個，也應能容易瞭解與更新……等。關鍵是要依循下列五個組織經營的黃金準據，即總生產成本、總循環時間、交付績效、品質與安全，分別簡述如後。

6.5.1 總生產成本

最有意義的生產準據，是以現金衡量的**總成本**（Total Cost）。所有花在製造上的費用必須加總起來並與前期比較，而非一計畫下的可變動預算！

與製造相關的費用應包括銷售與經常管理成本，另應排除主要投資資金與會計上應收帳款、應付帳款等可調整花費。總而言之，總生產成本應與生產活動的物料、人力及服務直接相關，並計算至成品移交給外部顧客為止期間內所衍生的花費。不同期間內的總生產成本比較，則能顯現出生產程序的成本績效。

6.5.2 總循環時間

總循環時間(Total Cycle Time)是將每一項用於生產重要原物料(低成本、大量的物料可排除)從採購開始到用於生產(組裝或製造)為止的總存貨持有時間。這段時間應再區分原始採購進料狀態、組裝狀態、在製品庫存狀態或成品庫存狀態等，以利進一步的比較與分析。

總存貨持有時間應針對每一項物料每天的規劃交運量來計算。舉例來說，若有一項主要原物料在工廠內以各種形式存在的備貨量為 5,000，且每日將流入兩種最終成品的規劃交運量各為每天 100 及 120，則該項原物料的工廠內總循環時間為 5,000 / 200 = 25(天)(以最小規劃交運量計算)。

6.5.3 交付績效

交付績效(Delivery Performance)是滿足顧客訂單要求交貨期限的比例。這項生產準據不能為了要與公司政策或任何形式的交運承諾而做任何調整。

另在生產線上各個站位的交付績效，也可將程序下游的站位視為內部顧客而計算其交付績效。

6.5.4 品質

品質的定義很多且隨著每家公司的運用而有不同，重要的是品質準據應從顧客角度來看，如產品回送率、保修索賠……等，就是好的品質準據設定基準；而非組織內部自訂的不良率或第一次品管通過率……等。

組織內部品質準據並非不重要，其主要目的在使管理階層能利用品質準據來降低成本、改善製程……等，最終仍須追求滿足顧客對品質的要求。

6.5.5 安全

意外事故或危安事件發生頻率、嚴重性及其所衍生的成本……等，是任何組織必須監控並持續改進（降低）的安全準據目標。所謂意外事故或危安事件，可參照美國職業安全衛生署（Occupational Safety and Health Administration, OSHA）或各國類似單位的定義。嚴重性則可以工作日數的損失或賠付勞工日數或金額……等計算；財務衝擊則依因職業傷害所衍生的賠付金額或意外事件占製造成本比例……等來計算。

為獲得最佳的結果，上述生產成本、時間、交付、品質及安全準據，必須能與公司的目標校準一致。另外，在將生產評估準據推及至整個供應鏈時，必須確保供應鏈合作夥伴都確實瞭解製造工廠的生產目標及每一項生產評估準據的意義與內涵，才能將其轉換成供應鏈中特定設施、程序、功能及單位的目標準據。

世界級的製造廠家會持續監控其製造程序的績效因素，並在上述五個黃金績效評估準據間取得平衡，以支持其供應鏈的關鍵績效指標，如訂貨至交運循環時間、總產出量、庫存水準、運作費用及終端顧客滿意度等。

6.6 生產技術

當生產作業變得越來越複雜時——從許多供應商獲得許多不同的原物料、生產批次越來越小，且必須生產越來越多樣的產品時，必須要有好的生產技術，才能使生產作業始終維持在巔峰狀態。將於本書第 14 章介紹的企業資源規劃（Enterprise Resource Planning, ERP）系統，能在生產排程、物料使用、庫存水準及產品運交等，提升生產作業的效率，但這些軟體不見得能有效的連接工廠與其供應鏈，並確保能主動管理生產作業。為能及時反應市場上的動態需求變化，必須要有其他的技術與工具，連接生產工廠與供應鏈之間的活動，以達成生產作業的調適性與反應彈性。

所有製造產業的生產廠家，都瞭解在其供應鏈上分享及時資訊的重要性。製造程序的可見度，能改善組織生產作業，同步化供應活動及提供更好的顧客服務水準。現代許多製造廠家開始使用**製造執行系統**（Manufacturing Execution System, MES）連接企業資源規劃系統，以確保生產資訊能在工廠及供應鏈中及時傳播。

製造執行系統是對工廠現場在製品（Work-in-Process, WIP）的監控與管理系統，能接收機器人、機具監控器及員工等所有相關的及時製造資訊，由生產員工做出指令，並確保生產指令能被正確無誤的執行。有效的製造執行系統能提供製造規劃資訊，支持每日例行的生產運作，並對生產作業提供控制功能等。製造執行系統的主要功能包括：

- 資源狀態顯示與配置。
- 詳細的生產作業排程。
- 生產單元的派遣。
- 文件管制。
- 資料蒐集。
- 人力管理。
- 品質管理。
- 程序管理。
- 例外管理。
- 維護作業。
- 產品履歷追蹤。
- 績效分析……等

製造執行系統的運作，首先是從企業資源規劃系統接收到顧客的訂單資訊後，根據生產設施能力、產能及生產成本等做出何處生產的決策；接著，將此生產決策發布到涉及製造程序相關的單位；最後，生產績效藉由在生產機具儀表板上設定的關鍵績效指標實施監控，使系統監控者及管理者能及時掌握與反應生產程序中的問題與變化。

根據全球第二大市調公司 MarketsandMarkets 的估計，目前全球製造業使用製造執行系統軟體的公司，每年成長約 12.6%，另在 2020 年時，製造執行系統的軟體市場總值可達 136 億美元。MarketsandMarkets 另將運用製造執行系統的短、中、長期效益整理如下：

短期效益（初期 3 至 12 個月）：

- 提升收益效率。
- 降低成本。
- 品質改善。

中期效益（使用 12 至 36 個月）：

- 程序改善。
- 縮短工作流程與循環。
- 降低庫存持有成本。

長期效益（使用 36 個月後）：

- 加速新產品發展速度。
- 降低間接勞力成本。
- 增加組織機敏性。
- 改善資產運用效率。

至於供應鏈應如何看待製造執行系統呢？供應鏈管理者認為只要製造執行系統能在下列幾項關切議題做出改善，也能提升未來的供應鏈效率：

- 須能在工廠內更為機敏的處理產品與程序客製化的要求。
- 須能執行全球供應鏈的策劃。
- 能將工廠內資源與運用限制最佳化的產能擴充，使能達到較佳的供應鏈成本控制及更快速的產品上市時間。
- 能將整個供應鏈上有關生產規劃、供應商協調及品質管理作為等，擴充到全球多生產據點的運用規模。
- 須能更進一步的擷取驅動企業整體經營績效與獲利率等準據。

總結

從本章開始所說的議題，是生產與運籌的關鍵性連接。正如心臟與血管必須協力運作，才能將血液經由循環系統輸送到全身各處。生產也必須與運籌與必須協力運作，將產品經由供應鏈而送到需求之處。對生產經理人而言，必須協調、整合需求資訊、資源輸入及轉換程序等，將原物料、資源等轉換成顧客預期與要求的產品。此生產轉換程序越快、越彈性，越能反應需求與生產情境的變化，也因此使供應鏈更具動力與競爭性。

另於本章討論的主要議題包括：

- 生產與作業是供應鏈上製造或實現的部分，專注在提供能滿足顧客需求的產品與服務的實現。
- 生產時須考量的相對權衡因素包括產量或多樣性、效率或反應彈性、自製或外包、採購……等。
- 日益加劇的競爭、顧客要求越來越高、對效率與調適能力無止盡的要求……等，都是現代各行各業生產經理人所要面對的挑戰。
- 從工業革命到現代，生產策略的發展已有許多重要概念性的移轉，如從預測驅動的量產，轉移到以需求驅動的精實、彈性、調適及智慧製造等。
- 產能規劃與物料規劃，都是用來平衡生產系統的輸入、轉換程序及輸出等，使生產系統能在不浪費資源的狀況下，滿足顧客的需求。
- 現代大部分的製造商會同時運用庫存生產與接單生產等生產模式，來滿足生產需求。
- 在接單生產模式中，製造商可依據產品的複雜性與獨特性，選擇接單組裝、接單製造或接單設計等合適的生產模式。
- 設施布局，指機具位置的安排、儲物空間大小及所有在工廠內其他生產所需資源的安排。設施布局是影響生產活動將如何執行的主要驅動力之一，通常由公司的生產策略所決定，但也會受到產品特性（重量、尺寸、易損性）、需求特性（數量與變化性）等之影響。

- 包裝，在產品從工廠到物流中心及顧客位置移轉流程中的平順、安全、經濟性等都扮演著重要的角色。
- 持續性是包裝選項的重要考量之一，除了經濟效益外，追求持續性包裝的廠家，也能在消費者心中留下良心企業的印象。
- 生產的關鍵績效指標，必須能與企業目標、顧客需求及生產作業的整體績效等產生連接。
- 組織經營的生產黃金準據（關鍵績效指標），如總生產成本、總循環時間、交付績效、品質與安全性等。
- 製造執行系統是對工廠現場在製品的監控與管理系統，能接收機器人、機具監控器及員工等所有相關的及時製造資訊，由生產員工做出指令，並確保生產指令能被正確無誤的執行。

第 7 章

需求管理

閱讀本章後，你應能……

學習目標

» 瞭解外向至顧客運籌系統的關鍵重要性
» 體認到在組織整體運籌與供應鏈管理專業中，對有效需求管理需求的增加
» 明瞭預測的類型及與交易夥伴於預測及需求管理程序的協力運作
» 瞭解營銷規劃程序的基礎原則
» 辨識訂單履行的達成管道與主要步驟

供應鏈側寫 供應鏈的大融合

在運籌與供應鏈管理領域，最近新興的兩個名詞「融合」(Convergence) 與「合作」(Collaboration) 開始成為討論的主流，這兩個名詞都與運籌資料的蒐集，並用於運籌作業與供應鏈管理程序的改善。

業界在談到這兩個名詞時，大半意味著供應鏈管理程序上的**端對端運籌** (End-to-End Logistics)，最基本的形式如與運輸商的及時接觸、與外包第三方物流分享長程規劃資訊、改善組織內部溝通資訊，並經由與供應商的合作以提升貨運可見度及改善庫存管理績效……等，但這些只是搔到皮毛而已！

若能將融合與合作觀念落實到所有供應鏈上的相關單位，當然有助於提升溝通效率、運輸效率及服務水準等；但根據 2014 年有關供應鏈與運籌活動的調查結果卻顯示，絕大部分的供應鏈運籌活動並不能達成真正的融合與合作效益。

根據高納德顧問公司的調查顯示，絕大部分供應鏈相關夥伴間，不能達成其供應鏈績效目標的最大障礙，是彼此無法同步化其端對端的運籌活動。在 2014 年供應鏈圓桌會議上，高納德研究副總裁克萊皮曲 (Dwight Klappich) 表示，若要達成供應鏈的績效目標，所有供應鏈上相關的組織與單位必須能在跨倉儲、運輸與製造等功能活動上，做到資料的協調與同步化，這是克萊皮曲所稱「供應鏈的執行融合」(Supply Chain Execution Convergence)。

「看多數供應鏈組織的傳統建構方式，它們通常以功能劃分如規劃、籌資、製造、倉儲及運輸……等，這種組織方式所形成的部門主義，最好的狀態也只是鬆散的結合而已。」克萊皮曲解釋道：「雖然公司在各應用層面上也將資料來回的傳輸；但跨領域的端對端程序協調仍然是難以捉摸的！」

為補救上述缺失，克萊皮曲認為市場上端對端作業最佳化的平台將逐漸產生，假以時日，這將在供應鏈各階段通用分析系統中逐漸落實、促成系統間活動的雙向溝通與協調，並將資料融合起來，達成供應鏈應用的更緊密整合。

歐洲最大的顧問諮詢公司凱傑 (Capgemini) 的資深經理格里芬 (Belinda Griffin) 將上述觀念往前更推進一步，她以「供應鏈合作」(Supply Chain Collaboration) 一詞形容供應鏈技術演進的下一步驟。

「供應鏈合作是一廣泛的概念，除了供應鏈的活動執行外，也包括往前看的預測與規劃活動。」格里芬舉例說明稱「供應鏈的執行融合」在交運貨物時，將發貨人、第三方物流及其他相關的供應鏈夥伴結合起來，以達成交運的效率，格里芬進一步闡釋道：「供應鏈合作則能讓（供應鏈服務）提供者看出未來的主要服務機會，並提早發展與補足能量不足的策略。」

當我們手中已有許多可供運用的供應鏈軟體與硬體時，分析師們告訴我們有更多的機會將融合與合作的理論變成實務。接下來要看我們在自己的運作上如何定義和看待融合與合作了。

資料來源：摘自 Michael Levins, *Logistics Management*, May 2014, p. 9. Reprinted with permission of Peerless Media, LLC.

7.1 簡介

為提供顧客更好的服務，許多組織都強調**外向至顧客** (Outbound-to-Customer) 的運籌系統，在運作實務上就是所謂的實體物流 (Physical Distribution)。無論朝向顧客的運籌或實體物流，都是使組織能服務顧客的程序、系統與能力等。舉例來說，目前沃爾瑪、目標百貨及亞馬遜等大型零售商的顧客訂單履行程序，都是所謂的朝向顧客運籌的範例。

相對的，**內向至生產** (Inbound-to-Operations) 的運籌系統，則指能促成價值添加活動的程序如採購（第 5 章）、生產與組裝（第 6 章）等。如汽車零組件供應商將零、組件從供應商位置運送至汽車組裝工廠的過程。雖然外向運籌與內向運籌有許多相同的概念與原則，但其中仍有些重要的差異須予辨識，如本書第 5 章專注討論的「物料與服務的籌資」，即屬內向運籌的重要議題之一。

即便是外向運籌，因其中牽涉議題的複雜性，本章專注在下列外向運籌的議題討論如需求管理、預測、營銷規劃 (Sales and Operations Planning) 及最近越來越獲得重視與強調的協力預測作為等。

7.2 需求管理

根據學界一般認同的定義，**需求管理** (Demand Management) 是一「估計與管理顧客需求的專注努力，並希望能利用此資訊來形塑作業決策」。傳統的供應鏈觀點，從製造或組裝端開始，到產品銷售給消費者（顧客）或企業買方（客戶）為止。

傳統觀點著重於產品的流動，並主要關切著技術的運用，資訊的交換，庫存週轉率、交貨速度與一致性及提升運輸效率……等。儘管包含許多運籌活動，傳統的需求管理，通常是由距離市場與顧客最遠的製造商，來決定何時、何處與銷售何種產品的決策。顯然的，需求管理在整個供應鏈上仍有許多著力的空間。

從本質上來看，需求管理是在整個供應鏈組織上，在產品、服務、資訊及資金等流通活動的合作，希望能對終端消費者提供最大的價值。而有效的需求管理，能結合通路成員，以下列方式來解決顧客的問題與滿足顧客：

- 蒐集與分析顧客的問題、未滿足需求等資料，以獲得顧客相關知識。
- 辨識在需求鏈中能執行某特定功能的（合作）夥伴。
- 將功能移往最能有效執行該功能的通路成員。
- 與其他供應鏈成員分享顧客、可用技術、運籌挑戰與機會等相關資訊。
- 發展能解決顧客問題並滿足其需求的產品與服務。
- 以預期的形式發展與執行給顧客最好產品與服務的最佳運籌活動。

在辨識改善需求管理的機會時，組織通常會面臨下列問題與挑戰：

1. 過於強調需求的預測，而忽略運用預測資訊發展策略與作業計畫的重要性。
2. 需求資訊僅運用於作業或戰術階層，而忽略了組織需求管理的策略性目標。
3. 組織部門之間缺乏協調，致使在反應此需求的決策上缺乏一致性。

事實上，許多組織過度依賴歷史資料對未來（需求）的預測，但歷史的績效數據，通常不是預測未來的良好指標。需求資訊的運用，應越能符合未來實際情境越好。因此，需求預測的重點應擺在對需求情境的瞭解，並將其投射到未來供應方案的供需關係上，使市場需求資訊能與產品和服務的供應得以有較佳的配合。

圖 7.1 顯示供需失衡對整個供應鏈的衝擊影響。若以個人電腦產業為例，圖 7.1 顯示在整個產品生命週期中生產、通路訂貨及真實終端顧客需求的變動狀況。若忽略新產品的早期採用者，終端顧客的需求，通常在產品上市時（發起日）為最高（圖 7.1 的虛線），這也是製造商供應產品最吃緊的時刻。當市場上有競爭產品出現時，顧客需求會逐漸下降，而此時製造商的供貨也過多，並逐漸出現過時的跡象。

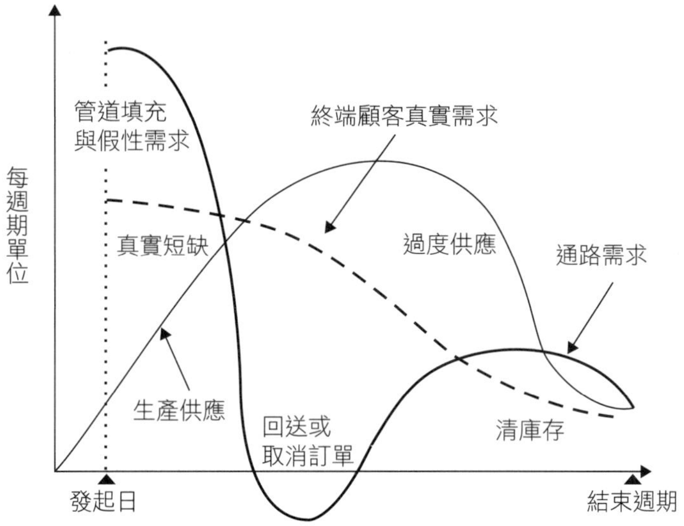

✧ **圖 7.1** 供需失衡示意圖

資料來源：Accenture, Stanford University, and Northwestern University, *Customer-Driven Demand Networks: Unlocking Hidden Value in the Personal Computer Supply Chain* (Accenture, 1997): 15.

若更詳細的檢視圖 7.1，我們可看出在新產品發起上市的第一個階段，顧客需求最高、製造商因銷售產品而獲利的機率也最大。但若製造商不能生產滿足顧客需求的電腦數量，這是供應鏈處於「真實短缺」的狀態，為維持能對顧客的正常銷售，物流商與分銷商傾向於超量訂購 (over-order) 而產生所謂的假性需求 (phantom demand)。

當供應鏈產生假需求後，製造商為因應需求的增加而提升產能，並希望能以最佳價格銷售電腦而獲得最大利潤。但當通路庫存開始增加後，價格競爭開始，通路商也開始回送超量的庫存或取消訂單，造成供應鏈上的過度供應 (over-supply) 狀態，這對電腦製造或組裝商而言，是衝擊最大的階段。

在過度供應階段，顧客真實需求快速下降，產品價格也隨著需求下降與供應通路上的清庫存等因素作用下而降低，直到此電腦產品生命週期的結束。若此時製造商與通路商仍維持著庫存，則通常意味著呆料損失！

雖然供應鏈與運籌領域已瞭解到有效的市場需求管理是企業經營成功的決定性因素，但卻少有組織能將需求管理與其策略管理作為結合。以下即以企業經營的成長、組合、市場定位及投資策略等，說明需求管理如何支援經營策略的範例：

成長策略 (Growth Strategy)

- 對整個產業執行「若……則……」分析，以判斷特定併購案對市占率的影響。
- 分析產業供需狀況，藉此判斷特定併購案對產品價格結構與市場經濟的影響。
- 使用需求資料建構合併公司的用人模型。

組合策略 (Portfolio Strategy)

- 以組合管理延長成熟產品的生命週期。
- 以產品生命週期分析創造新產品的發展與引介計畫。
- 平衡新產品與有風險產品的資源，以維持一致性的「金牛」(Cash Cows) 組合。
- 以需求預測確保產品組合的多角化。

定位策略 (Positioning Strategy)

- 根據需求與產品經濟理論管理各行銷通路的產品銷售。
- 根據需求資訊在適當的物流中心管理產品的市場定位，以降低營運資金。
- 在各個行銷通路上定義供應能量。

投資策略 (Investment Strategy)

- 根據潛在與目前成熟產品的需求預測，管理資本投資、行銷費用及研發預算等。
- 根據需求資訊決定是否增加製造能量。

7.3 供需的平衡

如前所述，需求管理的本質是估計與管理顧客的需求，並以此資訊制定生產決策。但一般組織的供需之間，也甚難達成零庫存 (Zero Stocks) 或無缺貨 (Zero Stockouts) 的平衡狀態。為管理供需失衡的問題，許多產業使用四種方法來促使供需之間的平衡。其中兩種為定價與交貨時間管理，被稱為外部平衡方法；而另外兩種為庫存與生產彈性，則稱為內部平衡方法。

外部平衡方法，是企圖以改變顧客下單的模式，來平衡供需之間的差異。國際知名電腦廠商戴爾就常以外部平衡法，使需求能符合供應能量。舉例來說，戴爾經常根據其電腦產品的供應與需求狀況，更新其網站上的價格及可供貨數量。如顧客需求超出目前供應能量，戴爾就增加該產品的交貨時間。如此作法可能產生兩種結果：其一，若顧客無法接受延長的交貨時間，可能或轉向訂購有足夠庫存的替代性產品；其二，若顧客能接受延長的交貨時間，戴爾則獲得額外的時間，來準備顧客所需的訂貨。若某項目的顧客需求低於目前庫存數量，則該項目在網站上會降價以刺激買氣。運用上述兩種方法，使戴爾可在維持最低安全庫存量的同時，也能管理缺貨的風險。

內部平衡方法，是以組織內部程序來管理供需之間的差異。生產彈性使組織能從一種產品快速轉換另一種產品的生產，這也是精實製造的原則之一。藉由生產排程快速因應需求的變化，也能在達成降低缺貨風險機率的同時，盡可能的降低安全庫存量。運用此方法的唯一考量，是變更生產程序成本與安全庫存成本之間的權衡。

最後，以庫存來管理供需失衡或許是業界最常用，也是最昂貴的方法。許多組織會以庫存生產的方法，以足夠的安全存量來平順化需求與交貨時間的變動。雖然安全庫存法能使生產程序的變動降到最低程度，但也可能因需求預測不準確而造成超量庫存，或甚至呆料或缺貨。超量呆料或缺貨所衍生的成本，可能也不會低於生產程序變動的成本。

上述四種用來平衡供需失衡的方法，並非彼此獨立而相互排斥。若運用得宜，方法的組合也能用來妥善管理安全庫存與缺貨的風險。如何組合與運用，則要看產品的特性與缺貨所衍生成本高低來決定。總而言之，無論使用何種方法都要看組織是否能適切預測顧客需求的能力而定。

第一線上　已成常態的需求變動

在 2014 年〈運籌管理〉(Logistics Management) 期刊 6 月份的一篇評論中，全球商業顧問公司哈克特集團 (The Hackett Group) 的總裁費南德茲 (Ted Fernandez) 表示，對當前的經營環境，大多數公司都維持謹慎樂觀的態度。「標準普爾 500 的許多公司在第一季都達成其經營目標，」費南德茲說：「但預測需求的過多指標，卻也成為許多公司維持持續成長目標的挑戰與障礙。」

雖然美國經濟已有好轉的跡象，但對這些大公司的全球經營而言，多數仍保持樂觀謹慎的態度。自從 2007-2008 年全球金融危機之後，目前已是 10 年中期景氣循環將屆之期。多數企業在維持其需求的持續成長上，有不如預期的挑戰。費南德茲表示：「需求的變動已成常態，企業也瞭解到它們必須有快速因應與調整的能力。」

資料來源：*Logistics Management*, June 2014, p. 3. Reprinted with permission of Peerless Media, LLC.

7.4 傳統的預測

需求管理的主要部分，是對顧客何時需要多少產品、何時會採購與將在何處採購產品等之預測。雖然目前有許多統計技術能運用於需求預測上，但如未能掌握需求預測過程中可能的誤差來源與影響，所有的預測都會產生錯誤的結果，只是程度上的差異而已。

即便誤差無法避免，預測也會有程度不一的偏差。但市場需求的預測，仍是組織設定行銷、作業目標及發展執行策略的必要程序。這些目標與策略的發展，可藉由營銷規劃程序來發展，這將在本章 7.7 節中介紹，本節則專注在影響預測因素的討論。

需求的類型，可概分為兩種如獨立與相依需求。**獨立需求** (Independent Demand) 通常指顧客對主要成品所產生的需求，而**相依需求** (Dependent Demand) 則通常依附於獨立需求所產生對成品零組件的需求。舉例來說，市場上對自行車的需求為獨立需求；但為維修自行車所需的自行車輪胎或零組件則為相依需求。對自行車製造商而言，須預測的是某特定時段內市場上對自行車成品的需求，至於每輛自行車製造所需的兩個輪胎，則依附於自行車數量的獨立需求而無須另行預測。對自行車輪胎製造商而言，其客戶為自行車製造商。其需求於下單時即已確定而無須預測。因此，供應鏈上各組織對需求的定義各自不同。總言之，需求預測通常是針對終端顧客所需成品的獨立需求。

獨立需求也稱為基礎或正常需求 (Basic/Normal Demand)，是需求預測的基準。但所有的需求都會有某種程度的變動。其中之一是所謂的隨機變異 (Random

Variance)，通常無法事前預測，僅能以安全庫存來避免缺貨或造成事後需求的激增。如颶風摧毀某特定區域的建築後，該區域對房屋需求的激增，即為隨機變異的需求。

第二種需求變動的類型，為趨勢所致。如在一段時間內對某特定產品需求的逐漸增加或遞減，像是目前在消費電子產品市場上，對 iPods 或 DVD 播放器的需求是增加的，但對 VCR 播放器的需求則遞減。

第三種需求變動的類型，為季節性需求的變動，對多數組織而言，會在一年當中重複幾次。舉例來說，巧克力與禮品製造商會在一年當中某些特定假期或季節，如情人節、復活節或聖誕節等而有變動。

最後一種需求變動類型，是正常企業經營循環所導致。這通常隨一個國家或產業的經濟表現而變動，如經濟或產業的成長、停滯或衰退等。幾乎所有組織都會受到這種變動的影響，而使需求的預測更具挑戰性。

7.5 預測誤差

如前所述，所有的預測嚴格的講都不正確，預測或高或低於實際需求。而造成此預測不正確的主要肇因，就是誤差 (Errors)。要能使預測有足夠的精確度，就必須選用能使誤差極小化的預測方法，而要使誤差極小化，就要能衡量預測的誤差。

預測誤差的衡量，一般有五種方法可供選用。第一種，是所謂的**預測誤差累積總和** (Cumulative Sum of Forecast Errors, CFE)，以 (7.1) 式計算而得：

$$\mathrm{CFE} = \sum_{n}^{t-1} \mathrm{e}_t \tag{7.1}$$

預測誤差累積總和加總一組資料的預測誤差，此誤差可正可負，又稱為「偏誤」(bias)。預測誤差累積總和雖然提供預測誤差的一種總體衡量方式，但因偏誤可正可負，且在加總時可能相互抵銷，而低估了總體誤差。

第二種衡量預測誤差的方法，稱為**均方誤差** (Mean Squared Error, MSE)，以 (7.2) 式計算而得：

$$\mathrm{MSE} = \frac{\sum E_t^2}{n} \tag{7.2}$$

均方誤差法將每個資料的誤差 (e_t) 平方 (E_t^2) 加總後，再除以資料量 (n)，故稱為均方誤差。均方誤差法可對一組資料在某特定時間內提供平均誤差的良好指標。

第三種預測誤差的衡量方法，與均方誤差法相當類似，但取各資料點誤差絕對值的總和平均，稱為**平均絕對離差** (Mean Absolute Deviation, MAD) 以 (7.3) 式計算而得：

$$\text{MAD} = \frac{\Sigma|E_t|}{n} \tag{7.3}$$

平均絕對離差計算每個資料點絕對誤差的平均值，因容易瞭解與計算，故也是在某特定時間內預測誤差的良好指標。

第四種衡量預測誤差的方法，稱為**平均絕對偏誤百分比** (Mean Absolute Percent Error, MAPE)，以 (7.4) 式計算而得：

$$\text{MAPE} = \frac{\Sigma(|E_t| / D_t)100}{n} \tag{7.4}$$

D_t: t 時段內的實際需求

最後，也有從預測誤差累積總和及平均絕對離差合併而成的**追蹤訊號** (Tracking Signal, TS)，適用於辨識預測是否有偏誤的存在。追蹤訊號以 (7.5) 式計算而得：

$$\text{TS} = \text{CFE} / \text{MAD} \tag{7.5}$$

7.6 預測技術

目前已有許多統計技術能供組織執行需求預測，所有統計預測技術基本上都要求資料的精準性，並基於未來會重複過去的假設上。但上述要求與假設通常都會被違犯，而使需求預測產生誤差。因此，如要使預測準確，必須選用能最適用於資料、將誤差降低至最低程度的預測技術。

本節將簡單介紹三種業界常用的預測技術，即簡單移動平均法、加權移動平均法及指數平滑法。本節將展示若以相同歷史資料執行此三種預測，其不同的預測結果，能顯示出哪種預測方法最能與資料適配！

7.6.1 簡單移動平均法

簡單移動平均法 (Simple Moving Average)，是時間序列分析中最簡單的預測方法。它根據最近的需求歷史資料，並能去除隨機效應，但不能涵蓋季節、趨勢與經營循環等變動影響。

簡單移動平均法，以事前決定過去期程的實際需求平均，作為下一期程的預測需求。當計算每一期程需求後，最舊期程的資料就被捨棄，而將最近一期程的實際需求納入計算。簡單移動平均法的優點是容易使用，但缺點則是快速的遺忘歷史資料。

表 7.1 以 2014 年後期至 2015 全年的實際需求歷史資料 (表 7.1 第二欄) 為例，並使用四期的移動平均計算。如要預測 2015 年 1 月的需求，則以 2014 年 9-12 月這 4 個月的實際需求平均為 2015 年 1 月的預測需求。計算公式如 (7.6) 式所示：

表 7.1 預測計算

週期	D_t 需求	四期 移動平均	四期 加權移動平均	指數平滑
2014 年				
9 月	8,299			
10 月	11,619			
11 月	7,304			
12 月	5,976			
2015 年				
1 月	10,210	8,300	7,204	10,500
2 月	9,226	8,777	8,998	9,863
3 月	9,717	8,179	8,839	9,790
4 月	11,226	8,782	9,506	10,508
5 月	9,718	10,095	10,573	10,113
6 月	9,135	9,972	9,995	9,624
7 月	10,702	9,949	9,594	10,163
8 月	11,289	10,195	10,267	10,726
9 月	10,210	10,211	10,770	10,468
11 月	12.179	10,726	10,692	11,382
12 月	11,683	11,095	11,544	11,533
總計	125,998			
x	10,500			

資料來源：Robert A. Novack, Ph.D. Used with permission.

$$A_t = \text{最後 } n \text{ 個需求總和} / n$$
$$= D_t + D_{t-1} + D_{t-2} + \cdots\cdots + D_{t-n-1} \tag{7.6}$$

D_t：期程 t 的實際需求

n：計算平均期程數

A_t：期程 t 的平均值

2015 年 1 月的預測需求計算如下：

$$(8{,}299 + 11{,}619 + 7{,}304 + 5{,}976) / 4 = 8{,}300$$

若計算 2015 年 2 月的預測需求，則放棄 2014 年 9 月的最舊資料、並納入 2015 年 1 月的新資料，其計算如：

$$(11{,}619 + 7{,}304 + 5{,}976 + 10{,}210) / 4 = 8{,}777$$

上述對 2015 年各月的需求預測程序將如上例重複執行，其結果如表 7.1 第三欄所示。在完成 2015 年各月的需求預測後，下一步自然會延伸到 2016 年各月的需求預測如表 7.2 所示。

表 7.2 第四欄所示的誤差 $E_t\,(D_t - F_t)$ 是實際需求與預測的差異，正好意味著實際需求高於預測、負號則為預測大於實際需求，加總起來，就是 2016 年的預測誤差累積總和減去相對於實際需求的預測精確度衡量指標。2016 年的單月平均誤差 x (CFE / 12) 若為正，意味著在預測期程的實際需求高於預測，將導致缺貨；相對的，單月平均誤差 x 若為負號，則意味著預測大於實際需求，將導致超量庫存。此單月平均誤差 x 越趨近於零，則意味著預測越為精準。

絕對偏誤 $|D_t - F_t|$ 移除誤差 E_t 的正負號，也是預測整體精確度的衡量指標，其單月平均偏誤，也就是平均絕對離差，如表 7.2 第五欄所示。平方誤差 e_t^2 及其單月平方誤差（亦即均方誤差），則如表 7.2 第六欄所示。絕對偏誤百分比 $(|e_t| / D_t) \times 100$ 及其單月絕對偏誤（亦即平均絕對偏誤百分比），則如表 7.2 第七欄所示。

最後，從表 7.2 簡單移動平均的數據中，可計算出追蹤訊號 = CFE / MAD = 3,087 / 731.08 = 4.2。追蹤訊號的意義與誤差或偏誤一樣，正值代表實際需求大於預測值，負值則代表實際需求小於預測。追蹤訊號越接近零，則代表預測精確度越高。在實際運用時，一旦追蹤訊號計算出來後，就要與預定的控制界限比較。若超

表 7.2 簡單移動平均

(1) 週期	(2) 需求 D_t	(3) 預測 F_t	(4) 誤差 E_t D_t-F_t	(5) 絕對偏誤 $\|D_t-F_t\|$	(6) 平方誤差 e_t^2	(7) 絕對偏誤 % $(\|e_t\|/D_t)\times100$
2016 年						
1 月	9,700	8,300	+ 1,400	1,400	1,960,000	14.43
2 月	8,765	8,777	− 12	12	144	0.14
3 月	9,231	8,179	+ 1,052	1,052	1,106,704	11.40
4 月	10,664	8,782	+ 1,882	1,882	3,541,924	17.65
5 月	9,233	10,095	− 862	862	743,044	9.34
6 月	8,679	9,972	− 1,293	1,293	1,671,849	14.90
7 月	10,166	9,949	+ 217	217	47,089	2.13
8 月	10,725	10,195	+ 530	530	280,900	4.94
9 月	9,700	10,211	− 511	511	261,121	5.27
10 月	10,169	10,334	− 165	165	27,225	1.62
11 月	11,570	10,726	+ 844	844	712,336	7.29
12 月	11,100	11,095	+ 5	5	25	0.05
總計	119,702					
X	9,975.2					
偏差 CFE			+ 3,087			
偏差 *x*			+ 257.25			
總絕對偏誤				8,773		
絕對偏誤 *x* (MAD)				731.08		
總平方誤差					10,352,361	
平方誤差 *x* (MSE)					862,696.75	
總絕對偏誤 %						89.15
絕對偏誤 % *x* (MAPE)						7.43

資料來源：Robert A. Novack, Ph.D. Used with permission.
x 單月平均。

過上下控制線，則說明使用的預測方法有問題，管理人員應重新評估其所用的預測方法！

7.6.2 加權移動平均法

在簡單移動平均法中，用於計算預測需求的各期程都有相同的權重。但在**加權移動平均法** (Weighted Moving Average) 中，各期程則有不同的權重，越近的期程

✜ 表 7.3　加權移動平均

(1) 週期	(2) 需求 D_t	(3) 預測 F_t	(4) 誤差 E_t D_t-F_t	(5) 絕對偏誤 $\|D_t-F_t\|$	(6) 平方誤差 e_t^2	(7) 絕對偏誤 % $(\|e_t\|/D_t)\times 100$
2016 年						
1 月	9,700	7,204	+ 2,496	2,496	6,230,016	25.73
2 月	8,765	8,998	− 233	233	54,289	2.66
3 月	9,231	8,839	+ 392	392	153,664	4.25
4 月	10,664	9,506	+ 1,158	1,158	1,340,964	10.86
5 月	9,233	10,573	− 1,340	1,340	1,795,600	14.51
6 月	8,679	9,995	− 1,316	1,316	1,731,856	15.16
7 月	10,166	9,594	+ 572	572	327,184	5.63
8 月	10,725	10,267	+ 458	458	209,764	4.27
9 月	9,700	10,770	− 1,070	1,070	1,144,900	11.03
10 月	10,169	10,446	− 277	277	76,729	2.72
11 月	11,570	10,692	+ 878	878	770,884	7.59
12 月	11,100	11,544	− 444	444	197,136	4.00
總計	119,702					
X	9,975.2					
偏差（總 CFE）			+ 1,274			
偏差 x			+ 106.20			
總絕對偏誤				10,634		
絕對偏誤 x (MAD)				886.20		
總平方誤差					14,032,986	
平方誤差 x (MSE)					1,169,415.50	
總絕對偏誤 %						108.41
絕對偏誤 % x (MAPE)						9.03

TS：CFE / MAD = 1,274 / 886.20 = 1.44
$\alpha D_t = 0.60$, $\alpha D_{t-1} = 0.20$, $\alpha D_{t-2} = 0.15$, $\alpha D_{t-3} = 0.05$

資料來源：Robert A. Novack, Ph.D. Used with permission.

被賦予較高的權重，而所有計算期程的權重總和也必須為 1。加權移動平均法的意義，在強調越近期的實際需求越能預測下一期程的需求。

表 7.1 的資料，同樣也用來計算以加權移動平均法的需求預測。若假設前四期的加權配重由進至遠分別是 0.60, 0.20, 0.15 及 0.05，則下一期程的平均需求以 (7.7) 式計算如下：

$$A_t = 0.60D_t + 0.20D_{t-1} + 0.15D_{t-2} + 0.05D_{t-3} \tag{7.7}$$

表 7.1 第四欄顯示運用 (7.7) 式計算所得 2015 年各月的需求預測資料，如 2015 年 1 月的需求預測計算如：

$$(0.60 \times 5{,}976) + (0.20 \times 7{,}304) + (0.15 \times 11{,}619) + (0.05 \times 8{,}299) = 7{,}204$$

同樣的，以加權移動平均法計算的各誤差項則彙整如表 7.3 所示。預測誤差累積總和 = 1,274，平均絕對離差 = 886.20，均方誤差 = 1,169,415.50，平均絕對偏誤百分比 = 9.03，而追蹤訊號 = 1.44，從預測誤差累積總和及追蹤訊號計算所得的資料顯示，加權移動平均法的預測精確度要比簡單移動平均法要好；但其他三項誤差項目則否！

若比較表 7.2 簡單移動平均法及表 7.3 加權移動平均法所得的誤差項目，顯示加權移動平均法仍然不是一種好的需求預測方法。造成此缺點的可能原因可能有：

1. 各期程的賦予權重無法精確反應需求模式。

2. 四期的移動平均期程可能不適合。

3. 加權移動平均法無法適配如季節性的需求變動。

為改善預測的精確度，另一種運用過去歷史資料的指數平滑法也被發展出來，將於下一小節介紹。

7.6.3 指數平滑法

指數平滑法 (Exponential Smoothing)，是三種需求預測方法中最被常用的方法，其主要原因除運用簡單外，對資料的限制也最低。使用指數平滑法需有三種類型的資料：

1. 前期需求的平均值。

2. 最近一期需求資料。

3. 指定一 0 至 1 的平滑常數。

選用較高 (越趨近於 1) 的平滑常數，是假設最近期的需求是未來需求的較佳預測指標。(7.8) 式用於計算各期預測如：

$$A_t = \alpha\,(\text{本期需求}) + (1-\alpha)\,(\text{前期計算預測})$$
$$= \alpha D_t + (1-\alpha)A_{t-1} \qquad (7.8)$$

α：平滑常數

D_t：本期實際需求

A_{t-1}：前期計算預測

表 7.1 第五欄顯示以指數平滑法計算所得的預測資料。假設前期預測的平均(此例以 12 個月計算)需求為 10,500，且平滑常數為 0.50，則 2015 年 2 月的需求預測計算如：

$$A_{\text{Feb}} = (0.5 \times 9{,}226) + (0.5 \times 10{,}500) = 9{,}863$$

而 2015 年 3 月的需求預測也以同樣公式計算如：

$$A_{\text{Mar}} = (0.5 \times 9{,}717) + (0.5 \times 9{,}863) = 9{,}790$$

表 7.4 顯示以指數平滑法計算所得的需求預測資料。預測誤差累積總和 = −5,554，平均絕對離差 = 520.67，均方誤差 = 403,033.50，平均絕對偏誤百分比 = 5.52，而追蹤訊號 = 10.67。

指數平滑法一般會落後於實際需求(誤差為負值，亦即預測大於需求)。若需求相對穩定，指數平滑法的預測通常也較為精準。但如有季節性的突增需求或需求有趨勢，指數平滑法的預測精確度則會降低。

表 7.5 彙整前述三種需求預測技術的誤差項目比較。雖然沒有一種預測技術具備完美的預測精確度，但比較而言，指數平滑法在三種預測技術中精確度最高，在五個誤差項目中有三項最低 (MAD, MSE 及 MAPE)，而加權移動平均法則在 CFE 及 TS 指標上有最佳表現。因此，可合理推論指數平滑法最能適配資料。表 7.5 也突顯出在評估預測精確度時，應使用多重誤差項目的評估。若僅以單一誤差項目作為預測精確度的衡量指標，則應執行其他不同技術的預測。

表 7.4 指數平滑

(1) 週期	(2) 需求 D_t	(3) 預測 F_t	(4) 誤差 E_t D_t-F_t	(5) 絕對偏誤 $\|D_t-F_t\|$	(6) 平方誤差 e_t^2	(7) 絕對偏誤 % $(\|e_t\|/D_t)\times100$
2016 年						
1 月	9,700	10,500	– 800	800	640,000	8.25
2 月	8,765	9,863	– 1,098	1,098	1,205,604	12.53
3 月	9,231	9,790	– 599	599	312,481	6.06
4 月	10,664	10,508	+ 156	156	24,336	1.46
5 月	9,233	10,113	– 880	880	774,400	9.53
6 月	8,679	9,624	– 945	945	893,025	10.89
7 月	10,166	10,163	+ 3	3	9	0.0295
8 月	10,725	10,776	– 1	1	1	0.00932
9 月	9,700	10,468	– 768	768	589,824	7.92
10 月	10,169	10,586	– 417	417	173,889	4.10
11 月	11,570	11,382	+ 188	188	35,344	1.62
12 月	11,100	11,533	– 433	433	187,489	3.90
總計	119,702					
X	9,975.2					
偏差 CFE			– 5,554			
偏差 *x*			– 462.83			
總絕對偏誤				6,248		
絕對偏誤 *x* (MAD)				520.67		
總平方誤差					4,836,402	
平方誤差 *x* (MSE)					403,033.50	
總絕對誤差 %						66.30
絕對誤差 % *x* (MAPE)						5.52

TS：CFE / MAD = – 5,554 / 520.67 = – 10.67
假設 F_{Jan} = 10,500
α = 0.5

資料來源：Robert A. Novack, Ph.D. Used with permission.

表 7.5 預測精確度彙整比較表

	CFE	MAD	MSE	MAPE	TS
簡單移動平均	+ 3,087	731.08	862,696.75	7.43	4.20
加權移動平均	+ 1,274	886.20	1,169,415.50	9.03	1.44
指數平滑	– 5,554	520.67	403,033.50	5.52	–10.67

第一線上 實務的改變

雖然大家都不想聽到，但實務運作上卻多如此；亦即在庫存管理議題上，辨識問題還算容易，但要解決問題就不是那麼容易了。實務上有許多因素會導致庫存量超出你所預期，這也是值得討論與改變的狀況。

導致超量庫存的最大原因，或許是你可能經歷過行銷與運籌對立的情境。運籌或庫房管理人員常會質疑：「當我們還有成千上萬黃色玩具的庫存，而六個月都沒有出貨時，為何還要進貨這麼多綠色的玩具？」這時，行銷經理可能會這樣回答：「在我們的市場調查結果顯示，市場需要這些綠色的玩具，同時也能帶動黃色玩具的銷售量。」

上述行銷與運籌對立的情境，非常容易使運籌人員覺得沮喪。此時最需要的，是行銷與運籌功能間的協調和合作，才能處理過期庫存積壓成本與行銷活動對立的問題。運籌與行銷這兩種組織功能，都想在其負責領域執行有效的任務，但彼此也應瞭解他們的決策對運籌網路所造成的衝擊。

舉例來說，若設施的儲存空間運用率從 85% 提升到 90%，即可能衝擊影響到對顧客交運率的達成。對組織整體績效而言，要考量的是增加庫存或庫房空間利用率的同時，是否符合組織整體的成本效益？增加庫存的決策，是否會導致庫存空間運用之不良，或是否能辨識出釋放過期庫存的空間……等。

要解決上述行銷與運籌對立的狀況，組織管理階層須瞭解行銷與運籌決策對組織成本的整體衝擊。為避免各功能領域管理者之間的個人情緒與部門主義，最好的方法是執行衝突領域(此例為行銷與運籌)間作業研究的模擬，以成本效益資料的模擬結果，才能提供客觀、解析性的答案。

資料來源：摘自 Norm Saenz and Don Derewecki, *Logistics Management*, January 2014, p. 44. Reprinted with permission of Peerless Media, LLC.

7.7 營銷規劃

前一節介紹過組織常用的統計預測方法，讓組織各功能領域得到初期的需求預測資料後，接下來的問題，是各種可能有不同預測結果的取得共識。換句話說，一製造商內部的製造、行銷、物流及財務部門，可能都各自執行需求預測；但結果卻可能彼此衝突。如行銷部門預測的需求，高於製造或物流部門所能執行者，或財務部門的預測，讓行銷部門無法達成……等。因此，在執行前，需求預測必須先獲得各功能領域管理者的認同與共識，各部門的計畫才能得以付諸實踐。

讓組織各部門達成需求預測共識有一實用方法，即**營銷規劃**（Sales and Operations Planning, S&OP）。營銷規劃為美國賓州大學供應鏈研究中心（Center for Supply Chain Research, CSCR）營銷規劃標竿聯盟（S&OP Benchmarking Consortium）所發展出的五步驟程序模型，專門用在讓組織達成需求預測的共識。其步驟程序如圖 7.2 所示，各步驟執行要點則簡述如下：

步驟 1　銷售預測報告（Run sales forecast reports）：由行銷部門利用前述的預測技術，對未來市場需求執行預測，並將需求預測與目前現場銷售工作表單等做出報告。

步驟 2　需求規劃（Demand planning phase）：仍由銷售或行銷部門以現有產品的促銷、引介新產品或去除過期產品等為基礎，對步驟 1 所得未來需求預測做出調整。這份調整後的行銷管理報告同時以單位及金額表示（第一輪電子表單），因生產部門關切的是需求單位，而財務部門則關切金額、成本等。

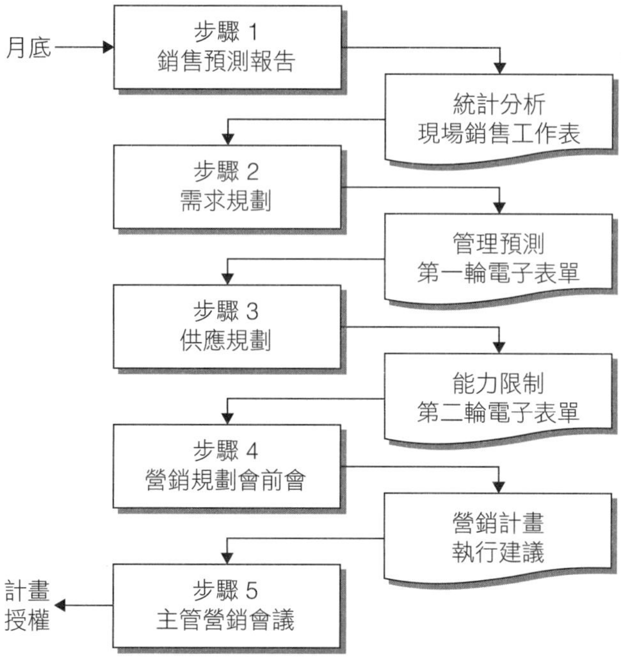

◇ **圖 7.2**　營銷規劃步驟程序模型示意圖

資料來源：Thomas F. Wallace, *Sales and Operations Planning: The How-To Book* (Cincinnati, OH: T. F. Wallance and Company, 2000): 43. Copyright © 2000 by Thomas F. Wallance. Reproduced by permission.

步驟 3　供應規劃 (Supply planning phase)：由作業部門（包括製造、庫房及運輸……等）分析步驟 2 的行銷（需求）管理報告，以判斷現有設施能量是否能處理未來需求預測量。

舉例來說，若預測期程內（通常為季、半年或一年）的需求狀況穩定，而目前設施能量也能因應；但一大型的促銷計畫，可能導致特定時段內需求的突增，而使設施能量無法因應。此時，有兩個方案可處理此能量的限制：其一是修改促銷活動，使促銷期程內的需求能保持持平穩定，但這可能會造成銷售的損失；另一則是提升設施的處理能量，這進一步包括對組織內部設施能量的投資或將超出能量外包給組織外包商處理，這則可能導致成本的增加。這些有關設施處理能量的決策，將在下一步驟處理。

步驟 4　營銷規劃會前會 (Pre-S&OP Meeting)：此會議邀請所有單位（銷售、行銷、製造、運籌、財務……等）相關人員（不見得為部門主管）參加，共同檢視步驟 2 所得的需求預測及步驟 3 的能量限制議題等。此會議的目的在試圖平衡供需問題以解決組織設施能量的限制。針對供需問題與能量的限制，參加會議人員提出各種解決方案與其執行建議等。

步驟 5　主管營銷會議 (Executive S&OP Meeting)：此是所有部門主管與高階經理人參加的會議，針對步驟 4 所提出對需求預測、能量限制、解決方案與其執行建議等加以討論，並達成組織對需求的整體共識，並將此轉換成組織的作業計畫。

在此步驟，有一相當關鍵的活動必須執行。即當確定作業計畫後，發展各部門適用的績效衡量準據，在激勵各部門確實遵循計畫相當重要且關鍵。舉例來說，對製造部門的績效，傳統上是以每磅或每件產品的生產成本來衡量，生產成本越低，製造部門的績效就越高。但如主管營銷規劃會議決定投資組織內部的生產能量，投入的資本投資會導致生產成本的增加，而讓製造績效變得無法接受。雖然降低生產成本很重要，但製造經理卻無法掌控在短期資本投入的狀況下還要能降低生產成本壓力！此時，將生產績效準據改成如期生產——在規劃的時段內產出規劃的產品數量——則顯得較為適宜。

7.8 協同規劃、預測與補貨

當營銷規劃在促成組織內部對未來需求的共識並發展作業計畫時，下一步符合邏輯的作法，是將此共識擴展到供應鏈的所有合作夥伴。這種促進供應鏈上效率與效能的整合活動，業界已發展出許多計畫如**快速反應**（Quick Response, QR）、**供應商管理庫存**（Vendor Managed Inventory, VMI）、**連續補貨規劃**（Continuous Replenishment Planning, CRP）、**效能式消費者反應**（Efficient Consumer Response, ECR）系統……等。上述系統在供應鏈夥伴間也能達成成功的補貨效率；但不足的是，上述所有系統都缺乏在供應鏈合作夥伴間執行合作規劃的誘因！

在整合供應鏈合作夥伴間各項主要活動的努力上，**協同規劃、預測與補貨系統**（Collaborative Planning, Forecasting and Replenishment, CPFR）正好能達成此目標。協同規劃、預測與補貨系統能使供應鏈上的所有合作夥伴，如零售商、物流商、製造商及貨運商等，利用現成網際網路的技術，從規劃到執行階段都能合作。如貨運商即以協同規劃、預測與補貨系統的概念，發展出所謂的**合作運輸管理**（Collaborative Transportation Management, CTM）系統即為一例。簡言之，協同規劃、預測與補貨系統能以單一對某項目有共識的需求預測，讓所有合作夥伴將此預測資料轉換成各自的執行計畫。

有關協同規劃、預測與補貨系統的第一次運用，是沃爾瑪與華納蘭伯特（Warner-Lambert，現已被嬌生併購）在 1995 年於李斯德林（Listerine）產品線的合作。當時，這兩家公司對李斯德林產品的市場需求預測、庫存合理化等層面共同合作，以避免市場上缺貨的情形。經過三個月的先導研究，協同規劃、預測與補貨系統對兩家公司的績效都有顯著的提升。隨後，在沃爾瑪的倡導運用下，許多沃爾瑪的供應商也開始運用協同規劃、預測與補貨系統在預測、規劃上共同合作，並達成有效的庫存管理。協同規劃、預測與補貨系統模型，如圖 7.3 所示。

圖 7.3 顯示協同規劃、預測與補貨系統為製造商、零售商對消費者提供產品與服務的四個主要經營程序，即策略規劃、供需管理、執行及分析回饋。此模型有兩個重點必須強調：其一是在供應鏈合作夥伴間的合作與資料交換；其二則是以分析

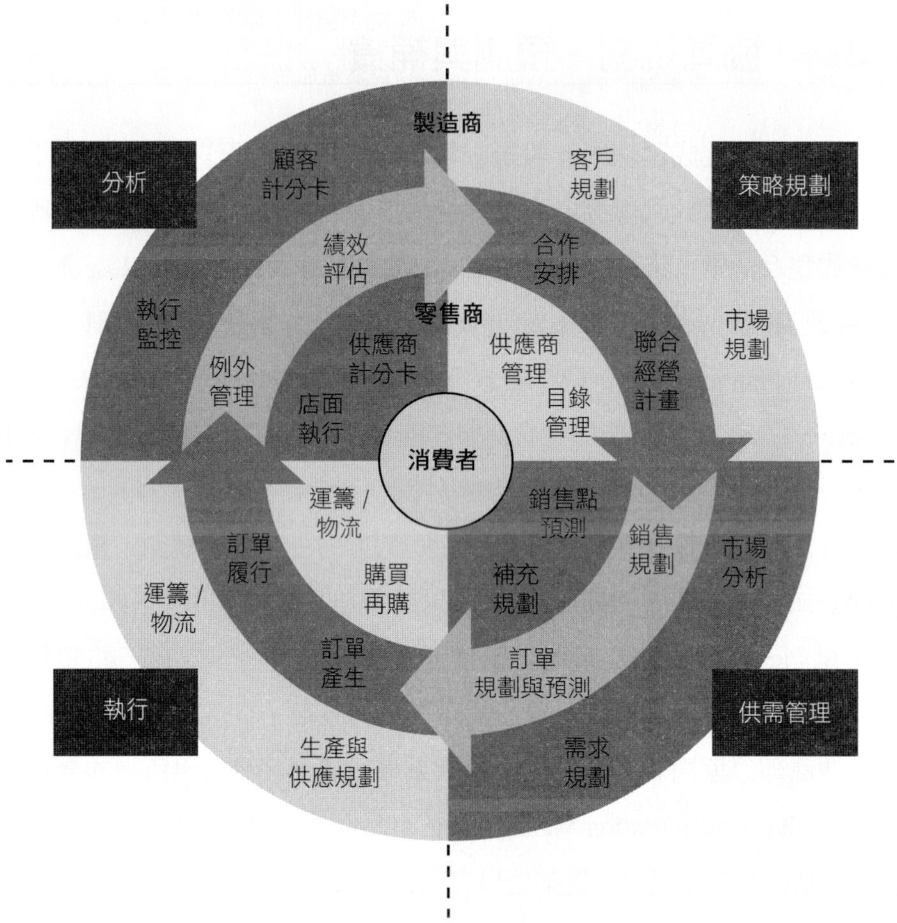

✧ **圖 7.3** 協同規劃、預測與補貨系統

資料來源：Larry Smith, "West Marine: A CPFR Success Story." *Supply Chain Management Review* (March 2006): 31. Copyright © 2006 Reed Business Information, a division of Reed Elsevier. Reproduce by permission.

回饋，形成下一階段協同規劃、預測與補貨系統連續、封閉迴路的程序。圖 7.4 則是協同規劃、預測與補貨系統的執行流程圖：

圖 7.4 雖然看似繁複，但有幾個重點可供解讀。首先，是協同規劃、預測與補貨系統強調合作夥伴間消費者採購資料（銷售點資料）的分享及於需求預測的合作。另一個必須說明的要點是，雖然前述對協同規劃、預測與補貨系統的說明，好像是在對單一項目有需求預測共識的前提下，供應鏈夥伴各自發展其執行策略，但在合作夥伴共同發展協同規劃、預測與補貨系統時，則須先發展前端協議（程序

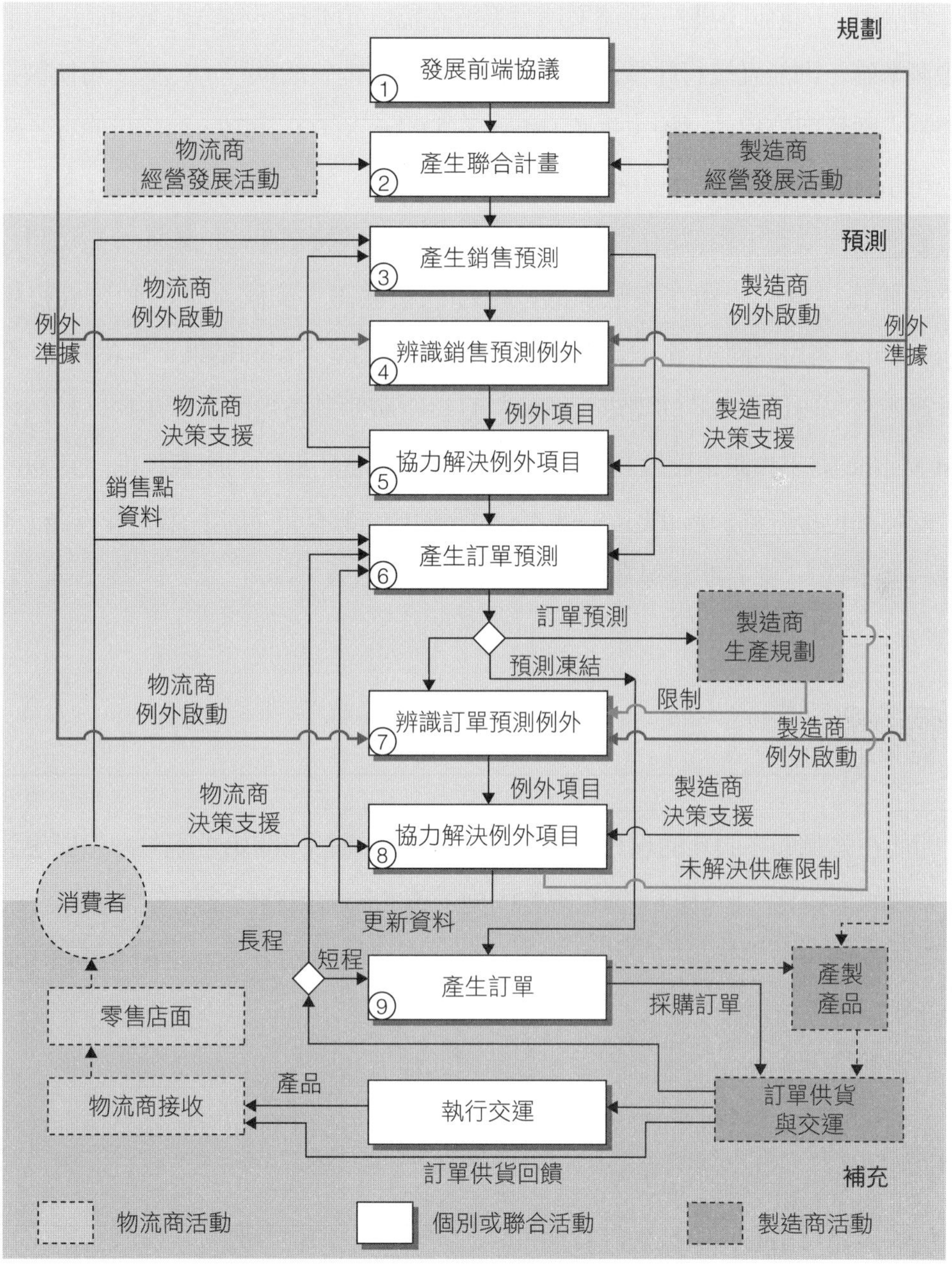

✧ **圖 7.4** 協同規劃、預測與補貨系統執行流程圖

資料來源：CPFR® is a registered trademark of the Voluntary Interindustry Commerce Standards (VICS) Association. Reproduced by permission of the Voluntary Interindustry Commerce Standards (VICS).

①）及產生聯合計畫（程序 ②）後，才共同執行銷售預測（程序 ③），也就是規劃作為提前到預測作為之前。

理論上，因協同規劃、預測與補貨系統在需求預測時，包含數量與時間，若需求預測準確，則能直接將此預測資料轉換成生產與補貨的期程。如此，可使製造商根據需求數量與時程執行接單生產（Make to Order, MTO）策略，而降低庫存。零售商也可享有減少貨架缺貨機率的好處。

雖然協同規劃、預測與補貨系統並無法真正達成接單生產的零庫存完美目標，但它能降低供應鏈上庫存與缺貨的好處卻已被驗證。美國水上活動裝備提供商 West Marine 運用協同規劃、預測與補貨系統就有相當不錯的結果。其超過 70 個主要供應商將 West Marine 的需求預測資料直接下載到其各自的生產規劃系統內，在 West Marine 需求預測精確度為 85% 的情況下，零售店面內的庫存率提高到 96%，準時交運率也提升到 80% 以上。總之，供應鏈合作夥伴間如能採取合作作為（不管是哪一套系統），都有助於提升彼此的服務與成本績效。

總結

- 即便在強調顧客服務的現代，雖然目前許多組織都已開始重視外向至顧客運籌系統的重要性，但外向運籌也須有內向運籌的協調與整合才能有效運作。
- 需求管理可被定義為一「估計與管理顧客需求的專注努力，並希望能利用此資訊來形塑作業決策」。
- 為管理供需失衡的問題，許多產業使用四種方法來促使供需之間的平衡。其中兩種為定價與交貨時間管理，被稱為外部平衡方法；而另外兩種為庫存與生產彈性，則稱為內部平衡方法。
- 目前業界常用的預測技術計有簡單移動平均法、加權移動平均法及指數平滑法三種。
- 雖然在供應鏈上有許多預測作為，但對終端顧客的需求預測最為重要。在供應鏈上有此終端顧客需求預測資料的分享，才能發展供應鏈合作夥伴之間的協同決策基礎。
- 目前業界已有許多需求預測技術可供利用，但營銷規劃程序越來越受到重視。它能使組織以單一的預測資料，發展各部門的協同作業計畫。

- ❖ 相對於營銷規劃運用於組織內部；協同規劃、預測與補貨系統則能以製造商單一（或合作夥伴之間的協同預測）的需求預測資料，促成供應鏈合作夥伴之間的協同規劃、預測與補貨作為。

第 8 章

訂單管理與顧客服務

閱讀本章後，你應能……

學習目標

- 瞭解訂單管理與顧客服務之間的關係
- 體會組織如何影響顧客的下訂模式及執行訂單的方式
- 明瞭活動基礎成本法在訂單管理與顧客服務所扮演的重要角色
- 辨識供應鏈運作參考模型 D1 程序各項活動與訂單到現金循環的關係
- 知道顧客服務各項要素及其對買賣雙方的衝擊影響
- 計算缺貨成本
- 瞭解訂單管理的主要輸出、衡量方式及計算買賣雙方的財務影響
- 熟悉服務補救的概念及其施行方式

供應鏈側寫 綠色或速度？

最近一項針對電子商務消費族群的調查結果顯示，有超過一半以上 (54%) 的消費者願意為其線上訂貨的 (環境保護) 持續交運 (Delivered Sustainability) 多付出 5% 的價格，其中更有 76% 的消費者願意為**氣候友善運輸** (Climate-Friendly Transport) 多等上一天。

上述結果來自於多國顧問公司 West Monroe Partners 以「需要綠色或速度？」(Need for Green or Need for Speed Survey) 為主題所執行的研究調查。調查結果顯示，消費者雖然對綠色交運有正面支持態度，但絕大多數卻不知道有這種綠色交運選擇的存在！更甚者，絕大多數的線上零售商也未能在其電子商務交易上提供綠色交運的選項。

在最近的一次訪談中，West Monroe Partners 供應鏈常務董事勒克萊爾 (Yves Leclerc) 表示，前述調查結果嚴重挑戰目前「當天交運為電子商務經營聖杯」的前提假設！

「調查結果顯示，當有 (綠色交貨) 選項時，消費者願意多付一些、也願意等久一點！」勒克萊爾表示：「對目前經營的挑戰是，若能顯示各種不同交運方式的碳足跡並提供選項，這將會改變消費者的行為。」

上述調查結果顯示，隔天交貨所涉及的撿貨、包裝與交運……等運籌活動的碳足跡，是消費者到實體店面購買同一項產品碳足跡的 30 倍。對物流設施而言，若能延遲訂單的履行，可使物流中心實施合併交運，能有效縮減交貨點與運輸里程。

「綠色交運或持續性交運，不僅僅是五天或隔天交運的差異而已。」勒克萊爾澄清說：「它是從消費者下訂到交貨過程的全面運籌交易活動。包裝、可回收包裝箱、庫存持有策略、合併交運、最後一哩 (交運) 方式……等，都是綠色交運的概念。」

勒克萊爾進一步表示，未來數年內的政府法規，可能就會強制要求企業施行綠色運籌，最明顯的趨勢是最後一哩的運輸都必須使用電動或天然氣載具。

「我們現在知道消費者的真正需要，並不是我們以前當天或隔天交運的假設需求，」勒克萊爾說：「我們現在正處於消費者、企業與法律制定者都在同一線上的完美風暴中。我可以預見美國企業在綠色與持續性的努力將會有相當大的改善。」

在前述的調查結果分析中，當然也包括消費者的年齡、收入、教育水準及地理位置分布……等人口統計項目對價格容忍度的差異分析。有意思的是，消費者的收入水準不是對是否願意為綠色或持續性交運多付出一點的顯著影響因素！實際來說，前述調查年收入超過十萬美元以上的 (中、高) 消費者族群，對氣候友善交運並不願意多付出一點！「即便這些中高收入消費族群有較高的消費力，」勒克萊爾說：「他們對環境永續性也不見得有興趣！」

資料來源：Josh Bond, *Logistics Management*, August 2014, pp. 19-20. Reprinted with permission of Peerless Media, LLC.

8.1 簡介

第 7 章需求管理討論組織如何以需求預測資料發展行銷、生產、財務及運籌等相關計畫，這些計畫被用來梳理組織擁有的資源，以達成組織與市場等目標。在本章中，我們將討論**訂單管理** (Order Management) 與**顧客服務** (Customer Service) 兩項執行上述計畫的機制。

訂單管理定義與啟動組織的運籌基礎架構，換句話說，訂單管理包括：

- 組織如何接收訂單：電子或人工。
- 如何滿足訂單：庫存政策與庫房的位置與數量等。
- 如何遞交訂單：遞交模式的選擇與其對交運時間的影響。

本章將討論訂單管理的兩個階段。首先，是影響訂單的概念，這階段的重點在組織如何影響顧客的下單。其次，則將討論如何執行訂單，這是組織在接收到顧客訂單後採取的作為。

另一方面，顧客服務則涉及與顧客接觸的任何作為，包括組織與顧客之間資訊、產品、現金等流路的活動。對企業經營而言，顧客服務既是哲學，也是績效衡量，更是作為與活動。將顧客服務視為哲學的觀點，將顧客服務提升到組織整體的位階，指組織如何能提供能使顧客滿意的服務。這個哲學觀點與組織強調價值管理的目標相符，並將顧客服務提高到組織高階領導階層的策略層級。

作為績效衡量準據，顧客服務強調橫跨所有三個觀點 (哲學、績效衡量與活動) 並劃分訂單管理於策略、戰術及作業層面的績效衡量，如準時遞交、完成訂單比例……等。最後，視為活動的顧客服務，就是指組織如何滿足顧客訂單需求的特定作為。訂單處理、開立發票、產品回送 (收) 及抱怨處理……等，都是顧客服務視為活動的範例。

大部分組織在訂單管理上同時運用顧客服務的三種觀點。圖 8.1 顯示訂單管理與顧客服務之間的關聯性，這將在本章後續章節詳細討論。除了訂單管理與顧客服務之間關聯性的討論外，本章後續章節還將討論的相關議題如顧客關係管理 (Customer Relationship Management, CRM)、作業成本法 (Activity-Based Costing,

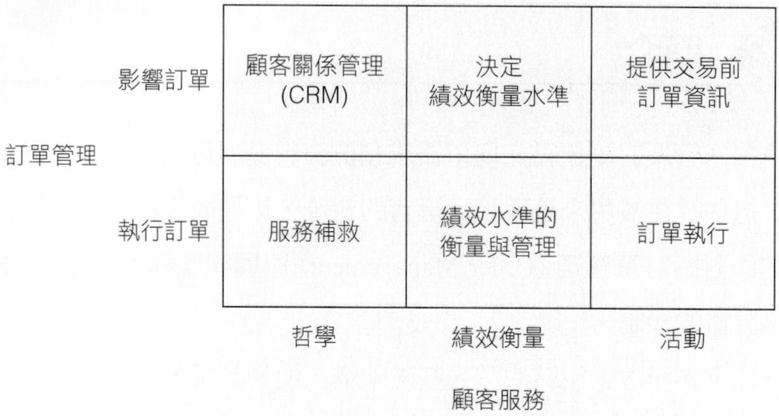

影響訂單
執行訂單
訂單管理
顧客關係管理 (CRM)
決定 績效衡量水準
提供交易前 訂單資訊
服務補救
績效水準的 衡量與管理
訂單執行
哲學
績效衡量
活動
顧客服務

✧ **圖 8.1** 訂單管理與顧客服務關係示意圖

資料來源：Robert A. Novack, Ph.D. Used with permission.

ABC）與顧客獲利能力（Customer Profitability）、顧客區隔（Customer Segmentation）、訂單執行程序（Order Execution Process）及補救服務（Service Recovery）等。

8.2 影響訂單的顧客關係管理

顧客關係管理（Customer Relationship Management, CRM），是讓組織藉由強化顧客關係而改善獲利的藝術與科學，其概念並不新穎且已被服務產業運用多年。如航空業的常客計畫，讓航空公司能以飛行哩程數來區分客群。同樣的，旅館業也能以旅客住房的天數與在旅館內花費的金額來區分客群。上述兩種服務產業都以低服務成本與高獲利能力來區分客群。

直到最近，企業對企業（B2B）之間，才開始運用顧客關係管理的概念。對製造商與物流商而言，傳統上比較傾向於訂單的執行，亦即滿足與交運顧客的定貨。時至今日，越來越多的製造商及物流商開始傾向如何影響顧客下訂的作為，這種轉移反映出並非所有顧客都對組織有同樣獲利基礎的想法。製造商與物流商影響顧客下訂的作為，包括顧客如何下訂（How）、下訂數量（How Much）、訂些什麼（What）及何時下訂（When）等，都會衝擊並影響訂單的執行。對製造商與物流商而言，能使運籌效率發揮最大的下訂模式，就是最有獲利能力的顧客。而運用顧客關係管理的管理哲學，也能讓組織辨識並回饋這些能使組織獲利的客群。

以下即詳述企業對企業環境中，實施顧客關係管理的四個基本步驟。

8.2.1 以獲利能力區分顧客

多數公司會以直接物料、人工及經常性成本等單一成本準據來區分客群，如在某特定時間內採購產品的數量、重量或金額……等。到了今日，大多數公司會採用作業成本法，來更細緻的將成本歸復到如何下訂 (How)、下訂數量 (How Much)、訂些什麼 (What) 及何時下訂 (When) 等特定的服務項目上。

通常來講，針對每一顧客會發展一套**服務成本** (Cost-to-Service, CTS) 模型，這些服務成本模型與企業的損益平衡表類似，使組織得以顧客能創造的利潤來區分客群。

8.2.2 辨識各顧客群的產品服務組合

這個步驟，在企業對企業執行顧客關係管理時最具挑戰性。此步驟的目的，在辨識每一個顧客分群如何看待與供應商之間關係的價值。而辨識每個客群對產品與服務組合的預期資訊，則通常來自顧客的回饋與業務代表。此步驟所謂的挑戰，是如何「包裝」產品與服務的組合，才能使特定客群覺得有價值。

在包裝產品與服務的組合時，常見的方案是對所有客群提供相同組合但不同等級的服務，如表 8.1 方案 A 所示。

表 8.1 方案 A 中顯示的範例，客群 A 為最具獲利性的客群，而客群 C 則為最不具獲利性的客群。雖然所有客群都接受相同的產品與服務組合，但其品質、等

表 8.1 假設性產品與服務提供：方案 A

產品與服務提供	客群 A	客群 B	客群 C
產品品質 (% Defects)	< 1%	5-10%	10-15%
訂單供貨 (Order Fill)	98%	92%	88%
交貨時間 (Lead Time)	3 天	7 天	14 天
交運時間 (Delivery Time)	1 小時內	當天	當週
付款條件 (Payment Terms)*	4/10 net 30	3/10 net 30	2/10 net 30
顧客服務 (Customer Service Support)	專責客服	客服中心	網站

* 付款條件表示法 x/y net z 代表於 y 期限內可獲得 x 折扣，另須於 z 期限內付清總款項。

資料來源：Robert A. Novack, Ph.D. Used with permission.

級卻有差異。方案 A 假設所有客群都會要求相同的產品與服務組合。此方案的優點，是使組織容易管理。

另一種顧客關係管理的方案，是對不同客群提供不同的服務組合。如表 8.2 方案 B 所示的範例，客群 A 獲得最具差異化的服務，而客群 C 則接受最少的服務。這種方案的假設是每個客群都對服務組合有不同的需求，但對組織而言卻不容易管理。

表 8.1 與 表 8.2 所示的兩種顧客關係管理方案中，現今大部分組織通常會採取表 8.1 所示的方案。

8.2.3 發展與執行最佳程序

在上個步驟中，客群的預期與要求被決定後，第三個步驟就是滿足顧客預期程序的執行與服務遞交。許多組織花太多精神在決定顧客的需求、設定績效目標達成水準……等，在實施時卻以失敗收場，無法履行對顧客的服務承諾！

造成服務履行失效的原因很多，但通常是組織未能先行檢視自己提供服務組合的能力。許多等級高的服務品質，或許需要組織執行**流程再造** (Business Process Reengineering, BPR) 才能達成。以表 8.1 所示方案 A 對客群 A 所提供的服務組合為例，要達成 98% 訂單供貨率的績效目標，可能需要組織檢視與調整其庫存政策 (庫房位置及庫存水準……等) 方能達成。此外，對希望提供高品質服務組合的組織都

表 8.2 假設性產品與服務提供：方案 B

產品與服務提供	客群 A	客群 B	客群 C
產品品質 (% Defects)	< 1%	5-10%	
訂單供貨 (Order Fill)	98%		88%
交貨時間 (Lead Time)	3 天		
交運時間 (Delivery Time)	1 小時內		
付款條件 (Payment Terms)*	4/10 net 30		
顧客服務 (Customer Service Support)	專責客服		
信用凍結 (Credit Hold)		48 小時內	
回收政策 (Return Policy)		交貨後 10 天以上	
下訂程序 (Ordering Orocessl)			經由網站

* 付款條件表示法 x/y net z 代表於 y 期限內可獲得 x 折扣，另須於 z 期限內付清總款項。

資料來源：Robert A. Novack, Ph.D. Used with permission.

適用的警語：「若讓顧客期待越高，若不能滿足此期待，顧客的不滿意程度也越高！」

8.2.4 績效衡量與持續改進

顧客關係管理的目的，在由供應組織對每個客群提供較佳的服務，以達成或超過顧客的預期的同時，也要辨識每個客群的服務成本，並使組織獲利能力增加。因此，除了顧客滿意及提升獲利能力之外，組織推動顧客關係管理計畫的另一項績效衡量指標，是記錄、追蹤與影響顧客由某客群移往另一客群數量的變化與趨勢，這也是影響訂單顧客關係管理的精神所在。

記著！顧客關係管理的目標不在消除顧客（那些獲利能力不佳的客群）；而是藉由提升顧客的滿意，影響顧客的訂貨模式，使所有顧客都轉變成能使組織獲利的客群。當然，顧客關係管理在執行上不是沒有挑戰！組織管理者應謹記顧客關係管理是過程而非目的，是需要組織改變其資源配置、組織架構與市場認知……等的策略性計畫，才能藉由對齊組織的資源運用於顧客的預期、提升顧客滿意度，最終使組織得以提升獲利。

在介紹顧客關係管理的四個基本步驟後，接下來要介紹組織用來計算客群獲利能力的方法：作業成本法如下一小節所述。

8.2.5 作業成本法與顧客獲利能力

傳統的成本會計制度，適合用在資源分配與產出之間有高度關聯性的情境。舉例來說，一庫房以棧板單位接收、儲放、撿貨及交運貨物，也假設處理上述活動的人力、機具及空間費用等都一樣，並不因棧板堆置貨物的不同而有差異。在此情境下，諸如直接人力、直接機具費用及直接經常性費用（占用空間）等，可根據庫房內處理棧板的數量，來分配到每件產品上（棧板上堆置產品的數量一致）。

當資源分配與產出之間關聯性較低或無關聯時，傳統的成本會計制度就不是那麼有效，而這卻是運籌實務的實際狀況。仍以上述庫房運作為案例，若該庫房除棧板單位外，仍須以單項 (each)、箱式 (case)……等單位實施撿貨與交運，因單項、箱式撿貨等需要較多人力執行（人力成本較高），若以傳統成本會計統一計算處理棧板的成本，則會產生補貼其他單項、箱式等人力成本較高的項目，而無法精確歸戶到各項運籌處理成本項目上。

上述資源分配與產出之間無關聯性時，就是**作業成本法**（Activity-based Costing, ABC）可發揮功效之處。一般對作業成本法的定義為「為衡量活動、資源及成本目標等成本與績效的方法」。在作業成本法中，資源被指派到活動，而活動則根據其運用之處被指派到成本目標上，因而可辨識出活動與成本（趨力）之因果關係。若將作業成本法應用在上述庫房運籌活動，則能較為精準的指派成本到那些消耗資源的活動上。換句話說，作業成本法會辨識出單項或箱式撿貨與交運，會比棧板處理的方式來得昂貴。

若從另一個角度來看作業成本法與傳統成本會計法之間的差異，如圖 8.2 所示。傳統成本會計是將資源指派（分派）到部門成本中心（如倉儲人力被指派到庫房部門），接著將特定成本分配到輸出產品上（如每個棧板處理的人力成本）。作業成本法則將資源指派到活動（如撿貨的人力），辨識成本驅力（如棧板相對於單項、箱式……等撿貨所需的人力成本）後，最後將成本歸戶到產品、顧客、市場或經營等成本分項。顯然的，作業成本法比傳統成本會計法較能精確的反映執行某特定活動所需的實際成本。

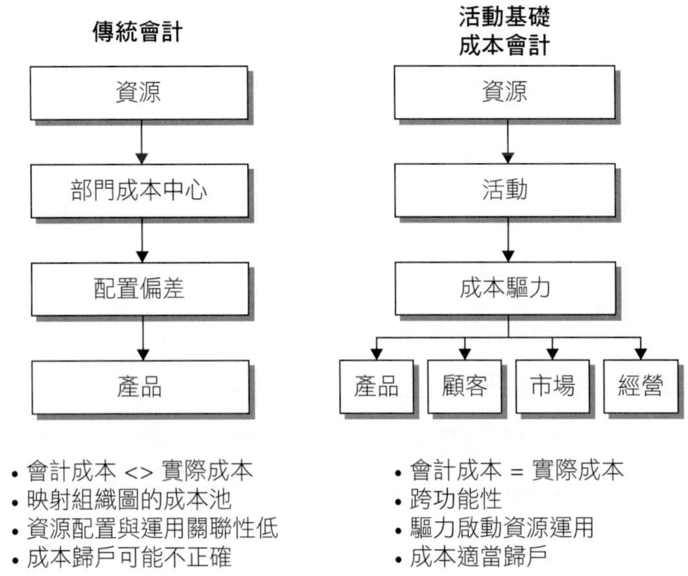

✧ **圖 8.2** 傳統會計與活動基礎成本會計差異比較示意圖

資料來源：Robert A. Novack, Ph.D. Used with permission.

若以一實例來做說明，使讀者較容易瞭解作業成本法與傳統成本會計法之間的差異。假設有一消費產品的物流中心，以棧板單位接收與儲放產品，但在撿貨與交運產品時，則有棧板、貨層 (Tier)、箱式及單項等單位的選項。圖 8.3 顯示該物流中心運籌程序處理流程，該物流中心接收供應商或顧客回送的棧板後，一則是儲放供應商供貨棧板以待後續的撿貨，另一則是堆置從顧客端或處理完成後的棧板。顧客下單與交運的單位則從單項到整個棧板皆可。

圖 8.3 顯示，從儲放的棧板後續的撿貨與交運，可有七種選擇。從直覺上判斷，最簡單與成本 (撿貨與交運) 最低的是棧板撿貨與交運模式；而最複雜與成本最高的，則是單項撿貨與交運；介於其中的則有貨層撿貨、箱式撿貨與散裝交運的運籌活動。

前述物流中心運籌活動中所謂的貨層撿貨 (Tier Picking)，是顧客下訂一個棧板中單層的貨品數量，此數量有一專有名詞稱為「扎」(Tie) 指棧板上每個貨層可堆放的箱數，而棧板上可堆放的貨箱層數則稱為「層」(High)，棧板堆放扎層 (Tie-High) 如圖 8.4 之示意。若允許顧客以貨層訂貨時，物流中心對棧板貨層撿貨的結果，通常會產生彩虹棧板的結果，亦即在同一棧板的貨層，可能堆放不同的產品。

至於箱式撿貨 (Case Picking) 則以撿貨箱或顧客指定的包裝箱執行撿貨。貨箱可堆放成一棧板，或以散裝 (Floor-Loaded) 方式儲放或堆放在運輸貨櫃內。單項撿

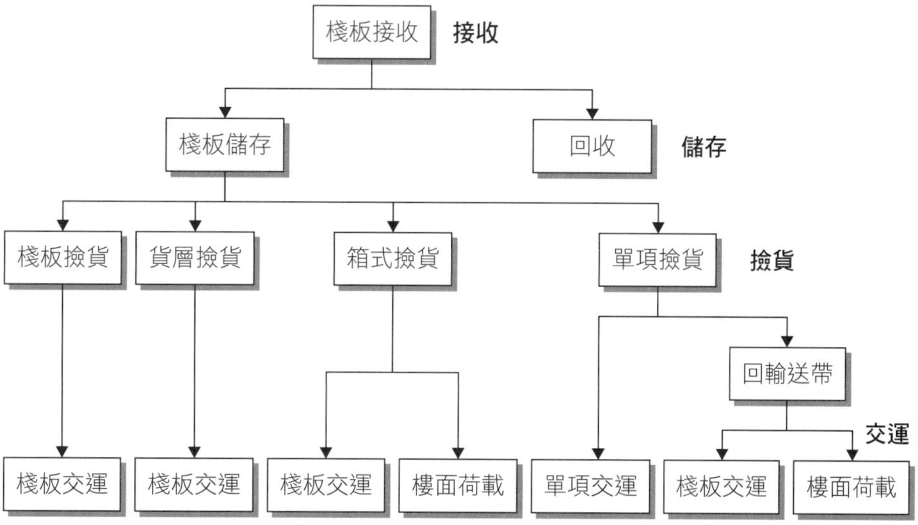

✧ **圖 8.3** 物流中心程序流程示意圖

資料來源：Robert A. Novack, Ph.D. Used with permission.

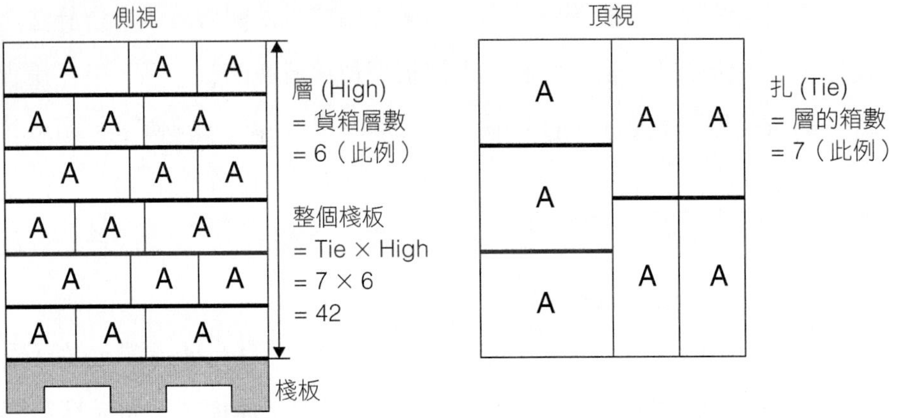

✧ **圖 8.4** 棧板堆放扎層 (Tie-High) 示意圖

資料來源：Robert A. Novack, Ph.D. Used with permission.

貨 (Each Picked) 通常以單項產品包裝後交運，也可合併成貨箱、散裝或堆集成棧板交運。

在辨識與說明物流中心的產品流動處理方式後，下一步就是辨識所有運籌活動對物流中心最主要的兩項成本——空間與人力——的耗用程度。表 8.3 顯示一物流中心典型運籌活動對庫房空間的耗用程度比較，產品的儲存空間占地 73%，為占用空間成本最高的活動。若產品需要過多的儲存空間(如超量生產或產品包裝設計不良……等)，則會增加物流中心的直接經常性成本(設施空間)。

至於物流中心內運籌活動所需的**全職人力工時** (Full-Time Equivalent, FTE) 則比較如表 8.4 所示。其中箱式撿貨所需全職人力工時最高為 19.54。

✤ **表 8.3** 物流中心空間配置表

活動	占地 %
儲存 (Storage)	**73**
箱式撿貨 (Case Pick)	**10**
接收 (Receiving)	**5**
單項撿貨 (Each Pick)	**4**
測試位置 (Test Location)	**3**
檢整區 (Staging)	**3**
回收 (Returns)	**2**
總計	**100**

資料來源：Robert A. Novack, Ph.D. Used with permission.

✤ 表 8.4 物流中心人力配置表

活動	全職人力工時 *
箱式撿貨 (Case Pick)	19.54
接收 (Receiving)	17.73
回收 (Returns)	9.71
儲存 (Storage)	6.90
樓面荷載 (Floor-Loading)	6.90
測試區 (Test Area)	6.90
單項撿貨 (Each Pick)	6.90
棧板撿貨 (Pallet Pick)	5.49
回輸送帶 (Back to Conveyor)	1.28
快遞送貨 (Courier Delivery)	1.28
總全職人力工時	82.63

*全職人力工時：Full-Time Equivalent Employees.
資料來源：Robert A. Novack, Ph.D. Used with permission.

套用表 8.3 至表 8.4 成本資料於圖 8.3 的流程中，則產生如圖 8.5 程序成本圖。若再以箱式為分配計算基礎當量，則從圖 8.5 可容易看出接收、儲放、撿貨、交運如都是棧板單位，其運籌成本最低(當量：每箱 0.43 美元)；相對的，以棧板接收、儲放，但以單項單位的撿貨與交運，則有最高的運籌成本(當量：每箱 5.19 美元)。由此可見，作業成本法可用於判定不同訂單處理成本，進而使組織採取影響顧客訂貨的行為。

當發貨人 (Shipper) 與顧客交易互動時，物流中心的成本只是組織成本利潤分析資料中的一部分。一般組織會以毛利率 (Gross Margin) 來評估一個顧客使組織獲利的能力；但此數字依舊無法反映出組織服務一顧客的真實成本。在判定服務顧客的實際花費成本時，須參考並引用更廣泛的作業財務數據。

表 8.5 顯示一家公司用來判定顧客服務成本與獲利能力的真實報表(當然，公司名稱保密而匿名)，這份報表辨識出顧客與發貨人交易時的許多成本驅力。讀者可注意到上述物流中心相關的成本，在表 8.5 中，僅是「作業」項下的一部分，同時間，若僅以毛利率為顧客獲利力指標，顯然的會低估組織服務顧客所牽涉的成本。另外，在表 8.5 毛利率項下的每一個項目，都是發貨商與顧客的互動成本項目，發貨商可據此以獲利能力來區隔客群。

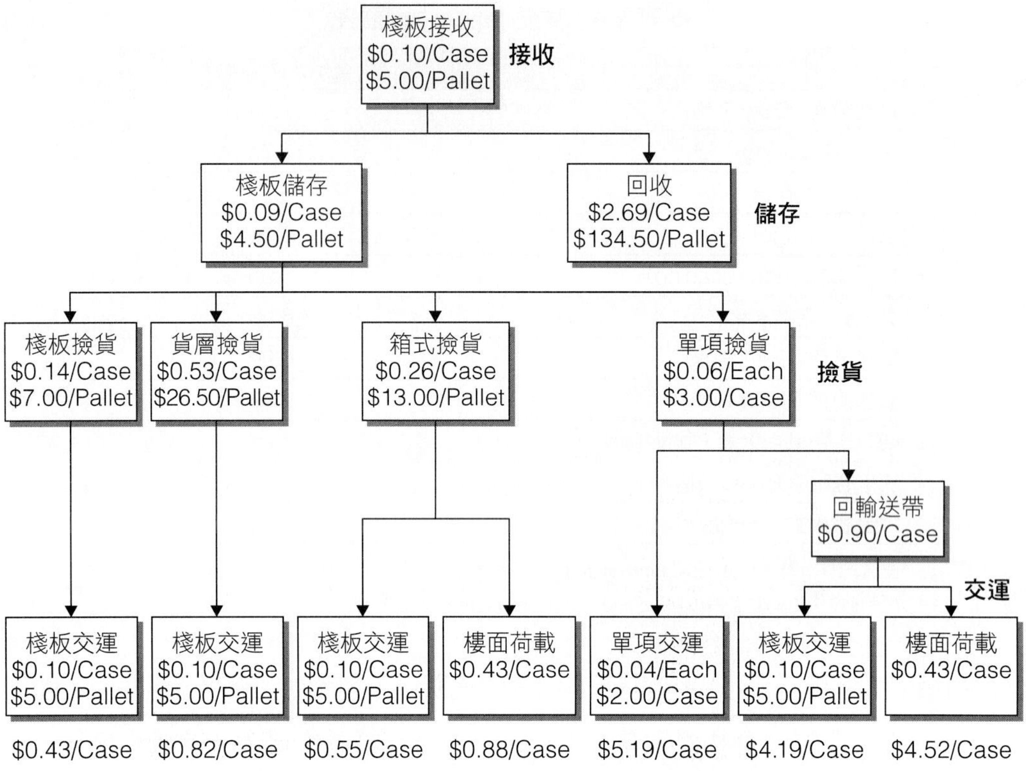

✧ **圖 8.5**　物流中心程序成本示意圖

資料來源：Robert A. Novack, Ph.D. Used with permission.

另一種區分顧客獲利能力的方法，是如圖 8.6 所示的顧客區隔矩陣分析圖。此矩陣圖的縱軸為顧客的淨銷售價值、橫軸則為服務成本(均區分高、低)。著落於「防護」(Protect) 區的顧客，是最能讓組織獲利的客群(因此須予保護)；而「危險區」(Danger Zone) 的顧客，則是獲利程度最低，甚至會讓組織遭受損失的客群。對危險區的客群，組織有三種處理方案如下：

1. 直接向顧客收取實際的費用，這通常會使顧客不滿意而停止與組織的業務往來。雖然不是個好策略，但對處理不受歡迎的顧客，卻又不失為一種可行的方法。
2. 引導顧客採用不同的物流管道，如鼓勵顧客改向物流中心或批發商訂貨，而非直接向發貨人(製造商)購買。
3. 改變與顧客互動的方式，影響顧客從危險區移往其他區域。

表 8.5 顧客獲利能力分析表

顧客損益表	**顧客 A 總利潤 ($)**					
編碼：123456	**98 Q1**	**98 Q2**	**98 Q3**	**98 Q4**	**98 YTD**	**銷售 %**
總銷售	17,439,088	15,488,645	17,382,277	16,632,060	66,942,069	102.6
回收	78,383	60,150	66,828	143,225	348,587	100.5
現金折扣	348,782	309,773	347,646	332,641	1,338,841	102.1
淨銷售	17,011,923	15,118,722	16,967,803	16,156,194	65,254,641	100.0
銷售產品成本	4,392,341	3,686,569	4,170,382	3,959,373	16,208,665	24.8
標準成本	4,279,660	3,615,837	4,070,518	3,830,855	15,796,870	24.2
使用費	112,681	70,732	99,864	128,518	411,795	0.6
毛利率	12,619,582	11,432,153	12,797,421	12,196,820	49,045,976	75.2
促銷成本：	1,366,220	1,476,337	1,624,152	2,210,575	6,677,284	10.2
補貼	299,893	85,025	110,627	0	495,544	0.8
發票外折扣	957,617	885,877	1,054,432	1,115,520	4,013,447	6.2
貿易促進基金	108,710	505,435	459,093	1,095,055	2,168,293	3.3
其他變動花費：	576,922	396,040	464,740	474,752	1,912,454	2.9
按量定價	373,099	256,242	300,028	320,522	1,249,892	1.9
貨運	203,822	139,798	164,712	154,229	662,562	1.0
直接貢獻利潤	10,676,440	9,559,776	10,708,529	9,511,494	40,456,238	62.0
銷售花費：	277,303	288,458	320,217	377,591	1,263,569	1.9
總部銷售	59,690	59,690	59,690	59,690	238,762	0.4
零售銷售	45,481	45,481	46,843	75,246	213,052	0.3
型錄管理	50,238	50,238	50,238	50,238	200,953	0.3
CBT's	121,893	133,048	163,446	192,416	610,802	0.9
作業：	192,555	266,837	269,382	269,673	998,447	1.5
庫房	100,632	145,456	142,890	153,564	542,541	0.8
訂單處理	91,923	121,381	126,492	116,109	455,905	0.7
作業利潤	10,206,582	9,004,481	10,118,929	8,864,230	38,194,223	58.5
沖銷：	15,791	4,701	(820)	18,433	38,105	0.1
儲備津貼		310	2,939	7,792	10,953	0.0
賠款準備金	15,481	2,688	1,365	6,641	26,175	0.0
處理費用	0	(926)	(2,097)	4,000	977	0.0
調整作業利潤	10,190,791	8,999,780	10,119,749	8,845,797	38,156,118	58.5
註腳：						
須進一步調查項目	1,034	2,223	2,492	9,125	14,875	0.0
額外現金折扣沖銷	0	809	0	30,213	31,022	0.0

資料來源：Robert A. Novack, Ph.D. Used with permission.

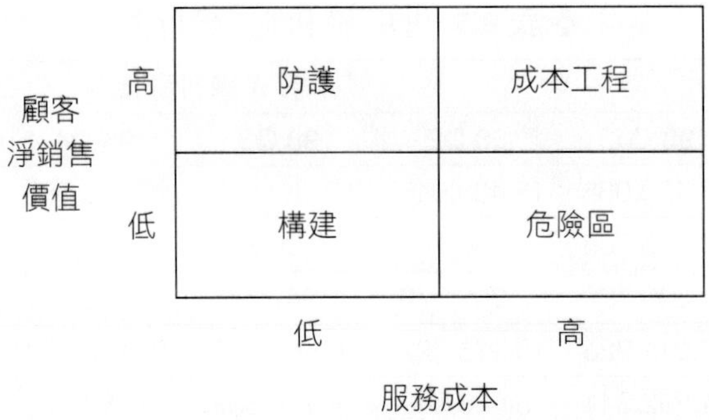

✧ **圖 8.6** 顧客區隔矩陣

資料來源：Robert A. Novack, Ph.D. Used with permission.

對服務成本與淨銷售價值均低「建構」(Build) 區域的客群，應用的策略是維持低服務成本的同時，想辦法提高顧客的淨銷售價值，將顧客移往「防護」區域。最後，是服務成本與銷售價值均高的「成本工程師」(Cost Engineer) 區域的客群，適用的策略則是以更有效的方式與此區客群互動，如鼓勵顧客以貨層訂貨，而非單項或箱式訂貨，若能以此訂貨政策降低服務成本，則可將此客群的顧客移往「防護」區。

上述三種工具如作業成本法、顧客區隔及顧客獲利能力分析，使組織得以辨識運籌活動的實際成本，並據此分析顧客使組織的獲利程度，並對顧客實施分群等。對顧客實施分群的目的，是以不同的運籌政策影響、改變顧客的訂貨行為。

8.3 訂單的執行：訂單管理與履行

訂單的管理，是買賣雙方對特定訂單的主要溝通管道。而訂單溝通資訊的及時、準確與完整性，對是否有一致且可預測的訂單循環時間、可接受的反應時間…… 等相當重要，也是賣方 (供應商) 是否能瞭解與掌握顧客需求、設計好訂單的執行程序，而使買方 (顧客) 滿意的關鍵。

運籌領域處理的，就是關於特定顧客訂單的及時與準確資訊。因此，越來越多的組織將公司的訂單管理系統視為運籌領域的重要功能之一。

8.3.1 訂單到現金與補充循環

在談到訂單管理時，通常可看到**訂單到現金** (Order-to-Cash, OTC) 與訂單循環、補充循環等名詞的相互混用，但其中仍有重要的差異。**補充循環** (Replenishment Cycle) 是當庫存不足或將抵達安全存量限制時的補充採購，實際上是物料管理的一環。**訂單循環** (Order Cycle) 則是從買方收到訂單開始到買方收到訂貨的期程。而訂單到現金則包含訂單循環所有活動外，另外包含買方根據賣方開立的發票付款資金的回流賣方。因訂單到現金較能精確反映訂單管理系統的效率與效果，目前越來越多的組織開始採用訂單到現金的訂單管理概念。

圖 8.7 是一典型訂單到現金的流程，這也是國際供應鏈協會 (Supply Chain Council) 所發展**供應鏈作業參考模型** [Supply Chain Operation Reference (SCOR) Model] 中的 D1 庫存產品交貨程序。此 SCOR D1 庫存產品交貨程序將作為本小節的討論基礎。此程序不但顯示出將產品運交給顧客的流程，也反映出購貨資金從買方流回賣方的流程，亦即訂單到現金流程。SCOR D1 庫存產品交貨程序的前 7 項 (D1.1 至 D1.7) 為資訊流，接下來 7 項 (D1.8 至 D1.14) 為產品流，最後一項活動 (D1.15) 則為現金流。各項程序將分別解說如後。

D1.1：流程詢價與報價

這是顧客在下單之前的前置程序，顧客尋找產品、價格及是否有供貨量等資訊 (流程詢價)，以決定是否下訂。賣方於此程序的執行關鍵，是對可能的顧客於單一位置 (即不轉移) 提供、快速與準確的最新報價資訊。

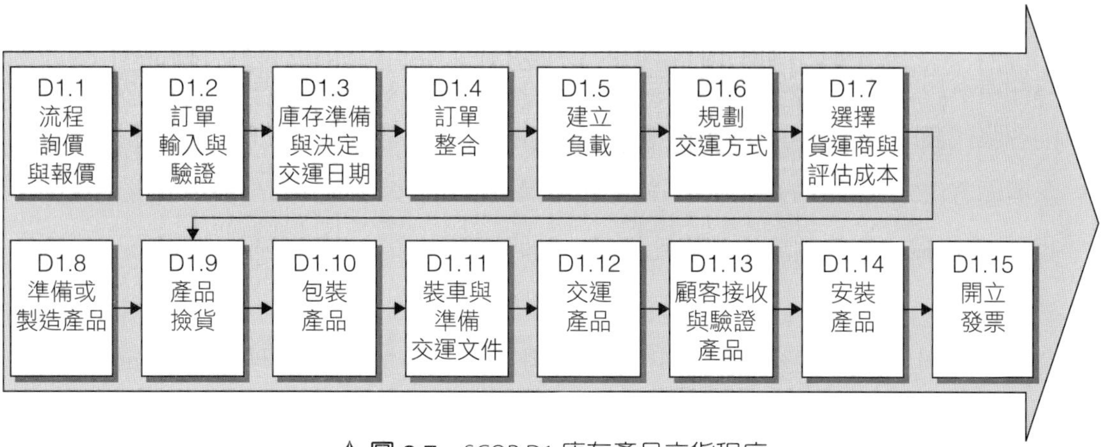

✧ **圖 8.7** SCOR D1 庫存產品交貨程序

資料來源：摘自 Supply Chain Council, 2015. Reproduced by permission.

D1.2：訂單輸入與驗證

這個步驟包括顧客下單與賣方接收此訂單。許多組織運用資訊技術如 EDI 電子資料交換或網路來完成此步驟，或直接由一**客服代表**（Customer Service Representative, CSR）將顧客的下訂資料輸入組織的訂單管理系統。此步驟運用資訊系統能大幅降低訂單輸入資訊的錯誤與訂單到現金循環的時間。總括來說，D1.2 步驟「抓住」訂單，並為下一步驟：訂單處理做準備。

此步驟通常還包括一顧客的信用驗證，即查核顧客的付款能力。這也是許多組織決定是否啟動訂單履行程序的關鍵。顧客付款能力的信用查核與驗證，也可在 D.1.11 準備交運文件步驟中執行。

D1.3：庫存準備與決定交運日期

D1.3 庫存準備與決定交運日期在傳統上被稱為訂單處理。在買賣關係上，此步驟對決定顧客的預期相當關鍵。一旦組織在訂單管理系統建立（抓住）此訂單後，組織即須確定庫存狀態，以確定有可供應訂單的存貨數量及庫存位置。若賣方物流網路中有足夠的庫存，則訂單數量將為此訂單而預留，並直接告知顧客交運日期，這是**可供交運**（Available to Deliver, ATD）的概念。

在某些情況，賣方的庫存不足以支應訂單需求，但客服代表知道不足的數量將在特定時間內於組織內生產或由組織的供應商補足。在此狀況下，交運日期則根據**可承諾期**（Available to Promise, ATP）而提供顧客。實施可承諾期，須在組織內對上游供應商與組織自己的生產能量間有良好的資訊溝通與協調能力。

舉例來說，若顧客下訂 40 箱產品，而組織目前的庫存只有 20 箱，但客服代表知道公司生產線（或公司的供應商）於明天即能生產（或供應）另外 20 箱的產品，則客服代表即能根據可承諾期的概念，告知顧客可交運期。顯然的，以可承諾期概念與顧客決定交運期的關鍵，是組織能確保上游的正常供應（內部製造或供應商供貨）。若組織上游供貨無法維持此承諾，則將影響訂單的準時交運而遭致顧客的不滿意。

一旦與顧客確定交運期，此步驟則將訂單轉移到**倉儲管理系統**（Warehouse Management System, WMS）安排撿貨程序；另外，訂單資訊也將傳送到組織的財務系統以開立發票。因此，此步驟為賣方與顧客的溝通，以決定訂單執行計畫。此訂單執行計畫的成功完成，對組織內部效率（訂單完成率、準時交運率……等）及外部效果（顧客滿意度）都相當重要。

D1.4：訂單整合

於此步驟，組織將決定顧客的訂單是否有與其他訂單整合的機會，此處的整合包括倉儲撿貨程序及貨運兩種考量。訂單整合能提升組織的運籌運作成本效率，但通常會延長顧客的交運時程。因此，判斷是否有訂單整合的機會，須考量前一步驟（D1.3）是採用可供交運或可承諾期的概念。

D1.5：建立負載

當顧客訂單有 D1.4 辨識出的貨運整合機會時，除向顧客提供交運日期外，也開始發展運輸計畫。在此步驟，許多公司可採用的建立負載（Build Load）(即決定運輸載具或方式）方式，包括**零擔貨運**（Less-Than-Truckload, LTL）、小包裝（包裹）運輸、**分站卸貨**（Stop-Off）或**聚集貨運**（Pool Freight）作業等。

建立負載的概念，是將特定訂單指派到特定的運輸商或運輸載具，在維持對顧客交運期承諾的同時，將運輸效率最佳化。許多組織會使用運輸管理系統（Transportation Management System, TMS）來建立顧客訂單的負載計畫。

D1.6：規劃交運方式

緊接著或與 D1.5 步驟同步執行，是將顧客訂單的負載指派特定的運輸途徑。同樣的，許多組織會使用運輸管理系統來規劃負載交運路徑。

D1.7：選擇貨運商與評估成本

接續或可與 D1.5 至 D1.6 同步執行，為指定特定的貨運商來運送此訂單或多的訂單的聚集，這通常是組織**運輸管理系統**（Transportation Management System, TMS）內建置的交運路徑原則或政策來執行。舉例來說，若賣方須將 2,000 磅的貨物在兩天內從物流中心交運到距離 1,500 哩外的顧客指定地點，則運輸管理系統可能建議以小包裝方式空運；若交運期為五天，則可能建議以陸運零擔貨運方式執行交運。

當決定交運商後，賣方(發貨商)則須根據與個別貨運商的協議來預定運輸成本。總結來說，此步驟須整體考量貨運量(負載)、目的地(路徑)與交運方式(可供交運或可承諾期)……等，來決定適當的貨運商及貨運成本。

D1.8：準備或製造產品

當以可承諾期決定顧客訂單的交運方式後，訂單管理系統即須查核物流中心的產品接收狀況。若物流中心接收的產品為某訂單所預留，則立即與庫存數量合併撿貨，並準備交運給顧客。若物流中心接收的產品不屬於任何訂單的預留，則將儲存在庫房內，等待後續訂單的撿貨。

D1.9：產品撿貨

此步驟以 D1.3 至 D1.5 的輸出資料，決定於物流中心的撿貨排程。由於物流中心內可供撿貨的方法與策略很多，因此，此步驟對訂單在物流中心內的流通相當關鍵，使物流中心能在維持交運時程的同時，將訂單撿貨的作業最佳化。

D1.10：包裝產品

物流中心在訂單處理後，必須先將貨品包裝後才能交運。而包裝也有許多形式，如將網際網路上個別、單項的訂單，分別以特定包裝盒包裝；箱式撿貨的貨品可構成多項產品的棧板(彩虹棧板)或單一品項的棧板……等。無論包裝的形式為何，此步驟將訂單貨品備便、準備裝載在運輸車輛上以便交運。

D1.11：裝車與準備交運文件

根據 D1.5 至 D1.6 步驟的輸出資料，運輸車輛於此步驟裝載貨品。車輛裝載訂單的貨品與貨品卸載的次序也有關係。舉例來說，若只是單一品項貨品於單一目的地的運輸，則無所謂訂單裝載或卸載的次序；但若是零擔貨運、分站卸貨 (Stop-Off) 的運輸，則最後卸載的訂單貨品將最先裝載，而最先運抵目的地的訂單貨品則將最後裝載。載裝載次序對運輸效率及達成交運目標等都會有影響。

裝載訂單貨品準備交運前，此步驟也應製作提供給貨運商執行運輸的交運文件。這些文件包括提單 (Bill of Landing)、快速提單 (Waybills)、貨運單 (Freight

Bills)、載貨單 (Manifests) 或國際運輸的通關文件……等。當交運人將貨品正式轉移給貨運商後，即可開始運輸程序。如前所述，在訂單貨品準備交運前，應該已在 D1.2 步驟中驗證過顧客的信用，但也可在此準備交運文件步驟再度查核顧客的付款能力並正式通知顧客準備付款 (Invoice)。

D1.12：交運產品

當貨品裝載並完成所有交運文件後，運輸車輛就可從裝載地點開始向顧客指定的交運地點移動。在企業對企業交易的情況下，發貨人會在此步驟以電子資料交換訊息向顧客 (收貨人) 發出交運通知，通知交運的日期與內容。若對終端顧客而言 (B2C 情況)，則通常以電子郵件通知訂貨已被運出。

D1.13：顧客接收與驗證產品

當貨品運至顧客指定的地點時，顧客開始接收與檢驗到貨的品項與品質，以決定是否允收此批運貨。若貨運品項或品質有任何問題而不被收貨人允收時，則買賣雙方須再協調後續處理方式 (退運、有條件允收或賠款……等)；若允收則買方開始付款程序，並正式結束所謂的訂單循環程序。

對賣方而言，從 D1.1 到此步驟執行的速度，則關係到收到買方貨款的速度。

D1.14：安裝產品

若產品是須在運作地點安裝的大型裝備或機具，則賣方於此步驟執行產品的安裝與測試。測試完成後才正式移交給顧客。安裝產品順利與否，也會影響賣方收到貨款的速度。

D1.15：開立發票

此步驟對買賣雙方而言，都是訂單到現金程序的集成終點，也是供應鏈上金流的反向啟動程序。換句話說，若買方滿意賣方的訂單循環績效，則買方開始啟動付款程序 (買方已於 D1.2 或 D1.13 步驟向買方發出付款通知)。

供應鏈作業參考模型 D1 程序，也就是本小節所述的訂單到現金程序，同時代表訂單管理與訂單履行兩種程序。以上所述僅為訂單到現金程序的相關步驟，但訂單到現金循環的時間與可靠性（或變異性）對買賣雙方都有影響，這將在下一小節說明與討論。

8.3.2 訂單到現金循環的時間與變異性

當傳統較為關注訂單到現金的循環時間，但近來的產業經驗卻發現，訂單到現金循環程序的變異性（Variability）或一致性（Consistency）比循環時間長度更重要。訂單到現金循環時間長度反映的是**需求庫存**（Demand Inventory），而循環程序的變異則反映的是**安全庫存**（Safety Stock）。強調訂單循環變異性的重點，在關注產品遞交到顧客手中的程序穩定性，而非金流的回流到供貨商。舉例來說，若供貨商的訂單循環時間為 10 天，且買方需要（用於製造）的產品需求為每天 5 個產品，另也假設買方採用基本的經濟訂購量政策，則買方為保證製造程序的正常運作，其需求庫存為 50 個（10 × 5）產品。現假設供貨商能將訂單循環時間降低為 8 天，則買方的需求庫存可降為 40 個（8 × 5）產品。此例顯示若賣方能加速訂單循環時間，可降低買方的需求庫存。

現假設賣方的 10 天訂單循環有 ±3 天的變異，這意味著 7 至 13 天的訂單循環。此時，若買方為確保其生產程序不至於有缺貨的風險，則買方的需求庫存變成 65 個產品（13 × 5），比賣方 10 天訂單循環所需的備貨多出 15 個。

圖 8.8 顯示訂單循環組成的變異性，將如何影響（買方）的庫存。在賣方「系統變更」前，平均訂單循環時間為 13 天、另有 ±9 天的變異（訂單循環時間範圍為 4 至 22 天）。若供貨商能以 13 天的訂單循環穩定供貨，則買方的需求庫存為 65 個；但為因應供貨商訂單循環的 18 天變異（22 − 4），買方為避免缺貨而需有 45 個安全庫存（22 × 5 − 65），使總庫存量為 65 + 45 = 110 個產品。

若供貨商能在穩定其訂單循環程序，將平均訂單循環時間降為 11 天，降低程序變異為 ±5 天，則在此「系統變更後」，買方的需求庫存降為 55 個；為因應供貨商訂單循環的 10 天變異（16 − 6），買方為避免缺貨的安全庫存也降為 25 個（16 × 5 − 55），總庫存量亦降為 55 + 25 = 80 個產品。

圖 8.8 顯示訂單循環的時間與變異，不但會影響顧客滿意與否，同時也會影響顧客的庫存！這些成本（庫存）與服務（滿意）於訂單管理的應用，對供貨商在獲得市場競爭優勢有關鍵性影響，這將在本書第 9 章庫存管理中再予詳細討論。

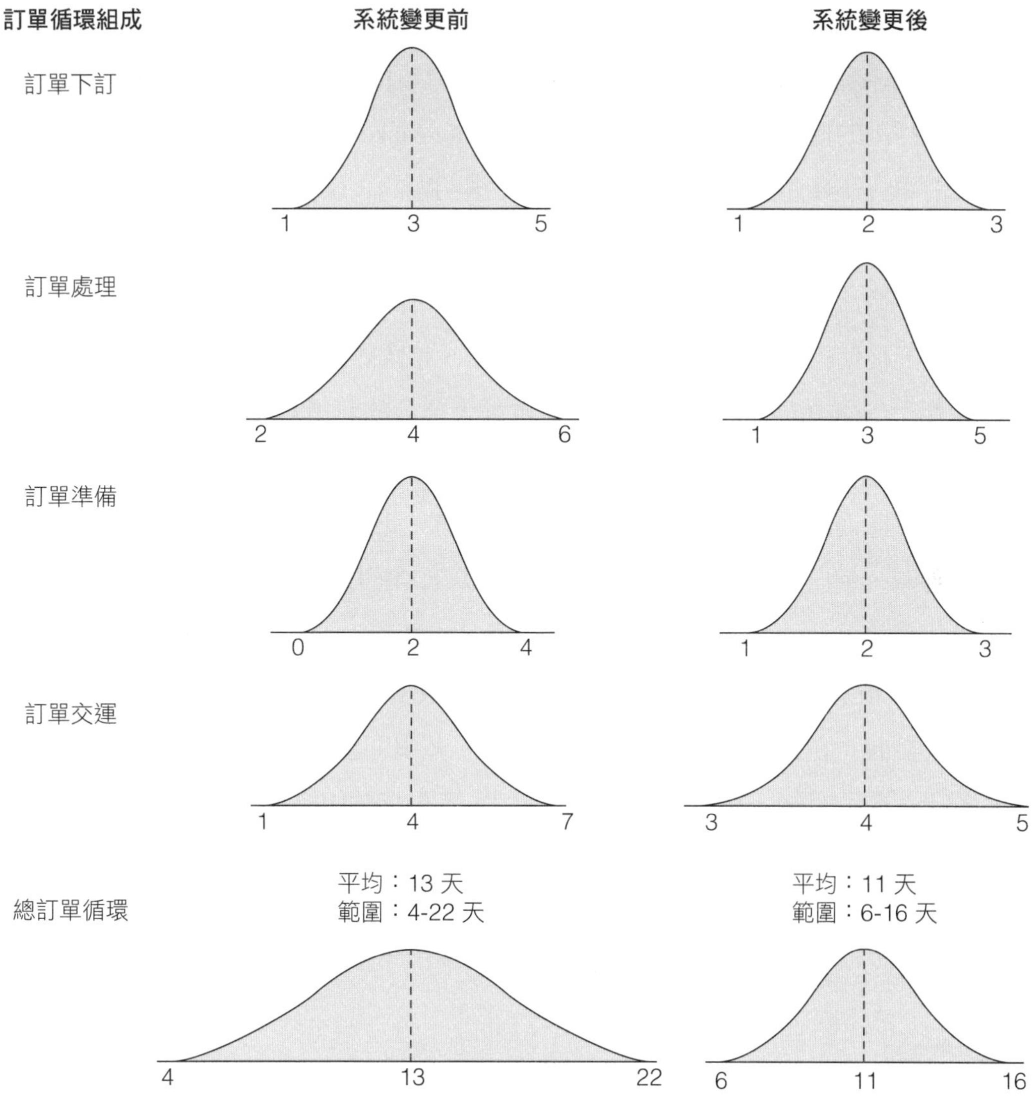

✧ 圖 8.8 訂單循環長度與變異性

資料來源：摘自Douglas M. Lambert and James R. Stock, "Using Advanced Order-Processing Systems to Improve Profitability." *Business* (April-June 1982): 26. Copyright © 1982 by Douglas Lambert.Reproduced by permission.

8.4 電子商務訂單履行策略

有關訂單管理的討論，若不納入網際網路對訂單到現金循環的影響則不算完整。目前許多組織已廣泛運用網際網路技術於其訂單管理系統，以擷取訂單資訊，並將訂單資訊傳輸至組織的撿貨、包裝與交運等後台作業系統。

網際網路技術的運用，使組織能更快速的收取顧客的貨款。如圖 8.7 所示 SCOR D1 庫存產品交貨程序，D1.15 最後一個步驟中，賣方收取買方的貨款。這是許多組織採用的傳統「購買—生產—銷售」(Buy-Make-Sell) 經營模式，供貨商根據顧客的訂單，生產產品並銷售遞交給顧客。很明顯的，供貨商越快完成訂單管理程序，則能越快獲得貨款。

在加速金流回收速度的努力，網際網路技術的運用除能加速訂單管理程序的速度外，也能促使經營模式的轉變。最好的例子，是國際電腦大廠戴爾的「銷售—購買—生產」(Sell-Buy-Make) 經營模式，戴爾大部分的訂單 (消費者與企業) 來自於網路，一旦接收並確認訂單 (銷售) 後，戴爾即開始貨款收取程序，此時戴爾甚至還沒從其供應商訂貨，當然也尚未付款給供應商。此經營模式使戴爾還沒擁有產品的零組件時，就已獲得顧客支付的貨款。若以 SCOR D1 庫存產品交貨程序來看，戴爾的經營模式使 D1.13 顧客接收與驗證產品步驟移到 D1.3 庫存準備與決定交運日期之後。根據戴爾自己的估計，此經營模式使戴爾擁有 40 天營運資金的負平衡。換句話說，在要付款給供應商前的 40 天，戴爾即已獲得顧客付款的現金。

從上述說明可知，網際網路技術的運用，不但能讓組織縮減訂單管理的循環時間，同時也能增加資金回收的速度。這兩項好處更增添運用網路技術訂單管理系統的策略重要性。

8.5 顧客服務

與前一節網路技術對訂單管理的重要性討論一樣，若未納入**顧客服務** (Customer Service)，則外向運籌系統的討論就不算完整。因顧客服務為運籌系統的主要輸出之一，將適當數量與品質的產品、在適當的時間、無損傷或損失的、交運到正確顧客的手上，是運籌系統實現顧客服務的基本原則。

另一項有關顧客服務的面向應於此處加以說明，即現今消費者對相對於品質的價格比率 (或即俗稱的性價比) 意識、對產品有特定需求、對 (交貨、等待……) 時間很敏感，但要求卻甚具彈性。今日的消費者對產品品質有高標準的要求，卻也不見得始終是品牌忠誠度的支持者。事實上，現代的消費者要求產品有最優惠的價格、最好的服務與方便消費者的時程……等，成功的企業如沃爾瑪、戴爾……等，都也採取著重速度、彈性、客製化與可靠的客服策略。

8.5.1 運籌與行銷介面

顧客服務，通常是組織內運籌與行銷的關鍵介面。若運籌系統，特別是外向運籌作業不順利，使顧客未能如組織承諾的接收到產品，可能使組織喪失目前及未來的收入與獲利機會。製造部門可以生產出高品質的產品，行銷部門也能順利的銷售出產品；但若運籌系統未能及時如承諾的交運產品，則顧客仍將不滿意！

圖 8.9 顯示顧客服務在傳統上，是扮演著行銷與運籌之間的介面。顧客服務在行銷上，屬於 4P 行銷組合中「地點」(Place)；在運籌領域則為物流通路的決策，也是客服水準運用之處。在傳統任務上，運籌通常扮演著靜態、配合的角色，亦即由行銷在使成本最小化的努力中，由預設的客服水準、決定運籌各項活動的總成本。

但如本章範例所示，今日的運籌，扮演著更動態、積極的角色，除影響客服水準外，也會衝擊影響著組織的財務。再一次的，諸如沃爾瑪、戴爾等成功企業都是最好的範例，顯示它們如何運用運籌策略與顧客服務來降低產品價格、增加產品的可用性 (庫存) 與降低交運時間……等。

8.5.2 定義顧客服務

若試圖要給顧客服務一個完整的定義，將是一件困難的事。本章一開始即提供顧客服務的三種不同觀點，即：(1) 是一哲學觀點；(2) 是一套績效衡量準據；及 (3) 是一活動。但一般對顧客服務的認知，應包括與顧客接觸的任何事，也就是傳統上行銷所承擔的功能。

若從行銷角度來看，組織提供給顧客的產品有三種不同層級意涵如下：

1. 核心利益或服務，這是顧客花錢想要買的。
2. 實際產品，包括有形產品與無形服務。
3. 強化的利益，是顧客購買核心利益或服務之外的次要、整合式強化效果。

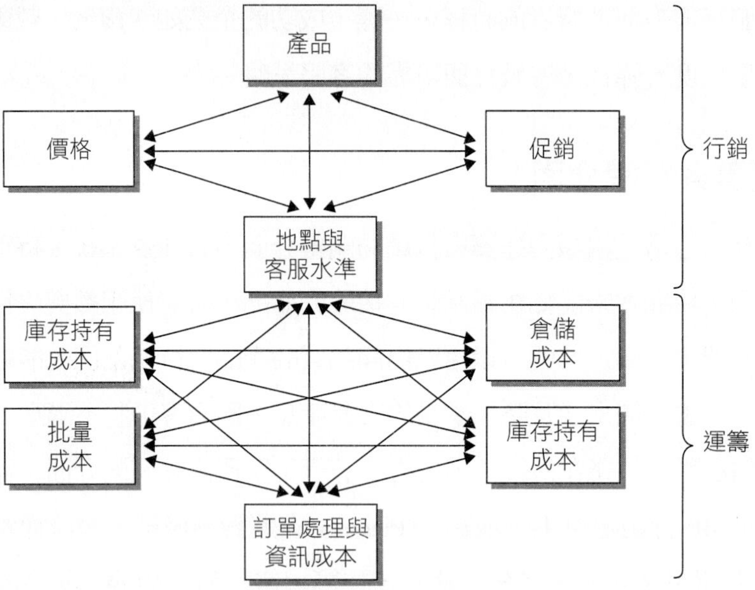

行銷目標：
在行銷組合中分配資源，以達成長程獲利的最大化

運籌目標：
在達成客服目標前提下，使運籌總成本最小化

運籌總成本 = 運輸成本 + 倉儲成本 + 訂單處理與資訊成本 + 批量成本 + 庫存持有成本

✧ **圖 8.9** 傳統運籌與行銷介面

資料來源：摘自Douglas M. Lambert, *The Development of an Inventory Costing Methodology: A Study of the Costs Associated with Holding Inventory*(Chicago: National Council of Physical Distribution Management, 1976): 7. Reproduced with permission of Council of Supply Chain Management Professionals.

根據上述行銷的看法，運籌的顧客服務可被視為能增添顧客附加價值的強化利益。但賣方接觸顧客的輸出不止產品與運籌服務兩項而已，在組織執行顧客服務時，還包含各種資訊的提供(給顧客)如產品的可用性(量)、價格、交期、產品的追蹤、安裝及售後支援……等。因此，組織的顧客服務，還是回到組織如何與顧客互動所有策略的運用上。

8.5.3 顧客服務要素

顧客服務是引發運籌成本的一項主要原因。對顧客而言，組織較佳的顧客服務能為顧客帶來經濟優勢。舉例來說，供應商能以空運快速交貨的方式，降低顧客的產品庫存、提升顧客滿意度……等；但空運的運輸成本顯然會比陸路運輸的成本高了甚多！因此，供應商在其運籌規劃時，應考量顧客期望服務水準與其本身運籌成本（亦即反映著收入）之間的權衡。

圖 8.10 顯示一般服務水準 (%) 與供應商對顧客服務投資報酬率 (ROI) 之間的關係。在一般服務水準 (< 70%) 之下，提高服務水準，通常可增加顧客的滿意度，而增加銷售與獲利；但隨著服務水準提高到某一程度後，組織對顧客服務的投資，不再能提高投資報酬率，甚至可能因提高顧客的預期卻無法達成，導致顧客更強烈的不滿而失去銷售與獲利能力，如圖 8.10 曲線後段的下降趨勢，這也是為何追求 100% 服務水準不符實際的理由。為此，供應商必須瞭解顧客服務與成本平衡的重要性。

如前所述，顧客服務是一個包羅萬象的概念。僅僅對運籌而言，顧客服務即有四個不同的向度，即時間、可靠性、溝通與方便性，對買賣雙方的成本都會有影響，分別討論如下：

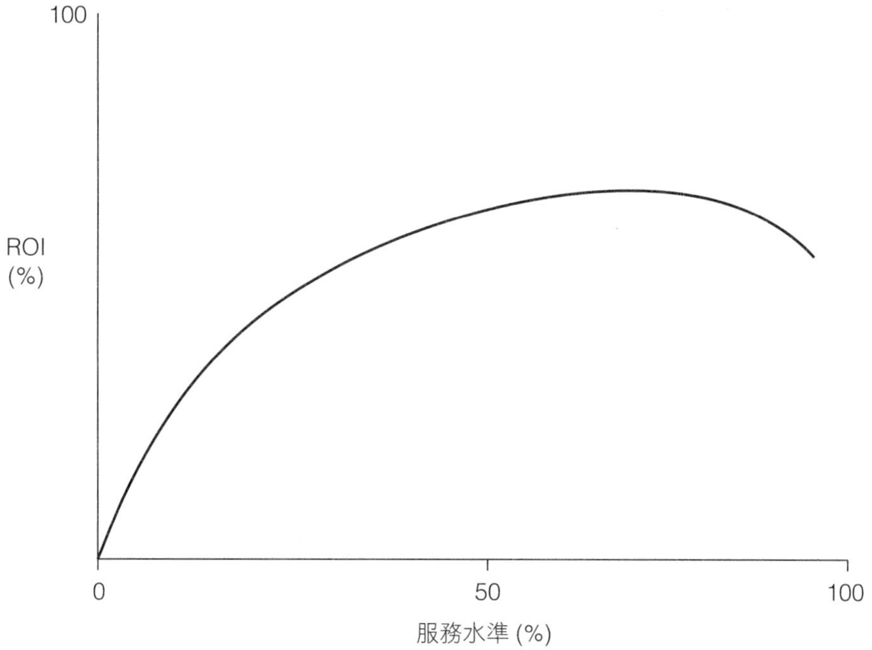

✧ **圖 8.10** 顧客服務與 ROI 關係示意圖

資料來源：Robert A. Novack, Ph.D. Used with permission.

時間 (Time)

對賣方而言，時間因素通常即指訂單到現金循環；但對買方而說，時間向度則指訂單循環時間、交貨時間或補貨時間……等。姑且不論從哪一個角度來看，幾個影響時間因素的變項或組成應先予討論。

今日成功的運籌作業，可控制全部或大部分影響交貨時間的元素包括訂單的處理、訂單的撿貨及訂單的交運……等。有效的管理上述活動，可確保交貨時間一致性的維持在合理期程內。

如要改善所有影響交貨時間的活動可能會花費過多而不具成本效益，許多組織可從維持其他活動不變而改善某一活動成效的作法，可能較為實際。舉例來說，如投資在一網際網路基礎的訂單管理系統，能使賣方降低訂單接收、處理的速度，同時也能降低人力輸入資料的錯誤，這些提升效率、減少錯誤的成效通常能抵銷對技術的資源投資。

對訂單管理而言，若能保證交貨時間，是一項讓公司獲得競爭優勢的重大進展。一致的交貨時間，對買賣雙方都能提升運作效率。對買方而言就是能有較低的需求與安全庫存；對賣方而言，則是促進生產。然而，若僅專注時間而不討論可靠性，則單純的時間概念也沒什麼意義。

可靠性 (Dependability)

對許多買方而言，交貨的可靠性可能還比交貨時間的長短來得重要。若賣方能向買方「保證」其交貨期程(特定日期加上一些裕度)，則買方可根據此交貨期程盡量降低其庫存準備。對買方而言，交貨的可靠性另有循環時間、安全交運及正確交運三層考量，分別簡述如下：

1. **訂單循環時間** (Cycle Time)：賣方若能提供可靠的交貨時間，能降低買方因購貨所面對的一些不確定性，而直接影響買方的庫存水準與缺貨成本。

   賣方不一致的交貨時間，可導致買方生產的缺貨、延誤或甚至損失……等。對賣方的影響，則顧客抱怨處理或索賠的費用、錯過承諾時間的快速交運，甚至損失顧客……等。這些對買賣雙方都不好的負面影響，再度強化了穩定、可靠的交貨時間，對買賣雙方的重要性。

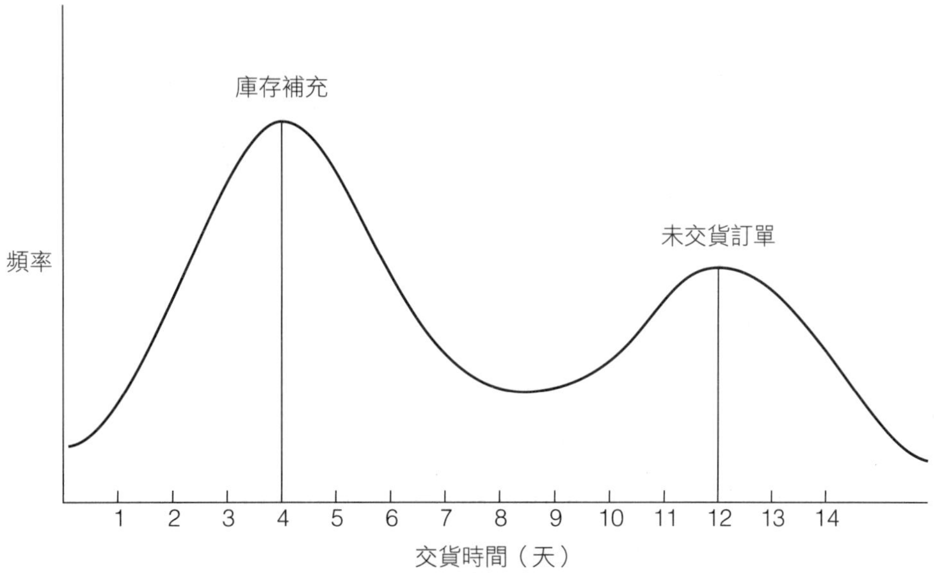

✧ **圖 8.11** 交貨時間頻率分布示意圖

資料來源：Robert A. Novack, Ph.D. Used with permission.

穩定、一致的交貨時間，也需要有管理良好的庫存來支持。如圖 8.11 顯示一交貨時間頻率分布的例子，來說明交貨時間受庫存影響的關係。圖 8.11 為一雙峰模式，顯示某個賣家交貨時間在 4 天與 12 天各有一個高峰，分別表示庫存補充與再訂貨狀況的交貨時間。此例意味著若賣方有足夠的庫存，則一般可在 4 天內交貨；但若賣方庫存不足以滿足顧客的訂單而顧客也願意等待，則再訂貨的交貨時間延長到 12 天！不必計算這兩個交貨時間的變異，即便以單純平均時間考量，再訂貨交貨時間是正常庫存交貨時間的三倍，能突顯出庫存對交貨時間的影響。

2. 安全交貨 (Safe Delivery)：將訂單安全送交顧客是運籌系統的最終極目標。如前所述，運籌程序是銷售程序的集成。顧客要允收產品，才算完成了銷售與運籌程序。但若運送過程中遺失或送抵顧客時產品有損壞……等，都不能如顧客預期般的運用產品，接下來會使顧客不滿意、抱怨、索賠 ……等。

接收貨物中若有損壞的產品 (接收時未能撿出)，則會剝奪買方的生產、銷售與個人使用……等權益，這些損壞、無法使用的產品會以放棄生產或放棄利潤 (Forgone Production/Profits) 的形式、增加缺貨的成本。為防護此缺貨所衍生的成本，買方必須增加安全庫存量。因此，賣方能提供合格的產品，也能準時的交貨，但不安全的交貨會有安全庫存的必要；而這對追求及時生產的買方是無法接受的！

3. **正確的交運** (Correct Delivery)：最後，可靠性必須要能正確的履行訂單。試想顧客急切的盼到交貨，卻發現賣方送錯數量，甚至送錯產品時會是什麼模樣？買方若收到不正確的訂單，會導致生產、行銷的損失與當然的不滿意，這種不正確的訂單可能迫使買方要再訂貨，或甚至直接轉單向其他賣方購貨。

溝通 (Communications)

在買賣雙方之間，存在三種溝通形式，即交易前、交易中及交易後。交易前的溝通包括目前產品的可用性、決定交期……等，這些溝通可以人對人或電子互動方式實施。交易前的溝通，是買方決定是否下單的依據，因此賣方必須要能及時、精確的提供買方所需的資訊。

交易中的資訊溝通，可進一步區分賣方內部與買賣雙方兩種形式。賣方內部的溝通，主要是在訂單履行過程中，撿貨人員發現庫存數量不足以因應 (已承諾) 訂單的需求數量，撿貨人員則應將此狀況反映給客服代表 (賣方內部溝通)，而客服代表也應立刻將此狀況通知買方 (買賣雙方溝通) 並商議後續處理方式。另一種買賣雙方的溝通情形，則是交運狀況的查詢與追蹤。許多買方會希望瞭解訂單的處理時程，因此會聯絡賣方並要求訂單的處理資訊。

最後，交易後的溝通包含產品的組裝、維修或回收處理。當產品交運後，買方仍可能有使用與組裝、維修的問題，能快速提供精確的資訊，此時也是賣方與其他競爭對手差異化的競爭優勢。當買方不滿意產品或有其他因素、要部分或全部退貨。如前所述，產品的回收程序對網際網路上訂單的處理尤其重要。讓不滿意的顧客能容易退運產品，也是賣方的另一項差異化優勢。此時對產品不滿意的顧客，可能因賣方良好的退運服務對賣方印象改觀，在未來可能更願意和賣方做生意！

方便性 (Convenience)

方便性，是強調運籌服務水準須有彈性 (Flexibility) 的另一種說法。從運籌作業的角度來看，以一或幾套標準的服務水準，運用在所有買方是比較理想的作法，這假設所有買方的運籌需求都一樣。但實際上並非如此，舉例來說，一個買方可能

第一線上 準時交運的重要性

目前對消費者行為的研究，許多在探討零售商應如何開發與設計行動與社群媒體管道，以迎合消費者的採購偏好。但一項由全球雲端供應鏈管理商 GT Nexus 與 YouGov 市調公司共同執行的市調研究，調查英、美、德、法等國家消費者的零售習慣。結果卻與一般的預期有很大的差異。在所有的受訪者中，僅有 3% 反映曾以社群媒體管道採購物品，但有 75% 受訪者表示他們會在網路或店面採購。進一步分析數據顯示，在所有受訪者最在意的服務，不是採購管道的方便性，而是準時交運！

資料來源：*Logistics Management*, January 2014, pp. 1-2. Reprinted with permission of Peerless Media. LLC.

要求賣方以棧板方式執行鐵路交運；另一個客戶則可能要求不要棧板、全程以陸路運輸；另外的顧客則可能有特定交運時間……等。基本上，顧客對運籌服務的要求可能在包裝、運輸模式、買方要求的運輸商、運輸路徑及交貨時間……等而有不同。

除了買方對運籌服務的方便性有不同要求外，運籌服務方便性也在不同客群有不同的應用彈性。具體點說，損失銷售的成本因客群而有不同。舉例來說，一個採購公司總產量 30% 產品的客戶，若因運籌服務方便性不足而損失銷售的成本，顯然要比一個只購買公司 0.01% 的顧客來得多！同樣的，市場上的競爭程度也會影響運籌服務水準。競爭性高的市場，需要更高的運籌服務水準。另外，賣方的產品組合的獲利能力也會影響運籌服務水準。通常對獲利能力較低的產品組合，其運籌服務水準也相對較低。

在結束顧客服務的討論前，必須強調雖然組織應重視不同客群對服務水準有不同的要求，但這並不意味著組織應無條件、無限制的滿足顧客對服務水準的要求。運籌經理人應從生產與運籌的角度，仔細審視各種特定需求狀況下，服務水準成本與利益之間的權衡。

8.5.4 顧客服務績效的衡量

從運籌角度來看，傳統上對顧客服務績效的衡量向度包括時間、可靠性、溝通與方便性四個面向，一般組織也將此四個面向擴充到運籌的五個輸出，即產品的可用性、訂單循環時間、運籌作業反應性、運籌系統資訊及售後的產品支援。傳統上，這五個運籌產出的績效是從賣方的角度來看。舉例來說，訂單的準時交運與訂單交運完成率等。若以圖 8.7 SCOR D1 庫存產品交貨程序為參考基準，則傳統的運籌績效準據衡量，是在完成 D1.12 交運產品後才執行。

上述對運籌績效衡量準據與執行時機在現代都不再適用。現代的運籌績效衡量準據，是從買方的角度來設計如下：

- 準時的訂單接收。
- 訂單接收的完整性。
- 無損傷的訂單接收。
- 精確的完成訂單。
- 精確的訂單收款等。

另外，衡量運籌績效的時機也須有改變，傳統作法在完成 D1.12 交運產品後才執行運籌績效的衡量，會使賣方無法掌握在運輸與移交過程中可能發生的問題，而這卻是影響買方滿意與否的最重要時機點！現代整體供應鏈的觀點，除著重於遞交水準的衡量外，也能提供問題發生時的早期預警。如一組織準時交運的標準設在 98%，若有一個月降至 95%，造成遞交服務水準下降的原因，可能是貨運商未能依照發貨人(賣方)的交運指示，或是買方錯誤的未能準備好接收產品等。

若以供應鏈角度的角度來說，SCOR D1 的程序績效準據可重新定義如表 8.6 所示。注意可靠性(Reliability)、反應性(Responsibility)與機敏性(Agility)都在顧客服務的向度；換句話說，這三個向度衡量賣方對買方服務的衝擊與影響。至於成本及資產管理則屬於組織內部管理績效的指標，衡量組織提供服務給買方時所耗用的資源。

表 8.6 另外揭示一個多向度指標的概念。今日多數組織在衡量績效時，多慣用多重準據來衡量績效，在顧客服務時亦如此。對運籌的顧客服務績效而言，有所謂**完美訂單指數**(Perfect Order Index)的說法，舉例來說，一個組織的完美訂單指數可能包含訂單的準時交運率、訂單完成率及發票程序正確率三個績效衡量準據，並假設每個準據的標準都是 90%。若此三個準據都屬常態分配另彼此之間獨立互不關

✤ 表 8.6　SCOR D1 程序績效準據

程序分類：庫存產品的交運		程序編號：D1
程序分類定義： 庫存產品的交運，為根據聚集的顧客訂單或組織需求庫存的補充訂貨，其意圖在為避免顧客轉移訂單，在接到顧客訂單後，即將庫存產品運交顧客。對可構型化 (Configurable) 的產品或事前定義好服務流程的服務業而言，因須參考顧客的特定訂單需求而不適用此程序。		
向度	**績效屬性**	**績效準據**
顧客服務	供應鏈可靠性	訂單履行率
	供應鏈反應性	訂單履行循環時間 交運循環時間 目前的訂單循環時間
	供應鏈機敏性	上行交運彈性 上行交運適應性 下行交運適應性 額外交運量 目前交運量
內部專注	供應鏈成本	訂單管理成本 訂單管理人力成本 訂單管理自動化成本 訂單管理廠房、裝備與財產成本 訂單管理法規與經常性成本 訂單履行成本 訂單管理稅務、海關……等成本 訂單履行人力成本 訂單履行自動化成本 訂單履行廠房、裝備與財產成本 訂單履行稅務、海關……等成本 運輸成本
	供應鏈資產管理	現金到循環時間 供應鏈固定資產報酬率 營運資金報酬率 庫存供應天數──在製品 庫存供應天數──成品

聯，則此例的完美訂單指數為 $0.9 \times 0.9 \times 0.9 = 0.73$。換句話說，傳統所謂的九成服務水準，若以多重準據完美指數的角度來看，實際上只有 73%！

雖然完美指數多重衡量準據的概念，更能貼近顧客的實際體驗，但很明顯的，若組織選擇的準據數量越多，服務水準標準就越往下降；換個角度說，若組織想提升服務水準，則必須要在所有選擇準據面向都要提升，其困難度當然要比只有一個指標準據來得高！

8.6 缺貨的預期成本

組織保持庫存的目的，當然是在避免**缺貨** (Stockout) 造成的問題。若能找到一個方便計算缺貨成本的方法，則缺貨機率的資訊 (可從倉儲管理系統得知) 可用來預判預期缺貨成本，也可藉比較預期缺貨成本與其相對的改善服務的收益來比較不同服務水準的得失。

本節開始討論缺貨或庫存水準對運籌服務水準的影響，但重點放在成品的缺貨上，而非原料或零組件的缺貨。當然，零附件、組件及產品成品的庫存水準對運籌而言都重要，零附件與組件的缺貨會造成生產作業的停頓，而成品的缺貨則會導致失去銷售機會而失去收入與利潤。

成品的缺貨，指當顧客有需求時，成品的數量卻不足以因應顧客所需數量之謂。當賣方庫存不足、無法滿足顧客的訂單需求時，可能會發生下列四種情境：

1. 顧客會等待庫存補足。
2. 因缺貨而使顧客必須重新下單 (再訂購)。
3. 顧客取消部分或全部訂單而使賣方失去銷售機會。
4. 顧客不滿意而轉向其他賣方採購而使賣方失去此顧客。

上述四種情境對顧客需求的滿足與成本衝擊的程度從最輕到最重。情境 1 中顧客等待對賣方幾乎不產生任何成本，這僅適用於成品的替代性很低 (無競爭性替代產品)；情境 2 中顧客須再訂購，不但增加顧客的時間與作業成本外，也會增加賣方的作業變動成本；情境 3 中失去此次銷售機會，使賣方降低或失去此次銷售的收入與利潤；情境 4 中失去顧客則因顧客不滿意而轉向其他賣方採購，這會失去這名顧客的未來收入與獲利機會。

8.6.1 再訂購

如前已提及，**再訂購** (Back Orders) 是當賣方只有買方訂單所需數量的部分庫存，為保障目前庫存無法滿足那一部分需求，通常需要買方對未滿足數量再下另一次訂單，以確定當賣方庫存補足時能優先滿足該顧客先前訂單未能滿足的數量。舉例來說，若買方向賣方訂購 100 個產品，但賣方當時的庫存只有 60 個（或許知道庫存補充時間），若顧客願意等候，則賣方會請買方對第一筆訂單未滿足的 40 個產品另下一筆再訂購訂單（第一筆訂單則減為 60 個），當後續庫存到貨並有足夠 40 個數量時，則優先交運給該名顧客。

以上所述再訂購範例，是假設買方不會轉移採購對象或該產品為獨家供應，買方沒有選擇，只能等待。但若該項產品在市場上有其他供應商或替代性產品，另若買方經歷多次再訂購的不愉快經驗，在市場有替代性產品時，通常會使顧客轉移採購對象。

總括來說，再訂購對買方除了等候時間成本外，幾乎不會產生任何成本。但對賣方而言，則會產生再訂購訂單處理的變動成本。再以前述範例為例，顧客的再訂購訂單，對賣方而言，是另一筆須處理的訂單。若能一次滿足顧客的訂單，則撿貨人員只要執行一次撿貨，一次交運即可。但在再訂購而言，為滿足顧客最初 100 個產品的訂單，撿貨人員與運輸都要執行兩次。除此之外，若再訂購仍須滿足顧客的交運期限，則再訂購訂單的交運期可能較為急迫，可能需要較為昂貴的輸運模式（如空運）。對每一筆再訂購訂單所增加的變動成本，都可計算出該訂單相對應的獲利損失。因此，賣方可以此作為避免再訂購（亦即增加庫存量）的比較基準。

8.6.2 滯銷

當市場上有其他賣方或替代產品可供選擇時，若賣方因缺貨無法滿足買方的需求，則買方很有可能轉移訂單到其他供應商或替代性產品。此時，對賣方而言，就是失去一次銷售機會 [或即稱**滯銷** (Lost Sales)]。

滯銷對賣方所造成的直接損失是收入或獲利，要看買方的會計政策而定。舉例來說，若賣方認為失去銷售是獲利的損失，當買方訂購 100 個產品，但組織庫存只能提供 60 個（缺貨）時，每個產品的營運獲利（稅前）若是 10 美元，再若買方接受 60 個，並取消另外 40 個訂購量時，此時滯銷的獲利損失是 $40 \times \$10 = \$400$，但若買方取消整個訂單，則獲利損失變成 $100 \times \$10 = \$1,000$。

從上例說明中，我們可知缺貨通常會讓組織蒙受損失，因此賣方可以分析不同庫存水準的缺貨次數及其預期的獲利（或收入）損失，並與不同庫存水準的庫存持有成本比較，以決定組織所需的運籌服務水準。

8.6.3 顧客流失

缺貨所造成的最差狀況，就是顧客永遠轉向其他的供應者，除了使組織失去該次銷售機會外，更有可能流失該名顧客。流失顧客當然也意味著流失未來與該名顧客交易、獲取收入或利潤的機會。但因顧客於「未來」的採購量無人能知，因此顧客流失所造成的收入或獲利損失最難估計。

8.6.4 缺貨預期成本

在決定要持有多少庫存時，缺貨所造成的損失(成本)必須納入考量。在判斷因缺貨所造成的預期成本時，首先是判斷因缺貨可能導致的情境(再訂購、損失銷售或流失顧客等)，再估計各種情境所衍生的損失或成本，並據以估計該次缺貨所產生的預期成本。

為解說方便，現假設下列情境如因缺貨而使顧客再訂購的機率有七成，而買方處理再訂購所增加的成本是每次 75 美元；另有兩成的機會會失去該次訂單的銷售機會，導致獲利損失 400 美元；最後，有一成機率會使顧客不滿意而失去該名顧客，預估損失為 20,000 美元。

則因缺貨對組織所造成預期的整體損失計算如下：

$$
\begin{aligned}
70\% \times \$75 &= \$52.50 \\
20\% \times \$400 &= \$80.00 \\
10\% \times \$20{,}000 &= \$2{,}000.00 \\
\hline
\Rightarrow \quad \text{每次缺貨的預期成本} &= \$2{,}132.50
\end{aligned}
$$

上例 2,132.50 美元的數字是組織若能避免缺貨可省下(或避免損失)的平均金額。組織應增加一些庫存以避免因缺貨導致的成本或損失，只要持有成本不超過 2,132.50 美元的庫存量皆合宜。

上述方法在比較兩種不同運籌系統或方案時也相當簡便、有效，將在下一節中詳加說明。

8.7 訂單管理對顧客服務的影響

有關訂單管理與顧客服務的討論至此，似乎兩者間並無關聯，也好像可能互斥！但本章一開始即已提及，此兩者之間是相互關聯的。本節開始介紹會影響顧客服務的五種訂單管理主要輸出如下：

1. 產品可得性。
2. 訂單循環時間。
3. 運籌作業反應性。
4. 運籌系統資訊。
5. 售後運籌支援。

上述五種訂單管理的主要輸出，都會衝擊到顧客服務 (水準) 與顧客滿意度，也通常由賣方訂單管理與運籌系統來決定各自的績效。當檢視這五種訂單管理的主要輸出時，一般會自然而然的質疑哪一項最重要？這問題的答案很簡單，因這五種訂單管理的主要輸出都彼此相關，因此五個輸出都具備同等重要性。舉例來說，產品可得性會影響訂單循環時間、訂單循環時間則會影響售後的運籌支援，而運籌系統資訊 (的方便性) 則會影響運籌活動的反應性……等。

圖 8.12 顯示這五種訂單管理主要輸出之間的彼此關聯性，它們無法以單一的輸出來管理，只有同步化訂單管理與運籌系統的活動，才能使賣方在這五項訂單管理的輸出獲得可接受的績效水準。但如同前述，此五項輸出都涉及成本的投入。因此，在決定這五項輸出的績效水準時，必須先做成本效益的權衡考量。

8.7.1 產品可得性

如圖 8.12 所示，**產品可得性** (Product Availability) 雖擺在頂端的位置，但不意味著它最重要，而可將其視為組織訂單管理與運籌系統的最基本產出。這在顧客決定下訂前的發問，如「我是否能在想要的時候，得到想要品質與數量的產品」的問題上，印證產品可得性的基礎地位。同樣的，產品可得性也是運籌與供應鏈績效的終極衡量。產品可得性也會同時影響買賣雙方的庫存。賣方通常以更多庫存增加其

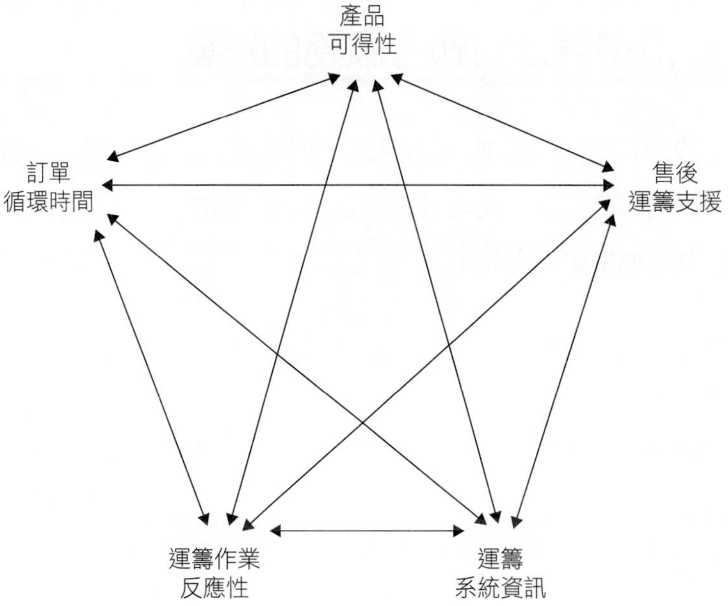

✧ 圖 8.12 訂單管理輸出之連接

資料來源：Robert A. Novack, Ph.D. Used with permission.

產品可得性，而買方則通常以較多的庫存來降低缺貨的風險。買賣雙方若不能維持其產品可得性，買方可能取消訂單而影響賣方的銷售輸入；如零售商買方若不能維持貨架上的產品可得性，消費者未能採購該項產品，而使零售商蒙受銷售損失等。

在衡量產品可得性時，有一面向必須決定，亦即在供應鏈的何處來衡量產品可得性！為解釋此面向，此處以市售加工花生產品(如花生醬、花生類零食……等)為例來說明。一般顧客購買加工花生產品通常都是臨時的衝動，亦即顧客通常不會專門為了加工花生產品而到賣場採購，而是在採購其他主要產品如蛋、奶、肉品時，經過零食貨架，看到加工花生產品而順便採購一些。若零食貨架上沒有加工花生產品，顧客不會在意，而加工花生產品也失去銷售機會。因此，對加工花生產品而言，其零售貨架上的產品可得性，對所有加工花生產品的供應鏈成員都很重要。

假設花生農對加工廠有 90% 的供貨率(產品可得性)，加工廠對批發物流中心、批發物流中心對零售商物流中心、零售商物流中心對零售點等也都是 90% 的供貨率，90% 供貨率在供應鏈各階段是一個可接受的水準，但在零售商對顧客時，花生加工產品的累積貨架產品可得性只有 66% $(0.9 \times 0.9 \times 0.9 \times 0.9 = 0.66)$，有

34% 的機率為銷售損失，顯然不是個可接受的服務水準！因此，在決定產品可得性績效水準時，必須先辨識此準據須於何處衡量。

另一個產品可得性的重要考慮面向，則是組織是否應將其所有產品可得性都提升到 100%？雖然許多組織致力於此項努力，但維持此終極產品可得性水準會導致成本的增加也沒有必要！產品可得性水準的決定，應根據產品的被替代性、缺貨相關成本及產品的需求狀況等來決定。如產品的可替代性高，則缺貨成本高（顧客轉向採購其他替代性產品），組織則應以適當的庫存提高產品可得性水準，反之亦然。若市場對產品的需求量低，則可降低庫存、維持最低的可接受產品可得性水準即可。此處要說明的要點是，並非所有產品都須維持對顧客的產品可得性水準。賣方應對其所有產品（單項或系列）根據市場需求制定其產品可得性水準，若對市場需求量不大的產品維持較高的產品可得性水準，會對賣方造成過多的成本，對買方也未能提供多少利益。

產品可得性的衡量準據

雖然目前已有許多衡量產品可得性效率與效能的方法被發展出來，業界一般採用的準據計有下列四種：

1. **單項填充率**（Item Fill Rate）。
2. **條目填充率**（Line Fill Rate）。
3. **訂單填充率**（Order Fill Rate）。
4. **完美訂單率**（Perfect Order Rate）。

單項及條目填充率為賣方如何管理其庫存以填充訂單的效率衡量，故被視為**內部準據**（Internal Metric）；訂單填充率及完美訂單率則以產品可得性來攫取買方的採購經驗（滿意與否），故被視為**外部準據**（External Metrics）。

「單項」（Item）可能指一箱、箱內分裝或即每個同樣的產品。「條目」（Line）指在一份多項產品訂單中的一個條目，條目填充率則指在一份多條目產品訂單內被滿足條目占所有條目的百分比。訂單填充率則指一份訂單內被滿足產品項目數量的百分比。最後，完美訂單率則指一份訂單被完全填充、準時接收、結帳精確⋯⋯

等。一般而言，單項填充率會高於條目填充率，條目填充率會高於訂單填充率，而完美訂單率則最低，但實際情形還要看採購情境而定。

表 8.7 表示以假設的多條目訂單，每一條目都是買方向賣方訂購的不同項目產品，如條目 A 為洗衣精、條目 B 為洗髮精……等。買方訂購 10 個條目（A 至 J 共 10 種不同產品），總訂購項數為 200（可能為箱、瓶或個別產品單位）。

表 8.7 中賣方對買方訂單的填充情境計有兩種：情境 1 賣方可滿足九個訂購條目（A 至 I），但對採購條目 J，則因產品缺貨而無法滿足，則情境 1 的條目填充率為 90%（10 條目中滿足填充 9 條目）；單項填充率為 45%（200 項中滿足填充 90 項）；另外，訂單填充率及完美訂單率都為 0（因訂單未被完全滿足）！在此填充情境 1 中，條目填充率 > 單項填充率 > 訂單填充率 = 完美訂單率 = 0。

在填充情境 2，僅 A, D, J 三個條目被完全填充滿足，其他條目項目都因缺貨而未能填充滿足。則情境 2 的條目填充率為 30%（3 / 10）；單項填充率為 65%（130 / 200），另訂單填充率及完美訂單率也都為 0。在此填充情境 2 中，單項填充率 > 條目填充率 > 訂單填充率 = 完美訂單率 = 0。

由表 8.7 所示範例中，我們可知只要單項或條目填充率未達 100%，則訂單滿足率與完美訂單率都會是 0 ！賣方組織須對單項填充率與條目填充率進行紀錄與追蹤，以制定或修訂其庫存政策。若單項填充率及條目填充率都可能有將近 100% 的

✤表 8.7 多條目訂單

	條目	訂購項數	填充情境 1	填充情境 2
	A	10	10	10
	B	10	10	0
	C	10	10	0
	D	10	10	10
	E	10	10	0
	F	10	10	0
	G	10	10	0
	H	10	10	0
	I	10	10	0
	J	110	0	110
合計	10	200	90	130

資料來源：Robert A. Novack, Ph.D. Used with permission.

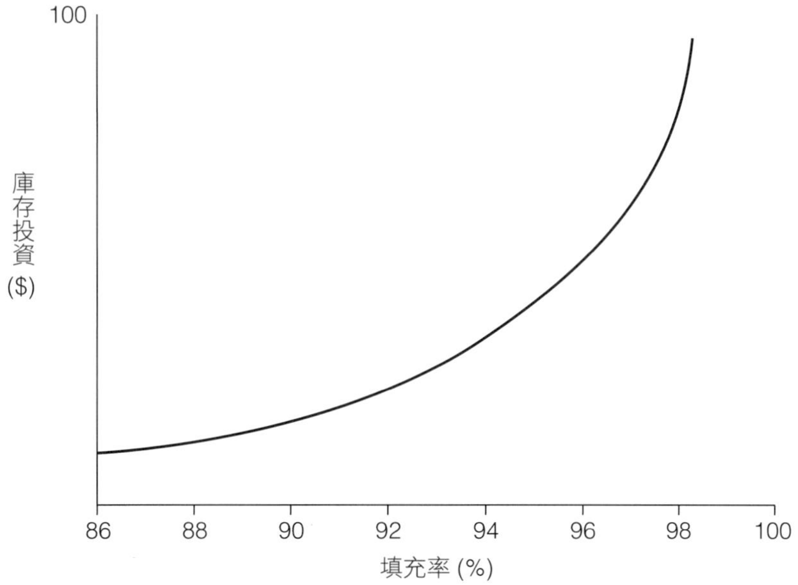

圖 8.13 填充率與庫存投資關係示意圖

資料來源：Robert A. Novack, Ph.D. Used with permission.

達成率，組織則應進一步的追求訂單填充率與完美訂單率，因這兩個外部衡量指標會直接衝擊影響買方(顧客)的滿意與否其其作業順利性。但再一次的，追求 100% 的產品可得性或訂單填充率，會增加庫存成本。上述訂單填充率與庫存投資的關係，如圖 8.13 所示。當填充率增加時，庫存投資率也會快速的增加！因此，在決定訂單填充率目標時，要權衡庫存投資成本與收益之間的關係。

產品可得性的財務分析

訂單填充率對組織所形成的財務衝擊，將在本書第 13 章中專章介紹。但此處可先提供一範例，解說訂單填充率(亦即產品可得性)對賣方組織所造成的財務衝擊與影響。

假設賣方有下列訂單處理狀況：

- 每筆訂單(平均)有 100 個單位。
- 每年有 25,000 筆訂單。
- 每單位的稅前利潤為 100 美元。
- 每筆訂單的稅前利潤為 10,000 美元。
- 每筆訂單的發票扣除額為 250 美元。

- 未完成訂單的再訂購率為 70%。
- 每筆再訂購訂單成本：管理費用 25 美元，訂單再處理 50 美元，再交運 100 美元。
- 未完成訂單的訂單取消率為 30%。

再假設賣方目前的訂單滿足率為 80%，則現金流的損失計算如下：

現金流損失 =（再訂購訂單數 × 每筆再訂購訂單處理成本）
+（取消訂單率 × 每筆訂單稅前利潤損失）
+（再訂購訂單數 × 每筆再訂購訂單扣除額）
= [(20% × 25,000 × 70%) × \$175]
+ [(20% × 25,000 × 30%) × \$10,000]
+ [(20% × 25,000 × 70%) × \$250]
= \$16,487,500

若賣方可將訂單填充率提升到 85%，則新的現金流的損失計算如下：

現金流損失 = [(15% × 25,000 × 70%) × \$175]
+ [(15% × 25,000 × 30%) × \$10,000]
+ [(15% × 25,000 × 70%) × \$250]
= \$12,365,625

上述結果顯示，改善 5% 的訂單填充率，可避免 4,121,875 美元的現金流損失。換句話說，訂單填充率提升 5%，可有改善 25% 現金流的效果。但此時仍要注意的是，提升訂單填充率可能需要某種形式的庫存或技術投資。因此，組織需要有一套策略性利潤計算模式，以判定提升填充率時對 ROI/ROA 等報酬率的影響變化。

在瞭解訂單填充率（亦即可視為產品可得性或服務水準等）與投資成本（庫存成本與報酬率等）之關係後，下一步自然是希望能找出損益平衡點（Break-Even Point, BEP）。假設仍續用前述案例，假設賣方辨識出所有缺貨成本（每筆訂單再訂購成本 175 美元、取消訂單成本 10,000 美元及每筆訂單的發票扣除額 250 美元等）。另再假設賣方已計算出從 50% 至 99% 各服務水準下的現金流損失及庫存投資，如表 8.8 所示。

表 8.8 現金流損失與庫存投資

服務水準 (%)	現金流損失 ($)	庫存投資 ($)
50	41,218,750	5,000,000
60	32,975,000	6,250,000
70	24,731,250	8,750,000
80	16,487,500	12,500,000
90	8,243,750	17,500,000
95	4,121,875	23,750,000
99	824,375	31,250,000

資料來源：Robert A. Novack, Ph.D. Used with permission.

表 8.8 顯示當服務水準提高的同時，現金流損失則呈現下降趨勢，而庫存投資則呈現上升的趨勢。若將表 8.8 的數據繪製成折線圖，則如圖 8.14 所示。

從圖 8.14 的折線圖中，我們可得出成本效益的損益平衡點約發生在服務水準為 83% 處，此時所需的庫存投資則約在 1,400 萬美元處。其意義是指賣方在提升其客服水準至 83%，而庫存投資在 1,400 萬美元時，即達損益平衡狀態。若想再提升客服水準，則庫存投資的成本將超過以現金流損失表示的報酬率。當然，在制定服

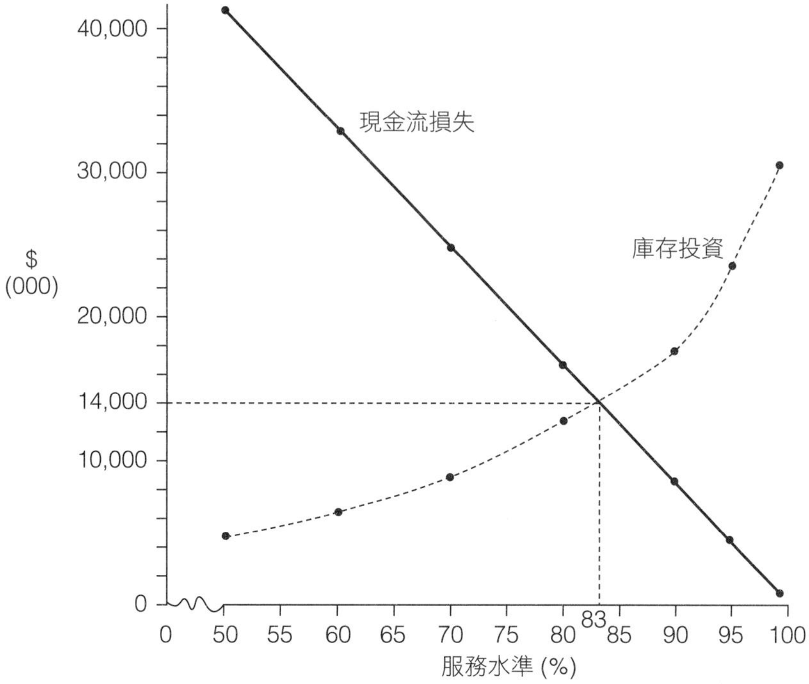

圖 8.14 現金流損失與庫存投資的權衡

資料來源：Robert A. Novack, Ph.D. Used with permission.

務水準時，還必須考量許多其他影響因素。此處僅在顯示瞭解及權衡服務水準及其相關成本效益的重要性。

8.7.2 訂單循環時間

如前已提及，**訂單循環時間** (Order Cycle Time, OCT) 是指從買方向賣方下單開始，計算到買方接收到訂貨所延續的時間。訂單循環的絕對時間長度及可靠性等，都會影響買賣雙方的庫存，並對買放雙方的收益都造成衝擊。

一般說來，訂單循環時間越短，則賣方所需的庫存就越多，而買方的庫存則可縮減，反之亦然。舉例來說，假設一家電零售商對各型洗衣機僅維持層面的展示庫存，而沒有可供顧客挑選或交運的其他額外庫存。在一般狀況下，顧客選定某型洗衣機後，零售店商即會對顧客提出一預期交運的時程。此時程即為零售商向製造商或批發物流中心訂貨至交運的時程 (通常為一週或更長)；但若顧客要求快速的交貨 (如一至兩天)，則零售店面必須在其供貨網路上維持一定數量的備貨庫存，以因應急需產品的顧客需求。若顧客對交貨期程不那麼要求，則零售商可將備貨庫存的壓力，由供貨上游的物流中心或製造商來吸收。

事實上，若有足夠的交貨時間或顧客對無所謂交貨時程的拉長，則製造商可能也無須維持任何庫存，只要能在約定的交運時程內生產出產品並交運至顧客即可。在此範例中，顧客要求的快速交貨，亦即訂單循環時間短會使賣方 (零售商) 須維持多餘的庫存。在供應鏈學理假設上，訂單循環時間並未消滅供應鏈上的庫存，只是在供應鏈成員間轉移而已。

訂單循環時間衡量準據

訂單循環時間或即交貨時間，包括買方下單到買方揪收到訂貨的所有活動時間，這是從買方的角度來看。若從賣方的角度來看，則此交貨時間則可能變成訂單至現金 (Order-to-Cash, OTC) 循環時間，此觀點對賣方有重要意涵，因為在收到貨款後，才算賣方完成此訂單程序。

再者，在定義訂單循環時間時常被忽略的，是所謂的**顧客等待時間** (Customer Wait Time, CWT)。顧客等待時間不但包括訂單循環時間，還包括維修時間，這種定義同樣適合公、私部門。舉例來說，當我們要維修或保養車輛時，顧客等待時間

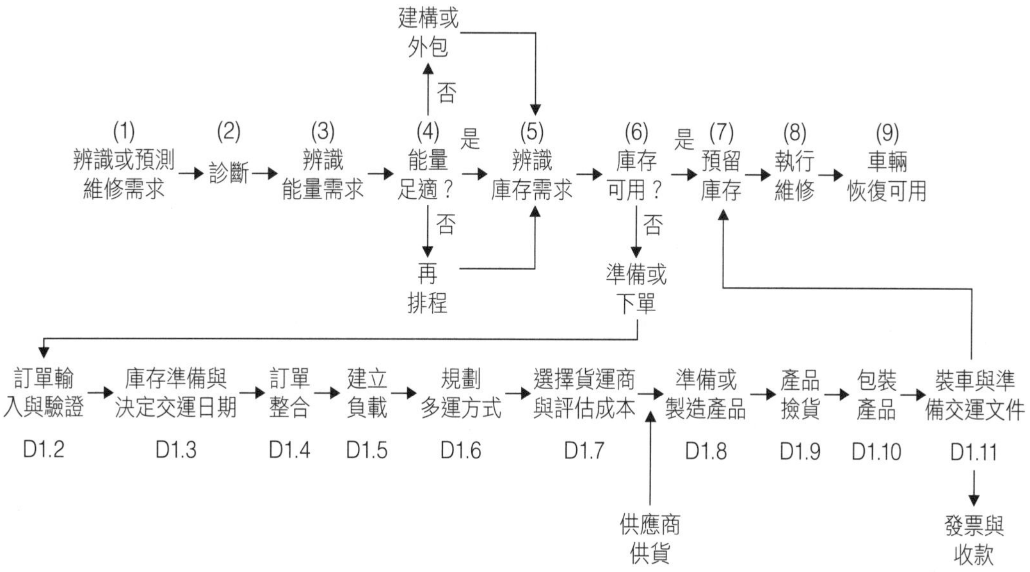

✧ **圖 8.15** 顧客等待時間流程示意圖

資料來源：Robert A. Novack, Ph.D. Used with permission.

從車輛送修開始，到車輛交回給顧客而可再使用為止。圖 8.15 即顯示顧客等待時間的流程。

圖 8.15 上端為車輛的維修流程，而下端則為執行車輛維修所需零組件的訂單循環時間（SCOR 模型的 D1 程序）。由此，可看出訂單循環時間可從不同角度——誰有此需求——來衡量。

訂單循環時間財務分析

訂單循環時間對買賣雙方的財務都會有影響，影響程度則要看供應鏈中的庫存由誰擁有而決定。而庫存成本則對損益表及資產負債表也都有影響，損益表中將庫存持有成本視為費用，因此將從現金流中扣除；但資產負債表中，則將庫存擁有成本視為資產與責任。此處財務衝擊討論的重點擺在損益表。

訂單循環時間會影響兩種形式的庫存：一為需求或循環庫存；另一則為安全庫存。表 8.9 顯示一案例，賣方對買方提出一更短、更可靠訂單循環時間的方案。

為便於計算討論，假設下列狀況：

1. 每單位成本為 499 美元。

2. 每單位庫存持有成本為 28%。

✤ 表 8.9　訂單循環時間財務影響分析表

	目前	提議方案
平均訂單循環時間(OCT)	10 天	5 天
OCT 標準差	3 天	1 天
每日需求量(單位)	1,377	1,377
服務水準	97.7%	97.7%

因賣方的提議方案不但縮減了絕對訂單循環時間(由 10 天縮減為 5 天)，也提升可靠度(從 3 天縮減到 1 天)，故兩種庫存成本的縮減都須計算。首先，我們探討降低訂單循環時間標準差(提升可靠度)對安全庫存的影響，計算公式如下：

$$\text{安全庫存量} = \{\text{每日需求量} \times [\text{OCT} + (z \times \text{OCT 標準差})]\} - (\text{每日需求量} \times \text{OCT})$$

上式中的 z 為所需服務水準的標準常態 z 轉換，此例在 97.9% 服務水準的情況下，$z = 2$。因此，在目前訂單循環時間狀況下，買賣雙方之間的安全庫存量計算為：

$$\text{安全庫存量(現行方案)} = \{1.377 \times [10 + (2 \times 3)]\} - (1,377 \times 10) = 8,262\text{(單位)}$$

這意味著通常是買方須維持著 8,262 單位的安全庫存量，以避免 97.9% 時間機率之外的缺貨風險。

接著，我們再計算買方提議方案下的安全庫存量為：

$$\text{安全庫存量(提議方案)} = \{1.377 \times [5 + (2 \times 1)]\} - (1,377 \times 5) = 2,754\text{(單位)}$$

提議方案縮減的安全庫存量達到 5,508 (單位)(8,262 – 2,754)。若納入每單位成本 499 美元及每單位庫存持有成本 28% 的考量，則安全庫存成本的縮減計算為：

$$\begin{aligned}\text{安全庫存量成本縮減} &= \text{安全庫存縮減量} \times \text{每單位交運成本} \times \text{庫存持有成本縮減率} \\ &= 5,508 \times \$449 \times 28\% \\ &= \$692,465.76\end{aligned}$$

這顯示降低安全庫存量可降低的庫存變動費用，因而可增加庫存持有者（此例為買方）可運用的現金流量將近 700,000 美元。

第二部分的計算則在決定降低平均（絕對）訂單循環時間對需求庫存的影響，計算公式也相當簡單如下：

$$\begin{aligned}\text{需求庫存成本縮減} &= \text{平均 OCT 差} \times \text{每日需求量} \times \text{每單位成本} \\ &\quad \times \text{庫存持有成本縮減率} \\ &= (10 - 5) \times 1{,}377 \times 499 \times 28\% \\ &= \$865{,}582.20\end{aligned}$$

將安全庫存量成本縮減及需求庫存成本縮減相加，即可得出提議方案對現金流量的改善總值為 1,558,047.96 美元，此例顯示改善訂單循環時間（平均絕對時間與標準差顯示的可靠度），對庫存持有方將有很大的財務效益提升。

8.7.3 運籌運作反應性

運籌作業反應性（Logistics Operations Responsiveness, LOR）檢視賣方對買方需求的反應能力。此反應能力有兩種表現形式如下：

1. 賣方對買方特定需求提供客製化服務的能力。
2. 當買方需求發生突然變化時，賣方的快速反應能力。

上述兩種狀況，實際上都已超出基本運籌服務的範疇。因此，對買賣雙方而言，運籌作業反應性並無明確的定義。實際運用時，要看衡量什麼及其要求的績效水準而定。

運籌作業反應性衡量準據

一般在實務上，通常以準時交運率或訂單履行率為基礎，作為運籌作業反應性績效衡量準據發展的參考。

另外，在所謂機敏性（Agility）的考量下，運籌作業反應性也可有績效衡量準據的三種形式如下：

1. 上行交運調適性（Upside Deliver Adaptability）。

2. 下行交運調適性（Downside Deliver Adaptability）。

3. 上行交運彈性（Upside Deliver Flexibility）。

上述三個準據，衡量當買方需求向上或向下震盪時，滿方交運的調適能力與彈性。若對製造商而言，上述三個準據可變形為：

1. 上行製造調適性（Upside Make Adaptability）。

2. 下行製造調適性（Downside Make Adaptability）。

3. 上行製造彈性（Upside Make Flexibility）。

至於運籌作業反應性另外一個向度：客製化，則反映賣方如何因應買方對產品或包裝……等之特定需求。在消費者包裝產品（CPG）產業，製造商會例行的為買方購買的產品提供特別的包裝。因此，此客製化準據可以賣方提供新包裝（或產品）所需的時間來衡量。

運籌作業反應性財務分析

在衡量運籌作業反應性對財務的衝擊影響時，業界有一相當好的範例，是寶鹼在對雜貨店產業推動的**效能式消費者反應**（Efficient Consumer Response, ECR）計畫。在此計畫中，寶鹼對其企業客戶提出許多產品與服務客製化增值的活動建議，其中一項為所謂店內棧板（Store-Built Pallets）計畫，寶鹼願意為雜貨店客戶的特定訂單訂製彩虹棧板（Rainbow Pallets），使該客戶所訂購的寶鹼產品，以彩虹棧板的形式，從寶鹼的物流中心越庫一直到客戶的店面，讓客戶可在不經手的狀況下，直接在店內展示寶鹼的商品。

客製化店內棧板，是需要投資的。以表 8.10 所示寶鹼的財務分析表，客戶可從寶鹼的店內棧板計畫，獲得 21,747.50 美元的成本節約，但寶鹼又獲得什麼呢？

寶鹼在提出其效能式消費者反應計畫時，即於計畫中言明與合作夥伴共同決定所謂的再投資率（Reinvestment Ratio），亦即從客戶由計畫所得之成本節約內，再投資寶鹼產品的比例，而此再投資率又可區分為兩種形式的表現如下：

1. 購買更多的寶鹼產品。

2. 降低寶鹼產品的採購價格。

表 8.10 運籌作業反應性財務分析

寶鹼對樣本客戶提供越庫服務方案財務分析

基礎：一般庫房交運
方案：越庫交運

計算用變數	基礎	方案	變化
A. 事件箱數	50,000	50,000	0
B. 每日銷量 A / 7	$7,142.90	$7,142.90	0
C. 主庫房天數	20	11	9
D. 外部庫房天數	0	0	0
E. 事件 WHSE 庫存箱數	50,000	50,000	0
F. 每單位負荷箱數	100	100	0
G. 負荷單位庫存 E / F	500	500	0
H. 付款天數	10	10	0
I. 移轉天數	2	2	0
J. 庫存付費天數 C + D + I + H	12	3	9
採購成本			
每箱淨採購成本	$50.00	$50.00	0
× 事件量	50,000	50,000	0
= 事件淨採購成本	$2,500,000	$2,500,000	0
主庫房成本			
每箱處理成本	$0.27	$0.12	$0.15
+ 每箱占用成本	$0.30	$0.20	$0.10
= 每箱總成本	$0.57	$0.32	$0.25
× 事件量	50,000	50,000	0
= 主庫房事件成本	$28,500	$16,000	$12,500
外部庫房成本	$0	$0	$0
庫存利息			
事件 WHSE 庫存箱數	50,000	50,000	0
× 每箱採購成本	$50.00	$50.00	0
× 日息率	.0411%	.0411%	0.411%
× 庫存付費天數 (J)	12	3	9
= 事件庫存利息	$12,330	$3,082.50	$9,247.50
總成本			
淨採購成本	$2,500,000	$2,500,000	$0
+ 主庫房成本	$28,500	$16,000	$12,500
+ 外部庫房成本	$0	$0	$0
+ 庫存利息	$12,330	$3,082.50	$9,247.50
= 事件總節約成本	$2,540,830	$2,519,082.50	$21,747.50

註：本表數據均為虛擬。

資料來源：*Creating Logistics Value: Themes for the Future* (Oak Brook, IL: Council of Logistics Management, 1995): 153. Reproduced with permission of Council of Supply Chain Management Professionals.

舉例來說，若表 8.10 越庫交運計畫的再投資率為 40%，而寶鹼建置店內彩虹棧板的投資為 15,000 美元。則客戶從施行內彩虹棧板所得成本節約 ($21,747.50) 的再投資額度為 8,699 美元 ($21,747.50 × 0.4)，且這再投資額均將用於採購更多的寶鹼產品。則簡單的投資報酬率計算寶鹼建置店內彩虹棧板的投資 15,000 美元報酬率約為 58% ($8,699 / $15,000)。

在此案例中，運籌作業反應性需要賣方投資於能讓買方節約成本的方案，但買賣雙方都可從運籌作業反應性方案中獲得財務利益。

8.7.4 運籌系統資訊

運籌系統資訊 (Logistics System Information, LSI) 對運籌與訂單管理程序相當重要，強調組織在下列領域的能力：

- 高品質產品可得性。
- 訂單循環時間。
- 運籌作業反應性。
- 售後運籌支援。

及時、精確的資訊，能降低供應鏈中的庫存，進而改善所有供應鏈合作夥伴之間的現金流通。舉例來說，運用銷售點資料所提升的預測精確度，能降低安全庫存、改善產品可得性及提升製造效率等。今日的技術發展，允許交易夥伴間精確的擷取 (條碼、無線射頻標籤) 及傳輸 (無線、電子資料交換及網際網路等) 資料。

本章一開始，就介紹三種類型的資訊，必須在相關運籌管理程序中擷取與分享交易前、交易中及交易後的資訊，如表 8.11 所示運籌合作夥伴對運輸程序管理所需資訊。

表 8.11 所示三個單位 (發貨者、貨運商及接收者) 在交易前、中、後，都有不同資訊需求的溝通與流轉。重要的是，這些流通的資訊必須及時且精確，才能確保運籌活動的正確執行。

另一種對三種資訊類型的觀點，是交易前資訊用於規劃，交易中資訊用於執行，而交易後資訊則用於評估。因此，運籌系統資訊對訂單管理及顧客服務的成功運作，都有關鍵性的影響。

表 8.11 運輸程序管理所需資訊

	資訊使用者		
運輸活動	**發貨者**	**貨運商**	**接收者**
交易前	目的地地址 裝備可用性	提單資訊預測 (BOL) 揀貨與交運時間	發貨通知 (ASN)
交易中	運輸狀態	運輸狀態	運輸狀態
交易後	運輸商績效 交運證明 (POD) 付款資訊	申請付款資訊	運輸商績效 交運證明 付款資訊

資料來源：Robert A. Novack, Ph.D. Used with permission.

運籌系統資訊衡量準據

大多數運籌系統資訊的衡量準據，都與精確性和及時性有關。舉例來說，預測的精確性，是由過去資料精確性所決定。資料完整性 (Data Integrity) 則被用來衡量運籌系統資訊輸入與產出資料的品質。最後，電子資料交換格式符合性 (EDI Compliance) 則被用來衡量貿易夥伴之間分享資料的能力與品質等。

運籌系統資訊財務分析

如前所述，運籌系統資訊通常不是一種直接衡量方式，而是組織運用運籌系統資訊後產出結果的衡量。現以一電腦製造商為例，說明如何衡量其運籌系統資訊的財務衝擊與影響。

大型電腦製造商通常有全球的供應鏈網路與顧客。絕大多數主件運往工廠，而成品則從物流中心運往顧客端。因其成品屬於高價值產品，顧客通常要求收到**交運證明** (Proof of Delivery, POD) 後，才開始付款程序。

舊時的作法是以人工方式準備並遞送交運證明，這整個程序將使製造商的**訂單到現金循環** (Order-to-Cash Cycle) 時間拖長到 50 天左右。此電腦製造商分析一套資訊系統的投資，能提供全球貨運狀態的電子式追蹤、電子資料交換，並自動產生且傳入**發貨通知** (Advance Shipment Notice, ASN) 與交運證明等。若採購此套資訊系統，須投資 100 萬美元，但可將訂單到現金循環時間縮減 20 天。若你是這家電腦製造商的管理者，會建議採購此套資訊系統嗎？

當然，在考量投資方式時要考慮的因素相當多。假設下列狀況：

- 每一批交運的平均價值是 648,000 美元。
- 製造商的資金成本為 10%。

則縮減訂單到現金循環時間所能提升的現金流動計算如下：

現金流增加 = 交運價值 ×（資金成本 / 365）× 訂單到現金循環時間天數差
= $648, 000 ×（10% / 365）× 20 天
= $3,550.68

若再假設採購此套資訊系統運作三個月，而每月平均交運出 344 筆訂單，則此三個月的期間，會給電腦製造商創造出 1,221,434 美元的現金流量提升。另外，訂單到現金循環時間縮減 20 天，也能讓製造商以 10% 的資金成本增加投資機會 20 天。此採購案所得的投資報酬率是相當顯著的。

8.7.5 售後運籌支援

許多組織多半專注於外向運籌，亦即將產品遞交給顧客的服務。殊不知在遞交產品後的支援服務，才是外向運籌的競爭優勢所在。**售後運籌支援** (Postsale Logistics Support, PLS) 計有兩種形式。首先，是產品從顧客回到供貨商的（回收）管理，這種形式售後運籌支援的重要性，直到 1990 年代末期網路公司 (Dot.com) 的快速興起與殞落方始顯現。1990 年代中快速興起的網路公司，通常只有目前所謂「前台」(Front End) 的優異電腦介面服務，即將網路訂單轉至製造商或配送商直接交運給顧客；但絕大部分的網路公司都沒有實體物流或店面等「後台」(Back End) 設施，若顧客不滿意產品、遞送產品不對或有損傷時，顧客幾乎找不到退、換貨的途徑！亞馬遜是以僅有前台服務的網路公司，但很快的發現產品的回收是一有效的競爭利器。今天的亞馬遜網路公司有實體的配送網路負責產品的交運，也能執行顧客不想要產品的回收管理。

第二種形式的售後運籌支援，是產品零附件的遞交與安裝服務，這在重工裝備與軍事產業來講相當重要。因這些產業的裝備採購價格高昂、使用期限很長。一旦裝備因缺料而停止運作，其代價甚至可能高過採購價格！因此，需要有足夠的零附件補充與維護作業，才能維持裝備的持續運作。這種形式的售後運籌支援的競爭

力，通常也不是品質較好可以比擬的。因此，精確與準時的將零附件運交給交易商或甚至運作地點，使裝備、機具維持正常運作狀態，也是組織經由售後服務支援所能得到競爭優勢之一。

售後運籌支援衡量準據

對售後服務如產品回收的管理時，賣方回收產品的時間不重要，而須從顧客的角度，如是否簡便、容易……等，來設定售後運籌支援的衡量準據。

須謹記的是，一項產品的回收，通常意味著有一不滿意的顧客。因此，回收產品的簡便、容易，是衡量售後服務的重要指標。許多公司也有類似的回收政策，如沃爾瑪能讓顧客將產品攜回店內，由客服人員不問任何問題而直接換貨；工匠工具 (Craftsman Tools) 也允許顧客在任何西爾斯百貨的店面中，提供對不滿意的產品 100% 的退款服務；網路店商如 Easton Sports，也讓顧客先收到換貨產品，在以換貨產品的包裝將不滿意產品快遞回 Easton 指定的設施做回收處理。上述所有公司都有讓顧客容易回送產品的政策，這也是競爭優勢之一。

除產品的回收管理外，對售後運籌支援而言，維修零附件的可用性與交運時間也相當重要，其衡量準據的設定也與產品一樣。

售後運籌支援財務分析

對兩種售後運籌支援形式 (產品回收與零附件運籌) 而言，零附件運籌較容易分析其財務的衝擊與影響。假設現有一重裝備製造商，知道顧客對此重型裝備的再採購週期為五年，亦即顧客使用此重型裝備五年後，通常就會更換新裝備。再假設顧客的更換裝備，是根據裝備的使用品質與 (維修) 零附件可用性而決定。此例的計算變數假設如下：

- 每年銷售 5,000 台機器。
- 每台機器的平均收入為 25,000 美元，稅前利潤則為 5,000 美元。
- 每年每台機器的平均支援性 (零附件與人力) 收入為 2,000 美元，稅前利潤為 800 美元。
- 目前零附件支援率為 70%。

- 若零附件缺貨時，每年每台機器快遞（零附件）的成本為 1,000 美元。
- 當零附件缺貨待料時，80% 的顧客會等待；另 20% 則會轉而採購其他品牌的機器。

當有上述假設數據時，我們可計算零附件運籌的成本如下：

零附件運籌服務成本 = 懲罰性成本 + 喪失採購收入 + 喪失支援性收入

上式中有兩個成本組成為：

1. 懲罰性成本，或即快遞成本。
2. 喪失獲利成本：在 70% 服務水準下，每年將有 1,500 台機器會停工帶料（30% × 5,000 台機器）。對那些會等待的顧客而言，每年每台機器零附件快遞的成本為 1,000 美元（五年）；但對那些 20% 會轉向採購其他品牌機器的顧客而言，製造商會損失這些最初賣出機器的稅前利潤（5,000 美元）及支援性零附件的稅前利潤（800 美元）。

因此，在 70% 的服務水準下，零附件運籌的成本計算如下：

零附件運籌服務成本 =（80% × 1,500 單位 × \$1,000 × 5 年）
+（20% × 1,500 單位 × \$5,000）
+（20% × 1,500 單位 × \$800 × 5 年）
= \$8,700,000

若製造商能將零附件可用性提高到 85% 的服務水準，此時每年將僅有 750 台機器（5,000 × 0.15）會因缺乏零附件而停工帶料，在此 85% 服務水準下，零附件運籌的成本計算如下：

零附件運籌服務成本 =（80% × 750 單位 × \$1,000 × 5 年）
+（20% × 750 單位 × \$5,000）
+（20% × 750 單位 × \$800 × 5 年）
= \$4,350,000

從上述 70% 與 85% 服務水準下，零附件運籌的成本計算結果顯示，15% 零附件可用率的提升，就能增加一倍的現金流量，其財務效益不言而喻！

第一線上　售後服務：被遺忘的供應鏈

在現代由數位技術賦權的顧客，對產品、服務及售後服務都有同樣的高度預期與要求。但許多調查結果卻顯示，絕大多數的組織會讓顧客對售後服務感覺失望與沮喪。

在最近一次埃森哲 (Accenture) 市調公司所做名為全球消費者脈動研究 (The Global Consumer Pulse Research, GCPR) 的調查結果顯示，有高達三分之二的受訪者表示，因為不良的售後服務而轉移採購對象，在這三分之二的受訪者中，超過八成則表示不良服務的主因為公司不能保持其原先的售後服務承諾。

若對全球消費者脈動研究進行深入探討，雖然顧客大多使用組織提供的客服中心，但僅有 50% 滿意其客服中心的服務經驗。換句話說，組織不能提供顧客所需的售後服務！

現代的組織為何這麼難在售後服務讓顧客滿意呢？這問題的答案，有部分是歷史因素，通常被稱為「被遺忘的供應鏈」(The Forgotten Supply Chain)。在絕大多數的組織中，服務通常是人力與資源投入都不足的活動或功能。根本來說，傳統的服務與支援模式，始終過度依賴人力介面——如客服中心或現場技師……等——來回應顧客的售後需求。這種人力介面模式，早已無法匹配並符合數位時代顧客對售後服務的預期和要求。

傳統的服務模型通常也受到組織部門架構運作規則的限制，而沒有一個功能部門能妥善處理顧客的預期、偏好與要求等。部門主義，也限制前、後台運作模式的效能。

以客服中心前台作業為例，許多組織會在顧客離線後就流失顧客！其主因為一般客服中心的績效衡量準據被設定為平均客訴處理時間，而此要求盡快處理客訴事件的準據，根本與顧客所關切的事項無關！

同樣的，在組織服務後台作業設計上，資源規劃 (人力與零附件)、現場執行 (排程、派遣與路徑規劃) 仍幾乎未能充分整合。有許多狀況是，當維修技師到現場後，才發現缺乏適當的工具或零附件、無法修復裝備，或是整個錯失了約定的時機……等。

為了能與數位顧客同步化，組織必須要將其服務作業內建成與數位相關的速度和機敏性。只有這樣才能提供顧客所需的售後服務經驗，在顧客心中留下印記而成為忠實的顧客。

資料來源：摘自 Mark Pearson, *Logistics Management*, March 2015, pp. 20-21. Reprinted with permission of Peerless Media, LLC.

8.8 服務補救

無論組織規劃得如何周詳、服務得如何優異，錯誤仍將發生！即便在現代追求六標準差 (Six Sigma) 的環境中，百分之百完美的績效也不會發生。今日高績效的組織瞭解這點，並開始運用**服務補救** (Service Recovery) 的概念。基本上，服務補救需要組織瞭解到錯誤無法避免，因此須於事前發展出彌補錯誤的因應計畫。

本章大部分專注在如何衡量因服務不良而衍生的成本，如無法完整滿足訂單或延遲訂單的交運……等，可能導致再訂購、喪失銷售機會，甚至失去顧客等，都會降低組織獲利機會與能力。如果服務不良不會產生任何成本，則組織無須關切服務不良的後果；但事實上，絕大多數的組織會因無法符合顧客預期而遭致顯著的財務損失。

服務補救的一個重要面向，是組織要能預期補救的需求。任何組織中，都有某些領域會有較高的失效風險。組織要能辨識出這些具有高失效風險的領域，並在事前發展出更正行動計畫。預期補救需求的最好範例是航空產業。在世界各國，每天都有許多旅客因航班延誤或取消，而受困於機場中。航空公司發展出一些補救作法以彌補抱怨的旅客，這些補救作法包括協助向其他航班或航空公司定位；在有下一班飛機可搭乘前，提供旅客休息的旅館；或甚至提供補償現金……等。做得好的服務補救，能爭取回顧客的忠誠度；反之，若服務補救做得不好，不但會流失顧客，甚至還會導致顧客對公司提出訴訟等。

在本章中，訂單至現金循環的概念藉由供應鏈作業參考模型的 D1 庫存產品交運程序所介紹。供應鏈作業參考模型是讓組織辨識何處可能發生服務失效的良好模型、可以此模型發展處理失效的程序、計算失效所衍生的成本等。

另一個服務補救的重要面向是，組織要能快速反應。顧客等待問題解決的時間越久，其不滿意程度也越大。而快速解決問題，就要事前能預判何處最可能發生失效事件，並在事前發展好應變行動計畫。除此之外，在處理服務失效時，必須與顧客維持良好的溝通，讓顧客知道失效事件將如何與何時會處理好。舉例說明，當賣方的庫存不足以滿足顧客的訂單時，這是業界常發生的狀況。在服務補救模式中，賣方立即通知買方（以電話或電子郵件）庫存不足的現況，並通知顧客其他補足的庫存將於幾天內到貨等。在此例中，賣方當發現庫存不足的失效狀況時，立即知會買方將採取的補救行動，通常能讓顧客雖不滿意，但仍可接受的等待。

最後，服務補救也需有訓練良好且經授權(處理)的第一線員工。現場員工通常是最先發現，或最先面對服務失效的狀況。這些員工必須能瞭解服務失效對公司可能帶來的巨大衝擊與影響，並有適當的工具與技能，在第一時間控制住服務失效狀況的擴散。最好的狀況是經過授權的第一線員工在第一時間就處理好服務失效事件，而無須回報上級處理。沒有哪一件事，會比讓不滿意的顧客還須等待層層回報與處理更糟！當然，某些嚴重的服務失效性需要組織高層的介入，但若能讓第一線客服人員及時處理好失效狀況，則是最佳的服務補救。

總結

- 訂單管理與顧客服務並非彼此獨立，在這兩個概念中，有直接且重要的關聯性。
- 訂單管理有兩個獨特，但彼此關聯的面向：影響顧客的訂貨行為及顧客訂單的處理。
- 顧客關係管理，是能讓組織更瞭解顧客需求，並將對顧客需求的瞭解，整合進組織內部作業程序的管理概念。
- 作業基礎成本法，是能協助組織發展顧客獲利分析模式，並執行顧客區隔策略的有效工具。
- 訂單管理或訂單履行，是買賣雙方於市場中的互動介面，並對顧客服務有直接的衝擊與影響。
- 訂單管理的績效有許多衡量方法。傳統的作法上，買方通常以訂單循環時間及其可靠度衡量賣方訂單管理的有效性，而賣方則通常以訂單至現金循環時間為訂單管理績效衡量準據。
- 顧客服務可視為賣方組織運籌與行銷功能的介面。
- 顧客服務可以三個方式定義：(1) 是一活動；(2) 是一組績效衡量準據；及 (3) 是一種哲學。

- 顧客服務的主要因素包括時間、可靠性、溝通及便利性。
- 缺貨成本可由再訂購成本、損失銷售成本及損失顧客成本等計算而得。
- 會影響顧客服務、顧客滿意度及獲利程度的五項訂單管理產出，即：(1) 產品可得性；(2) 訂單循環時間；(3) 運籌作業反應性；(4) 運籌系統資訊；及 (5) 售後運籌支援。
- 服務補救的概念，能協助組織辨識其訂單管理程序中，可能發生服務失效的領域，並藉此發展出快速應變計畫。

第三篇

本書前兩篇已奠立產品於供應鏈中流動的基礎，並包含供應鏈策略規劃與設計、資源籌措、生產與製造及接收顧客訂單的訂單管理等議題的說明。本篇的重點則放在跨鏈運籌程序的訂單履行，及滿足物料（包含組件與最終產品）需求的適切庫存、物流與運輸管理程序規劃。若能如規劃般的執行，上述運籌程序能在成本最小化的狀況，支援訂單至現金循環的快速達成及顧客滿意程度的最大化等。本篇三章均為大篇幅章次，各章重點則分別簡述如下：

9. **供應鏈中的庫存管理：**有效的庫存管理，是任何組織供應鏈運作的關鍵成功要素。本章即對此重要運籌程序執行全面性的解說。首先，是企業組織為何要持有庫存的理由及其重要性。其次為庫存的類型、成本及與運籌決策的關係解說。接下來，在說明基本的經濟訂購量模型後，介紹目前盛行於業界的及時系統、物料需求規劃、物流需求規劃及供應商管理庫存等庫存管理系統。最後，則說明庫存水準如何受庫存設施點數量的影響。

10. **物流：履行作業管理：**庫存數量與位置，將影響倉儲活動及訂單履行程序。本章重點在探討為滿足顧客需求跨供應鏈物流作業的重要性。本章以物流於供應鏈中的策略性角色開始，探討物流、運輸和庫存之間的權衡分析及其履行策略與方法等。其次，主要的訂單履行程序、其支援性功能及績效評估準據等，將詳加說明。最後，再說明資訊技術於提供精確、及時和有效訂單履行所扮演的角色。本章另以附錄方式，提供物料處理目標、原則及其使用的裝備……等。

11. **運輸：供應鏈的流通管理：**當物流團隊集結顧客訂單後，接下來就要交貨至顧客指定的地點。本章探討連接地理位置相隔供應鏈夥伴的運輸程序，及其對供應鏈所能提供的時間與地點效用。首先，先解說運輸於組織供應鏈所扮演的角色、其策略規劃與整體成本管理……等。

其次，則探討運輸規劃、執行管控等重要活動。最後，則辨識出可用於運輸規劃、執行與管控的可用技術。本章附錄則提供一個運輸費率計算基礎的範例說明。

第 9 章

供應鏈中的庫存管理

閱讀本章後，你應能……

學習目標

» 瞭解庫存對經濟發展的角色與重要性
» 列舉持有庫存的主要理由
» 討論庫存的主要類型、成本及其與庫存決策的關係
» 瞭解庫存管理不同方法之間的根本差異
» 瞭解經濟訂購量於庫存決策的邏輯
» 瞭解特定庫存管理方法，如及時系統、物料需求規劃、分散式需求規劃及供應商管理庫存等
» 解釋庫存項目如何分類
» 瞭解庫存如何因庫存點的變化而改變
» 在幾項特定運用時，如何調整經濟訂購量模型

供應鏈側寫 端對端的庫存管理需求

在作業層級，關鍵的運籌能量如訂單管理、庫存可見度及庫存分配等，在庫存的有效運用上扮演著重要的角色。而這是在簡單**備貨生產** (Make-to-Stock, MTS) 情境，接收顧客訂單後，庫存分配，以承諾的日期完成訂單履行的假設前提下。

即便在戰術層級有審慎的規劃，但庫存仍可能以不正確的時間、地點及數量等，未能達成訂單的完美履行。此時，無論是倉儲位置或轉運狀態對庫存的及時可見度，就能有效處理訂單無法履行的狀況。

舉例來說，知道補充庫存的交運狀態及估計抵達時間，就能讓(店面)加速訂單的履行。相對的，轉運狀態中的庫存，也可在需要時優先支援高優先地點的交運。

在**分散式訂單管理** (Distributed Order Management, DOM) 系統下，訂單可從不同的倉儲位置如不同的物流中心、靠近顧客的供應商或甚至零售店等來滿足顧客的訂單。分散式訂單管理利用擴充至整個供應鏈庫存可見度，能從不同的庫存來源、以不同的管道，最佳化的滿足不同顧客的訂單需求。

分散式訂單管理系統的運作邏輯與規則，是以各庫存位置的產品可得性、訂單旅行成本及各物流設施能量限制等，來執行訂單履行決策。這種經營規則，也能協助管理階層以顧客分群區隔策略來決定庫存位置，而此決策自然能與公司的策略優先度校準。

終究來說，有庫存的及時可見度與擴張到整個供應鏈不同設施履行訂單的能力，可使組織在整個供應鏈網路上降低安全庫存的需求。

資料來源：摘自Jim Morton, Rodrigo Cambiaghi, and Nicole Radcliffe, *Logistics Management*, March 2015, p. 44. Reprinted with permission of Peerless Media, LLC.

9.1 簡介

本書第 1 章供應鏈管理綜論即討論過，供應鏈上有效的庫存管理，是任何組織的關鍵成功因素之一。庫存 (Inventory) 在資產負債表中被視為資產，而在損益表中被視為變動花費，因此對組織資產及營運資金的有效管理都很重要。另外，在第 8 章訂單管理與顧客服務中，也探討過庫存對服務水準有直接的衝擊影響。因此，庫存管理對現代的公司運作而言，都有其策略性地位。

庫存，對組織的投資報酬率也有影響，投資報酬率對組織內、外的營運，都是一重要的財務衡量準據。降低庫存，因降低資產及提升可用營運資金，通常可獲得短期投資報酬率的改善效果。增加庫存，則有增加資產、降低營運資金可用性等反面效果。總而言之，資產會消耗組織的資源，同時也能產生收入。因此，在制定庫存決策時，必須納入成本與服務水準之間的權衡。這將在第 13 章供應鏈的績效衡量與財務分析中再詳加探討。

對庫存管理的終極挑戰，是如何維持庫存供應與需求之間的平衡（如本書第 7 章需求管理之討論）。換句話說，組織希望能有足夠的庫存，以滿足顧客的需求，另不希望因缺貨而導致喪失銷售機會（或滯銷）的獲利損失。但在另一方面，組織又希望不要有過量的庫存，因為庫存會消耗組織寶貴的營運資金。這對組織的維持供需平衡的庫存管理形成持續的挑戰，但卻是組織要在市場上獲得競爭優勢所必須面臨的問題。

本章將針對供應鏈中的庫存管理加以全面的解說，重點擺在庫存為何重要的討論、庫存成本的本質及管理庫存的不同方法等。在進入本章議題之前，此處先介紹庫存對美國經濟的影響如下。

美國經濟中的庫存

1990 年代興起的資訊技術，衝擊著美國產業的庫存，並反應在美國經濟的顯著成長上（同時控制著通貨膨脹）。「以資訊取代庫存」(Information for Inventory) 顯示出庫存對經濟成長（或衰退）的重大影響。時至 21 世紀的現代，資訊技術的蓬勃與快速發展，讓組織持續於將供應鏈中的庫存拿掉的各項努力，再度顯現著庫存對經濟的影響力。

表 9.1 顯示 1996-2014 年間，美國產業對庫存投資以**國內生產總值** (Gross Domestic Product, GDP) 所占比例表示。如同預期的，庫存價值隨著經濟的成長而增加。但一個重要的問題是，總庫存水準的增加率是否與國內生產總值增加率同步？最好的狀況顯然是，庫存增加率比國內生產總值增加率稍緩，使能以較低的資產與營運資金投入，獲得較多的利潤收入。

表 9.1 顯示，美國的名義國內生產總值在 1997-2014 年期間成長 2.35 倍 (17.42/7.41 ~ 135%)，同樣的，企業庫存總值也提升 2.01 倍 (2,496/1,240 ~ 101%)，但庫存成本占 GDP 比例從 1996 年的 16.3% 下降到 2014 年的 14.3%。這顯示美國產業能以較少的資源與營運資金投入、卻能產生較多的收入。另雖庫存持有率、庫

✤ 表 9.1　美國產業庫存與國內生產總值的宏觀分析表

年度	企業庫存總值（十億美元）	庫存持有率（%）	庫存持有成本（十億美元）	名義 GDP（兆美元）	庫存持有占 GDP 比例（%）	庫存成本占 GDP 比例（%）
1996	1,240	24.4	303	7.41	4.1	16.3
1997	1,280	24.5	314	8.33	3.8	15.4
1998	1,317	24.4	321	8.79	3.7	15.0
1999	1,381	24.1	333	9.35	3.6	14.8
2000	1,478	25.3	374	9.95	3.8	14.9
2001	1,403	22.8	320	10.29	3.1	13.6
2002	1,451	20.7	300	10.64	2.8	13.6
2003	1,508	20.1	304	11.14	2.7	13.5
2004	1,650	20.4	337	11.87	2.8	13.9
2005	1,782	22.3	397	12.64	3.1	14.1
2006	1,859	24.0	446	13.40	3.3	13.9
2007	2,015	24.1	485	14.06	3.4	14.3
2008	1,962	21.4	419	14.37	2.9	13.7
2009	1,865	19.3	359	14.12	2.5	13.2
2010	2,064	19.2	396	14.66	2.7	14.1
2011	2,301	19.1	440	15.52	2.8	14.8
2012	2,392	19.1	457	16.16	2.8	14.8
2013	2,444	19.1	466	16.77	2.8	14.6
2014	2,496	19.1	476	17.42	2.7	14.3

資料來源：*Freight Moves the Economy in 2014*, CSCMP's Annual State of Logistics Report, 2014. Reproduced with permission of Council of Supply Chain Management Professionals.

存持有占 GDP 比例及庫存成本占 GDP 比例等有整體下降的趨勢，但年與年之間的劇烈改變，也使許多企業組織面臨挑戰。

表 9.1 應從趨勢來解釋，庫存持有率、庫存持有占 GDP 比例及庫存成本占 GDP 比例等的降低趨勢，對整體經濟與一般企業經營而言，都是正面的經濟效益。庫存，代表著企業經營的成本，並反映在產品與服務的價格上。若能在不降低服務水準的狀況下降低庫存成本，對買賣雙方企業都有好處。

如同本書第 2 章供應鏈之全球化考量的討論，運籌活動的主要成本權衡是在運輸與庫存之間。若運輸能更快、更可靠（亦即更貴），則庫存的成本也就能越低。如同庫存成本一樣，1990 年代中運輸成本占 GDP 的比例也呈現下降趨勢；但時至今日，因油料成本的增加及運輸產業能量的限制等因素，反而使現代的運輸成本較 1990 年代要高。運輸成本對美國經濟的影響雖仍有待判定！但傳統在運輸與庫存權衡的關係，是否到現代仍能適用，是一個值得探討的議題。

9.2 組織維持庫存的理由

前已提及，庫存在組織內扮演著雙重的角色，一方面衝擊著產品銷售的成本，同時也支持著訂單履行與顧客服務。表 9.2 列舉出美國於 2014 年的運籌成本項目，顯示庫存持有成本占組織總運籌成本約 33% (476/1,449)，而運輸成本則占總運籌成本的 63% [(702 + 205) / 1,449]。

表 9.2 美國 2014 年總運籌成本項目比較表 (單位：十億美元)

庫存持有成本	
利息	2
稅、過期、貶值、保險等	331
倉儲	143
小計	476
運輸成本：貨車運輸	
城市間貨運	486
當地貨運	216
小計	702
運輸成本：其他運輸模式	
鐵路運輸	80
水路運輸 (國際 31，國內 9)	40
油料管路	17
空運 (國際 12，國內 16)	28
運輸業者	40
小計	205
發貨人相關成本	10
運籌管理	56
總運籌成本	1,449

資料來源：*Freight Moves the Economy in 2014*, CSCMP's Annual State of Logistics Report, 2014. Reproduced with permission of Council of Supply Chain Management Professionals.

由於顧客關切產品的可得性及預期服務水準的提升下，消費者包裝產品、批發商及零售商的物流管道，面臨著在合理的服務水準、維持物流管道中的庫存的特殊挑戰。更因為這些業者提供產品類型的多樣化，使問題更形複雜。舉例來說，若好時 (Hershey) 預測其下一年度第一季市場對其巧克力產品 Kisses™ 的需求是一百萬箱，而這一百萬箱的產品要依照地區、包裝及庫存單位 (Stock Keeping Unit, SKU) 的不同需求而 (在各地的物流設施) 區隔，這將導致各地物流設施的庫存水準及安全存量，都須維持在上百或甚至上千的庫存單位。若消費者偏好突然發生變化，則將對好時公司的整體供應鏈帶來巨大挑戰。

為說明這些挑戰對庫存成本的影響。假設好時預期下一季每月平均庫存是 25 萬箱 Kisses™ 巧克力，每箱價值 25 美元，則庫存價值為 625 萬美元 (250,000 箱 × $25)。若每箱庫存持有成本為 25%，則好時下一季的庫存持有成本為 $625 萬 × 0.25 = 156 萬 2,500 美元。若平均庫存須增加到 35 萬箱，將另產生 250 萬美元的額外庫存成本。若庫存的增加未能產生等量或更多的收入，則好時將面臨獲利下降的窘境。

此處希望以上述好時公司的範例，讓讀者瞭解到庫存對組織成功運作的重要性。許多組織現已瞭解在維持顧客服務水準的前提下、盡量降低庫存的必要性。要同時達成這兩項看似對立的組織營運目標：降低庫存 (提升效率) 與可接受的客服水準 (效果)，必須考量本章將討論各種影響因素的權衡。

9.2.1 批量經濟或週期庫存

批量經濟 (Batching Economics) 或**循環庫存** (Cycle Stocks) 通常由三種來源所產生，即採購、生產與運輸。而**規模經濟** (Scale Economics) 通常與這三者都有關，將導致產品未能及時出售的累積庫存！

對採購而言，買方通常以大量採購的方式，獲得賣方的折扣，使產品的採購價格降低。而採購價格的折扣，通常也與個人消費項目有關。舉例來說，沃爾瑪旗下山姆會員制商店 (Sam's Club) 一次採購 12 捲包裝的紙巾，價格當然比分別採購 12 捲紙巾來得低，但買了大量的紙巾就會產生循環庫存──那些未能立即使用的存貨──必須有地方儲放。其他在各行各業都有類似以大量採購獲得價格優惠的作法。但似乎沒人在意到價格的折扣，是否值得增加的庫存持有成本？這是個相當直接的比喻，也將在本章後續章節陸續討論。

價格折扣的情境，也會發生在運輸服務領域。運輸商為提升其運輸效率與運輸成本——不必分裝、檢整、中途卸貨……等作業，通常會對整車貨運提供比零擔貨運更優惠的折扣價格。此大量交運數量的價格折扣，也必須要與循環庫存權衡，亦即大量交運所獲得的成本節約，是否值得增加的庫存持有成本？

值得一提的是，採購與運輸的經濟效益是彼此互補的，也就是說，當買方向賣方採購大量物品，除能從賣方獲得折扣優惠外，大量貨物的運輸也可從運輸商處獲得運輸價格的優惠折扣。這兩種優惠折扣的加成效果，通常在與庫存持有成本的權衡公式下有正面的效果。但如後面所將討論的挑戰，是多數組織「不能」精確的計算其庫存持有成本！

第三個批量經濟的影響因素是生產。許多製造商會以一次持續（或許時間甚長）的製造程序，將同樣產品按照規劃數量完成生產。持續的生產運作，會將變更生產程序衍生的成本——更換夾具與模具、調整生產程序的等待、人員調配的等待……等——盡量降低，並使單位產品的生產成本降低，但會產生一時無法售出產品的循環庫存。對高價成品而言，過多的循環庫存顯然不符合成本效益。此外，若產品需求變化太快，可能也會導致循環庫存的過期損失。

雖然循環庫存會衍生成本，但絕大多數組織仍會維持一部分的循環庫存，只要能分析並驗證成本權衡的可行性即可。

9.2.2 不確定性與安全庫存

所有組織都會面臨**不確定性** (Uncertainty) 的風險。從顧客需求的角度來看，顧客何時要買多少產品，對供應商而言，始終是一個不確定性因素。本書第 7 章需求管理所討論過的預測 (Forecasting)，是多數組織用來處理不確定性的常用方法；但預測從來也不能完全精準！對供應面來說，買方何時能獲得能滿足其訂單所需的貨品，也是個不確定性因素。對貨運而言，何時能獲得可靠的交貨，同樣也是個不確定性因素。組織因應這些不確定性因素的作法通常也一致：維持一定數量的**安全庫存** (Safety Stock)，以避免缺貨！因為安全庫存屬於多餘庫存的性質，對組織的挑戰與分析方式也與循環庫存有差異。

權衡分析，有助於降低不確定性因素的影響，協助組織降低對安全庫存的需求。資訊技術，也能用來降低庫存。如前所述，現代組織可運用各種資訊技術，在貿易夥伴間分享及時、精確的資訊以取代庫存，並提升對顧客的服務水準。這些資訊技術包括協同規劃、預測與補貨系統，銷售點條碼掃描系統，產品上的無線射頻標籤、電子資料交換、移動溝通裝置、網際網路、雲端大數據計算……等，都能藉由提升供應鏈可見度與透明性來降低不確定性的影響。即便如此，現代資訊技術的運用，也不能夠完全消除不確定性的影響。因此，執行因素間的權衡分析仍有必要。

對組織而言，設定安全存量是科學也是藝術。對預測而言，若假設未來能重複過去歷史經驗，則預測所設定的安全存量是純粹的科學計算，但未來鮮少重複過去的歷史經驗，這就將安全庫存的設定變成藝術。以藝術而言，通常沒有邏輯程序可供依循或參考。因此，運用統計分析的預測科學，仍將是組織用於設定安全存量的最可行作法。

9.2.3 在製庫存

製造商產製一複雜產品（如汽車）及與運輸（原料供應商至製造商）所需的時間，意味著有部分物品在移轉中，如（運輸）移轉中的原物料及製造程序中的**在製品** (Work-in-Process, WIP) 等，在其延續的時間內都會衍生庫存成本。延續的時間越長，庫存成本則越高。

移轉中庫存及在製品庫存所延續的時間，也須與庫存成本權衡。不同的運輸模式，會有不同的移轉時間、可靠度及貨品損傷率……等。貨運商對不同運輸模式收費的差異，也反映服務水準與成本的差異。舉例來說，空運模式比其他運輸模式有較快的移轉時間、較可靠、貨品損傷率也最低，使移轉中的庫存成本也最低，但其收費卻是所有運輸模式中的最高者。

舉例來說，ABC Power Tools 公司通常以 40 呎貨櫃，將其歐洲工廠產製的產品運往美國加州客戶的物流中心。目前，ABC 公司以貨車、鐵路及海運等聯運模式執行貨物的運輸。若以空運取代鐵路及海運，對 ABC 公司的運輸成本會有何種衝擊影響？表 9.3 列舉 ABC 公司目前及運輸模式改變方案的移轉庫存分析資料，表 9.4 及 表 9.5 則分別列舉執行目前與提議改變方案的庫存價值分析。

表 9.3 ABC Power Tools 公司移轉庫存分析表

目前聯運模式	
工廠至歐洲港口：貨車短駁 • 歐洲港口到美國東岸港口：海運 • 美國東岸港口到鐵路交運站：貨車短駁 • 東岸鐵路交運站至加州鐵路交運站：鐵路運輸 • 加州鐵路交運站至客戶物流中心：貨車短駁	
目前聯運模式相關假設： • 能裝載 500 產品單位的 40 呎貨櫃 • ABC 公司擁有運抵客戶物流中心的庫存成本 • ABC 公司對加州客戶每年交運 100 個貨櫃	
每單位製造成本	$449
每貨櫃運輸成本	
• 貨車短駁	$150
• 海運	$700
• 鐵路運輸	$900
• 空運	$2,500
提議改變聯運方案：以空運取代鐵路及海運	

資料來源：Robert A. Novack, Ph.D. Used with permission.

表 9.4 ABC Power Tools 公司移轉庫存價值分析表：目前聯運模式

供應鏈中的移轉	天數	庫存價值	運輸模式	貨運成本
ABC 工廠至歐洲港口	1	$ 615.07	貨車短駁	$150.00
歐洲港口作業	2	1,230.14	—	—
歐洲港口到美國東岸港口	5	3,075.35	海運	700.00
美國港口作業	2	1,230.14	—	—
美國港口到鐵運站	1	615.07	貨車短駁	150.00
東岸到加州鐵運站	10	6,150.70	鐵路運輸	900.00
加州鐵運站到客戶 DC	1	615.07	貨車短駁	150.00
合計	22	$13,531.54		$2,050.00

資料來源：Robert A. Novack, Ph.D. Used with permission.

運輸移轉中的庫存價值，是以運輸項目的總價值 (100 個貨櫃 × 每貨櫃 500 個產品 × 產品價值 $449 = $22,450,000) 計算而得。另外，因庫存價值一般是以年度為考量，在計算短期的運輸的庫存價值時，須以除以 365 的每天庫存價值為計算基準 ($22,45,000 / 365 = $165.07)。

從表 9.4 的分析顯示，ABC 公司目前的聯運模式將花上 22 天才能從起始地到目的地，庫存價值為 13,531.54 美元，而貨運成本為 2,050 美元。

✤表 9.5　ABC Power Tools 公司移轉庫存價值分析表：聯運模式改變

供應鏈中的移轉	天數	庫存價值	運輸模式	貨運成本
ABC 工廠至歐洲機場	1	$ 615.07	貨車短駁	$ 150.00
歐洲機場作業	1	615.07	—	—
歐洲機場到加州機場	1	615.07	空運	2,500.00
機場作業	1	615.07	—	—
加州機場到客戶 DC	1	615.07	貨車短駁	150.00
合計	5	$3,075.35		$2,800.00

資料來源：Robert A. Novack, Ph.D. Used with permission.

若 ABC 公司將目前聯運模式中的鐵路及海運以空運來取代，則其移轉中的庫存價值分析如表 9.5 所示。新的聯運模式使庫存價值降低 10,456.19 美元 ($13,531.54 − $3,075.35)；但貨運成本則增加 750 美元 ($2,800 − $2,050)，另也使交運時間從 22 天縮短成為 5 天。

雖然是一個簡單的計算案例，但已可顯示降低移轉時間對庫存及運輸成本的影響，至於對現金流的影響，將在後續說明庫存持有成本後再予討論。

最後，在製品的庫存與製造技術及排程相關。若製造程序太長或技術太複雜，庫房或生產線附近會累積過多的在製品庫存。與前述運輸案例一樣，在製造技術與排程技術上的投資，會降低工廠內在製品的庫存數量，對製造商而言，是一正面的財務效果。但亦如本文始終的強調，必須執行相關因素的成本效益權衡分析。

9.2.4　季節性庫存

季節性變化 (Seasonality) 會發生在原物料的供應及市場對成品的需求等。季節性變化的議題，始終對組織決定要有多少庫存是一個持續性的挑戰。農產品製造商是受季節性變化影響的最典型範例。當全年對產品的需求始終穩定，但原物料只能在一年當中某個時段中供應時，農產品製造商就必須維持能全年銷售的庫存。而高量的庫存意味著高庫存成本及產品過期所衍生的成本。對製造商而言，可替代的方案是儲存原物料或某部分的在製品，並只在有訂單需求時才製作成品。

季節性變化也會影響運輸，尤其是對國內的水路運輸 (河流、運河及湖泊) 而言更為明顯。如高緯度的國家，每年會有幾個月的酷寒時期，使水路運輸停滯。因此，為因應這幾個月的凍結期，製造商必須在結凍前，累積足夠的庫存以因應全年生產所需。另一個會受季節性影響的產業是營建產業，雖然市場對新建房屋的需求不會因季節性而有太大的變化（需求端），但每年冬天幾個月的酷寒（路面結冰）會使營建業因拖車運輸的困難而停滯。直到春天來臨、路面解凍後，營建業的活動即有顯著的增加，對可用的拖車運量也形成供應壓力。

許多組織也會面臨市場對其產品需求有季節性的變化而受到影響。如前述曾討論過的好時巧克力製造商，其產品需求高峰僅發生在情人節、復活節、返校日、萬聖節與聖誕節五個假期，但好時公司必須維持相對平穩的生產速度，以避免供應鏈上的過度庫存累積。此時的權衡因素則是單位製造成本及庫存成本兩者。

9.2.5 預期庫存

第五個維持庫存的原因，是組織預期到突發的事件可能會對供應來源造成負面的衝擊。這些突發事件包括罷工、原物料與成品的價格突然飛漲、因政治或天候因素導致供應的短缺……等。組織通常也必須維持著庫存，以因應這些突發風險可能造成的負面衝擊。再一次的，**預期庫存**（Anticipatory Stocks）必須評估風險發生的機率、嚴重性及對庫存成本的影響分析。

顯然的，因預期突發事件牽涉到不確定性（風險發生機率）使相關的分析更具挑戰，但目前已有許多分析技術可用來處理這些挑戰。

9.2.6 庫存累積

除了上述五個維持庫存的原因外，還有許多其他因素會使組織累積庫存。舉例來說，組織為維持供應商與員工的正常運作，在需求淡季時仍會持續向供應商採購物料，同時維持著與供應商的關係及確保員工有工作能做！再一次的，維持多少庫存，必須要與其他因素執行權衡分析。

另外，如前述已討論過，組織的其他功能領域也可能對組織的庫存決定有影響。下一小節即簡單說明不同功能領域對庫存決定的不同觀點。

9.2.7 庫存對其他功能領域的重要性

本書第 2 章供應鏈之全球化考量中，即已討論行銷、生產與運籌之間的介面關係，而此介面關係主要是受到庫存決策的影響。在分析庫存對運籌系統的重要性時，必須也要納入組織其他功能領域的考量，重點則摘述如下。

行銷：行銷的主要任務，是辨識、創造並協助使組織的產品與服務能滿足市場需求。在產品導向的環境中，維持正確類型與數量的庫存，對達成行銷任務相當重要。因此，在行銷的角度是偏向維持足夠，甚至超量的庫存，以滿足或驅動顧客需求。行銷對維持庫存的需求，也受到新產品引進市場及持續拓展市場等行銷目標的驅動。

製造：對許多組織而言，製造作業的績效是以能產製多少合格產品來衡量。這種績效衡量方式，驅使製造作業傾向盡量減少程序的變動，而能以持續性的生產運作，產製最多數量的產品。如此，將產生高庫存水準，但能降低人工與機具的單位生產成本。當有季節性需求變動時，製造作業通常仍會以最佳化生產程序，於淡季無產品需求時，仍持續產製出產品，這也會造成成品的累積庫存成本。

財務：前已提及，庫存對組織的損益表及資產負債表都有影響。資產負債表視庫存為資產，而損益表則視庫存為影響現金流的因素。因此，組織的財務通常偏好低庫存，以提升庫存週轉、降低資產、提升現金流……等。

前述的討論已多次強調應探討庫存對其他功能領域追求目標的影響。製造部門較偏向單一產品的連續生產模式，會使庫存增加，甚至超量過剩，不利於庫存與行銷管理；另外，行銷部門則較偏向多樣、足量的庫存，則對製造或庫存不利！為處理製造、行銷及庫存之間的微妙衝突關係，最好的作法是在組織內設立專責的運籌經理職位，處理組織內功能領域目標之間的權衡分析。

9.3 庫存成本

組織管控庫存成本有三個主要理由如下：

1. 庫存成本通常是組織運籌成本的大宗項目。

2. 組織在其運籌網路節點中維持的庫存，將影響能對顧客提供的服務水準。
3. 運籌的成本決策，通常會以庫存持有成本而決定。

本節將對運籌經理人制定庫存政策或決策前應考量的庫存相關成本，如庫存持有成本、訂購與建置成本、預期缺貨成本及轉換中庫存持有成本，分別說明如下。

9.3.1 庫存持有成本

庫存持有成本 (Inventory Carrying Cost)，是指那些在庫房內等待被運用庫存所衍生的成本。若從成品的角度來看，庫存持有成本指在製造工廠，或從倉儲運往(移轉中)物流中心而等待訂單的相關成本，通常包含資金成本、儲存空間成本、庫存服務成本及庫存風險成本四種主要成分，分別解說如下。

資金成本 (Capital Cost)：又稱利息 (Interest) 或機會成本 (Opportunity Cost)。此類成本指投入庫存而排斥其他投資機會所衍生的成本。企業組織通常以籌措 (投資人或銀行借貸) 所得的資金來運作。若為向市場上的投資者籌措資金，則須對股權支付股息或分紅；若為向銀行借貸資金，則須支付銀行利息等。若資金投入庫存 (設施、原料與產品及人力等)，則等待訂單中的庫存需要對投入資金償付利息；另外，對其他須投資的領域，庫存持有則形成機會成本。

資金成本通常也是庫存持有成本的最大宗。組織通常以持有庫存占產品價值的百分比來表示。舉例來說，若一產品價值為 100 美元，則 20% 庫存成本比例代表庫存持有成本為 $\$100 \times 20\% = \$20$。

實務運作上，決定資金成本的合理數值並不容易。一般實務的作法，是以**最低預期報酬率** (Hurdle Rate) 作為設定資金成本的依據，亦即資金成本須達成最低預期報酬率。另一種計算資金成本的方法，則為**加權平均資金成本** (Weighted Average Cost of Capital, WACC) 法，將所有從外部獲得的資源，包括股權、債務等，視組織運作需要賦予權重並加總平均，此加權平均資金成本模式，可直接在資金成本中反映出庫存持有成本所占的比例。

另一種**庫存評價** (Inventory Valuation) 方法雖可精確判斷出庫存持有成本對資金成本的影響，但因庫存持有僅能反映對直接材料、直接勞力與直接廠房等**實際投**

資 (Out-of-Pocket Investment) 等資金成本的機會特性，庫存的提升或下降等變動成本，並無法反映出資金成本的機會特性，故不為一般會計準則所接受。

儲存空間成本 (Storage Space Cost)：包括在庫房內移入或移出貨品、租借儲存庫房、加熱 (或冷卻) 與空間照明等所衍生的成本。儲存空間成本的變異受儲存環境的影響很大。舉例來說，組織通常將原物料堆置於設施外，其儲存空間成本甚低；但對成品的室內儲存，則須有防護及較為複雜的設施裝備支援，其儲存空間成本則相對較高。

儲存空間成本會受到庫存增加或降低的影響。因此，在估計儲存空間成本時，須與資金成本一樣，同時考慮固定與變動成本。以組織運用公營或自營庫房為例，若組織採用公營庫房，則幾乎所有的處理與倉儲成本，都與庫存水準直接相關，也就是沒有固定成本而都是變動成本。但若為自營庫房，則除庫存水準高低所衍生的變動成本外，也要攤付庫房設施折舊等固定成本。

庫存服務成本 (Inventory Service Cost)：指與保險與稅務有關的成本。根據庫存產品的類型與價值、遺失或損壞的風險……等，有些產品會有較高的保險費用。同樣的，許多國家或當地政府也會對庫存產品徵收稅費，因此若庫存量甚大，則須考量倉儲的位置，以避免過高的稅務成本。

庫存風險成本 (Inventory Risk Cost)：是超出組織控制，但卻也最具真實發生機率的庫存持有成本類型。如庫存過久，產品可能因過期而貶值，這在電腦與電子商品產業相當常見。同樣的，流行裝飾產業，可能因流行風潮或銷售季節一過即迅速貶值。這種庫存風險成本也發生在生鮮食品產業，一旦發生過期、腐敗等現象，庫存產品即可能一文不值。製造商也可能面臨相同但程度不同的情形。如一盒早餐穀片可能有甚長的庫存或上架時間，也通常不會有貶值的風險；但對快速汰換的消費者電子產品而言則不然，若在有需求時無法快速銷售，過多的庫存會導致較多的庫存風險成本！

庫存持有成本的計算

對一特定項目庫存持有成本的計算，通常有三個步驟。首先，是決定庫存項目的價值。每個組織都有其選定的會計制度，來決定庫存在資產負債表中的價值。實務中最常用來判定庫存持有成本的準據，是產品銷售成本或某一庫存項目所涉及的勞力、物料、管銷與運輸等直接成本。

第二個步驟，則是判定直接成本中的構成部分。此時通常考量兩種類型的成本：變動或價值成本。變動成本 (Variable-Based Costs) 是指那些現金支出 (Out-of-Pocket Expenditures) 的相關成本，如物流中心的內向運輸支出。而價值成本 (Value-Based Costs) 則是指項目在特定位置持有項目的總價值 (或總直接消耗成本)，如物流中心持有庫存的稅費。此處須注意的是，持有庫存的直接成本通常是以年度來計算，因此變動及價值成本都必須依據庫存時間而調整。換句話說，分析者須判定變動與價值成本是一時性或經常性的。

計算庫存成本的最後一個步驟，則是將第二步驟決定的直接成本除以第一步驟所得的項目價值，代表該項目的年度庫存持有成本。

庫存持有成本的計算範例

為說明庫存持有成本的計算，現以 ABC Power Tools 公司所組裝生產的項目 1 (鏈鋸) 為例，鏈鋸生產完成後，運至 ABC 公司的物流中心儲存，並等待著顧客的訂單。

表 9.6 顯示 ABC Power Tools 公司項目 1 庫存持有成本分析表，其中成本分類第 1 項是直接材料、人力與管銷成本，也就是項目 1 的總價值 614.65 美元。成本分類第 2 ~ 5 項，是與庫存項目 1 有關的變動成本，成本分類第 6 ~ 9 項則為庫存項目 1 的價值成本。成本分類第 2 ~ 9 項的加總 (182.29 美元)，即為項目 1 的總庫存持有成本。將總庫存持有成本除以總價值，則是庫存持有成本比例 (29.8%)。

表 9.6 所示，是項目 1 鏈鋸在 ABC Power Tools 公司的物流中心儲存、等待顧客訂單的狀況。若在正常銷售狀況，當零售商產生銷售需求 (有顧客訂單) 時，項目 1 鏈鋸從 ABC 工廠逐次運輸至零售店各物流點的庫存持有成本的計算，則與表 9.6 稍有不同，如表 9.7 所示。

在解析表 9.7 時，有兩個前提假設如下：

1. 庫存持有成本從 ABC 公司的物流中心開始產生。

2. 所有的價值成本則依在各物流點的 (儲存) 天數而按比例分配。

表 9.6 ABC Power Tools 公司項目 1 庫存持有成本分析表

成本分類	計算	年度成本 ($)
1. 直接材料、人力與管銷		614.65
2. 物流中心內向運輸		32.35
3. 人力	每單位 $10 + $1 每月單位 × 2 個月	22.00
4. 空間	每月每平方呎 $0.30 × 8 平方呎 × 12 個月	28.80
5. 保險	每年每單位 $2.00	2.00
6. 利息	10% @ $614.65	61.47
7. 稅務	每 $100 價值 $5 @ 20%	6.15
8. 遺失或損傷	每年 3.9% @ $614.65	23.97
9. 過期	每年 1.0% @ $614.65	6.15
10. 總庫存持有成本		182.89
11. 庫存持有成本比例	$182.89/$614.65	29.8 (%)

資料來源：Robert A. Novack, Ph.D. Used with permission.

表 9.7 ABC Power Tools 公司至顧客端項目 1 庫存持有成本分析表

成本分類	ABC 工廠	ABC DC	零售商 DC	零售店
1. 供應天數	0	60	45	30
2. 直接製造成本	$614.65	$614.65	$614.65	$614.65
3. 變動成本：				
a. 貨運	$ 0	$ 32.35	$ 32.35	$ 32.35
b. 人力	0	12.00	11.50	11.00
c. 空間	0	4.80	3.60	2.40
d. 保險	0	0.33	0.25	0.17
4. 總變動成本（累計）	$ 0	$ 49.48	$ 97.18	$143.10
5. 項目 1 總價值（2 + 4）	$614.65	$664.13	$711.83	$757.75
6. 價值成本（根據 5）				
a. 利息（每年 10%）	$ 0	$ 11.07	$ 8.90	$ 6.31
b. 稅務	0	6.64	7.12	7.58
c. 遺失或損壞	0	4.32	3.47	2.46
d. 過期	0	1.11	0.89	0.63
7. 總價值成本（累計）	$ 0	$ 23.14	$ 43.52	$ 60.50
8. 總成本（4 + 7）	$ 0	$ 72.62	$140.70	$203.60
9. 持有成本比例（第 8 項總成本 / $614.65）	0	11.8%	22.9%	33.1%

資料來源：Robert A. Novack, Ph.D. Used with permission.

如表 9.7 所示，項目 1 鏈鋸的直接製造成本（第 2 行）在各物流點處並不會改變，會變化的是總變動成本（第 4 行）與總價值成本（第 7 行）。隨著從工廠到顧客端的物流方向，總變動成本、總價值成本、與兩者相加的總（持有）成本隨之遞增，而各物流點的庫存持有成本比例亦隨之遞增。這代表著當項目從工廠往消費端移動的物流點數越多時，其所衍生的庫存成本與價值也越多。

比較表 9.6 與表 9.7 的差異，顯示當物流點增加時，庫存成本與價值也隨之增加。若僅從表 9.7 來看，則在 ABC 物流中心（開始庫存）到零售店（結束庫存）的持有成本比例，則幾乎增加至三倍左右（11.8% vs. 33.1%）。

前已提及，持有庫存的直接成本通常是以年度來計算，因此變動及價值成本都必須依據庫存時間而調整。前述鏈鋸的範例，因其價值不太會隨著庫存時間的長短而有變化，其庫存持有成本的估計相當直接（如表 9.6 與表 9.7 所示）。但若庫存項目有易腐敗或過期的特性，其估計方式則還須納入過期的特殊考量（如表 9.7 第 6.d 行）！

與庫存時間相關的是，訂單處理週期或每年訂單處理量對庫存持有成本的影響。此估計與計算也相當直接，若仍以表 9.6 的數據為基礎（每單位價值 614.65 美元，持有成本為項目價值之 28.9%），則當每年處理的訂單數量越多（訂單週期越少）時，其年度總庫存持有成本也越低（反之亦然），如表 9.8 所示。

表 9.8 ABC Power Tools 公司庫存與庫存持有成本分析表

訂單期（週）	每年訂單數	平均庫存 *		年度總庫存持有成本 ***
		單位	價值 **	
1	52	25	15,366.25	4,440.85
2	26	50	30,732.50	8,881.69
4	13	100	614,650.00	17,763.39
13	4	325	199,761.25	57,731.00
26	2	650	399,522.50	115,462.00
52	1	1,300	799,045.00	230,924.00

* 每週庫存單位 = 50，平均庫存 =（開始庫存量 – 結束庫存量）/ 2

** 每單位價值 = $614.65

*** 持有成本 = 價值之 28.9%

資料來源：C. John Langley, Jr. Ph.D. Used with permission.

9.3.2 訂購與建置成本

第二種會影響庫存成本的是訂購成本 (Ordering Cost) 或建置成本 (Setup Cost)。雖然同屬一類，但其意義稍有不同，分別說明如下。

訂購成本

訂購成本指的是為增加庫存而下單(訂購)的成本，此成本不包括產品本身的成本或支出，但也有變動與固定兩個組成。固定的部分是指那些與下單活動相關的資訊系統、設施及技術可用性等相關成本，通常不會因下訂訂單的數量而變動；而那些會隨著下訂訂單數量而變動的部分則包括：

- 庫存狀態的審查。
- 訂單的準備與處理。
- 報告接收的準備與處理。
- 進倉庫存前對庫存狀態的再檢核。
- 付款的準備與處理程序等。

上述這些與人力及程序相關的活動成本看起來雖似繁瑣，但在下單到接收之間所涉及的活動成本估計卻相當重要。

建置成本

建置成本指的是組織要為庫存生產某項產品時，對生產線與生產程序修改所衍生的成本。建置成本也有固定與變動的組成部分。固定建置成本指的是生產、組裝線變更時所將使用的資本裝備，通常不會隨著生產線的變動而有變化；而變動建置成本，則主要由生產線變動所衍生的人力成本構成。

訂購與建置成本的特性

將訂購與建置成本區分固定與變動兩種組成有其必要性，正如同將庫存持有成本區分固定與變動成本一樣，可讓物流管理者聚焦在變動成本的縮減和管理上，並有利於庫存策略的發展。

表 9.9 電腦硬碟機訂單頻率與訂單

訂單頻率（週）	每年訂單數	年度總訂單成本 *
1	52	$10,400
2	26	5,200
4	13	2,600
13	4	800
26	2	400
52	1	200

* 假設每訂單成本 = $200.75。

資料來源：C. John Langley, Jr. Ph.D. Used with permission.

在估計或計算年度訂購與建置成本時，同樣也受到如表 9.8 所示訂單處理頻率（或每年訂單數量）的影響。當年度銷售與需求量維持一致時，顧客每年向組織下訂的頻率越高（每 52 週下訂一次），代表著一次訂購大量的項目，其年度總訂單（或建置）成本則越低（訂單或建置僅須處理一次）；反之，若顧客每年以多筆訂單少量訂貨，則訂單與建置成本則越高，如表 9.9 所示。

9.3.3 持有相對於訂購成本

若將庫存持有成本及訂單處理成本合併考量，則可發現此兩者對訂單頻率週期的效應是相反的。亦即當顧客訂單頻率增加（每年下訂數量減少）時，總訂單處理成本會逐次下降，但總庫存成本則會相對應的增加，而庫存持有與訂購成本加總的總成本則會先降後升，如表 9.10 所示。表 9.10 所示的庫存成本與訂單規模之間的變化，可另以圖 9.1 表示。當訂單規模（數量）增加時，訂購成本會快速下降，而庫存持有成本則將相對應的增加。因此，訂單規模與庫存總成本之間有所謂的最佳平衡點，亦即管理者須在訂貨成本與持有成本間取得（最佳）平衡的權衡。

雖然在計算全面、完整的庫存成本時，須納入訂購與建置成本的考量，但在自動化訂單管理系統逐漸普及的現代，每筆處理訂單的變動成本已大幅下降，若組織與供應商採用供應商管理庫存（Vendor-Managed Inventory, VMI）運作模式，訂購成本更將失去其意義。

表 9.10　ABC Power Tools 公司庫存與庫存持有成本分析表

訂單週期（週）	每年訂單數	平均庫存單位 *	總年度訂單成本 **	總訂單成本變化	年度庫存持有總成本 ***	總持有成本變化	總成本
1	52	50	$10,400		$1,250		$11,650
				− $5,200		+ $1,250	
2	26	100	5,200		2,500		7,700
				− 2,600		+ 2,500	
4	13	200	2,600		5,000		7,600
				− 1,800		+ 11,250	
13	4	650	800		16,250		17,050
				− 400		+ 16,250	
26	2	1,300	400		32,500		32,900
				− 200		+ 32,500	
52	1	2,600	200		65,000		65,200

* 假設每週銷售或使用 100 個單位，平均庫存單位 =（開始庫存量 − 結束庫存量）/ 2。
** 每訂單成本 = $200
*** 持有成本 = 價值之 25%
資料來源：C. John Langley, Jr. Ph.D. Used with permission.

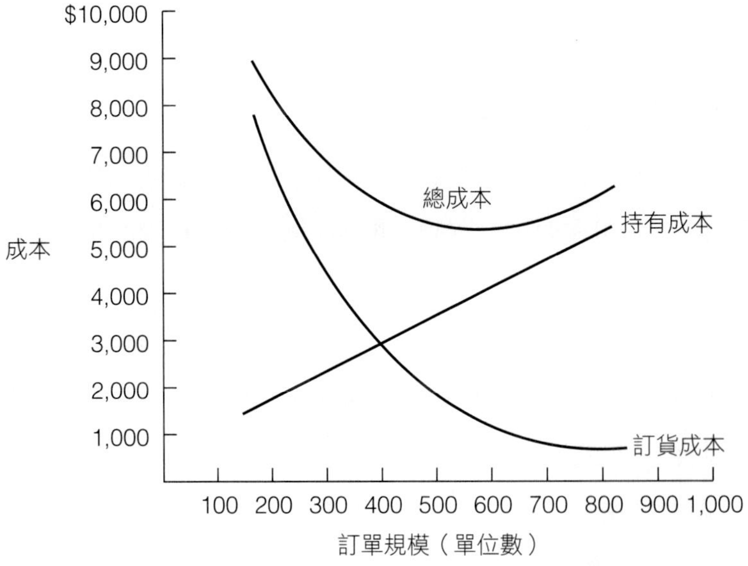

圖 9.1　庫存成本示意圖

資料來源：C. John Langley Jr., Ph.D. Used with permission.

9.3.4　預期缺貨成本

另一項對庫存決策有關鍵影響的考量是，所謂的**缺貨成本** (Stockout Cost)，當庫存無法滿足訂單需求所衍生的成本。前已提及，當組織庫存無法因應顧客的訂單需求時，可能會有三種情形發生：

1. 顧客願意等待而再訂購 (Back Order)，這會增加組織處理再訂購訂單的成本與運輸成本。
2. 顧客不願意等待而轉向其他競爭者採購，這會讓組織損失該筆訂單的收益。這種損失還可估算。
3. 顧客不滿意而永久轉向其他競爭者採購。因組織無法掌握顧客未來的採購，故無從估算此種損失。

若缺貨是發生在供應商端，則採購的製造商可能因缺貨而停工待料，則其損失將更大也更難估算。因此，大部分組織為因應可能缺貨的影響，而維持著某種程度的**安全庫存** (Safety Stock)。但維持著非實際需求的安全庫存量，意味著庫存成本的增加。因此，因安全庫存所增加的庫存成本，應與預期的缺貨成本執行權衡分析。

安全庫存

安全庫存又稱緩衝庫存 (Buffer Stock)，是組織用來降低缺貨的風險。但因缺貨會受到需求與交貨時間雙重不確定因素的影響，目前已有許多技術被發展出來，使管理者能估算因需求與交貨時間不確定狀況下所需的安全庫存量。此處將提供一範例說明如下。

假設需求與交貨時間都是常態分配，而其平均值及標準差均為已知 (或未知的預估)，則安全庫存量可以下式計算：

$$\sigma_C = (R\sigma_S^2 + S^2\sigma_R^2)^{1/2} \tag{9.1}$$

σ_C：滿足 68% (不缺貨) 機率的安全庫存量 (單位)

R：平均補貨循環 (天數)

σ_S：每日需求量標準差 (單位)

S：每日平均需求量 (單位)

σ_R：補貨循環標準差 (天數)

再假設 ABC Power Tools 公司對項目 1 (鏈鋸) 的每日需求量紀錄如表 9.11 所示，則從表 9.11 所示的數據中，我們可容易計算每日平均需求量為 1,315 個單位，另其標準差則為 271 個單位。

表 9.11 項目 1 之平均日需求量

日	需求量（單位）
1	1,294
2	1,035
3	906
4	777
5	1,035
6	1,165
7	1,563
8	1,424
9	1,424
10	1,424
11	1,682
12	1,553
13	1,682
14	1,035
15	1,165
16	1,165
17	1,294
18	1,812
19	1,424
20	1,553
21	906
22	1,294
23	1,682
24	1,424
25	1,165

若　平均日需求量 (S) = 1,314.92 ≅ 1,315
　　日需求量標準差 (σ_r) = 270.6 ≅ 271
則　68% 日需求量介於 1,044 ~ 1,586 單位間（± 1σ）
　　95% 日需求量介於 773 ~ 1,857 單位間（± 2σ）
　　99% 日需求量介於 502 ~ 2,128 單位間（± 3σ）

資料來源：Robert A. Novack, Ph.D. Used with permission.

表 9.12 則顯示假設的（補貨）交貨時間為 7 ~ 13 天之間，平均為 10 天，標準差則為 1.63 天。根據表 9.11 與表 9.12 的數據，則安全庫存量可計算如下：

表 9.12 項目 1 交貨時間分配

交貨時間 (天)	頻率 (f)	離差 (d)	離差平方 (d^2)	fd^2
7	1	- 3	9	9
8	2	- 2	4	8
9	3	- 1	1	3
10	4	0	0	0
11	3	+ 1	1	3
12	2	+ 2	4	8
13	1	+ 3	9	9
$\bar{x} = 10$	$n = 16$			$\Sigma fd^2 = 40$

平均補貨循環 (R) = 10 天
補貨循環標準差 (σ_R) = 1.63 天
$\sigma_R = [\Sigma fd^2 / n - 1]^{1/2} = 1.63$

資料來源：Robert A. Novack, Ph.D. Used with permission.

$$\begin{aligned}\sigma_C &= (R\sigma_S^2 + S^2\sigma_R^2)^{1/2} \\ &= [(10)(271)^2 + (1{,}315)^2(1.63)^2]^{1/2} \\ &= (734{,}410 + 4{,}594{,}378)^{1/2} \\ &= 2{,}308.42 \\ &\cong 2{,}308\text{ (單位)}\end{aligned} \tag{9.2}$$

根據上述安全庫存量的計算方式，我們可進一步計算不同服務水準下的安全存量，如表 9.13 所示。正如一般預期的，服務水準越高，則安全存量也越高。圖 9.2 則顯示服務水準與安全存量的曲線關係，在統計上，100% 的服務水準幾乎不可能達成，其快速累增的安全庫存也不實際。因此，物流管理者須權衡分析適合的服務水準及其安全存量。

表 9.13 項目 1 不同服務水準的安全庫存量

服務水準 (%)	標準差	安全庫存 (單位)
84.1	1.0	2,308
90.3	1.3	3,000
94.5	1.6	3,693
97.7	2.0	4,616
98.9	2.3	5,308
99.5	2.6	6,001
99.9	3.0	6,924

資料來源：Robert A. Novack, Ph.D. Used with permission.

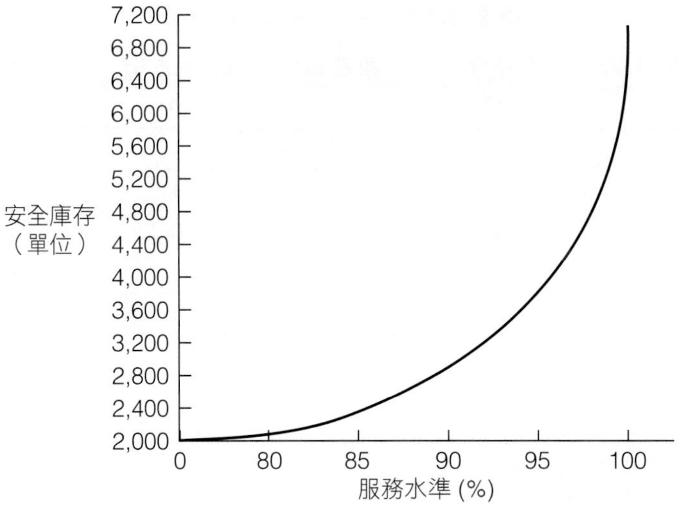

✧ 圖 9.2 安全庫存與服務水準關係示意圖

資料來源：Robert A. Novack, Ph.D. Used with permission.

供應鏈側寫 RFID 準備好再造了嗎？

業界使用無線射頻辨識 (RFID) 技術已有多年，如 iTRAK 追蹤系統，在貨物 (棧板、包裝箱或包裝單項等) 上貼上辨識標籤，使貨物在物流中心或倉儲庫房內的移動，都能被精準的追蹤。與條碼系統 (Barcode System) 不同的是，無須手動掃描每一項貨物上的標籤，而在透過讀取門 (Reader Portal) 時，所有 RFID 標籤內的資料，即可一次全部讀取。這種以 RFID 技術支援的倉儲管理系統，能大幅提升外向訂單撿貨與履行的精確度。

無線射頻辨識系統的優勢 (相較於條碼系統)，是無須人力的介入。如在訂單撿貨與訂單履行的過程中，越多人力的介入就意味著程序的無效率與發生錯誤的高機率。

無線射頻辨識系統的精確性，除可減少缺貨的風險外，對零售業而言，更能有助於提供較佳的顧客採購體驗與提升銷售量等好處。

根據成衣零售業者 SATO 總裁畢得士 (Nick Beedles) 的說法，無線射頻辨識系統可顯著提升其成衣店的顧客採購體驗與銷售量。如在所有成衣與服飾上裝上無線射頻辨識標籤，則顧客與店員即可藉由平板電腦的應用程式，讓顧客在試衣間內掌握店裡各項成衣產品的庫存現況 (有貨或缺貨)，並在電腦應用程式上，讓顧客能虛擬試穿各種尺寸與顏色的衣著和服飾搭配，這種應用除提升店內的運作效率、提升顧客的採購體驗外，也有助於提升銷售量。

這種 RFID 系統的進階運用，除在所有貨品上裝上 RDIF 標籤、店內布置讀取機等基礎配置後，就能精確定位與呈現每一項貨品的狀態。這種提升顧客採購體驗的附加價值，能促進與擴大貨品及其他搭配產品的銷售量。

資料來源：摘自 Roberto Michel, *Logistics Management*, October 2015, p. 43. Reprinted with permission of Peerless Media, LLC.

損失銷售與停工待料的成本

損失銷售或直接稱為**滯銷** (Lost Sales) 的成本，雖已於本書第 8 章訂單管理與顧客服務討論，但在此處有關預期缺貨成本的討論也值得再一次的檢視。決定庫存水準及其相關的庫存持有成本相當直接與簡單，但判斷損失銷售的成本則不然 (因損失銷售的不確定性與無法掌握)。同樣的，若因缺貨而造成生產線停工成本的判斷也相當具有挑戰性。

舉例來說，若假設一製造商生產線的生產速率為每小時 1,000 個單位，而每單位 (銷售) 的稅前利潤為 100 美元，另假設生產線上的直接人工成本為 500 美元。則若因缺貨導致生產線停工 4 小時，則停工待料的成本粗估為 402,000 美元 [(1,000 單位 × $100 × 4 小時) + ($500 × 4 小時)]。

上述範例所謂的粗估，是尚未納入經常性管銷成本與再次啟動生產線所衍生的成本等。此範例所要強調的，是缺貨可能導致損失銷售與停工待料的嚴重後果，並提供決定原料庫存水準時的另一項參考基礎。

9.3.5 轉運中庫存持有成本

一般組織經常會忽視的另一項影響庫存持有成本因素，是所謂**轉運中的庫存持有成本** (In-Transit Inventory Carrying Cost)。這項成本因素，不如其他成本影響因素來得明顯，但在全球貿易的環境下，其重要性通常就會顯現出來。如前所述，轉運途中誰有貨物的所有權，即須承擔轉運途中的庫存持有成本。舉例來說，若一組織以**起點離岸**或**終點離岸** (FOB Destination) 的方式銷售貨品，則在貨物運抵顧客設施卸載、接收前，轉運途中的貨物所有權及持有成本都仍屬於發貨人 (銷售者)。若為國際銷售，則 (跨洋或跨洲的) 距離與轉運時間 (海運或空運) 都會顯著增加轉運中庫存持有成本。

對發貨人而言，即便是跨洋或跨洲的交運，都希望能盡快縮短交運時間，盡快的完成交易及收到貨款，這意味著以較昂貴的空運（或貨車運輸）取代較慢的海運。因此，發貨人須在轉運中庫存持有成本及運輸成本之間執行權衡分析。

在估計轉運中庫存持有成本時的基本問題，與先前討論過的庫存持有成本一樣，即資本投入、儲存空間、庫存服務及庫存風險四種主要成本影響因素，但其影響則略有不同，分別簡述如下：

首先，轉運中庫存持有的資金成本，基本與倉儲庫存持有一樣。只要發貨人在轉運途中擁有庫存的所有權，則轉運中庫存與倉儲庫存的資金成本都一樣。

其二，儲存空間成本通常與發貨人的轉運中庫存持有成本沒有關係。這是因為轉運途中，通常由運輸商所提供的裝備（貨櫃、車輛、船隻及飛機等）即代表著儲存空間與處理的成本，此項成本通常也反映在運價內。

其三，庫存服務成本如稅務、保險等，通常也包含在運費之內，而與發貨人的轉運中庫存持有成本無關。但若交運的貨品較為特殊，如高價、脆弱、易腐敗或須保值……等，通常即須投保較高額的保險費用。

第四，庫存風險，如易腐、脆弱或過期……等，因轉運時間相對較少（與長期庫存比較），通常也包含在運輸保費之內，而與發貨人的轉運中庫存持有成本沒有太大關係。但若轉運貨品極易損傷或銷售週期甚短，則庫存風險成本則須納入轉運中持有成本的考量。

一般而言，轉運中庫存持有成本會比庫房倉儲的持有成本較低。但如上述討論，如運輸貨品具有特殊性（易腐、脆弱、過期、高價、須保值……等），則在交運前，應對轉運中庫存持有成本進行詳細的權衡分析。

9.4 管理庫存的基本方法

傳統的庫存管理，在解決兩個基本問題如何時（再）訂貨與訂貨多少。這兩個基本問題可以簡單的計算而容易得出。時至今日，庫存管理的問題再增加兩項，如庫存應擺在哪裡？以及在某個特定物流設施中應庫存哪些項目？為庫存決策帶來有意思新的挑戰。

今日的企業面臨產品種類的擴增、新產品的快速引進市場、全球市場需求的差異性、更高的客服需求及持續壓低成本……等之挑戰。這些經營環境的動態因素，促使企業必須在其庫存政策、服務水準之間取得最佳化解決方案，使在（庫存）成本與服務之間取得平衡。

不管決定庫存的方式為何，組織在庫存投資與其所獲得的服務水準之間，一般都會呈現如圖 9.3 所示的曲線增加趨勢。換句話說，要達成較高的客服水準，則在庫存上的投資（成本）也會對應的提升。

雖然一般業界的庫存投資與服務水準如圖 9.3 所呈現的趨勢，但現代企業經營的重點是，辨識出能以較低的庫存投資與成本，卻仍能獲得服務水準的提高。下列幾種作法，能有助於上述目標的達成：

1. 及時庫存管理系統。
2. 運籌管理資訊技術的提升。
3. 運用更彈性與可靠的運輸資源或能量。
4. 能達成何時與何處顧客需求的庫存配置等。

藉由上述作法，能使企業組織將圖 9.3 的曲線轉變成緩升的直線，亦即在不大幅增加庫存投資的狀況下，仍能獲得能使顧客滿意的服務水準。本節以下則分別針

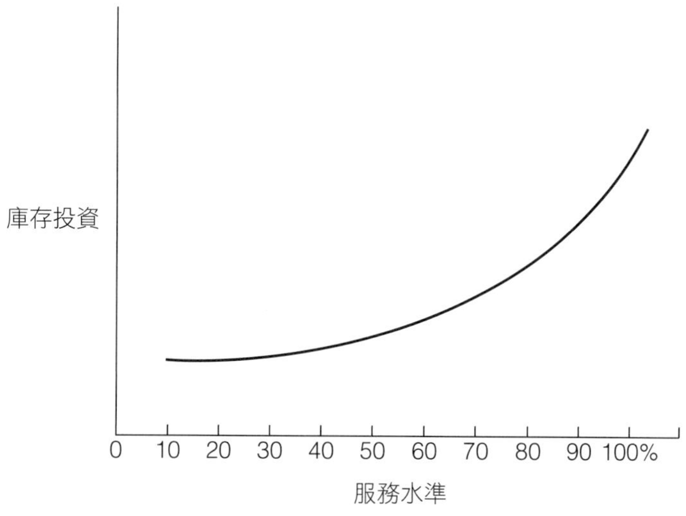

✧ **圖 9.3** 庫存投資與服務水準關係示意圖

資料來源：Robert A. Novack, Ph.D. Used with permission.

對不同庫存管理方法與技術、不同庫存管理方法的主要差異、固定採購模式及固定期程模式等，分別介紹如後。

9.4.1 主要方法與技術

在多數經營情境下，影響庫存管理的因素太多！因此，必須發展出一些簡化的決策程序與模式。換句話說，絕大部分的庫存管理模式，都必須因應環境的複雜性，而對模式做一些簡化的假設。

庫存管理模型的複雜性與估計精確度，都會受到假設的影響。假設越多，雖能簡化複雜的影響情境，使分析者容易獲得結果並讓決策者容易瞭解，但其結果也越脫離實際情境與較不精確。因此，模式發展與運用須考量簡化與精確度之間的平衡。在介紹不同庫存管理模式與方法的主要差異後，在分別介紹狀況確定與不確定情形下的固定訂購量模式、固定訂貨期程模式，與現代於及時系統 (Just-in-Time, JIT)、物料需求規劃 (Material Requirement Planning, MRP)、物流需求規劃 (Distribution Requirement Planning, DRP) 及供應商管理庫存 (Vendor-Managed Inventory, VMI) 等系統中，決定庫存管理的方法與技術。

9.4.2 不同方法之間的主要差異

在探討企業可採用的庫存管理模式內涵前，此處先針對不同模式之間的主要差異，如相依或獨立需求、拉式或推式系統、系統或單一設施方案等，分別簡述如下。

相依或獨立需求

獨立需求的庫存項目是指該項產品的庫存，與其他項目的庫存無關。相對的，相依需求庫存項目則與其他項目的庫存有依存關係。舉例來說，筆記型電腦的庫存為獨立需求，但電腦晶片的庫存則為與筆記型電腦的庫存相依而為相依需求。

庫存項目的相依性，還可進一步區分為垂直與水平兩種形式。垂直相依如筆記型電腦需有晶片的庫存來完成組裝；而水平相依則如將筆記型電腦運交顧客時，須搭配著使用說明書等。

因此，對製造廠商而言，組裝或製造成品所需的原物料、組成、次總成……等，與最終成品為相依需求關係。另直接銷售給顧客的終端使用項目，因無更高階的組裝貨製造需求，如電腦、手工具、消費性電子產品……等，則屬於獨立需求項目。

將需求區分為獨立或相依，對庫存管理有重要意義。如對能終端使用獨立項目的庫存估計，須納入與其相依項目（零附件、組成、總成……等）估計的考量。相對的，相依項目因有獨立項目的參照基準，而無須另行估計，通常以**物料需求清單**(Bill of Materials, BOM) 表達即可。

在本節將討論的各種庫存管理系統與模式中，及時系統、物料需求規劃及製造資源規劃等，通常處理的是相依需求。相對的，物流需求規劃則較偏向獨立需求項目的移動規劃。另經濟訂購量 (Economic Ordering Quantity, EOQ) 及供應商管理庫存等模式，則可同時處理獨立與相依庫存需求。

拉式或推式系統

拉式系統，依賴顧客的訂單而驅動運籌系統中貨物的流動；而推式系統，則運用庫存補貨技術，以預期需求來驅動貨物的流動。

世界電腦大廠戴爾傳統上運用拉式系統，即在顧客下單後才組裝電腦，通常不會有電腦成品的庫存（或僅有少數樣品），但近來戴爾也在零售巨擘沃爾瑪的零售店面中銷售電腦。為達到零售銷售的目的，戴爾也開始運用推式系統——預期需求、庫存組裝 (Assemble to Inventory, ATI) 及移動產品至沃爾瑪零售店的運輸運籌等——來滿足零售需求。

拉式系統的主要屬性，為其對突然需求變更的快速反應能力。拉式系統的接單生產 (Build-to-Order, BTO) 模式，並不會有多餘的成品庫存。相對的，推式系統由預期需求而產生庫存，雖也能因應需求量的變化，但有庫存超量或過期等風險。

及時系統，本質上屬於拉式系統，通常在組織生產所需的庫存降低至最低水準時，才會拉動增加庫存所需的運籌活動。為組裝或製造某特定成品而產生主生產計畫及需要物料的清單，物料需求規劃與製造需求規劃為推式系統。與物料需求規劃與製造需求規劃相似，但處理為迎合市場需求的可用庫存配置，因此物流需求規劃也屬於推式系統。供應商根據事前約定的再訂購點、經濟訂購量及客戶的現有庫存水準等資料，來產生再訂購訂單，另因客戶實際並未下單，因此供應商管理庫存系統也被視為推式系統。至於經濟訂購量模式基本上屬於拉式系統，但現代經濟訂購量模式也可允許主動的事前規劃作為，也就是推式系統。因此，經濟訂購量模式可視為兼具推式與拉式策略的混合系統。

系統或單一設施方案

最後一項有關庫存管理的考量，是所採用的模式為系統化的解決方案，還是針對如物流中心的單一設施方案。基本上，系統方案為橫跨運籌系統多節點的庫存計畫與執行策略，物料需求規劃與物流需求規劃，基本上屬於系統化的方案，兩種系統都牽涉到運籌網路中多重交運和接收點的庫存與移動管理。相對的，單一設施方案，則處理單一交運點或接收點的庫存與交運規劃。經濟訂購量模式與及時系統，通常被視為單一設施方案，而供應商管理庫存系統，則兼具系統與單一設施方案的特質。

9.4.3 狀況確定時的固定訂購量

如其名稱所示，**固定訂購量** (Fixed Order Quantity) 模式，為每次再訂購訂單的訂貨量均為固定。而每個再訂購訂單的訂購量，則由產品成本、需求特性、庫存持有成本及再訂購成本等所決定。

運用固定訂購量模式的組織，通常須先設定一最低庫存水準 (Minimum Stock Level)，並以此決定再訂購的時間與數量。此最低庫存水準又稱為再訂購點 (Reorder Point)。當庫存水準降至再訂購點時，固定的**再訂購量** (Reorder Point) (經濟訂購量) 訂單則被提出。故也可將再訂購點視為啟動下一次再訂購作業的促發點 (Trigger)。

固定訂購量模式通常又被稱為**雙倉** (Two-Bin) 模式，當第一個庫存倉用罄時，組織啟動再訂購訂單的同時，繼續以第二個庫存倉因應顧客或生產需求，直到再訂購貨物填充滿兩個庫存倉為止。雙倉模式的說明，也讓人容易瞭解再訂購的數量，必須考量平時庫存的需求量與再訂購貨物運抵交貨的時間。舉例來說，若新訂單要花 10 天才能運抵，而組織每天的銷售量或需求量為 10 個單位產品，則再訂購點為 100 個單位（10 天 × 每天 10 個產品單位的需求），意即當庫存降低至 100 個單位時，組織就必須啟動再訂購訂單作業。

庫存循環

圖 9.4 顯示固定訂購量模式的三個庫存循環（Inventory Cycles），每一個庫存循環從 4,000 個庫存單位開始，而在生產或銷售時持續降低庫存（假設為線性），當庫存降至 1,500 個單位的再訂購點時，則啟動再訂購訂單作業。圖 9.4 顯示每一個庫存循環為 5 週，這是狀況確定時的固定訂購量模式。

如前所述，建立一再訂購點，為固定訂購量模式的促發點。我們為汽車加油即是固定訂購量模式的最佳範例。每個汽車駕駛人都有其固定的加油習慣，如當油表指示油量只剩 1/8 時，則前往加油站加滿油箱（固定訂購量）。當然，剩下的 1/8 油量，必須要能支持到下一個可加油的加油站為止。

企業經營的庫存管理情形，是依據再訂購貨物交貨時間及交貨期間內對貨品的需求量，來決定再訂購點。這種須對庫存是否抵達至再訂購點的持續監控，使此固定訂購量模式又稱為**永續盤存制度**（Perpetual Inventory System）。今日企業使用的庫存管理系統，通常可自動記錄庫存的消耗狀況，使永續盤存制度更容易執行。

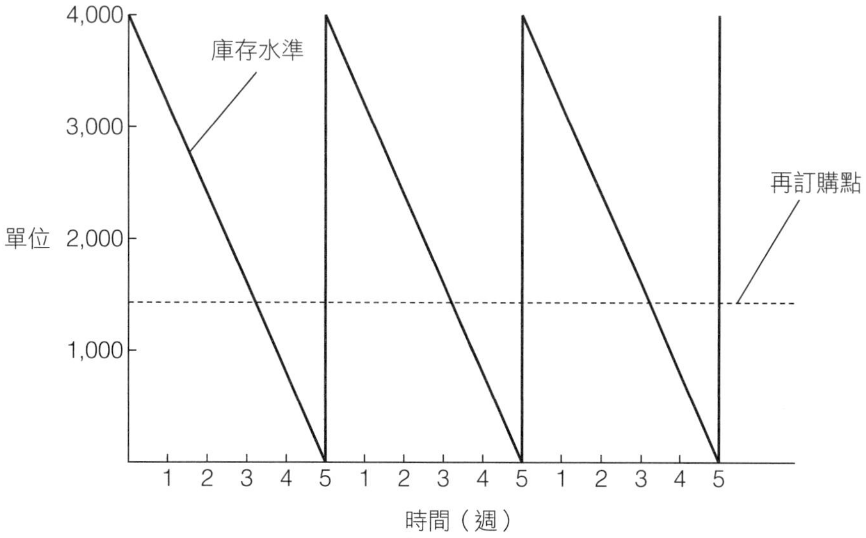

✧ **圖 9.4** 確定狀態下的固定訂購量模型

資料來源：John J. Coyle, DBA. Used with permission.

簡單經濟訂購量模型

如前所述，模型通常由很多的假設來使模型運作簡單化。一簡單經濟訂購量模型的基本假設如下：

1. 需求為連續、持續且速率已知。
2. 補貨或交貨時間為已知常數。
3. 所有的需求均會被滿足(以上為所謂的狀況確定)。
4. 訂購價格或成本與訂購數量無關(亦即無大量採購折扣)。
5. 無轉運中庫存。
6. 庫存項目之間彼此獨立。
7. 不限制規劃期程。
8. 可運用資金無限。

前三項假設清楚顯示著狀況確定的基本意涵。每一個需求時段，無論是日、週或月的需求均為已知，其需求量在需求期程內為線性。組織以固定、已知的速率耗用現有庫存，並在下一批再訂購貨物抵達前，不會有缺貨的風險等。換句話說，訂單發出到訂單接收的時間沒有變化，且均能由組織所掌控。因此，組織無須關切為因應缺貨風險所必須維持的安全庫存。

有人對上述三項有關狀況確定的假設有使模型過於簡化，進而導致產出結果不夠精確的關切。在某些情形也確實如此。但運用此三項簡化假設有其原因：其一，是有些組織的需求變動性甚少(銷售或生產穩定)，運用較複雜(考量需求變異性)的庫存管理模型，會變得不符合成本效益；其二，當組織初次運用經濟訂購量模型時，因可用資料受限，因此簡化需求的假設較為方便與容易運作；第三，簡單的經濟訂購量模型的產出，較不容易受到輸入資料變動的影響。換句話說，需求量、庫存持有成本及訂單成本等雖會變動，但對經濟訂購量的計算結果影響有限。綜合上述理由，使狀況確定的假設能讓經濟訂購量模型得以方便運用。

第四項有關成本固定的假設，代表著無大量採購折扣，亦即每單位的採購價格為固定，而不管訂購量的多寡。

第五項無轉運中庫存的假設，代表著組織以到岸價格（採購成本加上運輸成本）採購貨品，並以產地定價（FOB Origin, 買方須支付運輸成本）銷售貨品。對內向運籌而言，此項假設意味著貨品的所有權直到接收後才歸屬買方；對外向運籌而言，貨品的所有權在離開交運點後，即歸屬買方。在此假設下，組織無須承擔運轉中貨品的責任。

第六項有關庫存項目彼此獨立的假設，其意義是一個訂單指處理一項貨物項目。 此單一、獨立項目的假設，可使經濟訂購量模型的計算簡單化，避免多項產品的計算複雜性。

最後第七項與第八項假設，已非運籌領域的決定。不限制規劃期限為不在模型中增添有關時間的限制；可運用資金的不受限制，則意味著訂購量模型中不另加財務的限制等。

在上述假設條件都成立的狀況下，經濟訂購量模型只須考量兩種基礎成本：庫存持有成本及訂單成本。此簡化模型最後將產出此兩類型成本權衡下的最佳決策。

若重點在庫存持有成本，它與訂購量直接正相關，亦即訂購量越少，越能使持有成本最低化，如圖 9.5 所示。

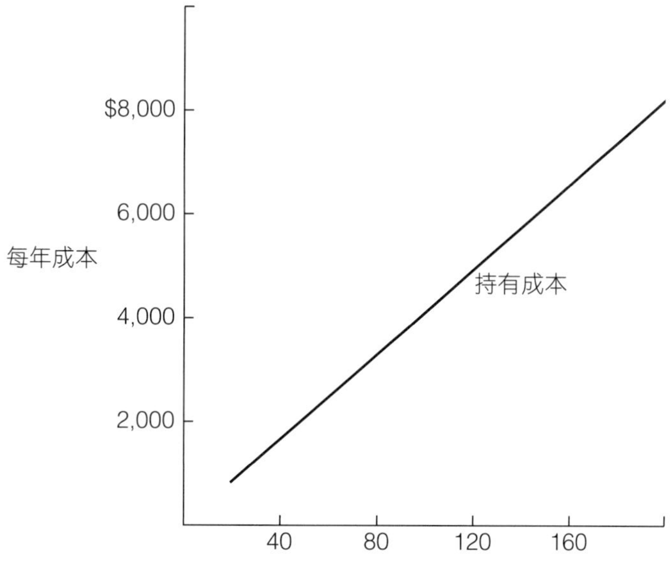

✧ **圖 9.5** 庫存持有成本

資料來源：John J. Coyle, DBA. Used with permission.

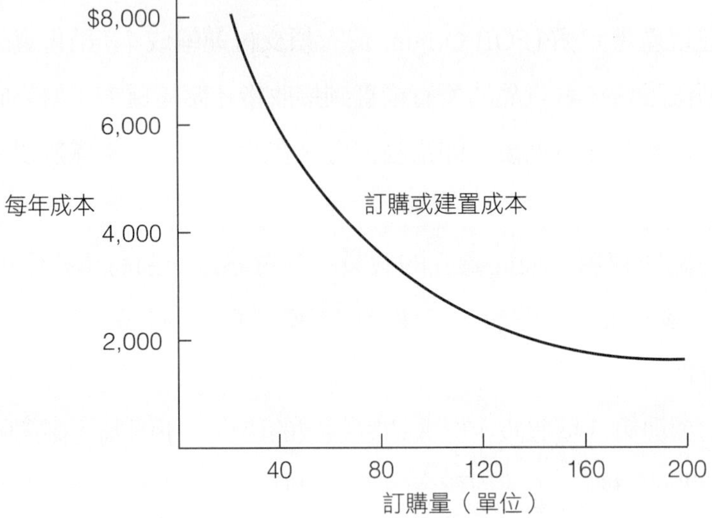

✧ 圖 9.6　訂購或建置成本

資料來源：John J. Coyle, DBA. Used with permission.

若分析焦點擺在訂單(或建置)成本，則其與訂購量的關係為負向曲線關係，亦即訂購量越大，將使訂單或建置成本下降得越快，其關係可以圖 9.6 表示。

若將庫存持有成本及訂單或建置成本與訂購量一併考量結合起來，我們會發現在某一特定訂購量時，會使庫存總成本最低，這就是經濟訂購量(圖 9.7)。

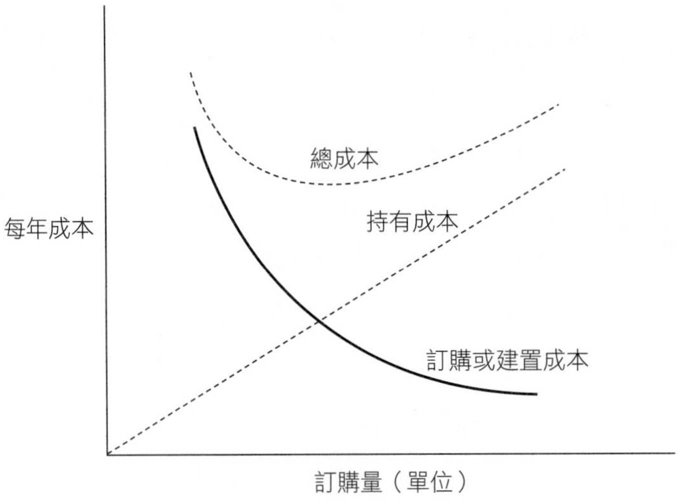

✧ 圖 9.7　庫存成本示意圖

資料來源：John J. Coyle, DBA. Used with permission.

庫存總成本計算公式

經濟訂購量模型的發展，可由庫存總成本的標準計算公式導出。現假設考慮基礎變數如下：

R = 每年需求量（單位）

Q = 訂貨量（單位）

A = 訂單成本（每筆訂單美元）

V = 每一庫存單位的價值或成本（每單位美元）

W = 每年每庫存價值的持有成本（貨品價值 %）

S = VW = 每年每庫存單位的庫存持有成本（每年每單位美元）

t = 計算（訂單循環）時間（天）

TAC = 年度總成本（每年美元）

在有上述基礎變數的數據後，年度總成本 (Total Annual Cost, TAC) 則可以下列公式計算得出：

$$TAC = (QVW/2) + (AR/Q) \tag{9.3}$$

或

$$TAC = (QS/2) + (AR/Q) \tag{9.4}$$

上兩式等號右邊的第一項 (QVW/2 或 QS/2) 為年度庫存持有成本，指在訂單循環 (Q/2) 乘以每單位價值 (V) 與庫存持有百分比 (W) 條件下的平均經濟訂購量成本。

圖 9.8 所示之**庫存鋸齒模型** (Sawtooth Model)，顯示庫存水準隨著訂單循環時間的變動，及與平均庫存（亦即訂單循環 Q / 2）之間的關係。

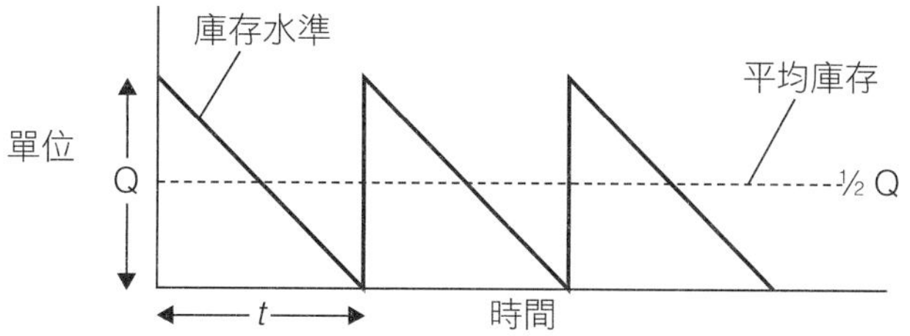

✧ **圖 9.8** 庫存鋸齒模型

資料來源：John J. Coyle, DBA. Used with permission.

圖 9.8 所顯示的邏輯相當簡單，假設訂貨量 Q 為 100 個單位，而每日需求量為 10 個單位，則 100 個(到貨)庫存量將可支持 10 天 (*t*)。在訂單循環時間 (*t*) 的中點，亦即第 5 天結束後，可用庫存量僅剩 50 個單位 (Q / 2)。當訂貨量 Q 越大時，庫存持有成本也會跟著增加。換句話說，在需求數量固定時，平均庫存 (Q / 2) 會隨著經濟訂購量的增加而提升，其關係則如圖 9.9 的 a、b 所顯示。

決定平均庫存單位數量，只是計算總庫存成本公式的一部分，我們還必須知道每單位庫存的價值與庫存持有成本占庫存價值的比例。如前述年度總成本的第二個部分 (AR / Q) 可視為年度訂單成本。但因簡化經濟訂購量模型有訂購價格或成本與訂購數量無關的假設，亦即無論一年發出訂單數量為何，下訂的成本始終為常數。

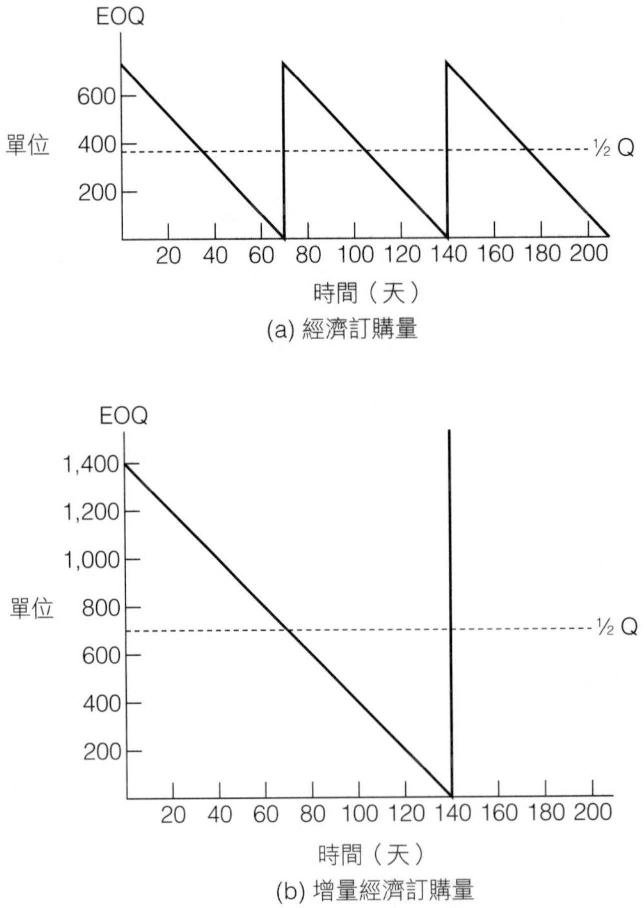

✧ **圖 9.9** 訂購量鋸齒模型

資料來源：John J. Coyle, DBA. Used with permission.

因此，當訂購數量 Q 增加時，因年度需求量為已知固定常數 (R)，將導致每年下訂的次數降低。換句話說，訂貨數量 Q 越大，會降低年度訂單成本 (A)。

討論至此的重點，都擺在年度庫存成本與年度訂單成本上。此時，我們應將重心移轉至經濟訂購量 Q 的計算。這可從年度總成本的計算公式，針對 Q 積分而得：

$$TAC = (QVW / 2) + (AR / Q)$$

$$=> d(TAC) / dQ = (VW / 2) - (AR / Q^2)$$

設定 $d(TAC) / dQ = 0$，求解 Q 可得

$$Q^2 = 2RA / VW$$

或 $$Q = (2RA / VW)^{1/2}$$

或 $$Q = (2RA / S)^{1/2} \quad (9.5)$$

下列方式將展示經濟訂購量 Q 將如何從給定的數據求出：

R = 每年需求量 = 3,600 單位

A = 訂單成本 (每筆訂單美元) = $200

V = 每一庫存單位的價值或成本 (每單位美元) = $100

W = 每年每庫存價值的持有成本 (貨品價值 %) = 25%

S = VW = 每年每庫存單位的庫存持有成本 (每年每單位美元) = $25

則套用上述經濟訂購量 Q 的任一公式可得：

$$Q = (2RA / VW)^{1/2} \text{ 或 } Q = (2RA / S)^{1/2}$$

$$= [(2)(3,600)(200) / (100)(0.25)]^{1/2} \text{ 或 } [(2)(3,600)(200) / 25]^{1/2}$$

$$= 240 \text{ (單位)}$$

表 9.14 及圖 9.10 顯示不同經濟訂購量 Q (從 100 到 500 個單位) 對訂單成本 (AR / Q)、庫存持有成本 (QVW / 2) 及總成本的影響。

從表 9.14 中，我們可看出當訂購量 Q 增加時，訂單成本會降低，但庫存持有成本卻相對的增加，這兩種成本的加總成本會先降後升，總成本在訂單數量為 240 的單位時為最低 (6,000 美元)，這就是所謂的最佳經濟訂購量。

✤表 9.14　不同經濟訂購量的總成本

Q	訂單成本 (AR / Q)	持有成本 (QVW / 2)	總成本
100	$7,200	$1,250	$8,450
140	5,143	1,750	6,893
180	4,000	2,250	6,250
220	3,273	2,750	6,023
240	3,000	3,000	6,000
260	2,769	3,250	6,019
300	2,400	3,750	6,150
340	2,118	4,250	6,368
400	1,800	5,000	6,800
500	1,440	6,250	7,690

資料來源：C. John Langley Jr., Ph.D. Used with permission.

另從圖 9.10 中，我們也可看出在 180-320 的訂購量區間中的總成本也相當低，這意味著庫存經理可在某特定區域內調整經濟訂購量 Q，而不會大幅影響總成本。

● 再訂購點

如前所述，知道何時訂購與訂購多少數量一樣重要。這何時訂購的考量，就是所謂的再訂購點 (Reorder Point)。再訂購點與庫存現存有關，在狀況確定的假設

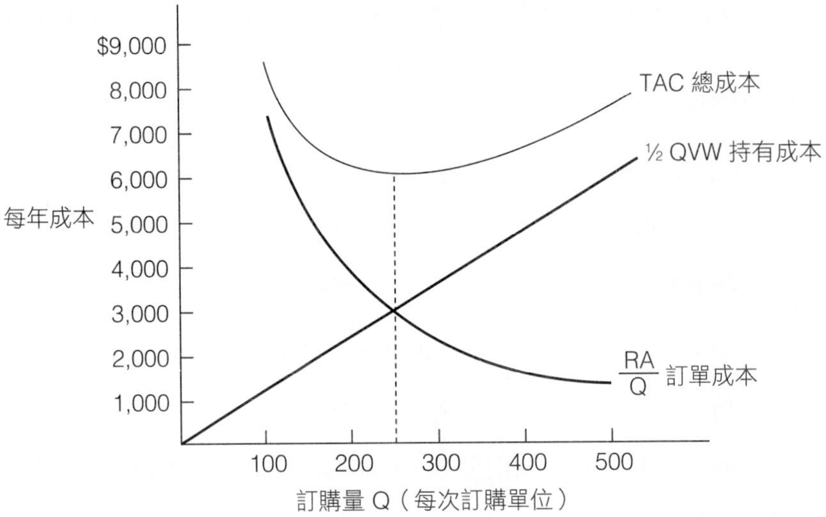

✧圖 9.10　EOQ 經濟訂購量範例

資料來源：C. John Langley Jr., Ph.D. Used with permission.

下，組織的庫存現存必須在補貨時間 (Replenishment Time) 或交貨時間 (Lead Time) 內維持生產或銷售所需即可。因此，再訂購點由交貨時間乘以每日需求量即可得出。

影響補貨時間的因素計有訂單傳遞、處理、準備及交運……等活動所需的時間，而每一項活動的時間則由其執行方法所決定，如訂單傳遞是電子式或人力？供應商庫存可用性及交運採取何種運輸模式……等。影響此交貨時間的因素，將於本章後續章節進一步加以討論。

若繼續運用之前的範例，假設訂單傳遞需要 1 天，訂單處理與準備需要 2 天，而訂單交運需要 5 天，這使得補貨或交運時間加總成為 8 天。若以前例每日需求 10 單位 (3,600 單位 / 360 天) 來計算，則再訂購點為 80 單位 (8 天 × 每天需求 10 單位)。

最小最大法

決定再訂購量時的傳統作法，是當庫存以小幅度耗用至再訂購點時才啟動再訂購作業。但實務的運作中，庫存需求 (耗用) 量突然增加，致使啟動再訂購作業時，庫存已低於再訂購點的情形則相當常見。

最小最大法 (Min-Max Approach) 則是指以最小再訂購量滿足最大庫存需求之謂。雖然對個別再訂購訂單而言，最小最大法的再訂購量會有變動，但一般而言，其運作方式幾乎與經濟訂購量模式毫無差異。

固定訂購量模式總評

在傳統的庫存管理模式中，經濟訂購量的固定訂購量模式雖然不見得能最快速反映顧客需求 (變化)，但卻是有效庫存管理的基石，並被業界廣泛採用。

經濟訂購量模型的主要缺點，是它僅能針對供應鏈系統中單一設施庫存需求執行分析，而無法針對運籌網路中多重設施地點的庫存執行分析評估。除此之外，即便在單一設施中，若碰到需求突然激增的狀況時，因經濟訂購量模型只對現有庫存低於再訂購點時才啟動，對需求突然激增，尤其是靠近再訂購點時的反應也不夠快速，可能會導致缺貨的風險。

近年來許多組織為因應更為複雜的運籌活動，已開始運用較複雜的經濟訂購量模型，以主動因應各種運籌活動的變化。換句話說，除了傳統經濟訂購量的拉式原則外，也加上主動的推式原則。

一般而言，經濟訂購量模型雖然在需求與耗用狀況確定時能順利運作，但其諸多假設也與實際情形有甚大差異。因此，許多因應假設變動的調整模型被發展出來如下：

- 組織須考量轉運中的庫存成本 (Cost of Inventory in Transit)。
- 當運輸對大運量有折扣優惠時 (Volume Transportation Rates)。
- 當組織自有車隊 (Private Transportation) 而須評估其費用時。
- 當有超量運費 (In-Excess Freight Rates) 可利用時。

上述經濟訂購量調整模型的計算與範例說明，請參照本章附錄 9A。

綜括來說，經濟訂購量模型可因應各種狀況的改變而做調整，調整的目的則無外乎訂單成本、庫存成本及缺貨成本等之權衡考量。

9.4.4 狀況不確定時的固定訂貨量

到目前為止，再訂購量都是假設現有庫存及需求量都是已知的確定狀況，當現有庫存為零、啟動再訂購作業的訂購量為最符合經濟效益的假設，雖然有助於模型的簡化與計算方便，但卻與組織面臨的實際狀況相差甚遠。

現代組織處於狀況不確定的原因很多，首先是顧客需求的不確定性。顧客對各種產品的需求，會受到天候、社會性需求、實際需求及其他一大堆因素的影響，因此各種產品的需求可能會以天、週或甚至季的週期模式而變動。

除此之外，交貨時間也通常不確定，尤其對跨洋的長途運輸更是如此。即便貨運商都盡可能的達成其交運期承諾，但仍有許多因素如天候、港口或公路的壅塞，甚至海關的通關延誤……等，都使交運時間變成相當不可靠！事實上，交運期的可靠性也是組織在選擇運輸模式與貨運商時的最重要考量因素。

另對狀況不確定的另一項主要影響因素，是組織處理訂單所需時間的變異。訂單交運會受到貨運商交運時間不確定的影響，已如前述外，對訂單的信用查核及現有庫存可用性等，也會對訂單的履行時間造成不確定的影響。

由於上述於需求、交運時間及訂單處理等不確定因素之影響下，庫存管理模型也必須做相對應的調整。圖 9.4 顯示狀況確定下的經濟訂購量模型，若為因應需求、交運時間等不確定性因素所做的固定訂購量模型調整，則如圖 9.11 所示。

比較圖 9.4 與圖 9.11，我們可發現不確定狀況與狀況確定之固定訂購量模型，在假設上有三項差異如下：

1. 顧客需求（影響現有庫存水準）在狀況確定時為已知且為常數，並在每個訂購週期以最高現有庫存開始、以零庫存為週期的結束，經濟訂購量通常設為 Q / 2。但在需求狀況不確定時，最高現有庫存、再訂購點及零庫存點都在每個訂購週期有變動。
2. 交貨時間（或循環）在狀況確定時為已知且為常數，故呈現固定週期的完美鋸齒狀；但在狀況不確定時，因需求與庫存耗用不確定的影響，而使鋸齒呈現不平均分布的狀況。亦即，補貨週期會有變化而非固定！
3. 狀況確定模型不允許有缺貨的情形；但在需求與交貨時間不確定的狀況下，組織必須要設置安全庫存以避免缺貨情形的發生。而安全庫存量的多寡，則須視顧客需求、交運時間及服務水準等之要求而設定。

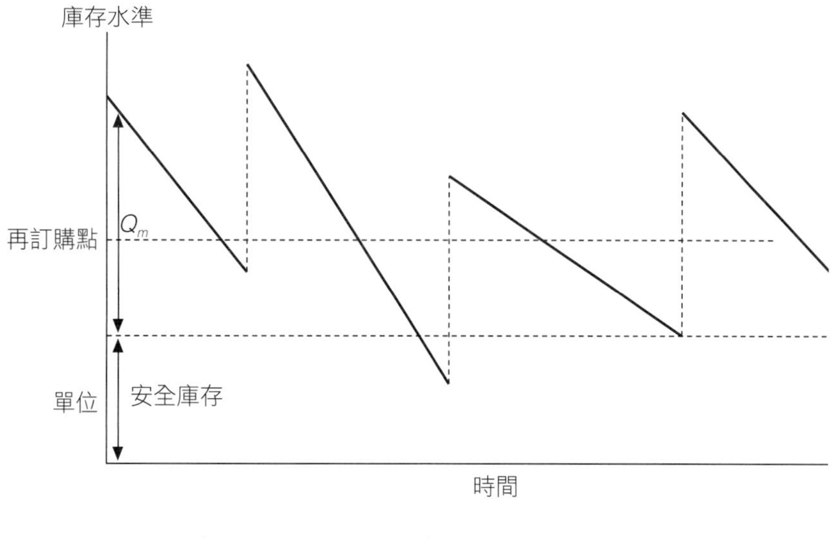

✧ **圖 9.11** 不確定狀況固定訂購量模型

資料來源：John J. Coyle, DBA. Used with permission.

再訂購點的調整

如前所述，經濟訂購量基本模型的再訂購點，是指能在交運時間內仍滿足顧客需求的現有庫存量。因需求量與交運時間均為已知且固定，故其計算相當簡單，亦即每日(平均)需求量 × 交運時間(日)即可。但在狀況不確定時，再訂購量則要在交運期每日需求量上，再加上安全庫存的考量，其計算模型的調整則說明如下。

需求不確定的調整

第一個計算模型的調整，是處理需求(或耗用率)的不確定。在此調整模型中，仍然適用的 EOQ 模型基本假設如下：

1. 交貨(補貨)時間仍為已知的常數。
2. 再訂購價格或成本與訂購數量或時間無關。
3. 無轉運中庫存考量。
4. 再訂購項目為獨立(無項目間互動關係)。
5. 規劃時間無限制。
6. 可用資源無限制等。

在考量需求不確定的變動影響時，運籌經理們專注的是安全庫存持有成本與缺貨成本(或失去銷售)之間的權衡考量。

在固定訂購量模型中，納入需求不確定的考量，是要能讓現有庫存在交運時間內仍能因應顧客的需求。回想在狀況確定時的固定訂購量模型，經濟訂購量為 240 單位、再訂購點為 100 單位時的意義，是每個(訂購、補貨)週期都從 240 單位開始，當現有庫存降至 100 單位時，則啟動再訂購作業。

在需求不確定狀況時，現有庫存在 240-100 單位間的需求是變動的，組織為因應此需求變動狀況所設定的安全庫存量，是在避免於交貨時間內需求超過現有庫存的缺貨情形。安全庫存量設定太高，會增加庫存持有成本；太低，則會有缺貨的風險。

若假設需求不確定狀況時，在補貨交運時間內的需求是在 130 ± 30 單位區間內變動。若再進一步假設組織已記錄每 10 個單位需求變動區隔內的發生機率如表

9.15 所示，再根據表 9.15 所示七個需求點所計算的再訂購點的庫存變化量彙整如表 9.16 所示。

表 9.16 僅顯示不同再訂購點於交運其內的庫存量變化情形，但未納入機率的考量。若再加上不同再訂購點的發生機率，則能讓組織判定於交運期內庫存量是超量（正值）或短缺（負值）。

若假設庫存缺貨成本為每單位 10 美元，反映著因庫存不足需求而喪失的銷售收入或利潤，因缺貨所衍生未來喪失銷售則視為機會成本（而不納入計算）。

安全庫存持有成本的計算方式，與基本經濟訂購量模型的計算一樣。若假設每庫存單位的價值仍為 100 美元，而年度庫存持有成本仍為庫存單位價值的 25%（此處為倉儲庫存持有成本 = $100 × 0.25 = $25）。則納入不同再訂購點的發生機率及最低再訂購點的成本計算方式，如表 9.17 所示。

表 9.15 交運期之需求機率分布

需求（單位）	機率
100	0.01
110	0.06
120	0.24
130	0.38
140	0.24
150	0.06
160	0.01

資料來源：C. John Langley Jr., Ph.D. Used with permission.

表 9.16 不同再訂購點交運期的庫存量變化

	再訂購點						
實際需求	100	110	120	130	140	150	160
100	**0**	10	20	30	40	50	60
110	– 10	**0**	10	20	30	40	50
120	– 20	– 10	**0**	10	20	30	40
130	– 30	– 20	– 10	**0**	10	20	30
140	– 40	– 30	– 20	– 10	**0**	10	20
150	– 50	– 40	– 30	– 20	– 10	**0**	10
160	– 60	– 50	– 40	– 30	– 20	– 10	**0**

資料來源：C. John Langley Jr., Ph.D. Used with permission.

表 9.17 下半部最低再訂購點的成本計算變數如下：

e：每週期預期超量

g：每週期預期缺量

k：每單位缺量的缺貨成本

G：gk：每週期預期缺貨成本

G(R/Q)：每年預期缺貨成本

eVW：每年預期超量庫存持有成本

經表 9.17 的計算後，我們可發現在七個因需求不確定變異的再訂購點狀況中，再訂購點 140 有最低的年度總成本 390 美元。但此年度最低總成本，還不能保證在每個再訂購點時的可能超量或短缺。另在表 9.17 下半部的計算中，只有步驟 5 的每年預期缺貨成本 (GR/Q) 為狀況確定的可用資訊，其他計算最低再訂購量成本的公式，則還須納入安全庫存及缺貨成本的考量：

✜ **表 9.17** 不同再訂購點交運期的庫存量變化

實際需求	機率	再訂購點						
		100	**110**	**120**	**130**	**140**	**150**	**160**
100	0.01	**0.0**	0.1	0.2	0.3	0.4	0.5	0.6
110	0.06	− 0.6	**0.0**	0.6	1.2	1.8	2.4	3.0
120	0.24	− 4.8	− 2.4	**0.0**	2.4	4.8	7.2	9.6
130	0.38	− 11.4	− 7.6	− 3.8	**0.0**	3.8	7.6	11.4
140	0.24	− 9.6	− 7.2	− 4.8	− 2.4	**0.0**	2.4	4.8
150	0.06	− 3.0	− 2.4	− 1.8	− 1.2	− 0.6	**0.0**	0.6
160	0.01	− 0.6	− 0.5	− 0.4	− 0.3	− 0.2	− 0.1	**0.0**
最低再訂購點成本計算								
1. 每週期預期超量 (e)		0.0	0.1	0.8	3.9	10.8	20.1	30.0
2. 每年預期持有成本 (VW)		$0	$2.50	$20.00	$97.50	$270	$502.50	$750
3. 每週期預期缺量 (g)		30.0	20.1	10.8	3.9	0.8	0.1	0.0
4. 每週期預期缺貨成本 (G = gK)		$300	$201	$108	$39	$8	$1	$0
5. 每年預期缺貨成本 (GR/Q)		$4,500	$3,015	$1,620	$585	$120	$15	$0
6. 每年預期總成本 (2 + 5)		$4,500	$3,017.50	$1,640	$682.50	$390	$517.50	$750

資料來源：C. John Langley Jr., Ph.D. Used with permission.

$$TAC = (QVW / 2) + (AR / Q) + (eVW) + [G(R/Q)] \quad (9.6)$$

$$=> d(TAC) / dQ = (VW / 2) - [R(A + G) / Q^2]$$

設定 d (TAC) / dQ = 0，求解 Q 可得：

$$Q = [2R(A + G) / VW]^{1/2} \quad (9.7)$$

代入再訂購點 140 的擴充模型（加入安全庫存與缺貨成本）數據可得：

$$Q = [2 \times 3,600 \times (200 + 8) / \$100 \times 0.25]^{1/2}$$
$$\cong 245 (\text{單位})$$

此狀況不確定的再訂購量為 245 單位（相較於狀況確定時的 240 單位），雖然增幅不大可予忽略，但卻是反應最低總成本再訂購點 140 單位的再訂購量。最後，將此 Q = 245 代入總年度成本的計算如：

$$TAC = (QVW / 2) + (AR / Q) + (eVW) + [G(R/Q)]$$
$$= (245 \times \$100 \times 025 / 2) + (200 \times 3,600 / 245)$$
$$+ (10.8 \times \$100 \times 0.25) + (8 \times 3,600 / 245)$$
$$= \$6,389$$

此 TAC = $6,389 反映需求著狀況不確定時的總年度成本增加（相較於狀況確定時的 6,000 美元，如表 9.14 所示）。若還要納入其他變動因素的影響，如交貨時間也不確定的狀況下，此年度總成本額度還要增加。

需求與交運時間均不確定狀況

在實務運作時，顧客需求與補貨時間可能都不確定，這要比只有需求不確定的狀況下決定安全庫存量更複雜，卻也更符合實際。

當需求與交貨時間都不確定（有變異）時，決定安全庫存量與計算總成本的第一步，通常是估計在交貨時間內需求的平均值與標準差。而需求平均值與標準差的估計，則通常與需求是否符合常態分配的假設有關。

如假設顧客需求在交運時間內的分配為常態分配，另若以對稱的角度來說，$X \pm 1\sigma$ 的涵蓋面積為 68.26%、$X \pm 2\sigma$ 為 95.44%、$X \pm 3\sigma$ 則為 99.73%。但若只以單邊的角度來看，若再訂購點為 $X \pm 1\sigma$，代表著有 84.13% 的機率，交運期內的需求不會超過可用庫存量，同樣的，若再訂購點為 $X \pm 2\sigma$ 或 $X \pm 3\sigma$，則代表交運期內可能的缺貨機率（需求大於可用庫存）分別為 2.28% 與 0.13%，如圖 9.12 所示。

在不確定的狀況下，提高再訂購量（$\pm 1/2/3\sigma$）即意味著增加安全庫存量。組織必須找到驗證此提高再訂購量（與安全庫存量）的成本驗證方法。

回顧 9.3.4 小節有關安全存量的計算公式如下：

$$\overline{X} = SR$$

$$\sigma = (R\sigma_S^2 + S^2\sigma_R^2)^{1/2}$$

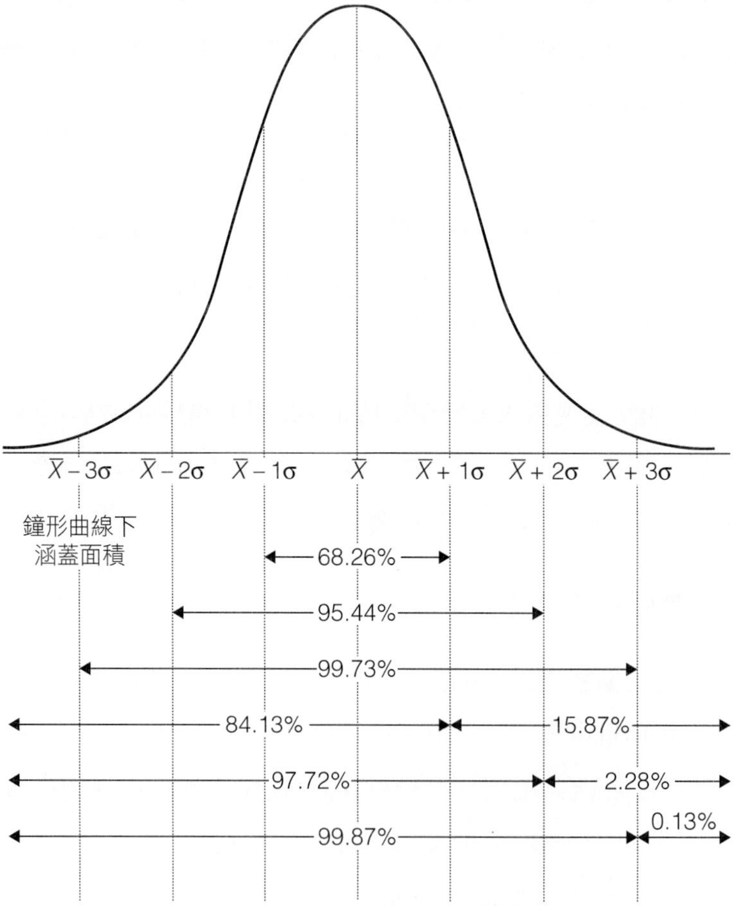

✧ **圖 9.12** 常態分配示意圖

資料來源：John J. Coyle, DBA. Used with permission.

其中

X = 交運時間內的平均需求量（單位）

S = 每日需求量（單位）

R = 補貨循環（天）

σ = 交運期內需求的標準差（單位）

σ_S = 每日需求量標準差（單位）

σ_R = 補貨循環標準差（天）

若假設每日的需求 S 為 20 ± 4（單位），而交貨時間（補貨循環）R 為 8 ± 2（天），則交運期內的平均需求量 X 及標準差 s 分別計算如下：

$$\overline{X} = SR$$

$$= 20 \times 8 = 160 \text{（單位）}$$

$$\sigma = (R\sigma_S^2 + S^2\sigma_R^2)^{1/2}$$

$$= (8 \times 4^2 + 20 \times 2^2)^{1/2}$$

$$= (1{,}728)^{1/2}$$

$$= 41.57 \cong 42 \text{（單位）}$$

如上述之討論，若將再訂購點設為 $X + 1\sigma = 202$ 單位，則有 84.13% 的機率，需求在補貨期內不會超過可用庫存，換句話說，因需求超過可用庫存的缺貨機率只有 15.87%（100% – 84.13%）。若將再訂購點提高到 2 或 3 個標準差水準，則缺貨機率將快速且大幅的下降，如表 9.18 所示。當然，組織必須在降低缺貨機率所提高的顧客服務水準，與提升再訂購點所增加的庫存持有成本之間做權衡分析。

表 9.18 再訂購點與缺貨機率對照表

再訂購點（單位）	缺貨機率（%）
$\overline{X} + 1\sigma = 202$	15.87
$\overline{X} + 2\sigma = 244$	2.28
$\overline{X} + 3\sigma = 286$	0.13

資料來源：John J. Coyle, DBA. Used with permission.

9.4.5 固定訂購期程模型

在經濟訂購量的基礎模型變形中，除了狀況確定或不確定的固定訂購量模型外，也有**固定訂購期程模型** (Fixed Order Interval Approach)。在本質上，固定訂購期程模型以固定、規則的期程執行庫存的補貨，並通常在每一訂購期程將屆時，計算現有庫存數量，再實施庫存再訂購的補貨作業。

與固定訂購量模型比較，固定訂購期程模型較不需要對現有庫存的計數監控作業，換句話說，再訂購的啟動機制是時間而非 (庫存) 數量。也因此，固定訂購期程模型，較適用於需求相對穩定的庫存管理作業。若需求有突然或大量的變動，固定訂購期程模型或將不太適用！

如同固定訂購量模型，固定訂購期程模型在需求或交運時間都固定不變的狀況下，其再訂購量的計算相當簡單，通常只要將該期程內耗用的庫存加上補貨循環時間內的預期耗用庫存即可。但若補貨期程內庫存耗用狀況突然增加，並可能耗用到安全庫存時，則可能導致零庫存或缺貨的風險。圖 9.13 顯示一固定 5 週的訂購期程模型。

9.4.6 經濟訂購量總結與評估

討論至今，我們知道庫存管理模型，可區分為四種基本組合如下：

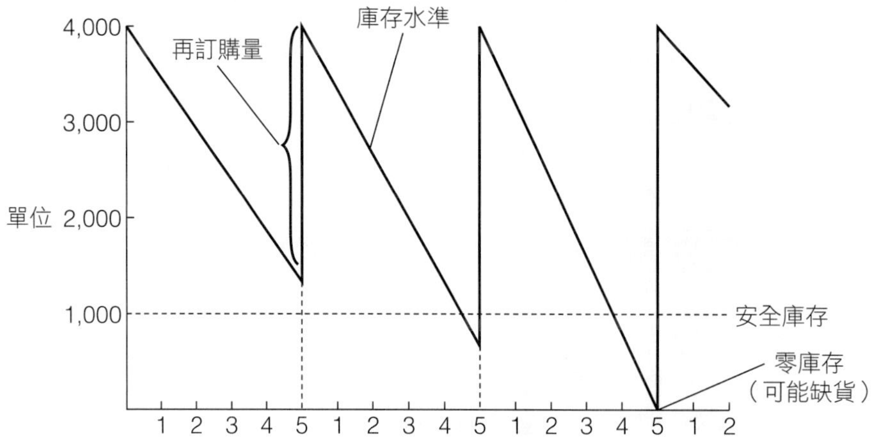

✧ **圖 9.13** 固定訂購期程模型（含安全庫存）

資料來源：John J. Coyle, DBA. Used with permission.

1. 固定訂購量與固定訂購期程。
2. 固定訂購量與不規則訂購期程。
3. 不規則訂購量與固定訂購期程。
4. 不規則訂購量與不規則訂購期程。

上述四種庫存管理模型各自有其適用的情況。若組織的需求與補貨期程均為已知且固定，基本經濟訂購量模型或固定訂購期程模型都是適用的評估模型，其計算結果也應一致。若需求與補貨期程之一為變動或兩者均變動的狀況下，則其庫存管理應選擇能反映缺貨風險的評估方法。舉例說明，在 ABC 庫存分類法中對 A 級項目（少數但高價值）的庫存管理，固定訂購量與不規則訂購期程可能為最佳方法，對 C 級項目（多數但低價值）的庫存管理，不規則訂購量與固定訂購期程模型可能較為適合。最後，只有在限制條件極為嚴格的狀況下，才可能用到不規則訂購量與不規則訂購期程模型。無論使用哪一種庫存管理決策模型，都需要執行相關運籌成本（如訂單履行、庫存及運輸成本）的權衡分析。

目前企業組織所用的庫存管理方法，如及時系統、物料需求規劃、製造需求規劃、物流需求規劃、供應商管理庫存……等，都已驗證基本經濟訂購量模型、固定訂購期程模型，及上述兩種模型的擴充模型等之有效性。

9.5 其他庫存管理方法

因庫存成本通常是組織資產負債表中占用成本的第一名或第二名（另一則是運輸成本）。因此，降低供應鏈中庫存水準往往是供應鏈管理與組織經營的重點。

組織通常可藉降低庫存水準來降低其經營成本，並改善組織的投資報酬率或資產報酬率。但讀者須留意的，是客服水準通常是降低庫存水準與成本的主要限制性因素，另對庫存的投資，有降低其他領域成本（如製造或運輸）、提升其價值，因而達成更好客服水準的效果。因此，在考慮維持供應鏈的何種庫存水準時，必須與其他因素執行相關成本效益的分析和權衡。

供應鏈側寫 教育物流通過庫存測驗

教育資產 (Asset Education) 是一家發展教育者的專業物流商，專精於紙本教材與租借用品的備貨、提供與管理。這家公司在匹茲堡南部有一占地 2 萬平方呎的庫房，儲存著 3,000 個科技、技術、工程與數學 (Science, Technology, Engineering and Math, STEM) 裝備與消耗品的庫存單位，而這些庫存單位另可進一步的組成 100 個不同的教學模組。

因為回收的套件通常會有遺失、損壞或甚至多出的項目，因此反向物流與品質管控成為該公司的重點。在應用一客製化軟體應用程式 (App) 後，該公司能管理項目階層的庫存，而非以往的套件階層。

「我們不希望老師從其他供應商採購貨品，我們能提供所有老師們的教學所需。」教育資產的執行董事普爾瓦施基 (Cynthia Pulkowski) 解釋：「但如我們提供的教學套件中有一、兩項遺失或損壞，教師則必須再跑一趟採購，那我們就漏失了服務目標。」

教育資產最初以套件提供教師所需的服務方式，假設該套件在用完後會完整無缺的歸還。但這理想情形卻鮮少發生，使庫存管理也變得相當困難。普爾瓦施基說道：「我們的同事，通常藉拆零一組套件以完成其他的套件。」

「這真是夢魇！」教育資產的物料支援中心主任阿森悌 (Frank Aenti) 形容：「我們試圖以目前的倉儲管理系統來解決此事，但都得不到效果。若考慮採用其他庫存管理系統，除成本過高外，也可能超出我們所需。」

在自行開發一分撿功能的 App 應用軟體 (DMLogic)，並與公司現有系統整合後，教育資產現在可以順利執行項目層級工作流路，如回收、分撿、包裝等作業之集中與管理。

當工單傳至庫房現場時，會自動產生一獨特的授權標示板及貨物包，每一個貨物包都代表著一個或部分模組。如此，一個撿貨人員可同時執行六個貨物包的撿貨，而非以前六個人執行一個模組的撿貨。2014 一年，該公司即以 10,000 個貨物包的形式，送出 360 萬項教學用物品。

由於 DMLogic 專案運作的成功，教育資產公司去年已歸還一半的庫房面積給房東，其作業線也從以往的 1,000 呎擴充四倍到 4,000 呎，並將以往外部儲存的項目移回自己的庫房處理。

「項目階層的庫存績效有大幅改善。」普爾瓦施基說：「最重要的成就，是我們的供應商現在會聽我們員工說些什麼，而不是只交貨而不做說明。這就是我們所要的庫存管理。」

資料來源：Josh Bond, *Logistics Management*, February 2015, p. 37. Reprinted with permission of Peerless Media, LLC.

9.5.1 及時系統

業界最常被討論與運用的庫存管理系統，為**及時系統**(Just-in-Time System, JIT)。及時系統被廣泛運用在製造、庫存及交運……等系統中，及時一詞的精髓，是指當需要時，需要的資源(不多也不少)能及時到位與備用。本節專注於討論及時系統運用在庫存管理領域的相關內涵。

及時系統的定義與要件

一般而言，及時系統是為了減少浪費與管理交貨時程而設計。若對及時製造系統而言，其定義為：「在開始製造的當時，製造所需的所有資源同時到位。」此定義也可推廣適用在 JIT 庫存或 JIT 交運……等運作。在理想狀態，運作所需的資源會在需要的當時同時到位，遲到或早到都不被允許，因此組織無須為製造程序設置庫存備料(零庫存)。但在實務運作中，理想狀態並不容易做到。因此，一般組織仍須維持運作所需的庫存備料或安全存量。

對許多 JIT 庫存管理系統而言，一般都強調短與一致性高的交貨期程。但對真正的及時系統而言，交貨時間的長短並不如可靠度來得重要。可靠度高的交貨時間，也具有高的可預期性，能有效降低庫存的變異，使庫存管理真正能支援製造或交運等作業的需求。

在及時庫存管理系統中，由四個概念構成如下：

1. **零庫存 (Zero Inventories)**：是指及時系統發揮到極致的理想狀態。因組織所需的庫存，都會在需要時由供應商及時補貨，使組織無須為運作而備料。但實務中，為確保不會因缺貨而造成運作的停滯，組織通常仍須準備以防萬一(Just-in-Case, JIC)的安全庫存量。
2. **短且一致性高的交貨時間 (Short and Consistent Lead Times)**：現代實務中，通常指供應商管理庫存或預期性高的供應商管理。
3. **經常小批量的補貨 (Small, Frequent Replenishment Quantities)**：由供應商管理庫存系統，維持著以防萬一的安全庫存量。
4. **零缺陷 (Zero Defects)**：指及時補貨作業與貨品的高品質、正確數量、正確運抵時間和正確運送地點……等。

上述四種組成概念，使及時庫存管理比其他庫存管理系統更具全面性。換句話說，要真正做到及時庫存管理，必須要有高品質要求的文化、策略夥伴關係的供應商及高效能員工團隊等的配合。

及時庫存管理系統的運作，與**雙倉** (Two-Bin) 或**再訂購點系統** (Reorder Point System) 類似。雙倉系統運用其中的一庫存倉 (A 倉) 來滿足需求，當 A 倉庫存耗盡時 (啟動補貨訊號) 時，另一 B 倉在 A 倉等待補貨期間則接替滿足需求。若此雙倉系統能得到供應商的真正及時補貨，則理論上，A/B 雙倉的庫存量及在訂購補貨都是 1。顯然的，這能促使組織追求庫存建置成本與訂購處理成本盡可能降低。

藉由極小庫存量與極短補貨時間的實務運作，及時庫存管理系統可使組織大幅降低庫存的交貨時間。舉例說明，日本豐田公司 (Toyota) 產製的叉動車產製作業，包括採購、製造、組件組裝及最終組裝等，總計對客戶所需的交貨時間只有一個月；但其他叉動車製造商的交貨時間，則長達 6-9 個月之久。

及時系統與經濟訂購量模型的比較

表 9.19 列舉經濟訂購量模型與及時系統態度對照表。及時系統的運作特性則將分別討論如下：

1. 及時系統可同時降低買賣雙方的庫存。乍看之下，及時系統似乎指專注在買方 (企業組織) 的庫存，而將庫存壓力轉移至賣方 (供應商)。但若與供應商合作並妥善運用及時系統，確實能有效降低彼此的庫存。
2. 典型的及時系統，通常是短生產期程並通常需要頻繁的生產變更，這會衍生較高的生產變動成本。但因短生產期程能降低最終產品的庫存水準，因此及時系統的運作會涉及生產變更成本與最終產品庫存成本之間的權衡。一般來講，最終產品庫存成本的降低，能抵銷生產變更成本，而有較佳的成本效益。
3. 及時系統能降低原物料及產品的等待時間。如其定義，及時系統在啟動生產的當時，原物料及其他所需資源同時到位。這在汽車製造業的運用最為成功。經由及時系統的運作，零組件及組成件等在生產線何時需要時，將確實數量的物料交運到正確的生產線上。

表 9.19 經濟訂購量模型與及時系統態度對照表

因素	EOQ	JIT
庫存	資產	責任
安全存量	有	無
生產運作	長	短
建置時間	緩衝	最小化
批量	EOQ	一對一
佇列	消除	必須
交貨時間	容忍	縮短
品質檢驗	重要	100% 程序
供應商與顧客	對手	夥伴
供應來源	多重	單一
員工	指示	參與

資料來源：摘自 William M. Boyst, III, "JIT American Style." *Proceedings of the 1988 Conference of the American Production & Inventory* Society (APICS, 1988): 468. Reproduced by permission.

4. 及時系統以短、一致性高的交貨時間，及時滿足庫存的需求。這也是供應商為何將設施位置設置於靠近追求及時系統運作廠商的原因。短的交貨時間能降低循環庫存，一致性高的交貨時間則能降低安全庫存。在時間與一致性兩個交貨時間的組成中，一致性高比時間短來得重要。

5. 及時系統的順利運作，相當依賴高品質的供貨及高效能的內向運籌管理作業。高品質交貨的意義是交貨的數量都可滿足需求，不會因不良品而造成數量的短缺，而如接收、檢驗、入庫、撥交生產等傳統內向運籌作業則在 JIT 的原則下，統一由供應商負責。

6. 及時系統的運作，需要有買賣雙方的堅強、互信承諾，以追求雙方雙贏的情境。換句話說，組織必須要能與其供應商發展出策略夥伴或聯盟關係，在審核通過供應商的資格與能力後，內向運籌就委交給供應商全權負責。供應商也能從組織獲得穩定供貨的機會。若組織僅將庫存壓力推給供應商，而不協助供應商建立能量及授權供應商，及時系統的運作不會成功！

及時系統的小結與評論

及時系統的運作觀念，讓運籌經理能有效的降低單位生產與庫存成本，另也能強化客服能力。若仔細審視及時系統反應需求的特性，可將及時系統視為經濟訂購量模型與固定訂購數量方法組合。

及時系統與傳統庫存管理方法的主要差異，是及時系統追求並可獲得短且一致性高的交貨時間，可有效降低或甚至消除庫存的需要。因強調需求的快速反應與彈性，及時系統能有效節約庫存水準。事實上，若在供應鏈有效的執行運籌系統的同步化，及時系統的運作不會受到運籌網路各設施點庫存策略的影響。

成功的及時系統運作，也強調有效、可靠的製造或生產程序。另因及時系統要求當需求產生時，能及時的交運生產程序所需的原物料或產品。因此，及時系統也相當依賴最終產品需求的精確預測。除此之外，及時系統也需要有效、可靠的通訊與資訊系統及高品質運輸服務等的支持。

9.5.2 物料需求規劃

在業界尚未廣泛運用電腦前，製造程序與庫存管理大都依賴經濟訂購量模型而決定再訂購點與再訂購量。到 1964 年，為反應日本豐田生產系統 (Toyota Production System, TPS) 的成功，美國學者奧利基 (Joseph Orlicky) 發展**物料需求規劃** (Material Requirements Planning, MRP) 系統，並開始在業界運用。到了 1975 年，美國已有超過 700 家公司運用物料需求規劃系統，奧利基另於當年出版〈物料需求規劃：生產與庫存管理的新生命型態〉(*Material Requirements Planning: The New Way of Life in Production and Inventory Management*) 一書，使物流需求規劃的概念更為普及。到了 1981 年，美國運用物料需求規劃系統的廠家已將近 8,000 家。但一直要到資訊技術 (IT) 的運用後，物料需求規劃系統才真正發揮其效能。

物料需求規劃系統的定義與運作

對一套由資訊技術支援的物料需求規劃系統，以相關程序、決策與紀錄等的邏輯組合，將最終產品的總生產期程，轉換成每一項原物料的時序化庫存需求。換句話說，物料需求規劃是根據最終產品的需求數量與生產排程，分解成每一項零附件的庫存管理。

根據上述定義，物料需求規劃系統計有下列三項目標：

1. 確保能支援顧客對最終產品需求數量生產所需的物料、組成等之庫存可用性。
2. 在支援生產與服務目標的前提下，盡可能降低原物料庫存水準。
3. 規劃採購、製造活動及交貨期程等。

為達成上述目標，物料需求規劃系統除考量目前與規劃的物料庫存量之外，原物料需求的獲得時間也相當重要。

物料需求規劃系統從決定有多少與何時最終產品需求（獨立需求項目）開始，隨後將最終產品需求的時間與數量分解到組成、零附件的需求時間與數量。其系統關鍵組成及運作方式如圖 9.14 所示，並簡述如下：

主生產計畫 (Master Production Schedule, MPS)：根據顧客實際下單數量與需求預測，主生產計畫詳列著顧客對最終產品的需求數量與其需求時間，並驅動著整個物料需求規劃系統。

物料清單 (Bill of Materials, BOM)：正好像做菜的食譜一樣，物料清單則詳列著為產製最終產品數量所需的原物料、組成及次總成項目等，除了各單項數量的需求外，物料清單也同時明確指定各項目的需求時間與各項目之間的關聯性等。因此，若組成一組件所有物料的交貨時間不一樣，則物料清單也要能指出其需求時間的關係。

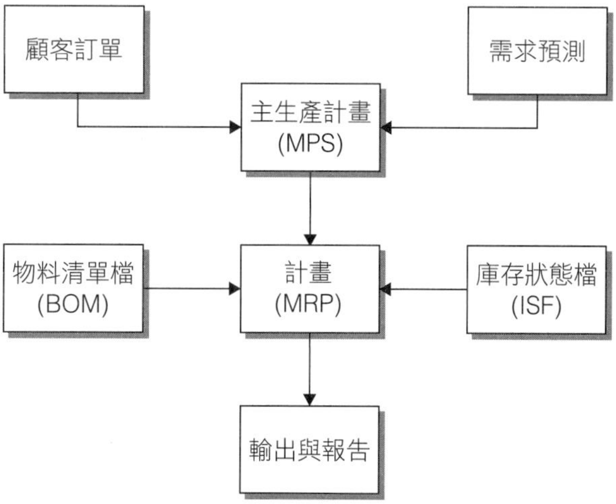

✧ **圖 9.14** 物料需求規劃系統示意圖

資料來源：John J. Coyle, DBA. Used with permission.

庫存狀態檔 (Inventory Status File, ISF)：記錄著組織所有原物料的現有庫存狀態。從生產所需數量扣除後，則能辨識出各需求原物料項目的淨補貨量與需求時間。庫存狀態檔顯示的安全庫存量與要求交貨時間等資訊，在支持主生產計畫及降低庫存量等，都扮演著重要的角色。

物料需求規劃程式：根據從主生產計畫指定獨立項目的需求及物料清單，物料需求規劃程式首先將最終產品需求數量，分解成各原物料項目的需求數量。然後，物料需求規劃程式再根據庫存狀態檔的庫存狀態，決定每一原物料項目的再訂購補貨期程。

輸出與報告：在執行物料需求規劃程式後，會產生管理者對製造生產與運籌作業所需的相關報表如下：

1. 各項原物料的補貨時間與訂購數量。
2. 對任何原物料需求及運抵時間的調整與再排程。
3. 因應顧客需求改變的調整與再排程。
4. 物料需求規劃系統的狀態資訊。

上述輸出報告可每日例行產生，讓管理者在複雜的運籌環境中做出及時的調整與決策。

物料需求規劃的運用範例

為解說物料需求規劃系統的運作程序，現假設組織的主生產計畫中，要在八週後，運交給顧客一個沙漏型煮蛋計時器。根據物料清單的分解，一個沙漏型煮蛋計時器所需的原物料包括 1 g 的沙、1 個玻璃護罩、2 個端座及 3 個支架等，另在煮蛋計時器的最終組裝前，應先將 1 g 的沙裝進玻璃護罩內。圖 9.15 顯示該沙漏型煮蛋計時器的物料需求規劃及其組裝次序。表 9.20 則顯示該沙漏型煮蛋計時器的庫存狀態檔。

最後，結合圖 9.15 所示之物料需求程序規劃及表 9.20 所示之庫存狀態需求表，我們可發展出如圖 9.16 所示煮蛋計時器之主生產計畫。從圖 9.16 所示的主生產計畫中，因第八週須對顧客交貨，故所有的煮蛋計時器最後組裝作業，必須在第七週完成。而第七週的最後組裝作業的物料需求，則繼續往下展開，如第七週都必

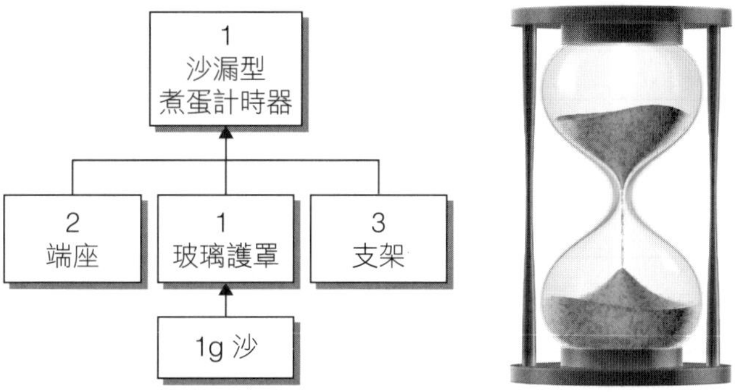

圖 9.15 物料需求規劃範例

資料來源：John J. Coyle, DBA. Used with permission.

表 9.20 沙漏型煮蛋計時器的 ISF 庫存狀態檔

產品	毛需求	現有庫存量	淨需求	交貨期 (週)
煮蛋計時器	1	0	1	1
端座	2	0	2	5
支架	3	2	1	1
玻璃護罩	1	0	1	1
沙	1	0	1	4

資料來源：John J. Coyle, DBA. Used with permission.

須完成 2 個端座、3 個支架及 1 個已裝沙之玻璃護罩；另外，玻璃護罩裝沙作業則須在第六週完成等。

圖 9.15 主生產計畫中，也顯示每項原物料組件的庫存需求與排程狀況。如 2 個端座的交貨時程為五週 (LT = 5) 且目前庫存缺貨，則如須在第七週完成備貨接收，則規劃的下訂時間則為第七週的提前五週，亦即第二週即須對端座執行下訂再補貨作業。同樣的，若 1 g 的沙要在玻璃護罩第六週完成備貨，而沙目前庫存為零，且交貨期程為四週 (LT = 4)，則沙要在第二週即完成下訂補貨……等。

事實上，物料需求規劃程式，可自動執行如圖 9.16 所示的備料與排程時間計算。當主生產計畫完成後，MRP 系統即可產出報表，以供管理者監督或管理製造流程與庫存備料作業等。

雖然此處顯示煮蛋計時器是一相當簡單的範例，但物料需求規劃系統特別適合複雜系統的製造排程與庫存管制作業。如戴爾與波音 (Boeing) 分別製造的電腦或飛機都屬於複雜的系統，但兩家企業都運用物料需求規劃系統於其製造程序排程與庫存管理作業，且都獲得相當的成功。

計時器 (LT = 1)	1	2	3	4	5	6	7	8
需求量								1
生產排程							1	

端座 (LT = 5)	1	2	3	4	5	6	7	8
毛需求量							2	
現有庫存	0	0	0	0	0	0	0	
排定接收							2	
規劃下訂		2						

支架 (LT = 1)	1	2	3	4	5	6	7	8
毛需求量							3	
現有庫存	2	2	2	2	2	2	2	
排定接收							1	
規劃下訂						1		

護罩 (LT = 1)	1	2	3	4	5	6	7	8
毛需求量							1	
現有庫存	0	0	0	0	0	0	0	
排定接故							1	
規劃下訂						1		

沙 (LT = 4)	1	2	3	4	5	6	7	8
毛需求量						1		
現有庫存	0	0	0	0	0	0		
排定接收						1		
規劃下訂		1						

✧ **圖 9.16** 煮蛋計時器之主生產計畫

資料來源：John J. Coyle, DBA. Used with permission.

物料需求規劃的小結與評論

在建立主生產計畫後，MRP 的系統程式則發展出時序性的庫存補貨與接收排程等。因為 MRP 發展出製造與生產一特定組件、產品所需物料的排程，故也可被視為推式系統。相對的，MRP 的庫存排程也促動採購訂單與生產工令等之發展。

由於生產排程根據客戶的需求而制定，物料需求規劃系統也能快速反應客戶需求的改變。雖然有些人認為拉式系統的及時系統比 MRP 更具反應性，但反向說法同樣也成立。因此，物料需求規劃系統，也有助於組織追求及時系統，如交貨時間管理與消除浪費等目標的達成。綜括來說，物料需求規劃系統具有下列主要優勢：

- 在維持合理安全庫存量的同時，以更精簡的程序降低或甚至消除庫存。
- 能在潛在供應鏈干擾事件發生前，就辨識出程序問題所在，並採取必要預防性作為。
- 生產排程同時依據實際需求與獨立需求項目的預測，因此對需求的掌握較為確實。
- 能跨組織運籌網路執行物料訂購程序的協調。
- 同樣適用於批次生產、中間組裝或專案生產……等之運作。

但物料需求規劃系統不是沒有缺點！其主要缺點列舉如下：

- MRP 相當依賴 IT 技術，一旦運作後，要變更其程序就相當困難。
- 在降低庫存水準的同時，小量、多次的補貨再訂購與運輸成本等都會增加。
- 因採取再訂購點運作方式，因此對需求的短期變動反應較不敏銳。
- 組織運作時通常會逐漸複雜化，有時甚至無法以逾期的方式運作。

製造資源規劃系統

相對於物料需求規劃系統，**製造資源規劃系統**（Manufacturing Resource Planning, MRP II，因縮寫詞與物料需求規劃一樣，故加上 II 以資區分）則除庫存與生產管理外，另將財務規劃功能整合到組織的生產與運籌程序中。

製造資源規劃系統是相當優異的規劃工具，其分析產出能讓組織執行運籌、生產、行銷及財務等功能領域的策略發展與整合，也能協助組織執行「若……則……」式的情境分析和模擬，協助組織決定在其運籌系統中移動產品（運輸）及儲存（庫存）的最佳策略。

製造資源規劃系統能將組織生產程序所需的所有功能資源，如財務、庫存、運輸、行銷……等整合起來，對組織而言，也是一項相當優秀的資源整合規劃工具。

組織若能順利運用製造資源規劃系統，則能以較低的缺貨率、較佳的交運績效與對需求變更較佳的反應性……等，改善顧客服務水準。

9.5.3 物流需求規劃

物流需求規劃 (Distribution Requirements Planning, DRP) 是一套強而有力的外向運籌管理工具，能在符合成本與客服要求下，決定適當的庫存水準，並決定組織製造設施與物流中心之間的補貨期程。若能有效運用物流需求規劃，組織可獲得如改善客服 (降低缺貨機率)、降低整體產品庫存水準、降低運輸成本及改善物流中心作業等潛在效益。因具備上述潛能，現代許多製造業的廠商都普遍採用物流需求規劃。

物流需求規劃通常配合著物料需求規劃系統一起運用，使組織能同時管理原物料的內向運籌與產品的外向運籌，這對複雜系統如汽車、裝備等製造業而言相當重要。因各項原物料的交貨時間可能不一，因此組織需要有物料需求規劃系統，以主生產排程計畫掌控製造生產所需的原物料供貨情形。物流需求規劃系統則依據客戶的需求，將此需求回饋至主生產排程，並將製造生產的最終產品交運至組織的物流中心，以及時滿足客戶的需求。

物流需求規劃的核心要素是能對客戶需求做精準的預測，並藉此回饋至物料需求規劃系統發展主生產計畫。若能有效搭配運用，物料需求規劃系統能有效降低原物料的內向庫存，而物流需求規劃系統則能有效降低產品的外向庫存。

物流需求規劃依據下列需求而發展每一最終產品庫存單位的預測：

- 每一項庫存單位的需求預測。
- 庫存單位的目前庫存水準，亦即庫存餘額 (Balance on Hand, BOH)。
- 目標安全庫存量。
- 建議的補貨數量。
- 補貨的交運時間。

上述資訊用來發展每一個物流中心的補貨期程。一份典型的物流需求規劃表，包含預測需求量、排程接收量、庫存餘額及規劃的補貨訂購量等主要資訊，如表 9.21 所示。

因展示目的，表 9.21 而僅單項產品（雞湯麵）的 9 週物料需求表，但實際運作時，單項產品的物料需求表通常會顯示 52 週（一年）的期程，並會隨著實際需求的改變而動態的調整。另外，個別單項的物料需求規劃表的彙整，也能提供有用的資訊如彙整運輸機會或各項產品運抵物流中心的次序……等，使物流中心得以發展製造工廠的主生產排程計畫，如圖 9.17 所示。

表 9.21 物流需求規劃表範例

雞湯麵：目前庫存餘額 (BOH) = 4,314；訂購量 (Q) = 3,800；安全庫存量 (SS) = 1,956；交貨時間 (LT) = 1									
週次	**1**	**2**	**3**	**4**	**5**	**6**	**7**	**8**	**9**
預測需求量	974	974	974	974	989	1,002	1,002	1,002	1,061
排程接收量	0	0	3,800	0	0	0	3,800	0	0
庫存餘額	3,340	2,366	5,192	4,218	3,229	2,227	5,025	4,023	2,962
規劃訂購量	0	3,800	0	0	0	3.,800	0	0	3,800

資料來源：A. J. Stenger, "Distribution Resource Planning." Penn State University, class example.

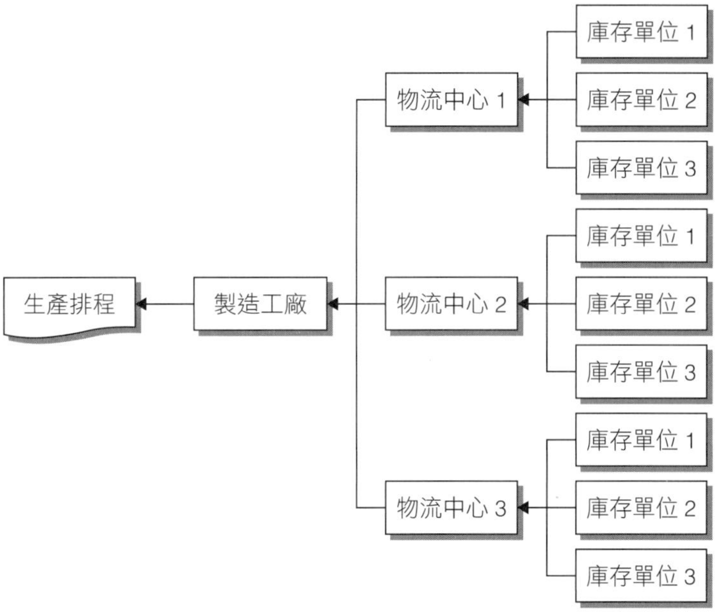

圖 9.17 彙整物流需求規劃示意圖

資料來源：摘自 A. J. Stenger, "Distribution Resource Planning." *The Distribution Handbook* (New York: The Free Press, 1994).

物流需求規劃的小結與評論

物流需求規劃系統負責製造工廠與物流中心之間的外向交運，而物料需求規劃系統則負責原物料的內向交運，這兩套系統聚焦於製造設施。因此，物料流路的最佳化就成為 DRP 與 MRP 系統的關鍵。物流需求規劃系統是推式系統的典型範例，能同時運用於單一設施或全系統運籌網路。

物料需求規劃系統運作的關鍵成功影響因素，是物流中心對單項產品的精確預測，藉由各單項產品的需求預測資訊，能使製造設施發展安全庫存量及主生產計畫。一旦主生產計畫決定後，則可以物料需求規劃系統，協調製造設施製造最終產品所需的原物料，進而滿足物流中心對客戶的交運需求。

9.5.4 供應商管理庫存

到目前為止討論過的庫存管理系統，通常只用於組織自己運籌網路的內部管理。如及時系統與物料需求規劃系統，通常用於製造設施內向運籌原物料庫存的管理；物流需求規劃系統，則管理製造工廠與其物流中心間成品的庫存。此處所要討論的**供應商管理庫存** (Vendor-Managed Inventory, VMI) 系統，則在管理組織運籌網路之外的庫存。換句話說，供應商管理庫存系統是一組織(供應商)用來管理其客戶物流中心內產品(由供應商提供)庫存的管理系統。

供應商管理庫存系統的概念，最初源自於零售巨擘沃爾瑪，由供應商管理沃爾瑪物流中心裡的產品庫存。其理由相當簡單，因沃爾瑪的供應商比沃爾瑪自己更能管理好產品的庫存。在供應商管理庫存系統的運作下，供應商必須要確保沃爾瑪物流中心內的產品庫存量，以滿足該產品的銷售需求。從沃爾瑪之後，現在已有許多產業與企業組織也會以供應商管理庫存系統，由供應商管理組織的庫存。

供應商管理庫存系統的運作原則也相當簡單，依其次序關係分別簡述如下：

1. 首先，供應商與其客戶，必須要先確認與同意於客戶物流中心內要管理的庫存項目(由供應商提供之產品)。
2. 其次，供應商與客戶也必須確認須管理項目的再訂購點與經濟訂購量。
3. 當產品由顧客物流中心運出(給終端顧客)時，客戶以庫存單位型式及時的通知供應商。此通知又可稱為「拉式資料」(Pull Data)，其意義是指供應商將被知會其庫存產品從倉儲中被拉出、交運給顧客。因此，該產品的現有庫存呈現縮減中的狀態。

4. 當客戶物流中心的現有庫存降低到事前協議的再訂購點時，供應商若有庫存，則主動補貨。若供應商自己的庫存不足，則啟動補貨程序的再訂購（或再製造）作業，並通知客戶物流中心該補貨項目的數量與預期交貨時間。經由上述作業程序和銷售與庫存資訊的及時分享，客戶無須自己啟動補貨作業，供應商也能掌握產品的需求狀態，及時的將產品推向客戶所需的位置。

傳統上，供應商管理庫存系統被用來管理供應商與零售商之間的獨立需求項目。但如電腦大廠戴爾等大企業，也允許組成件供應商運用供應商管理庫存系統管理戴爾的第三方服務庫房。因此，供應商管理庫存系統同樣適用於獨立與相依項目的需求管理。

現在許多企業組織，將供應商管理庫存系統配合著**協同規劃、預測與補貨系統**（Collaborative Planning, Forecasting and Replenishment, CPFR）一起運作。讀者或許記得已於本書第 7 章介紹過的協同規劃、預測與補貨系統，是讓供應鏈夥伴（包括供應商、企業組織自己及客戶）共同協議出供應鏈的整體需求計畫。相對於協同規劃、預測與補貨系統，VMI 則扮演著執行的角色，讓供應鏈夥伴之間能共同監控供應鏈上的庫存，並執行協同規劃、預測與補貨系統所制定的計畫。

供應商管理庫存系統的運作，並不受庫存擁有權的影響。在傳統的運作方式下，供應商以**終點離岸**（FOB Destination）的方式，將產品直接運送至客戶的物流中心內。因此，在轉運途中，供應商擁有貨物的所有權，只在運抵客戶的物流中心完成入庫移交後，貨物所有權才轉移至客戶。但因這些貨物仍被供應商以供應商管理庫存系統管理著，故企業有時稱此狀況為**寄售庫存**（Consignment Inventory）。在此寄售庫存的概念下，供應商則將面對維持能滿足銷售需求庫存的前提下、盡量減少於客戶物流中心庫存的壓力。

供應商管理庫存系統的主要優點，是讓供應商能及時掌握貨物的需求與銷售資訊，讓供應商能及時反應需求的突然變化，確保客戶物流中心不受缺貨的影響；但若運作協議未包含前述第二項原則（確認須管理項目的再訂購點與經濟訂購量），則在實際運作時，供應商會在月底將庫存推向客戶物流中心，以滿足供應商自己的庫存管控要求，反而造成客戶物流中心的多餘庫存與增加維持和運作成本。

討論至今，讀者或許能發現這些庫存管理技術或多或少都有一些微妙的差異與相似性，且它們都運用經濟訂購量模型來決定再訂購的時間與訂購量；換句話說，JIT, MRP, DRP 及 VMI 的目標，都是在追求於適當時間交運適當數量貨品目標的達成，也因此都運用經濟訂購量模型。

圖 9.18 顯示一供應鏈運籌網路及上述庫存管理技術可運用的情境。如及時系統與物料需求規劃系統，通常運用於企業組織的製造或生產程序；物流需求規劃系統則用於製造和物流中心間的物流需求規劃；供應商管理庫存和協同規劃、預測與補貨系統，則運用於組織外向運籌活動。另經濟訂購量模型之再訂購點 (Reorder Point, ROP) 技術，則運用於組織及其運籌網路之間所有的相關庫存管理系統。

圖 9.18 也反映出庫存管理的特殊現象，亦即越靠近實際需求產生點 (零售店面) 的庫存管理作為，也就是供應商管理庫存系統及協同規劃、預測與補貨系統等，其需求預測能力越強、預測循環越低及貨品的可用性越高……等。

我們迄今為止的討論，都在討論運籌網路中原物料、組件及最終產品的庫存管理技術。學界曾有假設，若在所有運籌網路的庫存點都儲存所有的原物料、組件與最終產品，也就可簡化庫存管理技術的運用。但很明顯的是，運籌網路的實際運作方式並非如此。運籌網路中各設施點對原物料、組件及最終產品的需求有相當大的

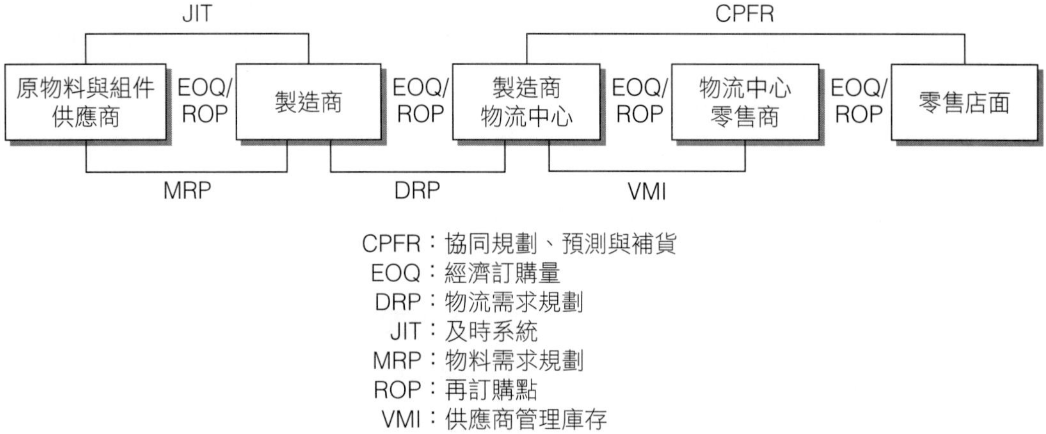

✧ **圖 9.18** 運籌網路中的庫存管理技術

資料來源：Robert A. Novack, Ph.D. Used with permission.

變異，另對所有項目所需的交貨時間也不一致。因此，除庫存管理技術外，我們還須能對不同庫存項目的倉儲位置與數量等有對應的庫存評估方式，簡單的講，就是針對庫存項目的分類方式，這將於下一小節討論。

9.6 庫存的分類

現代企業組織的多生產線，需要有效的庫存管理方式來支援製造與生產程序的需求。而**庫存分類** (Inventory Classification) 是有效庫存管理的第一步。現今已有許多庫存分類方式被發展出來，但一般常用的庫存分類方法，則通常是 ABC 庫存分析、象限分類及平方根規則等，分別討論如後。

9.6.1 ABC 分析

ABC 分析 (ABC Analysis) 的概念，最初由美國奇異 (General Electric, GE) 工程師迪基 (H. Ford Dicky) 於 1951 年所提出。根據迪基的想法，是將庫存項目依照其相對銷售量、現金流、交貨時間或缺貨成本……等準據，區分其重要性為三類，A 類為重要、B 類及 C 類的重要性則依次遞減。

讀者須對迪基所提出 ABC 分析有根本性的瞭解，亦即區分的準據可能會影響庫存項目指派到哪一類的結果。如對一收入高但獲利低的項目，若以每項收入為分類準據，則某庫存項目可能被歸類成重要的 A 類；但如以每項獲利為分類準據，則該項目則可能被歸類成不重要的 C 類。換句話說，分類的準據選擇，會影響分類的結果。因此，組織如要用 ABC 分析法對其所有庫存項目進行分類時，必須根據組織的庫存管理目標而選擇適當的準據。除此之外，分類的數量也不一定是 A/B/C 三類！

柏拉圖 80/20 法則

事實上，ABC 分析法的基礎，可視為源自於 19 世紀義大利經濟與社會學家柏拉圖 (Vilfredo Federico Damaso Pareto) 所創的**柏拉圖法則** (Pareto's Law)。柏拉圖在經濟領域的研究中，發現一經濟體系的大部分產出，是由少數菁英團體或個人所創造。另外，此現象也可在社會、政治或其他領域獲得驗證。後人將此柏拉圖法則另賦予一較通俗的名稱：**80/20 法則**(80/20 Rule)。

若將柏拉圖法則運用在企業組織的庫存分類時，則可與 ABC 分析對應，如 A 類為關鍵少數 (Vital Few)、C 類為繁瑣多數 (Trivial Many)、B 類則介於 A 類與 C 類之間。換個角度說，A 類庫存項目僅占全部庫存項目的 20%，但其價值則占全部庫存的 80%，B/C 兩類的項目總數占全部項目的八成，但其總價值卻僅占全部項目價值的兩成。這樣正好能反映出柏拉圖的 80/20 法則(圖 9.19)。但 80/20 的數值區分僅為概略區分，實務中另有其他數值區分的變形用。

在執行 ABC 分析時，有一重要的觀念必須先予確認。亦即以 A/B/C 三類區分庫存項目的重要性時，並不是指管理者僅須注意 A 類項目的可得性而已，事實上，B/C 類項目的可得性也與 A 類項目一樣，不可因管理關注焦點擺在 A 類項目，而忽略了 B/C 項目！以重要性區分庫存項目的分類，應該是用於相關的庫存或運籌決策。如確保客戶對 A 類項目的立即可得性或及時交運(快遞)能力；對 B/C 兩類庫存，則可儲存於運籌管道或網路中的較上游位置(製造工廠或物流中心等)，並確保能滿足交運需求即可。

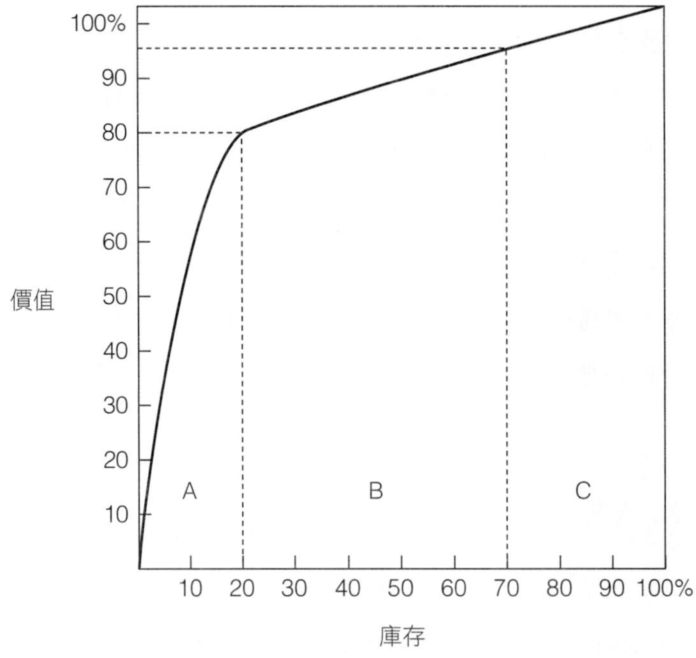

✧ **圖 9.19** ABC 庫存分析法

資料來源：John J. Coyle, DBA. Used with permission.

另一些不能忽略 B/C 類項目的原因，包括如 B/C 類項目可能是 A 類項目銷售必須的附屬品或保養零附件等，若缺乏 B/C 類項目，有可能造成 A 類項目的滯銷；另外，如 C 類項目目前雖為繁瑣多數如試賣的新產品，未來可能因廣受市場歡迎而變成 A 類項目等。

執行 ABC 分析與分類

ABC 分析與分類相當簡單。首先，組織先選擇一分類準據如單項收入為分類排序的依據後。再者，就是將所有庫存項目依據收入準據遞減排序，並計算每個庫存項目的累積收入百分比與項目百分比後，即可得到 A/B/C 的分類，如表 9.22 所示。

ABC 分析可以選擇不同準據的方式，運用於組織各功能領域。如庫房經理可以速度(交貨時間、庫存周轉率等)作為庫存分類的依據；行銷經理可能以獲利(項目淨獲利、顧客淨獲利等)作為顧客分群的依據；另外，行銷經理則可能以收入(項目淨收入、顧客淨收入等)作為指派銷售業務員的依據……等。另 ABC 分類的準據也可能是多準據組合的形式，如單項獲利率 × 單項周轉率等。此處說明的重點，是闡明 ABC 分析與分類的準據選擇，須視管理目標或需求而定。

表 9.22 ABC 庫存分類分析範例

項目編碼	年收入 ($)	年收入百分比 (%)	累積收入百分比 (%)	項目百分比 (%)	庫存分類
64R	6,800	68.0	68.0	10.0	A
89Q	1,200	12.0	80.0	20.0	A
68I	500	5.0	85.0	30.0	B
37S	400	4.0	89.0	40.0	B
12G	200	2.0	91.0	50.0	B
35B	200	2.0	93.0	60.0	B
61P	200	2.0	95.0	70.0	B
94L	200	2.0	97.0	80.0	C
11T	150	1.5	98.5	90.0	C
20G	150	1.5	100.0	100.0	C
合計	10,000	100.0			

資料來源：John J. Coyle, DBA. Used with permission.

9.6.2 象限模型

另一種區分庫存的方式稱為**象限模型** (Quadrant Model)，以庫存項目的價值與風險為向度，將庫存項目區分成關鍵、獨特、商品及通用四種類型，如圖 9.20 所示。

象限模型中的價值向度，通常指庫存項目對組織獲利能力的貢獻，而風險向度則指當需要產生時產品可得性的風險。簡單的象限模型則將兩個向度各自區分為高、低兩種水準。如圖 9.20 中的關鍵項目，指的是價值高且風險也高的項目，通常必須維持安全存量、多個庫存點及庫存生產 (Production to Inventory) 的方式備料。但價值與風險都低的通用項目，則可降低或不設置安全存量、單一庫存點及接單生產 (Production to Order) 的方式，來滿足顧客的需求。如圖 9.20 象限模型的項目分類方式，可運用於組織的庫存與生產政策制定上。

9.6.3 多地點的庫存：平方根規則

另一種在運籌網路中降低成本的考量，是在不影響客服水準前提下，減少或合併運籌網路的庫存設施數量，以降低整體的庫存成本。執行這種策略，需要有高效能的運輸及資訊科技的支持。

運用**平方根規則** (Square-Root Rule)，組織可探討增減庫存設施數量所能達成總庫存數量與成本變動的程度。一般來說，庫存設施數量越多，需要更多的庫存才

風險 \ 價值	低	高
高	**獨特** • 高安全庫存 • 多個庫存點 • 庫存生產	**關鍵** • 高安全庫存 • 多個庫存點 • 庫存生產
低	**通用** • 低或無安全庫存 • 單一庫存點 • 接單生產	**商品** • 適當安全庫存 • 多個庫存點 • 庫存或接單生產

✧ **圖 9.20** 象限模型

資料來源：Robert A. Novack, Ph.D. Used with permission.

能達成所需的客服水準。相反的，若將庫存設施數量加以合併、縮減，則總庫存數量的需求也會降低。

平方根規則可用來估計庫存設施數量所需的總安全存量。如未來的庫存總需求量，可以目前總庫存需求量乘以未來相對於目前設施數量比例的開方而得，以數學方式表示如下：

$$X_2 = X_1 \times (n_2 / n_1)^{1/2}$$

X_2 = 未來設施的總庫存需求量

X_1 = 目前設施的總庫存需求量

n_2 = 未來設施數量

n_1 = 目前設施數量

為說明平方根規則的應用，假設一組織目前有 4 萬的單位庫存量，分布在 8 個地點來服務顧客。若組織希望能將設施數量合併縮減成 2 個，則此 2 個設施的總庫存需求量可由下式計算：

X_2 = 求解目標

$X_1 = 40{,}000$

$n_2 = 2$

$n_1 = 8$

代入計算公式可得

$$X_2 = 40{,}000 \times (2 / 8)^{1/2}$$
$$= 40{,}000 \times 0.5$$
$$= 20{,}000\text{（單位）}$$

根據上式計算結果，若組織決定將目前設施數量縮減、合併成 2 個，則維持客服水準的前提下，總庫存量可從目前的 40,000 單位縮減成 20,000 個單位。若總庫存量平均分配在 2 個設施，則每個設施的庫存量為 10,000。讀者應可發現，這比 40,000 個庫存單位平均分配到 8 個設施，每個設施庫存量 5,000 來得多，這是因為必須要維持一併的客服水準所致。

再以一假設組織運籌網路設施數量與其平均庫存的比較，如表 9.23 所示。若設施數量從 1 個增加到 25 個，則其總平均庫存從 3,885 增加到 19,425，而其總庫存量的百分比變化則增加 500% (5 倍)。從設施數量與總庫存變化之關係，正可驗證平方根規則的意義。

雖然平方根規則的應用非常簡單且容易瞭解，但讀者也必須瞭解運用此規則的一些前提假設如下：

1. 庫存並不會在設施間移轉。
2. 交貨時間不變化，因此合併後的設施並不受到內向運籌不確定性的影響。
3. 以庫存可得性代表的客服水準，不會因設施數量的增減而有變化。
4. 每個設施的需求都是常態分配。

結合平方根規則與 ABC 庫存分類分析，能進一步解釋為何減少庫存設施數量會降低整體庫存。如前述範例，若所有八個物流中心都維持著 A/B/C 類的庫存及其安全庫存，則將設施數量縮減成兩個所產生的效應如下：

1. 縮減多餘的安全庫存：八個設施的安全庫存量縮減成兩個。
2. 降低庫存的更多選項，如以兩個設施中的一個儲存 C 類庫存，可降低兩個設施都儲存 C 類庫存的總庫存量。

✤表 9.23 平方根規則對運籌庫存的衝擊範例

庫房數 (n)	$n^{1/2}$	總平均庫存 (單位)	百分比變化 (%)
1	1.0000	3,885	—
2	1.4142	5,494	141
3	1.7321	6,729	173
4	2.0000	7,770	200
5	2.2361	8,687	224
10	3.1623	12,285	316
15	3.8730	15,047	387
20	4.4721	17,374	447
23	4.7958	18,632	480
25	5.0000	19,425	500

資料來源：Robert A. Novack, Ph.D. Used with permission.

換句話說，藉設施與庫存的彙整，能同時達成降低安全庫存與循環庫存量的目標。

總結

- 庫存管理在現代企業經營活動的比重持續降低，影響的因素包括業界的庫存管理專業性提高、廣泛運用資訊技術、市場上對運輸服務的競爭、消除不能增加價值的活動的成本降低作為……等。
- 在生產線擴散與庫存單位數量增加的趨勢下，使庫存持有成本成為企業經營的一項顯著費用。
- 組織必須維持庫存有許多原因，也反映在庫存的類型區分，如循環庫存、在製品庫存、轉運中庫存、安全庫存、季節性庫存及預期庫存……等。
- 庫存成本的主要類型，包括庫存持有成本、訂貨與建置成本、預期缺貨成本及轉運中庫存持有成本……等。
- 庫存持有成本由資金成本、倉儲空間成本、庫存服務成本及庫存風險成本等所構成。現在都有精確的方法，來計算上述庫存持有構成的成本。
- 決定何種庫存管理模式或技術前，必須先對庫存決策的關鍵差異執行分析。這些差異由下列問題所造成，如：(1) 項目的需求是獨立或相依？(2) 物流系統是拉式或推式作業？(3) 庫存決策是針對單一設施或多設施？
- 傳統上，庫存管理者專注於效率改善的兩個重要問題，如：(1) 再訂購多少數量？(2) 何時發起再訂購作業？
- 前述庫存管理問題，通常可以經濟訂購量模型來回答與解決。經濟訂購量模型通常由庫存持有成本與訂貨成本之間的權衡，並以需求與庫存耗用率來計算再訂購點。
- 經濟訂購量模型，可區分為固定數量與固定期程兩種基本形式。固定數量模型在權衡相關成本後，決定最佳訂購量。除非成本架構改變，否則固定數量模型的再訂購量保持不變；但兩次再訂購的期間，則會因需求變化而變動。

- 基礎的經濟訂購量模型，可為與庫存相關的成本考量而調整，如大量訂購或大量運輸的折扣費率等。
- 及時庫存管理系統在 1970 年代中引起美國產業、尤其是汽車產業的注意與重視。顧名思義，JIT 庫存管理系統的目標，在以多次、小量的補貨程序，盡量壓低組織的庫存水準，但這要有供應鏈夥伴間策略聯盟的支持才能達成。要使及時庫存管理系統能順利運作，也必須包括品質管理相關作為。
- 物料需求規劃與物流需求規劃通常是搭配著運用。物料需求規劃的主生產計畫，能用來平衡庫存的供需。物流需求規劃通常運用於外向運籌，以需求預測及個別庫存單位的發展，來驅動物流需求規劃作業。
- 供應商管理庫存系統，是組織用來管理客戶物流中心中內的組織庫存管理方法。藉由拉式資料，供應商監控客戶物流中心的庫存水準，並主動訂購、交運，使客戶的物流中心始終維持著符合經濟效應的庫存數量。
- ABC 庫存分類法及象限模型等，都是組織能用以改善庫存管理效能的工具。
- 當組織考量其運籌網路中是否應增加庫房數量時，通常會面臨如「需要增加的庫存數量有多少？」的問題，而平方根規則則是能解決上述問題的技術。

附錄 9A 經濟訂購量的特定運用

本書第 1 章即開宗明義的提到運輸模式選擇中運輸成本與庫存成本之間的權衡考量，這也意味著較長的運輸轉運時間，將導致較高的庫存成本。這是因為在轉運途中貨物所有權所衍生的庫存持有成本，轉運時間越長，則持有庫存的成本也越高。轉運中庫存持有成本的概念，與倉儲庫存持有成本類似，反映著只要持有庫存——無論是倉儲或轉運中——就有其衍生的成本。因此，任一運輸模式的不同轉運時間與費率，對組織所衍生的庫存持有成本就必須加以審視。運輸費率通常容易獲得，但轉運中庫存持有成本的計算，則必須在 EOQ 經濟訂購量模型的基礎上略加調整而得。

簡單的 EOQ 經濟訂購量模型，通常僅考量訂單或建置成本與倉儲庫存成本之間的權衡。為瞭解不同轉運時間衍生成本對再訂購量的影響，組織必須先解除基本 EOQ 經濟訂購量模型中的一個假設——無轉運成本——的限制，並做因應的調整。無轉運成本的假設，通常指組織以交貨價格 (Delivered-Price) 購買貨品或以出廠價 (FOB Plant) 銷售貨品；但如組織以出廠價購買貨品或以交貨價銷售貨品，則會衍生出轉運中庫存持有成本。圖 9A.1 顯示轉運中庫存之修改鋸齒模型，圖形上半部為倉儲庫存單位，下半部則為轉運中庫存單位。

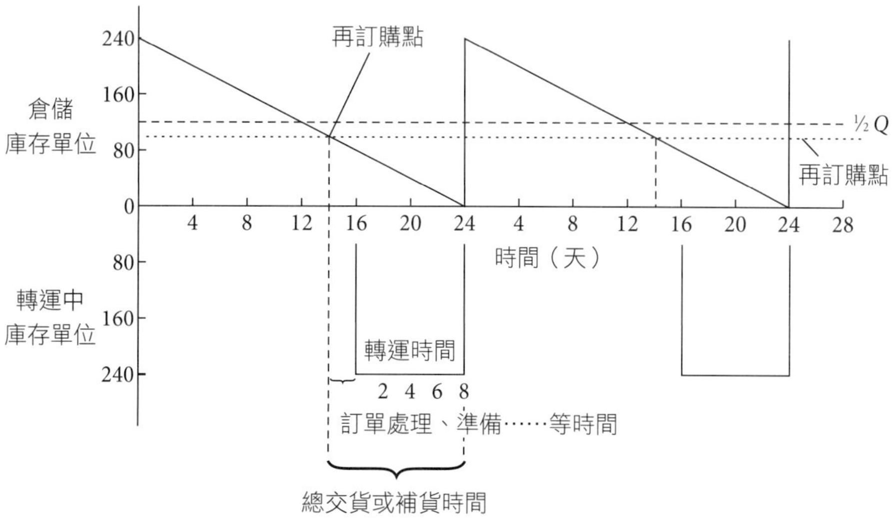

✧ 圖 9A.1　轉運中庫存之修改鋸齒模型

鋸齒模型的調整

雖然轉運中庫存與倉儲庫存的概念類似，但從圖 9A.1 中上、下半部分的比較，仍可發現其中的差異。首先，轉運時間只是補貨循環中的部分（另一部分則是訂單的準備、處理……等時間）。另在每一個補貨循環中，轉運庫存持有時間，通常會少於倉儲庫存持有時間。其次，轉運中庫存通常不會耗用或銷售；但倉儲庫存則會耗用或銷售。

因有上述兩種特性上的差異，轉運中庫存持有成本的計算方式，也就與倉儲庫存持有成本的計算方式不同。轉運中庫存持有成本的計算方式有很多如：

1. 若轉運中每日持有成本為已知，則轉運中庫存持有成本可直接乘以轉運天數而得。
2. 轉運中每日庫存持有成本，可由轉運中庫存價值乘以每日機會成本而得。
3. 每年轉運中庫存持有成本，也可由每批轉運中持有成本乘以每年訂單數或每年補貨循環數而得。

事實上，轉運中庫存持有成本的計算程序，基本上也依循倉儲庫存持有成本的計算程序。若假設下列變數如：

Y = 轉運中庫存持有成本

V = 庫存單位價值

t = 訂單循環時間 = $360\ Q / R$

Q = 再訂購量

R = 年需求率（單位）

t_m = 庫存轉運時間

t_m / t = 轉運時間占訂單循環時間百分比

M = 轉運中平均庫存單位

則轉運中平均庫存單位 M 可由下式計算如：

$$M=(t_m / t)\,Q \tag{9.A1}$$

$$=(t_m R / 360\,Q)\,Q$$

$$=t_m R / 360 \tag{9.A2}$$

(9.A1) 與 (9.A2) 兩式所得的計算結果相同，但因 t_m 庫存轉運時間及 R 年需求率（單位）通常為問題給定參數，因此 (9.A2) 式通常較廣被採用。

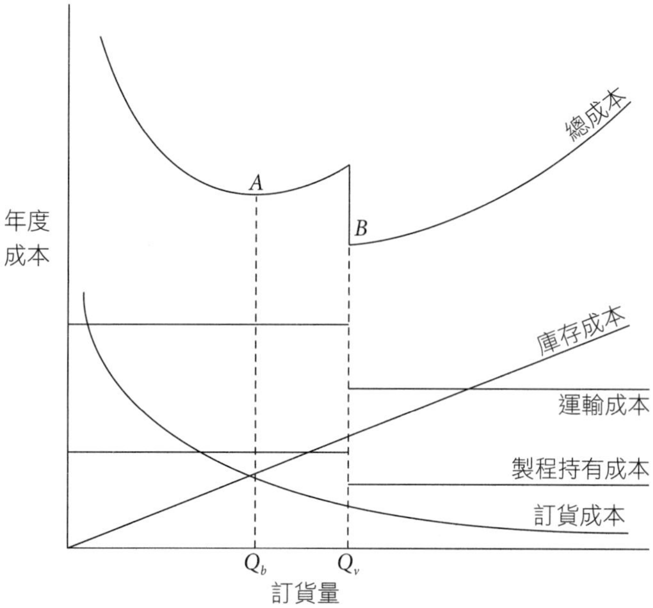

A = 基礎 EOQ 經濟訂購量 (Q_b) 總成本

B = 納入運輸量與速率考量後總成本

✧ **圖 9A.2**　考慮運量後之 EOQ 經濟訂購量成本

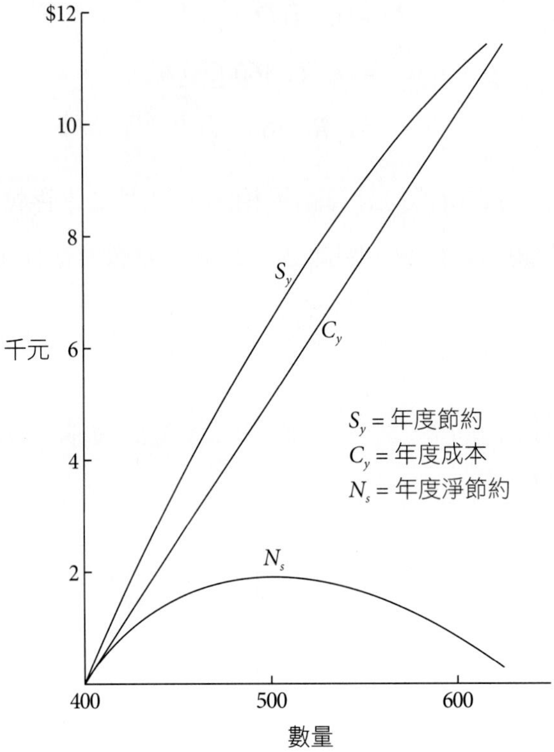

✧ 圖 **9A.3** 優惠稅率之淨節約功能

第 10 章

物流：履行作業管理

閱讀本章後，你應能……

學習目標

- 討論物流在供應鏈中扮演的策略性增值角色
- 解析物流與其他供應鏈功能之間的權衡
- 瞭解物流規劃決策的解析性架構
- 評估履行策略與物流方法
- 描述物流中心內主要的履行程序與支援功能
- 以產量與品質準據分析履行績效
- 描述資訊技術如何支援物流作業
- 討論物料處理的目標、原則與裝備的運用

供應鏈側寫 改變中的物流

超過二十年之前，貝佐斯 (Jeff Bezos) 辭去華爾街投資公司的工作，於 1994 年啟動他的新事業計畫，這家公司就是現在網際網路巨頭亞馬遜，貝佐斯設立的亞馬遜，基本上改變了傳統零售業的運作方式，並影響著現代物流策略在消費者管道移動物品的方式。

在接下來的兩個年代，供應鏈的專業從業人員快速的調適此全通路商業模式及顧客需求的迅速竄升。傳統的物流中心及倉儲庫房等，必須要能因應顧客需求的增加，而轉變成更機敏的訂單履行設施，以支援任何地點採購、交運至任何地點及在任何地點回收產品等運籌任務，其必須具備訂單履行的能量包括：

- **上市的速度** (Speed to Market)：為提升訂單履行速度，運籌組織必須超越加速運輸的單純想法，而應根據顧客要求的交運或提貨期限，排定訂單履行優先次序。如辦公用品公司史泰博及沃爾格林連鎖藥局 (Walgreens) 等公司的庫房，現在都已採用自動化控制技術，以正確的次序，快速、精確並有效的滿足顧客的需求。
- **顧客近接性** (Customer Proximity)：為能在以合理成本下，改善與顧客的近接性，現代組織必須將運籌設施設置在靠近主要市場，或擴充既有的店面能量使成為物流點 (distribution points)。為此關鍵的顧客近接性，亞馬遜從 1997 年僅有兩個物流中心，擴充到 2014 年底已有在全美超過 167 個運籌設施、超過一億平方英尺的設施面積。
- **設施彈性** (Facility Flexibility)：為充分利用運籌設施的投資，現代運籌設施不但要能處理各種訂單類型，同時也要能支援製造及零售物流中心程序的運作。美國體育用品商巴斯 (Bass Pro Shops) 及其他零售商等，目前就以整合式物流中心的運作方式分別處理高流量、零售店的箱式訂貨及終端顧客的單項物品訂購等。
- **店面履行** (Store Fulfillment)：為達成庫存最佳化及改善顧客服務水準，顧客的訂單必須能由多個運籌設施共同協作履行。美國零售百貨業者如目標百貨、西爾斯等，都已將其店面視為小型的訂單履行中心，除接受顧客訂單外，也能從各設施庫存調貨，滿足顧客的提貨或直接交運至顧客家中的服務。
- **庫存精確性** (Inventory Accuracy)：為確保顧客在網站上看到的產品數量與庫存一致，物流中心與店面必須定期的檢核其庫存數量。零售業者如梅西 (Macy's) 及時裝精品商阿茲利亞 (BCBG MAX AZRIA) 等，開始運用無線射頻標籤於其單項產品上，以確保精確與快速的庫存提取作業。
- **技術更新** (Technology Upgrades)：傳統的訂單管理與倉儲管理系統，通常無法執行「任何地點」的訂單履行任務。零售巨頭沃爾瑪及其他大型零售商等，開始轉向可從不同管道彙整訂單的分散式訂單管理系統，使從任何運籌設施，如物流中心、店面或甚至供應商的位置，來滿足顧客訂單履行需求。

毫無疑問的，全通路商務運作模式已徹底改變物流中心的角色與任務，並讓組織瞭解物流對組織成功運作的重要性。那些堆積過期物品、積滿灰塵的老舊運籌設施，必須讓位給快速運作、以技術驅動、能提供零售店面及終端顧客需求的運籌樞紐。現代消費者應感謝貝佐斯創設的全通路運籌概念，並將物流履行作業帶入 21 世紀。

資料來源：MWPVL International, *Amazon Global Fulfillment Center Network* (October 2015). Retrieved October 27, 2015 from http://www.mwpvl.com/html/amazon_com.html; Caroline Baldwin, "Single Inventory Accuracy: The Holy Grial of Retail," *ComputerWeekly.com* (February 2015). Retrieved October 27, 2015 from http://www.computerweekly.com/feature/Single-inventory-accuracy-the-Holy-Grial-of-retail.

10.1 簡介

二十一世紀的物流作業，強調以最低的成本，維持能滿足顧客需求的連續產品流通。不在強調庫房對各種物料的長期庫存，現代的物流作業能擔負供應鏈許多能力。如前述「供應鏈側寫」專欄所強調的，現代物流作業包括生產零組件的越庫作業，支援製造商與零售商的補貨作業，或滿足全通路的顧客需求……等。現代物流作業的目標，是能快速、精確及符合成本效率的服務供應鏈。

當速度為必要能力外，有效的運作物流設施及其網路也相當重要。在美國，2014 年在倉儲與物流相關的費用為 1,430 億美元，幾乎已占 4,760 億美元庫存相關成本的三分之一時，降低供應鏈運作相關成本，已成為供應鏈業界關注的重點。而限制產品處理程序、聚合設施能量及庫存精簡化……等降低成本的努力，也就成為使供應鏈維持競爭力的關鍵要素。

本章專注於符合現代顧客需求跨供應鏈的物流作業，我們將討論物流能量的規劃與發展，及有效需求 (訂單) 履行相關的作業、程序及所需技術等。經由本章的介紹，讀者應可瞭解物流策略、設施與工具等在有效庫存管理中所扮演的角色，並藉由改善產品可得性 (Product Availability)，創造出顧客價值。

10.2 供應鏈管理中物流的角色

在理想的世界裡，供需是平衡的，亦即當有需求時，顧客預期的產品就會組裝或製造並運交到產品使用的地點。但產品的需求與供應不同步化，運送個別產品相當昂貴，且供需雙方的溝通也相當複雜……等，使這世界實際運作起來並不那麼理想。為克服上述議題，供應鏈中必須構建**物流作業** (Distribution Operations)，如物流中心、倉儲庫房、越庫及零售店面等能量。

這些庫存儲存、處理等相關設施與程序，能協助供應鏈創造出時間與地點效用，如將原料、組成件及成品等擺在生產或顧客何時所需及需要的地點，可達成較短的交貨時程、增加產品可得性、降低交運成本、提升物流作業的效率與效能等效益。在高度競爭的市場中，這種物流作業反應能力，能讓供應鏈更具競爭力。

強化顧客服務，不是在供應鏈中建置物流作業能力的唯一因素。物流設施能協助組織克服挑戰、支援其他組織程序，並獲得規模經濟優勢等。促成物流作業角色的幾項影響因素如下：

- **平衡供需 (Balancing Supply and Demand)**：不管是季節性的生產必須能支援全年的需求(如季節性穀物)，或是全年的生產以因應季節性的需求(如假期)，物流設施能提供供需之間的緩衝庫存。
- **防護不確定性的衝擊 (Protecting against Uncertainty)**：物流設施的庫存能防護預測錯誤、供應短缺及需求激增等不確定風險。
- **獲得大量採購折扣 (Allowing Quantity Purchase Discounts)**：供應商通常會對大量採購提供優惠折扣。物流設施有助於維持庫存直到需要訂購，或容納長期需求的庫存等，使採購作業能獲得大量採購的折扣。
- **支持生產需求 (Supporting Production Requirements)**：若某些產品需要長時間持續運作的生產，或產品需要有熟成的階段(如紅酒、乳酪等)，這些產品可以倉儲的方式在銷售配送前長期擺在庫房內。
- **履行全通路需求 (Fulfillment Omni-Channel Demand)**：將物流設施策略性的設置於近接需求區域，可以合理成本接觸顧客，亦即提供當天、第二天交運到府服務等。

- **促進運輸效率 (Promoting Transportation Economics)：**以整貨櫃或大量運輸能量，降低每單位產品的運輸成本。物流設施可用於接收與儲存大量物品，以供未來的需求。

10.2.1 物流設施的功能

根據供應鏈的需求，物流設施提供許多服務。其中以四種主要的功能性服務，如聚合、分揀、分配及檢整，分別說明如下：

- **聚合 (Accumulation)：**主要指將不同供應源頭聚合的服務，物流中心通常扮演著供應鏈前端作業聚合角色，將各生產工廠或供應商的供貨聚合在物流中心內，隨後再進行分揀、分配及檢整作業，履行各訂單需求。如圖 10.1 所示，物流中心的聚合功能，能以大量、更具成本效益的交運方式，大幅降低供應鏈運輸成本。
- **分揀 (Sortation)：**指將同類產品分揀在一起，以利後續儲存、處理及交運至顧客等作業。在接收階段，產品根據某些特性，如生產批號、庫存單位編號、包裝箱尺寸、過期日期……等加以區分，以準備安全的儲放或立即交運等。正確的

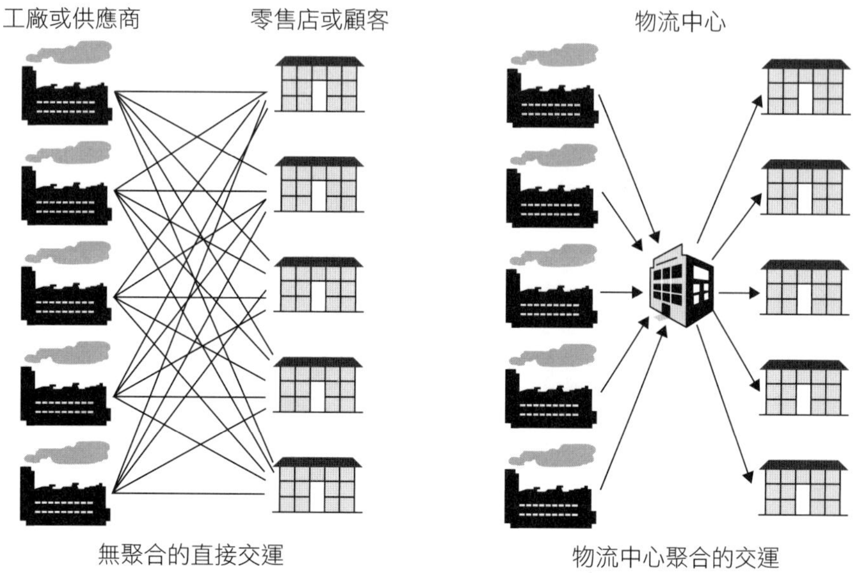

✧ **圖 10.1** 物流中心的聚合功能

資料來源：Brian J. Gibson, Ph.D. Used with permission.

分揀作業，對有效庫存管理及顧客需求履行都相當重要。舉例來說，若將兩種不同效期的生鮮產品置於同一棧板上，可能導致不當的庫存周轉或甚至產品腐敗。同樣的，不正確的庫存單位，可能會導致交運給顧客不正確的產品。

- **分配 (Allocation)**：專注於將顧客訂單與庫存單位的搭配。分配功能中化整為零的作業，使庫存能搭配不同需求數量的訂單，使不同顧客能採購不同數量的產品。舉例來說，分配作業能使顧客不必購買整個棧板的超量貨物，而能以箱或項的單位採購物品。
- **檢整 (Assortment)**：物流中心將聚合、分揀及分配的功能整合在一起，提供零售商或顧客一次訂貨、滿足所有需求的服務。亦即物流中心將不同顧客對各項物品的不同需求，在物流中心中完成混合檢整並交運給顧客。如同我們在大賣場或超商內，一次即可購足所需的食品、日用品及清潔用品……等，如圖 10.2 所示。

上述四個功能角色，對物流設施成功運作固然重要，但現代的物流中心仍必須具有其他的增值功能，以支援日益增加的供應鏈需求。現代組織多已不再視物流設施為儲存物品的地方，而是彈性運用物流設施內的人力、空間與技術，以支援顧客從產品貼標到輕度製造能量等需求如下：

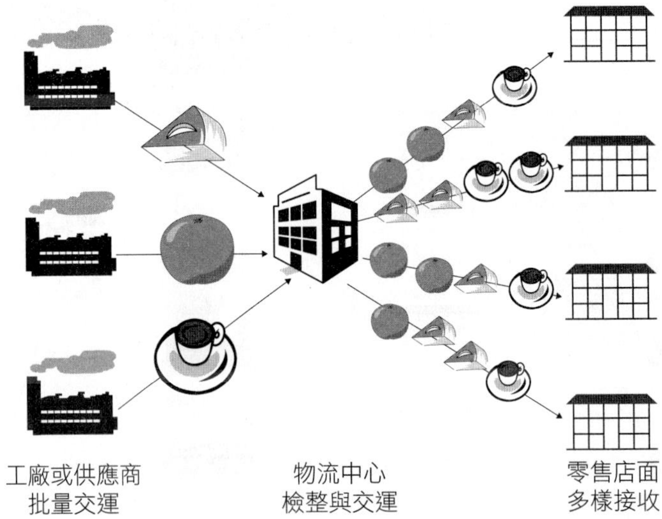

✧ 圖 10.2　物流中心的檢整功能

資料來源：Brian J. Gibson, Ph.D. Used with permission.

- **組裝服務 (Assembly Services)**：處理一些有限度或輕型的組裝作業，如為顧客執行室內展示單位的材料製造與組裝等。
- **庫房可見度管理 (Inventory Visibility Management)**：物流設施提供客戶寄售 (Consignment) 與供應商管理庫存 (Vendor-Managed Inventory, VMI) 計畫等。
- **產品備料、集裝與分裝 (Product Kitting, Bundling and Unbundling)**：為顧客的特定需求如對不同產品的單一訂單，物流中心必須執行備料、集裝 (將不同物品包裝在同一包裝箱內) 或分裝 (將同樣產品分裝到不同包裝內) 作業。
- **產品的延遲處理 (Product Postponement)**：在顧客下單前，刻意的延遲某些特定活動如組裝、包裝、貼標等，使產品的交運更為貼近顧客的需求。
- **生產排序 (Production Sequencing)**：為生產設施提供及時生產、生產線旁的備料，而備料須按照生產組裝次序檢整、建立負載及交運。
- **品質管制 (Quality Control)**：交運前，對產品品質、狀況的檢視與計數等。
- **循環、維修及回收管理 (Recycling, Repair and Return Management)**：為顧客提供產品檢視、翻修、廢棄處理等逆向物流服務。

10.2.2 物流的權衡

到目前為止，我們介紹物流作業的功能性角色及其為組織的增值角色等，雖然有許多組織都已認同物流作業的重要性，但組織其他的運籌作業卻可能有不同看法；有人認為物流設施 (尤其是倉儲庫房) 實際上是阻礙物流的耗費成本作業，這兩種看法都很實際，而要由供應鏈專業人員，自行決定顧客服務與成本之間的平衡，這需要瞭解物流與其他功能領域之間的權衡，如圖 10.3 所示。

- **物流與運輸作業的權衡**：將貨物直接交運到顧客手裡，其所需的運輸成本當然會相當高。但如在工廠至顧客之間，設置一些物流倉儲設施，則因分段短程的運輸，會讓總運輸成本下降。但物流設施如設置過多，則物流設施的整建成本也會高漲。因此，在物流設施與運輸成本間，必須取得成本效益的平衡點。
- **物流與庫存作業的權衡**：如前所述，物流設施數量增加，會使物流成本上升，與此同時，各物流設施內的庫存成本總和也會隨著物流設施的增加而快速增

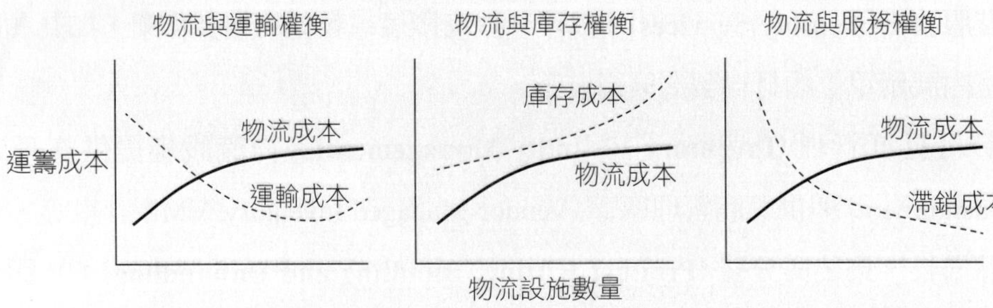

✧ 圖 10.3　物流的功能性權衡

資料來源：Brian J. Gibson, Ph.D. Used with permission.

加，(過多庫存！) 因此，物流設施的建置數量，也須考量庫存相關成本 (需求庫存與安全庫存) 之間的權衡。

業界在物流與運輸、庫存作業權衡的實際作法，是以一中央物流設施執行低運速貨物的交運及大量貨物的倉儲，而其他近接顧客的物流設施網路則執行高運速貨物的交運及維持安全庫存的倉儲，如此，可同時考量運輸、庫存與物流成本之間的平衡。

- **物流與服務作業的權衡**：當然，在所有需求顧客區域內建置大量的物流設施固然可提升服務水準，買家若知道在他的設施附近有買方的設施，也會更安心於賣方的供貨，賣方喪失銷售機會 (滯銷) 的成本也會降低。但如前述，物流設施過多也會導致建置成本的增加。因此，在物流設施與服務成本間，必須取得成本效益的平衡點。

權衡也必須在設施所需主要資源，如空間、裝備及人力需求間取得平衡。設施的空間，提供供需不平衡時的儲貨空間，倉儲設備則支援設施中儲存貨物的移動，而人力則是最重要的物流設施資源，他們在物流設施中執行各種任務，也是在需求突然激增時，較容易集結增加數量的設施資源。

有關空間、裝備及人力等設施階層資源的權衡，則說明如下：

- **空間與裝備**：一般來說，設施空間越大，則所需的裝備數量則越多。裝備有助於設施空間的利用，並加速設施的運作速度。
- **裝備與人力**：運用裝備越多或自動化程度越高的設施，所需人力越少；相反的，若設施運作對人力的需求程度越高，則對人力的數量與素質要求程度也越多。

- **人力與空間：**當設施運用人力越多時，設施空間與能量通常也越高。一小隊工作人力，除非有裝備或自動化的協助，否則很難維持大型設施的運作。當設施空間越大、自動化程度越高時，對人力素質(數量則不一定)的要求程度也就越高。

物流目標也會影響資源的需求。如要求更快的訂單循環時間或提升設施產能時，通常要有更多的人力與更多的裝備才能達成。高的安全庫存水準，則要有更多的設施空間。提升訂單履行精確性，則通常要求設施的自動化運作、而非容易出錯的人力作業。最後，顧客需求的增加，則對設施空間、裝備與人力的需求都會增加。

最後，在考量物流的權衡時，仍不能忽略跨組織與跨功能間的權衡，這強調組織內、外供應鏈合作夥伴間的協力規劃、溝通與合作作為。若做不好組織內外的溝通、規劃與合作，在設施資源的運作上就會出錯。

10.2.3 物流的挑戰

物流，是供應鏈中的動態組成。物流設施每一天都面臨新的挑戰，如新的顧客訂單、對完美訂單履行的預期……等。對物流運作的最大挑戰，通常可區分為人力短缺、需求變異及顧客要求提升，而這三種挑戰通常也會相互影響。因此，物流中心的管理必須有彈性與創意，才能在維持供應鏈順利運作的前提下，降低運作成本、提升客服水準改善顧客滿意度等。

對大多數組織而言，物流是一項人力密集的活動。但不幸的是，現在越來越難找到足夠的合格物流作業人力。對一工時工作而言，物流作業所需工作的時間甚長，也是項體力活！物流工的工資雖然比其他工時工要高，但成長的空間也有限！另外，使人力短缺問題更嚴重的，是勞工的逐漸老化(年輕人不願意從事體力活)與高汰換率……等。在尋找、訓練與保留合格物流工的困難度越來越高的現代，許多組織開始朝向物流自動化的方向移動，這將在「第一線上」專欄及附錄 10A 中再予討論。

第一線上　物流中心的自動化：解決勞力困境（與更多）

當前的作業環境對物流經理人員而言並不容易，在快速的經營步調下，顧客的要求與預期都多，他們的訂單越來越多樣化且更常要求客製化……等，對物流經理人而言，幾乎沒有延誤、犯錯的空間。

讓問題更形複雜的，是人力的短缺。當交貨時間縮短、訂單處理時間縮短、需要處理的庫存單位也越來越多樣化時，物流經理人面臨著真實的問題。傳統依賴人工撿貨與操作者至貨品 (Operator-to-Goods) 的原則不再適用！

在歐洲與北美，為因應可用土地限制、高工資但低人力可得性等限制性因素，物流中心自動化的趨勢越來越明顯。為將物流中心的接收、儲放、撿貨及交運程序自動化，需要在**自動倉儲系統** (Automated Storage/Retrieval Systems, AS/RS)、自動撿箱系統、棧板機器人及輸送帶系統等投入大量資金。

美國的雜貨批發與零售商是物流自動化的初期採用者，現在製造業與全通路零售業者也開始加入物流自動化的趨勢。舉例來說，肯德基州 Buffalo Trace Distillery 酒廠最近就投資 2,000 萬美元於一占地 46,574 平方呎的自動倉儲系統。這套自動倉儲系統有三個吊車，可處理五條六層棧板高度的儲物巷道，每個吊車每小時可處理 55 個棧板，因此在 Buffalo Trace Distillery 酒廠內，平均每小時有 165 個棧板在系統中移動著。

這項投資的目的，是降低對勞力的需求、提升物流速度與節約金錢。Buffalo Trace Distillery 酒廠的總裁執行長布朗 (Mark Brown) 說：「在對顧客提供更好服務的同時，我們也希望以更有效的運作方式，於未來達成更高的成長。」

資料來源：Carrie Mantey, "The Era of Automated Storage and Retrieval," *Supply+Demand+ Chain Executive* (September 11, 2015). Retrieved October 29, 2015 from http://www.sdcexec.com/article/12108015/the-era-of-the-automated-storage-and-retrieval-system-september-2015-on-the-floor; "Buffalo Trace Distillery Opens New High Tech Distribution Center," *BEVNET* (July 21, 2015), Retrieved October 29, 2015 from http://www.bevnet.com/news/spirits/2015/buffalo-trace-distillery-opens-new-high-tech-distribution-center/; and, Cliff Holste, "Logistics News: When it Comes to DC Automation – The Questions are: When, What, and How Much," *Supply Chain Digest* (January 28, 2015). Retrieved October 29, 2015 from http://www. scdigest.com/experts/Holste_15-01-28.php?cid= 8931.

需求的變化，是另一項供應鏈中對物流作業的挑戰。許多產品有季節性的特性，某段時間需求量高，但某些時段則需求量低。以防曬乳液為例，在春夏兩個季節的需求量，要比秋冬季節需求量來得高。在主要銷售季節前，物流中心因累積備料而需要更多的儲物空間；但在淡季時，物流中心內的庫存則可能見底。人力需求也會受到季節性的影響，在旺季時，處理訂單所需的人力可能不足；但在淡季時，工人則無工作可做！若組織缺乏對季節性需求變化的調適能力，則無法全年有效的運用設施空間、裝備及維持著工作人力。

物流中心扮演的基本與增值角色，對組織有好處，同時也帶來挑戰。如顧客瞭解到物流中心不僅僅是儲存設施而已，對物流中心的其他能量及服務需求也會增加。除此之外，精實策略使許多顧客降低庫存，他們也希望供應商能提供小批量、更頻繁及更快速的訂單履行。加總起來，使物流中心在提高服務及速度的同時，還要能壓低成本的壓力更大。

10.3 物流規劃與策略

瞭解物流在供應鏈中扮演有效訂單履行程序基礎的角色後，下一步是發展能整合處理產品、顧客需求及組織可用專業與資源的物流（執行）策略。只有在一系列彼此關聯物流規劃與決策的協力運作下，物流策略才能得以順利執行。圖 10.4 顯示策略性物流決策的制定程序，主要包括能量需求的定義、網路設計議題及設施規劃等之考量，分別說明如下。

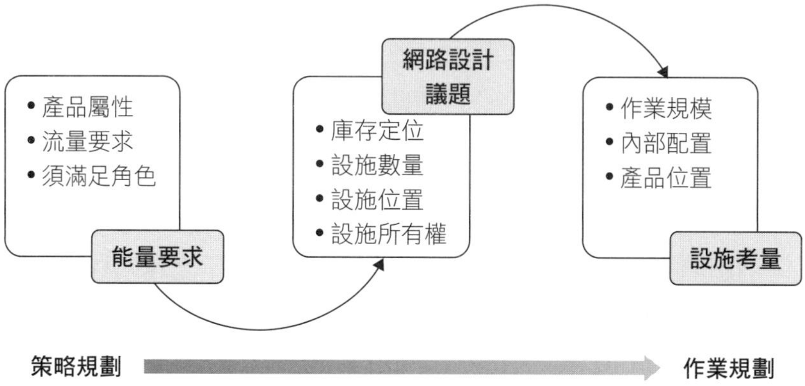

✧ 圖 10.4 策略性物流決策

資料來源：Brian J. Gibson, Ph.D. Used with permission.

10.3.1 能量需求

將要建立物流策略時，最先、也是最明顯的考量是產品。一如在運輸決策時，產品的特性，如價值、延續性、溫度敏感性、數量……等都必須事前納入考量。舉例來說，如焦煤及木材等原物料，通常是堆放在室外，只有在生產時才會運進生產設施內。但對加工或組裝製造的產品如藥品及手機、電腦……等，物流的運作就必須能快速、室內防護，並保障產品不受偷竊或運輸損傷等保全措施。

另一項對物流策略及其網路架構設計的重要影響，則是產品於供應鏈中的流路需求，而該流路需求有直接交運及經由物流設施兩種運作形式。

直接交運 (Direct Shipping)：指不經過物流設施，將產品從主要生產地點 (製造商的工廠或庫房) 直接運往零售點或終端顧客的作業方式。同樣的，網路零售商甚至不需要有零售店的實體店面，而能將顧客的訂貨直接交運給顧客。直接交運能避免建構物流設施所需投入的資金成本、降低供應鏈系統中的庫存、壓縮訂單循環時間等。直接交運適合大量有保鮮需求產品的運輸。舉例來說，麵包、牛奶、蔬果……等生鮮食品，最好能從加工廠直接交運到零售的雜貨店中，以最大化利用其產品使用期限。

但在其負面影響中，小批量的運輸不但昂貴且缺乏效率；在供應鏈系統中的安全庫存量不足、無法因應需求突增的狀況；更甚者，許多公司很難維持對顧客零星單位的訂單履行……等。因此，在確定建置直接交運模式前，必須要有適當的產品特性、穩定且足夠的需求數量等之配合，才能順利執行直接交運。

物流設施 (Distribution Facilities)：包括物流中心、倉儲庫房及越庫設施……等，能提供供應鏈的「額外」能量，如倉儲庫房與其他物流設施，能維持著一些 (安全) 庫存以因應需求突增的狀況。設施的**越庫** (Cross-Docks) 能力，則能以降低的運輸成本、提供較快速混裝產品的能量，如圖 10.5 所示之越庫程序。

當然，在決定選擇直接交運或具備越庫能力的物流設施前，應執行庫存、運輸及服務水準之間的權衡分析。一般符合邏輯的作法，是維持前述設施能量的混合策略，以確保物流的效率及顧客滿意度。如一雜貨供應鏈，可能運用混合設施能量，以因應產品需求量變化、產品易腐性及供應商近接性等議題。

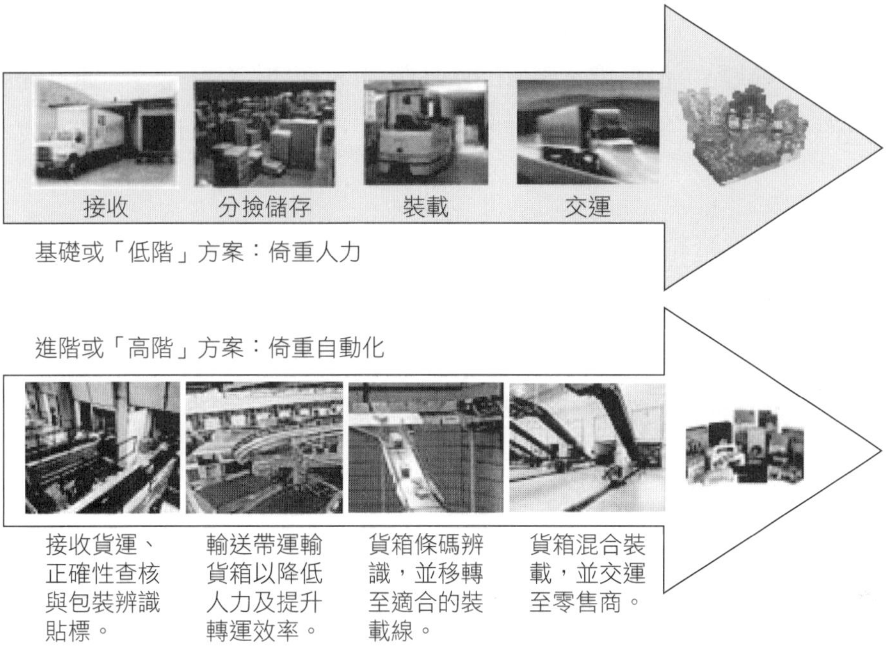
接收
分撿儲存
裝載
交運
基礎或「低階」方案：倚重人力
進階或「高階」方案：倚重自動化
接收貨運、正確性查核與包裝辨識貼標。
輸送帶運輸貨箱以降低人力及提升轉運效率。
貨箱條碼辨識，並移轉至適合的裝載線。
貨箱混合裝載，並交運至零售商。

✧ 圖 10.5　越庫程序

資料來源：Brian J. Gibson, Ph.D. Used with permission.

物流設施在供應鏈中所扮演的角色，也影響著能量的需求。舉例來說，若有聚合、分撿、分配與檢整等功能需求，則較偏好使用傳統的倉儲及物流設施；相反的，若著重在產品客製化或包裝等附加價值活動，則較傾向物流設施內的組裝能力。

10.3.2　網路設計議題

瞭解供應鏈所需的物流能量，在網路設計階段需要很多的預測工作。如果能掌握所需處理的活動為何、產品流量多少及顧客的期待為何等，物流設施網路的設計與規劃就相對簡單得多。在此網路設計規劃階段包含的策略性考量，包括庫房的位置、物流設施的數量及所有權等考量，分別說明如下。

庫存定位 (Inventory Positioning) 是有關庫存在供應鏈中應採何種定位的決策。作法之一，是在產品起始點或某個在供應鏈中有戰略地位的位置維持著一**中央庫房** (Centralized Stock)，然後再由此中央庫存點以物流設施網路分配產品。中央庫存的好處是對庫存與訂單履行方式有較多的控制權、對產品流路有較佳的可見度，以降低需求變異對供應鏈所造成的衝擊。

中央庫存的缺點，是距離顧客較遠、延長交貨時間及有較高的運輸成本……等。雖然有這些缺點，但高價、輕量的產品製造商，如處方藥商等，通常採用中央庫存的運作方式。當天或隔天等快速交運的成本，通常可由降低庫存持有成本所抵銷。

與中央庫存策略相對的，是面向（近接）顧客的區域或當地庫存策略，產品可較容易的以較低運輸成本、較快訂單循環時間運交給顧客。這種**分散式庫存**（Decentralized Inventory）策略較適用於量大、低價且產品需求變異度不大的產品，如早餐穀片、寵物食物及清潔用品等。

分散式庫存策略也有其缺點。首先，是需要有較多的設施來儲存產品，這將導致較高的處理成本、較高的產品損傷與遺失風險，設施運作的成本也將增加。除此之外，因每個設施通常都會以安全庫存的方式，以因應該地區需求的變異，這將導致整個供應鏈庫存水準的增加。

中央庫存與分散式庫存策略何者較佳？並沒有單一的答案！許多公司會根據需求狀況，而同時採用兩種庫存定位策略。如亞馬遜將暢銷書以分散式庫存管理方式，以快速因應地區顧客的需求；但對那些流通緩慢、絕版的書籍，則改採中央庫存方式。總括來講，庫存位置策略，主要是看產品需求、顧客期待與影響力及競爭者的行動而定，其他運作影響因素如運輸成本、庫存持有成本及其他供應鏈相關費用等，則須與庫存位置執行成本效益之權衡分析。

第二個與物流設施網路設計有關的考量議題，是設施的數量，而此決策通常也與設施位置的決策有關。如中央庫存的程度越高，則所需分配產品所需的設施數量就越少。市場規模也會影響設施數量的決策，通常因應區域市場需求的中小型企業，只需要一個設施即可。但對全國或全球市場供應的大型企業而言，則設施數量通常較多，且各自扮演著不同功能。

供應鏈中設施數量的決策，也須與其他組織功能領域執行權衡分析。如圖 10.6 所示物流成本的權衡分析，當庫房數量增加時，運輸與滯銷成本雖會下降，但庫存與倉儲成本則會相對應的增加。這兩類成本的權衡，則意味著求出最低總成本的庫房數量。

圖 10.6 所示物流成本的權衡考量如：

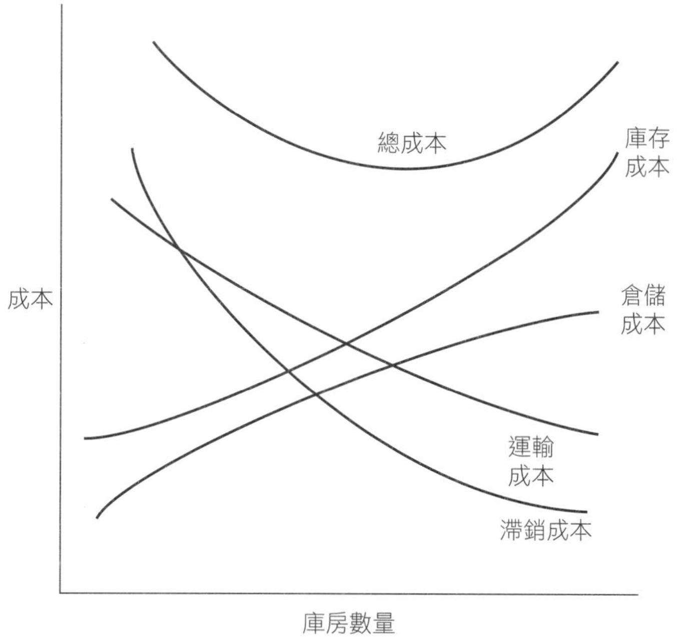

✧ 圖 10.6 物流成本的權衡

資料來源：Edward J. Bardi, Ph.D. Used with permission.

- **運輸成本：**庫房數量越多，使庫房更能接近顧客與市場，降低外向運籌的運輸距離與成本。
- **滯銷成本：**庫房與相關物流設施的增加，能改善庫存可用性及訂單滿足率，使顧客較不易轉向其他競爭者，因而降低因喪失銷售機會的滯銷成本。
- **庫存成本：**如前所述，庫存點的增加，會使供應鏈的整體安全庫存增加，同時也增加了庫存持有成本。
- **倉儲成本：**物流與庫房數量的增加，會增加整體供應鏈的管理與運作成本。如每個庫房都必須有自己的管理團隊、支援人力及行政辦公空間等，都會使管理與運作成本增加。

在確定物流設施的數量後，接下來就是設施位置的選址考量。一般直覺（經驗法則）的作法，是將服務設施設置於靠近市場，而將原物料混運中心設置於靠近供應商處。但在以最低運籌成本前提下，追尋組織希望的服務水準也很重要。因而使分析物流中心預期功能、供應來源與供應量、顧客位置與需求模式及相關的訂單履行成本等綜合權衡分析，要比經驗法則的選址更為重要。與其他策略性物流議題的決策一樣，物流網路設計必須與組織其他功能運作和可用的技術、工具等因素實施權衡分析。本書第 4 章物流與全通路網路設計已對設施選址的分析有詳盡討論。

在庫存定位、選址等考量後，最後一塊有關物流網路的策略性決策則是**設施擁有權** (Facility Ownership) 的考量。究竟是組織自己擁有物流設施的掌控權較佳，或是將物流作業外包給第三方物流服務提供者實施？須根據組織自己的專業能量、物流作業的範疇及可用的財務資源……等綜合考量。而此設施擁有權的決策，通常有三種結果如：自營設施、公共倉儲及合約倉儲，分別說明如下：

1. **自營設施 (Private Facilities)**：組織自營的物流設施與倉儲庫房，當然有絕對的掌控權。如果物流量夠大的話，則具備經濟規模，使組織能以較低運輸價格提供產品給客戶，使客戶能降低產品售價或得到更佳的獲利機會。自營設施也是組織的可運用資產，如將多餘的設施空間出租以增加組織的收入。

   為使組織自營設施能符合成本效益，必須要有高的物流量、需求須穩定，另外設施位置也必須靠近市場或客戶區域等。除此之外，組織也必須要有物流專業、建置設施必須投入的資源(資金)，及親自運作這些設施的企圖心等。若不具備或缺乏上述任一屬性，則外包給第三方物流服務提供商執行相關的倉儲與物流作業，可能是較佳且較符合成本效益的選擇。
2. **公共倉儲 (Public Warehousing)**：是傳統的外部物流選擇方案之一。公共倉儲提供個人或公司所需的儲物空間，以利其短期、交易型的產品倉儲活動，如須冷凍的商品、一般家用品及大量儲存貨物需求等。
3. **合約倉儲 (Contract Warehousing)**：可視為公共倉儲的客製化，通常由第三方物流服務商提供倉儲及相關的物流作業。第三方物流服務提供商通常以專業運作的人力、機具設備及可獲得倉儲空間等，為客戶提供較精確的整合物流服務。適合合約倉儲的產品，通常具有高價值、須特殊裝備處理等性質，如藥品、電子產品等。合約倉儲也可使第三方物流服務商及其客戶維持著緊密夥伴關係。

除自營設施外，採用公共倉儲及合約倉儲等外部物流服務的理由通常有三，說明如下：

1. 避免組織對物流設施投入過多的資源。

2. 外部設施所提供的能量使物流網路運作更具彈性。若需求轉向其他區域，組織租借該區域提供的物流能量即可。

3. 使組織不必維持專業物流管理能力等。

通常，若組織所擁有的物流專業(人力、裝備與設施能量)不比第三方物流提供商更具成本效益，則外包給外部能量執行物流作業是較為合理的選擇。但自營或外包的決策，需要審慎的規劃與分析。如圖 10.7 所示物流吞吐量對自營或公共倉儲決策的影響所示。私營倉儲較偏向固定成本(設施投資)加上較低變動成本(物流吞吐量)的成本結構，比較適合較大的物流吞吐量情境；相對的，若物流吞吐量稍低，則應選擇以變動成本為主的公共倉儲較為適宜。

但成本並非自營或外購庫房倉儲能量的唯一考量。表 10.1 列舉幾項物流設施擁有權的主要影響因素如下：

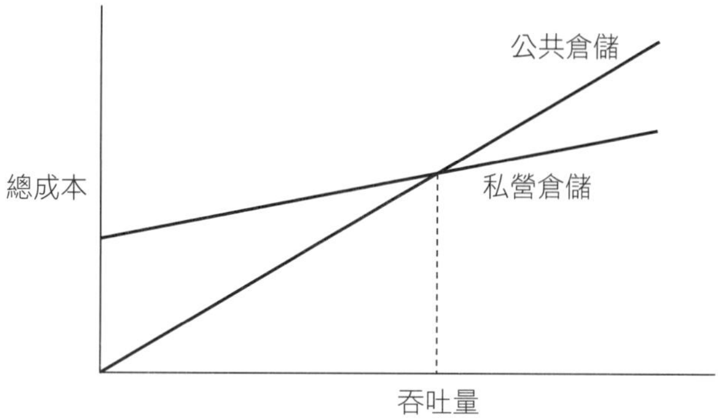

✧ **圖 10.7** 物流成本的比較

資料來源：Edward J. Bardi, Ph.D. Used with permission.

✜ **表 10.1** 物流設施擁有權影響因素列表

組織特性	偏向自營機率	偏向外包 3PL 機率
物流吞吐量	較高	較低
需求變動性	穩定	變動
市場密度	較高	較低
特殊實體控制需求	有	無
保全需求	較高	較低
顧客服務需求	較高	較低
多重運用需求	有	無

資料來源：Brian J. Gibson, Ph.D. Used with permission.

10.3.3 設施考量

若組織選擇將物流作業外包給第三方物流服務商執行，物流設施的規劃與策略選擇，自然移轉到物流服務商身上（組織仍須清楚定義需求與協助規劃）。但若組織決定自行擁有與運作物流設施，則必須執行相當縝密的規劃作為。這些規劃必須考量每一個物流設施的規模、其內部配置與產品的儲放位置等，這些考量在設施實際整建前必須完成，否則將使事後的修改耗費相當昂貴的資金。

第一個自營設施的規劃考量，是網路中每一個設施活動運作的規模。一般來說，若物流網路中的設施數量越多，則每個設施所需的運作空間與能量則可降低。此處的說明顯示，並非物流網路中的所有設施，都必須有完全一致的規模、功能與配置方式。

對每一個設施而言，必須在設施內有足夠的空間，容納所需執行的物流活動。其原則是應盡可能充分運用設施的立體空間。

設施空間，必須與運輸能量有整合考量。如內向運籌主要是將貨品從運輸車輛中卸載到設施內並準備儲放。因此，設施需有貨物的接收、檢驗區及儲放前的棧板堆置區。外向運籌在裝載至運輸車輛前，也需有分撿、堆置與聚合的空間。無論內向或外向運籌，設施的空間需求有大部分為顧客訂單的數量與頻率所決定。

另一個對設施空間有需求的作業，是貨物的檢整與組裝，其需求量則由訂單的數量、產品特性及所需物料處理裝備等所決定。設施空間的適當配置，對檢整與組裝作業的有效運作相當重要，也會進而影響顧客服務水準。除此之外，設施的空間也必須符合以下三項物流作業：

1. 貨品重工或回收處理作業。
2. 管理與行政作業空間。
3. 會議室、休息室、裝備儲藏室甚至更衣、儲物室等之需求。

設施空間的需求，可以下列方式粗略估計：

1. 以 30 天各類型產品需求單位為預測基準，公司可決定各類型產品的處理需求量，通常會包含一些安全存量。

2. 將各類型產品需求量（以箱為單位）轉換成空間需求量。同樣的，通常會加上 10~15% 的額外需求以因應物流量的增加，這提供儲存空間需求的估計基準。

3. 再加上其他履行作業如接收、轉運、撿貨、組裝……等所需的運作空間。這些履行作業所需的空間，通常是非儲物空間的三分之一。

上述有關設施空間需求的預測，應以技術加以驗證。如現代電腦模擬軟體，可分析並執行各類型影響因素的敏感度與權衡分析，並使空間需求的規劃，能因應未來需求成長的空間。

當設施的容量規模確定後，規劃的重點就移向內部作業的配置。表 10.2 列舉一些設施配置的規劃原則。

運用上述一般設施配置原則，可使組織設計出能及時、精確且有效履行顧客訂單的設施內部配置。但在規劃程序中，也應關注於物流作業的一般性目標，如內部空間的有效運用、產品防護、自動化能量的運用、保持程序彈性及持續改進等，分別說明如下。

內部空間的有效運用：設施空間的有效運用，是設施運作要達成的首要目標。這通常牽涉到儲架尺寸與貨品流通速度的權衡有關。對低轉運率的貨品而言，可使用較深且寬的儲架，但會使運轉活動的空間受到限制；若需要有較高服務水準的運轉率，則儲架尺寸宜窄而運轉空間較寬。

產品防護：設施的內部配置，也必須考量處理貨品的特性。舉例來說，如易爆、易燃、易氧化等貨品的儲放，必須與其他一般貨品加以區隔，以免造成儲放貨

✣表 10.2　設施配置原則

原則	效益
運用單層設施	• 設施投資金額的可用空間運用 • 較低的設施整建成本
運用垂直空間	• 降低設施的樓地板與土地需求
過道空間的最小化	• 提供更多的儲物與處理能量
運用產品直接流路	• 避免回流與過多的轉運時間與成本
自動化方案	• 改善設施產能與安全性 • 降低轉運時間 • 降低人力需求
運用適當的儲貨計畫	• 空間運用率最大化與產品防護

資料來源：Brian J. Gibson, Ph.D. Used with permission.

品的損壞。同樣的，高價貨品須有適當的保全措施，以避免遭竊；另對溫度敏感的貨品，則在儲放時須有適當的冷卻或加溫。最後，脆弱的貨品則應避免堆置或靠近其他儲放貨品，以免受到碰撞而損壞等。

自動化能量的運用：適當的運用機械化或自動物料處理裝備，可大幅提升物流作業的效率。但因自動化能量所需投入的資源甚高，在選用自動化能量時須予詳盡規劃，以避免因快速演化所造成的技術過時。組織可運用的物料處理裝備及其能量，將於附錄 10A 詳細討論。

保持程序彈性：如前所述，物流設施的整建涉及資金的大量投入。因此，設施的設計必須保有因應未來需求產生或提供附加價值服務的程序彈性。舉例來說，可重新組構的貨架與多功能的物料處理設備，除可避免技術老舊過時的影響外，也能因應未來需求模式的突然變化。設施程序所需的彈性，使設施的規劃作為更具動態性。

持續改進：是設施規劃的終極目標。組織不應對設施配置規劃有永遠完美運作的虛妄期待，而應對成本標準、訂單處理效率及顧客服務水準……等持續衡量與監控，一旦設施運作未達最佳化的目標，則應採取更正與持續改進作為。

最後一項與設施配置有關的規劃考量，是設施內貨品儲位的規劃與設計。所謂**儲位** (Slotting) 的定義，是以達成物料處理最佳化及空間運用效率的貨品儲放位置。其意義在盡量降低在設施內處理貨品與員工移動的頻率，這對占設施內無產能幾乎六成的人力工時而言相當重要。

在設施內儲位的規劃，通常有三項準據可供依循，即普遍性、單位尺寸及容量，分別簡述如下：

1. **普遍性 (Popularity)：**通常將有高流通量（普遍性）的貨品儲放在靠近交運區域，而將較不具普遍性的貨品擺在離交運區域較遠處。
2. **單位尺寸 (Unit Size)：**將較小單位尺寸的貨品擺在接近交運區域，可降低撿貨時間與轉運距離。
3. **容量 (Cube)：**可視為貨品單位尺寸的變形，是每貨品單位尺寸乘以數量所占用的最小容積。有較低容量需求的貨品擺放在靠近交運區域的位置。

為何要關注貨品儲位的規劃？除可提升設施內的人工產能外，還兼具其他效益如下：

- **提升揀貨產能：**人力揀貨的來回距離與時間，是影響揀貨效率的重要因素。適當規劃的貨品儲位策略，有助於降低移動時間與距離、降低揀貨員的工作負荷。
- **有效率的補貨：**以標準單位如箱或棧板等為揀貨的基準，能有效降低儲位補貨所需的勞力。
- **工作平衡：**藉多重揀貨區域工作量的平衡，能消除揀貨區域的擁塞狀況，改進物流、降低訂單處理時間等。
- **裝載次序：**為降低貨品損傷率，先揀厚重的貨品，再揀較為脆弱的貨品。另外，貨品也可以同一包裝箱尺寸的方式實施揀貨，以提升棧板裝載效率。
- **精確性：**相同的貨品或有相同包裝箱尺寸的不同貨品，須以儲位略加區隔，以降低錯誤揀貨的機率。
- **人因工程：**高流通量的貨品擺在容易揀貨的儲位，以降低人工揀貨的可能風險。另過重或體積過大的貨品則擺在下層儲位或增加儲位間隔，以利物料處理設備的操作。
- **先期聚合：**以系列、族群方式實施儲放，可降低下游揀貨與聚合的活動並加速其作業速度。

如同設施內部配置的規劃一樣，儲位的規劃也非一成不變。經營環境的快速轉變與產品需求的變動等，會使不良的儲位規劃影響著訂單履行與顧客滿意度。因此，對產品儲位的持續監控與調整，方能使物流設施維持在最佳運作狀態。

除了上述設施運作的作業性考量議題外，業界領導廠家也將可持續性納入設施規劃的考量。以下的「第一線上」專欄則描述三家廠商如何推動其環境友善性作為及其物流中心的運作效率。

第一線上　物流中心的效率與環境友善性

現代來自於政府、客戶及消費者對降低碳排放量及能源耗用的巨大壓力下，企業若不重視環境的友善性，終將失去市場上的競爭機會。

為因應現代對環保的要求，許多組織已開始在其庫房與物流設施的整建上，納入環境友善性的設計。其作為從簡單的改裝(符合)能源效率的照明到追求零設施浪費(Zero Facility Waste)等重要計畫不一而足。此處列舉三項極具雄心壯志的計畫如下：

- **變垃圾為能源：**美國最大食品與雜貨供應鏈克羅格，在其加州康普頓(Campton)占地 65 萬平方呎的物流中心，設置一將廢棄食物轉換成能源的厭氧機(anaerobic digester)，每天可處理 150 噸的廢棄食物，轉換成電能，並提供該物流中心所需 20% 的能源需求。這項變垃圾為能源的計畫，也使克羅格每年減少超過 50 萬哩的貨車運輸距離。與其將從各地零售店面蒐集到的廢棄食品專程運送至掩埋場或其他處理設施，克羅格的貨車可在補貨後，將超商與零售店的過期廢棄食品直接運回物流中心，實施變垃圾為能源的轉換。
- **設施內的保冷：**夥伴運籌(Partner Logistics)於威茲比奇(Wisbech)的物流中心，是英國境內為冷凍食品提供冷凍倉儲服務的最大第三方物流服務提供商。為保持其倉儲庫房零下 24 度的低溫儲存環境並降低對能源的需求上，夥伴運籌在能源節約上投入相當大的心力，包括特殊設計的地基、設施外部塗覆的絕緣層，及高低儲物層間的熱阻隔等。另在貨品堆置上也採取更高的容量與面積比，以降低每個棧板儲位的冷凍能源耗用率。整體而言，威茲比奇物流中心所耗用的冷凍能源，只占歐洲冷凍儲存與運籌協會(European Cold Storage and Logistics Association)所發布的最高標準的 50% 左右。
- **領先於綠色建築：**美國主要食品供應商金州食品(Golden State Foods)最近新設的一占地 15 萬 8 千平方呎的物流中心，獲得能源暨環保設計領袖的榮譽。能源暨環保設計領袖金牌獎在獎勵物流設施對環境可持續性所做的努力，包括使用不破壞臭氧層的 CO_2 氨化串級冷卻系統，以環境親和性的氫燃料電池驅動的叉動車，可改善空氣品質與強化無塵環境的可變空調系統及屋頂雨水回收與土地自然灌溉系統……等。

雖然上述計畫看起來相當昂貴，但其所得將遠超過資金的投入。一個綠化的物流中心除降低物流作業對環境的損傷外，改善工作環境與安全性、降低作業成本，及最重要的是，贏得顧客與消費團體的尊重，使可持續的綠化也可創造綠色的收入(美國紙鈔即為綠色)。

資料來源："GSF Opens LEED-Certified Distribution Center," *Food Engineering* (February 24, 2015); "Sustainable Warehousing Making the Supply Chain Greener," *Partner Logistics* (January 5, 2015); "Kroger to Power Distribution Center with Spoiled Food," *GreenBiz* (May 21, 2013).

10.4 物流的執行

物流策略與規劃，制定物流設施每日例行活動，並促進貨品移動與儲存，訂單履行及顧客服務附加價值的有效執行。本節開始專注於在物流中心、倉儲庫房及越庫設施內的執行程序，討論的重點區分為兩個主題：產品處理功能及支援功能兩類，分如以下各小節所述。

10.4.1 產品處理功能

物流設施的運作，主要專注在產品的移動與儲存兩項作業。傳統的觀點較專注於儲存而忽略了移動的重要性。事實上，使貨品在設施內有效、短距離的移動，對物流的順利執行至關重要。當貨品運抵物流中心時，快速越庫作業是達成高顧客服務水準與庫存周轉率的重要關鍵，除此之外，物流設施內貨品的快速移動，能有效降低庫存持有成本；降低損失、損傷或產品過期等風險，並維持著可用庫存能量等。

如圖 10.8 所示，產品的處理包括五項主要程序如下：

1. **接收 (Receiving)**：貨品從運輸網路移至設施。
2. **收儲 (Put-Away)**：將接收貨品移往儲存位置 (儲位)。
3. **撿貨 (Order Picking)**：為顧客訂單撿選需要的貨品。
4. **補貨 (Replenishment)**：將貨品從儲位移往撿貨槽 (Picking Slot)。
5. **交運 (Shipping)**：將貨品裝載於運輸車輛並準備運往顧客指定位置。

上述五個程序都涉及設施內貨品的短距離移動，而收儲則同時包含儲存功能。

接收作業：內向運籌的運輸車輛在設施接收碼頭卸貨。在此程序中，接收人員必須檢視到貨符合採購訂單及裝箱單 (Packing Slips)，到貨數量須無誤且無損

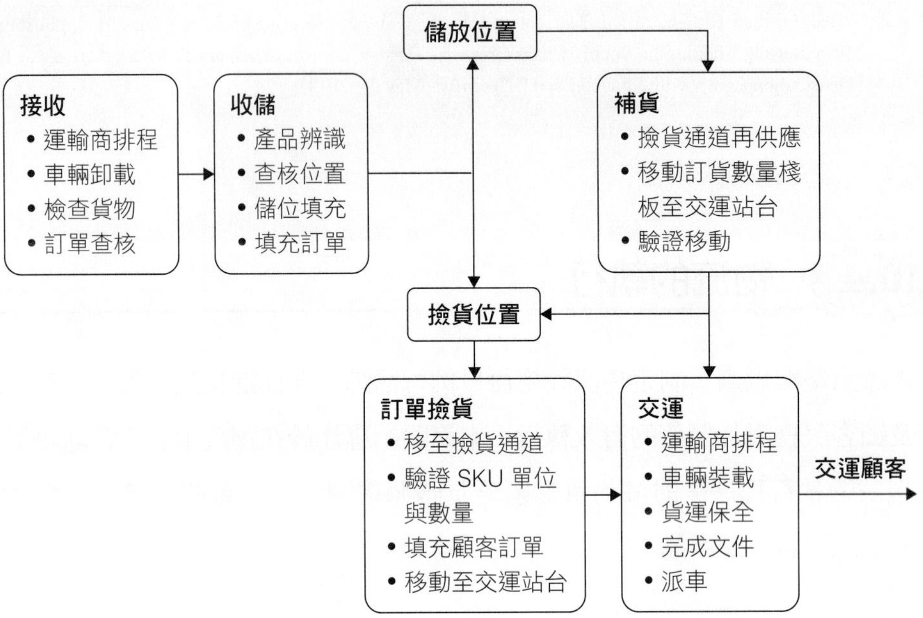

✧ **圖 10.8** 物流中心主要程序

資料來源：Brian J. Gibson, Ph.D. Used with permission.

傷……等。當有任何問題時，須在送貨回單 (Delivery Receipt) 上註記，並由接收與貨運商共同簽署認可。

一旦卸載到接收碼頭後，貨品開始以庫存單位執行分類，以正確 Ti-Hi 堆置於棧板上 (Ti 指棧板上每層的箱數，而 Hi 則為棧板的堆置層數)，以膠帶或收縮包裝穩固於棧板上。在收儲移轉前，貼上標示儲位的標籤。若為須立即交運給顧客的產品，則將卸載的產品以箱或棧板單位等，執行越庫作業，直接移往交運區準備交運。

收儲作業：指將產品從接收區移往指定儲位的作業。叉動車作業員於執行收儲作業時，先檢查產品的完整、安全性，並確定棧板標籤所示的儲位後，將棧板移往指定的儲位，並堆置於貨架上。收儲作業的精確性對物流作業相當重要，因偌大庫房內有許多外包裝看起來都一樣的棧板或貨箱，若儲位不正確，將導致後續物流作業的紊亂。當收儲作業完成後，資訊系統內的庫存紀錄即更新，反映已接收產品的項量、儲存位置及對顧客訂單的可用性……等。

在前述接收與收儲作業中，有兩項關鍵會影響設施內收儲貨品資訊的正確性。首先，是接收人員的素質。接收人員必須經過良好的訓練，在接收作業時確定接收的貨品與採購訂單的項量和品質均一致。若接收作業有偏差，將造成實際庫存與系統紀錄間的不一致，而使後續的訂單履行發生問題。其次，是接收與收儲作業人員之間的協調。因大多數設施的接收區容量有限，一旦裝載成棧板後，就應由收儲作業人員將棧板快速移往儲位，以空出後續卸載、接收所需的空間。為達成此協調性，通常有兩種作法。其一是接收與收儲作業人員之間的交互輪調訓練，使成員都能熟悉兩種作業；其二則是交錯式的排班，接收作業較早啟動，當收儲作業準備開始時已有接收的棧板可供收儲。

訂單揀貨程序：專注於滿足顧客訂單需求貨品的揀貨。揀貨人員在揀貨槽、揀貨箱或設施內來回移動，揀取揀貨單內標示的貨品。揀貨單可以是簡單的紙本、平板電腦顯示或由聲音啟動的揀貨系統。一旦貨品被標示揀出後，通常以輸送帶移往棧板裝載區或交運區等，準備運往顧客指定地點的外向運籌。

對多數人力作業的組織而言，揀貨作業是人力需求最多也最昂貴的作業，其成本約占所有物流中心作業成本的一半以上。因此，物流管理人員須特別關注揀貨作業的安全、精確性與產能。表 10.3 即列舉一些業界用於訂單揀貨作業的最佳實務。

表 10.3 訂單揀貨最佳實務彙整表

原則	效益
轉運時間最小化	• 以不回溯、單趟的揀貨模式滿足訂單 • 批次揀貨：單趟滿足多個訂單 • 區域揀貨：揀貨者僅在限制區域內工作
揀貨時間最大化	• 以音響或燈光導引系統取代文件，使揀貨者專注於揀貨作業 • 將相似的貨品聚集在一起，以加速棧板裝載作業 • 有充分可用的工具與裝備
精確揀貨	• 揀貨區域的明亮照明與作業空間 • 有清晰可辨識的揀貨位置與揀貨標示卡 • 在轉移至下一個揀貨位置前有系統的驗證機制
利用物料處理裝備	• 以自動倉儲與揀貨系統，將貨品移向揀貨者，減少搜尋與移動時間 • 以輸送帶系統將貨品從揀貨區域移往交運區域，減少揀貨者來回移動時間 • 使用叉動車處理較重與大量貨品，提升安全性與減少揀貨時間
空閒時間最小化	• 分散快速移動貨品以降低揀貨壅塞情形 • 發展與強化揀貨作業的時間標準 • 維持儲位的適當庫存水準以充分利用揀貨時間

資料來源：摘自 *The Journey to Warehousing Excellence* (Raleigh NC: Tompkins Press 1999), Section 2.

補貨作業：對訂單揀貨作業扮演著重要的支援功能，將貨品從儲位移往揀貨槽或揀貨區的作業。由於從儲位將貨品移出，需要特殊的擷取裝備或系統，因此，補貨作業通常由專業補貨作業人員將儲位的貨品移往揀貨槽或揀貨區。若揀貨槽內來不及補貨，則揀貨人員必須執行第二趟的揀貨作業或等待補貨等，都將延誤訂單的履行作業。因此，揀貨與補貨作業必須能充分協調運作。

交運作業：為貨品處理的最後一項移動作業，將交運區內的貨物，無論是單項、裝箱或棧板負荷等，檢視、計數並裝載至外向運輸的貨車中。完成裝載後，貨車駕駛簽署由發貨人準備的提單文件、代表貨運商接收貨品的所有權，並離開設施、將貨品運往指定地點。

雖然看似為運輸相關的活動，但交運作業對物流設施的成功運作有最後決定性的影響。交運裝載人員必須確保貨品於裝載過程中免於損壞，以正確的次序裝載貨品，並準時完成貨物裝載作業，使達成準時交運的目標。此外，交運裝載人員也必須確保貨車裝載空間的充分利用，以節約每趟交運的成本……等。

10.4.2 支援功能

雖然產品處理功能承擔著物流設施大部分的活動、人力需求與成本……等，但也需要有其他行政與管理功能和活動的支持，才能使每日例行的物流作業順利執行。這些支援性的功能扮演著物流關鍵活動與程序之間的協調角色、保護組織對庫存的投資，及改善物流設施內的工作環境……等。物流設施的主要支援性功能包括庫存管制，安全、清潔與維護，保全，績效分析與資訊技術等，分別說明如下：

庫存控制 (Inventory Control)：庫存控制，始終是物流作業的最大挑戰。當貨物每天在設施中大量的流入與流出時，庫存資料庫是否能真實反映設施內的實際庫存就顯得相當重要。庫存管理人員專注在分析與解決庫存差異問題、找出儲位錯誤的產品、執行訂單循環統計與品質稽核，並做出必要的庫存調整等。他們的努力反映在庫存報告的可靠性。當顧客下單時，才能有適質、適量的庫存產品來正確滿足顧客的訂單。這部分的討論，另可參照本書第 9 章所述。

安全、清潔與維護 (Safety, Maintenance and Sanitation)：維持工作環境的安全、衛生與整潔，不但是管理者的義務，同時也是物流產能的促進因素。安全功能著重於使人員與工作環境適配，人員正確使用工具、機具與裝備等訓練與認證，及提升人員對潛在風險的意識以規避意外及傷害等人因工程 (Ergonomics) 作為。對裝備的故障維修及例行預防性維護，也有助於工作環境的安全性。最後，設施的清潔與衛生功能，除符合法規標準外，也有助於工作士氣的提升。

保全 (Security)：保全功能著重於高價產品免於遭竊或遺失等風險，許多技術可用於庫存產品的保全，如鉛封、防盜標籤、監控裝置等，另在人員執行活動程序的安排與限制等，也有助於庫存的保全。

績效分析 (Performance Analysis)：物流設施的管理團隊，有責任評估與改善設施的運作績效。有些組織有專業的分析人員與軟體來衡量物流設施的產能、品質、運用率、成本及物流程序的各個面向。若不能對個別人員與團隊執行績效評估和分析，終究將導致設施的不良運作。有關物流設施績效分析的準據，將於 10.5 節再詳加討論。

資訊技術 (Information Technology, IT)：現代物流設施相當依賴資訊技術，來執行組織內外部運籌專業人員之間的溝通、資訊分享及提升訂單與庫存可見度等。有關物流設施可用的資訊技術，將於 10.6 節中討論。

總括而言，支援功能對物流設施內貨品的移動與儲存，完美訂單的履行都相當關鍵。猶如運作機件中的潤滑劑，若少了支援功能，產品處理功能終將窒礙難行！

10.5 物流準據

物流功能活動執行的績效，可方便以**關鍵績效指標** (Key Performance Indicators, KPI) 來衡量與分析。如客戶可以關鍵績效指標主觀的評估物流作業所提供服務的品質，組織的管理者則利用關鍵績效指標來評估組織的作業成本、產能及第三方物流服務商履行訂單的程序績效……等。關鍵績效指標也可用來執行和過去績效、目前目標及產業標竿等之分析與評估。

物流作業的績效，從顧客服務到訂單履行活動等，有很多面向，也有許多關鍵績效指標可供選擇。對管理者的挑戰，則是如何縮減與選擇對組織物流運作有關鍵意義的績效衡量指標。一般認為適當挑選的關鍵績效指標，是要能與組織供應鏈目標校準對齊的準據。

客戶與顧客關注的關鍵績效指標，通常與訂單履行的服務品質有關。這很容易想像，試想你是下單購物的顧客，你的關切很明確——在預期的時間，得到正確的貨物。因此，面向顧客關鍵績效指標的選擇，應朝向物流作業的可靠性如及時、精確並完整的交貨。表 10.4 顯示一些業界常用的物流服務品質準據範例。另有關物流服務品質的其他主要關切面向也分別討論如下。

訂單精確性 (Order Accuracy) 與**訂單完成性** (Order Completeness)：為兩項會影響顧客滿意度與保留度的關鍵績效指標。所謂訂單的精確性與完成性，是指物流中心依據顧客的訂單，正確撿貨並交運至顧客。若此兩項關鍵績效指標的執行稍有偏差，則會造成顧客回送不正確的貨品、為顧客再訂購的加速履行程序，甚至物流中心內庫存不一致等成本問題。因此，管理階層持續監控這兩項關鍵績效指標，以解決訂單履行錯誤、交貨數量短缺或過量等問題。

及時性 (Timeliness)：也是訂單履行服務水準的關鍵要素之一。傳統上將此指標視為運輸的議題，但物流作業卻是促成與確保訂單及時履行的關鍵。顧客的訂單，必須在交運期限內完成撿貨、包裝、準備裝載交運，同時也必須有貨運商的配合，才能在顧客預期的時間及時運抵。與及時性相關的關鍵績效指標如訂單平均處理時間、期限內完成訂單交運百分比……等與訂單履行速度相關的指標。

當然，所有物流關鍵績效指標的設定，都應以符合顧客預期為終極目標。換句話說，物流作業應以達成訂單的完美履行，亦即在正確的時間、交運適質且適量的正確貨品到顧客指定的地點等「多適」原則。物流作業的完美執行，也可避免顧客抱怨、客服干擾及物流中心重新作業等困擾。

表 10.4 物流服務品質準據範例

準據	計算公式
單位滿足率	總交運單位 / 總訂購單位
個案滿足率	總交運個案 / 總訂購個案
訂單價值滿足率	總交運價值 / 總訂購價值
訂單精確性	正確交運單位總數 / 總交運單位
文件精確性	正確顧客發票總數 / 顧客發票總數
準時交運	期限前完成交運總數 / 交運訂單總數
完美訂單指數	完成訂單率 % × 無損傷率 % × 收款正確率 % × 準時交運率 %

資料來源：Brian J. Gibson Ph.D. Used with permission.

組織用來評估是否能完美履行訂單的指標，通常是**完美訂單指數**（Perfect Order Index, POI），它是多個關鍵績效指標的組合，通常包括訂單完成率（Order Fill / Complete Rate）、訂單無損傷率（Damage-Free Rate）、收款文件正確性（Documentation Accuracy）及準時交運率（On-Time Dispatch）等。另完美訂單指數並非單獨衡量每個構成指標的績效，而是其相乘的效應，以強調不正確訂單履行所造成的整體衝擊影響。

當訂單履行品質是使顧客滿意的基礎時，內部活動執行績效也一樣重要。組織必須在訂單履行費用與服務水準需求間達成平衡。為以較低的訂單履行成本（相對於貨品價值）有效達成預期的服務水準、物流程序的有效運用資產及提升產能等。表 10.5 列舉一些物流運作常用的關鍵績效指標。

物流成本效率（Distribution Cost Efficiency）：關注組織內部與外包第三方物流服務商於庫房及物流設施作業的成本效率，如總成本效率（Aggregate Cost Efficiency）衡量相對於貨物銷售額的物流總花費，項目階層的關鍵績效指標則關注於每衡量項目（棧板、貨箱或訂單）單位的物流花費。這些物流成本效率指標強調物流於供應鏈運作的成本衝擊，並作為降低成本的基準。

資產運用率（Asset Utilization）：一般組織對物流設施、物料處理裝備及技術等資產，都投入相當的資金。這些資產的運用對目前及未來投資價值的驗證都相當重要。若物流設施有一半未能利用，裝備在作業時閒置未用或正進行維修保養中等，則代表著設施資產未能充分、有效的運用。

資產產能（Resource Productivity）：影響著物流中心的物流作業成本及是否能持續維持最大且一致性的產出能力。產能通常以實際產出與實際投入之比例來衡量。

表 10.5 物流運作準據範例

準據	計算公式
每單位物流成本	總物流成本 / 總處理單位
物流成本比例	總物流成本 / 總售貨成本
能量運用率	運用儲存槽總數 / 可用儲存槽總數
裝備運用率	總作業時間 / 總可用時間
人力產能	處理案件總數 / 總付費工時
物流效率	任務完成時間 / 標準作業時間

資料來源：Brian J. Gibson, Ph.D. Used with permission.

在物流成本一般約占產品銷售額 10% 的狀況下，產能的改善、提升也對組織的財務績效有正面貢獻。產能相關的關鍵績效指標，能使管理者評估相對於目標的設施資產運用效率，估計物流中心的每日最大產出並安排人員工作時程等。設施產能績效的下降，也是物流問題的早期預警。

資源效率（Resource Efficiency）：通常用來衡量物流活動相對於標準時間（如標準工時）的完成時間。在制定關鍵活動的標準時間時，通常運用**時間與動作分析**（Time and Motion Studies）來制定適宜的時間標準。這些標準時間的制定，必須納入任務複雜性、人員疲勞、人員於設施內的移動（距離、時間與頻率）及工作安全性等因素。另資源效率指標也可用於衡量個人、功能、班別或設施等各層級的任務完成時間。

對物流服務品質與內部作業績效等關鍵績效指標的持續監控與分析，能讓管理階層瞭解組織的實際運作狀態，使組織能有效管理訂單履行活動，並在負面因素衝擊供應鏈運作前即精準定位不具效率的問題所在，提前解決相關議題，並發展降低供應鏈運作成本策略等。除此之外，關鍵績效指標，也可用於物流外包、訂單履行程序修改及降低成本等決策時所需的成本效益權衡分析之用。

10.6 物流技術

當物流環境依賴有效的貨物流通時，物流設施內與跨供應鏈及時、精確的資訊流通也相當重要。供應鏈中要分享的資訊，包括顧客訂單（處理）狀態、庫存水準、可用庫存倉儲位置、人力運作績效……等。本章所討論到有關物流策略與程序的規劃、執行與評估等，都能藉由有效的資訊溝通來達成。幸運的是，現代的物流管理者不再需要以人力追蹤大量的物流資訊，目前已有許多軟體及資訊技術的發展，能協助管理者執行物流的管控與決策。本章最後一節將討論物流作業可用的主要資訊技術，重點放在庫房管理系統及自動辨識工具的運用等。

10.6.1 倉儲管理系統

訂單履行程序可用的核心軟體，是所謂的**倉儲管理系統**(Warehouse Management System, WMS)。這套軟體是從 1970 年代發展迄今的成熟技術，可用於支援各類型的物流作業。倉儲管理系統的主要功能，是藉由有效管理物流作業的資訊，以改善貨品於供應鏈上的移動與儲存狀態。其目標則是藉由指導撿貨、補貨與收儲作業等，達成庫存水準的精確控制。

倉儲管理系統不僅僅是一套能提供庫存位置的資料庫系統，同時也是包含無線射頻 (Radio Frequency, RF) 通訊、地區專責型電腦硬體及其所需應用軟體……等的整合式套件。各軟體提供商對倉儲管理系統的設定變異性很大，但對貨品項目、儲存位置、數量、衡量單位及訂貨資訊……等基礎項目的運作邏輯都一致，亦即能協助管理者 (與資訊使用者) 判定何處儲存貨物、何處撿貨及撿貨的程序……等。

除管理貨物移動與儲存狀態的基本功能外，倉儲管理系統也能支援供應鏈的活動和提供附加價值能量等特定功能如下：

- **人力管理** (Labor Management)：當一般人力管理系統執行 (個人) 績效分析、誘因計畫及產能改善計畫實施成效時，若與倉儲管理系統連結，則能讓組織根據任務的標準工時指派工作人力，評估每名員工的產能及評估其工作品質……等。
- **自動化蒐集資料** (Automated Data Collection)：運用自動辨識 (Auto-ID) 技術工具 (如條碼、無線射頻辨識標籤等) 的倉儲管理系統，能在物流活動執行時自動、精確的擷取資料，提供物流設施中物流的可見度，甚至執行活動的自動化等。一旦擷取資料後，資料會在倉儲管理系統內自動傳輸、提供績效分析、產生報告及決策制定之用。有關自動辨識技術將在下一小節及本書第 14 章中詳細討論。
- **任務混編** (Task Interleaving)：將性質不同的任務，如收儲、撿貨及補貨作業等混編的程序。在大型倉儲庫房內，倉儲管理系統的任務混編功能，能大幅降低人員的移動時間 (與距離)、降低機具的磨耗、節約機具能源耗用成本及增加產量等。

- **履行彈性** (Fulfillment Flexibility)：有效的倉儲管理系統能支援不同類型的訂單處理，從全通路的單一項目訂單，到商務客戶對完整貨箱或棧板的訂購等。倉儲管理系統也能支援越庫、簡單組裝與備料作業等，使物流中心能執行不同模式的撿貨作業。
- **系統聚合** (System Convergence)：倉儲管理系統與企業資源規劃 (Enterprise Resource Planning, ERP) 系統、訂單管理系統 (Order Management System, OMS)、運輸管理系統 (Transportation Management System, TMS) 等之整合，除能提供供應鏈中強而有力的資訊流外，也能支援執行程序的同步化。如以下「第一線上」專欄所述。

第一線上 倉儲管理系統的聚合

倉儲管理系統，是一套可用在物流中心、越庫設施或訂單履行中心等作業的優越軟體系統。但問題是，各種物流設施通常不是各自分離的孤島，其活動與作業必須能連結起來，成為物流網路中的每個節點。因此，倉儲管理系統必須能與其他供應鏈軟體系統連結、整合，使供應鏈各物流設施都能以最有效的方式快速、精確的執行訂單的履行與交運。

為達上述目的，組織必須能將跨功能領域的執行程序同步化；換句話說，也就是將倉儲管理系統、運輸管理系統、訂單管理系統及分散式訂單管理系統 [Distributed Order Management (DOM) System] 與其他相關供應鏈軟體加以整合，達成**系統聚合** (System Convergence) 的效果。

根據高納德顧問公司的研究，供應鏈系統的聚合，只有在有共同的技術架構、分享式使用者介面、資料庫模型及商業運作邏輯 (模式) 的狀況下才能達成。目前市場上領先的供應鏈管理軟體供應商，已能提供倉儲管理系統的聚合能力，但其他 (軟體供應商) 的競爭仍有待趕上。

供應鏈的系統聚合能力，能讓發貨者突破端對端 (發貨者到顧客端) 供應鏈同步化的各種功能與程序障礙。藉供應鏈上資訊流的充分、有效流通，能突破供應鏈各物流設施如庫房、運輸、現場管理及全球交運等活動的功能限制與部門主義，有效達成端對端供應鏈活動的同步化與最佳化。

對支援全通路不論在何處執行策略的供應鏈需求上，倉儲管理系統及其他軟體系統的聚合更形重要。現代消費者已無法容忍不同系統之間多日的協調與整合！這些系統間的聚合，在今日必須幾分鐘內就應完成。舉例來說，現代的零售商，必須能快速的擷取顧客訂單、辨識可用庫存位置、將庫存指定給該份訂單，並產生將指定庫存滿足該份訂單及交運指令等交易資訊。這需要如下圖所示的系統同步化聚合。

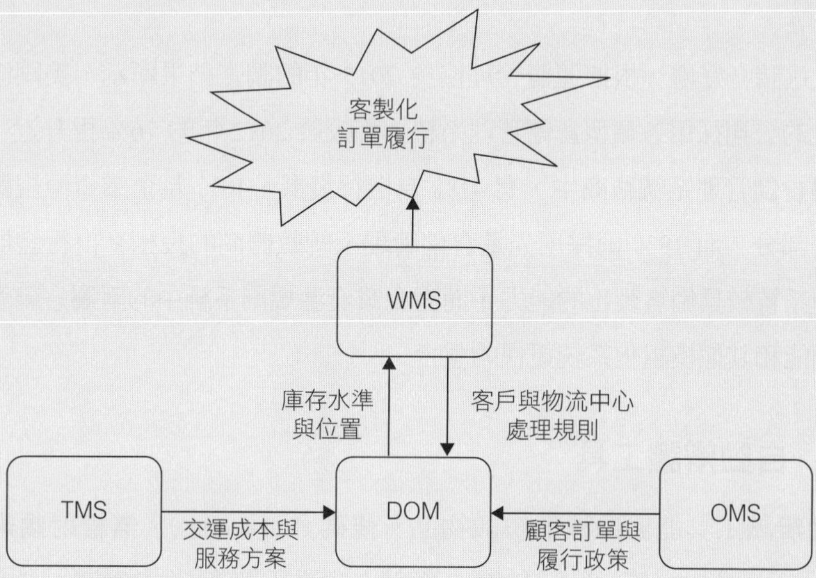

為支援全通路商務的訂單快速履行與交運需求，軟體供應商必須能提供各種供應鏈執行系統，如倉儲管理系統、運輸管理系統、訂單管理系統及分散式訂單管理系統等必要的功能，且能以模組化設計，以供多重工作流路整合所需。這也是軟體供應商應協助組織突破供應鏈功能性（即指軟體）與部門主義障礙所需付出的努力。

資料來源：Bridget McCrea, "Supply Chain and Logistics Technology: Convergence Gaining Momentum," *Logistics Management* (June 2015); Dan Gilmore and Dinesh Dongre (2015). *The Changing Role of WMS in an Era of Supply Chain Convergence*, Chariotte, NC: Material Handling Institute; and SC Digest Editorial Staff, "Supply Chain News: Insights from the Gartner Warehouse Management System Magic Quadrant," *On-Target* (October 20, 2014).

先進的倉儲管理系統也可能具備一些其他特性，如績效報告能力；支援無紙化作業；與物料處理系統、撿貨系統及分撿系統等的整合；促進庫存循環的計量與能量規劃能力等。

倉儲管理系統的有效執行會產生很多效益，如增加庫存(管理)的精確性以訂單撿貨量等，能強化顧客服務；對人力運用的控制及減少人員移動時間等，將強化設施產能；更快的訂單處理速度與適當的程序排程等，會降低訂單循環時間等。倉儲管理系統也能提供規劃與決策所需的必要資訊，以執行「若……則……」的情境規劃能力。除此之外，倉儲管理系統也能協助儲存模式最佳化，改善設施空間的利用率……等。

有上述諸多好處，根據運籌管理協會 2015 年的調查結果顯示，美國已有超過 85% 以上的公司採用各類型倉儲管理系統，相較於 2012 年的 76% 提升近一成。在這些採用倉儲管理系統廠商中，有 41% 為自行發展、40% 為企業資源規劃系統中授權的一部分，而 19% 則採用先進倉儲管理系統軟體商的授權。自行發展與先進倉儲管理系統較具備客製化的能力，而對企業資源規劃系統中的附屬倉儲管理系統而言，則能和其他模組化系統更快的整合。

10.6.2 自動辨識工具

自動辨識工具能協助機器辨識物品。**條碼**(Bar Codes)、**無線射頻辨識技術**(Radio Frequency Identification, RFID)、智慧卡、語音辨識及生物辨識技術等，都可供供應鏈的管理者運用。

條碼及無線射頻辨識技術，通常是物流業首選的自動辨識工具，它們能以幾近完美精確度的協助物品的追蹤、定位及快速移動。條碼於物流業的運用，已超過三十幾年，條碼序列能以掃描器將物品的重要資料，如商品源頭、產品類型、製造商及產品價格……等，在物流資訊系統內傳輸。條碼技術能改善資料蒐集的速度、加速接收與訂單履行速度及協助與其他物流作業領域資料蒐集間的整合等。

基本的**國際商品編碼**(European International Article Number, EAN)或**通用產品編碼**(Universal Product Code, UPC)條碼，幾乎可印在所有消費性產品上，這些單維式(1D)條碼可提供 8~13 個電子數字碼的能量，在銷售點處以掃描器直接掃描。其他類型的條碼，還包括 128 碼式(Code 128)條碼及 GS1 資料條碼等，比簡單 EAN 和 UPC 條碼能提供物品更多的資料量。

二維式 (2D) 條碼以符號及形狀等代表資料，雖然已不具「條」的型式，但一般仍習慣稱為條碼，如**快速反應條碼** [Quick Response (QR) Code] 及資料矩陣條碼 (DataMatrix Code) 等，能提供數千筆資料量，分別代表數字或文字等。圖 10.9 顯示一些常用的條碼範例如下。

無線射頻標籤是由一矽晶片及發射訊號天線所組成，它能在無線作業環境，將物品資料傳輸到無線接收器，並廣泛運用於流行衣物至汽車等的追蹤。不同於條碼須以掃描器掃描才能閱讀物品資料，無線射頻技術無須視線式 (Line-of-Sight) 的讀取資料。當全通路零售業興起時，也激起業者對無線射頻技術的興趣。無線射頻技術是改善庫存精確性與可見度，支援店面訂單履行作業的優異工具。

在物流設施的作業環境中，只要在無線裝置接收範圍內，一秒即可自動 (無須人力操作) 讀取數百項物品的資料。相較於條碼，無線射頻技術除了讀取資料量更多、讀取速度更快之外，還具備有召回 (Recall) 物品的效率。本書第 14 章將對無線射頻技術提供更詳盡的描述與討論。

新的倉儲管理系統及自動辨識技術仍持續發展中。對物流業者而言，採購新技術與工具前，應先評估其物流作業與對技術的需求。運用物流技術的目標，是協助管理者制定較佳的物流決策，達成產量的最大化，及支援顧客需求等。有時候，低成本的倉儲管理系統及自動辨識技術即可提供所需的技術能量，而無須將寶貴的資金投資於複雜的技術上。

6 14141 00003 6

條碼
能量：12 個數字

(01) 0 9501101 53000 3

資料條碼
能量：74 個數字
41 個文字

二維碼
能量：7,089 個數字
4,296 個文字

✧ **圖 10.9** 條碼類型

資料來源：Courtesy of GSI http://www.gs1.org/barcode. Used with permission.

總結

物流管理者在供應鏈中扮演著關鍵性的角色，他們要促成到製造設施、零售商及直接到顧客端的產品流通，快速、正確滿足顧客訂單的同時，還要盡量降低物流運作成本……等，是物流管理者每天要處理的挑戰。他們也要能協調人員、程序、能量與技術……等，使顧客滿意、達成組織內部設定目標，並對供應鏈持續提供附加價值活動等。

物流系統的有效管理，須對訂單履行策略有縝密的規劃、協調及執行能力，關鍵績效衡量準據的分析及資訊分享等。本章討論的其他觀念還包括：

- 貨品的庫存處理、儲存與處理活動等物流作業，能創造出供應鏈上的時間與地點效用。
- 供應鏈挑戰包括供需平衡，對不確定性的防護及促進運輸經濟效益……等，可以物流設施的運作來處理。
- 傳統的物流設施通常執行四個主要功能：(1) 聚合；(2) 分揀；(3) 分配；及 (4) 檢整。
- 物流作業也對基礎物流功能扮演著附加價值的角色，如組裝、備料、延遲處理、優序排序……等，以支援供應鏈的需求。
- 物流經理人必須能權衡運用其擁有的資源，如空間、裝備及人力等。
- 物流程序必須能防護處理產品的完整性、強化顧客服務及顧客滿意度及提供對庫存的更大控制力等。
- 物流網路設計的相關議題，包括庫存的集中或分散、設施的數量與位置及設施的擁有權等。
- 有效的設施規劃——運作規模、配置及貨品陳設等——對人員產能及反應時間有正面的影響。
- 物流的執行，包含與貨品處理與儲存的五項主要程序，即 (1) 接收；(2) 收儲；(3) 訂單撿貨；(4) 補貨；及 (5) 交運。
- 物流設施的支援功能提供跨供應鏈關鍵程序的協調、保護組織對庫存的投資及改善設施內的工作環境等。

- 物流的關鍵績效指標專注於物流運作的資產運用率、人員產能、成本效益、顧客服務品質目標及完美履行訂單的目標等。
- 倉儲管理系統藉由物流資訊的有效管理，能改善貨品的移動、儲存作業及完成物流任務。
- 物流設施內運用的條碼、無線射頻辨識等自動辨識工具，能以更高的精確度，達成產品的管制、可見度及流動等。

附錄 10A 物料處理

物流中心、越庫作業和其他運籌設施，在快速、精確、安全及經濟等考量上的處理物料，每天都面對著巨大的壓力。你無法單靠人力完成物料處理！試想亞馬遜在其自創 7/12 購物節 (Prime Day) 當天 24 小時內要如何處理 3,440 萬件顧客購物的分撿與交運？或聯邦快遞若無 “The Matrix” 自動貨物分撿系統的幫助，要如何處理每小時 50 萬件的貨物？

在要求速度及效率的現代運籌，組織使用技術與自動化的物料處理裝備已是勢在必行的趨勢。物料處理在運籌系統內負責儲放、分撿、分配及分類等關鍵物流功能，而物料處理裝備的運用，則能改善物料上市 (運交顧客) 的速度，並在訂單履行程序中降低人力的負荷。

一般來說，物料處理專注在運籌系統內與物料移動、儲存、防護及管制等相關的活動、裝備與程序。對運籌而言，物料處理的重點則是在物流中心、越庫作業、運輸站或店面內，使產品於最小距離的有效移動。若將顧客導向的「七適」(Seven Rights) 運用在運籌系統的物料處理則可變成：

> 使用適當的方法、適當的成本，在適當的時間，以適當的次序，提供適當位置所需適當數量、適當狀態 (品質與包裝) 的物料。

為達成上述物料處理的「七適」，尤其在物流中心內，必須使用特殊設計的裝備來處理物料。若選用得宜，這些物料處理裝備能改善人力於接收、儲放、補充、撿貨及交運等活動的產能，增加 (倉儲) 空間運用率及改善物流中心的訂單循環時間……等。

物料處理的目標與原則

物料處理的目標，簡單的講，就是創造出一更有產能、更有效率及更安全的物流中心作業環境。為達成此目標，物流中心的物料處理必須在服務水準與成本、安全與產能等之間做到完美平衡，運籌專業人員也必須有效的管理物料處理的四個關鍵面向如下：

1. **移動** (Movement)：物料留入、流經與流出物流中心的過程，運籌專業人員必須選擇適當的人力與裝備的組合，以促成物料的有效流動。
2. **時間** (Time)：生產或訂單履行物料的準備。生產物料整備時間越長、停工、超量庫存及儲存空間不足的機率就越大。同樣的，將成品移往交運區的時間越長，訂單循環時間越長，客服水準則下降。
3. **數量** (Quantity)：原物料使用量及成品交運率之考量。物料處理系統的設計，必須能確保有正確數量的物料 (成品)，以滿足生產 (顧客) 所需。
4. **空間** (Space)：關係著運籌設施空間的限制與運用。選擇適當的裝備，能使組織有效運用設施的水平與垂直空間。舉例來說，使用能舉高的叉動機具 (如圖 10A.1 所示) 能將貨物儲放空間向上延伸 25-30 呎，有效運用物流中心的儲物空間。

要能有效平衡上述相互關聯的四個物料處理關鍵面向，需要在空間、裝備及人力運用的許多選擇上執行詳細、透徹的分析。幸好，在物料處理產業已發展出所謂

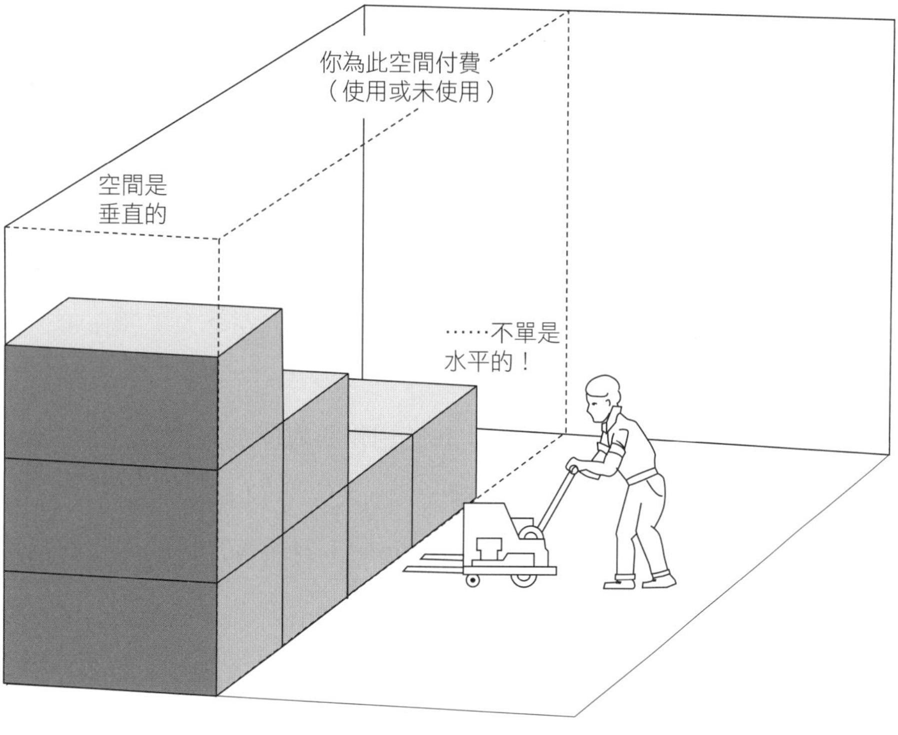

✧ 圖 **10A.1** 設施空間的有效運用

資料來源：Courtesy of the College Industry Council on Materials Handling Education, http://www.mhi.org/cicmhe.

的**十項物料處理原則**(Ten Principles of Materials Handling)可供供應鏈專業人員的參考運用如下：

1. **規劃原則(Planning Principle)**：所有物料處理的活動、程序……等，必須在一開始的計畫內對需求、績效目標及運用方法等的功能規格，有詳盡的規劃。
2. **標準化原則(Standardization Principle)**：在不犧牲彈性、模組化及吞吐量等，以達成整體績效目標前提下，對物料處理方法、裝備、管制及軟體運用等之標準化。
3. **工作原則(Work Principle)**：在不犧牲產量及客服水準的前提下，物料處理的工作應越少越好。
4. **人因原則(Ergonomic Principle)**：為確保安全、有效的作業，須在物料處理任務與裝備的設計或選用上，充分瞭解人員的能力與限制。
5. **單位負載原則(Unit Load Principle)**：單位負載應能以適當的尺寸與構型，在供應鏈各階段中達成物料流通與庫存的目標。
6. **空間運用原則(Space Utilization Principle)**：所有設施可用空間於效率與效果的有效運用。
7. **系統化原則(System Principle)**：物料的儲存、移動等作業，應與橫跨接收、檢驗、儲放、生產、組裝、包裝、撿貨、交運、運輸及回收處理等作業系統充分協調與整合。
8. **自動化原則(Automation Principle)**：為考量作業效率、增進反應性、改善一致性及可預測性、降低運作成本、消除重複或潛在的不安全人工運作等，物料處理作業應盡可能機械化或自動化。
9. **環保原則(Environmental Principle)**：在選用物料處理裝備與系統時，應考量對環境的衝擊影響及能源消耗等評估準據。
10. **生命週期成本原則(Life Cycle Cost Principle)**：對所有物料處理裝備及其產出系統的完整生命週期的詳盡經濟分析。

上述十項原則彼此相關且都重要。現代的物料處理能協助組織減少物流設施投資、降低作業費用及支援供應鏈的需求。除此之外，在工作人力逐漸老化的今日，適當的物料處理規劃也能協助組織客服一些人力運用上的挑戰。

物料處理裝備

有效的物料處理，須在需求、流量及成本等權衡、驗證對物料處理裝備投資可行性後，選用不同類型的機械或自動化裝備來移動供應鏈上的物料與成品。

在選用適當的裝備上，有多個面向的考量，如降低購置、維護與運作的成本時，裝備應盡可能的標準化；裝備也有足夠的彈性以執行不同的任務；最後，裝備也應適用於物流中心的流路及盡量降低對環境的衝擊影響等。

美國物料處理教育學院與產業協會（College-Industry Council on Material Handling Education, CICMHE）將物料處理裝備區分為五個分類，即運輸裝備、定位裝備、單位負載成型裝備、儲存裝備及辨識與管控裝備，其詞彙及範例分別簡述如下：

1. 運輸裝備（Transport Equipment）

運輸裝備為在運籌設施內將物料從一處移往另一處的裝備，此類裝備能改善設施內的物料流通、降低人力負荷及物料停留時間等。圖 10A.2 展示一些運籌設施內常用的運輸裝備類型。

叉動車（Forklifts）或其他類似的搬運車輛能在運籌設施內執行變動路徑的物料移動，如從到貨拖車上卸載貨物，將貨物從卸載碼頭運往不同的儲放位置，及裝載外運拖車……等。

棧板搬運車（Pallet Jacks）可供撿貨人員在棧板上直接組合訂單，並將棧板移動到不同的位置。

自動導引車（Automatic Guided Vehicles, AGV）連接著接收、儲存、製造及交運等作業之物料搬運需求。自動導引車能以電腦指令控制在設施內自由或以固定路徑等方式移動。因自動導引車無須駕駛，故能降低人工成本。

輸送帶（Conveyors）為在設施內特定位置間固定路徑的貨物輸運裝置，通常用在輸運量大及頻率高的狀況。輸送帶的主要類型區分，如單位負載（Unit Load）或批量負載（Bulk Load）；頂置、地面（On-Floor）或地下（In-Floor）位置；重力或機械動力驅動等。輸送帶若配置得當，可大幅降低人力搬運需求；另外，自動化的分類輸送帶，也可大幅降低撿貨人力的負荷。

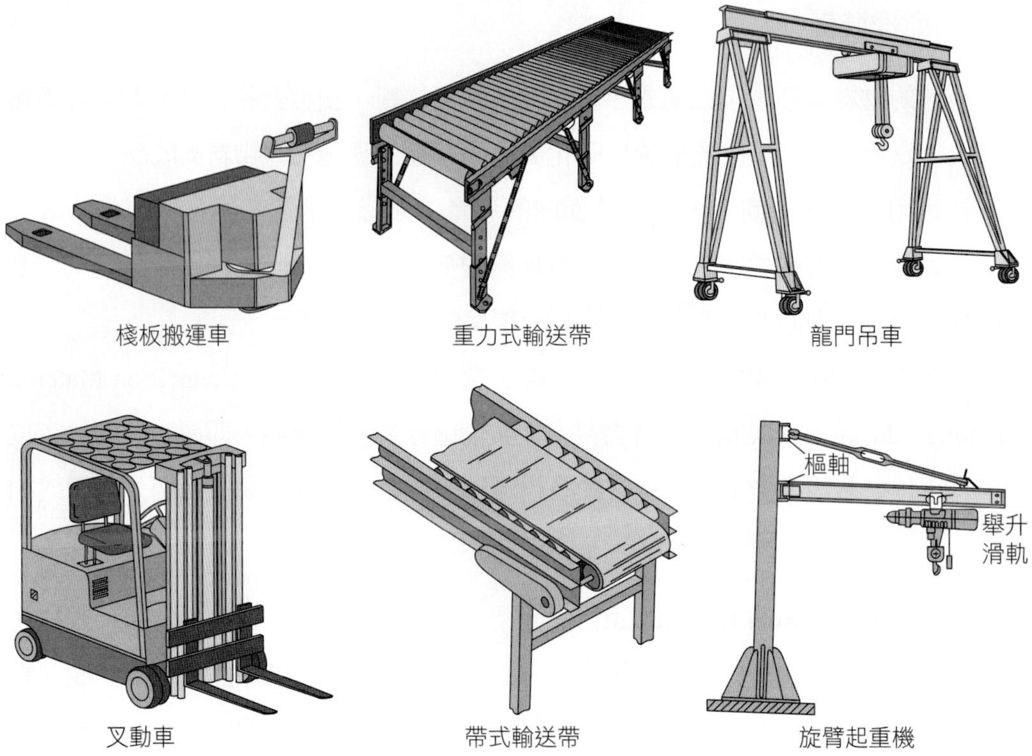

✧ **圖 10A.2** 物料運輸裝備

資料來源：Courtesy of the College Industry Council on Materials Handling Education, http://www.mhi.org/learning/cicmhe/resources/taxonomy/TransEq/Index.htm.

起重機 (Cranes) 用在設施內限制區域內位置可能變動的貨物搬運上。起重機具比輸送帶更具彈性，可水平與垂直方向的移動貨物，也可處理外形特殊的貨物。當輸運量不大或安裝輸送帶不具成本效益等狀況下，使用起重機具是合理的選擇。

2. 定位裝備 (Positioning Equipment)

定位裝備為在特定位置上，將貨物擺 (定位) 在能後續處理 (加工、運輸或儲存……等) 的正確位置上。與運輸裝備不同之處，定位裝備通常用於單一工作站的物料處理，範例包括升降台、機械手臂及工業機器人等，如圖 10A.3 所示。

定位裝備能以適當的人力，強化工作站上移動、舉升及定位貨物等能力，除此之外，在處理重物時，也能降低人員受傷與貨物受損的機率。

3. 單位負載成型裝備 (Unit Load Formation Equipment)

限制貨品的移動，使其在輸運及儲放時維持完整性的裝備，棧板是運籌設施內最常見的標準化單位負載成型裝備。單位負載成型裝備能使運籌設施以叉動車或其

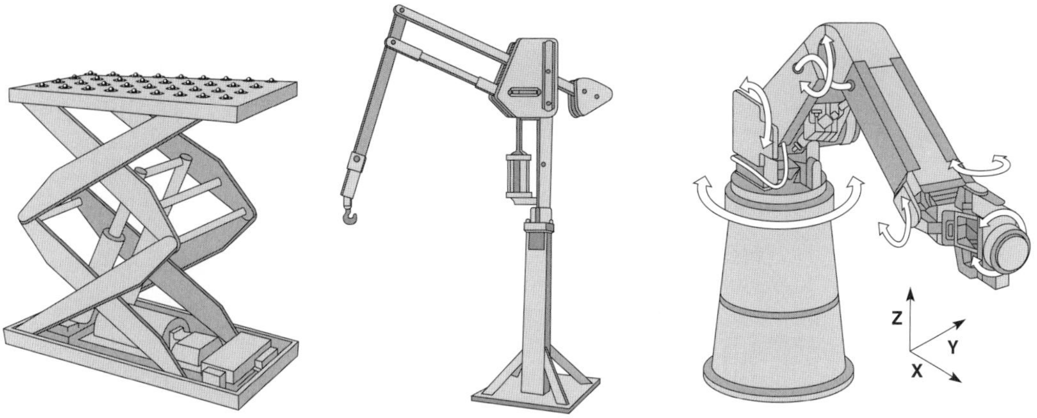

剪式升降台　剛性連桿機械手　工業機器人

✧ 圖 10A.3　產品定位裝備

資料來源：Courtesy of the College Industry Council on Materials Handling Education, http://www.mhi.org/learning/cicmhe/resources/taxonomy/PosEq/Index.htm.

他運輸裝備，一次運輸多量、多項或多樣物料，除降低輸運來回的趟次之外，也能降低處理成本、卸載及裝載時間及物品的送損機率……等。

除棧板外，運籌設施內常用的單位負載成型裝備還包括線箱、箱車（如圖 10A.4 所示）、貨物袋、**滑托板** (Slipsheets) 及**彈性包裝** (Stretch-Wrap)……等。

4. 儲存裝備 (Storage Equipment)

使組織能在一段時間內經濟的持有物料的裝備。**貨架** (Racks)、**轉動式貨架** (Carousels)、**夾層式貨架** (Mezzanines) 及**自動儲存暨取貨系統** (Automatic Storage/Retrieval Systems, AS/RS) 等，能使組織經濟、有效的利用儲存空間，儲存大量的物品以降低購買成本、因應需求的突然激增等。配置良好的儲存系統也能強化訂單撿貨程序的速度、精確性及成本效益……等。

儲存裝備也可大致區分為**撿貨員到儲位** (Picker-to-Part) 或**儲位到撿貨員** (Part-to-Picker) 兩大類型。撿貨員到儲位系統需要撿貨員移動到貨品儲位上撿貨，使用的裝備包括**壁式貨架** (Shelving)、**模組化儲物櫃** (Modular Drawers)、固定式貨架 (Racks) 及夾層式貨架 (Mezzanines) 等，圖 10A.5 顯示一些固定式與夾層式貨架的範例。

固定式貨架由鋼製的樑架組成，棧板貨物通常儲放在貨架上以供後續撿貨所需。固定式貨架的型式有很多，如單層 (Single-Deep)、雙層 (Double-Deep)、流通

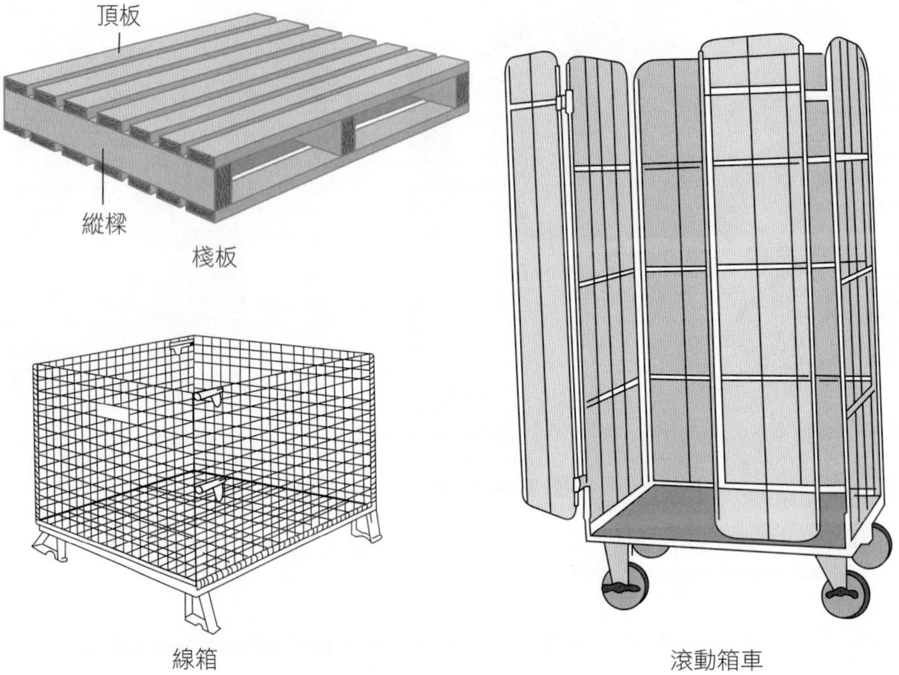

✧ 圖 **10A.4** 單位負荷裝備

資料來源：Courtesy of the College Industry Council on Materials Handling Education, http://www.mhi.org/learning/cicmhe/resources/taxonomy/UnitEq/Index.htm.

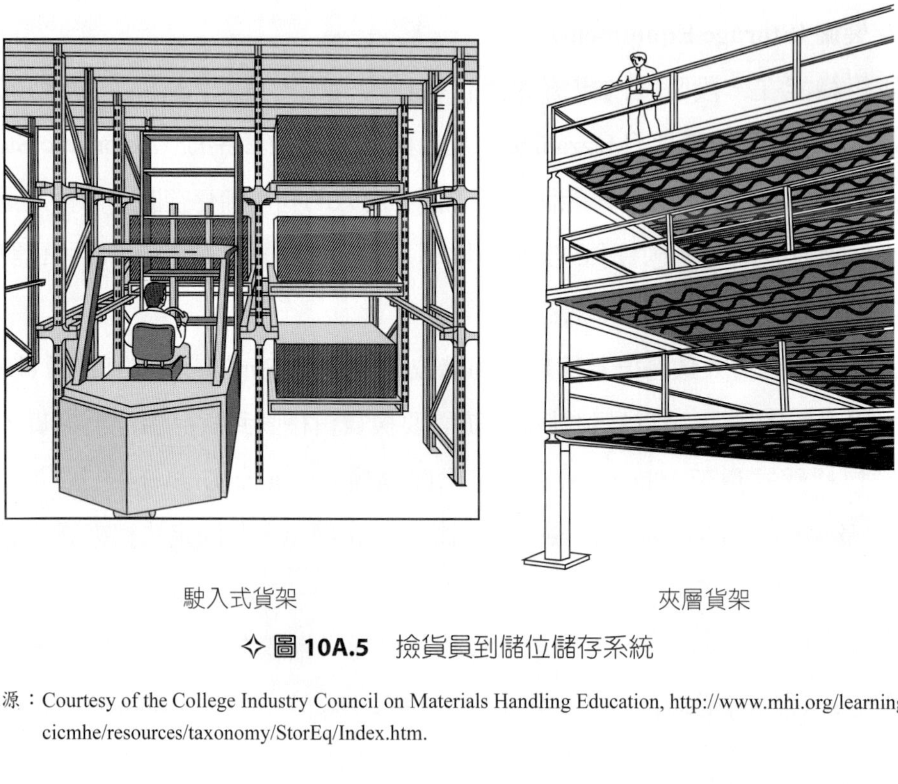

✧ 圖 **10A.5** 撿貨員到儲位儲存系統

資料來源：Courtesy of the College Industry Council on Materials Handling Education, http://www.mhi.org/learning/cicmhe/resources/taxonomy/StorEq/Index.htm.

(Flow-Through)、駛入 (Drive-In)、駛經 (Drive-Through)、後推 (Push-Back) 及懸樑 (Cantilever)……等，都是物流中心常見的貨架型式。雖然名為固定式貨架，但因不屬於設施的實際構造，固定式貨架的擺設位置也能視需要而彈性調整。

夾層式貨架則通常為區分上、下兩個貨物儲放層，撿貨員由樓梯抵達上下貨層可同時撿貨。夾層式貨架能有效運用設施的**立體儲物空間** (Cubic Capacity)。另與固定式貨架一樣，夾層式貨架的設置位置也可視需要而彈性調整。

在儲位到撿貨員系統中，貨物儲位在自動化裝備中移向撿貨員，範例包括轉動式儲存系統及自動儲存暨取貨系統等。這些系統的建置成本較撿貨員到儲位系統來得高；但因能加速訂單撿貨程序、改善庫存管理等優點，長遠來說，其獲利能力也較撿貨員到儲位系統來得高。圖 10A.6 顯示轉動式儲存系統及自動儲存暨取貨系統之示意。

轉動式儲存系統是由機械裝置連動的一系列儲物櫃或儲物箱，由電腦指令將撿貨員所需的儲物櫃或儲物箱轉動到撿貨員的位置以執行撿貨。轉動式儲物系統又可區分為水平與垂直轉動兩種類型。水平轉動式儲物系統的儲物櫃繞著一垂直軸或驅動裝置而水平轉動，如此能極大化撿貨時間與極小化等待時間，運用水平轉動式儲物系統的產業，包括航空、電子、造紙與藥品產業等。

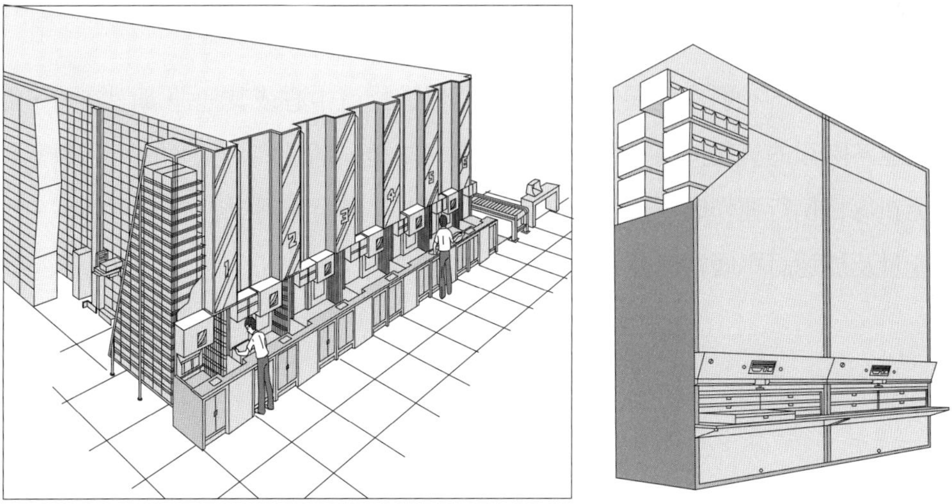

自動儲存暨取貨系統　　　　垂直轉動式儲存系統

✧ 圖 **10A.6**　物料至撿貨儲存系統

資料來源：Courtesy of the College Industry Council on Materials Handling Education, http://www.mhi.org/learning/cicmhe/resources/taxonomy/StorEq/Index.htm.

垂直轉動式儲物系統則以一水平的驅動裝置，將儲物櫃垂直方向的轉動到撿貨員的位置。垂直轉動式儲物系統的等待時間雖然較長；但在等量儲物櫃數量的比較上，能比固定式貨架及夾層式貨架節約 60% 的樓地板使用面積、提升撿貨效率三倍以上。運用垂直轉動式儲物系統的產業包括航空、電子、汽車及電腦產業等。

自動儲存暨取貨系統則是物流業中技術最先進的訂單撿貨裝備，能有效的運用儲物空間，並能達成最高與精確的撿貨效率。在自動儲存暨取貨系統的一端，撿貨員設定撿貨程序後，系統則能以水平與垂直方式移動儲物櫃，並自動執行撿貨。自動儲存暨取貨系統在儲物空間與人力運用上相當有效率，但其建置成本卻是所有儲存系統中的最高者。

5. 辨識與管控裝備 (Identification and Control Equipment)

辨識與管控裝備，用在運籌設施內與對供應商或顧客的設施間，協調物料流路資訊的蒐集與溝通。自動化的辨識工具，如條碼、磁性感應貼條及無線射頻辨識貼標等，在無須人力介入的狀況下自動擷取貨物資料。這些自動化的辨識工具，於本書第 10 章與第 14 章中均有詳細介紹。

其他重要的管控裝備則如可攜式的資料終端機或工業用平板電腦等，以擷取並儲存資料，組織的電子資料交換及供應鏈相關軟體等，都有助於貨物資料的傳輸。

總結

本附錄討論的物料處理裝備與工具，能促進物流中心或其他運籌設施內，從接收到交運各階段的貨物流通。選用適當裝備的關鍵，是設施內流通的產品類型與流量。另在每日例行運作時，遵循物料處理的原則，將可獲得改善產能運用率、提升員工產量及加速訂單履行速度等效益。

第 11 章

運輸：供應鏈的流通管理

閱讀本章後，你應能……

學習目標

- 解釋運輸在供應鏈中扮演的角色
- 說明主要運輸模式的服務與成本特性
- 討論運輸規劃與執行的主要關鍵活動
- 解釋目前用於改善供應鏈績效的運輸管理策略
- 以服務及成本準據分析運輸績效
- 描述資訊科技如何支援運輸規劃與執行

供應鏈側寫 運輸業的完美風暴

若將庫存視為供應鏈的生命之血，則運輸則是在整個供應鏈系統內輸送血液(產品)的心臟。有效的產品運輸，對製造商、物流商、零售商及顧客等都很重要。

在上述血液與心臟的比喻中，零售商在全球零售物流中心的供應上挑戰尤大。猶如人類肢體末端，零售商所需的物流可能受到設施壅塞、裝備短缺及勞力可用性等因素而遭到阻斷，尤其在零售商銷售旺季時，對物流需有充足與持續的供應，才能滿足假期顧客的採購需求。

2014 年 7 月底，有一「完美風暴」衝擊著運輸產業，當每六年一次、歷時多月的勞資談判無法獲得解決後，29 個美國西岸港口的勞工開始罷工，造成太平洋的海運嚴重堵塞與延後，這影響著美國 2014 年後期(一直到 2015 年前半年)的所有假期銷售。在此期間，美國西岸貨車業者也因缺乏駕駛及可用車輛，運輸能量遭到極度稀釋。為避免海運及貨車運輸的壅塞，許多發貨商及零售業者為降低運輸成本，將貨物轉為聯運(Intermodal) 模式，此期間聯運模式的業績在許多主要管道上都成長將近兩倍，但貨物的輸運工作量，仍然積壓甚多！

雖然太平洋海岸的貨運積壓，一直延續到 2015 年 5 月才獲得緩解，但許多因完美風暴所帶來的挑戰至今仍然影響著運輸產業。美國大型零售供應業者擔心運輸能量的議題會與日俱增。他們也相信每六年一次的港口勞工工作條件談判，也會出現類似完美風暴的挑戰。另美國貨車運輸業者的缺乏駕駛議題，目前也看不到可行的解決方案，而美國的鐵路設施仍然處於亟待更新與提升能量的壓力狀態。

與其被動的因應此類完美風暴，美國大型零售商開始採取步驟處理他們的運輸問題。他們所發展出的策略，同樣也適用於任何類型的貨物交運。這些策略包括：

- **重新安排貨運流路：**將貨運的進口從美國西岸移往大西洋東岸及墨西哥灣 (Gulf Coast) 海岸，以避免對西岸洛杉磯及長灘海岸等港口的依賴。
- **提早交運貨物：**零售商在夏末秋初旺季之前，即開始貨物的交運，以避免港口的壅塞及昂貴的港口處理價格，但這也強迫零售商有較長的庫存持有時間。
- **運用技術較先進的港口：**將貨運移往能高度自動化處理的港口，以避免部分壅塞問題，也可減少因港口勞工罷工的風險。
- **營造友善駕駛的貨運環境：**當過多的工作超出其所能負荷與處理時，貨運商開始避免服務這些須耗費過多人力與成本的交運商。零售商的貨物必須要能容易且快速的處理，並歸還貨運商的裝備(貨車)。

- **成為貨運商友善的顧客：**為穩固貨運商的服務品質，零售商與交運商須將服務的優序擺在價格之前，合作於運輸能量需求規劃及適當的補償貨運商。

零售商業者瞭解其運輸為一動態的需求與功能，且新的挑戰必將浮現。但在「今日的策略創新，將成為明日的實務標準」信念下，最佳的零售業者將是那些能持續監控運輸環境變化，調整其程序以因應變化，並能提前看出與因應處理未來挑戰的業者。

資料來源：Brian J. Gibson, C. Clifford Defee, and Rafay Ishfaq, *State of the Retail Supply Chain: Essential Findings of the Fifth Annual Report* (Auburn, AL: Auburn University Center for Supply Chain Innovation, 2015): 13-17.

11.1 簡介

運輸 (Transportation)，是將物品與人員從起點移往目的地的活動與過程。從人員運輸的角度來看，我們依賴運輸於上班、上學、返家、帶來我們所需的物品及增加我們與社會的互動等。從經營角度來看，運輸系統則將組織在地理分隔的供應鏈夥伴及設施連接起來。物品的移動則有貨車、火車、飛機、船舶、管路，另有資訊在光纖或無線網路上的流動……等。總括而言，運輸能為我們帶來時間與地點的效用。

運輸也對組織的財務績效及更大經濟領域造成影響。根據統計資料顯示，美國於 2014 一年花費在貨物運輸的費用就高達 9 億 700 萬美元，這數據代表著所有運籌花費的將近 63%，遠超過倉儲、庫存管理、訂單處理及其他運籌花費等。因此，在發展供應鏈管理相關策略與程序時，必須優先納入運輸成本的考量。

本章將聚焦於運輸在供應鏈中所扮演的角色。我們將著重於促成買、賣方之間符合成本效益及有效貨物流動所需的主要方法、策略及決策……等。讀者將可從中學習到對這些運輸相關議題的適當管理，將有助於顧客需求的達成及最終的組織營運的成功。

11.2 供應鏈管理中運輸的角色

概念上，供應鏈是許多在時、空環境分隔的組織所構成，而運輸則提供這些組織與其設施間產品的關鍵流通連接。經由運輸，組織可突破當地供應商與市場的限制而接觸到境外或海外供應商與市場。若擁有有效且具效率的運輸能量，組織可構建起利用低成本籌資機會，及開拓新市場競爭機會的全球供應鏈。

運輸服務的可用性（Transportation Service Availability）對供應鏈的需求履行相當重要，而此運輸需求是從顧客需求的角度來看。如本章「供應鏈側寫」專欄的案例指出，運輸能量的中斷或短缺，會對供應鏈系統中的庫存形成絕大壓力，並可能造成貨架缺貨與喪失銷售機會等。如瑞典流行服飾零售商 Hennes & Mauritz（H & M）必須有效與能吸收其財務壓力的貨運商維持好的合作夥伴關係，才能抒解旺季時對貨運的需求。如此類與流行有關的零售商，若因運輸能量短缺而無法滿足顧客需求是無法接受的狀況。

運輸效率（Transportation Efficiency）則能提高供應鏈的競爭力。從供應的角度來看，符合成本效益的運輸，能提供組織對高品質、低價格物料的可及性，並有助於創造規模經濟。同樣的，低成本的運輸，能提供改善訂單履行率的機會。將運輸成本維持在合理的範圍，則其較低的產品總**到岸成本**（Landed Cost），將使組織在多個市場上擁有競爭優勢。

僅具備運輸的可用性與效率仍然不夠，運輸服務還必須能達成最終的有效性（Effective）。若產品根本未能如期、無損傷的運抵正確地點，再便宜的、隨時可用的運輸依舊毫無意義。高品質、顧客導向的運輸服務，能對組織營運的成功做出所謂運輸的「六適」（Six Rights）貢獻，如以適當的成本、將適當的產品、於適當的時間、以適當的數量與品質、交到適當的目的地。此外，運輸也能創造出供應鏈的彈性。如貨運商提供可供選擇的交運時段及服務選擇，組織可運用貨運商的快遞或標準交運速度的組合，以滿足其供應鏈的需求。

運輸也會影響供應鏈的設計、策略發展及總成本管理等，舉例簡述如下：

- 運輸服務的可用性、能量及成本等，會影響供應鏈網路設施的數量與位置。舉例來說，美國佛羅里達州的運輸成本甚高，使得許多組織避免在佛羅里達州境內設置其物流設施。因從佛羅里達州出發的貨運較少，許多貨運商都對運往佛羅里達州境內的貨運收取較高的運費，以補償其回程的空載。

- 運輸能量也必須與組織目標校準。如亞馬遜擴充週日交運服務，以滿足顧客的需求。而要支持亞馬遜週日交運的需求，需要有具備此能力貨運商的支持。為能支援亞馬遜的交運需求，美國郵政 (US. Postal) 開始投資其及時包裹追蹤技術、變更員工工作程序並替換其老舊運輸車隊……等。
- 國際貿易應分析運輸及其他運籌功能之間的權衡，以達到供應鏈運作效率的最佳化。舉例來說，若供應商能提供較快、較多頻率的交運，在不提升庫存持有成本的狀況下，使客戶能維持較低的安全庫存水準。同樣的，製造商在供應商以不造成過多運輸成本前提下，盡量降低交運批量使製造商客戶能運用精實生產策略等。

從以上關鍵角色的說明，我們可知適當的運輸管理對供應鏈運作效率與效果相當重要。因此，公司的領導階層不能將運輸視為「必要之惡」，或是在生產與行銷規劃事後的「後想」；而應該在發展組織策略時，將運輸需求一併納入考量，視運輸為供應鏈整合的一部分，並與其他運籌功能執行成本效益的權衡分析，而非一味的將運輸成本壓到最低。各產業中領導廠家如蘋果、聯合利華等皆已瞭解有效執行運輸程序，能達成時間與地點效用的重要性。

運輸的抑制性因素

當運輸能對組織供應鏈提供有價值的支援時，認為運輸任務能輕易達成則是錯誤的假設！許多因素如供應鏈的複雜性，供應鏈夥伴間目標的競爭 (或甚至對立)，顧客需求的改變及資訊可用性等之限制，都會阻礙運輸及其他供應鏈活動的協調與整合。因此，在規劃組織供應鏈的運輸作業時，必須先瞭解這些抑制性因素的內涵及其影響。

離岸製造 (Offshore Manufacturing) 對運輸的挑戰最大。全球供應鏈，如歐、亞、美洲之間的跨洋運輸，會產生較高的運輸費用、較長的轉運時間、供應鏈中斷的較高風險……等。因應作法之一是維持較高的庫存水準；另一較徹底的作法則是採取將生產基地移近市場，如「在岸」(On-Shoring) 或「近岸」(Near-Shoring) 等生產策略，以降低跨洋遠距運輸的風險及費用。

顧客需求的轉變 (Changing Customer Requirements) 也對運輸帶來相當衝擊與影響。如現代客戶多要求小批量、多頻率的交運方式，會限制發貨者與貨運商以經濟規模交運貨物的機會。壓縮訂單循環時間，也會導致較高的交運成本及訂單履行作業時間。同樣的，客戶對交運狀態及時可見度的要求，也須貨運商在資訊技術上的投資。為達成上述顧客要求，組織的作業必須能配合貨運商，以合理的成本支援高效、高速及一致性的交運作業。

運輸能量限制 (Transportation Capacity Constraints) 對供應鏈上貨物的正常運輸也會帶來相當的挑戰。如本章「供應鏈側寫」專欄中描述的完美風暴，若運輸需求超過設施處理能量，則會在供應鏈上形成瓶頸與交運延誤。姑且不論完美風暴設施罷工停擺數月的例外狀況，當交運高峰季節時，貨運商在調度可用的運輸載具與駕駛人力上即已相當困難。對發貨者的影響，則是更高的運輸費率、交期的延誤及更難找到合適的貨運商……等。

運輸費率的變動 (Transportation Rate Variation) 會增加運輸作業的複雜性。運輸能量、貨運量及燃油成本等，都會影響貨運商對發貨者收取費率的變動。當運量大但運輸能量受到限制時，運輸費率的增加是可預期的事。相反的，若因經濟不景氣或需求的轉變，則在設施能量過剩的狀況下，使低運量也能有較低的運輸費率。此外，運輸模式的變化也不見得一致。如航空貨運費率降低，不意味著貨車運輸的費率也會下降。綜合以上因素，運輸管理者必須持續監控不同運輸模式運輸費率的變化情形，以執行最有效率的聯運。

政府法規要求 (Government Regulation Requirements) 會影響運輸業者的服務能量與成本結構。傳統上，政府對運輸業者有公平競爭及價格等之限制。幾十年來，這些法規限制了運輸業者發展其特殊服務能量與客製化費率訂定的機會。美國在 1980~90 年代中解除對各種運輸模式的大部分法規限制後，則激發起貨運商於服務、價格與績效之間的高度競爭。

為對照政府法規對運輸業者競爭的解禁，美國反而在對公眾安全、生活品質及對商務運作的保護等領域，增加了法規限制如：

- **對旅運公眾的保護 (Protection of the Travelling Public)**：是運輸安全法規的最主要驅動因素。如美國聯邦與各州，都對運輸裝備規模、混裝貨物與裝備重量、行駛速度及商業貨運安全性等都有限制。如對貨車運輸業者，有所謂**法遵、安全與課責** (Compliance, Safety, Accountability, CSA) 計畫，期能降低貨車運輸業者因撞毀所造成的人命傷亡；**聯邦貨車運輸業者安全管理** (Federal Motor Carrier Safety Administration, FMCSA) 則監控衡量業者的安全績效、評估其高風險行為，以及在必要時行政介入要求改正與懲罰性罰款等。同樣的，降低商業貨車駕駛的值勤時間 (Hours of Service, HOS) 規定，則期能降低貨車駕駛的疲勞。美國的貨車駕駛，規定在 10 小時休息後，連續值勤時間不可超過 14 小時。
- **環境可持續性 (Environmental Sustainability)**：美國聯邦及各州法令，長期著重於運輸業的噪音、空污及水污染等程度的降低。除此之外，近年來也積極提倡客運及貨運業者對環境管理 (Environmental Stewardship) 的主動性作為，如國家安全能源計畫 (National Clean Diesel Campaign, NCDC) 及環境保護局 (Environmental Protection Agency, EPA) 所推動的智能公路 (SmartWay) 計畫等，都屬於自願性參與的國家型計畫，目的在協助運輸業者以更經濟有效的方式使用乾淨能源，對環境永續性做出貢獻。
- **安保法規 (Security Legislation)**：在恐怖攻擊威脅持續成長狀態下，對運輸業者也帶來直接的衝擊影響。美國對邊境通關的安保需求提升，意味著貨運檢查活動的增加、更多的文件要求、更長的通關時間等，也適用在所有運輸模式。同樣的，美國政府與業者之間也有許多自願參與的計畫，如美國**海關商貿反恐聯盟** (Customs-Trade Partnership Against Terrorism, C-TPAT) **計畫**及**自由與安全貿易** (Free and Secure Trade, FAST) **計畫**等，都在因應恐攻的威脅下，仍能追求運輸安全與國際貿易的強化等。

綜合上述抑制性因素的影響，使組織要發展能符合供應鏈需求的運輸程序變得相當複雜，但個別組織仍應積極克服上述限制性因素，以最符合成本效益且能支援顧客需求的方式運輸貨物。組織的運籌管理者，也應策略性的選擇運輸模式與可用的運輸商等。

11.3 運輸模式

當有貨運需求時，供應鏈經理人可在五種運輸模式，如貨車、鐵路運輸、水路（包含河流、湖泊及海運）運輸、空運及管路中選擇一種或兩種運輸模式的**聯運模式**（Intermodal Transportation）執行貨物的運輸。

因每種運輸模式都有其各自不同的經濟與技術結構，其提供的服務品質水準也不同。本節對各種運輸模式的特性、運量、成本結構、服務類型、運用裝備等，及目前的運輸產業趨勢等進行說明與討論。

總結來說，美國 2014 年在境內就運輸了 197 億噸的貨物，而運輸貨品的總價值則將近 17.4 兆美元之多。表 11.1 列舉美國 2014 年境內不同運輸模式的的貨運量數據，其中以貨車運輸無論在貨運量與貨運價值都是最大宗。表 11.1 第三欄所列的**噸－哩**（Ton-Miles）同時考量運輸重量與距離，為運輸業對運輸績效的主要衡量指標之一。從貨運費用來看，貨車運輸占所有貨運費用的比例最高（77%），費用約為 7,020 億美元，其次依序為鐵路運輸、水路運輸、空運、管路及多重聯運模式等。若綜合考量貨物價值、運量及費用等，可看出鐵運、水運及管路運輸對低價貨品能提供較為經濟的運輸服務，而貨車、聯運及空運模式，則屬高價貨物、運輸費用較高的運輸模式。

表 11.1 美國內部的貨物運輸（2014）

運輸模式	貨物價值（%）	噸 %（百萬）	噸－哩 %（十億）	貨運費用（%）
貨車	72.9	70.2	40.2	77.0
鐵路	3.6	11.1	26.4	8.8
水路	1.3	3.6	8.2	4.4
空運	2.2	< 1.0	< 1.0	3.1
管路	4.8	8.7	15.0	1.9
多重聯運	11.5	3.2	8.4	1.3
其他或未知	3.6	3.1	1.6	4.4

資料來源：U.S. Department of Transportation Bureau of Transportation Statistics, *2015 Pocket Guide to Transportation* (2015):17.

11.3.1 貨車運輸

對美國境內供應鏈的運輸中，貨車運輸是最被廣為採用的運輸模式（對大部分國家亦然），無論是小型貨車或大型雙聯式聯結車，能提供當地、地區與國境內的貨物運輸。美國境內完整的公路網路，能使貨車運輸業者能有抵達任何地點的優越運輸能力。這種運輸可及性及能量可用性，使其成為運輸有時間限制、高價值貨物的流行貨運模式。

美國的貨車運輸產業相當競爭，根據統計，從只有一輛箱型車的運輸商，到能配合優比速快遞所需的拖車、牽引車等大型貨運商等，已超過 53 萬家之多。若僅以優比速快遞擁有的自營車隊而言，其價值即已超過 580 億美元，包含 5,733 輛牽引車（Tractors）及 19,880 輛貨櫃拖車（Trailers）等。

貨車運輸產業的經濟架構，由其數量龐大的貨運商而決定，其主要影響有三項有交互作用的因素如：

1. **產業進入障礙甚低：**沒有顯著的產業進入障礙，其裝備及證照費用甚低，使絕大多數的組織都能輕易加入此產業。
2. **高變動成本：**貨車運輸業的大部分費用由其貨運量與移動距離而決定，主要的營運成本則由工資、燃料、輪胎耗材及維修費用等所構成。
3. **低固定成本：**貨運公司不需要高昂固定設施的投資費用；另外，公路則由政府所維護，因此其固定成本甚低。

由貨車運輸業者輸運的貨物大部分有區域的特性，更直接的講，是在 500 哩的區域內移動。主要的商品類型則包括有消費者包裝產品、電子產品、電機機具、家具、紡織品及汽車零組件等有時間敏感性、高價且須在移轉途中有防護措施等產品。

在運作模式上，美國的貨車運輸商主要區分為租用與自營兩種類型。48% 的運輸商為租用，自營則占 42%，其他類型則有 8% 自營也可提供租用及 2% 其他特殊類型的貨運商。運輸距離在租用車隊上平均為 508 哩，自營車隊則平均為 58 哩。

對提供租用的貨運商而言，還可區分為三種類型如：

1. **整車貨運商 [Truckload Carriers (TL)]**：提供超過 15,000 磅貨品的單一、整車裝載容量的運輸。整車貨運商通常在發貨人處直接提貨、裝載全車貨物後，直接運往目的地卸貨，中途並不停靠其他任何貨物處理站。
2. **零擔貨運商 [Less-Than-Truckload Carriers (LTL)]**：則提供 150 ~ 15,000 磅之間貨物的多車或多趟運輸。全國型的零擔貨運商通常採用中央輻射型運輸網路 (Hub-and-Spoke Network) 設計，由區域貨運站處理貨物的分類與聚合，並交運至各市場區域；區域型的零擔貨運商則專注單一區域內的相關貨運作業。
3. **小包裹貨運商 (Small Package Carriers)**：通常以單一箱型車或貨車，負責 150 磅內貨物的多點運輸，其運輸網路也與零擔貨運商的中央輻射型的運輸網路類似。優比速、聯邦快遞及美國郵政等，都是美國的主要小包裹貨運商。

但隨著時間演進，上述三種貨運商運作類型的界線也逐漸模糊。因客戶要求貨運商能提供多樣性的服務能量，聯邦快遞及優比速等小包裹快遞商，也開始提供整車貨運及零擔貨運的服務能量。美國區域性的零擔貨運商也開始提供，如整車直接貨運服務，整車貨運也開始為其客戶提供多點交運服務等。

多樣態的裝備類型與尺寸，讓貨運商能運輸多種類型與尺寸的貨物。如單一 53 呎長的貨櫃及雙聯裝 28 呎貨櫃的**長聯結車** (Longer Combination Vehicles, LCV)，能提供全國的公路運輸服務。在美國某些州，允許貨運商以特殊訓練的專業駕駛，於指定公路上行駛更長的貨櫃聯結車。圖 11.1 顯示美國貨車運輸商可使用貨車裝備的類型。

當貨車運輸成為國內運輸主力的同時，貨車運輸也提供跨國境的運輸服務如美國對加拿大及墨西哥的跨境運輸，這種跨國境貨車運輸在歐洲大陸也相當常見。另貨車運輸也能對聯運模式提供進出港與機場對區域物流設施的短距離運輸服務。為盡量降低跨國境與聯運模式的文件處理負荷與移轉的延誤，跨國境的貨運通常都採取**保稅** (In Bond) 方式，亦即在出發前將貨櫃加以鉛封，在抵達目的地前不再開封。

貨車業者也不是沒有挑戰，而主要的挑戰來自於人力、成本與競爭三個領域。根據相關的估計，美國貨車運輸業者的駕駛短缺 48,000 名，到了 2024 年可能會攀升到短缺 175,000 名。另在油料成本上，燃油附加費的貼補，除無法因應油價的高

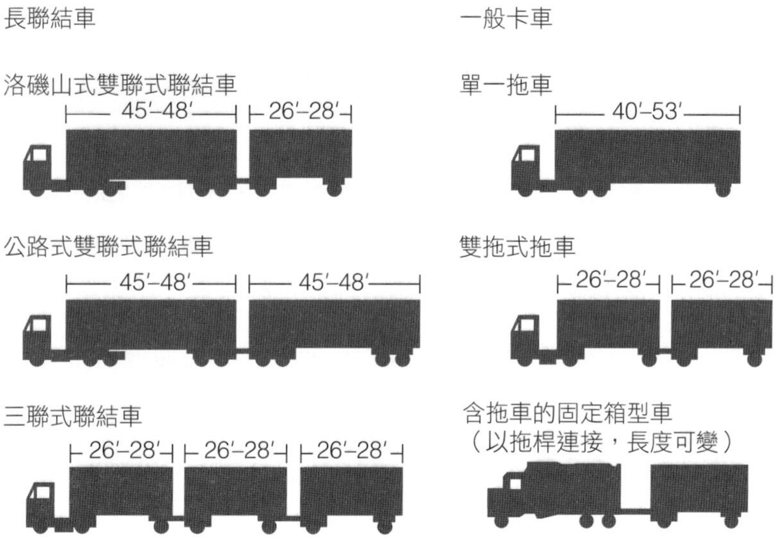

✧ 圖 11.1 貨車運輸商貨車裝備類型

資料來源：*American Trucking Trends 2003* (Alexandria, VA: American Trucking Association, 2003), p. 60.

漲外，也無法補償人力、保險及車隊維護費用的增加速度。最後，貨車運輸與其他運輸模式之間的競爭更形激烈，在客戶對完美運輸績效的要求下，若服務稍有中斷、不足或價格提升……等，都可能使客戶轉向其他運輸模式。

11.3.2 鐵路運輸

對美國而言，鐵路運輸占貨物運輸量的一大部分，每年運輸量將近 220 億噸，配合著 805 哩的平均運輸距離，使鐵路運輸成為高噸－哩的運輸模式。但因鐵運設施並非隨處可及；另因對鐵運有緩慢、缺乏彈性與一致性等刻板印象，是鐵運業者要朝向高價值、具備獲利能力運輸模式要克服的最大挑戰。

美國境內目前有 575 條鐵路，主要由七家一級鐵路運輸商 (Class I Railroads, 指跨州的長程鐵運)、承擔著長途運輸任務所主導。這些一級鐵運商每年約可創造出 705 億美元的營收、負責輸運 288 萬個平板貨車 (carload/railcar) 及 128 萬個聯運拖車及貨櫃等。雖然美國境內的鐵運由這幾家一級鐵運商所經營，但沒有一家提供全國性的服務，美國東西岸的鐵運則是由這幾家一級鐵運商之間的聯運協議來執行。

鐵路運輸的經濟架構，主要受到鐵運商數量的限制。因鐵運商在車站、裝備及鐵路使用權……等須有鉅額的投資後才能運作，且其巨大的運量，使鐵運成為一種成本(逐漸)降低的產業。當噸－哩運量增加時，每單位貨運成本會跟著下降。因此，在一特定區域內允許(特許)少數幾家鐵運商的營運模式，有助於使鐵運商達成經濟規模，並對公眾社會較為有利。

鐵路運輸的貨品類型，通常是須長程移動的低價原物料，包括煤炭、化學品、礦石、農產品、一般食品及基礎原物料……等。這些貨物也通常由客戶的大量運輸與堆儲來達成規模經濟效益。但鐵路運輸也執行高價值產品如汽車、進口產品貨櫃等之聯運。鐵路聯運的成長速度要比平板貨車運輸的成長速度要快，在 2014 年分別為 10.6% 及 4.8%。

鐵運產業主要由長途 (Class I) 與短程運輸 (Class II) 兩類鐵運商所構成，各自承擔其鐵運任務如下：

- **長途鐵運商** (Linehaul Freight Carriers)：主要由一級鐵運商提供區域(州)間或區域內的長途鐵運任務，其運輸裝備通常包括(聯運)貨櫃、平板貨車及單位鐵路車廂(Unit Train Quantities)等。
- **短程鐵運商** (Shortline Carriers)：主要由二級鐵運商提供區域內或一級鐵運網之間的轉運服務。運輸裝備與長途鐵運商約略一致。

鐵路運輸幾乎可輸運任何類型的大量貨物——液態或氣體、漿狀或固體、有害或無害貨品……等，從容納 15 輛汽車的三層汽車運架到 2 萬加侖的玉米糖漿等不一而足。輸運裝備也可因應各種顧客需求，如漏斗車 (Hopper Cars)、有覆蓋箱車 (Boxcars)、聯運貨櫃平板車 (Intermodal Well Cars) 及其他特定類型的運輸裝備……等。

鐵運裝備可依下列三種型式組成負荷：

1. **混裝火車 (Manifest Train)**：由多名客戶、多種運輸裝備及多種運輸貨物所組成，又稱火車艙單。混裝火車會在不同場站中卸載或加裝運貨車廂，這種稱為分類(Classification)的作業會延緩交運程序。
2. **單元列車 (Unit Train)**：通常指單一貨物(如煤炭)的多個箱車組成，從出發地直接運往目的地，中途不停留的運輸方式。這種運輸方式免除在場站中分類所耗損的時間，通常也有鐵路運輸網的優先行駛權。因此，單元列車具備有能與貨車運輸競爭的潛能，尤其是跨州的長途運輸而言。

3. **聯運列車** (Intermodal Train)：是單元列車的特殊型式，通常由置於平板上的聯運貨櫃與拖車所組成，從港口運往高處理量的貨櫃場後卸載，再由貨車運往客戶指定位置的鐵運模式。

鐵路運輸主要是國內的運輸模式，雖也可執行跨國(須地理接壤)的運輸，但受限於跨境點數量限制及各國鐵運系統標準的差異。另外一種可由鐵路運輸執行的，使所謂**陸橋連接** (Land Bridge Routing) 的海運與鐵運聯運模式，即如從東京到美國西岸西雅圖港的貨櫃輪，接著由西雅圖港到東岸紐約港的長程鐵路聯運，再從紐約港到鹿特丹的船運等。這種陸橋連接聯運模式，可大幅縮減單純海運模式一週以上的運輸時間。

鐵路運輸產業所面臨的挑戰，包括發貨人持續要求運費下降、經濟景氣波動，甚至惡劣天候的影響等，除此之外，鐵路的運能也始終是個問題(無法涵蓋所有市場需求區域)。鐵路運輸業者能因應的作為，通常只有在運輸網、場站、運輸裝備及新進人力等的持續整建與投資。

11.3.3 航空運輸

傳統對空中貨運的觀點，是一種昂貴、緊急的運輸模式，但電子商務、全球供應鏈、精實庫存等商務模式的快速成長與對空運需求的快速增長，改變了這種觀點。飛機的速度及多航班頻率，可將全球貨運由海運的將近 30 天縮減到航運的一或兩天！航空運輸的快速交運能力，能降低客戶的庫存持有成本、降低缺貨風險及減少對產品的防護包裝需求……等優點，能彌補航空運輸的高運費，其綜效則是本書第 2 章供應鏈之全球化考量所述整體運籌成本的下降。

空中貨運對美國而言是一種特殊的運輸模式，在 2014 年價值 280 億美元的空運費用中，國際空運費用則占 120 億美元 (約 43%)；而在 2015 年全球空運的收入預期將達到 630 億美元，約占全球貿易貨物價值的 35%。全球前 10 名貨運航空公司的貨運量則比較如表 11.2 所示。

表 11.2 全球前 10 名貨運航空公司

航空公司	貨運量（百萬噸－哩）
聯邦快遞（Federal Express）	16,072
阿聯酋（Emirates）	11,326
優比速航空（UPS Airlines）	10,923
德國漢莎航空（Lufthansa）	10,897
國泰航空（Cathay Pacific Group）	10,044
法航暨荷蘭皇家航空（Air France-KLM）	9,817
韓航（Korean Air）	8,254
DHL 快遞（DHL Express）	7,850
盧森堡貨運航空（Cargolux）	6,364
新加坡航空（Singapore Airlines）	6,151

資料來源：Randy Woods, "Freight 50: Top 50 Cargo Airlines/Groups by FTK," *Air Cargo World* (August 26, 2015). Retrieved October 21, 2015 from http://aircargoworld.com/freight-50-top-50-cargo-airlinesgroups-by-ftk/.

空運業者的成本架構，通常是相對於固定成本的高變動成本所組成。與貨車運輸和水路運輸商一樣，空運商無須在場站設施上投入大量資金，這些航空站設施及航路管制等，通常由政府負責整建，航空貨運商只需支付場站租借與使用費而已。雖然對航運裝備，如飛機、裝、卸載機具等的投資仍高，但只占營運總成本中的一部分。

空運通常適合少量、高價值、重量輕的貨物運輸，主要運輸貨品的類型包括電子產品、藥品、生鮮海鮮與花卉及流行設計服飾……等。因為這些貨物具有時間敏感性及需要轉運中的優異防護性，客戶通常願意支付較高的運費。

空運貨運商可區分兩種主要類型如：

1. **混裝空運商**（Combination Carriers）：同時運輸旅客及貨品的空運模式，在飛機客艙下（機腹）裝載運輸貨物。但隨著空中貨運量需求的增加，換裝空運商也逐漸轉變成專責型的貨運空運商（如下述）。在美國的混裝空運商包括聯合（United）、達美（Delta）及美國航空（American）等。
2. **貨運空運商**（Air Cargo Carriers）：則專責運輸貨物、包裹及信件等。有些貨運空運商在高度整合空運網路中提供每日例行的空運服務，有些則是提供臨時、整機運量的直接空運服務。貨運空運商還可根據其服務能量區分如：

- **整合空運商** (Integrated Carriers)：如聯邦快遞及優比速等，以其中央輻射型空運與貨車運輸運網，提供預排取貨與交運時程內的戶對戶 (Door-to-Door) 服務。因能提供可及性及快速運輸的服務，使此運輸模式成為國內次日或兩天內運抵的最佳選擇。
- **非整合式空運商** (Nonintegrated Carriers)：僅提供臨時、機場到機場的直接空運服務，進出機場的運輸則由客戶或其他運輸商負責。這種直接空運的速度、彈性及當日運輸的服務能量，是非整合式空運商的成功關鍵要素。

空運有許多飛機類型可供運用，如螺旋槳式小飛機，可用來執行小市場到大型聚合市場的信件及小包裹運輸。大型的噴射客機可大到波音 747-400 型貨機 (27,500 立方呎容量或 124 噸運量)，則用來作為國內及國際間的長程貨運。特殊的機型如俄製安托洛夫 (Anatov) An-225 型超大型運輸機，則可提供 45,900 立方呎容量或 220 噸的超大運量服務。不管客戶需求為何，各種空運機的負載、航程及速度等之組合，都可滿足客戶的需求。

空中貨運產業也面臨獲利成長的障礙與挑戰。首先，是需求的衰退，以往須快速空運的貨品如筆記型電腦及包裝軟體等之空運需求已大幅下降。其次，在亞洲區域因海運及新鐵路運網的持續新增，也限制了空運的成長速度。最後，歐美廠商逐漸改採近岸或在岸運籌策略，也降低國際長程空運的需求。雖然有上述的障礙與挑戰，但航空貨運業者仍深信未來幾年的航空貨運仍將有每年近千億美元的收益。

11.3.4 水路運輸

水路運輸，在許多國家的經濟發展與國際貿易成長扮演著重要的角色。對美國而言，每年有 3,020 億美元價值的貨物或 6.5% 噸－哩的貨物運量，是經由水路而達成。美國水路運輸產業每年將近 400 億美元的收益中，有 310 億美元為國際海運，而 90 億美元則為國內近岸、內陸水路及五大湖 (Great Lakes) 的湖運。若以全球而言，海運則為超越所有其他模式的主導運輸模式，承擔著將近一半的國際運輸收益及幾乎所有噸－哩的運量。

若以美國為例，註冊為美國國籍的貨輪以 8,918 艘自我推進船隻及 31,081 艘駁船等，移動 2.2% 貨運價值的貨物。在國際海運船隊上，則有將近 50,000 艘各型船隻，其他包括 16,800 艘散裝貨輪 (Bulk Carriers)、11,651 艘油輪 (Tankers)、10,381 艘一般貨輪及 5,106 艘貨櫃輪……等。美國所擁有的船隊，可提供超過 200 萬個 20 呎標準貨櫃 (Twenty-foot Equivalent Unit, TEU) 及 2 億 5,200 萬淨重 (deadweight) 噸貨物的運量。至於全球前 10 大貨櫃輪運商的運量及船隻總數排名，則如表 11.3 所示。

水路運輸是高變動成本的產業。開始營運時，水路航運商商並不需要對航路與設施投入資金，大海提供航路，而港口設施如港口、裝載及卸載裝備、儲放區域及貨物轉運設施等，則由政府整建，水路航運商僅在需要時支付使用費用即可。大型的海運船隻雖然需要鉅額投資，但此成本在船隻的長服役期及大量貨運量中可攤付其購置成本。

國內的水路運輸，可在低價、高密度及長途運輸上與鐵路運輸競爭。散裝輪 (Bulk Cargoes) 上有機械式起重機，可直接裝載與卸載貨物。適合水路運輸的貨品類型則包括石油、煤炭、鐵礦沙、化學品、林木產品……等，國際間的海運還可處理從低價到高價產品，如汽車等的運輸。

在提供租用的水路運輸產業中，主要可區分為兩種類型如：

1. **定期船運** (Liner Services)：提供定期、固定航線的水運服務，承載的貨物類型則可以是貨箱、棧板，甚至是單位型式。

表 11.3 全球前 10 名貨櫃輪公司

船運公司	標準貨櫃運輸量	船隻總數（自有 + 租船）
丹麥馬士基航運 (APM-Maersk)	16,072	594
瑞士地中海航運 (Mediterranean Shipping)	11,326	497
法國達飛海運 (CMA CGM Group)	10,923	467
台灣長榮 (Evergreen Line)	10,897	199
德國赫伯羅特航運 (Hapag-Lloyd)	10,044	174
中國遠洋 (COSCO Container Line)	9,817	164
中國中海 (CSCL)	8,254	133
漢堡南美航運 (Hamburg Süd Group)	7,850	137
南韓韓進海運 (Hanjin Shipping)	6,364	104
日本商船三井 (MOL)	6,151	95

資料來源：Randy Woods, *Freight 50: Top 50 Cargo Airlines/Groups by FTK*, Air Cargo World (August 26, 2015). Retrieved October 21, 2015 from http://aircargoworld.com/ freight-50-top-50-cargo-airlinesgroups-by-ftk/.

2. **包船船運** (Charter Services)：則根據客戶的時間及航線需求，提供整船的運輸服務，包船船運通常用於整船的大量貨運，並由船運代理商與船東協調船運價格。

包船船運類似陸地上的計程車，提供客戶指定路徑的客製化船運服務。相對的，定期船運則提供固定航線的標準服務。另外一種可能的船運類型，則是自營船隊。大型企業可能建立其自營船隊，對其貨運有較大的控制權，並能降低運輸特殊貨品的成本。

國際海運的船隻類型，則有下列特殊用途的類型區分：

- **集裝輪** (Containerships)：又慣稱為貨櫃輪，是國際貿易中的重要運輸工具。這些集裝輪專門設計用來承載 20 呎標準貨櫃或 40 呎標準貨櫃 (Forty-Foot Equivalent Unit, FEU)。集裝輪的尺寸，則從可裝載 400 個 20 呎標準貨櫃的小型貨櫃輪，到可承載 18,000 個 20 呎標準貨櫃的超大型集裝輪 (Ultra-Large Containerships, ULCS) 都有。
- **散裝輪** (Bulk Carriers)：通常承載低價格重量比 (Low Value-to-Weight Ratios) 的貨品如礦石、穀物、煤炭及廢五金……等。散裝輪通常在船面上有大型的艙口及起重裝備，方便貨物的裝載與卸載。此外，散裝輪的貨艙通常都是防水隔艙的設計，可同時裝載不同的貨物。
- **油輪** (Tankers)：通常是以包船型式裝載大量的油料，其運量可從 18,000 噸到 500,000 噸的大型油輪 (Very Large Crude Carriers, VLCC) 等。油輪的構造與散裝輪類似，但有較小的艙口。另為避免因碰撞及觸礁等意外漏油事件對環境的破壞，新型的郵輪通常都被要求有雙重船體的設計。
- **雜貨輪** (General Cargo Ships)：通常也是以包船的型式，承載大部分貨品類型的海運服務。雜貨輪上通常都有能自行運作 (Self-Sufficient) 的裝、卸載裝備，使其能在開發程度較低的國家 (缺乏港口設施) 處理貨物。
- **滾裝輪** [Roll-On, Roll-Off (RO-RO) Vessels]：通常是超大型的貨輪，使貨物能從內建的舷梯自行 (或由拖車牽引) 開進貨艙，並在抵達目的地港口自行駛離貨輪。大型的滾裝輪可一次裝載 2,000 輛以上的汽車、農機裝備或其他輪型車輛等。

水運運輸商在高度競爭的國貿環境中，也面臨許多重大的財務挑戰。首先，操作大型貨輪的大型海運運輸商，在歐美各國逐漸採用近岸或在岸運籌策略、降低跨太平洋海運需求的狀況下，面臨運量閒置的壓力。其次，各國港口及貨櫃轉運站的壅塞，也干擾貨運的正常流動。最後，是海運模式比其他運輸模式的交期不可靠性等，都需要水運運輸商的改善努力。

11.3.5 管路運輸

管路運輸 (Pipelines Transportation) 是運輸模式中的「隱藏巨人」，它內斂的處理著美國總運量的 5.6%。這種特殊的運輸模式是固定在地面上（或地底下），而貨物則是在管路中大量的流動著。管路有有效的保護著貨物不受污染，同樣也兼具倉儲的功能。在所有運輸模式中，管路運輸也是每噸運量最低成本的運輸型式。

美國是世界各國中用管路網路運送能源的最大國家，其運能超過歐洲能源管路網的 10 倍以上。美國的能源運輸網路由大型管路商或石油公司所擁有，包括 55,000 哩長的原油主運輸管路，95,000 哩長的精製產品（如汽油、柴油、煤油……等）管路，超過 190,000 哩長的液化石油網路，及 2,400,000 哩長的天然氣管路等。而美國的能源運輸網路，從遠至阿拉斯加的油源開始，到每家每戶的天然氣供應網路的廣為鋪設，其目的在安全、有效的提供美國經濟發展所需。

管路運輸的成本架構，幾乎都是由固定成本所決定。管路營運商在獲得執照到鋪設其管路網路設施等，都需要大量的資金投入。但在實際運作時，因不太需要人力維護，另驅動管路內能源貨品的流動所需能源也甚低，故其變動成本也甚低。當能源貨物在管路中持續流通時，投入的大量固定成本即可逐漸被攤平。

管路運輸的貨品絕大多數為液態或氣態，可以相當符合成本效益的方式，在管路內持續流通。液態的貨品包括原油或石油基的各式燃油等，提供煉油廠煉製或家庭加熱所需。氣態的貨品則除天然氣及煤油等可供家庭加熱外，也包括農業及工業所需的氨氣、二氧化碳氣體等。過去，也曾有在管路中運送黏狀貨品的努力，但都競爭不過水路及鐵路運輸。

管路運輸商主要區分為租用及自營兩種型式。租用管路商主要提供各類型液態貨品的運輸服務，在其管路網路系統中，以批次隔拴 (Batching Plug) 的方式維持個別運輸貨品的完整性（亦即不會摻雜）；自營管路商則在其精煉、處理及儲存設施間維持其石油產品及天然氣等的運輸；電力廠商及化工廠商等，則也可能自行操作其小型管路網路，將燃油在其設施內運輸。

運輸油料的管路類型，也可區分為三種類型如：

1. **集輸管路** (Gathering Lines)：通常是 2~8 吋直徑內的小管徑管路，將離岸與在岸油井的油料運往主幹管。
2. **主幹管** (Trunk Lines)：通常指 8~24 吋直徑，將原油從油源運往精煉廠的管路。主幹管也有更大的管徑，如知名的跨阿拉斯加幹管系統，從阿拉斯加北坡的普德霍爾灣 (Prudhoe Bay) 到北美最北端不結冰的瓦爾德茲港 (Valdez Port)，長 800 哩，幹管最大直徑可達 48 吋。
3. **精製油管** (Refined Product Pipelines)：將石油精煉產品如汽油、航空燃油、家庭加熱用油及柴油……等，從精煉廠運往遍布美國各州的大型儲油站。這些油管的直徑從 8 吋到 42 吋都有。

天然氣管路也以類似油料運輸集輸管、運輸管的配置方式，將天然氣運往更靠近市場需求處。主要的差異是家庭用戶的直接管路與商業用的地區配送網路，這些直接網路與地區配送網路設置在所有市區、城鎮的街道下，也是美國所有管路配置的最大宗。

美國的油料管路運輸商，在美國經濟成長的壓力下也面臨巨大挑戰。在現有管路已不敷需求，而新建管路也是耗時、耗費與需要法規核准的狀況下面臨日漸窘迫的困境。油管與天然氣的安全性，也是被持續關切的議題。雖然根據統計數據顯示，油料管路的環保及安全性甚佳，在每百萬桶－哩 (Barrel-Miles) 的運輸途中，僅有 1 加侖的微量漏油，但既有管路的持續老舊也是不爭的事實。任洩漏或意外事件，都可能導致嚴重的火災、環境破壞與人員健康危害！

11.3.6 多式聯運

當前述五種運輸模式，已能提供供應鏈管理者許多運輸選擇時，另一種同時採取多種運輸模式的聯運服務 (Intermodal Transportation Service)，能提供另外一種運輸貨物的選擇。雖然在模式中的轉換，看起來不具備效率且消耗時間，但結合幾種運輸模式的優點，事實上卻更具效益。聯運模式可提供的主要效益包括：

- **更佳的可及性 (Greater Accessibility)**：如貨車運輸可提供其他運輸模式都不能比擬的地點可及性。同樣的，配合著國際海運及國內的鐵路運輸，也能有效促成國際貿易的貨物流通等。
- **整體的成本效益 (Overall Cost Efficiency)**：結合多種運輸模式的聯運模式，可在不犧牲服務品質或可及性的前提下，達成整體運輸的成本效益。聯運模式也可使供應鏈的管理者選擇不同運輸模式的搭配，以控制運籌成本及滿足顧客需求。
- **促進全球貿易 (Facilitates Global Trade)**：國際海運與陸地上的鐵路及貨車運輸聯運模式，可以相當低廉的運輸成本、運輸大量的貨品。而空運的快速運輸能力，配合著貨車運輸，也可滿足大部分客戶的快速運輸需求。

雖然沒有正式的統計數據，但聯運運量的持續增加已可驗證聯運重要性。流經北美的貨櫃量(海運 + 鐵運 + 貨車運輸)已超過 20 年前的兩倍以上，如 1995 年的 2,470 萬個 20 呎標準貨櫃，到 2014 年的 5,690 萬個。美國境內的聯運貨運量也有顯著的提升，如美國鐵路網路於 2014 年的運量，即已達 1,350 萬個 20 呎標準貨櫃。

聯運模式運量的成長，有絕大部分是標準貨櫃的發展所促成。一個標準的貨櫃空櫃有標準的長、寬、高及空重標準，可在海運、鐵運及貨車運輸等承載平台上舉升、堆置，並從一平台移至另一個平台，因此促成聯運模式的快速發展。在國際海運的標準貨櫃，有 10/20/40 呎等海運貨櫃；而陸路運輸(鐵路及貨車運輸)則有 40/48/53 呎等陸運貨櫃類型。其他的貨櫃還有能裝載須保溫或冷凍的貨櫃，及處理特殊貨物的特殊設計貨櫃等。

其他對聯運模式有貢獻的因素，還包含能及時追蹤貨物運輸狀態的資訊系統發展，聯運場站設施更有效的轉運作業，及新型貨櫃輪、鐵運平台及聯結拖車的設計等，都能更容易且更大量的處理貨櫃的轉運。

海運業者為因應國際聯運運量需求的增加、改善燃料效率、降低碳排放量……等，也持續更大型貨櫃輪的發展。巴拿馬運河也為了能處理更大型的貨櫃輪，於 2016 年 4 月完成運河的擴建，現在能處理 12,000 個標準貨櫃輪通過。

鐵路運輸業者為配合聯運模式，現在也將傳統加掛附運 (Piggy-Back) 或**平板裝載貨櫃拖車** (Trailer-on-Flatcar, TOFC) 模式，改成**平板裝載貨櫃** (Container-on-Flatcar, COFC，亦即無須拖車、直接將貨櫃固定在鐵路承載平板上) 或雙層貨櫃裝載 (Double-Stack Container) 等服務模式。這些服務模式的提升，使鐵運可處理任何尺寸型式——從 10 呎海運貨櫃到 53 呎陸運貨櫃——貨櫃的組合。雙層貨櫃的裝載，則更具服務效率。

聯運模式可提供的服務，可以貨品處理特性區分為下列兩種：

1. **裝箱式貨運** (Containerized Freight)：貨物裝進貨櫃或以棧板型式裝載，在運抵目的地卸載前，無須其他特殊的裝備處理。
2. **轉載貨運** (Transload Freight)：通常適用於大量原物料在運輸途中，可在不同設施場站以挖舀、幫浦、舉升裝備或輸送帶等型式的多次卸載或裝載轉運。

另一種區分聯運模式的方式，是以其服務類型而區分。如圖 11.2 所示的聯運服務模式，包括貨車與空運；貨車與鐵路；貨車、鐵路與海運等。有些大型運輸商擁有多模式能量，讓他們可在不同的運輸模式中選擇最有效與最具成本效益的聯運

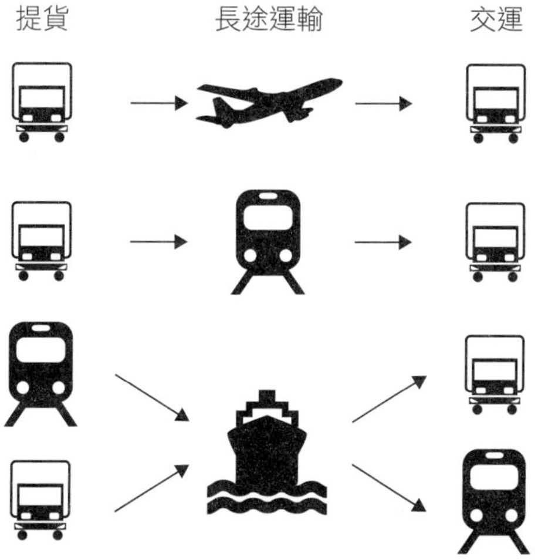

✧ 圖 11.2　聯運服務模式示意圖

資料來源：Brian J. Gibson, Ph.D. Used with permission.

模式組合。對客戶而言，通常不會在意運輸商採用何種聯運模式，只要其交運的貨物能如質、如量、如時的抵達目的地即可。

聯運市場所面臨的經常性問題是壅塞問題。裝備的短缺、轉運設施的瓶頸及勞工議題等，都會造成交運的延誤與供應鏈的中斷。當海運貨運商可依據需求調升或

第一線上　第六種運輸模式

傳統運輸模式，對實體貨物於供應鏈上的移動相當重要。相對的，諸如電影、軟體音樂，甚至(電子)書籍等電子型式存在的產品，實際上並不需要實體的運輸。這些電子型式存在的產品，可在網際網路上以直銷方式直接「運」給顧客，而此趨勢仍持續成長中。在美國，2014 年一年下載音樂的銷售總值即達 68.5 億美元，超過實體光碟與黑膠唱片銷量的 68.2 億美元。電子書於 2014 年的銷售量 56.9 億美元，預期在 2018 年更可達 86.9 億美元。另 2015 年第三季於隨選串流影音服務 (Netflix Streaming Subscriber) 的銷量也已達 6,900 萬美元。

當書籍、影音光碟及包裝軟體等的交運，從貨車、空運轉為電子型式交運時，有人開始建議應將網際網路視為第六種運輸模式。英國學者沃頓 (Robert O. Walton) 即曾主張，網際網路完全符合運輸模式的定義：將貨品從一地移至另一地。網際網路也可提供如其他運輸模式的時間與地點效用，更進一步的消除交運的成本。除此之外，網際網路交運模式還不使用石化燃料、不產生噪音，以及不會造成通路的壅塞……等。因此，網際網路交運模式可被視為一最具可持續性的模式，不會對環境及社會造成任何衝擊與影響。

對模式的能量而言，網際網路也有其關鍵優勢。只要電腦能有高速網際網路的連接，對全球數位化產品的可及性幾乎沒有限制，在低甚至無成本的狀況下，幾乎也能立即的提供顧客所需的產品。此電子輸運模式的主要缺點，則是目前能在網際網路上提供的產品仍相當有限(只限於電子型式存在的產品)，網際網路的頻寬也可能對電子產品的檔案大小有所限制等。雖然有上述缺點，但與其他運輸模式比較，網際網路仍有交運最快、最可靠及幾乎全年無休式的服務等。

在網際網路具備上述優異運輸能量與優勢時，無論對產品銷售者或消費者而言，充分利用電子商務的第六種運輸模式似乎是最佳的選擇。

資料來源：James Vincent, "Digital Music Revenue Overtakes CD Sales for the First Time Globally," *The Verge* (April 15, 2015); Robert O. Walton, "The 6th Mode of Transportation," *Journal of Transportation Management* (Spring/Summer 2014): 55-61; KnowThis.com, *Modes of Transportation Comparison*; and, Statistica, *Revenue from e-book Sales in the United States from 2008 to 2018*.

降低其運能時，轉運點（港口）則缺乏此種彈性，在（運輸）活動高峰期，港口設施將窘迫於貨物流的正常進出。鐵路運輸網路也有同樣的壅塞問題。只有在港口自動化、網路能量擴建及裝備等的持續投資，才能維持聯運服務的正常運作。

若將網際網路視為第六種運輸模式，那下一種運輸模式的創新發展為何？最近在媒體中廣為報導的無人飛行器 (Drones) 及無人駕駛卡車等，似乎是未來發展方向，目前也有幾家大型公司開始試用無人飛行器，而無人駕駛車輛也正進行研發中。

11.4 運輸規劃與策略

瞭解運輸模式的選擇固然重要，但在實際執行運輸活動前，仍須注意一些重要的議題。供應鏈管理專業人員必須執行一系列運輸決策的設計與分析，確保運輸決策能與組織供應鏈的目標和策略校準。這有關運輸規劃的議題，如圖 11.3 所示，並分別討論如下。

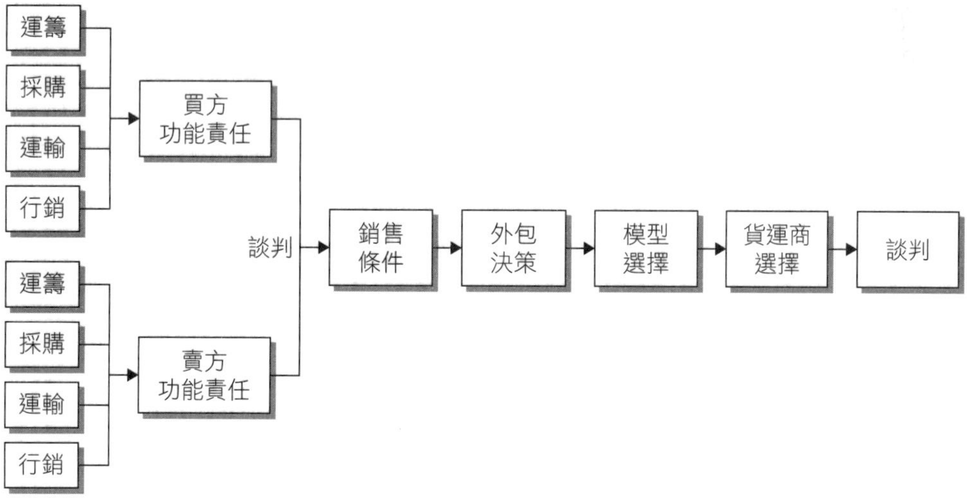

✧ **圖 11.3** 運輸管理規劃架構

資料來源：Brian J. Gibson, Ph.D. Used with permission.

11.4.1 運輸的功能控制

組織在制定運輸決策時，最先也是最直接與重要的第一個決策，是決定由哪一個部門來負責相關運輸活動。不管是買、賣或兩者都有，必須要有人（部門主管）做決定。即便是簡單的從網際網路上購買商品，也必須選擇交運商（優比速、聯邦快遞或美國郵局……等）、服務水準（隔天、第二天……等）、保險額度與運輸費用……等。

對大多數組織而言，運輸的責任通常落在下列一或多個功能領域，如運籌、採購、運輸與行銷等。運輸的管控，也可以內向運籌（運輸）及外向運籌（運輸）的方式區分。通常，採購部門會負責內向運輸，而行銷或運籌部門則將負責外向運輸，但這種決策權的劃分會犧牲運輸綜效與服務改善的機會。最糟的狀況，則是將此決策權分別交給供應商（內向運輸）與顧客（外向運輸）。在供應商或顧客分別考量其優先次序時，也讓組織失去對運輸決策的掌控權。

另外一種比較適宜的作法，是將運輸決策權賦予最具供應鏈專業的部門（通常是運籌或運輸部門）。這部門必須協調內向與外向的運輸能量，發展共同目標，利用（大量）採購優勢，以獲得能支持卓越供應鏈運作所需的運輸服務品質……等。這種專業賦權作法所可獲得的效益，包括可用運輸能量的可及性、改善貨運可見度與控制能力、強化顧客服務極對整體運輸花費的較大控制權……等。

11.4.2 銷售條款

銷售條款（Terms of Sales）律定買賣雙方所協議的交貨與付款條款。這些條款的選擇，對買方責任何時開始與賣方責任何時終止等相當重要。銷售條款包括貨運商與運輸模式的選擇、運輸費率的談判、移轉中貨物的責任及其他關鍵決策等。

在銷售條款的應用上，離岸（Free on Board, FOB）條款通常用於國內交易；國際交易則使用國際商務條款（IncoTerms），分別解說如下。

● 離岸條款

國內的貨運控制相當直接，即貨物交運起點與目的地兩地貨物責任歸屬的律定。若為**起點離岸**（FOB Original），則貨物的擁有權（Title/Ownership）在貨物起運點——通常是交運點或賣方物流中心的貨物裝載碼頭處。從交運起點後，貨物的責任則歸屬買方，運輸途中任何的遺失或損壞，都由買方承擔。但若是**終點離岸**(FOB Destination)，則貨物所有權在交運目的地處——通常是買方的卸貨碼頭——移轉，貨物交運到目的地前的責任都屬買方。

與貨物責任相關的另一項議題，是對貨運商付款的責任。一般來講，賣方在終點離岸條款下承擔對貨運商付款的責任，而買方則承擔起點離岸條款對貨運商的付款責任。另在付款方式有兩種選擇如**運費預付** (Freight Prepaid) 及**運費到付** (Freight Collect) 的組合下，對貨運商付款的方式有六種組合可供選擇，如表 11.4 所示。

從表 11.4 所示對貨運商付款方式的可供選擇組合中，賣方最好能在運費預付的選擇下，與貨運商協調運輸費率；而買方則在運費到付的狀況下，對貨運商有較大的控制權。

國貿條款 (術語)

國際交易對交易雙方都帶來相當的挑戰，主要的原因就是對交易條款的瞭解與對運輸決策的影響。即便是相當直接的進口或出口國際交易，都涉及長途運輸、多運輸模式與運籌中間商的介入、稅務、政府法規限制和檢查及貨物損傷或延誤的高

表 11.4 貨運控制與付款條件

FOB 條款及付款責任	轉運中擁有貨物者	貨運索賠處理者	選擇貨運商及付款者	承擔貨運成本者	誰對貨運商有較大影響
起點，運費到付	買方	買方	買方	買方	買方
起點，運費預付	買方	買方	賣方	賣方	賣方
起點，運費預付與回沖	買方	買方	賣方	買方，賣方將貨運成本加至發票中	賣方
目的地，運費預付	賣方	賣方	賣方	賣方	賣方
目的地，運費到付	賣方	賣方	買方	買方	買方
目的地，運費到付及補貼	賣方	賣方	買方	賣方，買方將貨物成本從付款中扣除	買方

資料來源：摘自 Bruce J. Riggs, "The Traffic Manager in Physical Distribution Management," *Transportation and Distribution Management*, June 1968, p. 45.

風險……等。因此，組織負責運輸任務的管理者必須非常謹慎於貨物所有權在何處與何時轉移。

國貿條款（術語）（Incoterms），有助於促進國與國之間的貨運流動。如國際商會（International Chamber of Commerce, ICC）的描述，國貿條款（術語），是參與國際貿易各國政府、法律實體及業者都接受的國貿規則，它們是一系列條款，律定著銷售貨物交運中，買賣雙方協議的責任與義務。這些條款協助釐清下列問題：

- 誰負責貨物轉運途中的管理責任？
- 誰負責貨運商選擇、交運及貨物流動的相關事務？
- 誰承擔各種運輸成本，如貨物、保險、關稅及轉運費用等？
- 誰負責文件處理、問題解決及相關事務等？

從 1936 年開始，Incoterms 已經過多次的修改。最新的 2015 年版本與 2010 年版本相差不多，律定了 11 項條款，其中 7 項適用於所有運輸模式、4 項則僅適用於海運模式，另外所有 11 項條款都適用於國際與國內運輸。

在 Incoterms 的 11 項條款中，從買方從賣方位置開始承擔所有運輸責任，到賣方承擔所有運輸責任、直到貨物運抵買方位置為止的兩個極端中，區分為四個主要群組如：

- E 條款：買方從貨物離港後承擔所有責任。
- F 條款：賣方未支付貨運費用。
- C 條款：賣方支付貨運費用。
- D 條款：賣方承擔貨物運抵前的所有責任。

圖 11.4 則標示出所有 11 項 Incoterms 條款中，買賣雙方相對的角色、責任與義務等。

以 FOB 船上交貨或其他 Incoterms 中對貨物有掌控權（責任）的條款，使組織能在時間及費用的管理上擁有一些利益。一般而言，擁有貨物的掌控權，可獲得與特定貨運商協商運費的優勢、得以協調內向與外向物流、聚集貨物以獲得較大的貨運效率……等。其他的好處還包括有對貨運有較大的可見度、確保裝備能量與可用性等。因此，銷售條款的運用可讓組織獲得改善運輸效率及提升供應鏈績效等之策略性機會。

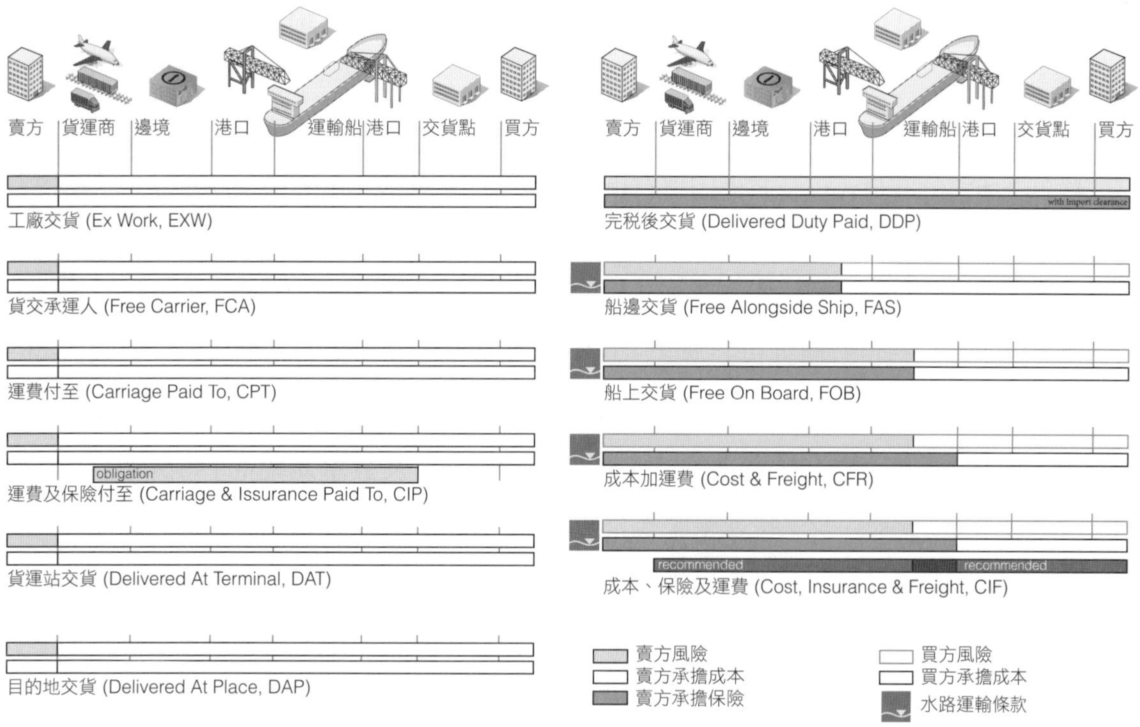

✧ **圖 11.4** 2010 年國貿條款（術語）

資料來源：Incoterms 2010®, International Chamber of Commerce.

11.4.3 運輸外包的決策

組織在運用 FOB 船上交貨及其他採購責任時，須分析針對運輸功能的自有或外購決策（Make or Buy Decision）。所謂的自有是成立自己的運輸車隊（或甚至船隊），而外購則是運用能提供運輸服務的第三方物流服務商。自有或外購的決策分析涉及到許多考量因素，其中一些主要考量，則將分別討論如下。

自有運輸車隊占美國境內的貨運費用的將近一半，其運輸里程則超過一半以上。諸如百事可樂（PepsiCo）、沃爾瑪及杜邦（DuPont）等大公司，都以其自有車隊或裝備來運輸其產品。運作良好的自有車隊，能比僱用的運輸車隊更具有成本優勢、更大的排程彈性及對運輸時間的掌控……等。其他無形的好處，還包括公司貨櫃車隊在公路上跑時，其 48 或 53 呎貨櫃上的公司商標與產品廣告無異是一大型的移動廣告。

其他的組織則可能選擇運用外部運輸專業公司，來承擔其貨物的運輸。優良的貨運商能對不同的顧客需求、提供有經驗與彈性的服務。一般而言，僱用車隊比自有車隊能有較佳的變動成本優勢，並能針對顧客的特定需求，提供客製化的運輸服務等。

藉由運用外部運輸服務，組織也能避免成立自有車隊的巨大資金投入、構建運輸專業所需的時日，以及其他因自有車隊所衍生的風險成本如意外保險、法遵、勞工議題……等。因上述因素，美國境內每年花在僱用外部運輸車隊的費用，也高達 8,670 億美元之多。

另一種結合自有與外包的型式，是組織與 3PL 服務商簽訂長期合約，為組織提供專業的運輸服務。這些合約運輸商，如提供運輸及其他運籌服務的 DHL 供應鏈與貨物轉運 (DHL Supply Chain and Transfreight) 及貨車運輸商 [如沃納企業 (Werner Enterprises) 及亨特運輸服務公司 (J. B. Hunt) 等]。在長期合約的運作下，3PL 或其他貨運商就扮演著組織專屬運輸車隊的角色。

其他的 3PL 外包服務商可提供的服務，還包括交通管理、運輸規劃與決策制定、貨運費用的稽核管理，以及其他供應鏈活動的協調與溝通……等。

最後，專業的 3PL 服務商也能提供國際貨運的服務，使組織免於對複雜國際貿易貨運的裝備投入與人員專業訓練等。國際 3PL 運輸服務的型式，也可區分為下列三種型式：

- **國際貨運代理商** (International Freight Forwarders, IFF)：協助進口商與出口商運輸其貨物。許多國際貨運代理商在服務領域、運輸模式或市場上，採取聚集貨運的方式運作。這些代理商協助客戶於最佳航線的辨識與定位，選擇運輸模式；以及根據客戶的特定需求，選擇具有運費競爭力的特定貨運商……等。
- **無船承運商** (Non-Vessel-Owning Common Carriers, NVOCC)：協助組織以**拼裝貨櫃** (Less then Container Load, LCL) 的方式運輸貨物。與國際貨運代理商不同的是，無船承運商屬於一般貨運商。他定期的向船運公司訂購貨櫃艙位 (因此獲得較優惠的價格) 後，再將貨櫃空間轉賣給小型公司的小批量貨運。
- **報關商** (Customs Brokers)：以美國為例，報關商是經美國海關暨邊境保護局 (Customs and Border Protection, CBP) 認證並授權的個人或公司，他們專精於通關專業，協助組織的貨運正確完成通關程序，提供準備通關文件、支付通關規費……等服務，避免因通關阻礙造成的貨運延誤及成本增加。當然，報關商則賺取服務的費用。

11.4.4 模式選擇

運輸模式的選擇，是影響貨物在供應鏈上快速、有效移動的關鍵性決策。當組織決定運用第三方物流提供商的運輸服務時，也必須決定要選用何種運輸模式。影響運輸模式的選擇，通常有三項因素，即模式能量、產品特性及模式價格。

表 11.5 比較不同運輸模式的能量，不同的運輸模式各自有其優勢、限制及在運輸功能上所扮演的角色；另外，在針對特定貨品特性上，不同運輸模式也有其適合運輸的貨品。如貨車及空運模式，適合用在高價值、最終成品 (非原物料、組件) 及運輸容量需求較低的貨品；而鐵運及水路運輸模式，則適用於價值相對較低、原物料及運輸容量需求較高的大宗商品等。

另外，在運輸模式須具備何種重要能量上，過去已有許多研究辨識出如可用性、轉運時間、可靠度及產品安全防護性等重要模式選擇判定因素。當然，價格也是關鍵的影響因素。這些影響模式選擇的因素，分別討論如下。

✤表 11.5　運輸模式能量比較

模式	優勢	限制	主要角色	運輸產品特性	範例貨品
貨車	• 可用性 • 快速、彈性 • 顧客服務	• 有限運量 • 成本高	地區、區域及國內市場的小批量運輸	• 高價值 • 成品 • 低容量	• 食品 • 衣物 • 電子產品 • 家具
鐵運	• 高運量 • 低成本	• 可用性 • 服務不一致 • 損傷率高	國內長途的大批量運輸	• 低價值 • 原料 • 高容量	• 煤焦 • 木材 / 紙張 • 穀物 • 化學品
空運	• 速度 • 貨物保護 • 彈性	• 可用性 • 成本高 • 運量低	國內緊急貨運或國際小批量運輸	• 高價值 • 成品 • 低容量 • 時間緊急	• 電腦 • 刊物 • 藥品 • 電子商務交運
水路	• 高運量 • 低成本 • 國際性能量	• 緩慢 • 可用性	• 經由河流或運河的國內大批量運輸 • 經由海運的大批量運輸	• 低價值 • 原料 • 高容量 • 大宗商品 • 可裝箱的成品	• 原油 • 礦石、礦物 • 農產品 • 衣物 • 電子產品 • 玩具
管路	• 運途儲存 • 效率 • 低成本	• 緩慢 • 網路限制	國內長途的大批量運輸	• 低價值 • 液態商品	• 原油 • 煤油 • 汽油 • 天然氣

資料來源：Brian J. Gibson, Ph.D. Used with permission.

可用性

所謂運輸模式的**可用性**或**可及性**（Accessibility），是指運輸模式是否能抵達或涵蓋運輸起點與終點，以及是否能提供特定運輸路線的服務等。對大陸型國家或區域而言，通常對運輸的地理範圍會有限制，如不能跨州、經過特定區域或危險區域或水域……等。這種可用性的限制，通常在模式選擇時會先排除一些模式。

- **可用性優勢：**在所有運輸模式中，貨車運輸最具有可用性優勢，幾乎可提供任何地點的運輸服務。在公路網路與基礎設施建設完整的國家，貨車運輸能提供客戶所需的國內運輸服務。
- **可用性劣勢：**空運、鐵運及水運等運輸模式，則因基礎設施的限制而有可用性的限制。若客戶所需的運輸位置（交運及運抵）不靠近機場、鐵路貨運站或水運港口設施等，除非運用與貨車運輸聯運模式，否則可用性較差。

轉運時間

貨物的**轉運時間**（Transit Time）對供應鏈的有效管理相當關鍵，因為它會對庫存可用性、缺貨成本及顧客滿意度等都造成影響與衝擊。轉運時間通常指貨物從交運起點開始到運抵地點所需的時間，並包括撿貨、場站處理、交運及接收等活動所需的時間。轉運時間由模式的運輸速度及撿貨、接收等能力（與責任）所決定。

- **轉運時間優勢：**空運在所有運輸模式中擁有最快的速度，也能提供長途快速的運輸能力；但在提貨與接收等活動會消耗一些轉運時間的優勢，而要由貨車運輸提供交運點與接收點的聯運服務。相對而言，貨車運輸則能提供點對點的快速交運服務，故通常是在轉運時間考量下，最常被選用的模式（國際貿易的跨洋運輸除外）。
- **轉運時間劣勢：**鐵運、水運及管路等運輸模式的轉運時間則相當緩慢，平均的轉運時間分別如鐵運的 22 mph、水運的 5~9 mph 及管路運輸的 3~4 mph 等（每小時哩（miles per hour, mph）。

可靠度

可靠度 (Reliability) 是指運輸模式所能提供轉運時間的一致性指標，若能對貨物何時抵達有較高的確定性，則可使庫存需求預測、生產排程及決定安全庫存量……等較易規劃。在統計上來說，可靠度為轉運時間的變異數。

運輸模式的可靠度受到許多因素的影響如裝備與人工可用性，天候狀況、交通擁擠情形、途中須停靠站位以裝卸貨物……等。對國際運輸而言，還可能受到距離、港口擁擠情形、安全需求、跨邊境的延遲，尤其是當交易雙方兩國之間沒有貿易協議時更為嚴重！

- **可靠性優勢：**貨車運輸及空運為最可靠的運輸模式，絕大多數貨車運輸或空運業者，幾乎都可以達到 98% 或以上的準時交運績效。
- **可靠性劣勢：**傳統上來說，鐵運及水運雖然緩慢，但有一致性不錯的可靠度；但因近年來運量的受限及航道擁擠的挑戰……等，使鐵運與水運的可靠度逐漸下降。因此，除非沒有其他選擇，交運人越來越不傾向採用鐵運或水運的方式。

產品安全防護性

安全 (Safety) 對顧客服務水準、成本控制及供應鏈效果的達成相當重要。最直接的安全性要求，是貨物要能在運抵目的地時，還能維持交運時狀態。其他的安全防護還包括對貨物遺失、位置不明或甚至遭竊等之預防，還包括避免不當處理、不良運輸承載品質及意外事故等之防護性包裝。

- **安全性優勢：**因轉運時間短 (降低失竊風險)、防護包裝及承載品質都夠好，使貨車運輸及空運成為最安全的運輸模式。
- **安全性劣勢：**在所有運輸模式中，鐵運及水運的安全性最差，主要是裝卸及承載品質不佳所造成。如鐵路運輸的轉運時間較慢 (平均每小時 10 哩) 外，其震動、搖晃等都會擠壓到運輸中的貨物。水運尤其是海運，則除有過多的晃動 (搖擺、俯仰及滾動) 外，貨物也暴露在如腐蝕性鹽水、冷或熱等環境。

運輸價格

運輸成本是影響模式選擇的主要因素，尤其是對大量、低價值貨品的運輸而言更是重要。運費的影響因素除起迄點的距離外，還包括貨物重量、體積，貨物價值及交運人要求的交運速度……等。本章附錄 11A 對貨運成本的計算有詳細的討論。

- **成本優勢：**運輸成本在不同運輸模式間與模式內都有很大的變化。一般而言，管道、水運及鐵運的運輸成本較低，適合以長距離運輸大量的貨物。當然，與成本相對的權衡因素，就是緩慢的運輸速度。
- **成本劣勢：**貨車運輸及空運則屬於高成本的運輸模式。平均來說，貨車運輸的成本在鐵運成本的 10 倍左右，而空運成本又是貨車運輸成本的兩倍以上。雖然運費較高，但較快的運輸速度可降低庫存投資與持有成本，使整體的在岸成本也會跟著下降。

因各種運輸模式各有其優缺點，使運輸模式的選擇變得相當複雜與困難。表 11.6 則以可用性、運輸時間、可靠性、安全性及成本等準據，比較 5 種主要運輸模式的績效比序。

在結束模式選擇的討論前，我們還有必要針對貨物特性、可持續性及貨物價值，進一步說明對模式選擇的影響如後。

貨物特性：並非所有貨物都適合所有運輸模式，貨物的物理、法規及處理安全等特性，可能就會先排除一些不適用的運輸模式。產品的物理特性，如重量、體

表 11.6 運輸模式績效比序

績效準據	貨車	空運	鐵運	水運	管路
可用性*	1	3	2	4	5
運輸時間*	2	1	3	4	5
可靠性*	2	3	4	5	1
安全性*	3	2	4	5	1
成本**	4	5	3	2	1

*1：最好，5：最差；**1：最低，5：最高。

資料來源：Edward J. Bardi, Ph.D. Used with permission.

積、密度與形狀等，會限制運輸模式的選用。重量輕、體積小的貨品，較適合貨車運輸與空運；而重量、體積大的貨品，則較適合水運或鐵運。另如法規及安全性等要求，也可能限制運輸模式的選擇或提升模式的安全防護需求等。

可持續性：貨品的可持續性也會影響模式的選擇，如易碎的貨品對承載品質有較高的要求，通常只有貨車運輸及空運適合。對溫度敏感的貨品，則需要模式中有能控制溫度（冷凍或保溫）的裝備，易腐敗的貨品則除溫度控制外，還要求快速的轉運能量……等。一般而言，對易碎、對溫度敏感及易腐敗的貨品，通常只適合貨車運輸或空運。

貨物價值：貨品價值對運輸模式的選擇也會有影響。若相對於貨品價值在運輸費用上花費太多，則降低了貨品在市場上價格的競爭力。一般而言，低價值的貨品，適合以鐵運及水運執行大量的運輸；而高價值的貨品，則通常選擇貨車運輸或空運。當然，運輸成本還必須與其他供應練程序考量搭配或權衡考量。如即便是價值低的維修零附件，但在客戶有緊急需求時，仍必須以運輸成本較高的空運或貨車運輸，來執行快速的交運。

總結來說，貨物特性、可持續性與貨物價值等影響因素，通常會限制可用的運輸模式到兩種，最多三種。在考量所有因素、交運人須在模式能量、貨物特性、速度與服務水準需求及成本間做出權衡分析後，選擇最佳的運輸模式組合。另外，因在特定運輸模式中的價格（運費）、基礎設施、服務品質及技術能量等之變化性不大，交運人一旦決定運輸模式最佳組合後，也不會經常變動！

11.4.5 貨運商選擇

貨運商的選擇，通常需要供應鏈專業人員以其採購運輸服務的專業與經驗來判斷。與運輸模式的選擇一樣，貨運商的選擇也包含能量、平均轉運時間、可靠度、貨品防護及價格等考量外，還包括貨運商的裝備可用性與能量、地理涵蓋性等。

貨運商與運輸模式選擇的主要差異，主要是可供選擇方案的數量。在運輸模式的選擇上，通常只有六種運輸模式及聯運模式的選擇，但貨運商的可供選擇方案則有較多的變化。對鐵路運輸而言，許多市場通常只能依賴單一的鐵運商，其選擇性則受限——要不採用鐵運，要不就選擇其他運輸模式。但在另一個極端——貨車運輸，則在同一市場中，可能就有許多的貨車運輸商可供選擇。因此，在對貨車運輸商的運輸能量、服務品質與價格等，就必須花些心力與時間來分析與選擇。

另一項有關貨運商與運輸模式選擇的差異，是貨運商選擇決策(變動)的頻率。運輸模式通常在決定後不會改變，但在貨運商的選擇上則相對會有變動。這不意味著客戶不斷的變換貨運商，而是指在選擇貨運商後，仍應主動、積極的評估貨運商的服務績效。若貨運商的服務績效呈現下降趨勢時，則客戶可能有必要轉向僱用其他的貨運商。

在某一特定運輸模式下的服務類型，也可能影響貨運商的選擇。提供直接服務的貨運商能提供點對點的貨運服務，因貨運途徑無須額外地點的停靠、卸載，在運抵前也不需要對貨物的額外處理，故能提供時間與產品防護性等優勢。間接服務提供商，則可能因間接的途徑、途中多點的停靠與卸貨等活動，而較不具時間及貨品防護等優勢，但因能使貨運商聚集貨物而較具有貨運價格的優勢。

因在某一特定運輸模式下的貨運商成本結構都大致相同，其收取費用也與運輸模式直接校準而相關。因此，服務水準與績效通常就成為選擇貨運商的關鍵決定因素。在客戶考量的貨運商服務績效甚多，如準時提貨與交運的可靠性、技術能量，對突發需求或事件的反應能力、貨運商財務穩定性及總轉運時間等，都是客戶選擇貨運商的重要參考準據。

對客戶而言，貨運商的選擇是在有限的貨運能量中達成組織運輸需求的策略性考量。與貨運商維持良好的關係，甚至策略聯盟夥伴關係，除能有效降低長期的運費外，並能使組織專注心力於其他供應鏈議題。企業客戶與貨運商之間的良好關係，包括對彼此需求(與限制)的瞭解、程序的溝通及服務水準的改善……等。成為一貨運商友善或「貨運商首選」(Shipper of Choice) 的客戶，能使組織獲得貨運商有限能量的優先使用權，如以下「第一線上」專欄案例之強調。

第一線上 與貨運商的配合：貨運商首選

對貨車運輸及鐵路運輸產業而言，因面臨缺乏駕駛、缺乏裝備、過多的法規及能量擁擠……等挑戰，使需求多過於供應，也轉移交運人與貨運商之間談判權力的偏向貨運商。貨車與鐵路運輸的貨運商因上述諸多限制，使其並不缺乏客源，讓貨運商得以選擇較能與其配合並能使其獲利的客戶。簡單的說，在貨車運輸與鐵運產業中是所謂的賣方市場。

在賣方市場中，買方要如何確保使其供應鏈運作順利的貨運能量？是交運者的策略性考量要點。在產業中有「貨運商首選」與「**駕駛友善貨運**」(Driver Friendly Freight) 等流行說法。簡單的說，只要你是貨運商信任且願意做生意的客戶，你的貨運與供應鏈運作就較為順利！要做到此點，有一些作法可供參考如下：

- 彼此能量的配合：對貨運需求的精準預測，能使貨運商得以可預測的方式規劃其裝備與人力運用的配置，並安排較具獲利性的排程規劃。
- 別臨時變卦：雖然突發事件不能避免，但交運人要盡量減少取消或最後才改變需求等之頻率，使貨運商不必做緊急應變的調整。
- 簡化付款程序：如自動化付款程序、較優惠的付款條件與準時付款等，都有助於建立彼此互信與持續合作的基礎。
- 別讓駕駛閒置：提供彈性的取貨時間、緊固的棧板或貨箱包裝以利快速的裝卸，並在貨車抵達後快速的裝載等。簡單的說，讓貨車駕駛的時間盡量花在運途上，而非裝卸時的閒置。
- 提供駕駛舒適的休息環境：簡化檢核程序並在裝載出發前的等待時間，提供駕駛休息、準備文件及飲食的休息室等。

僅以上述友善駕駛的簡單作法，就可以讓交運人成為「貨運商首選」，進而鞏固交運人對貨運的需求。

資料來源："6 More Ways to Becomes a Shipper of Choice during a Capacity Crunch," *LDL Voice* (October 2, 2015); Rick Erickson, "Choosing to be a Shipper of Choice," *Inbound Logistics* (April 2015): 58; and "*How to Become Your Carrier's Shipper of Choice*," *SupplyChainBrain* (October 9, 2014). Retrieved October 26, 2015 from http://www.supplychainbrian.com/content/latest-content/single-article/article/how-to-become-your-carriers-shipper-of-choice-2/.

11.4.6 費率協調

在辨識適合的貨運商後，通常就要與貨運商談判並決定貨運服務協議（合約）。有些交運人在費率的談判上傾向選擇對抗模式——即不顧貨運商的長期財務績效與長期合作關係，而一味的爭取運輸成本的最小化或要求最大的折扣等。這種短視近利的作法，除了會讓貨運商服務品質下降外，當貨運商有其他更具獲利能力的客戶時，會讓交運人失去貨運的能量，而必須重新尋找與選擇共事的貨運商。

運輸費率協調最好的作法，是爭取與貨運商長期合作的關係，以彼此都能獲利的費率組合簽訂貨運服務協議。在費率協調與談判議題中，交運人應關切的事項包括貨運商的裝備可用率、運輸效率及服務水準等；而貨運商的考量重點則在承諾的貨運量、交運頻率、交運起迄點組合及貨物特性等。

在決定運輸費率組合後，交運人與貨運商應簽訂一貨運合作協議或合約。在此合約中，交運人得以確保有限運能的承諾，並鎖定具競爭性的運輸費率。對貨運商而言，則能在交運人托運的區域內獲得相對穩定的貨運量，以確保其運能的有效發揮和降低營運成本。基於此雙方互利的費率協調與合約，使近八成的貨運商都傾向以運輸服務合約的方式運作。

11.5 運輸執行與控制

當貨物開始要在供應鏈中移動時，運輸執行與控制的功能開始啟動。此期間除決定交運量、交運途徑與交運方式等交運準備考量外，還包括準備交運文件，保持運途可見度等之作為，分別說明如後。

11.5.1 交運準備

當產生顧客需求、供應鏈下游發出補貨訊號或排定交運時程抵達時，交運人必須做好所有交運前的準備工作，以便將貨物移交給貨運商執行運輸。

為確保交運人與貨運商配合程度的最大化，許多組織都會根據合約製作一份所謂的**運輸指引** (Transportation Routing Guide)，這份文件律定組織內、外向運籌所牽涉得貨物貼標、保險與付款要求、**發貨通知** (Advanced Shipping Notification, ASN) 及其他必要交運資訊等。

各組織制定的運輸指引從簡易到詳盡不一而足。簡易型的運輸指引可能只有一或兩頁，簡單陳述交運的重要要求事項，如美國保養品大廠合瑪克 (Hallmark) 的運輸指引相當簡單易懂且不會犯錯。合瑪克的運輸指引記載著以聯邦快遞地面包裹運輸不超過 200 磅、20 箱、每箱尺寸不超過 130 吋等明確交運需求。另如 3M 等企業則有較為詳盡的運輸指引，明確區分內、外向與回收運輸、區域性運途資訊、起迄點表、績效衡量準據及其他相關交運需求資訊……等。

制定運輸指引的策略性目的，在確保運輸功能的卓越表現。運輸指引可使組織在運用多個貨運商中維持中央管控的角色，避免超出合約規範的衝動型運輸服務採購，並使組織確保於合約中承諾的交運，以避免違約所衍生的懲罰性成本支出……等。

在準備交運過程中，運輸經理也能以一些作法節約運輸的成本，如協調整合內向與外向的運輸、指定最佳運輸途徑，以及充分利用貨運商的 (貨櫃) 運能……等。而降低運輸成本的關鍵，在事前獲得所有交運的相關資訊如運量、目的地、服務要求、交貨期限……等，以便制定有效的交運決策。

另外，交運前的準備工作，也是保護貨物完整性及維持貨物價值的最後一道防線 (對交運者而言)。即便對可信的貨運商而言，配合交運貨物的交運文件與發票；貨物的保護性包裝；貨櫃的清潔、防漏及保固措施等，都必須詳加檢視並確保。在裝載貨物時，交運者也必須 (派人) 持續監控貨物的穩固堆置，以避免運輸途中因承載品質不佳而對貨物有所損傷……等。

11.5.2 貨運文件

貨運必須配合著文件，詳細說明交運狀態，如貨物、目的地、所有權及其他相關資訊等。交運文件隨著起迄點、貨物特性、運輸模式及負責交運的貨運商等而有許多不同的類型。簡單的講，運輸條件越複雜，其所需的交運文件也越多、要求條件也越嚴謹，以避免貨運於供應鏈中的阻斷。一家有自己車隊的企業，在同一州內

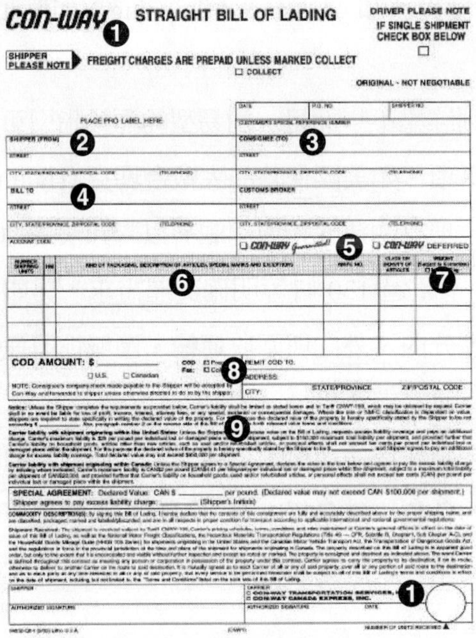

❶ 承運商資訊
❷ 交運單位／起源地資訊
❸ 接收單位／目的地資訊
❹ 費用資訊
❺ 服務類型
❻ 運輸項目描述
❼ 運輸項目重量
❽ 貨到付款條款
❾ 提單條款

註記：提單類型很多，也可能由個別公司依其特定需要而自製。其主要內容與資訊位置也可能有差異。

✧ 圖 11.5　典型提單型式

資料來源：Brian J. Gibson, Ph.D. Used with permission.

運輸，可能僅須準備提單即可，但對國際貿易的跨洋運輸而言，對交運文件的要求也越複雜。

重要的交運文件包括提單、運單及索賠文件等，分別說明如下：

提單 (Bill of Lading, BOL)：是最重要的交運文件，它由交運人製作並啟動交運作業。提單提供貨運商為執行交運任務所需的所有資訊，律定著貨運商對貨物損傷或遺失的責任，並作為交運人移交貨物給貨運商的收據，有時還說明著貨物的所有權……等。圖 11.5 顯示一典型提單的型式。

提單也可區分為不可轉讓與可轉讓兩種型式。一般直接的提單為不可轉讓 (Non-Negotiable)，亦即貨運商必須將貨物送到指定的地點、交給指定的接收者後，才能獲得付款。而指示提單 (Order BOL) 則通常為標示著貨物所有權的可轉讓提單，亦即貨物的所有權可在交運途中轉讓所有權或改變交運途徑等。

運單 (Freight Bill)：為貨運商對運輸貨物的請款發票。運單記載著交運貨物、起迄點、收貨人、運輸條件、貨物總重及總交運款項……等資訊。運單與提單不同之處，在運單記載著運輸貨物的所需款項，而提單則記載著交運貨物的所有權及交運條件等。

運單的請款，通常依照交運人與貨運商對交運量、運輸服務水準及其他附屬款項的事前協定。運單可在貨運商提貨時由貨運商提交給交運人（預付模式），或在貨物運抵接收後由貨運商提交給收貨人（事後收款模式）。對多數交運合約而言，貨運商在提出運單後，交運人（或收貨人）可在事前約定的期限內完成付款，另對提前付款也有折扣的優惠。

索賠文件（Claims Form）：若貨運商於運輸貨物途中損傷或遺失貨物，則在運輸合約規定截止期限內，由交運人（或收貨人）以書面方式對運輸商提出索賠。索賠可針對於接收清點時明顯、可見的損傷或數量短缺，接收開箱後才發現的隱藏性損傷（與數量短缺）及不合理延誤交運所導致的財務損失等。索賠文件應有照片、接收檢視問題說明及損傷貨物價值等支持性資訊的配合。

索賠的一般目的在保障交運人運輸貨物的價值。但若交運人為降低運輸成本而選擇有限保值（Released Value）——亦即保運的價值低於貨物的價值——的運輸方法，則貨運商所需承擔的索賠責任也相對較低。

另外，貨運商對下列一些不可控制情境下，也無須承擔索賠責任：

- 天災或其他類似的上帝旨意（Act of God）。
- 戰爭或其他類似的公敵行為（Act of Public Enemy）。
- 政府扣押或其他類似的公權力行為（Act of Public Authority）。
- 運輸商不當的貨物堆置或其他類似的貨運商行為（Act of the Shipper）。
- 極度易碎、易腐敗或問題的貨物特性……等。

除了提單、運單及索賠等重要交運文件外，其他的文件對貨運的順利執行也可能相當重要。如貨物進、出口商之商業發票或交易證明文件，交運商國家對貨物發出的起源地證明，交運商通知（貨運商）信函（Shipper's Letter of Instructions）、場站或碼頭收貨單（Dock Receipts）、海運艙單（Shipment Manifests）、危險貨物報關表（Dangerous Goods Declaration Form）及保險單（Insurance Certificates）……等，都有助於貨運任務的順利執行。

及時、精確的文件準備，可有效降低貨運的可能延誤或阻斷。若交運文件不精確、不完整或甚至造假等，貨運商或政府單位都可能阻斷貨運。在移交貨物前，準備好所有交運所需的文件也相當重要。在缺少任何需要交運文件的狀況，貨運商通常會拒絕交運。

對運抵美國的海運而言，美國海關的「24 小時前海運艙單提交規定」(24-Hour Advance Vessel Manifest Rule)，要求國外貨運輸在裝載貨物前 24 小時，必須由貨運商提交(美國海關)一份貨運的詳細艙單文件。若交運人無法在 24 小時規定的期限前(為貨運商準備並)提出艙單，則美國海關會拒絕貨物的通關，可能造成貨運的延誤與供應鏈的中斷。

11.5.3 保持運途可見度

當貨物移交給貨運商後，不代表組織的運輸管理工作已結束。反倒是當貨物在供應鏈中移動時，貨物流動關鍵事件的管控更是運輸管理的重點之一。而運途中可見度(In-Transit Visibility)是運輸管控的關鍵促動力，避免貨運脫離交運人的管控。

運途可見度管理的主要目的，是提供供應鏈中貨運的位置與狀態，讓交運人在必要時調整運途，以滿足顧客的需求。因此，精確與及時貨運資料的更新，就成為組織能應變運途中突發事件或需求變更的必要。

資訊技術，在監控貨物流動狀態上扮演著重要角色。如快遞貨運者與一般貨車運輸，可藉衛星定位技術保持裝備的可見度；而裝備操作者，可經由能與衛星連線的車載電腦、平板電腦，甚至智慧型手機等，與組織的運輸管理系統(Transportation Management System, TMS)保持經常與及時性的聯絡。領先的整合式運輸商如聯邦快遞、優比速等，則各自有其網路追蹤系統，可供顧客隨時上網查詢貨物交運狀態。這些運輸管理工具，可在運途中突發事件干擾供應鏈正常運作之前，就能採取主動的管理因應作為。本書第 14 章管理資訊流的供應鏈技術，將對供應鏈的事件管理能力再提供詳細的說明。

表 11.7 一般運輸績效準據

績效準據	計算公式	典型目標
準時交運率	準時交運數 / 總交運數	> 95%
平均運輸時間	總運輸時間 / 總交運數	目標區之低變異
損傷率	損傷單位數 / 總交運單位	< 1%
短缺率	短缺單位數 / 總交運單位	< 1%
計費正確性	正確運費單數 / 總運費單數	> 99%
完美交運指數	準時 % x 無損傷 % × 正確計費 %	> 95%

資料來源：Brian J. Gibson, Ph.D. Used with permission.

11.5.4 運輸衡量準據

運輸服務的品質，通常是有形的——亦即能觀察到與量化衡量。組織可藉由設定運輸服務衡量準據或關鍵績效指標等，來監控運輸的相關程序與活動。而衡量運輸服務績效的關鍵績效指標，通常須納入多種來源的資料，如運單的交運與成本資料、從接收單而得的貨物抵達時間，以及從接收單位處的貨運損傷資料……等。這些關鍵績效指標的衡量結果，則以績效目標或業界領先者的表現，執行標竿式的衡量與評估。

對顧客而言，通常會專注於運輸服務指標的關鍵績效指標，亦即如運籌七適中的三適：正確的時間 (At the Right Time) 的目標是轉運時間 (Transit Time)，正確的狀態 (In the Right Condition) 則專注在貨物的防護，最後，以適當的成本 (At the Right Cost) 則指收款的精確度等。表 11.7 則列舉一般用來評估貨運商運輸服務績效的準據、計算公式及業界常用的典型目標。

對專注於精實供應鏈與及時生產的組織而言，一致性高的準時交運率 (On-Time Delivery) 為關鍵要求。許多研究也顯示，準時交運率，是絕大部分組織用來評估其貨運商服務績效的最重要指標。準時的交運，具有能降低組織的安全庫存水準、執行一致性高的補貨程序，以降低缺貨的風險、降低供應鏈的不確定性與其導致的長鞭效應 (Bullwhip Effect) 等功效，使組織得以推動庫存的合理化。

貨物的防護 (Freight Protection) 是另一項重要的運輸服務品質指標。所有組織都要求貨物能完整、安全的運抵目的地。支援及時生產系統的供應鏈，對貨運短缺或貨物損傷特別敏感。因以及時系統運作的供應鏈中，幾乎只有很少 (或甚至無)

安全存量，若因運抵貨物短缺或有損傷，則因無可用的庫存可替換，通常會導致 JIT 系統運作的中斷！

因貨運商通常根據交運人特定的需要執行貨物交運任務，在交運任務完成後，計費的精確性 (Billing Accuracy) 也必須要能正確的反映貨運的資料、運費架構及各批貨運的收費……等。不正確的計費索款，無論超收或短收都會造成運輸合約管理的困擾與增加更正處理的成本。

運輸服務品質的終極關鍵績效指標，通常是完美交運指數 (Perfect Delivery Index)，它是準時交運率、無損傷 (無短缺) 與計費精確性的綜合指標。交運人通常希望貨運商能提供高品質的服務，這意味著準時與毫無錯誤 (無損傷、無短缺、計費精確等) 的服務。貨運商完美的交運服務，除讓交運人避免不必要的重工、減少行政作業外，也能降低庫存、保持供應鏈穩定性與提升顧客的滿意度等。

當瞭解服務品質對顧客滿意有相當重要的影響與貢獻時，運輸服務的效率也不能忽視。因運輸通常是運籌成本中的最大一塊，組織必須能將對運輸的投入產出最大的效能。若能降低相對於產品價值的運輸成本，能創造出具競爭力的產品到岸成本。運輸效率的關鍵績效指標能用以衡量上述目標的達成與否。

效率指標還可區分為集成或單項兩種類型。集成效率指標 (Aggregate Efficiency Index) 專注於相當於目標的整體運輸花費的衡量，而單項 (Item-Level KPI) 則專注於每衡量單位 (如磅、箱、銷售單位……等) 之運輸費用。瞭解每一單項費用執行效率，亦有助於整體集成效率指標的衡量。

資產運用率 (Asset Utilization) 則是關係到運輸成本控制的關鍵性指標。裝備與資產的運用率越高，意味著每單位的運輸成本越低。裝備閒置率應盡可能的降低、倉儲庫房的空間利用率則應最大化……等。

效率指標也可被貨運商或自有車隊組織用來衡量其運輸績效。如與員工產能 (Labor Productivity) 相關之關鍵績效指標，在確保裝備操作者、貨物處理者及其他與運輸作業的相關人員，都能有可接受的績效產出。人員能快速的裝載或卸載貨物，能改善貨運商員工與裝備的周轉時間，讓兩者都能維持好的產能。總之，效率的改善有助於降低運輸成本。

✤ 表 11.8　運輸績效計分卡

績效準據	加權	運輸商績效	績效計分	分類計分
準時交運率	35	96.7%	> 98% = 5 96.01% ~ 98% = 4 94.01% ~ 96% = 3 92.01% ~ 94% = 2 < 92% = 0	140
遺失與損傷率	30	0.6%	< 0.5% = 5 0.5% ~ 1% = 4 1% ~ 1.5% = 3 1.5% ~ 2% = 2 > 2% = 0	120
計費正確性	15	98.1%	> 99% = 5 97% ~ 99% = 3 95% ~ 96% = 1 < 95% = 0	45
裝備情況	5	可接受	安全、清潔 = 5 不堪用 = 0	25
顧客服務	15	顧客回饋表現	優異 = 5 良好 = 4 平均 = 3 尚可 = 2 不能接受 = 0	75
			總分	405

資料來源： Brian J. Gibson, Ph.D. Used with permission.

11.5.5 監控服務品質

個別的運輸關鍵績效指標，雖能提供有價值的資訊，但未能全盤描述貨運商的服務品質。運輸管理者必須要能對其運輸策略、規劃與決策等結果，維持著整體、全盤性的衡量視野。為確保此全盤監控與評估貨運商運輸服務績效的目標，管理者必須能以一協調的態度，持續監控貨運商的各種作為與計畫。

發展一客觀、全盤性衡量與評估計畫的策略之一，是對貨運商運輸服務績效發展一所謂的加權式**平衡計分卡** (Balance Scorecard, BSC)。組織運輸團隊對每一關鍵績效指標或衡量準據賦予一加權值，對各項績效準據的運輸商績效加以衡量、計分與分類加總，得到該貨運商運輸服務績效的總分，如表 11.8 所示。

如表 11.8 所示組織對某貨運商整體運輸服務績效的總評分為 405 分 (總分為 500)，此計分卡評估結果將用於與貨運商之溝通、討論，以追求貨運商改善其運輸服務績效的空間。組織也將利用此計分卡評估結果，作為是否與該貨運商繼續合作的參考。

11.6 運輸技術

運輸產業的動態性與交運人的各種交運需求，造就供應鏈運輸功能的極度複雜性。若要得到經濟、有效的運輸決策，必須衡量、分析許多因素對運輸成本與績效的影響，而此衡量和分析作為，通常非人力所可達成。幸好，業界已發展出許多資訊科技與軟體、工具等，能協助運輸作業的規劃、執行及績效評估。

貨運產業相當依賴資訊技術於其貨運流通的協調上。如途徑與負荷規劃 (Routing and Load Planning) 工具，能協助貨運商做到提貨、長程運輸與交貨作業的最佳化。派工軟體 (Dispatching Software) 則能協助貨運管理者於駕駛、運途中可見度及法遵的管理。計酬方案 (Brokerage Solutions) 則能將負荷搭配運能，並處理交易相關的財務……等。整體來說，一系列的資訊科技軟體與工具，使貨運商能發揮其功能，並在動態的運輸網路中動態擷取管理所需的資訊。

交運者也需要資訊技術，來維持貨物從交運起點到運抵中點途中的可見度與流路控制。資訊技術能提供交運商於運輸規劃、結果評估等所需要的運作資訊。為使交運人滿意，貨運商必須要能建置貨運可見度解決方案，如以下「第一線上」專欄所強調的。

交運商的管理者，能利用相關的資訊技術與工具促成供應鏈運作的成功。個別的應用軟體針對特定活動提供解決方案，如負荷規劃的最佳化、貨運商績效評比及負荷邀標等。而整合式的供應鏈工具則包括全球貿易管理軟體、運輸合約管理、貨運商選擇與訂位軟體……等。對廠商的運輸功能與作業而言，最全面的工具則是所謂**運輸管理系統** (Transportation Management System, TMS)，能兼具運輸規劃、執行與分析等功能。

第一線上 貨運可見度解決方案

對交運貨物的客戶而言，運輸服務的最重要一項要求，就是能讓客戶知道其貨物於供應鏈網路中的現在位置。貨運可見度解決方案 (Freight Visibility Solutions) 的發展，即在為客戶提供對其交運庫存 (In-Transit Inventory) 位置與狀態的監控能力。

在建置貨運可見度解決方案的傳統作法，是由貨運商利用全球衛星追蹤、車載電腦及移動通訊裝置等，產生交運狀態資訊，並發布在貨運商的網路系統上。這項作法的缺點是過度依賴人力於更新狀態的輸入或電話通知例外、突發事件等，其精確性與及時性都受到質疑和關切。

另一種作法則是所謂組織建置所謂控制塔式的監控軟體 (Control Tower Software)，如機場控制塔能同時監控於進出場飛機於機場的起降一樣，運輸監控的控制塔式軟體，讓組織能同時監控其貨運商、運籌服務提供商與供應商等於供應鏈上移動貨物的情形。組織也可外包給有控制塔式軟體運用經驗的第三方服務商，為組織執行物流的監控任務。使用控制塔式監控軟體的好處，包括 5-10% 運輸成本的節約、程序紀律改善及降低風險……等。

最近新興的另一項技術，是在運輸載具或裝備上的內建可見度方案 (Embed Visibility Solution)。韓國現代重工 (Hyundai Heavy Industries) 與國際埃森哲跨國物流 (Accenture) 正共同開發將數位技術內建於新船的設計中。藉由船隻及其裝備的內建感測器，能讓操作者監控船隻的位置、所處環境狀態與裝備狀態……等。藉由船隻位置與狀態的及時資料分析，讓此資料驅動的決策更能支持船運的有效運作。

不管採取何種方案，貨物運途中的可見度，是有效供應鏈管理的必要元素。若缺乏貨物於運途中的可見度，組織管理者則將於不知道外界環境發生何事的狀況下，被迫於做出資訊不完整的盲目決策。

資料來源：Joseph O'Reily, "Big Data and Big Blue Converge," *Inbound Logistics* (August 2015): 16; Robert Michel, "Logistics Technology: TMS Gets More Warehouse Aware," *Logistics Management* (September 2014): 48-52; and, James A. Cooke, "Control Towers Made Easy," *DC Velocity* (May 2014): 48-49.

高德納顧問公司定義運輸管理系統為規劃貨物運輸、執行運輸模式評比與貨運商選擇、規劃適當運輸途徑及貨款管理等之軟體，上述定義全面反映運輸管理系統的特質。

大致來說，運輸管理系統，可執行規劃、執行與分析三項運輸管理功能，分別說明如下。

運輸管理系統的規劃功能

運輸管理系統的規劃能量，主要為支持交運前的相關決策。如交運人在面對運輸決策時，會受到途徑、模式、貨運商、服務水準及價格等數量相當多組合的困擾。讓管理者能在幾分鐘內，就從許多選項組合的優劣勢分析中挑出適合交運人需求的方案。運輸管理系統也可與訂單管理系統、倉儲管理系統及其他供應鏈資訊系統執行連接整合。這種連接性使運輸管理系統能在眾多的解決方案中，挑出對供應鏈整體績效最佳化的方案。

運輸管理系統主要的規劃能量如下：

- **路徑與排程** (Routing and Scheduling)：適當的運輸途徑規劃，對顧客滿意、供應鏈績效與組織供應鏈運作的成功等，都有顯著影響。運輸管理系統運用數學模型，在限制條件(如服務水準、運輸成本等)求出最佳途徑解後，並會對最佳途徑做出詳細的排程規劃、成本分析及路徑地圖等。
- **負荷規劃** (Load Planning)：運輸管理系統之負荷最佳化程式，可執行有效、安全的交運負荷分析。根據貨物的尺寸、體積、重量、負荷需求及處理裝備能量等，TMS 之負荷最佳化程式可最佳化貨物於貨櫃或棧板上的堆置方式。負荷規劃的產出有助於降低貨物裝卸過程中的損傷機率，並提升貨運空間的利用率。

運輸管理系統的執行功能

運輸管理系統的執行功能，能協助管理者精簡化貨運程序與活動。藉由執行功能的自動化，可降低人力需求或人力操作可能導致的不精確。執行功能的其他程式工具，還可在網路上發布交運狀態資訊，提升交運可見度與控制能力。

運輸管理系統的主要執行工具，包括如下：

- **負荷邀標** (Load Tendering)：對每一起迄點與交運量組合，總有許多貨運商可供選擇。TMS 的負荷招標程式，能從資料庫中辨識出符合交運需求與資格的貨運商，並將路徑需求、成本、轉運時間及服務能量與需求等資訊向最佳貨運商發出邀標通知。這種自動負荷邀標執行功能，能有效改善合約履行品質、提升貨運商的服務品質及降低交運處理費用等。

- **狀態追蹤** (Status Tracking)：在網際網路上維持交運狀態的可見度，傳統的人力輸入系統是一件相當耗費時間與人力的工作，運輸管理系統的狀態追蹤程式則可藉由衛星定位與自動辨識裝置等，自動監控貨運運輸途中的位置與狀態。當貨運有任何延誤、停止或偏離路徑的情況發生時，狀態追蹤程式也會對發出通知，以便管理人員採取更正行動。
- **排程約定** (Appointment Scheduling)：為避免設施的擁擠、裝備短缺及操作人員的無效率配置等情形，管理者可以運輸管理系統的自動排程功能，讓貨運商能在指定的時間、指定的站位執行提貨與交運任務。

運輸管理系統的分析功能

運輸管理系統的分析功能，能讓管理者執行貨運商績效、服務水準及運輸花費等之分析與評估，其分析程式與工具能蒐集散布在供應鏈各處的廣泛資料，以衡量關鍵績效指標及其他運輸績效的評估。

運輸管理系統的主要分析功能，包括如下：

- **績效監控** (Performance Monitoring)：TMS 的分析工具，能自動記錄與衡量關鍵績效指標並定期產生報表。這些訊息提示與報表能使管理者針對整體績效或特定運輸活動執行監控與績效評估，並作為運輸相關決策的及時、客觀性參考依據。
- **貨款稽核** (Freight Bill Auditing)：對貨運商的付款，須能反映合約協定的費率與承諾的服務。為確保不至於超付或短付，現代許多組織都依賴運輸管理系統，執行發票與合約的稽核校對，以改善傳統人力處理發票作業的不及時與不精確等缺陷。

總括來說，運輸管理系統所具備的規劃、執行與分析能力，相當值得企業組織的投資。曾有一項研究指出，從目前到 2019 年為止，因雲端技術與工具價格的逐漸平易化，產業對運輸管理系統的需求市場，將以將近每年 7% 的速率成長，能獲得 10~15% 運輸成本降低的效益，使業界對運輸管理系統的投資能有較高的投資報酬率。

技術的快速演進，始終對業界是種挑戰。今日可供選擇的新技術，可能很快的就變成明日不符需求的過期技術。因此，本章的重點在強調資訊技術對運輸管理的重要性，組織的管理者們應持續監控與探討新資訊技術對提升組織供應鏈績效的貢獻與助益。簡單與總結的說，技術能協助管理者在大量的資料中選擇最佳的方案，以制定有關運輸模式與貨運商的選擇、路徑規劃、包裝、負荷卸載及其他許多運輸相關活動，而根據運輸管理系統制定出的決策，也能對顧客服務、嚴謹的成本控制及強化供應鏈競爭優勢等做出貢獻。

總結

- 運輸，是供應鏈的關鍵程序與動態活動之一，占多數供應鏈中的最大運籌成本，並對訂單履行速度及顧客服務品質等有直接影響。藉由國內與全球供應鏈合作夥伴間的實際連接，運輸設施能創造供應鏈的時間與地點效用。
- 運輸程序的管理，需要有關運輸方案(模式與貨運商選擇)、規劃、決策、分析能力及資訊分享能量等大量的知識。
- 運輸是主要的供應鏈程序，因此須將運輸管理納入組織供應鏈策略發展、網路設計與總成本管理的考量中。
- 對貨物運輸而言，許多障礙如供應鏈的全球化擴張、成本增加、能量受限及政府法規限制等，必須加以克服，才能使運輸與其他供應鏈程序執行同步化的整合。
- 供應鏈物流的需求，可以貨車、鐵路、空運、水運、管路五種主要運輸模式及其聯運模式來達成。
- 在運輸模式與貨運商選擇前，須執行許多規劃活動。其目的在以供應鏈的策略觀點，確定運輸功能管理的責任及貨運控制決策等。
- 運輸模式及聯運方式的選擇準據，包括可用性、轉運時間、可靠度、安全與保固、運輸成本及交運貨物的特性等。
- 貨運商的選擇，則聚焦在需求的服務類型(直接或間接)、地理涵蓋性、服務水準及貨運商願意協調合理的運費等。

- 大多數的商務貨運都以協議合約的方式執行。協議合約由交運人與貨運商直接談判、協調運量、服務需求及相互同意的運費等。
- 運輸指引能協助組織確保交運能符合合約協議，並使組織在制定交運決策時對交運方式維持中央式的控制。
- 伴隨著貨物的交運文件，提供交運貨物與交運條件等必要資訊，以利貨運商能順利的執行與完成交運任務。
- 對貨物移交給貨運商後，交運人仍須保持對交運狀態的可見度，並持續監控貨運商的交運績效。
- 評估貨運商運輸服務品質有許多準據可供選用，如貨運的及時性、對貨物的保護、精確性及完美交貨率……等。另外，服務效率的績效衡量，則專注在費用效率、資產運用性及人力產出等。
- 運輸管理系統及其相關程式、工具等，廣泛的運用資訊技術以支持運輸程序的有效規劃、執行與分析。

附錄 11A 運輸費率計算基礎

運輸的費率制定，若在貨運商將所有服務以噸－哩 (Ton-Mile) 基礎計算——如對客戶的貨物每噸－哩收取特定 *X* 美元費率時，是最簡單的型式。但一般貨運商的費率計算沒那麼簡單！無論從貨運商或客戶角度考量，許多因素如貨品的性質、體積、運輸的距離、客戶要求的特定服務……等，都會影響到運輸費率的計算。

運輸服務買賣雙方對運費的協調或談判，是一件複雜的活動。買方希望以最低的運費獲得最好的運輸服務，賣方則要求在特定服務水準下的合理運費。對買方而言，要獲得合格貨運商的有效服務，就必須認知到必須以合理的運費讓貨運商能獲利，對貨運商而言，則必須考量以最低可能的運費獲得客戶的托運。為確保運輸費率的合理，並讓買賣雙方都能接受，必須考量下列六項計算費率的基礎或原則的考量，即服務成本、服務價值、運輸距離、貨運重量、貨品特質及服務水準，分別說明如後。

服務成本

以**服務成本** (Cost of Service) 考量的費率計算，是供應端的費率考量。亦即提供運輸服務所需成本的底限，如圖 11A.1 費率限制示意圖所示。

圖 11A.1 的服務成本，是貨運商加總其現金支出成本 (Out-of-Pocket Cost)、平均變動成本 (Average Variable Cost) 及完全分配運輸資源 (Fully Allocated Resources) 後所設定的最低服務成本 (Cost of Service)。若費率低於此最低服務成本，則貨運商將無從獲利！

貨運商在考量其最低服務成本時，會受到**共同成本** (Common Cost) 及**聯合成本** (Joint Cost) 等之影響，而讓最低服務成本的制定程序更為複雜。共同成本是運輸多項貨品，但無法將運輸資源分配（指定）到特定客戶的成本。而聯合成本則是共同成本的特定型式之一，指貨運商執行某項運輸任務時無法避免的衍生成本。舉例來說，若貨運商將貨物從 A 地運輸至 B 地，則無法避免的產生 B 地至 A 地回程的成本。貨運商在考量共同成本、聯合成本對服務成本的影響時，不可避免的會有成本上的變動，因此也將導致服務成本費率的變動。

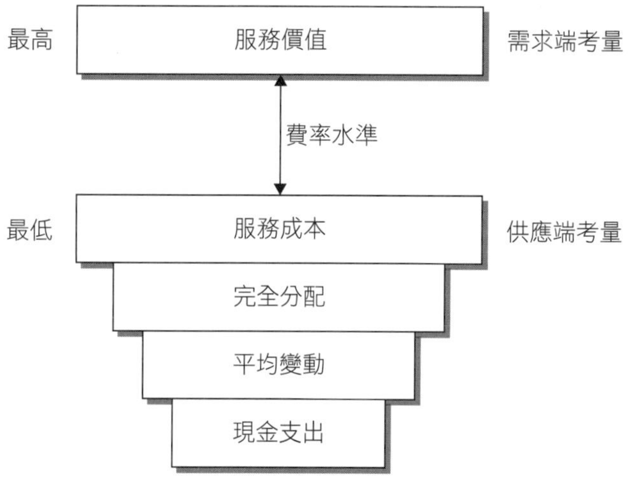

✧ **圖 11A.1** 費率限制示意圖

資料來源：摘自John J. Coyle, Robert A. Novack, and Brian J. Gibson, *Transportation: A Supply Chain Perspective*, 8th ed. (Mason, Ohio: South-Western Cengage Learning, 2016), Chapter 4. Reproduced by permission.

服務價值

相對於供應端考量的服務成本，**服務價值** (Value of Service) 則是需求端的費率定價原則。服務價值定價原則，反映出貨品的價值是否能承擔運輸成本之謂。舉例說明，圖 11A.2 所示的服務價值定價法中 A 地生產某產品的成本若為 2.00 美元，另 B 地生產同樣產品的成本為 2.50 美元，則此產品成本(價值)的差異，能承擔最大費率 0.50 美元的運輸成本。從上述範例的說明中，我們可知服務價值的定價法是設定運費的上限。

圖 11A.2 所示，只是服務價值定價法的最簡單型式，貨品的價值對其所能承擔的運輸成本，事實上有很大的影響。若假設有一運輸煤炭與鑽石的例子，如表 11A.1 所示。我們可看出對鑽石每噸－哩的運輸收費，是運輸煤炭的 100 倍，但運輸成本占貨物銷售價格百分比的比較中，鑽石的收費占比則是煤炭的 2,500 倍！由此例看出，價值較高的貨品承擔運輸費率的能力要比價值低貨品要高得多。

✧ **圖 11A.2** 服務價值定價法示意圖

資料來源：Edward J. Bardi, Ph.D. Used with permission.

✤ **表 11A.1** 貨品價值與運輸費率比較表

運輸貨品	煤炭	鑽石
貨品每噸生產價值 ($)	30	10,000,000
每噸貨品運輸收費 ($)	10	1,000
總銷售價格 ($)	40	10,001,000
運輸成本占銷售價格百分比 (%)	25	0.01

註：本表數據均為假設。

資料來源：Edward J. Bardi, Ph.D. Used with permission.

● 運輸距離

一般而言，運輸收費會隨著運輸**距離** (Distance) 的增加而提升。但某些運輸費率卻不受運輸起迄點距離的影響，最好的範例就是**統批費率** (Blanket Rate) 或**區域費率** (Zone Rate)。

統批費率不受 (設定區域內) 運輸距離的影響而變動，是指在由貨運商指定的特定涵蓋區內，均將收取一致的運輸費率。快遞郵件的收費，就是統批費率的範例之一。通常在一國家內的快遞郵件收費，不會因郵遞距離的變動而有差異。對貨運商而言，則通常會對某城市的商業區、某州或幾個州的區域內，設定一致的統批費率。如聯邦快遞、優比速及其他快遞業者，通常就是以統批或區域費率收費，以簡化其費率制定程序。

若費率會隨著運輸距離的增加而提升，其費率提升速率也不會與運輸距離以線性等比例的方式增加，這是所謂的**遞減費率原則** (Tapering Rate Principle)，如圖 11A.3 所示。費率遞減是因為貨運商能將設施費用 (如貨物處理、行政與收款程序等) 分攤到較大的運輸里程基礎上。亦即設施費用並不會因距離長短而變動，因此當運輸距離越大時，每里程分攤到的設施費用成本則相對的降低。圖 11A.3 中的截距，就可視為貨運商的設施費用成本。

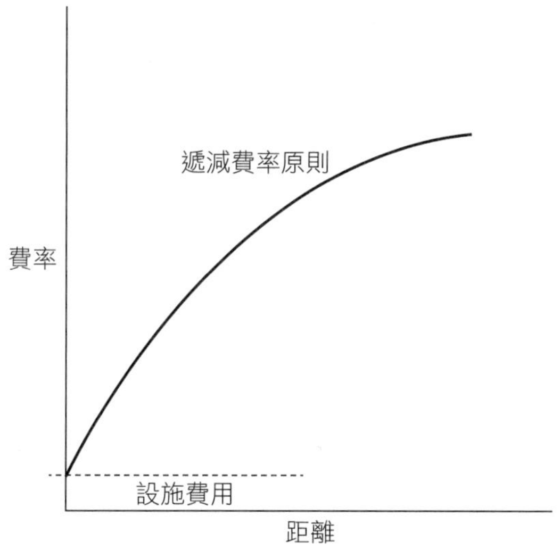

圖 11A.3 遞減費率原則示意圖

資料來源：摘自 Charles Lee Raper and Arthur Twining Hadley, *Railway Transportation: A History of its Economics and of its Relation to the State*, (New York, NY, G.P. Putnam and Sons, 1912), Chapter 6. Reproduced by permission.

貨運重量

貨運商通常以**每百單位重量** (hundredweight) 的費率報價，在貨運業而言，就是所謂的**英擔** (cwt, 貨物總磅數 / 100，cwt 中的 c 為 centum「每百」之意，而 wt 則為 weight 的縮寫。cwt 即為每百磅之意)。貨運業者以英擔數決定其費率。通常運送英擔數越大，則運費越低，運量與費率的關係是反向：亦即運量越少運費越高；而運量越高則運費越低等，這有助於鼓勵或促使交運者以大運量托運。其原因也很明顯，越大量的運量使貨運商分攤交運作業費用的能力則越高，進而使貨運商對大運量的托運能收取較低的費用。

貨運重量或運量對鐵運業者而言，可區分為**全車負荷** (Carload, CL) 與**零擔車負荷** (Less-Than-Carload, LCL) 兩種；而貨車運輸業者則相對應的區分為**全貨車負荷** (Truckload, TL) 與**零擔貨車負荷** (Less-Than-Truckload, LTL) 兩種。全車負荷與全貨車負荷代表著較低的運量費率，而零擔車負荷與零擔貨車負荷則代表較高的運量費率。

另外一種費率與運量無關的費率：任意量價 (Any-Quantity, AQ) 費率，對每英擔的費率收費都一樣，與運量無關。

貨品特質

另一項費率制定的影響因素，是貨品的特質，如貨品密度、空間利用性、處理難易程度及貨運商承擔責任……等考量。簡單的講，越需要保護或特殊處理的貨物，其費率收費就越高。

貨物密度 (Freight Density)：同時考量貨運的重量與容積。若貨運商僅考量貨物的重量而收費，則容積大、重量輕的薯片收費將遠低於容積小、重量較重罐頭的收費，而不管薯片將占用較大的貨運空間。這顯然不是個合理的費率計價方式。

為了針對上述狀況做出調整，貨運商以貨物密度作為收費的基準，如對低貨物密度貨品的收費將高於對高貨物密度貨品的收費。舉例來說，美國的空運及小包裹快遞業者，比較貨物實際重量及容積重量（包裹長 × 寬 × 高 / 166 的重量）兩種重量，並以較高者為費率計算標準，如此作法可避免低密度貨品以不合理的運費占用寶貴的貨運空間。

空間運用率 (Stowability)：指貨物占用貨運空間的效率，如某些貨品的空間運用率佳（如緊緻包裝的電腦螢幕），而某些貨品會浪費貨運空間（如整輛機車）。一般而言，浪費貨運空間越多的貨品，其運費越高！

處理容易程度 (Ease of Handling)：貨物處理的要求，可能包括貨品的再包裝、零擔貨車負荷的越庫作業、需要特殊技能的人員處理或需要特殊處理裝備……等。一般而言，越容易處理的貨品，其費率收費越低，反之亦然。

潛在的責任 (Potential Liabilities)：貨運商在發展費率時，也必須評估承擔貨運時可能要承擔的潛在責任。如貨物越容易損失、損傷或甚至遭竊，則貨運商的風險越高。如易碎、易損傷的貨品的未能適當防護，則交運人索賠的機率增加。因此，貨運商對高價值、精緻的貨品運輸，通常會收取較高的運費，以補償上述風險可能產生的費用。

雖然在貨品性質上，貨運商做了相當程度的類型區分，但由於每項貨物都各自有其特性，要貨運商針對每項托運貨物都執行貨物性質辨識與費率決定，卻是件相當繁瑣與瑣碎的作業。因此，為簡化貨物性質分類，美國貨車運輸業依賴**國家貨車運輸分類** (National Motor Freight Classification, NMFC)，並作為跨州、跨國與國外商務等的計價基礎。國家貨車運輸分類依據上述四項貨物性質，如貨物密度、空間利用率、處理容易程度及潛在責任風險，將貨物從等級 50 到 500，區分為 18 種等級，如表 11A.2 所示。

雖然國家貨車運輸分類等級已嘗試將貨物定價以最簡單的方式加以區分，但運用時仍有相當的複雜性。因此，在產業專家的倡議上，我們可預期更簡化的分類方式未來將會被陸續發展出來。

服務水準

最後一項影響運輸費率的，是顧客所要求的服務水準 (Level of Service)。雖然所有運輸模式的運輸速度在這幾十年來都已有顯著的提升，但當顧客提出更快的交運速度或保證交期的運輸服務需求時，貨運商通常須跳脫其正常處理程序以因應顧

表 11A.2　美國貨車運輸業國家貨車運輸分類等級

等級	密度指引 最低平均密度 （每立方呎磅數）	貨物價值指引 最大平均價值 （每磅 $）
50	50	1.25
55	35	2.50
60	30	3.80
65	22.5	6.30
70	15	9.50
77.5	13.5	12.65
85	12	19.00
92.5	10.5	25.30
100	9	31.65
110	8	34.80
125	7	39.55
150	6	47.50
175	5	55.45
200	4	63.35
250	3	79.15
300	2	95.00
400	1	126.65
500	< 1	158.35

資料來源：CCBS Procedures, The Commodity Classification Standards Board. Retrieved September 2016 from http://www.nmfta.org/documents/CCSB/CCSB%20Procedures.pdf.

客的特定服務水準要求，如在貨車尚未滿載時即出發、增加操作者或裝備以提升運能，或偏離正常途徑改採顧客指定路線及其他額外要求……等。上述任何跳脫正常處理程序的作法，都導致貨運商運作效率的下降，並衍生出額外、例外要求的處理費用等。因此，為補償此額外費用的增加，貨運商通常會向客戶收取較高的運費。

聯邦快遞及其他快遞貨運商，通常都會提供許多服務水準的選項。以目前聯邦快遞網站上公布的未折扣運費（以 15 磅貨箱從亞特蘭大運至華盛頓特區為例）如下：

- 隔夜頭等服務（FedEx First Overnight）：上午 8:00 前運抵，費率：157.00 美元。
- 隔夜優先服務（FedEx Priority Overnight）：上午 10:30 前運抵，費率：125.89 美元。
- 隔夜標準服務（FedEx Standard Overnight）：下午 3:00 前運抵，費率：121.78 美元。
- 兩日清晨服務（FedEx 2Day AM）：第二個工作天上午 10:30 前運抵，費率：52.32 美元。
- 兩日服務（FedEx 2Day）：第二個工作天運抵，費率：46.01 美元。
- 快遞（FedEx Express Saver）：第三個工作天運抵，費率：39.34 美元。

聯邦快遞的運輸費率，即便在幾個小時內即有變化！顧客必須客觀的檢視其快遞需求，在可接受的快遞時程內，以最合理的價格將貨物交給聯邦快遞交運。

總結

本附錄提供運輸費率計算的基礎，探討在決定費率時必須要考量的影響因素，包括服務成本與價值、運輸距離與運量、運輸貨品的性質及服務需求……等，其他影響因素，還必須視狀況的納入分析。

第四篇

本書前三篇分別專注於供應鏈管理的基礎、基本原則及跨供應鏈的關鍵運籌程序，如庫存、物流及運輸……等，讀者至此應能瞭解供應鏈管理對組織扮演的角色與重要性，以及促使供應鏈管理達成組織目標能力的影響因素、驅動力量及現實影響等。除此之外，讀者也應能掌握涉及整體供應鏈管理如外包、需求管理、訂單管理及顧客服務等作業要素。

本書第四篇的四章，則專注在使今日供應鏈管理能成功運作的幾項關鍵挑戰。這些挑戰固然有其歷史沿革，但因環境的快速變化，使今日之掌握與瞭解也有其必要性。

12. 供應鏈的校準：專注於將人員、程序與技術校準管理模型，使幾項供應鏈管理關係類型得以確保。本章討論包括逐步的程序模型，組織內部校準，以及與組織外部供應商與顧客需求的校準等。本章最後則討論以資源為基礎的運籌服務提供商如 3PL 及 4PL 等。

13. 供應鏈的績效衡量與財務分析：著重在使讀者瞭解供應鏈的績效衡量與財務分析方法等。重點包括良好績效衡量的特質；衡量供應鏈成本、服務、獲利及收入等各種可用方法；以及提供供應鏈財務管理價值角度的策略獲利模型等。本章另討論如何量化衡量服務失效對組織財務的影響。最後，則介紹幾種能執行財務分析的電腦表單處理軟體。

14. 管理資訊流的供應鏈技術：專注在目前供應鏈管理最重要的兩個領域，分別是資訊流的管理及技術運用。在資訊新技術及各種分析方法爆炸性發展的現代，要如何選用可用的技術以支持供應鏈各功能領域的發展與評估，需要有策略性規劃作為。本章最後則討論將可能衝擊到供應鏈新技術的創新發展。

15. **供應鏈的變化與策略性挑戰：**辨識幾項供應鏈的關鍵挑戰及變化領域。本章開始再回顧供應鏈管理的幾項歷久彌新關鍵原則，並提供一些運用這些原則的成功企業範例。本章討論的重點包括供應鏈的績效分析、全通路、可持續性、逆向流路、3D 列印及才能管理等。本章內容可作為高階管理人員掌握供應鏈管理的重點提示，並使供應鏈管理專業人員能充分辨識規劃、管理及評估供應鏈的有效方法。

第 12 章

供應鏈的校準

閱讀本章後，你應能……

學習目標

- 瞭解校準於供應鏈管理的概念及重要性
- 瞭解供應鏈成員之間的關係類型及其重要性
- 解說促進成功供應鏈關係發展與施行的程序模型
- 認清供應鏈合作關係的重要性
- 瞭解 3PL 及 4PL 等運籌服務商對提供外包運籌服務的重要性
- 檢視客戶與顧客對外包服務類型的需求程度及其能感受到的好處
- 討論 3PL 對提供客戶及顧客服務時資訊科技的重要與相關性
- 瞭解顧客對 3PL 提供服務的滿意程度及辨識改善的機會
- 瞭解外包運籌服務的未來發展方向

供應鏈側寫　為何策略校準這麼難？

在今日快速且顧客導向的經營環境中，要能維持競爭優勢，要有優異的供應鏈績效為前提。全球化經營的組織所面臨的挑戰更艱鉅，需要能檢視所有供應鏈的功能，才能確保全球供應鏈的運作能符合顧客的需求與預期。

這些顧客需求與預期的變化，使組織領導者對供應鏈的要求更高，在組織總裁與董事會的討論中，維持供應鏈競爭優勢的議題被提及的頻率也越來越高。這種趨勢迫使供應鏈上所有相關的管理者，必須更重視整體供應鏈的運作與績效表現。與傳統供應鏈管理只重視倉儲、運籌與營運資金不同，現代供應鏈管理者必須能運用業界最優的規劃程序，結合前端因應需求變化的快速反應性……等，才能確保供應鏈績效能維持組織的競爭優勢。

聽起來雖然簡單，但校準程序牽涉到將個人、部門功能目標和組織整體方向的整合與調校，本來就是供應鏈管理的關鍵成功要素之一。策略校準的最佳狀況能使供應鏈的規劃與管理，不僅能快速反應顧客需求的變化、獲得產業競爭優勢，也能塑造組織的經營遠景與方向。

舉例來說，亞馬遜就是一家能持續精進經營模式、塑造顧客預期的成功企業。亞馬遜從書籍產業及電子產品零售業開始，持續以親近顧客的策略擴張其經營領域。在亞馬遜的經營模式塑造下，這些產業的顧客現在會預期免費交運、隔日運抵、最優惠價格及更多選擇性(網路及店面)等服務需求。這些對其他競爭對手，是不小的經營壓力。持平的說，亞馬遜能維持其業界競爭優勢的動力，除提供顧客網路銷售經驗外，它的供應鏈創新與履行能力也同樣重要。

若說企業將其供應鏈運作與經營策略緊密結合能獲得較高的競爭優勢，為何許多企業卻不能採取此校準作為呢？原因之一，可能是供應鏈專業人員並未參與或不熟悉組織經營策略的規劃。此外，供應鏈專業人員每日須處理的繁雜運籌任務，也可能使這些人逐漸缺乏大場景，如策略校準的認知與適應性。若要使供應鏈管理能與經營目標和策略校準，首先要能使供應鏈專業人員能辨識此策略校準的挑戰，及其可能對組織和整體供應鏈帶來的好處。舉例來說，若組織已辨識出顧客服務為其經營優先次序且已受到挑戰，則顧客訂單處理程序的改善，可能就是策略校準的適宜起點。

此處必須強調的，是策略校準須使組織在人力、程序與技術上有必要的投資，以建立策略校準所需足夠的資源能量，而人才的投資更是重點。人才是瞭解、客製化、施行並使組織獲得競爭優勢的必要因素。除此之外，以資訊科技促成的資料導向決策模式，也是驅動組織轉型並獲得競爭優勢的主要驅動力。

資料來源：摘自Kavitha Krishnarao, *BPO Thought Process*, Capgemini LLC, July 4, 2014. The original title of this article is "Aligning Supply Chain Strategy to Drive Transformation and Gain True Competitive Advantage."

12.1 簡介

成功供應鏈管理的一項辨別特性，是組織是否能在供應鏈規劃與運作層面，做到人員、程序與技術的校準。所謂的**校準** (Alignment)，對供應鏈管理而言，是供應鏈管理與組織其他功能領域的目標，是否能藉由彼此的協力運作而達成。下列三種組織作為，與供應鏈管理的校準有高度關聯性：

- **供應鏈與組織策略：**組織的成功，有賴於供應鏈與組織整體策略、計畫與功能等的校準，包含組織自己內部的策略規劃，以及其外部供應鏈夥伴之間的策略整合作為等。
- **供應與需求：**主要是組織內部對供需策略的校準，使產品與服務在顧客需要時，能有足夠可用的產品與服務能量因應顧客的需求。除此之外，此供需校準也能擴充到降低外部供應鏈的浪費或缺乏效率。
- **供應鏈與貿易夥伴：**這已超出組織界線，其目的在確保供應商、顧客與其他貿易夥伴之間作為的校準。這方面校準的程度越高，越能改善供應鏈運作的效率與效果。

如本書各處所強調的，許多組織都致力於與其供應鏈夥伴維持密切的關係。此處所謂的供應鏈夥伴，除供應商與顧客之外，還包括不同類型的運籌供應商，亦即 3PL 及 4PL 物流服務商等。試想若要使一供應鏈能成功運作，供應鏈夥伴之間的協調與整合就是基礎要求，而合作 (Collaboration) 就是達成此校準作為 (協調與整合) 的主要策略。

運籌管理領域專家對供應鏈夥伴之間的關係也有一些值得注意的描述，如德萊尼 (Robert V. Delaney) 於〈第 11 屆運籌年度報告〉(*Eleventh Annual State of Logistics Report*) 中，描述關係是使運籌產業邁向未來的主要驅動力。在現代逐漸重視電子商務與電子化市場的快速轉變下，德萊尼說：「我們注意到新科技所帶來的衝擊與影響，但在搜尋未來運籌發展空間的努力上，(供應鏈夥伴) 關係依舊是重點。」同樣的，管理大師坎特 (Rosabeth Moss Kanter) 也說道：「好的夥伴關係，是企業經營的重要資產。在全球經濟體制下，發展良好關係能力是創造與維持豐碩合作成果的必要，也能使公司獲得顯著的優勢。」

12.1.1 參與程度

如圖 12.1 所示，供應鏈夥伴之間的關係程度，可從單純的供應商交易到策略聯盟的不同程度。在傳統垂直供應鏈的角度上來看，若供應商僅與組織維持著交易的 (Transactional) 關係，則僅僅是提供組織所需產品與服務的供應商而已，彼此之間缺乏或甚少有整合或合作的關係。這種稱為「正常交易」(Arm's length transaction) 的關係，彼此之間互相獨立，任何一方都不受對方控制或影響。雖然合作參與程度甚低，但此種正常交易卻也常見於標準產品與服務的採購等。

相對於正常交易的，當供應鏈夥伴之間願意修改其各自經營目標，以期達成彼此之間長程目標與長期夥伴關係時，合作參與程度開始增加，並朝向發展策略性密切關係的**策略聯盟** (Strategic Alliance) 發展。當供應鏈夥伴之間合作關係強化時，有降低不確定性、改善溝通效率、提升彼此忠誠度、建立共同經營遠景及強化競爭

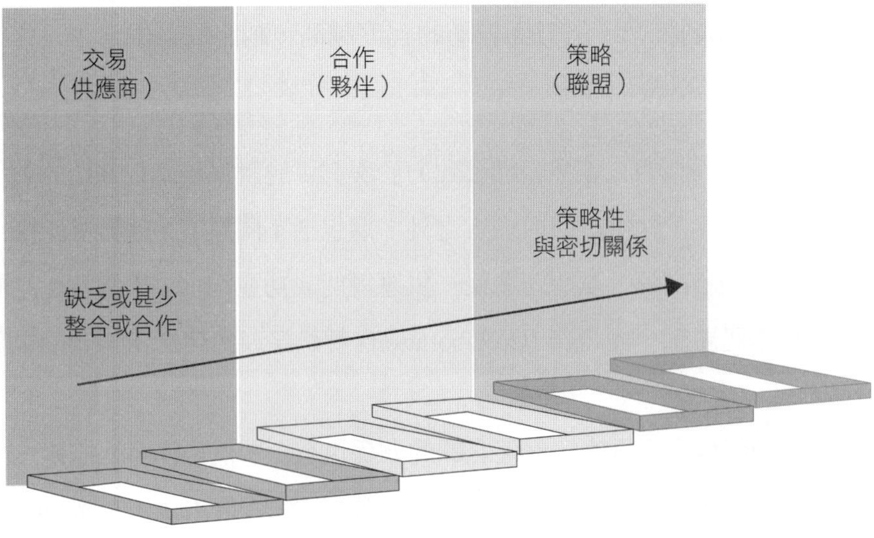

✧ 圖 12.1 關係程度示意圖

資料來源：C. John Langley Jr., Ph.D., Penn State University. Used with permission.

力……等好處；但要達成真正的策略聯盟，則要求彼此間對維繫策略聯盟關係持續的資源投入與承諾，這也代表著更高的機會成本及轉移成本等。

參與程度最高的策略聯盟，意味著參與組織間都要因應經營模式的客製化，亦即修改和發展彼此都能接受且能施行的策略與計畫。我們通常也以「合作」一詞，形容這種策略聯盟關係。

另一項值得一提的是，圖 12.1 並非反映一組織對另一組織的擁有或掌控權力。圖 12.1 僅在顯示供應鏈成員之間對合作的參與程度差異；而一般管理領域所謂的**垂直整合**（Vertical Integration）或**合作投資**（Joint Venture, JV）等，或多或少都牽涉到一組織對另一組織經營權力的掌控或擁有。

除了圖 12.1 顯示合作參與程度的主要型式差異外，影響彼此之間關係的建立有許多因素，此處列舉部分因素如下：

- 合作期間。
- 責任義務。
- 彼此預期。
- 溝通與互動。
- 規劃作為。
- 目標設定。
- 績效分析。
- 利益與負擔……等。

一般來說，許多組織都會認同在其供應鏈管理上，與供應鏈夥伴的關係有很大改善空間。本章的目的，即在使讀者瞭解如何發展與建立關係品質的主要方法與程序步驟。

12.1.2 發展與執行成功供應鏈關係模型

圖 12.2 顯示發展與維持供應鏈夥伴關係的程序模型。為說明方便，此處以一製造商，發展與其運籌服務供應商如運輸商、倉儲提供商……等夥伴關係為例，並解釋各程序步驟如下：

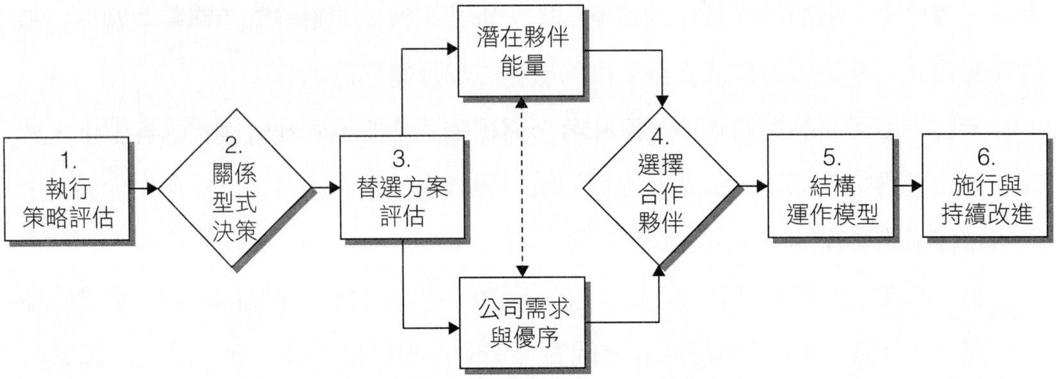

✧ 圖 12.2　運籌關係形成程序模式

資料來源：C. John Langley Jr., Ph.D., Penn State University. Used with permission.

1. 執行策略評估

發展運籌（與供應鏈夥伴）關係的第一步，是製造商要能清楚辨識出運籌活動與供應鏈之需求，與能指導其後續運作的整體經營策略。此步驟又可稱為**運籌稽核**（Logistics Audit），運籌稽核後可產出的資訊類型計有：

- 辨識產業趨勢及策略性環境因素的辨識與分析。
- 整體經營目標，包含企業、部門與運籌功能等之目標。
- 包含顧客、供應商及其他關鍵運籌服務提供者的需求評估。
- 辨識目前供應鏈網路的能量及公司在供應鏈所處的地位與角色。
- 對關鍵績效衡量所需的標竿、目標與運籌成本及價值等資訊。
- 辨識目前與期望運籌績效間質性和量化的差異。

因運籌與供應鏈決策對組織整體目標達成的重要性，另因策略評估整個程序步驟的複雜性等，使組織執行策略評估有相當的困難性。但其產出結果對供應鏈管理與夥伴關係的構建有重要影響，因此值得組織投諸心力確實執行。

2. 關係型式決策

根據製造商打算以何種型式構建與運籌提供商的關係型式，其決策模式也稍有不同。當策略稽核評估出有運籌需求時，接下來就要判斷是否需要外包此運籌服務？這就牽涉到組織對自己**核心能力**（Core Competence）的評估。

如圖 12.3 所示，在運籌角度所謂的核心能力，必須具備專業性、策略調適性及投資能力三個領域能力。缺乏上述任何一種領域能力，即意味著此製造商可能需要將此運籌需求外包給組織外部的運籌服務商。

在供應鏈通路夥伴的關係決策上，重點不是需不需要此種關係，而是需要掌握哪種關係類型才能使組織的供應鏈管理運作最佳化。因此，在討論構建供應鏈夥伴關係時，要建立何種關係型式才是需要解答的關鍵問題。

藍伯特 (Lambert) 與其同事在供應鏈夥伴關係型式的議題上進行相當透徹的研究。根據他們的研究主張，在構建有效的夥伴關係時，需要辨識所謂的驅動力與促進力如下。

驅動力 (Drivers) 被定義為「夥伴關係的主導因素」。要使夥伴關係運作成功，參與單位必須能有互利深信及策略性考量兩個要素。互利深信是所有單位都能深信夥伴關係能使其多項領域獲得利益；換句話說，若無夥伴關係則得不到這些利益。策略性考量則是夥伴關係能為參與單位帶來競爭優勢，這些策略性考量因素包括資產運用與成本效率、顧客服務、行銷優勢、獲利成長及穩定性等。

促進力 (Facilitators) 則被定義為「強化夥伴關係成長與發展的支援性因素」。這些因素包括企業匹配性 (Corporate Compatibility)、管理哲學與技術、關係承諾的成熟度、有關於彼此相對規模、財務能力……等之對稱性因素。

除上述驅動與促進力因素外，當然還有許多其他因素會影響到夥伴關係的成功運作與否，包括排他性 (exclusivity)、共同的競爭對手、共同的高價值顧客、地理近接性、先前與他人的合作或夥伴關係歷史等。

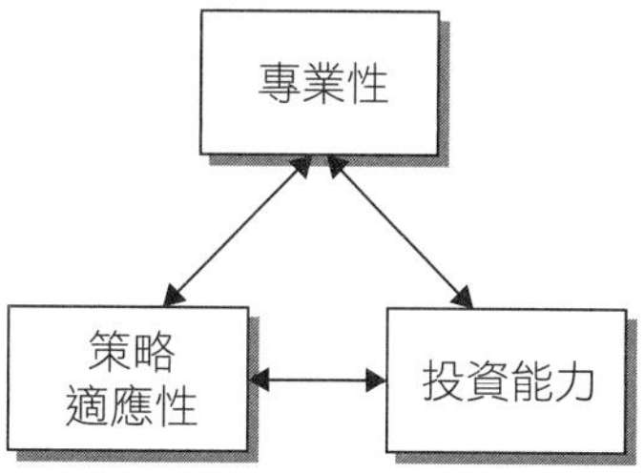

✧ 圖 12.3 運籌核心能量構建領域

資料來源：Copyright, C. John Langley Jr., Ph.D., Penn State University. Used with permission.

3. 替選方案評估

雖然此處並未能詳細說明其程序，但藍伯特與其同事對其分類的驅動力及促進力等業提出衡量與加權的方法，並對如何運用驅動力及促進力來選擇適合的夥伴關係。若驅動力與促進力於彼此單位間都不存在，則其關係較近似於正常交易類型；相對的，若驅動力與促進力存在或部分存在，則彼此關係較趨近於結構化、正式關係的發展。

再回到製造商選擇其合作夥伴的案例上，當運用驅動力與促進力判斷應和潛在合作夥伴建立何種關係時，製造商必須先對自己的供應鏈需求及優先次序，比較所有潛在合作夥伴的能力。此時，除了經營環境的關鍵性因素考量外，可能還須執行與潛在合作夥伴關鍵人員的面談和討論等。

雖然運籌經理或專業人員，於供應鏈夥伴關係的選擇上有顯著的影響力，但在選擇合作夥伴程序時，最好也能納入組織的其他功能領域的經理或專業人員。諸如行銷、財務、製造、人資及資訊系統等領域專業人員，在合作夥伴選擇程序中，通常能提供有價值的看法。因此，在關係型式決策到選擇合作夥伴程序（步驟 2-4）中，最好能納入更廣泛組織代表的參與。

4. 選擇合作夥伴

選擇供應鏈合作夥伴，對顧客服務也有重要意涵。亦即若顧客對合作夥伴不滿意，也將影響組織後續的運作。因此，此階段的關鍵在審查可能合作夥伴過去客服績效的審查。除此之外，藍伯特及其同事也強烈建議應予可能合作夥伴進行專業性的互動與瞭解。

如前步驟 3 的描述，在彼此合作夥伴關係形成階段，組織其他經理人對潛在合作夥伴的財務與顧客服務績效等最好也要能有共識，在對合作夥伴有一致性預期的前提下，此合作夥伴關係才能順利運作。

5. 結構運作模型

此步驟被藍伯特與其同事稱為「使關係運作」及協助經理人「創造合作的利益」。此結構運作模型主要涉及構建與維持關係發展的活動、程序及優先排序……等。運作模型中的元素可包括：

- 規劃。
- 運作管控的合作。
- 溝通。
- 風險與利益分享。
- 信任與承諾。
- 合約類型。
- 合作關係的範圍。
- 財務投資等。

6. 施行與持續改進

一旦開始構建彼此合作夥伴關係後，執行階段的時間長短及其所涉及彼此調適的改變，就是最具挑戰性的關鍵。根據彼此新關係的複雜程度，此關係構建程序延續的時間可能相當短（相當順利），也可能因遭遇困難而延續相當長的時間。若彼此合作關係需要製造商在其運籌或供應鏈網路做出相當程度的改變或程序再造時，此施行程序可能就需要持續相當長的時間；相反的，若彼此需要調整的程度不複雜或相當簡易，則此施行程序可能就相當短。

最後，關係的成功運作需要合作夥伴間持續做出突破性的改善，如圖 12.4 所示的供應鏈持續改善模型所示。

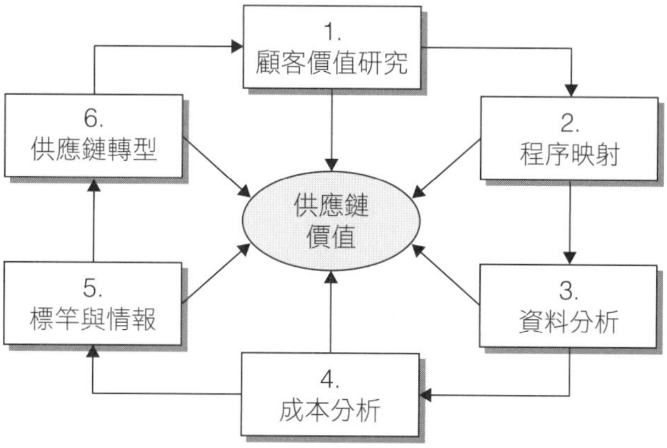

✧ **圖 12.4** 供應鏈的持續改進

資料來源：摘自 Ray A. Mundy, C. John Langley Jr., and Brian J. Gibson, *Continuous Improvement in Third Party Logistics*, 2001.

如圖 12.4 所示，要提升合作關係的供應鏈價值，必須先從顧客的價值研究開始，由顧客預期的價值映射到供應鏈運籌程序、蒐集資料、執行成本分析、以市場標竿情報推動供應鏈轉型活動等。最後，所有持續改進作為的終極目的，都應在能以創造突破、**典範轉移** (Paradigm Shifting) 式的改進方式，致力於強化彼此合作關係並獲得市場競爭優勢方向而努力。

12.1.3 勢在必行的合作關係

供應鏈關係要能有效發揮功效，涉及單位之間的合作是關鍵要素。一般對合作的認知是「鼓勵所有參與組織分享資訊、資源及利益的經營實務」。所有管理者都知道「合作所發揮的力量，比個別發揮力量的總和還要大」。資訊及網路技術快速進步的現代，供應鏈夥伴之間可藉由分享資訊及資源，達成更好的經營與顧客服務績效。當談到合作時，一般只會想到人員之間的共同工作，但合作的概念除人員外，也應擴及到程序與技術間的合作。

合作關係所創造的綜效經營環境，對同處一產業或行業的競爭對手而言，可能不太容易接受。無論對供應鏈上的製造商、批發商、物流中心及零售商而言，可能在產品與服務上有同樣的顧客群體。若在供應鏈及市場上彼此競爭，則終究有一方、多方，甚至全部都會蒙受喪失銷售機會的損失。而此損失通常會超過競爭利益的總和。

在最簡單的狀況，是彼此為了利益而合作。而此合作關係要能有效，必須超脫於口頭上對彼此利益的承諾或口號，而是在彼此的作業層次上做出調適或調整，使合作的利益大於各自運作的利益總和，這就是所謂合作的綜效！以下列舉一些成功合作的促進因素：

- 合作利益大於各自利益。
- 合作夥伴對共同目標的充分瞭解。
- 彼此互信與相互承諾。
- 組織性的調適與溝通。
- 利益與損失的等量分享。
- 彼此都能致力於持續改進。
- 有能提供合作方向的策略計畫等。

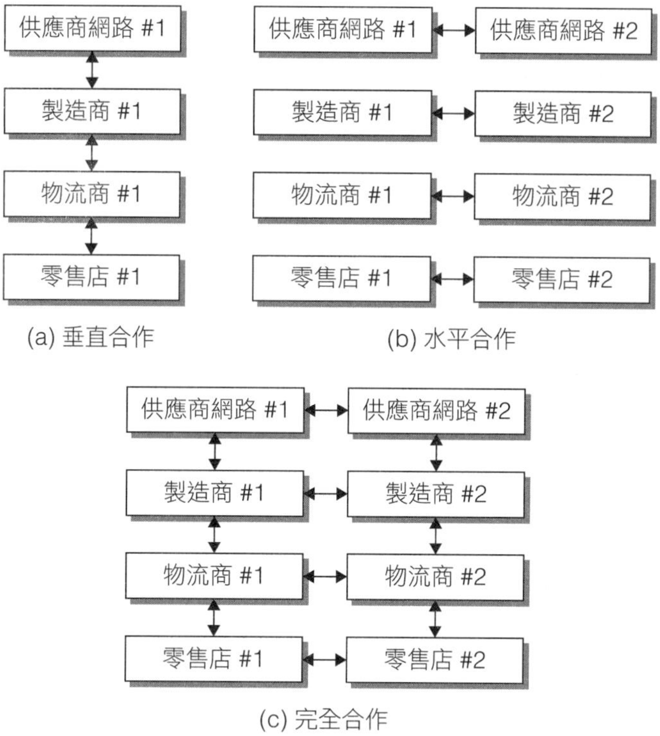

✧ **圖 12.5** 合作類型

資料來源：C. John Langley Jr., Ph.D., Penn State University. Used with permission.

圖 12.5 顯示三種主要合作類型：垂直、水平與完全合作，分別解說如下：

- **垂直合作** (Vertical Collaboration)：如圖 12.5(a) 所示，主要是指供應鏈買賣關係的合作，如製造商向供應商購買物料、物流商向製造商批購商品，再賣給零售商等。若有合作關係，此買賣關係通常可由資訊分享的自動化交易方式達成，如協同規劃、預測與補貨系統；營銷規劃及**整合式經營規劃** (Integrated Business Planning, IBP) 等。上述系統均能藉由銷售預測、銷售點資料等之分享，使買賣各方都能校準供需。

  在本章後續章節將提及，提供運籌服務的外包商 (3PL 及 4PL) 也是供應鏈中的主要參與者，這些外包商在供應鏈中實際就扮演促進彼此之間關係的任務，因此外包商也可視為與垂直合作相關。

- **水平合作** (Horizontal Collaboration)：如圖 12.5(b) 所示，指買方與買方、賣方與賣方，甚至有些情況是與競爭者之間的關係。事實上，水平合作關係通常是在供應鏈程序上有平行位階企業間的合作協議，每家企業都各自在其專業運籌領域對整體運籌績效做出貢獻。產業範例包括兩家供應商的合作，以達成供應鏈的整體效率與效度，一家貨運商與庫房商的契約合作關係，或第三方物流對某家公司提供資訊科技與軟體的服務……等。

- **完全合作** (Full Collaboration)：如圖 12.5(c) 所示，則是上述垂直與水平合作的動態結合，供應鏈上的成員，只有在完全合作的關係下，才能真正獲得整體供應鏈的巨大效率與效果，而利益與風險的共享才是完全合作成功的要素。

在實務運作狀況，成功的合作需要克服許多障礙，如抗拒變化、經營目標的衝突、關鍵績效指標的不一致、彼此缺乏互信、不願意分享資訊與資源、缺乏管理階層的支持及自我保護心態……等。相對的，成功合作所可獲得的利益則為彼此能專注於自己的核心能量、提升資訊分享獲得知識管理的好處、對顧客需求能有更大的反應能力、提升整體供應鏈的競爭優勢及對合作夥伴都能有更大的產能……等。

讓組織突破其運籌限制的常用作法，是第三方物流服務商的運用，下一節即開始說明第三方物流的發展背景及其能提供運籌服務類型。

第一線上　達成策略目標的合作物流

在 2015〈內向運籌〉(Inbound Logistics) 的期刊中，有篇討論**合作物流** (Collaborative Distribution) 的論文，充分闡釋物流業者間的合作，所能達成資產運用極大化、降低運輸成本及提升顧客滿意度等好處。該文提供合作物流所能達成供應鏈改善的範例如：

- 知名飲料商優鮮沛 (Ocean Spray) 每年要將其產品從其紐澤西州物流中心運到超過 1,000 哩外的佛羅里達州物流中心；而其競爭者純品康納 (Tropicana) 則要以其鐵運的冷凍箱車從佛羅里州運往紐澤西州。一家伊利諾州的第三方物流商 Wheel Clipper 看到此能發揮綜效的合作物流機會，讓純品康納運抵紐澤西州後的空車，提供給優鮮沛南向的貨運，兩家競爭公司都從這運輸資源的共享而降低運輸成本。
- 德州一家第三方物流提供商 Transplace，發現其有美墨邊界運輸需求的兩家顧客有截然不同問題的困擾，一家是陶瓷與自然礦石提供商達爾陶瓷 (Dal-Tile's) 通常有運輸重量的限制 (Weight Out)，而另一家家電提供商惠而浦 (Whirlpool) 則有運輸體積的限制

(Cubed Out)，這兩家公司都只能運用其運輸能量的 20%。在 Transplace 合作物流的倡議下，兩家公司都開始與其合作夥伴展開共同荷載的計畫，有效降低其資源運用成本 20-30%。

- 有競爭關係的兩家巧克力製造商好時 (Hershey) 及金莎 (Ferrero Group) 卻能共享庫房、運輸及物流設施，創造出北美市場上最大的糖果類產品供應鏈。在需用運輸車輛較少的狀況下，兩家公司都能達成改善供應鏈效率、強化競爭性、降低碳排放及能源耗用等企業社會責任。
- 食品級塑料容器製造商特百惠 (Tupperware) 及寶鹼兩家公司在比利時的製造廠，每年都有大量的產品運往希臘。特百惠使用貨車運輸而有運輸容量的限制，而寶鹼則用聯運的模式，卻也有運輸重量的限制。在一稱為歐洲合作概念「共同聯運專案」(Co-Modality Project) 的驅動下，兩家公司以聯運方式合作，將兩家貨運能量運用率從 55% 提升到 85%，節約了 150,000 公里的貨車運輸里程及 17% 整體運輸成本的節約等。

上述案例說明不同產業或產品，或相同產業與產品等業者，都能藉由合作物流方式達成其提升效率、滿足顧客需求等策略性目標。

資料來源：Lisa Terry, "Collaborative Distribution – Taking Off the Training Wheels," *Inbound Logistics,* April, 2015, pp. 72-77.

12.2 第三方物流的產業觀點

雖然在詞彙定義上有甚多的不同觀點，但一般所稱第三方物流是指一商業組織，提供委託者想要避免的運籌作業與管理。在過去 20~30 年間，第三方物流產業的蓬勃發展，幾乎涵蓋供應鏈上所有成員需要用到的服務類型。雖然部分組織仍會以內部方式來管理有關智慧財產的活動，但全球第三方物流所可提供服務的範圍與程度，已是現代供應鏈運作不可或缺的重要資源。

在第三方物流產業快速演進的現代，許多公司都開始重視器運籌活動外包管理的有效性，期能與 3PL 提供者共同合作，在提升其運籌及供應鏈活動效率與效果的同時，也能對顧客提供更好的服務。

12.2.1 第三方物流的定義

本質上，第三方物流可被定義為能提供公司部分或完全運籌功能執行與績效管理的外部供應商，這種定義廣泛包含運輸、倉儲、物流及財務管理等服務，其服務類型還可以服務類型的整合與否，區分為整合式或單一運籌與供應鏈問題解決方案的提供等。

根據產業中的不同位置，**物流合約商**(Contract Logistics)或外包商(Outsourcing)也常被用作第三方物流的同義詞。雖然許多企業以正式合約定義選用第三方物流提供者的的協議類型與運作方式，但因第三方物流產業的蓬勃發展，也有許多公司以常規的方式選擇第三方物流的服務，而不簽訂協議合約。

雖然現在多以形容運籌活動的外包，但在運籌活動買賣關係的參與者上，有許多有關 3PL 的沿革變化值得一提，如下所述：

- **1PL**：指供應鏈上移動產品的交運商或接收商。
- **2PL**：以資產基礎運作的運籌提供者，他們負責供應鏈上貨物的實體轉運，如貨車運輸商、鐵路運輸商、航空公司與航運商、海運商、管路運輸商等。這些實體貨物運輸商，於本書第 11 章「運輸：供應鏈的流通管理」中已有詳細討論。
- **3PL**：代表企業客戶提供或管理運籌服務的公司。
- **4PL**：提供供應鏈更廣泛運籌與供應鏈服務的公司。
- **5PL**：匯集許多第三方物流的能量，以量化規模向企業客戶爭取較佳服務費率的集團公司。

圖 12.6 標示從**企業內包**(Insourcing)一直到供應鏈元素**分拆**(Spin-Off)供應鏈外包趨勢的演進階段。其中涉及 3PL 及 4PL 與分拆的概念，值得進一步解說如下：

- **第三方物流 (3rd Party Logistics, 3PL)**：被定義成運籌與供應鏈活動的商業提供者與管理者，第三方物流通常提供有關運輸、倉儲、物流中心管理、代理報關與通關、合約運籌及貨運等服務。絕大多數的第三方物流提供商是以非資源基礎方式運作的，亦即他們為企業客戶所提供的管理服務，實際上來自如運輸車隊、倉儲商等有資源基礎的供應者。

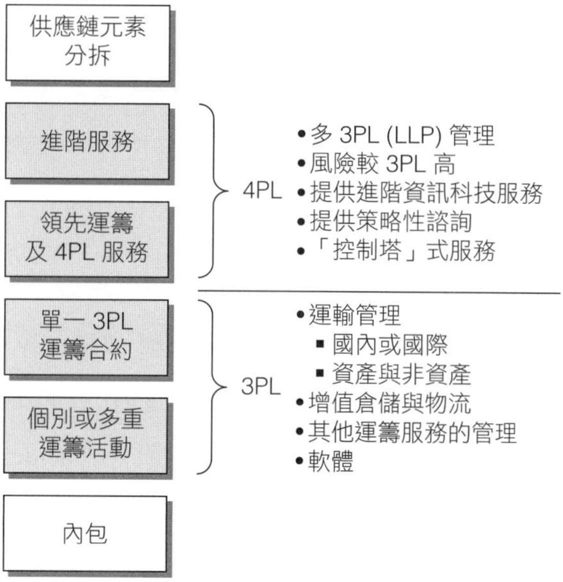

✧ 圖 **12.6** 外包趨勢的演進

資料來源：C. John Langley Jr., Ph.D., Penn State University. Used with permission.

- **第四方物流 (4th Party Logistics, 4PL)**：除了比 3PL 提供更廣泛的運籌與供應鏈服務外，第四方物流提供商比 3PL 更具策略意涵，亦即可將 4PL 視為供應鏈的整合者。第四方物流可被視為以其組織自己及整合其他 3PL 提供服務能量、資源與技術等，並提供完全供應鏈解決方案的領導物流提供商 (Lead Logistics Provider, LLP)，如圖 12.6 所示，第四方物流商所能提供的增值 (相較於一般 3PL 而言) 服務包括多 3PL 的整合管理、提供進階資訊科技服務、提供策略性諮詢服務及對供應鏈提供完全可見度的「控制塔」式 (Control Tower) 的服務等。
- **供應鏈元素的分拆 (Spin-Off)**：這是一種近代較創新的作為，將公司部分的供應鏈元素撤資 (divest) 或轉賣給其他公司，以專注於組織自己核心能力的運作。產業範例包括美國休閒時裝商 Tommy Hilfiger, Inc. 與麗資加邦 (Liz Claiborne) 將其供應鏈業務轉賣給港商利豐公司 (Li & Fung, Inc.)，利豐是國際知名的時裝製造與籌資專家，許多歐、美的時裝公司目前都在考量與利豐安排其供應鏈擁有權的轉移，除提升組織自己的運作績效外，也有助於整體供應鏈績效的達成與提升。

12.2.2 第三方物流提供服務的範例

第三方物流所能提供的服務類型相當多，一般包括如運輸、合約運籌、貨運代理、財務、資訊，甚至為企業的子公司等，其服務性質與實際範例則分別簡述如下：

- **運輸** (Transportation)：絕大部分的大型貨運企業與其附屬單位，對企業或個人客戶所提供的貨運服務，如聯邦快遞的「供應鏈服務」(Supply Chain Services)、優比速的「供應鏈方案」(Supply Chain Solutions)、DHL 國際快遞、萊德供應鏈方案 (Ryder Supply Chain Solutions)、美國史耐德物流 (Schneider Logistics)、美國潘世奇物流 (Penske Logistics) 及 XPO 物流 (XPO Logistics) 等，都能提供客戶所需的貨運服務。
- **合約運籌** (Contract Logistics)：通常指提供倉儲與物流服務的第三方物流服務商，範例包括基華物流 (CEVA Logistics)、DSL 物流、DHL 國際快遞、法國喬達國際集團 (Geodis)、美國潘世奇物流、馬鞍溪企業 (Saddle Creek Corporation) 等。這些以設施服務為主的企業，也多朝向整合式運籌服務 (Integrated Logistics Service, ILS) 的方向轉換中。
- **貨運代理** (Freight Forwarding)：貨運代理為全球貿易的重要運籌活動，其服務主要包含從設施為基礎的第三方物流提供商訂購貨運能量，並將其轉賣給供應鏈的客戶的代理貨運服務，範例包括美國羅賓遜全球物流 (C.H. Robinson)、DHL 國際快遞、丹麥得夫得斯國際貨運 (DSV)、康捷國際物流 (Expeditors)、Hub Group 及瑞士德迅集團 (Kuehne & Nagel) 等。
- **財務** (Financial)：服務內容包括貨運付款與稽核、成本會計與管控、貨運可見度、資訊與追蹤服務及顧問服務等，範例包括 Tranzact Technologies、快訊通科技 (CTSI) 及卡斯資訊系統 (Cass Information Systems) 等。
- **資訊相關服務** (Information-Related)：近年來因以網際網路為基礎，對運輸及運籌提供 B2B 電子商務服務的盛行，也被視為一種創新類型的第三方物流服務型式。此類型的範例如 Transplace 公司，專門為客戶提供客製化的運籌資訊服務與技術支援。

- **企業子公司**（Corporate Subsidiaries）：通常指先前（或目前仍是）企業集團內的子公司，專門提供製造與物流組織所需的運籌服務，範例包括 Neovia Inc. [先前為開拓重工物流（Catepillar Logistics）]、IBM 全球商業服務（Global Business Service）及奧德賽物流 [Odyssey Logistics, 由 Rely Software Inc. 軟體與前合碳化物公司（Union Carbide Corporate）的運籌部門合併而成] 等。這些原為運籌企業集團分拆出來的獨立第三方物流商，反映出一有意思的現象，亦即企業集團的運籌部門似乎在集團內較無法發揮效能，分拆獨立後則較具商業運作效能！

12.2.3 全球第三方物流的範圍與規模

全球市場與貿易需求的持續成長，直接反映在對運籌及供應鏈服務的需求上。根據國際 3PL 顧問及市場研究機構 Armstrong & Associates 的調查，2013~2014 年全球第三方物流成長趨勢統計，如表 12.1 所示。全球以區域劃分在 2013~2014 年總收入變化率的趨勢比較上，歐洲地區的成長最多（+10.3%），但南美則呈現減少的趨勢（−6.7%）；另在 2006~2014 年年均複合增長率（Compounded Annual Growth Rates, CAGR）的比較上，亞太及南美兩區域則都有近 10% 的增長率，北美區域的增長趨勢則適度（4.3%），歐洲地區則微幅成長（0.7%）。

Armstrong & Associates 另統計美國近 20 年來（2000~2014 年，另 2015-2018 年則為預估資料）第三方物流市場的年度總收入資料比較，如圖 12.7 所示。

表 12.1 全球第三方物流成長趨勢（2013~2014 年）

區域	2013 總收入（十億美元）	2014 總收入（十億美元）	2013~2014 變化率（%）	2012~2013 變化率 [a]（%）	2011~2012 變化率 [b]（%）	CAGR 2006~2014（%）
北美	$177.3	$187.6	+ 5.8	+ 2.9	+ 6.7	+ 4.3
歐洲	158.1	174.4	+ 10.3	+ 0.01	− 2.6	+ 0.7
亞太區	255.6	269.6	+ 5.5	+ 5.3	+ 23.6	+ 10.2
南美	44.9	41.9	− 6.7	+ 3.0	+ 12.4	+ 8.1
其他區域	69.0	77.2	+ 11.9	− 0.01	+ 6.4	
合計	**$704.9**	**$750.7**	**+ 6.5**	**+ 2.7**	**+ 9.9**	

[a] 資料來源：2015 19th Annual 3PL Study and © 2014 Armstrong & Associates, Inc.
[b] 資料來源：2014 18th Annual 3PL Study and © 2013 Armstrong & Associates, Inc.
CAGR: 年均複合增長率（Compound Annual Growth Rate）

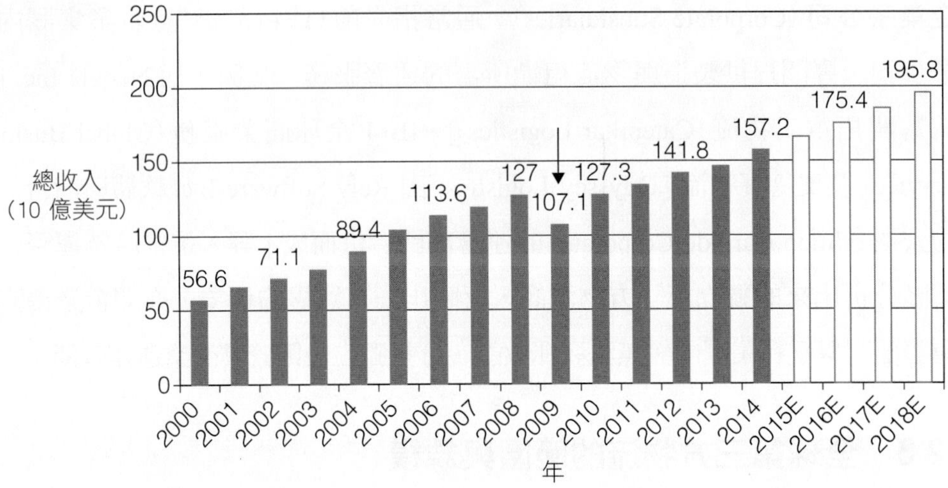

✧ **圖 12.7** 美國第三方物流市場 2000~2018E(單位：十億美元)

資料來源：Copyright© 2015 Armstrong & Associates, Inc., Used with permission.

從圖 12.7 所示的趨勢中，我們可看出美國第三方物流市場，從 2000 年的 566 億美元到 2014 年的 1,572 億美元，成長了幾乎三倍。另外，2015~2018 年的情形，預估仍將呈現成長的趨勢。在近 20 年的第三方物流市場持續成長的趨勢中，唯一的例外是從 2008 年的 1,270 億美元劇降為 2009 年的 1,071 億美元，雖然在 2010 年又回到 1,273 億美元的水準，這也反映出美國經濟於 2009 年的衰退。

12.3 第三方物流產業的研究觀點

在第三方物流產業的研究領域中，有一由賓州大學教授蘭利 (Dr. C. John Langley Jr.) 與凱傑顧問公司 (Capgemini Consulting) 共同執行的縱斷面時序研究「第三方物流：物流外包狀態」(Third-Party Logistics: The State of Logistics Outsourcing) 相當有名，在其 2016 年發布的〈第 20 屆第三方物流年度研究報告〉(Twentieth Annual Third-Party Logistics Study) 中，以全球觀點探討使用者與提供者對第三方物流發展趨勢的看法。這些年度報告，提供著第三方物流產業的及時與當時議題相關的資訊。

上述年度縱斷面時序研究使用下列(研究)方法，蒐集使用者與提供者對第三方物流發展趨勢的看法如下：

- **網路(問卷)調查** (Internet Survey)：以網際網路問卷方式，蒐集全球第三方物流提供商及客戶企業的高階管理人員對問項看法或態度等的資料，標準化的問卷可提供量化的實證比較資訊。
- **聚焦訪談** (Focus Interviews)：邀集第三方物流的採購者、使用者、提供者、產業專家及學者們，針對特定第三方物流的議題進行聚焦討論。聚焦訪談可能以面談或電話訪談的方式進行，可在不同第三方物流面向提供相當有價值的資訊。
- **工作坊** (Workshops)：以凱傑顧問公司所發展的加速方案環境 (Accelerated Solutions Environment, ASE) 法，在特定的城市如紐約、波士頓、芝加哥、舊金山、新加坡、上海、雪梨、阿姆斯特丹、巴黎、柏林及烏特勒支 (Utrecht, 位於荷蘭) 等，執行特定事件或議題的工作坊討論。

藉由上述研究方法，第三方物流產業的外包活動概況、資訊技術所扮演的策略性角色、管理與關係議題、顧客價值架構及運籌與第三方物流的策略評估等，得以較清晰的顯現。

12.3.1 物流外包活動概況

〈第 20 屆第三方物流年度研究報告〉中，全球運用第三方物流服務類型比例如圖 12.8 所示。

從圖 12.8 所顯示的資料比較中，我們知道全球廠商運用第三方物流外包的活動，多數偏向具有作業、交易及重複性等特性的活動，如國內運輸 (80%)、倉儲 (66%)、國際運輸 (60%)、貨運轉運 (48%) 及報關 (45%) 等。相對的，較少運用的外包活動則較與顧客相關，如資訊科技的運用，另則是諮詢服務或整合式第四方物流等與較具策略性特質的活動。圖 12.8 另顯示另一個有意義的現象，即企業客戶對第三方物流服務提供商所期待的外包服務活動類型既深且廣。除此之外，根據〈第 20 屆第三方物流年度研究報告〉，企業客戶也希望第三方物流服務提供商能提供所謂「單一解決方案」(Single-Source Solution)，一次解決客戶所需的整合式物流外包服務。

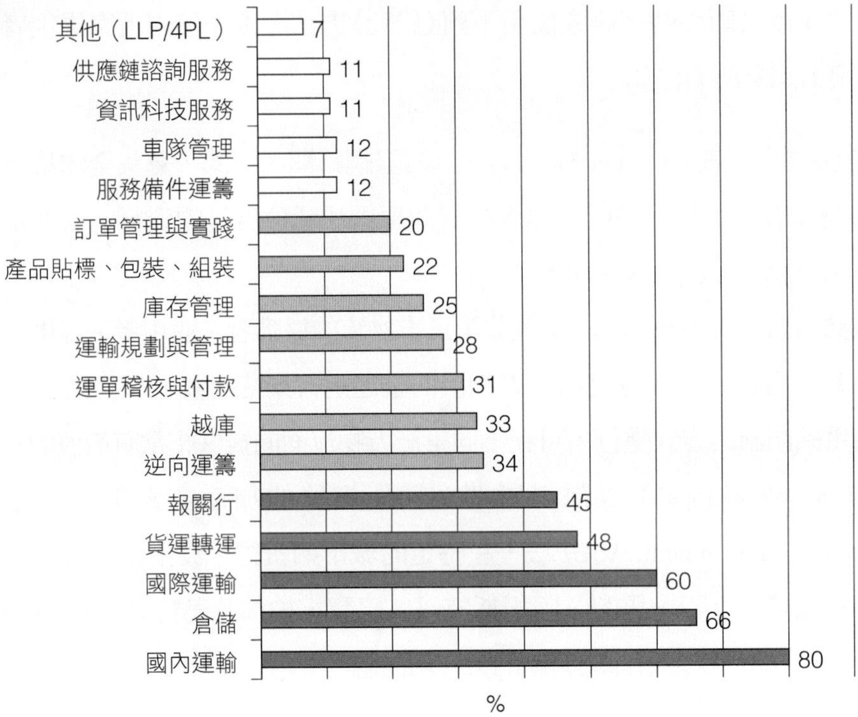

✧ **圖 12.8** 全球運用第三方物流服務類型比例比較

資料來源：Langley C. John Jr., and Capgemini, LLC, *2016 20th Annual 3PL Study*, Capgemini, LLC.

3PL 外包服務的花費

〈第 20 屆第三方物流年度研究報告〉也統計全球廠商在過去幾個年度在 3PL 外包服務的費用資料。在 2016 年，全球廠商花費在 3PL 外包服務的費用平均占其總運籌花費的 50%，這比 2015 年的 36% 及 2014 年的 44% 都有顯著的提升，這顯示著全球廠商對第三方物流服務商所提供的外包服務依賴性越來越高。

3PL 外包服務的效益

至於採用 3PL 外包服務所能獲得的效益部分，2016 年〈第 20 屆第三方物流年度研究報告〉也顯示 70% 的外包服務使用者（發貨人）及 85% 的外包服務提供商認為可降低整體運籌的成本。另 75% 的發貨人及 88% 的外包服務提供商認為第三方物流可提供新與創新的方法以改善整體的運籌效能。更甚者，這兩個群體的絕大部分——83% 的發貨人及 94% 的服務提供商——也認為第三方物流能改善顧客服務水準。

另一項與 3PL 使用者與提供者之間關係的議題，是彼此在運籌目標、執行策略、角色與責任……等一系列策略與作業層面的校準 (Alignment)。在最近幾年的工作坊的結論中，也都強調開放性、透明度及溝通效能……等，使雙方都能有足夠的彈性與機敏性，以因應目前及未來的需求與挑戰。

有同樣重要性的，是 3PL 使用者與提供者之間成果分享 (Gainsharing) 和合作 (Collaboration) 對彼此關係發展的重要性。根據 2016 年〈第 20 屆第三方物流年度研究報告〉的調查結果也顯示，46% 的發貨人及 81% 的服務提供商認同合作的重要性，即便與競爭對手也一樣，有助於降低運籌成本及提升服務水準。

12.3.2 資訊技術的策略性角色

在每年針對第三方物流產業的問卷調查中都會問到：「在你的產業領域，哪些資訊技術、系統或工具為有效服務客戶之必要？」這個問項通常都會產生一些有意思且能提供深層思考的資訊，2016 年的調查也一樣反映出資訊技術的重要。

整體而言，最常被提及的第三方物流必須具備的資訊技術，通常與運籌活動的執行和交易能力有關，範例包括倉儲管理系統、運輸管理規劃與排程、交運狀態可見度、電子資料交換及能提供資料更新與相關所需資訊的入口網站……等。表 12.2 則列舉出 2016 年〈第 20 屆第三方物流年度研究報告〉以發貨人及 3PL 提供商最重視的前六項資訊技術能力。

✤表 12.2 最受重視的 3PL 資訊技術能力

發貨人	3PL 提供商
1. 運輸管理 (執行)	1. 電子資料交換
2. 電子資料交換	2. 運輸管理 (執行)
3. 運輸管理 (規劃)	3. 顧客訂單管理
4. 倉儲與物流中心管理	4. 運輸管理 (規劃)
5. 可見度 (訂單、交運、庫存等)	5. 可見度 (訂單、交運、庫存等)
6. 預定、訂單追蹤、庫存等入口網站	6. 預定、訂單追蹤、庫存等入口網站

資料來源：Langley C. John Jr. and Capgemini, LLC, *2016 20th Annual 3PL Study*, Capgemini, LLC.

第一線上　促進第三方物流與顧客關係的合作技術

在 1996 年 HBR〈哈佛商業評論〉(*Harvard Business Review*) 發表的一篇論文中，提到**平衡計分卡** (Balanced Scorecards, BSC) 有助於組織內個人、團隊與部門在組織整體經營目標的校準。到目前實務運作經驗顯示，平衡計分卡模型雖然獲得相當成功的驗證，但充其量也只適用在組織內部的合作。今日供應鏈比單一組織的運作複雜度更呈現指數程度的激增，在供應鏈參與夥伴，如發貨人、貨運商及倉儲運作者……等的合作與活動校準的需求也更高。為因應供應鏈夥伴之間的合作，新的雲端合作技術也被開發出來。

「外包物流運作的成功，有賴於持續改善你自己的內部程序，尤其是那些會衝擊影響到顧客的(程序)。」美國南加州一家零售物流服務提供商桑藍物流 (Sunland Logistics) 的客戶方案副總裁雷以利亞 (Elijah Ray) 表示：「如同管理大師戴明 (Edwards W. Deming) 所說，你無法管理你無法衡量的事物！」雷以利亞具有六標準差專案大師級黑帶及美國品質學會 (American Society for Quality, ASQ) 多項品質管理認證的專業品管資格下，「桑藍仍持續強調顧客承諾的校準。因此，在所有工作流程、程序及平衡計分卡模式中，顧客是『始終最優先』！」

許多如桑藍物流一樣的供應鏈創新者，也開始在與客戶協商服務水準協議 (Service Level Agreements, SLA) 後，以雲端計分卡 (Cloud-Based Scorecards) 模型律定個人與團隊的關鍵績效指標。他們也開始將雲端計分卡應用到從桌上電腦、智慧型手機……等資訊裝置的運作資訊發布上，讓所有人都能掌握其他人的專業與執行任務。雷以利亞也表示：「我們自己的內部領英 (Linkedln) 專業人脈網路，協助我們決定能與顧客合作的最佳人選。這將在顧客有特定需求發生時，我們能確保以最適合專業的人員協助顧客解決問題。」

許多供應鏈專家也認同，未來無論是零售商或製造商，只有那些能採用機敏、雲端基礎應用程式，並將其供應鏈校準成一個統一的計畫，才是最成功的企業。

資料來源：摘自 C. John Langley Jr. and Capgemini LLC, *2016 20th Annual 3PL Study*, Capgemini, LLC, September, 2015.

至於在客戶認為第三方物流服務提供商必須具備的資訊技術能力，與發貨人是否滿意 3PL 服務商資訊技術能力之間所謂「資訊技術間隙」(IT Gap) 的分析上，圖 12.9 顯示 2002-2015 年來的統計資料。雖然此資訊技術間隙已有逐漸縮小的趨勢，但其差距仍在 30% 以上，這顯示絕大部分的發貨人與第三方物流服務提供商的關係，仍不足以充分利用 3PL 服務提供商的資訊技術能量。

根據 2016 年〈第 20 屆第三方物流年度研究報告〉的分析，形成此資訊技術間隙的因素，可能是運輸商所需具備資訊技術的複雜性（使發貨人無法充分瞭解）、運輸商本身運用資訊技術能力需要改善（以支持顧客服務），及供應鏈夥伴之間關係不良與資訊處理程序不一致等所導致。

12.3.3 管理與關係議題

在今日第三方物流產業中，形成與維持供應鏈夥伴關係，已被視為供應鏈組織的核心能力（Core Competence）之一。雖然第三方物流的使用者及服務提供者，都積極的改善供應鏈夥伴關係，期能創造出一更具產能、更有效及能使彼此滿意的關係，但從媒體不斷的報導中，仍然充滿著許多關係構建失敗的案例。因此，對供應鏈管理者而言，要關注的議題是：「在關係領域要做什麼，才能獲得好的供應鏈夥伴關係？」

一項早期的研究，發現一個相當有意思的現象，即在運籌或供應鏈領域的企業，最瞭解第三方物流需要的是企業總裁或執行長。另許多研究結果也顯示，在組織對是否有外包第三方物流的需求辨識上，執行長與財務長扮演著重要的角色，雖然其他領域的高階管理人員，如製造、人資、行銷及資訊等也都會參與，但其涉入的程度較低。但若是在發展供應鏈夥伴關係的議題上，資訊長所扮演的角色會突顯，這種現象並不奇怪，因在發展今日運籌與供應鏈程序上，資訊技術將扮演著主導性的角色。

另一項值得關切的議題，是企業客戶在選擇第三方物流服務提供商時，影響其選擇的準據為何？根據最近幾年第三方物流服務產業的調查結果顯示，最常用的選擇準據，是第三方物流服務提供商的服務價格與品質，除此兩個最重要的準據之外，其他會影響選擇決策的因素，還包括有在需要（服務）區域的地理近接性、是否能符合預期服務水準的能量、可提供加值運籌服務的範圍及資訊技術能力……等。

除上述說明外，在成功構建第三方物流服務關係上，對 3PL 服務商及客戶企業都必須有明確且適當的角色與責任劃分。雖然傳統上對外包 3PL 服務商的概念是將所有的運籌活動都交給 3PL 服務商處理，但近年來 3PL 物流服務產業的調查

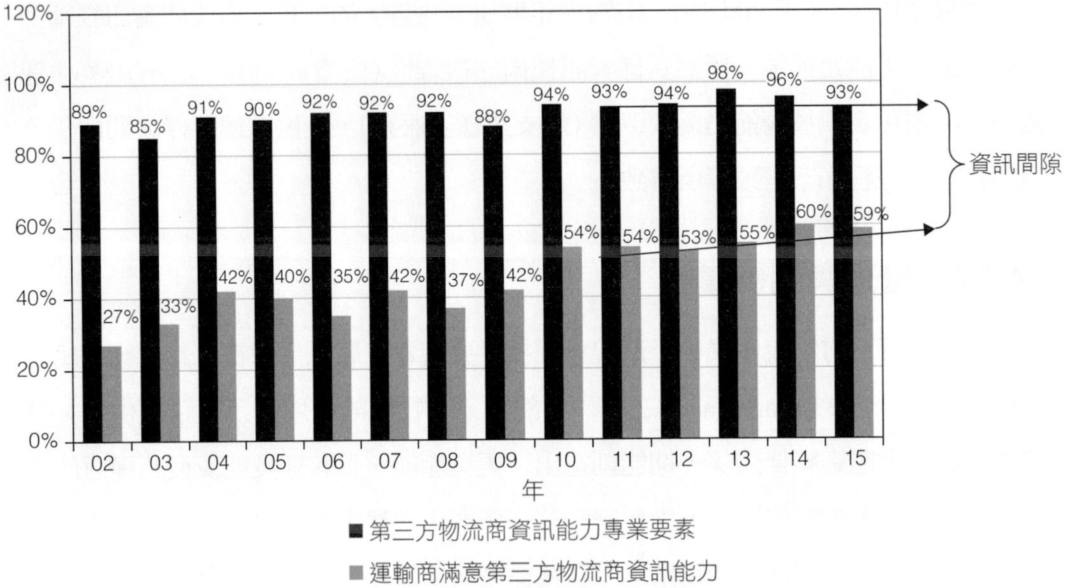

✧ **圖 12.9** 資訊科技間隙示意圖

資料來源：Langley C. John Jr., and Capgemini, LLC, *2016 20th Annual 3PL Study*, Capgemini, LLC.

結果也顯示，服務商與企業客戶之間若能建立混合管理架構——活動由服務商執行，但客戶仍保有執行策略與運籌責任規劃等權力的運作方式，可能會有彼此關係的最佳運作成效。

表 12.3 則列舉第三方物流服務產業中，企業顧客與 3PL 服務提供商對彼此關係的相對預期。

在有關企業顧客如何看待其 3PL 服務提供商的最後一項關切議題，是企業客戶在作業、戰術及策略等層面來看待其 3PL 服務提供商。近期的調查研究結果顯

✤ **表 12.3** 第三方物流服務產業提供商與企業顧客的相對預期

顧客對 3PL 提供商的預期	3PL 提供商對顧客的預期
• 優異的服務與執行能力（提供結果及績效數據）	• 互利的長期關係
• 信任、公開與分享資訊	• 信任、公開與分享資訊
• 方案的創新與關係再造	• 在適當層級投入適當的資源（包含高階管理階層）
• 具備能改善關係的資訊科技能力	• 能擷取顧客有用的資料，以發展方案及提供顧客所需的服務
• 持續的執行層面支援	• 明確定義服務水準的協議
• 提供的服務能與顧客策略校準	• 信託責任及關於定價的公平性

資料來源：Copyright, C. John Langley Jr., Ph.D., Penn State University. Used with permission.

示，有將近三分之二的廠商，將其外包的 3PL 物流服務視為作業或戰術層級，另三分之一則視為整合或策略性角色。雖然發展整合與策略性夥伴關係看似較作業與戰術層級的考量較為優越，但實際能滿足企業顧客於運籌活動的需求，卻通常是作業與戰術層級。因此，在彼此關係的正確視野，應擺在 3PL 服務提供商對企業客戶需求（作業層級）的校準（策略層級）上。

12.3.4 顧客價值架構

在對使用 3PL 物流服務的滿意度調查而言，一般來說，現代的企業客戶對他們的外包 3PL 服務商的滿意度都在滿意到非常滿意的評比範圍。但仍在某些領域，期待 3PL 服務商仍有改善的空間如下：

- 做到服務水準的承諾。
- 實現成本的降低。
- 在關係開始發展時，避免成本的潛變與價格提升。
- 3PL 服務商要積極的與組織發展新的關係。
- 建立有意義且互信關係的能力。
- 全球運作能力。
- 顧問諮詢技能與策略管理能力等。

從以上企業客戶對 3PL 服務商的改善建議項目來看，除了符合服務水準、降低成本、避免價格的變動等作業層級的考量外，其他就屬彼此關係建立的顧問諮詢、策略管理能力等策略層級的建議。由此顯示，即便目前的第三方物流產業尚能滿足企業顧客的需求，但仍有許多面向需要強化或改善。

12.3.5 運籌與第三方物流的策略評估

過去 10 至 15 年，供應鏈相關產業中已建立相當有效的運籌外包運作模式，尤其是第三方物流的外包服務。若朝未來看，目前的第三方物流與企業客戶，都已開始接受服務範圍更廣且更具運籌整合能力的第四方物流，3PL 服務商也積極的朝向

4PL 整合服務商的方向發展，期能符合未來企業顧客對全球運籌與供應鏈管理的複雜需求。

為對供應鏈關係管理及運籌服務外包做一總結，我們可列舉未來第三方物流產業的發展趨勢如下：

- 持續的併購與擴張。
- 全球市場與服務需求的擴展。
- 橫跨供應鏈更廣泛的服務與程序外包。
- 雙層關係模型（策略性與戰術性）。
- 由 3PL/4PL 提供策略性服務的成長空間。
- 以資訊科技提供更大差異化能量。
- 更新、強化與改善顧客關係。
- 增加分享服務網路的採用及甚至有時是與傳統競爭者的合作計畫。
- 強調關係再造、持續改進機制及服務方案的創新等。

不管上述發展趨勢是否明顯或進展程度如何，運籌外包（Logistics Outsourcing）現已實際成為未來運籌與供應鏈管理的成功關鍵影響因素，卻已是不爭的事實。

總結

- 成功的供應鏈管理，需要組織在組織策略、供應與需求及供應鏈夥伴關係建立上實施校準。
- 供應鏈夥伴之間的關係程度可從單純的內部交易發展到策略夥伴關係，而其型式則以供應商、供應鏈夥伴及策略聯盟三種型式呈現。
- 有效與成功的供應鏈夥伴（與策略聯盟）關係的發展，通常可以六個步驟來達成：(1) 執行策略評估；(2) 決定關係型式；(3) 替選方案評估；(4) 選擇夥伴；(5) 結構運作模式的磨合；及 (6) 施行與持續改進作為。

- ❖ 合作關係可區分為垂直與水平兩種型式，都對達成組織供應鏈長程目標相當重要。垂直關係的範例如買賣雙方，而水平關係則如多個供應商對同一個客戶提供供貨。
- ❖ 第三方物流服務提供商，可被視為執行組織全部或部分運籌功能的外部服務供應商。由於組織可能將運籌功能分別外包給多個 3PL 服務提供商，因此不同 3PL 服務商能提供能整合與管理的服務是被預期的。
- ❖ 在運籌外包領域，對整合式第四方物流服務的需求越來越高。
- ❖ 在運籌外包的分類中，第三方物流服務可被視為運輸、倉儲與物流、貨運、財務及資訊等領域的服務。
- ❖ 企業客戶運用第三方物流外包的活動，多數偏向具有作業、交易及重複性等特性的活動如運輸(國內與國際)、倉儲、貨運轉運及報關等。
- ❖ 現代企業客戶對他們的外包 3PL 服務商的泰半滿意，但仍在某些領域期待 3PL 服務商仍有改善的空間。
- ❖ 企業客戶對運籌外包的運用，期待 3PL 服務商能發揮更具策略性的角色，使其供應鏈得以成功的運作。

第 13 章

供應鏈的績效衡量與財務分析

閱讀本章後，你應能……

學習目標

- 瞭解供應鏈績效衡量的範疇與重要性
- 解釋良好績效衡量的特質
- 討論衡量供應鏈成本、服務、獲利及收入等不同方法
- 瞭解損益表及資產負債表的基本資訊
- 說明供應鏈策略對損益表、資產負債表、獲利及投資報酬率等之影響
- 瞭解策略獲利模型的運用
- 分析服務失效對供應鏈的財務影響
- 運用電腦表單軟體分析供應鏈決策的財務影響

供應鏈側寫 CLGN 教科書物流商

CLGN 教科書物流商是 2001 年開始運作的一家網路公司，專門負責大專教科書及教師用材料的銷售與配送。CLGN 開始運作的前幾年，也碰到傳統網路公司一樣的技術障礙，但因大專學生於網路上採購教科書風氣的盛行，學生習慣在電腦上下單採購，避免在校園書店中的排隊與等待，因而還能持續獲利。

CLGN 創立的任務，是在美國境內，提供學生與教師較低成本的教科書或教師用材料。其教科書及教師用教材價格，分別平均比當地書店要便宜 15% 與 20%，若將交運成本納入，則其教科書與教材的到岸成本 (Landed Cost) 平均要比當地書店要便宜 10% 與 15%。這以低成本及在網路上訂購的方便性，使 CLGN 的銷售量每年以兩位數字的速率持續成長。CLGN 開始運作第二年即開始獲利，並在往後數年均持續獲利。

到了 2015 年，CLGN 的總銷售額為 1 億 5,000 萬美元，淨收入為 1,050 萬美元，這 7% 的淨獲利率要高於 B2C 網路公司的平均，但卻低於 2014 年。CLGN 於 2013 年和 2014 年的淨獲利率分別是 10.3% 及 9.1%，2013~2015 這三年淨獲利率的持續下降，引起 CLGN 高階管理及股東們的關切。

在發布 2015 年財務資料後，CLGN 總裁巴帝 (Ed Bardi) 召開高階管理會議，召集行銷、財務、資訊系統及供應鏈管理等副總裁，共同審查 2015 年的財務結果，並討論獲利率下降的肇因。會後，每名副總裁都被指定於其負責各領域中，在維持現有服務水準基礎上，找出降低成本的方法。

在所有功能領域中，供應鏈所增加的成本比公司其他功能領域都要來得高。在高階管理會議中，巴帝也特別指出，在過去數年中，他接到許多顧客抱怨，多數與逾期交貨和交貨不正確 (項目錯誤或未能遞交所有訂購項目等) 有關。供應鏈管理副總裁費許蓓 (Lauren Fishbat) 則表示，她已掌握此問題，並正發展解決有關訂單履行及交運成本增加等問題的解決方案中。她說她打算在其負責的領域中，將準時交貨率、訂單完成率等衡量指標改成完美訂單率 (準時交運、完整交運及正確的交運文件等)。

在高階管理會議後，費許蓓召集其所屬作業經理們開會，以檢視目前狀況並發展解決方案。她要求供應鏈分析師香農 (Tracie Shannon) 準備供應鏈程序活動相關的財務資料；庫房經理考克 (Sharon Cox) 檢視訂單履行的問題並提出解決方案建議；最後是運輸經理普爾登 (Sue Purdum) 找出為何延遲交運並導致運輸成本增加的原因。

在供應鏈管理作業會議前，費許蓓收到供應鏈分析師香農所提供的 2015 年財務資訊報表如：

CLGN 2015 年損益表		
銷售		$150,000,000
售出產品成本		80,000,000
毛利		$ 70,000,000
運輸	$ 6,000,000	
倉儲	1,500,000	
持有庫存	3,000,000	
其他作業成本	30,000,000	
總作業成本		40,500,000
息稅前利潤		$ 29,500,000
利息		12,000,000
稅		7,000,000
淨收入		$ 10,500,000

CLGN 2015 年資產年負債表	
資產	
現金	$ 15,000,000
應收帳款	30,000,000
庫存	10,000,000
總流動資產	$ 55,000,000
淨固定資產	90,000,000
總資產	$145,000,000
負債	
流動負債	$ 65,000,000
長期債務	35,000,000
總負債	$100,000,000
股東權益	45,000,000
總負債與權益	$145,000,000

香農從持有庫存占每年平均庫存 30% 的資料判定，若以公司 40% 稅率計算，2015 年總訂單額(平均每訂單銷售 100 美元的總銷售額 1 億 5,000 萬美元)的銷售損失估計，由延遲交貨導致的服務失效占 10%，而不正確訂單履行率則為 20%，則因喪失銷售機會導致的成本是 46.67 美元(毛利 7,000 萬美元除以 150 萬筆訂單)。

庫房經理考克則認為，服務失效的成本，不管是訂單履行或延遲交運問題，都造成每筆訂單 10 美元扣抵(以安撫不滿意顧客)及訂單再處理與再交運 20 美元的成本增加。考克並認為，造成訂單履行不正確的主因是倉管人員訓練的不足。在現今的經濟環境下，很難找到有經驗的倉管人員。除此之外，部分原因可能是撿貨紀律的不足與電腦產生撿貨單的問題等。若要改善倉管問題，每年則至少需要 10 萬美元投入倉管人員的訓練上。

運輸經理普爾登則追蹤到運輸成本的增加，是 CLGN 委託交運商執行到府交運率 30% 的增加。其他快遞業者收取的費用也相當，甚至更高。若要改善此狀況，方案之一是轉交由美國郵政服務來負責到府遞送，但如此會增加交運時間與降低可靠性。CLGN 目前 (2015) 的準時交運率只有 95%，這是因為庫房內訂單處理速度較慢，另外貨運商的交運移轉時間較長等所導致。若使用貨運商的快遞服務，則準時交運率可提升至 96%，但運輸成本也將提升 10%。

以作業經理們提供的資料狀況，供應鏈副總裁費許蓓必須琢磨在下一次高階管理會議前，她應採取何種作為來改善目前獲利下降的趨勢。費許蓓知道，無論採取哪一種供應鏈改善作為，都必須在財務穩健的基礎上對 CLGN 的股東們創造最大利益。

資料來源：Edward J. Bardi, Ph.D. Used with permission.

13.1 簡介

「供應鏈側寫」專欄中有關 CLGN 教科書物流商的案例，強調出所有組織都有衡量其供應鏈績效，並將此績效與財務的衝擊影響加以連接分析的必要。今日許多組織都已瞭解績效準據的衡量對管理與達成組織期望結果的必要性，並以「以正確的方式 (效率) 做對的事 (效果)」為執行口號，但指宣稱效率與效果這兩項目標仍不足夠，還須有明確、可衡量的績效準據，才能協助組織衡量是否達成效率及效果兩項目標。

本章的目的有以下四項：

1. 介紹供應鏈績效準據的向度。
2. 描述供應鏈準據的發展方式。
3. 提供供應鏈準據分類的方法。
4. 發展與組織財務績效連接的量化工具。

13.2 供應鏈績效準據的向度

在討論供應鏈準據向度之前，我們必須先瞭解兩個問題的解答。首先，是衡量、準據與指數之間的差異性為何？傳統上，衡量 (Measure) 一詞表示一活動或程序的量化產出。時至今日，準據 (Metric) 一詞則常被用來取代衡量，又指數 (Index) 與上述兩個名詞又有何異同？現將衡量、準據與指數於供應鏈績效衡量的操作性定義闡釋如下：

- **衡量** (Measure / Measurement)：為一向度簡單 (單一向度)、無須計算且容易定義的計量方式。運籌的範例包括庫存單位、再訂購金額……等。
- **準據** (Metric)：通常為較多向度、需要計算且定義稍微複雜的計量方式，通常以比例表示。運籌相關範例包括未來供應庫存天數、庫存周轉率、每庫存單位銷售金額……等。
- **指數** (Index)：則將兩個準據結合成的單一指標，通常用於程序產出的追蹤。運籌相關範例則如完美訂單 (執行率)。

第二個要瞭解的問題，是何謂衡量準據的良好特質？這在判斷選用準據是否能真正達成運用目的時相當重要。表 13.1 列舉 10 個衡量準據的良好特質，並分別簡單描述如下。

第一個有關衡量準據的問題是：「它可量化嗎？」雖然衡量準據有量化與質性的區分，所有質性判斷也可以反應尺度 (Response Scale) 方式加以量化，但為能客觀比較產出結果，一般在衡量供應鏈活動或產出時，仍習慣以量化準據為主，而質性判斷為輔。如對貨運商 99% 準時交貨率 (量化) 評以優良等級 (質性) 等。

第二個有關衡量準據的問題是：「它容易瞭解嗎？」這與第五個問題：「它能被明確定義且具包容性嗎？」有直接相關性。經驗顯示，只有當衡量準據能被參與單位清楚定義 (也就容易瞭解) 時，彼此才能正確運用此準據，並作為溝通的依據。舉例來說，運籌領域用得最多的一項準據：**準時交貨** (On-Time Delivery) 卻也是最常被誤解的一項準據。準時交貨定義的差異，可能發生在發貨人與顧客之間 (準時發貨與準時接收間有貨物運輸移轉的時間) 或行銷與運輸之間……等。若所有

表 13.1 良好衡量準據的特質

良好的衡量	特質描述
1. 可量化	衡量可以客觀數值表示與比較
2. 容易瞭解	一看就知道要衡量什麼
3. 激勵適當行為	能激勵員工採取正面、適當的作為
4. 可見	衡量程序與效果顯而易見
5. 明確定義且具包容性	由所有內外部參與者認同的定義，衡量能整合所有程序相關的面向與因素
6. 只衡量重要項目	專注於對程序管理有真實價值的關鍵績效指標
7. 多面向	實用性、產量、績效等面向的平衡
8. 經濟性	衡量的好處超過運用的成本
9. 促進信任	能獲得參與單位的效度驗證

資料來源：J. S. Keebler, D. A. Durtsche, K. B. Manrodt, and D. M. Ledyard, *Keeping Score: Measuring the Business Value of Logistics in the Supply Chain* (University of Tennessee, Council of Logistics Management, 1999), p. 8. Reproduced by permission from Council of Supply Chain Management Professionals.

涉及此準據的單位都能參與準據的定義和計算方式，則能同時達成容易瞭解及清楚定義兩項要求。

第三個有關衡量準據的問題是：「它能激勵適當行為嗎？」管理對衡量準要求的基本原則之一，就是此準據能激勵員工適當的行為。欠缺周慮思考的制定準據，可能會引導員工做出與原意相反的作為。如對庫房經理要求庫房空間運用率的績效衡量準據，則庫房經理會想辦法將庫房塞滿！如此作為卻會降低庫存周轉率、增加庫存成本，甚至導致過期產品等不良效應。

第四個有關衡量準據的問題是：「此準據可見嗎？」良好的準據，應能讓運用此準據的人容易獲得並運用。在準據可見性 (Visibility) 有反應 (Reactive) 或主動 (Proactive) 兩種形式的主要差異。有些公司會向員工宣稱系統內有此準據，但員工在需要時卻須花些功夫才能在系統中找到！這些是所謂的反應式可見準據。管理較好的公司，則將準據「推向」準據擁有者或將使用此準據的人，這稱為主動式可見準據。雖然反應或主動都為可見準據，但主動式可見準據無須運用者的搜尋，故在運用時速度較快。

第五個有關衡量準據的問題是：「它能被明確定義且具包容性嗎？」程序準據如準時交貨率，須同時納入肇因與結果於評估或計算公式內。如影響不能準時交運的因素，可能由撿貨太慢、無法及時交運，或甚至生產停工等所影響。因此，其結果的評估也須與肇因相關。

第六個有關衡量準據的問題是：「此準據只衡量重要項目嗎？」運籌活動每日都將產生巨量的交易資料，從這巨量的資料中也能發展出許多衡量準據。許多公司為求好心切，會從這大量的資料中衡量各種活動與程序的產出。但即便有大量資料可用於發展各類型準據，也不代表這些準據是重要的。舉例來說，準時交運此一準據，必須從運輸商與接收地點的資料中產出，但要能將提單資料整合成為一精確的準時交運準據，其程序也相當繁複！因此，組織應先決定哪些準據是有重要影響的，再蒐集、整合相關資料，而非辨識哪些資料可用，然後產生相關準據！

第七個有關衡量準據的問題是：「此準據是多面向嗎？」雖然單一準據不是多面向，但組織的衡量準據計畫是！對組織衡量準據計畫而言，這又稱為**平衡計分卡** (Balance Scorecard, BSC) 或**關鍵績效指標** (Key Performance Indicators, KPI) 的運用。許多組織都以少數幾個策略性準據來管理其運籌系統，這些策略性準據代表組織運籌運作的產量、利用率及績效等之多面向平衡觀點。

第八個有關衡量準據的問題是：「此準據具備運用經濟性嗎？」換個更具體的方式問：「運用這些準據產生的效益，大於產生這些準據的成本嗎？」在許多情形下，組織花了大量心力去蒐集、整合資料，以產出一績效衡量準據，但此準據卻不具重要性或所得效益有限……等。當組織要發展一新的衡量準據時，通常會遭遇到此質疑。但當一準據被組織運用得越久，其規模經濟效益則越能顯現出來。

最後一個，可能也是最重要有關衡量準據的問題是：「此準據能促進信任嗎？」若不能促進運用此準據所有相關成員之間的互信，則符合前九項準據特性，都對準據的效用沒有任何助益！但換個角度講，若能符合前九項良好準據特質，則促成運用成員之間的互信，是自然而然可預期的結果。

在解說完績效衡量準據的良好特質後，對組織的運用而言，評估目前與潛在準據對發展一良好的準據衡量計畫相當關鍵。另外，同樣重要的是績效標準及其衡量準據也須能與時俱進。舉例來說，目前 85% 的訂單準時交運率，在新科技與管理技術運用於組織能持續超越 85% 水準時，將此準據調整到 90% 是自然而然的趨勢。推動六標準差 (Six Sigma) 專案或持續改進的組織，就是不斷提升績效預期的最好範例。

另一個對組織發展準據計畫時有重要意義的，是準據的改變。訂單準時交運率 (Orders Shipped on Time) 與訂單交運完成率 (Orders Shipped Complete) 兩個準據，常被用來衡量組織的內部運籌績效。但運籌產業更重視的是訂單準時遞交率 (Orders Delivered on Time) 及訂單遞交完成率 (Orders Delivered Complete) 兩個衡量顧客體驗的外部運籌績效。對組織而言，內、外部運籌績效的平衡衡量也是同樣重要的。

表 13.2 顯示由美國倉儲教育與研究評議會 (Warehouse Education and Research Council, WERC) 發布 2015 年的物流中心準據報告 (Distribution Center Metrics Report)，調查美國發貨人在管理其物流中心最常用的績效衡量準據。調查結果顯示，對顧客的準時交運，在 2014~2015 年的排名都是第一。前五名選用準據的次序也沒有變化。

圖 13.1 則顯示在過去幾個年代中，對供應鏈績效衡量方式的擴增與績效提升。從 1970 年代開始，組織對其供應鏈運作績效的預期即有逐步提升的要求 (可接受以上程度)，且每一年代都有其各自不同提升績效的驅動要素 (關鍵績效指標)。但每一年代的績效提升，都是構建在前幾年代供應鏈運作績效達成的基礎上。

表 13.2 最常用衡量準據前 12 名排名比較表

衡量準據	2014 年排名	2015 年排名
1. 準時交運——顧客	1	1
2. 內部訂單循環時間 (小時計)——顧客	2	2
3. 總訂單循環時間 (小時計)——顧客	3	3
4. 碼頭至庫存循環時間 (小時計)——內向運籌	4	4
5. 訂單撿貨正確性 (訂單 %)——品質	5	5
6. 倉儲能量平均使用率——能量	8	9
7. 倉儲能量顛峰使用率——能量	9	12
8. 再訂購訂單占總訂單數比例——顧客	11	–
9. 再訂購條目占總條目數比例——顧客	–	–
10. 供應商訂單完整接收比例——內向運籌	7	8
11. 每人時撿貨與交運數量——外向運籌	6	6
12. 每人時接收與儲置數量——內向運籌	10	11

資料來源：Tillman, J., Manrodt, K., and Williams, D., *2015 DC Metrics Report* (May 2015). Copyright by WERC. Reproduced with permission.

圖 13.1 突顯的訊息是供應鏈績效的衡量，是以最低總成本 (Least Total Cost) 的概念，逐步發展成現代對物流與運籌管理績效的衡量方式。成本向來是組織用來衡量運作效率的重要指標。而以最低總成本概念衡量組織運作績效的重點，在所謂成本之間的權衡。舉例來說，如從鐵運轉為貨車運輸或在物流網路中增加一個物流中心……等，會分別增加運輸或建置成本，但可獲得較佳的顧客服務水準 (另一種成本)，以成本來衡量組織運作績效的概念，到現代仍可運作。但已從組織內部功能成本的權衡，轉換成供應鏈合作夥伴之間總運籌成本的權衡。

不管如何，在選擇績效衡量指標時，必須考量三個績效指標的必要因素如下：

1. 績效衡量指標必須能反映 (攫取) 程序的內涵要素，亦即能表示程序績效。
2. 指標必須與衡量的程序有直接關係 (高度相關)，並最好與程序產出有因果關係。
3. 指標必須能反映組織的策略性要點，如獲利能力或市占率……等。

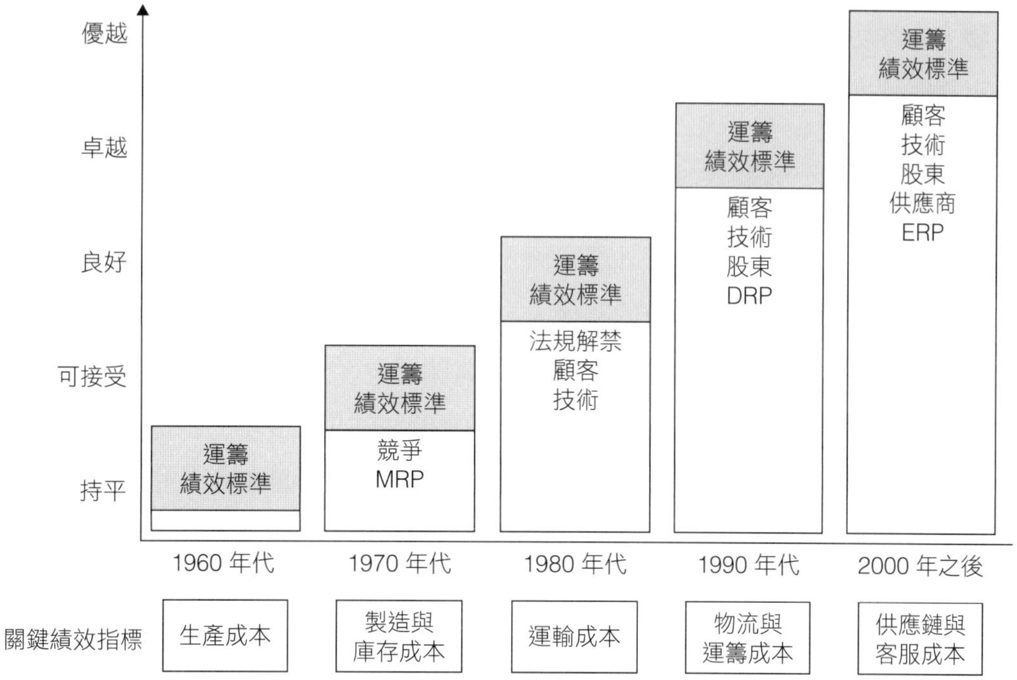

✧ **圖 13.1** 供應鏈績效提升示意圖

資料來源：J. S. Keebler, D. A. Durtsche, K. B. Manrodt, and D. M. Ledyard, *Keeping the Business Value of Logistics in the Supply Chain* (University of Tennessee, Council of Logistics Management, 1999), p. 8. Reproduced by permission from Council of Supply Chain Management Professionals.

13.3 供應鏈績效準據的發展

圖 13.1 呈現的另外一個訊息，是為何要改變績效衡量指標的選擇？簡單的講，促使供應鏈績效衡量準據發展的因素，可大至區分如新技術的運用、環境變化促使及組織專注要點改變三種驅力。如要整合供應鏈合作夥伴之間的運作（環境改變），組織的企業資源規劃系統必須要能與其他組織的資訊系統加以整合（新技術），並促使組織從成本中心 (Cost Center) 的概念轉換成投資中心 (Investment Center)（專注要點改變）。這些驅動供應鏈績效衡量準據變化的因素，本章後續仍將持續探討。在此同時，有七項成功發展組織供應鏈績效衡量計畫的建議先行討論如下：

1. **團隊參與：**任何計畫於初期對計畫標的（績效衡量準據計畫的發展）的辨識與定義階段，必須納入會受計畫產出影響關係人的參與。此處所謂的關係人，就是組織內部的各功能領域。因計畫產出對這些功能領域的運作有直接衝擊與影響，故各功能領域代表的參加相當關鍵，他們必須同意各類型績效衡量指標的定義與標準設定，如此才能在後續計畫的實際施行，獲得功能領域的配合與支持。
2. **必要時納入供應商與顧客：**如同功能領域代表等內部關係人參與績效衡量準據發展計畫，供應商及顧客等外部關係人在必要討論階段也應納入其意見。供應商是未來實際執行運作績效的關係人，而顧客會實際感受到組織運作績效衡量的結果，都對績效衡量計畫實施的成功相當關鍵。
3. **發展層級架構：**對高階經理人而言，其所應關注的只是少數（通常不超過五個）關鍵績效指標，並用於策略性決策之用。而在此策略性關鍵績效指標之下，應逐級發展成戰術及作業性指標，分別提供中階幹部與基層管理人員的運用。在層級架構的設計上，應確保作業性指標、能結合成戰術性指標，最終要能支援策略性指標的達成。
4. **指定準據擁有者及其目標：**人人有責的負面意涵就是沒有人負責！因此，每項績效衡量準據必須指定擁有者 (Metric Owners)，並賦予績效衡量的目標與標準等。準據擁有者為實際衡量運作績效的個人或單位，經由指定準據擁有者及其目標，可使績效衡量在實際運作中發揮功效。

5. **建立衝突處理程序：**這與組織的策略性校準有關。因組織各功能部門各有其職掌與目標，若部門目標不能與整體組織目標校準，則會產生部門主義，進而阻礙組織整體目標的達成。舉例來說，若組織的整體目標在追求及時交運率的達成，會對運輸部門造成高成本的壓力。因此，衝突管理機制要能讓運輸經理人瞭解，其功能績效的次佳化（Sub-Optimization）可促成組織及時交運整體目標的達成。當然，及時交運衍生的運輸成本增加，不能算在運輸部門的績效。
6. **供應鏈準據應能與組織策略校準：**如同前述衝突管理機制一樣，組織的目標不見得能與整體供應鏈的目標一致。如組織自己的企業策略是滿足顧客的需求（高的客服水準），但供應鏈的績效衡量準據若是降低成本或運作效率……等，即可能與組織策略目標衝突。因此，供應鏈夥伴之間對個別組織目標與供應鏈整體目標之間，也應能做到策略的校準。
7. **獲得高階支持：**最後，供應鏈績效衡量計畫的發展，必須獲得（供應鏈所有組織）高階管理團隊的支持。績效衡量計畫的花費即可能超出預期、施行時間可能比預期時間要長，以及績效衡量準據對組織內外都有衝擊影響……等。如要使供應鏈績效衡量指標計畫得以順利運作，必須獲得供應鏈所有組織高階管理團隊的支持。

第一線上　建立航運聯盟的關鍵績效指標

全球運商論壇（Global Shippers Forum, GSF）正積極呼籲全球海運商，共同建立一套可管理、堅實並能監控海運績效的關鍵績效指標，以提升客戶對海運的信心，同時能有助於全球海運商降低成本、制定競爭性海運費率及提升海運服務水準……等。

全球運商論壇秘書長威爾許（Chris Welsh）近來也呼籲全球海運商應積極的面向客戶、與客戶實際互動與接觸，以展現海運商於提升顧客服務水準與創新方案等之努力。威爾許強調：「全球運商聯盟應承擔監控、衡量與標竿學習主要航道聯盟海運商績效的責任，讓各地政府與客戶擁有全球海運的資訊透明度，並顯現出全球海運聯盟於提升競爭利益下的服務水準。」

資料來源：*Logistics Management*, May 2015, p. 1. Reprinted with permission of Peerless, Media, LLC.

13.4 績效類型

供應鏈績效衡量準據有很多分類方式。方式之一是如表 13.3 以時間、成本、品質及其他支援性準據的分類法，分別簡述如下。

時間準據 (Time Metrics)：時間，向來是衡量運籌績效，尤其是與效果 (Effectiveness) 有關的重要指標。表 13.3 列舉五種常被業界採用的時間準據，這些準據都擺取有關時間的兩項要素：活動延續時間及活動時間的可靠度 (變異性) 等。舉例來說，訂單循環時間 (Order Cycle Time) 可能是 10 ± 4 天或 10 ± 2 天，兩者都有同樣的時間延續期間 (10 天)、但其變異性卻不同 (± 4 與 ± 2 天)，而活動時間的變異性會影響供應鏈上的安全庫存量。此處要強調的重點，是時間準據須同時衡量絕對時間 (活動延續時間) 與時間的變異性！

成本準據 (Cost Metrics)：相對於時間，成本通常是衡量效率 (Efficiency) 的重要指標。絕大部分的企業組織都會甚為關注成本績效，因為那會影響市場競爭力、獲利能力及資產或投資報酬率……等。對運籌與供應鏈管理而言，也有一些重要的成本績效衡量準據。

表 13.3　程序績效衡量準據類型區分表

時間準據 (Time Metrics)
及時交運與接收
訂單循環時間
訂單循環時間變異性
反應時間
預測與規劃循環時間
成本準據 (Cost Metrics)
庫存周轉 (天數)
應收帳款周轉 (天數)
服務成本
現金周轉循環
總交付成本
- 貨物成本
- 運輸成本
- 庫存持有成本
- 貨物處理成本

其他成本
- 資訊系統
- 管理費用

產能過剩成本
產能不足成本
品質準據 (Quality Metrics)
整體顧客滿意度
處理正確性
完美訂單履行
- 完成訂單
- 正確撿貨
- 及時交運
- 無損傷
- 發票正確

預測精確性
規劃精確性：預算與作業計畫
遵守排程
其他與支援性準據 (Other / Supporting Metrics)
核准標準以外的例外
- 最低訂單數量
- 改變訂單時間

資訊可用性

資料來源：J. S. Keebler, D. A. Durtsche, K. B. Manrodt, and D. M. Ledyard, *Keeping Score: Measuring the Business Value of Logistics in the Supply Chain* (University of Tennessee, Council of Logistics Management, 1999). Reproduced by permission from Council of Logistics Management.

表 13.3 中所列舉的成本績效準據中，有些是簡明易懂的，如總交貨成本 (Total Delivered Cost) 或到岸成本 (Landed Cost)，會影響貨品於市場上銷售的定價。總交付成本也是一種多面向的成本概念，包括貨物成本、運輸成本、庫存持有成本及進出口岸時的貨物處理與倉儲成本……等。庫存周轉 (Inventory Turns) 與應收帳款周轉 (Days Sales Outstanding) 的概念則不是那麼明顯。庫存周轉反應組織持有庫存的天數及對庫存持有成本的影響。應收帳款周轉則會影響顧客服務水準及影響訂單履行率等。現金周轉循環 (Cash-to-Cash Cycle) 因會影響到組織的現金流量，故也越來越受到企業組織的重視。總而言之，對所有成本績效準據而言，組織在乎的是如何能盡快的回收現金，以提升其財務活力。

表 13.3 中所列舉的第三種績效衡量準據的分類，是有關運籌與供應鏈管理的品質指標。如完美訂單履行 (Perfect Order Fulfillment) 是顧客服務品質的綜合指數，它需在完成訂單、正確撿貨、及時交運、無損傷和正確的索款發票等活動都正確執行與達成目標後，才能有正面的結果。

另一種有關供應鏈管理績效衡量準據的分類法，是由國際供應鏈協會 (Supply Chain Council) 所發布的**供應鏈作業參考模型** [Supply Chain Operations and Reference (SCOR) Model]。表 13.4 即列舉供應鏈作業參考模型的 5 種績效衡量屬性、定義及階層 1 的衡量準據。

表 13.4 供應鏈作業參考模型衡量準據

供應鏈屬性	績效屬性定義	階層 1 準據
可靠度	供應鏈交運的績效如：在正確的時間，以正確的包裝，及正確的品質與文件，將正確的產品，送到正確的地點與顧客	• 交運績效 • 填充率 • 訂單履行率
反應性	供應鏈將產品提供給顧客的速度	• 交貨時間
彈性	供應鏈反應市場需求變化，以維持競爭優勢的機敏性	• 供應鏈反應時間 • 產品彈性
成本	供應鏈運作的相關成本	• 銷售成品的成本 • 整體供應鏈成本 • 增值產量 • 保證與回收成本
資產管理效率	組織用於滿足需求的資產管理，包括固定與營運資金等	• 現金至現金循環時間 • 可供應存貨天數 • 資產周轉率

資料來源：摘自 Supply Chain Council (2015). Reproduced by permission.

表 13.5 則顯示供應鏈作業參考模型 D1 程序的績效屬性及衡量準據。

接著，此處再介紹一種稱為**運籌量化金字塔模型** (Logistics Quantification Pyramid Model)，建議運籌與供應鏈管理的績效，應從交易成本與收入、運籌作業、運籌服務三個基礎面向著手，最終促成通路滿足，如圖 13.2 所示。

交易成本與收入 (Transaction Cost and Revenue)：指由運籌活動所添加的附加價值。換句話說，供應鏈管理者應積極監控與探討服務和價格的關係為何、顧客對服務品質的認知為何等。從賣方 (貨品提供者) 的角度來看，增加運籌價值有三種基本作法如：

1. 以相同價格提供更好的服務。
2. 相同的服務但降低價格。
3. 提升服務同時也降低價格。

上述三種作法都能使賣方在相同貨物價格的基礎上，讓顧客感受到更好的服務水準。

表 13.5 供應鏈作業參考模型 D1 程序衡量準據

程序類型：庫存產品的交運	程序編號：D1
程序類型定義：	
根據顧客訂單累積及庫存再訂購參數等，將完成製造或從供應商獲得產品的交運程序。此程序的目的，是在顧客下單時，有足夠的庫存可供交運 (以免顧客轉向他處採購)。另因「可構型」產品與服務需要顧客的涉入或客製化需求，故本程序不適用於可構型產品與服務。	
績效屬性	**衡量準據**
供應鏈可靠度	• 完美訂單履行率
供應鏈反應性	• 訂單履行循環時間
供應鏈機敏性	• 上行供應鏈彈性 • 上行供應鏈調適性 • 下行供應鏈調適性 • 風險整體價值
供應鏈成本	• 服務整體成本
供應鏈資產管理	• 現金到現金循環時間 • 供應鏈固定資產報酬率 • 營運資金報酬率

資料來源：摘自 Supply Chain Council (2015). Reproduced by permission.

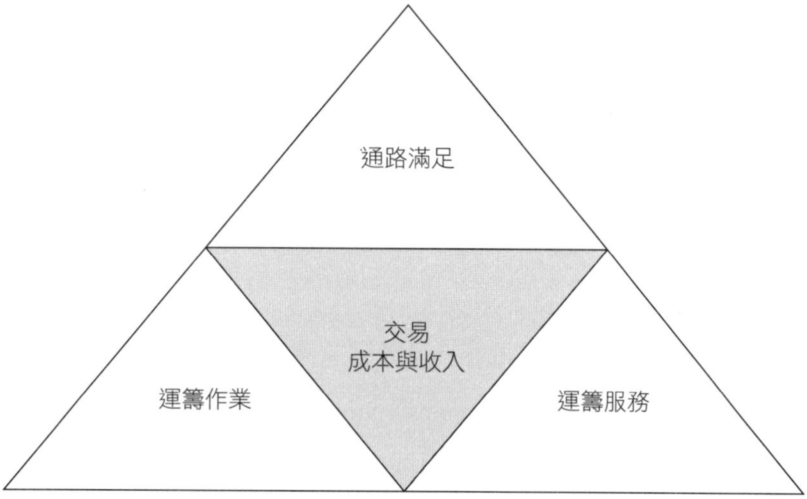

✧ 圖 13.2 運籌量化金字塔模型

資料來源：R. A. Novack, Center for Supply Chain Research, Penn State University (2015).

交易成本與收入的另一個觀點，是賣方的成本將如何影響客戶的獲利？另外，賣方的服務將對客戶的收入造成何種影響等。若賣方的成本架構能讓客戶從購買貨品中獲得更大的獲利基礎，則買方可能願意從賣方購買更多的貨品。舉例來說，若賣方能比競爭者提供每箱貨品 0.25 美元的降價優惠，則買方可將此降價轉換成其獲利，而願意持續向買方購買相同貨品。同樣的，賣方的服務水準對買方的收入造成正面的影響。舉例來說，若賣方比競爭者 90% 上架滿足水準多了 5%，亦即賣方能持續提供買方 95% 的上架滿足水準，則更高的上架可得性能讓客戶獲得更多的收入。

運籌作業 (Logistics Operations)：運輸作業，是運籌作業如何影響供應鏈績效的最好範例。藉由運輸服務與成本的權衡考量，供應鏈管理者可在預期的供應鏈整體績效水準下，決定運輸的服務水準與成本。

舉例來說，更快、更可靠的運輸模式 (如空運、貨車運輸等) 雖然會比較慢、較不可靠的運輸模式 (如海運、鐵路運輸等) 有較高的運輸成本，但會降低供應鏈中的庫存水準與庫存持有成本等，這通常會對組織的現金流量有正面的影響。

運籌服務 (Logistics Service)：在此分類中，產品可得性 (Product Availability) 是通常選用的運籌服務績效衡量準據，除了會影響客戶的庫存需求外，也是賣方訂單履行率與收入等之良好供應鏈績效衡量指標。

訂單循環時間（Order Cycle Time, OCT）是另一項被經常選用的供應鏈績效衡量準據。訂單循環時間一樣也影響產品可得性、客戶的庫存及買方的現金流與獲利能力……等。通常在建立訂單循環時間標準後，即可衡量服務失效的頻率，如每百次交運中延誤交運的次數。從收入或現金流量的角度來看，組織也可藉延誤交運準據，計算對組織收入、獲利及現金流量的影響（另請參照本書第 8 章訂單管理與顧客服務中的相關討論）。

除產品可得性與訂單循環時間外，會影響運籌服務的運籌活動產出還包括運籌作業反應性（Logistics Operations Responsiveness）、運籌系統資訊（Logistics System Information）及售後運籌支援（Post-Sale Logistics Support）等，這些運籌活動的產出績效準據，都會反應在顧客對運籌服務水準的認知。這對保留顧客相當重要，更進一步的，對增加組織收入與提升現金流量等也有助益。

通路滿足（Channel Satisfaction）：在運籌量化金字塔模型中的最後一個績效衡量面向，是所謂通路的滿足。此處的通路，是指產品製造商與終端顧客之外的所有供應鏈通路成員，如供應商、批發商及零售商等，對運籌成本和服務的滿足與否。雖然在這個績效衡量面向的研究相當少，但領先企業也正積極的發展其績效衡量準據中。一般而言，通路滿足的績效衡量目前著重於運籌成本與服務水準對通路成員組織所形成的財務影響，這將於下一節中與本書後續章節中詳加探討。

13.5 供應鏈與財務的關聯

如本章一開始的「供應鏈側寫」專欄所描述，美國 CLGN 教科書物流商專注於改善其供應鏈程序，期能改善其財務績效。CLGN 發現供應鏈的程序績效，除對顧客滿意度與未來銷售會有顯著衝擊外，供應鏈程序的執行成效也會影響顧客訂單滿足成本及運輸成本，兩者對貨品的整體到岸成本產生影響。

具體的說，供應鏈程序涉及使貨品從供應商流向最終顧客的所有活動，為達成此流動所需投入與運用的資源，將決定（至少是一部分）最終需求位置的產品可得性，而此到岸成本會影響顧客是否採購賣方所提供貨品的決策！

運籌服務所涉及的成本，除影響產品到岸成本、價格等的可行銷性(Marketability) 外，也會衝擊到組織的獲利性。在特定的價格、銷售規模及服務水準下，運籌成本越高，將使組織的獲利能力越下降；相反的，運籌成本越低，則組織的獲利能力也隨著提升。

供應鏈管理者在不同程序方案的決策，通常是利潤最大化的最佳化權衡議題。簡單的說，管理者在不同程序方案的選擇上，必須選擇能使組織獲利最大化的方案組合。有些方案能降低成本、卻也可能降低組織收入與獲利。管理者必須以系統化的方式，在收入與成本間執行權衡分析，追求獲利最佳化(亦即最大化)的目標。

對管理原物料、在製品與成品庫存的管理者而言，財務對庫存管理的影響，主要是庫存所需投資的權衡考量。對大多數企業組織而言，資金資源始終有限，但卻是關鍵專案如新廠房或新庫房整建之必須。若庫存水準越高，資金運用的限制也就越大，因而排擠到其他的投資專案或計畫。

在組織對資金運用限制越來越多的狀況下，近期的庫存管理重點在庫存最小化。如及時系統與供應鏈管理庫存等運籌管理技術，都能降低組織的庫存水準，並騰出更多的資金供其他專案或計畫之用。

前已指出，運籌服務水準對顧客滿意度會有直接的影響。一致性高、期程短的交貨期程，可有效管理庫存並提升顧客滿意度與忠誠度。但提升運籌服務水準對組織收入與獲利能力的負面影響，也須一併權衡考量。

最後，供應鏈運籌活動的效率，會直接影響處理顧客訂單所需的時間。如訂單處理時間會直接影響到訂單至現金循環**訂單到現金** (Order-to-Cash, OTC) **循環**——從接到買方訂單開始起算，到賣方收到買方的付款為止所經歷的時間。一般而言，當賣方送出貨品後，即會對買方發出付款通知(即發票)。若銷售條件是貨到 30 天內付款 (Net 30)，意味著賣方將在買方收到貨品後的 30 天內收到付款(扣除訂單與發票處理時間等)。訂單到現金循環時間越長，賣方收到買方付款的時間也越晚、導致賣方的應收帳款越高、售出成品的投資也越高……等。因此，訂單到現金循環時間對組織可用的資金也會有直接影響。

13.6 收入與成本節約的關聯

在本書的討論中，大部分重點都在說明提升供應鏈效率與降低成本的重要。雖然提升效率與降低成本是應該關注的目標，但組織高階管理人員通常在意的是如何提升收入與獲利水準。這種所用詞彙之間的差異，可由經營階層的管理者將效率、成本等詞彙轉換成收入與利潤，即可有效解決。在本章附錄 13A 中，即列舉一些業界常用的財務詞彙及其定義。

運籌與供應鏈的經理人們，若能將降低成本轉換成相對應的收入增加，則能在提升供應鏈績效的規劃中，獲得高階人員的有效支持。為達成轉換目的，可利用下列公式：

$$利潤 = 收入 - 成本$$

若

$$成本 = (X\%)(收入)$$

則

$$利潤 = 收入 - (X\%)(收入) = (收入)(1 - X\%)$$

此處

$$(1 - X\%) = 淨利率\ (\text{Profit Margin})$$

而

$$銷售額 = 利潤 / 淨利率$$

若假設所有其他條件維持不變的狀況下，運籌成本的節約會直接以成本節約額度增加稅前獲利。若運籌成本節約所增加的獲利一樣，則成本節約的等量收入（銷售額）可由成本節約除以淨利率而得，如最後一項公式所示。

舉例說明，若

$$成本 = 收入的\ 90\%$$

$$淨利率 = 收入的\ 10\%$$

則 100 美元的成本節約相當於 1,000 美元的額外收入，其計算方式如下：

銷售額（或收入）= 利潤（或成本節約）/ 淨利率

= $100 / 0.1

= $1,000

表 13.6 以本章最前頭 CLGN 教科書物流商的實際運作數據，列出幾種運籌成本節約方式所可獲得的等值銷售收入。在 7% 淨利率的狀況下，200,000 美元的成本節約，即相當於 2,857,143 美元的銷售收入，這意味著 1.9% 的銷售成長率。若成本節約可達 1,000,000 美元，則其等值銷售收入 14,285,714 美元，代表著 9.52% 的銷售成長率。成本節約量越大，其等值銷售收入的成長率也越高。

換個角度看，若在成本節約不變動的狀況下，淨利率越低，則等值銷售收入就越高。這是因為要產生一定獲利條件下，銷售（收入）量要增加，才能配合著較低淨利率達成獲利目標。表 13.7 顯示不同淨利率下等值銷售收入的變化。對 10,000 美元的成本節約而言，在 1% 淨利率下的等值銷售收入為 1,000,000 美元；但對 20% 淨利率的運作而言，其等值銷售收入只有 50,000 美元。從表 13.7 的比較資訊來看，運籌成本節約在低淨利率的水準下，對等值銷售收入有較大的衝擊影響。

表 13.6 供應鏈成本節約的等值銷售（收入）

	CLGN 2015 年		與成本節約等值的銷售收入		
	$(千美元)	%	$200,000	$500,000	$1,000,000
銷售收入	150,000	100	2,857,143*	7,142,857**	14,285,714***
總成本	139,500	93	2,657,143	6,642,857	13,285,714
淨利潤	10,500	7	200,000	500,000	1,000,000

*200,000 美元成本節約 / 0.07 獲利率。

**500,000 美元成本節約 / 0.07 獲利率。

***1,000,000 美元成本節約 / 0.07 獲利率。

資料來源：Edward J. Bardi, Ph.D. Used with permission.

表 13.7 淨利率變化下的等值銷售（收入）

	淨利率			
	20%	10%	5%	1%
銷售收入	50,000	100,000	200,000	1,000,000
總成本	40,000	90,000	190,000	990,000
成本節約	10,000	10,000	10,000	10,000

資料來源：Edward J. Bardi, Ph.D. Used with permission.

13.7 供應鏈的財務衝擊

對幾乎所有企業組織的財務目標而言，能產生使投資股東滿意的投資報酬率，是最重要的目標。這需要組織在相對於股東投資規模下有足夠的獲利，才能維持股東對公司的投資信心。低的投資報酬率，會驅使股東將資金轉移至其他標的；但過高的投資報酬率，也會導致股東對投資風險的存疑。總之，企業組織的投資報酬率必須維持在適當水準，過與不及都會影響股東的投資決策。

組織獲利的絕對值，須考量股東淨投資、也就是**淨值** (Net Worth) 的相對性考量。舉例說明，若 A、B 兩公司各自有 100 萬美元與 1 億美元的獲利，看起來 B 公司是個較值得投資的目標。但若 A、B 兩公司的股東淨值分別是 1 千萬美元與 100 億美元，則 A 公司的**股東淨值報酬率** (Return on Net Worth) 為 10%（$100 萬 / $1 千萬）；但 B 公司的股東淨值報酬率只有 1%（$1 億 / $100 億）。顯然的，A 公司是較佳的投資標的。

一企業組織的財務績效，同樣也可以相對於資產運用的獲利能力，亦即**資產報酬率** (Return on Assets, ROA) 來衡量。資產報酬率通常用於產業中各同行企業間的標竿衡量指標。與股東淨值報酬率一樣，資產報酬率也必須以相對組織獲利水準來考量。

供應鏈在企業組織獲利能力上扮演著關鍵性的角色。供應鏈的效率與成效越高，企業的獲利能力也越強；相對的，若供應鏈的運作效率或功效越差，則其運作成本越高、獲利能力則相對性的下降。

圖 13.3 顯示供應鏈管理與資產報酬率之間的財務關係。如圖所示，供應鏈的運作成效影響著收入，供應鏈運作效率則影響著總成本。如前所述，收入扣除成本後等於獲利，這是資產報酬率的主要貢獻部分 (分子)。另由庫存、應收帳款、現金及固定資產等資產的配置與運用形成的已運用資金，是資產報酬率的限制部分 (分母)。顯然的，獲利能力越大或已運用資金越小，則資產報酬率將越大。

組織於供應鏈上擁有的庫存水準，將決定對庫存的資產 (或資金) 投入量。訂單至現金循環決定銷售後組織收到貨款的時間，因此也將影響應收帳款及現金資產

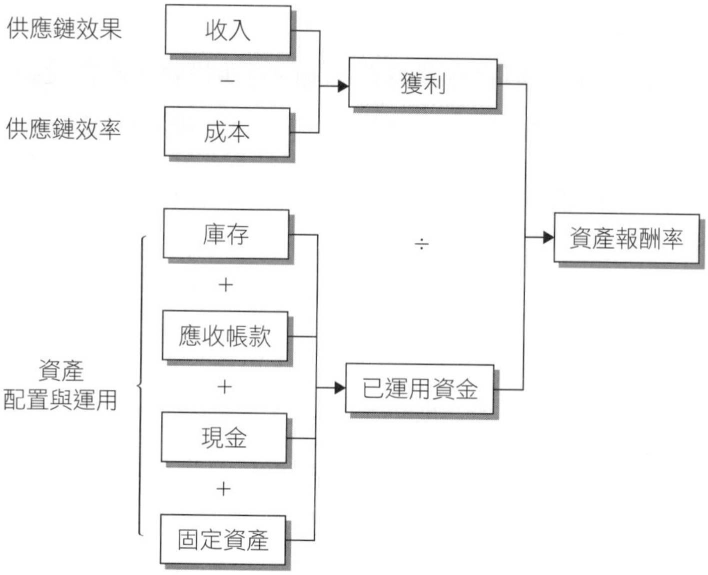

✧ **圖 13.3** 供應鏈對資產報酬率的影響

資料來源：Robert A. Novack, Ph.D. Used with permission.

(流量)。最後，供應鏈有關庫房設施類型與數量的決定等，則會影響固定資產的運用等。

另一種用來審視供應鏈服務品質與成本對組織財務績效的影響，如圖 13.4 所示。圖 13.4 表示組織的現金與應收帳款，會受供應鏈時間管理 (訂單循環時間、訂單至現金時間等)、供應鏈可靠度 (訂單完成率、及時交運率等) 與資訊正確性 (發票正確性) 等之影響。上述所有供應鏈服務相關活動，都會決定顧客何時開始處理

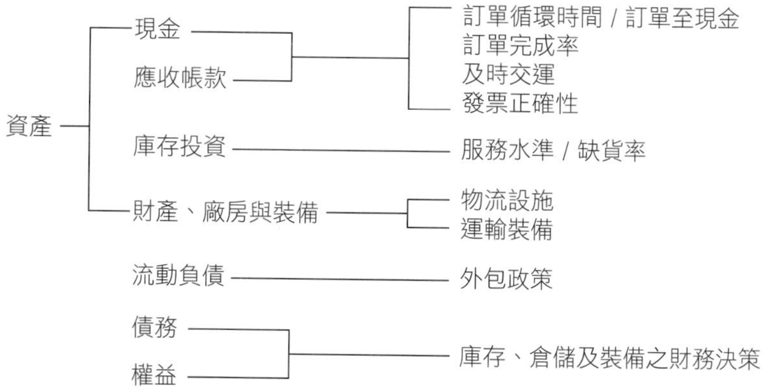

✧ **圖 13.4** 供應鏈對資產負債表的影響

資料來源：Robert A. Novack, Ph.D. Used with permission.

接收到貨物後的付款程序。組織對庫存的投資會受到需要的服務水準及缺貨率等之影響。至於有關財產、廠房與裝備等運籌設施的資產投資，則會受到物流設施與運輸裝備等決策的影響；換句話說，也就是設施與運輸車隊自有或外包的決策，外包決策則會影響流動負債（應付帳款）。最後，有關庫存、倉儲與裝備等基礎設施的財務決策，也會影響組織的債務與權益等。

圖 13.5 彙整影響組織資產報酬率的供應鏈管理策略，包括通路架構管理、庫存管理、訂單管理及運輸管理等。上述供應鏈管理策略領域都會影響組織的資產配置或可實現獲利水準的程度等，分別討論如下。

通路架構管理 (Channel Structure Management)：包括運用外包、通路倉儲、資訊系統及通路架構等之決策。一般來說，組織若將供應鏈活動外包給外包服務商，通常可獲得降低供應鏈成本（外包商更具功能專業性與執行效率）、降低資產投資（運用外包商的設施）及增加收入（藉改善供應鏈服務水準）等效果，這些降低運作成本與投資、提升獲利水準等決策，都能有效提升組織的資產報酬率。

在通路架構管理作為中，通路庫存最小化會降低組織資產運用的需求。資訊系統的改善與運用，使組織能有效監控通路庫存水準，掌控產品生產排程及對需求執行較有效的預測……等。通路架構的精簡化的重點，則在排除不必要的通路中間

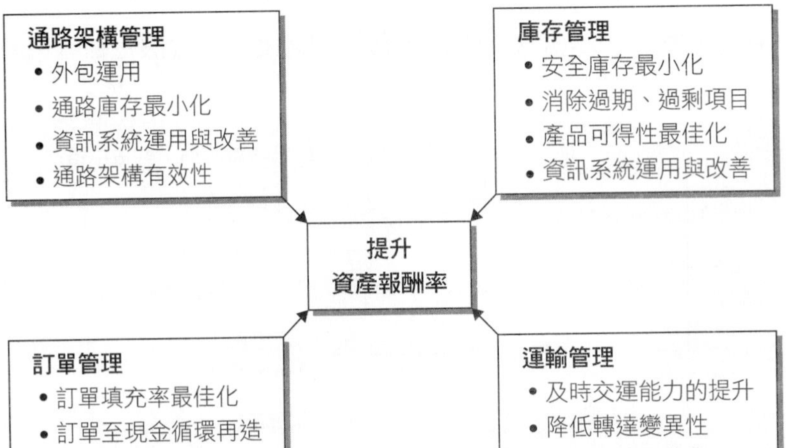

✧ **圖 13.5** 供應鏈決策對資產報酬率的影響

資料來源：Robert A. Novack, Center for Supply Chain Resource, Penn State University (2015).

商——如跳過批發商，直接與零售商接觸——而降低通路庫存與運輸的成本。這些通路庫存與成本的降低，會對資產報酬率有直接、正面的提升效果。

庫存管理 (Inventory Management)：庫存管理的決策要點，是降低庫存與對庫存的投資。藉由安全庫存最小化、消除過期、過剩的庫存項目等，可達到盡可能降低庫存的目標，而產品可得性的最佳化配置與資訊系統的有效運用與改善等，則能有效降低對庫存的投資。

訂單管理 (Order Management)：有效的訂單管理，能降低供應鏈運作成本外及增加組織的收入，其結合效益則是更高的資產報酬率。訂單填充率的最佳化意味著降低訂單至現金循環時間，進而縮減應收帳款的回收時間。降低訂單處理時間、配合著對顧客付款授信時程的縮短 (亦即訂單至現金循環的再造)、降低缺貨機率，及運用資訊系統縮減應收帳款的收款時間……等，都能有效改善組織的資產報酬率。

運輸管理 (Transportation Management)：最後，縮短運輸轉運時間及轉運時間的變異性等，對收入與庫存水準等都有正面的影響。若能提供一致性高、轉運時間短的運輸服務，則能藉由降低買方的庫存與缺貨成本等而獲得市場競爭優勢。混合 (運輸) 模式的最佳化規劃，則能在不變動其他成本的狀況下，達到節約運輸成本的目的。當然，資訊系統的有效運用與改善，對上述運輸管理的策略性決策都有幫助。

在圖 13.5 中，我們應可發現資訊系統的有效運用與改善，對所有運輸的策略性決策都有重要的影響，進而提升組織的資產報酬率。

第一線上　運輸服務關係管理的投資報酬率

ARC 顧問集團的供應鏈方案主持人班克 (Steve Baker)，認為**運輸管理服務** (Managed Transportation Service, MTS) 關係報酬的衡量，對交運人越來越重要。

在一運輸管理服務協議中，交運人委託一第三方服務提供商執行貨物的交運任務。換句話說，就是第三方服務商就是運輸管理服務的提供者，代理交運人執行貨運任務，而非由交運人直接負責貨物的交運。

當業界已有許多**運籌服務提供商** (Logistics Service Providers, LSP) 及其客戶間互動關係的相關研究時，對倉儲、貨運代理及運輸管理服務等之運籌服務提供商的關係研究卻出奇的少！為改善此缺乏研究文獻的狀況，ARC 顧問集團與研究集團 (Peerless Research

Group, PRG)──〈運籌管理〉(*Logistics Management*) 期刊的一附屬研究部門──共同執行一調查研究計畫。

「我們的目標在採討運輸管理服務對組織投資報酬率的影響。藉由區分運輸管理服務降低組織成本的分群，來採討高績效運輸管理服務與其他分群間有何差異？」班克進一步表示：「研究的結果，可讓交運人如何評估運輸管理服務的運作績效。」

在班克的專業領域中，可獲得相當多有關第三方服務提供商的資料，並用來衡量交運人的實際需要與需求。「研究的結果相當簡單！」班克總結道：「所有的交運人都要求運輸管理服務的高效服務，他們並不在乎能提供卓越運輸管理服務的 3PL 服務商有多少。」但在採用或不採用運輸管理服務對降低成本的比較上就有顯著差異，如以下兩圖所示：

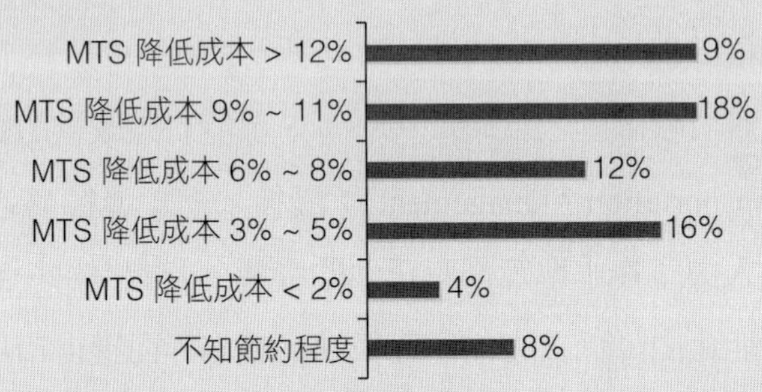

採用運輸管理服務對降低成本貢獻的分群示意圖

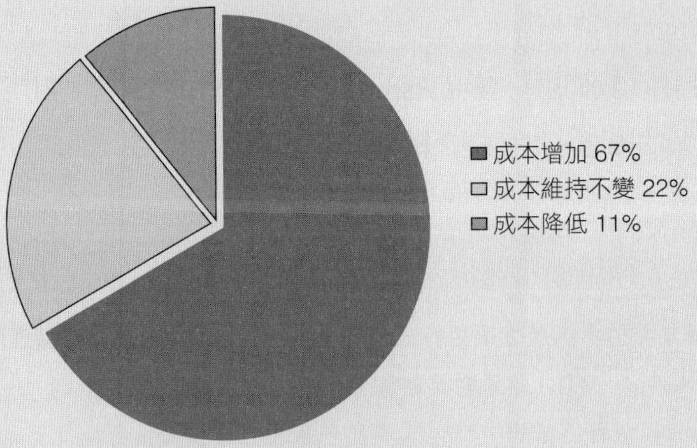

不採用運輸管理服務對組織運輸成本影響示意圖

資料來源：摘自*Logistics Management*, June 2014, p. 56S. Reprinted with permission of Peerless Media, LLC.

13.8 財務報表

為使讀者瞭解供應鏈管理績效對組織財務的影響，此處以本章一開始「供應鏈側寫」中 CLGN 教科書物流商的實際案例，介紹兩種組織常用的財務報表：**損益表** (Income Statement) 及**資產負債表** (Balance Sheet) 的運用。CLGN 教科書物流商 2015 的損益表，如表 13.8 所示。

CLGN 教科書物流商 2015 年的銷售額 (S) 為 15,000 萬美元，在 7% 淨利率 (Profit Margin) 狀況下的淨收入 (Net Income, NI) 為 1,050 萬美元。毛利 (Gross Margin, GM) 為銷售額 (S) 扣除成品銷售成本 (Cost of Goods Sold, CGS) 而得。息稅前利潤 (Earnings Before Interest & Taxes, EBIT) 則為毛利 (GM) 扣除總作業成本 (Total Operating Cost, TOC)。淨收入則可由息稅前利潤扣除利息 (INT) 與稅 (TX) 而得。總作業成本則由運輸成本 (TC)、倉儲成本 (WC)、庫存持有成本 (IC) 及其他作業成本 (Other Operating Costs, OOC) 等所構成，而庫存持有成本則為平均庫存 (Inventory, IN) 乘以庫存持有成本比率 (W) 而得等。

CLGN 教科書物流商於 2015 年的資產負債表，如表 13.9 所示。CLGN 運用價值 14,500 萬美元的總資產 (Total Assets, TA) 產生 15,000 萬美元的銷售額 (S, 如表

表 13.8 CLGN 2015 年損益表

	符號	（千美元）	（千美元）
銷售	S		150,000
成品銷售成本	CGS		80,000
毛利	GM = S − CGS		70,000
運輸成本	TC	6,000	
倉儲成本	WC	1,500	
庫存持有成本	IC = IN x W	3,000	
其他作業成本	OOC	30,000	
總作業成本	TOC = TC + WC + IC + OOC		40,500
息稅前利潤	EBIT = GM − TOC		29,500
利息	INT		12,000
稅	TX = (EBIT − INT) × 0.4		7,000
淨收入	NI		10,500

資料來源：Edward J. Bardi, Ph.D. Used with permission.

表 13.9 CLGN 2015 年資產負債表

	符號	（千美元）
資產		
現金	CA	15,000
應收帳款	AR	30,000
庫存	IN	10,000
總流動資產	TCA = CA + AR + IN	55,000
固定資產淨值	FA	90,000
總資產	TA = FA + TCA	145,000
負債		
流動債務	CL	65,000
長期債務	LTD	35,000
總債務	TD = CL + LTD	100,000
股東權益	SE	45,000
總債務與權益	TLE = TD + SE	145,000

資料來源：Edward J. Bardi, Ph.D. Used with permission.

13.8 所示）。而總資產中包括 1,500 萬美元的現金 (Cash, CA)、3,000 萬美元的應收帳款 (Accounts Receivable, AR)、1,000 萬美元的庫存 (Inventory, IN) 及 900 萬美元的固定資產 (Fixed Assets, FA) 等。

上述 CLGN 的資產是由債務及股東權益（投資）所資助。總債務 (Total Debt, TD) 為 1 億美元，由 6,500 萬美元流動債務 (Current Liabilities, CL) 及 3,500 萬美元的長期債務 (Long-Term Debt, LTD) 所構成。總債務加上股東權益 (Stockholder's Equity, SE) 的總債務與權益 (Total Liabilities & Equity, TLE) 則用來支應資產。

讀者可注意到資產負債表中的總資產，應等於總債務與權益，故有資產與債務「平衡」(Balance) 之意涵。

13.9 供應鏈決策的財務衝擊

根據上一節的兩份財務報表，CLGN 的管理者就可藉以分析不同的供應鏈決策對 CLGN 獲利的影響。

在供應鏈決策方案中，最基本的考量是降低運輸、倉儲及庫存的成本對獲利能力改善的程度比較。此處以降低運輸、倉儲與庫存成本各 10% 為例，比較其對 CLGN 獲利的影響，分如表 13.10 至表 13.12 所示。

表 13.10 顯示若將運輸成本降低 10% 後對 CLGN 的財務影響。首先，是未降低運輸成本的初始狀況。在 15,000 萬美元銷售額 (S) 及 7% 淨利率的狀況下，CLGN 於 2015 年的淨收入為 1,050 萬美元。CLGN 以 14,500 萬美元的總資產產生此淨收入，因此資產報酬率為 1,050 / 14,500 = 7.24%。

表 13.10 降低運輸成本 10% 的財務影響

	符號	CLGN, 2015（千美元）	降低運輸成本 10%
銷售	S	150,000	150,000
銷售成品成本	CGS	80,000	80,000
毛利	GM = S – CGS	70,000	70,000
運輸成本	TC	6,000	5,400
倉儲成本	WC	1,500	1,500
持有庫存	IC = IN x W	3,000	3,000
其他作業成本	OOC	30,000	30,000
總作業成本	TOC = TC + WC + IC + OOC	40,500	39,900
息稅前利潤	EBIT = GM – TOC	29,500	30,100
利息	INT	12,000	12,000
稅	TX	7,000	7,240
淨收入	NI	10,500	10,860
資產配置			
庫存	IN	10,000	10,000
應收帳款	AR	30,000	30,000
現金	CA	15,000	15,000
固定資產	FA	90,000	90,000
總資產	TA	145,000	145,000
比率分析			
獲利率	NI / S	7.00%	7.24%
資產報酬率	NI /TA	7.24%	7.49%
庫存週轉率	CGS / IN	8.00	8.00
運輸於銷售占比	TC / S	4.00%	3.60%
倉儲於銷售占比	WC / S	1.00%	1.00%
持有庫存銷售占比	IC / S	2.00%	2.00%

資料來源：Edward J. Bardi, Ph.D. Used with permission.

參照表 13.10 最右邊一欄，若將運輸成本降低 10%，淨收入將從 1,050 萬美元增加為 1,086 萬美元，使資產報酬率從 7.24% 提升到 7.49%（1,086 / 14,500)；運輸於銷售占比（TC / S）也將從 4.0% 降為 3.6%。

表 13.11 與表 13.12 則分別顯示與表 13.10 類似，但分別降低倉儲與庫存成本 10% 後對 CLGN 財務的影響。一如降低運輸成本一樣，降低倉儲或庫存成本都會增加 CLGN 的資產報酬率。降低運輸、倉儲與庫存成本各 10% 的決策方案，對獲利率、資產報酬率及庫存周轉率等財務績效，則比較如表 13.13 所示。

表 13.11 降低倉儲成本 10% 的財務影響

	符號	CLGN, 2015（千美元）	降低運輸成本 10%
銷售	S	150,000	150,000
銷售成品成本	CGS	80,000	80,000
毛利	GM = S – CGS	70,000	70,000
運輸成本	TC	6,000	6,000
倉儲成本	WC	1,500	1,350
持有庫存	IC = IN x W	3,000	3,000
其他作業成本	OOC	30,000	30,000
總作業成本	TOC = TC + WC + IC + OOC	40,500	40,350
息稅前利潤	EBIT = GM – TOC	29,500	29,650
利息	INT	12,000	12,000
稅	TX	7,000	7,060
淨收入	NI	10,500	10,590
資產配置			
庫存	IN	10,000	10,000
應收帳款	AR	30,000	30,000
現金	CA	15,000	15,000
固定資產	FA	90,000	90,000
總資產	TA	145,000	145,000
比率分析			
獲利率	NI / S	7.00%	7.06%
資產報酬率	NI / TA	7.24%	7.30%
庫存周轉率	CGS / IN	8.00	8.00
運輸於銷售占比	TC / S	4.00%	4.00%
倉儲於銷售占比	WC / S	1.00%	0.90%
持有庫存銷售占比	IC / S	2.00%	2.00%

資料來源：Edward J. Bardi, Ph.D. Used with permission.

表 13.12 降低庫存 10% 的財務影響

	符號	CLGN, 2015（千美元）	降低運輸成本 10%
銷售	S	150,000	150,000
銷售成品成本	CGS	80,000	80,000
毛利	GM = S – CGS	70,000	70,000
運輸成本	TC	6,000	6,000
倉儲成本	WC	1,500	1,500
持有庫存	IC = IN x W	3,000	2,700
其他作業成本	OOC	30,000	30,000
總作業成本	TOC = TC + WC + IC + OOC	40,500	40,200
息稅前利潤	EBIT = GM – TOC	29,500	29,800
利息	INT	12,000	12,000
稅	TX	7,000	7,120
淨收入	NI	10,500	10,680
資產配置			
庫存	IN	10,000	9,000
應收帳款	AR	30,000	30,000
現金	CA	15,000	15,000
固定資產	FA	90,000	90,000
總資產	TA	145,000	144,000
比率分析			
獲利率	NI / S	7.00%	7.12%
資產報酬率	NI /TA	7.24%	7.42%
庫存周轉率	CGS / IN	8.00	8.89
運輸於銷售占比	TC / S	4.00%	4.00%
倉儲於銷售占比	WC / S	1.00%	1.00%
持有庫存銷售占比	IC /S	2.00%	1.80%

資料來源：Edward J. Bardi, Ph.D. Used with permission.

從表 13.13 所示三種供應鏈決策方案的財務比較數據顯示，對提升淨利率與資產報酬率而言，降低運輸成本為最佳方案。但若對庫存周轉率而言，則降低庫存成本為最佳方案。表 13.13 突顯出各種供應鏈決策方案對淨利率、資產報酬率及庫存周轉率等財務績效，都各自有其影響與貢獻。決策者在選擇方案前，仍須執行其他功能領域的權衡分析。

表 13.13 供應鏈不同決策方案比較表

比例分析 (%)	CLGN, 2015 $(千美元)	運輸成本降 10%	倉儲成本降 10%	庫存降 10%
淨利率	7.00%	7.24%	7.06%	7.12%
資產報酬率	7.24%	7.49%	7.30%	7.42%
庫存周轉率	8.00	8.00	8.00	8.89
運輸於銷售占比	4.00%	3.60%	4.00%	4.00%
倉儲於銷售占比	1.00%	1.00%	0.90%	1.00%
持有庫存銷售占比	2.00%	2.00%	2.00%	1.80%

資料來源：Edward J. Bardi, Ph.D. Used with permission.

另一種與 13.9 節類似的財務分析方式，是所謂的**策略獲利模型** (Strategic Profit Model, SPM)。策略獲利模型可以電子表單方式執行財務決策分析 (Spreadsheet Analysis)，與前述報表式財務分析方式稍有差異的是，策略獲利模型增加兩個財務績效指數如下：

1. **資產周轉率** (Asset Turnover)：銷售額除以總資產的比例，顯示組織如何運用資產於銷售作為上。
2. **股東權益報酬率** (Return on Equity, ROE)：為組織對股東投資權益的回報，為組織運用資金 (現金與應收帳款) 為股東創造的權益報酬。

圖 13.6 顯示 CLGN 在 2015 年現況與降低運輸成本 10% 的策略獲利模型圖。資產報酬率從 7.24% 提升到 7.49% 的情形與表 13.10 的分析結果一樣。至於降低運輸成本 10% 決策的資產周轉率，與初始狀態一致，都是 103% (銷售額 $150,000 / 總資產 $145,000)；但股東權益報酬率，則從初始狀態的 23.33% (初始狀態淨收入 $10,500 / 加總應收帳款與現金的 $45,000) 提升到 24.13% (淨收入 $10,860 / 加總應收帳款與現金的 $45,000)。

如同之前的報表分析一樣，策略獲利模型若只對某一項行動方案 (如圖 13.6 的降低運輸成本) 執行分析比較，其結果不適合逕自作為決策的依據，而須在比較分析其他行動方案 (如降低倉儲或庫存成本……等) 的利弊得失後，才能做出適當的 (如使組織獲利最大) 決策。

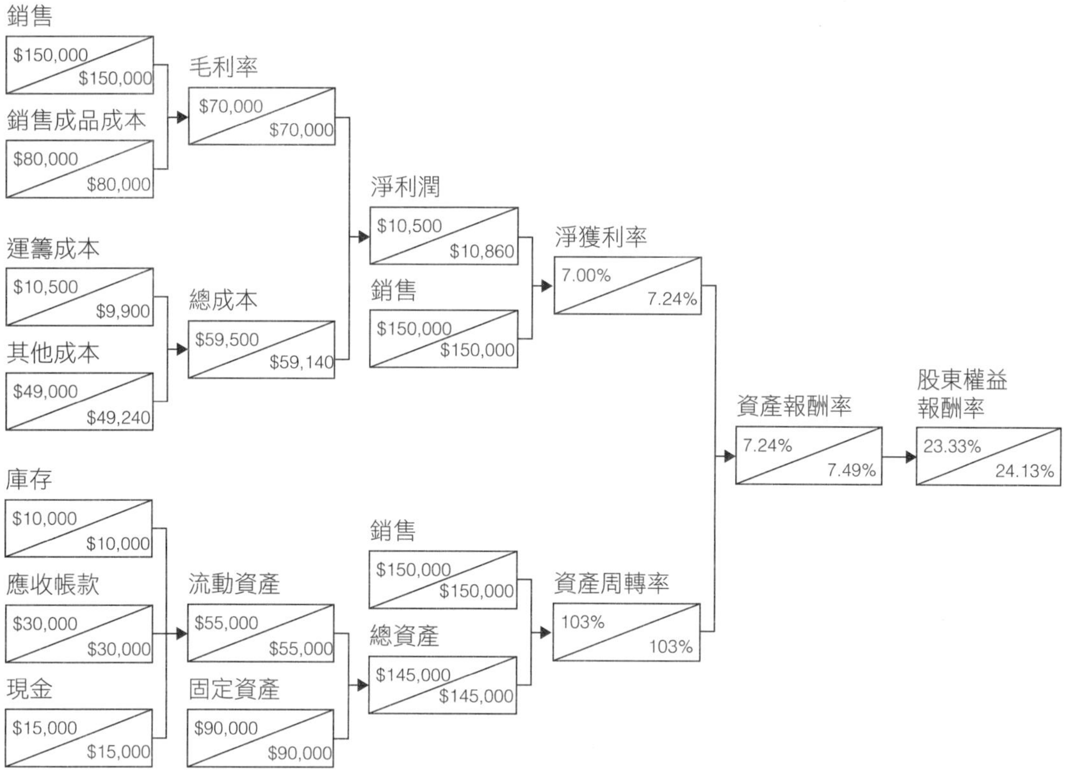

✧ **圖 13.6** CLGN 2015 年降低運輸成本的策略獲利模型

註：框內上半部為 CLGN 於 2015 年之數據，下方為降低的運輸成本。
資料來源：Edward J. Bardi, Ph.D. Used with permission.

舉例來說，在降低運輸成本的分析範例中，分析結果可能建議 CLGN 決策者採用較慢的運輸模式以降低運輸成本，提升資產報酬率與股東權益報酬率等，但此決策卻可能導致客戶的不滿意而降低銷售量。從另一個角度來說，降低倉儲成本的方案，可能需要投入更多的資金於自動化物料處理設備的整建，如此會增加資源投入、進而降低資產報酬率等。

經由上述的說明，我們可知任何一項解決方案，雖都可能產生較高的獲利能力，但同時也可能增加其他方案領域的成本風險。為說明此現象，下一節將從供應鏈服務失效的角度，進一步說明各種方案對組織財務的衝擊影響。

13.10 供應鏈服務的財務運用

如本章一開始介紹的供應鏈側寫範例，CLGN 教科書物流商曾經在及時交運與訂單履行率等領域，有所謂**服務失效** (Service Failures) 的狀況。95% 的及時交運率，意味著有 5% 的承諾訂單未能及時交運；97% 的訂單履行率，則意味著有 3% 的訂單未能正確的執行。

服務失效的結果，將使更正服務失效的行動成本增加與降低銷售量，如圖 13.7 所示供應鏈服務失效的影響示意圖所示。當服務失效事件發生後，可能導致顧客要求調整訂單或直接拒絕訂單兩種情形。若是顧客直接拒絕該筆訂單，則會有喪失銷售收入 (拒絕訂單數量 × 每筆訂單收入) 的結果；另如顧客要求調整訂單，則可能會有顧客要求發票折扣以補償客戶不方便或增加成本的損失 (調整訂單數量 × 每筆訂單折扣)，及再處理訂單等成本。

以 CLGN 實際案例數據執行更正行動的財務分析，假設 2015 年訂單的總數為 150 萬筆，每筆訂單平均收入為 100 美元，每筆訂單的貨品成本為 53.33 美元，未

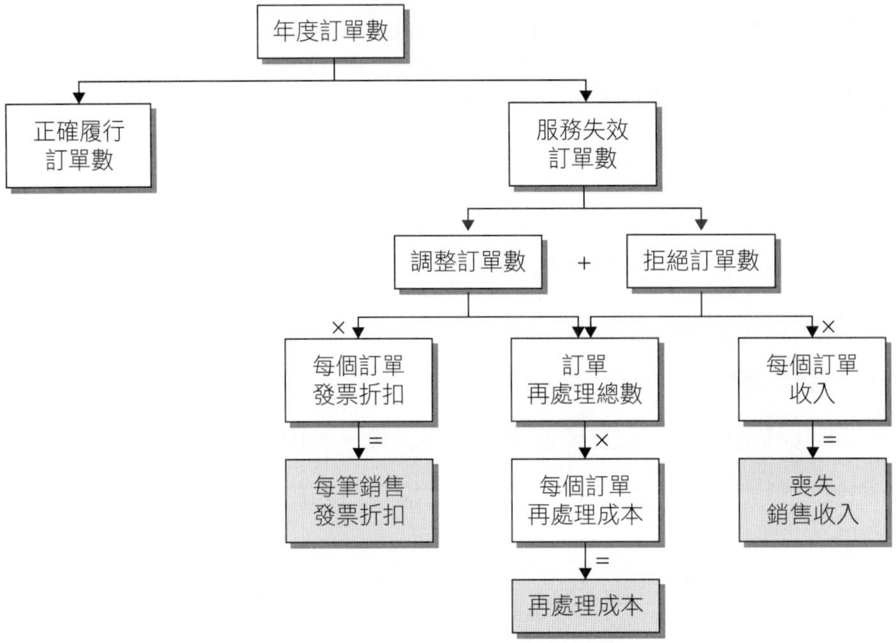

✧ 圖 13.7 供應鏈服務失效之影響

資料來源：Edward J. Bardi, Ph.D. Used with permission.

能及時交運的機率為 10%，而未能履行訂單的機率為 20%，對拒絕訂單與調整訂單的再處理成本為每筆訂單 20 美元，對調整訂單的折扣為每筆訂單 10 美元，其他成本和資產數據則與前述分析相同。則改善準時交貨率與改善訂單履行率的財務分析表，分如表 13.14 和表 13.15 所示。

表 13.14 改善準時交貨率財務分析表中，在 95% 及時交運率下，有 75,000 筆訂單 (1,500,000 × 0.05) 延遲交運 (服務失效)。在此 75,000 筆訂單中，顧客拒絕訂單的數量為 7,500 筆 (75,000 × 10%)，而 CLGN 因此拒絕訂單遭受的收入損失為 750,000 美元 (7,500 筆訂單 × 每筆訂單收入 $100)。訂單再處理的成本則

表 13.14 改善準時交貨率財務分析表

	符號	及時交運率 55%	及時交運率 96%	輸入資料	95%	96%
年度訂單數	AO	1,500,000	1,500,000	%CF	95%	96%
訂單填充正確性	OFC = AO × %CF	1,425,000	1,440,000	年度訂單數	1,500,000	1,500,000
服務失效訂單數	SF = AO − OFC	75,000	60,000	SP = 收入 / 訂單	$ 100	$ 100
喪失銷售訂單	LS = SF × LSR	7,500	6,000	CG = 貨物成本 / 訂單	$ 53.33	$ 53.33
調整訂單	RO = SF − LS	67,500	54,000	喪失銷售率	10%	10%
淨銷售訂單	NOS = AO − LS	1,492,500	1,494,000	RCO = 再處理成本 / 訂單	$ 20	$ 20
銷售	S = SP × AO	$150,000,000	$150,000,000	IDR = 發票折扣率	$ 10	$ 10
發票折扣	ID = IDR × RO	$ 675,000	$ 540,000	運輸成本	$ 6,000,000	$ 6,000,000
喪失銷售收入	LSR = LS × SP	$ 750,000	$ 600,000	倉儲成本	$ 1,500,000	$ 1,500,000
淨銷售	NS = S − ID − LSR	$148,575,000	$148,860,000	利息成本	$ 3,000,000	$ 3,000,000
銷售貨品成本	CGS = CG × NOS	$ 79,595,025	$ 79,675,020	其他作業成本	$30,000,000	$30,000,000
獲利率	GM = NS − CGS	$ 68,979,975	$ 69,184,980	庫存	$10,000,000	$10,000,000
再處理成本	RC = RCO × SF	$ 1,500,000	$ 1,200,000	現金	$15,000,000	$15,000,000
運輸成本	TC	$ 6,000,000	$ 6,600,000	應收帳款	$30,000,000	$30,000,000
倉儲成本	WC	$ 1,500,000	$ 1,500,000	固定資產	$90,000,000	$90,000,000
庫存持有成本	IC = IN × W	$ 3,000,000	$ 3,000,000	W = 庫存持有率	30%	30%
其他作業成本	OOC	$ 30,000,000	$ 30,000,000			
總作業成本	TOC	$ 42,000,000	$ 42,300			
息稅前利潤	EBIT = GM − TOC	$ 26,679,975	$ 26,884,980			
利息	INT	$ 3,000,000	$ 3,000,000			
稅 (40%)	TX	$ 9,591,990	$ 9,553,992			
淨收入	NI = EBIT − INT − TX	$ 14,387,985	$ 14,330,988			
1% 改善獲利			($56,997)			

資料來源：Edward J. Bardi, Ph.D. Used with permission.

表 13.15 改善訂單履行率財務分析表

	符號	訂單履行率 97%	訂單履行率 98%	輸入資料	97%	98%
年度訂單數	AO	1,500,000	1,500,000	%CF	97%	98%
訂單填充正確性	OFC = AO × %CF	1,455,000	1,470,000	年度訂單數	$ 1,500,000	$ 1,500,000
服務失效訂單數	SF = AO − OFC	45,000	30,000	SP = 收入 / 訂單	$ 100	$ 100
喪失銷售訂單	LS = SF × LSR	9,000	6,000	CG = 貨物成本 / 訂單	$ 53.33	$ 53.33
調整訂單	RO = SF − LS	36,000	24,000	喪失銷售率	20%	20%
淨銷售訂單	NOS = AO − LS	1,491,000	1,494,000	RCO = 再處理成本 / 訂單	$ 20	$ 20
銷售	S = SP × AO	$150,000,000	$150,000,000	IDR = 發票折扣率	$ 10	$ 10
發票折扣	ID = IDR × RO	$ 360,000	$ 240,000	運輸成本	$ 6,000,000	$ 6,000,000
喪失銷售收入	LSR = LS × SP	$ 900,000	$ 600,000	倉儲成本	$ 1,500,000	$ 1,600,000
淨銷售	NS = S − ID − LSR	$148,740,000	$149,160,000	利息成本	$ 3,000,000	$ 3,000,000
銷售貨品成本	CGS = CG × NOS	$ 79,515,030	$ 79,675,020	其他作業成本	$30,000,000	$30,000,000
獲利率	GM = NS − CGS	$ 69,224,970	$ 69,484,980	庫存	$10,000,000	$10,000,000
再處理成本	RC = RCO × SF	$ 900,000	$ 600,000	現金	$15,000,000	$15,000,000
運輸成本	TC	$ 6,000,000	$ 6,000,000	應收帳款	$30,000,000	$30,000,000
倉儲成本	WC	$ 1,500,000	$ 1,600,000	固定資產	$90,000,000	$90,000,000
庫存持有成本	IC = IN × W	$ 3,000,000	$ 3,000,000	W = 庫存持有率	30%	30%
其他作業成本	OOC	$ 30,000,000	$ 30,000,000			
總作業成本	TOC	$ 41,400,000	$ 41,200,000			
息稅前利潤	EBIT = GM − TOC	$ 27,824,970	$ 28,284,980			
利息	INT	$ 3,000,000	$ 3,000,000			
稅 (40%)	TX	$ 9,929,988	$ 10,113,992			
淨收入	NI = EBIT − INT − TX	$ 14,894,982	$ 15,170,988			
1% 改善獲利			$ 276,006			

資料來源：Edward J. Bardi, Ph.D. Used with permission.

為 1,500,000 美元〔75,000 筆訂單（再處理加上拒絕訂單總數）× 每筆訂單再處理成本 $20〕，訂單發票折扣的成本則為 675,000 美元（67,500 筆訂單 × 每筆訂單扣抵 $10）。

在表 13.14 所示的範例中，及時交運率提升 1%（至 96%）將導致收入降低 56,997 美元（$14,387,985 – $14,330,988）。因及時交運率改善而減少的訂單折扣成本為 135,000 美元（$675,000 – $540,000）、減少的訂單再處理成本則為 300,000 美元（$1,500,000 – $1,200,000），或總節約成本 435,000 美元。但要實現此成本節約，運輸成本會增加 10% 到 600,000 美元，運輸成本的增加會抵銷及時交運率改善 1% 所得 435,000 美元的成本節約，另因提升及時交運率可能要將次日運抵的政策，調整為兩日運抵，可能會導致顧客的不滿意……等因素。因此， CLGN 可能不會考慮提升及時交運率的解決方案。

表 13.15 所示改善訂單履行率的財務分析表顯示，增加倉儲人員所需訓練經費 100,000 美元，可將訂單履行率從 97% 提升到 98%，並使淨收入增加 276,006 美元 (\$15,170,988 – \$14,894,982)。訂單再處理與訂單折扣所得的成本節約共為 420,000 美元(訂單再處理節約 300,000 美元，訂單折扣節約 120,000 美元)也比運輸成本的增加 100,000 美元要大。

在表 13.14 與 表 13.15 所示兩個服務失效更正作為——提升及時交運率或提升訂單履行率——的方案中，CLGN 應該會採取提升訂單履行率的策略。

上述兩個更正作為的策略獲利模型分析表，分如圖 13.8 及圖 13.9 所示。無論在淨利率、資產報酬率及股東權益報酬率等指標，提升訂單履行率的效果，都要比

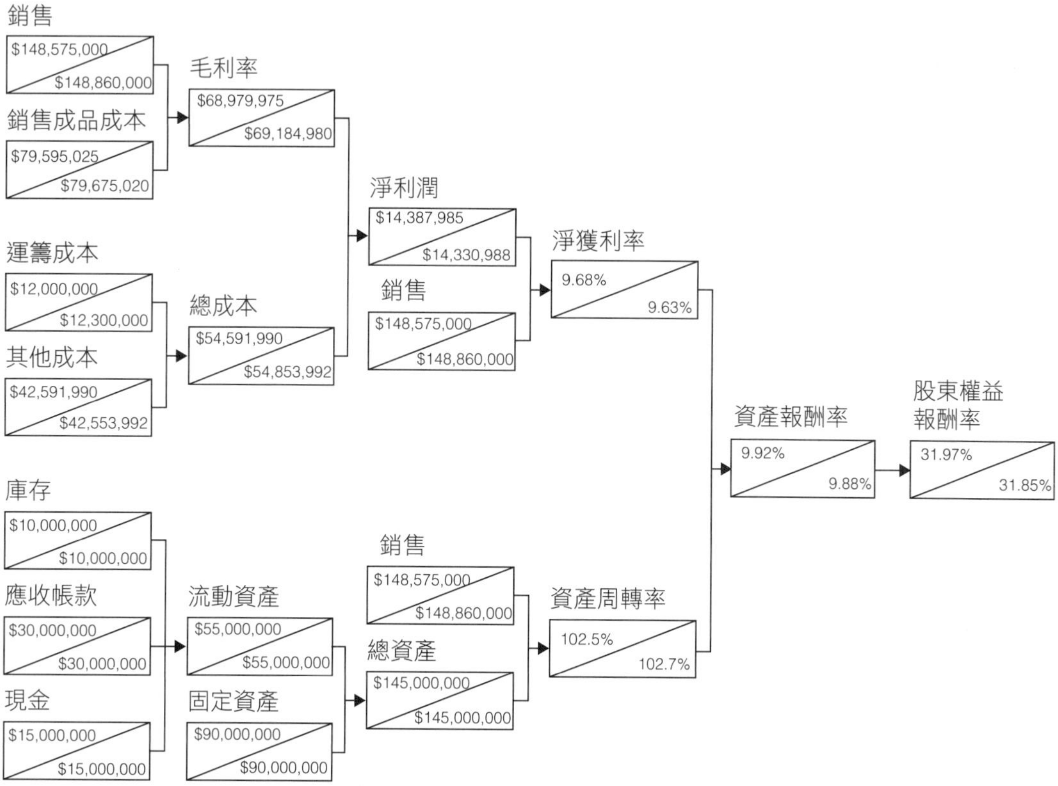

✧ **圖 13.8** CLGN 提升及時交運率的策略獲利模型

註：框內上半部為 95% 及時數據，下方為 96%。
資料來源：Edward J. Bardi, Ph.D. Used with permission.

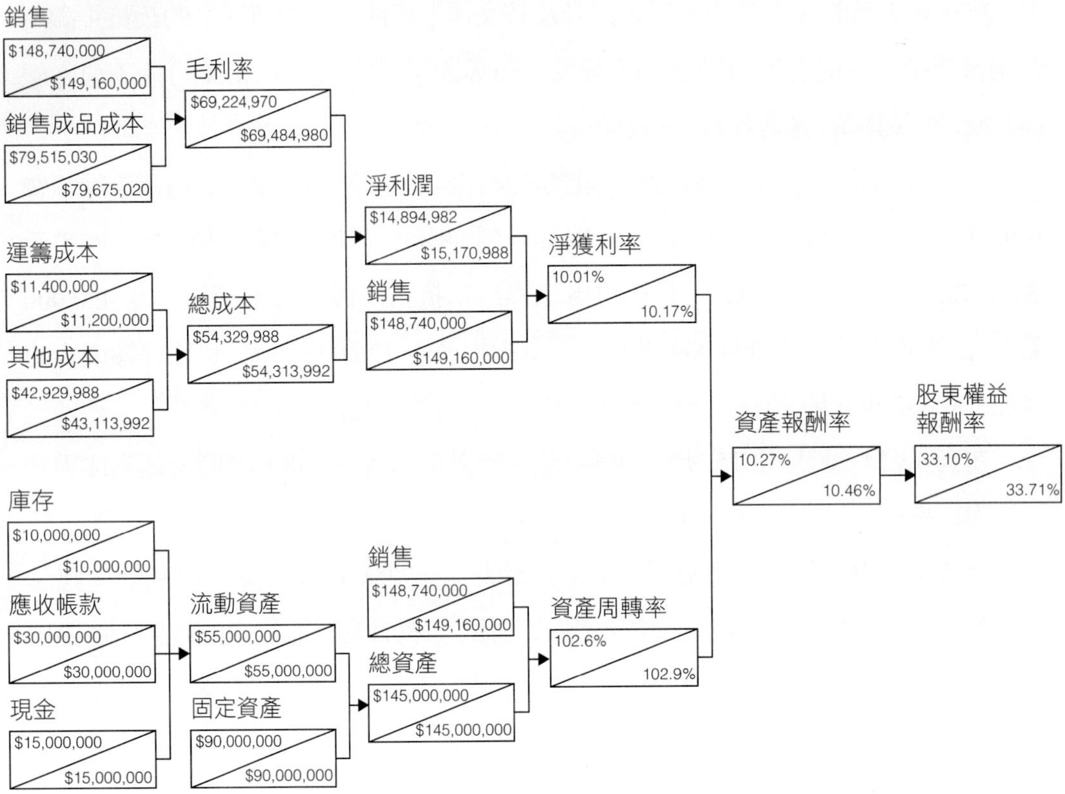

✧ **圖 13.9** CLGN 提升訂單履行率的策略獲利模型

註：框內上半部為 97% 訂單履行率數據，下方為 98%。
資料來源：Edward J. Bardi, Ph.D. Used with permission.

提升及時交運率策略的效果要好。

如在圖 13.9 所示提升訂單履行率的策略獲利模型分析表中，97% 到 98% 訂單履行率的 1% 提升，使股東權益報酬率從 33.10% 提升到 33.71%，淨利率則從 10.01% 提升到 10.17%，資產報酬率則從 10.27% 提升到 10.46%。

總結

❖ 供應鏈運籌系統的績效衡量雖為必要，但因其涉及層面與影響因素間的複雜互動，使其績效衡量甚具挑戰性。

- ❖ 好的績效衡量準據，必須包含一些具有目的性的特質如能量化、容易瞭解、納入員工(與關係人)的意見及具備經濟效益……等。
- ❖ 供應鏈與運籌績效衡量準據的發展，應符合一些指導原則如應與組織策略一致、專注於顧客的需求、準據的審慎選擇與優序排序、專注於經營程序、平衡運用及運用技術改善衡量效果……等。
- ❖ 績效衡量準據通常可區分為四種類型，即時間、品質、成本及支援性；另一種分類方式則如運作成本、服務、收入或價值及通路滿足……等。
- ❖ 供應鏈的成本節約，可換算成等值的銷售額增加。
- ❖ 供應鏈管理可藉由通路架構管理、庫存管理、訂單管理及運輸管理等作為，而提升組織的資產報酬率。
- ❖ 供應鏈各種解決方案的決策，應根據對淨收入、資產報酬率及股東權益報酬率等財務績效指標執行權衡分析。
- ❖ 策略獲利模型顯示銷售額、成本、資產與股東權益等財務元素之間的關係，並能用來探索任一種供應鏈解決方案決策對財務績效的影響。

附錄 13A 財務詞彙

應收帳款 (Account receivable)：企業為客戶提供商品或服務後待收的款項。本質上，應收帳款是授予客戶一種營運信用額度，期限通常較短，由數天到一年不等。應收帳款是資產負債表上的一項流動資產，代表的是客戶短期內必須付清的欠款。

資產負債表 (Balance Sheet)：有時或稱**財務狀態表** (Statement of Financial Position)，表示企業在特定期間(通常為各會計期末)的資產、負債和業主權益的財務狀態，為企業主要會計報表之一。資產負債表利用會計平衡原則，將符合會計原則的資產、負債、股東權益等科目區分為資產、負債及股東權益兩大區塊，經過分錄、轉帳、分類帳、試算、調整等會計程序後，以特定日期的靜態企業情況為基準，濃縮成一張報表。其功用除企業內部除錯、防止弊端外，也可讓所有關係人於最短時間瞭解企業的經營現況。

現金循環 (Cash Cycle)：或稱**現金轉換循環** (Cash Conversion Cycle, CCC)，衡量公司從投入資源到收到現金所經的天數。這個指標衡量資金在回轉公司前，停留在生產和銷售過程中的時間。現金轉換循環的計算，為平均銷貨天數 + 應收帳款平均收款天數 − 應付帳款平均付款天數。

現金流量表 (Cash Flow Statement)：是三個基本財務報表〔資產負債表(股東權益表)、損益平衡表(損益表)、現金流量表〕之一，表達在一固定期間(通常是每月或每季)內，一家企業的現金(包含銀行存款)的增減變動情形。現金流量表主要在反映資產負債表中各個項目對現金流量的影響，並根據其用途劃分為經營、投資及融資三個分類。現金流量表可用於分析一家企業在短期內有沒有足夠現金去應付開銷。

銷貨成本 (Cost of Goods Sold, COGS)：公司出售商品的直接成本，即製造這些商品而直接投入的原物料與勞動力成本，不包括無法按合理比例分攤到各種產品上的間接成本 (Overhead)。銷貨成本是損益表上的一個費用項目，營業收入 (Operating Income) 減去銷貨成本就成為公司的毛利 (Gross Profit)。

喪失銷售成本 (Cost of Lost Sales)：或直接稱為滯銷成本，指因缺貨 (Stockout) 而無法銷售所衍生的短期利潤損失。

流動資產 (Current Assets)：資產負債表中的一個資產類別，代表在一特定期間 (通常為一年) 內可迅速變現的資產。流動資產包括現金、應收帳款、庫存、有價證券、預付費用及其他可容易變現的資產等。

流動負債 (Current Liabilities)：指在資產負債表中一個營業周期 (通常為一年) 內需要償還的債務合計。流動負債包括短期借款、應付票據、應付帳款、預收帳款、應付工資、應付股利、應繳稅金、其他暫收應付款項、預提費用和一年內到期的長期借款……等。

流動率 (Current Ratio)：又稱**營運資金比率** (Working Capital Ratio) 或**真實比率** (Real Ratio)、**速動率** (Quick Ration) 或**酸性測試** (Acid Test)，是指流動資產與流動負債的比率，都是反映企業短期償債能力的指標。

債務股本比 (Debt-to-Equity Ration)：又稱負債股權比，是衡量公司財務槓桿的指標，即顯示公司建立資產的資金來源中股本與債務的比例，計算方法為將公司的長期債務除以股東權益，可用來顯示在考量股東權益時，一家公司的借貸是否過高。

息稅前利潤 (Earnings Before Interest and Taxes, EBIT)：顧名思義，是指支付利息和所得稅之前的利潤。息稅前利潤的計算公式通常有兩種如下：

$$息稅前利潤 = 淨利潤 + 所得稅 + 利息$$

$$息稅前利潤 = 經營利潤 + 投資收益 + 營外收入 - 營外支出 + 前年度損益調整$$

EBIT 與淨利潤的主要差別就在於剔除資本結構和所得稅的影響。如此，同一行業中的不同企業之間，無論所在地所得稅率有多大差異，或是資本結構有多大的差異，都能夠以 EBIT 指標執行更為準確的盈利能力比較。

每股收益 (Earnings per Share, EPS)：又稱每股稅後利潤、每股盈餘，指稅後利潤與股本總數的比率。它是測定股票投資價值與分析每股價值的一個基礎性指標，比率越高，表示所創造的利潤就越多。若公司只有普通股時，每股收益就是稅後利潤，股份數是指發行在外的普通股股數。如果公司還有優先股，則應先從稅後利潤中扣除分派給優先股股東的利息。

毛利 (Gross margin)：為企業的利潤指標，等於營業收入減去銷貨成本後，再除以營業收入，以百分比表達如：

毛利 (%) = (營業收入 − 銷貨成本) / 營業收入

毛利代表公司的營收，在支付產品的直接生產成本後剩下的百分比。毛利越高，公司可用來支應間接成本、營業費用，以及債務利息的收入越多。

損益表 (Income Statement)：英文也稱為 Profit and Loss Statement, P&L Account 或 Statement of Revenue and Expense，為公司三大財務報表之一。損益表記錄公司在特定會計期間收支概要的財務報表，通常以季度或年度報告的形式呈現，反映公司在營業與非營業活動中產生的收入與支出。損益表上的淨利與每股收益往往最受投資人的矚目。

庫存持有成本 (Inventory Carrying Cost)：是指和庫存相關的成本，它由許多不同的部分組成，通常是物流成本中較大的一部分。庫存持有成本主要由庫存控制、包裝、廢棄物處理等物流活動引起。它是與庫存水準有關的成本，其組成包括庫存貨品所占用的資金成本、庫存服務成本 (相關保險和稅收)、倉儲空間成本以及庫存風險成本……等。

庫存持有成本率 (Inventory Carrying Cost Rate) (W)：將庫存持有成本，以每年每 1 元價值所占比率所表達的成本。

庫存周轉 (Inventory Turns)：或稱**庫存周轉率** (Inventory Turnover)，指售出貨品成本除以平均庫存數量的比值。庫存周轉率對企業的庫存管理有重要的意義。如製造商的收益是由投入資金 → 獲得原物料 → 製造產品 → 銷售 → 回收資金的循環活動中產生的，若循環運轉很快時，在同額投入資金下的收益率也就越高。

流動比 (Liquidity Ratio)：一種財務比率，用來評估企業償付短期債務的能力。一般來說，流動性比率越高，代表公司償債能力越強。請參照**流動率** (Current Ratio) 的解說。

淨收入(或損失) [Net Income (or Loss)]：指在一會計期程內最終收入扣除費用後的淨值。計算方法通常是總銷售額扣除售貨成本、營運成本、償付利息及支付稅費等。若為正值則稱淨收入；反之，若為負值，則稱為淨損失。

營業費用 (Operating Expense)：指銷售產品、半成品和提供勞務過程中所衍生的費用，與企業取得銷售收入有密切相關。

操作比 (Operating Ratio)：或稱營運比，指營運費用占收入的比值。通常以營業費用除以營業收入計算而得。

訂單到現金循環 (Order-to-Cash Cycle, OTC)：指從接到顧客訂單開始，計算到回收顧客付款所經過的時間。時間越短，通常表示企業營運效率越高、獲利能力越強……等。

淨利率 (Profit Margin)：反映公司盈利能力的財務比率，由某會計期間(通常是季度或年度)的淨利除以同期營業收入得出。淨利率代表每 1 元收入實際賺得的金額。淨利率越高，通常代表企業的盈利能力越強。

資產報酬率 (Return on Assets, ROA)：有時也稱為投**投資報酬率** (Return on Investment, ROI)。資產報酬率反映企業盈利能力的財務比率，以年度淨利除以公司資產總值得出。資產報酬率以百分比表示，可視為反映經營者利用公司資產賺取盈利的效率。

股東權益報酬率 (Return on Equity, ROE)：也稱為**淨值報酬率** (Return on Net Worth) 或直稱股東報酬率，為企業盈利能力的指標，代表公司為所占用的股東資金賺取的報酬率。計算公式如下：

股東權益報酬率 = 淨收益 / 總股東權益值

股東權益 (Shareholders' Equity)：是指企業總資產中扣除負債所餘下的部分，也稱為淨資產。股東權益是一個重要的財務指標，它反映了公司的自有資本。當資產總額小於負債總額，公司就陷入資本無法償付債務的窘境，企業的股東權益便消失殆盡。若企業決定破產清算，股東將一無所得；反之，若股東權益金額越大，這家公司的實力就越雄厚。

營運資金(Working Capital)：營運資金用以衡量企業的短期償債能力，其金額越大，代表企業對支付義務的準備越充足，短期償債能力越好。當營運資金出現負數，也就是一家企業的流動資產小於流動負債時，這家企業的營運可能隨時因周轉不靈而中斷。

第 14 章

管理資訊流的供應鏈技術

閱讀本章後，你應能……

學習目標

- 瞭解資訊對供應鏈管理的重要性
- 解釋供應鏈中對資訊的需求
- 瞭解整合式供應鏈資訊系統的能量
- 描述主要供應鏈資訊方案之間的差異性
- 討論資訊技術選擇與施行的關鍵議題
- 瞭解影響供應鏈管理的技術創新

供應鏈側寫 以資訊運作的全通路零售

全通路零售業的快速發展，帶來巨大的服務挑戰。零售商必須在顧客需要時，以最優惠的價格提供顧客想要的商品。若零售店面貨架上沒有顧客想要商品，他們最好能明天就送到顧客的家中，以亞馬遜的作法——免費交運！

要達成無縫式的零售服務，需要有高度機敏及技術驅動的供應鏈支持。此供應鏈要能使顧客以任何方式——親自赴店採購，或以手機、平板電腦、電腦等移動裝置線上採購。零售商也必須以各種網路設施型式——如零售店面、售貨機、物流中心、第三方物流訂貨中心或製造商倉庫等——滿足顧客的訂購需求。

在全通路零售可在任何地點購物、以各種型式滿足訂單需求的環境下，必須要有快速且精確的資料流路。零售業者必須提供顧客線上獲得庫存位置及其庫存水準，各種交運選擇，各種訂單循環時間選擇，總訂貨成本及追蹤等能力。簡單的說，零售業者及其供應鏈夥伴必須要有緊密整合的資訊系統，以利接觸顧客、提升銷售、強化顧客保留率及驅動獲利……等。

在此無縫式零售環境下需要些什麼(才能成功)？最近一份由凱傑顧問集團(Capgemini Group)執行的調查研究，揭露四項關鍵成功要素如：

1. **庫存可見度 (Inventory Visibility)**：資訊系統必須能支持庫存辨識、追蹤與管控。產品自動辨識工具如無線射頻辨識標籤等，能提升庫存辨識精確度，使零售業者可快速從不同庫存設施內辨識產品與取貨，以滿足顧客訂貨需求。
2. **產品資訊 (Product Information)**：關鍵的產品資訊與形象必須能標準化、精確，並能在整個供應鏈上容易擷取。這能支援跨供應鏈合作，並將產品快速部署於線上市場中。
3. **顧客分析能力 (Customer Analytics)**：領導的零售業者運用預測分析技術，使對顧客採購行為有更深入的瞭解。換句話說，根據豐富的資訊來源，零售業者能創造出使顧客感受到的獨特購物經驗。
4. **訂單履行策略 (Fulfillment Strategy)**：零售業者必須能運用其履行中心、店面及供應商等之產品可用性、成本、轉運時間及顧客需求資訊等，執行彈性、堅韌的訂單擷取及履行程序。

對零售業者及其供應鏈夥伴的挑戰，是如何將上述關鍵成功要素涉及的軟體整合進其**供應鏈資訊系統** (Supply Chain Information System, SCIS)。其中牽涉的軟體包括協調庫存管理與訂單履行的**分散式訂單管理** (Distributed Order Management, DOM)、**倉庫管理系統** (Warehouse Management System, WMS)、提供全通路訂單旅行程序端對端可見度與中央管控的**運輸管理系統** (Transportation Management System, TMS) 等。另許多大型零售業者，也積極投入資金追求雲端技術 (Cloud-Based Technology) 與其相關工具，期能以可管理的成本加速其供應鏈程序速度。

資料來源：Evan Puzey, "Technology's Role in Improving the Supply Chain," *Supply Chain 24/7* (August 29, 2015); GT Nexus, "The Omnichannel Retail Supply Chain," (May 6, 2015). Retrieved September 1, 2015 from http://www.supplychain247.com/paper/the_omnichannel_retal_supply_chain/Omni-Channel; and, Patrick Burnson, "Omnichannel Retailing Creates New Challenges for Supply Chain Managers," *Logistics Management* (June 10, 2014). Retrieved September 1, 2015 from http://www.logisticsmgmt.com/article/omni_channel_ratailing_creates_new_challenges_for_supply_Chain_managers.

14.1 簡介

資訊、物料及資金，必須能在供應鏈中容易的流通，以促成如規劃、執行與評估等關鍵供應鏈管理功能。百思買 (Best Buy) 必須能及時、精確的掌握顧客對其庫存 GoPro 某型攝影機的需求資料，才能在顧客購買後及時補充庫存。而 GoPro 也必須能掌握百思買的訂單資訊，才能從其上游零附件供應商訂貨，以支持該型產品的後續生產。在上述顧客購買 GoPro 攝影機案例中，若百思買或 GoPro 不能掌握顧客的訂單資訊，則無法在市場上提供該型 GoPro 攝影機的正常供貨，或在庫房內堆積了過多顧客不要的商品！

幸好，供應鏈資訊技術可以處理上述問題。若能適當運用，這些資訊處理技術與工具能促進供應鏈中製造商、零售商及運籌服務提供商等所需及時、符合成本效益的資訊分享，並有效的執行供應鏈相關程序，最終能滿足顧客的需求。如「供應鏈側寫」專欄所述，資訊技術的能量對全通路零售業的成功運作相當關鍵。

瞭解到技術能帶來的潛在優勢後，組織都投資大量的資金以蒐集、分析及布署供應鏈相關資訊。根據高德納顧問公司的估計，美國廠商在 2014 年於供應鏈管理及採購作業軟體的投入資金，已高達 99 億美元之多，這代表著 10.8% 的年成長率，其中又以思愛普 (SAP) 及曼哈頓聯合 (Manhattan Associates) 兩家軟體公司的成長最多。

當供應鏈越來越趨向全球化、複雜化及資料驅動時，資訊科技也必須能快速演進。公司組織也需要現代、先進的工具，協助其擷取、分析及運用及時的資訊。對運輸與運籌公司的高階管理階層而言，他們對資訊技術的要求，是能具備移動(無線上網)能力、自動資料分析與網路安全防護等考量。這些高階管理者們瞭解，要運用資訊技術驅動其競爭優勢，必須在購置軟體及系統前有周全的規劃。

本章專注於資訊及其相關技術在供應鏈扮演的角色，也同時強調使供應鏈成功運作的幾項資訊技術與工具運用的議題。為此，本章架構區分如下：

1. 資訊需求。
2. 系統能量。
3. 供應鏈管理軟體。
4. 技術選擇。
5. 資訊工具的創新議題等。

閱讀本章後，讀者會瞭解管理資訊流路的有效技術，是創造逢符合顧客需求、程序同步化、快速反應供應鏈的關鍵要素。

14.2 資訊需求

有人說資訊是企業經營的活命之血，企業運用資訊來驅動決策與行動。對供應鏈而言，店面的庫存補貨決策須根據銷售點資料，交運服務目標決定了貨運商的選擇，而預測資訊則驅動著生產排程……等。事實上，資訊扮演著連接與擴張供應鏈的角色，使經理人能掌握遠方的供應商與顧客採取何種作為與活動。這些有關市場需求、訂各訂單、交運狀態、庫存水準及生產排程等資訊，能使經理人評估情境與發展適當因應作為。

圖 14.1 顯示著供應鏈運作的資訊架構，在供應鏈相關成員對資訊有可擷取、相關、精確與及時的要求，以支援採購、生產、運籌及顧客服務等策略性、戰術性與作業性等功能的同時，供應鏈的資訊，還必須符合能有效支援決策的三項原則如：

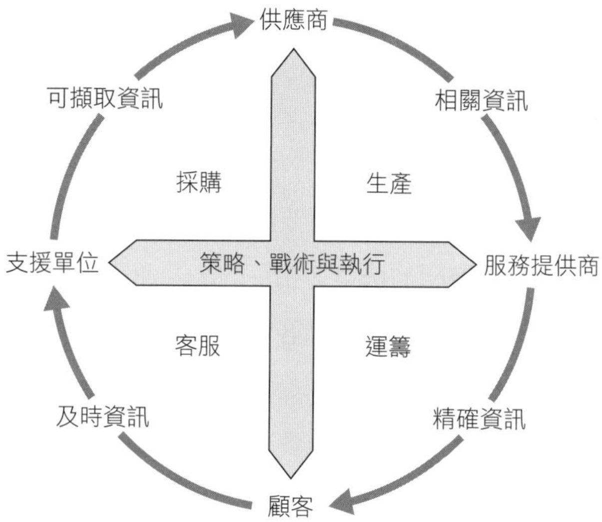

✧ 圖 14.1 供應鏈資訊架構

資料來源：Brian J. Gibson, Ph.D. Used with permission.

1. **符合品質標準：**系統內的資訊，必須能符合以事實基礎決策所需的品質標準。
2. **多向支援的流路：**資訊必須在組織內與組織間，通暢無阻的流通。
3. **支援決策：**支援各類型的決策。

若資訊無法滿足上述三項原則，經理人將無法掌握有關庫存、需求、供應商及顧客活動等相關情境，會產生決策盲點、失去與供應鏈成員之間合作的機會，甚至喪失銷售機會而使組織獲利能力下降等。

本節先討論資訊須符合品質標準的相關議題如下。

14.2.1 符合品質標準

我們知道資訊是從資料的整合而得出有意義的內涵，但在供應鏈上流通的資料相當多，甚至可說是巨量。因此，資訊的品質就相當重要。事實上，運籌的「七適」原則，也可運用在資訊的品質要求上如：以適當的成本、在適當的時間、將正確的資訊、以適當的格式與數量、傳送給正確的合作夥伴所需的正確位置。若任何一個適當或正確變成錯誤，資訊對供應鏈經理人的價值則將驟減，甚至有害！

為確保可行動的知識(資訊的再融合)在供應鏈中能通暢的流通與運用，資訊的品質必須符合精確、可擷取性、關聯性、及時性、可移轉性、可用性、可靠性及價值性等標準，分別簡述其要點如下。

精確 (Accuracy)：供應鏈的資訊必須要能反映與挖掘事實，正確無誤的反映實際狀況的資訊，方能有助於邏輯的決策。相反的，若資訊不夠精確，則會導致庫存短缺、運輸延誤、政府罰款及不滿意的顧客等不良後果。舉例來說，零售店面依賴精確的售貨掃描資料來正確補貨，若一店員錯誤的掃描同一瓶售出飲料四次，但實際上顧客買的是四種不同的飲料，則售貨資料的錯誤或不精確會導致錯誤的補貨。

可擷取性 (Accessibility)：精確的資訊，必須能使有權運用的使用者在任何位置都可方便擷取。與惠而浦合作的配送商必須能擷取惠而浦的銷售資訊，才能安排交運到府與安裝的行程。但擷取需要的資訊可能也會變得相當困難，因供應鏈資料通常散布在不同位置合作夥伴間的不同資訊系統內。因此，供應鏈合作夥伴間的彼此互信及(可擷取性)技術問題必須要能解決，才能做到資訊分享的可擷取性。

關聯性 (Relevancy)：供應鏈上的經理人，必須要能擷取分析及決策需用的相關資訊。如前所述，供應鏈中充斥著巨量資料，因此應避免會遮蔽重要資訊、浪費搜尋時間及可能誤導決策的不必要細節。舉例來說，當本田汽車的聯絡員登錄上聯邦快遞的交運狀態查詢網站時，他不需要知道聯邦快遞每日處理本田車輛的所有交運狀態，而是只要那一筆資料而已。

及時性 (Timeliness)：資訊要有關聯性，必須要能在一合理時段內維持著更新狀態。高度同步化的供應鏈資訊系統，通常能維持著及時資料的流通，使管理者能持續監控著供應鏈運作狀態，並在問題變得嚴重前，快速採取適當的更正作為。舉例來說，若一批出廠數據機發現有品質缺陷或疑慮，可在交運至客戶並安裝前即採取換貨，以避免安裝後再處理客戶的不滿意或抱怨。

可移轉性 (Transferability)：為促進可擷取性與及時性，供應鏈上的資訊也必須能在不同設施位置與系統內快速的移轉。以紙本(為指令)運作的供應鏈則無法支援此項要求。因此，資訊必須是以電子型式，始能容易的移轉及轉換(格式)。幸好，今日已相當發達的網際網路及雲端計算平台等，使資訊的移轉相對簡單、便宜與安全，但對敏感性的資料，擁有組織也必須採取適當的防護作為。

可用性（Usability）：資訊只在能驅動有效決策時才顯現其用途。因此，決策之前對資訊需求的定義與擷取適當的資料的規劃作為相當重要，如此才能避免在決策時擷取過多不必要的資料，不但浪費時間也浪費成本。同樣重要的是，資訊也必須能在不同設施位置方便分享、與可以任何電子格式轉換而不漏失資料，才能有助於決策所需。

可靠性（Reliability）：報告與交易的資料和資訊，必須源自於可靠並具有權威性（或經過授權）的來源，且其提供的資料與資訊必須精確、未改變的原貌及合理的完整性，才能支持運用所需。當資料不夠完整或為估計的，則應充分解釋缺漏值（Missing Values）與假設，以供分析者自行參酌與調整運用。

價值性（Value）：要達成上述七項品質要求標準，既不是件容易的事也不便宜！用於擷取、分派有品質供應鏈資料所需的軟體與硬體可能相當昂貴！最近有一份有關供應鏈軟體授權、整合及訓練的調查結果顯示，其平均所需花費將超過 50 萬美元之譜。供應鏈上的管理階層必須要能權衡及合理的投資於其資訊基礎設施，才能獲得實質有效的績效與利益。

14.2.2 支持多向的流路

因供應鏈所涉及的關係人相當多，故用於供應鏈規劃與決策所需的資訊流路，也必須支持多向流路（Multidirectional Flow）的需求，在組織內部，分享的資訊流路，可支援跨功能性的合作與整體組織的績效最佳化。舉例來說，營銷規劃，只在行銷、生產、財務及運籌專業人員都貢獻其觀點後，才能有效運作。未能做到組織內的資訊分享，則將導致部門主義、短視規劃及績效次佳化等不良後果。

資訊也必須能在組織與其供應鏈夥伴間無縫的流通。資訊的自由流通，有助於彼此決策與程序的整合。舉例來說，精確、及時的顧客需求資料，對供應鏈上游的採購與製造決策相當重要。同樣的，供應商的能量、生產排程及庫存可用性等資料，也有助於供應鏈下游程序的程序校準與執行。

運籌服務提供者，如 3PL 甚至 4PL 等，也必須納入資訊流通的考量中。這些有用的資訊，有助於運籌服務提供商配置其人力與裝備等資源，以支援庫存管理及交運時程等運籌活動。若未能納入外包運籌服務提供者的資訊需求，則可能會導致訂單履行的延誤及顧客的不滿意。

除組織內外及運籌服務提供商等考量之外，其他相關機構的資訊需求也很重要。如財務與會計單位需要有關交易及付款的資料、政府機構需要貿易資料與符合法規要求的持續性資料溝通等。

14.2.3 提供決策支援

當大部分組織都開始重視供應鏈管理時，對供應鏈運作的相關資訊需求量也大增。不同階層的管理者需要不同類型的資料，分別說明如下。

策略性決策 (Strategic Decision Making)：專注於能與組織任務、目標與策略校準長程供應鏈計畫的制定與產出。策略性決策所需的資料，通常是許多專案或計畫的未結構化資訊。舉例來說，在執行供應鏈網路設計時所需的供需及運作成本資料。另外，在對一新產品的發展決策中，則需要供應商能量及設計能量……等資料。這些資料在策略性決策分析時，用以評估各可行方案及執行「若……則……」(What-if) 分析之用？

戰術規劃 (Tactical Planning)：則專注在跨組織 (功能) 的連結及供應鏈活動的協調等。這些資訊必須容易獲得 (與擷取)，能支援規劃程序，並具備能使供應鏈夥伴所用 (不同) 系統調整的彈性格式……等。舉例來說，營銷規劃所需的分享資訊，應能反映需求模式、促銷計畫、供應能量、庫存狀態……等資料，以制定出一個統一的運作計畫。

例行決策 (Routine Decision Making)：需要運作階層的資訊來制定規則式的決策 (Rule-Based Decision)。例行決策所需的資料必須以標準化格式輸入，使資訊系統得以產生適合的報告。舉例來說，自動化運輸途徑規劃系統，需要輸入交運起點、終點、產品特性、重量尺寸及服務水準需求等資料，以產生適合的運輸模式與貨運商的建議和指導原則等，決策者則保留最終的決策權。

交易處理與執行 (Execution and Transaction Processing)：從供應鏈資料庫、顧客資料檔、庫存紀錄……等基本資料，支援制定完整訂單履行的決策。如前所述，這些資料必須精確、容易擷取與運用，使系統能及時且自動的處理。舉例來說，來自全通路的顧客訂單 (無論店面或網路訂單) 必須要及時確保 (確認)、預留庫存，並在無人力運作需求下的自動啟動訂單履行程序。

最後，供應鏈中所蘊含的所有資訊與資料，必須要能符合三項驅動有效率與效果管理決策的需求，亦即品質、多向度及能支援決策，使各階層管理者得以制定短、中、長期的行動決策，追求供應鏈的卓越運作。

14.3 系統能量

資訊技術的重要性，早已被業界領先企業如蘋果、亞馬遜、寶鹼及其他在高德納顧問公司〈供應鏈前 25 強〉(Supply Chain Top 25) 名單中的成功企業所認知，資訊技術所能提供的系統能量，包括更佳的供應鏈 (庫存與運輸) 可見度、分析終端顧客的需求模式、製造與上游供應數位資訊的同步化及運用感測器運籌控制塔 (Logistics Control Towers) 式的風險降低作為等，這些由資訊技術促成的系統能量能在控制成本的前提下，追求組織的更快速成長契機。

為使組織能參與此競爭場域，組織必須在三個面向發揮系統的能量。首先，資訊系統必須能促成在計畫、自製、採購、運輸及回收產品等功能領域的卓越績效。其次，組織必須構建能整合資訊技術、有技能的員工及堅實程序的網路系統。最後，一般可預期的風險必須能事前的辨識與處理，使資訊技術能獲得最大的投資回報。

14.3.1 程序卓越促進因素

當供應鏈環境日趨複雜時，企業組織需要有先進的系統支持其興盛與成長。而先進的資訊系統，有助於組織的全球 (供應鏈夥伴) 關係管理、與運籌服務提供商的合作及服務全通路顧客……等。

從實務角度來說，現代的資訊系統必須具備促成卓越程序的七種能力，如跨供應鏈的可見度、機敏性、速度、同步化、調適能力、顧客區隔能力及最佳化。如能正確運用，可使組織在產業競爭中獲得高效能績效的大幅提升。此七種程序卓越促進因素則分別簡述如下。

跨供應鏈的可見度 (Cross-Chain Visibility)：管理者必須要能管控供應鏈的關鍵活動，而獲得供應鏈目前狀態的及時資訊，是有效決策與快速反應的前提。可見度資訊技術，能讓管理者快速擷取全球供應鏈資訊、及時產生相關問題的預警警報、促進供應鏈夥伴之間的合作……等。跨供應鏈可見度的終極表現，能降低生產程序的變異、績效控制最佳化及供應鏈的整體成本控制。

機敏性 (Agility)：在市場快速變動的情形下，供應鏈管理者必須要能快速的調整計畫，以因應供應與需求的巨大變動。機敏的供應鏈，則能在變動的情境下彈性維持供應鏈一致的成本、品質與顧客服務水準。妥適設計的資訊系統，能以模擬不同情境的方式強化決策分析能力，使供應鏈的管理者得以掌握變動的情境，並做出適當的反應。

速度 (Velocity)：供應鏈上貨物的流通速度，要能以符合顧客的需求而校準。在特殊緊急狀況下的補貨及新產品的上市等，都需要比正常流通更快的處理速度。供應鏈根據需求而調整處理速度為必要能力之一，而快速、有效的資訊系統，則能加速訂單循環、訂單處理程序的排序及辨識最佳的交運途徑與方式等，使組織在顧客要求的期限內確保訂單的履行。

同步化 (Synchronization)：供應鏈上的合作夥伴，必須要能單一化的運作，才能滿足終端顧客的需求。經由彼此資料、資源及程序的同步化，供應鏈合作夥伴得以協調、整合供需情形。而供應鏈夥伴之間及時的資訊分享，則能促成合作夥伴間的共同見解與一致性決策，如庫存最佳化軟體，人力管理應用程式及先進的需求管理工具等，都已驗證改善並校準供需的能力。

調適能力 (Adaptability)：組織必須要能因應供應鏈的演化，而在供應鏈設計與能量上有策略性調適能力。藉由改變供應鏈運作模式，使組織能快速掌握人口變化趨勢、政治情勢變化、新興市場及其他新的機會……等。而強而有力的資訊科技，則能彈性支援地理位置分散的供應鏈網路。藉由銷售與行銷系統間的連結、組織能有效偵知市場的需求變化，並在能量受限的狀況下，及時反應或甚至塑造市場需求。

顧客區隔能力 (Segmentation)：組織必須動態反應供需狀況，並在顧客區隔中獲得最佳的獲利模式。在不同的顧客分群中提供差異化的服務，能使組織增加銷量與降低成本，避免「一體適用」(One Size Fits All) 策略對重要客群服務不足 (或不重要客群的過度服務) 可能增加的不必要成本。而資訊科技的有效運用，能協助組織對客群執行邏輯性的區分、掌握服務特定客群的成本並制定服務優先次序等，使組織的客群都能獲得適當的服務照應。

最佳化 (Optimization)：為達成供應鏈運作的高績效，組織必須在許多影響因素中做權衡分析，有效的布置運用資源並做出最可行的決策。供應鏈最佳化工具如數學模型、模式模擬等，能執行多個網路設計方案的分析，決定最佳庫存水準，發展途徑決策等，對眾多可行方案快速執行權衡與成本效益分析，使組織在最低運可能作成本下，達成最大的顧客服務水準。

上述七種程序卓越促進因素絕非完整與靜態。首先，資訊系統必須要能有效支援供應鏈的創新，績效分析與改善，風險管理與獲利能力等。其次，這些促進因素也必須隨著新的競爭挑戰與顧客需求的改變而持續演化。因此，供應鏈管理者最好能定期的檢視這些程序促進因素，並根據需求而調整之。

14.3.2 連接網路元素

將前述七項程序促進因素付諸實踐而產生效益，並不是件容易的事。一個組織不能指望購買一套資訊系統，就能發揮其功能與績效！相反的，組織須持續對供應鏈資訊系統的投資、和促進組織內部與外部夥伴之間的知識鏈接及資訊流的自動化，才能逐漸發揮資訊系統的效能。

採用資訊系統也不保證能獲得立即的成功與績效。許多供應鏈資訊系統的初期施行效益，並不會如採購時的預期。舉例來說，目標百貨開拓加拿大市場的失敗，使該百貨慘遭 54 億美元資產貶值。追究其原因有部分就是供應鏈資訊系統運用問題所導致。曾有業界專家分析目標百貨於加拿大市場失敗的原因，其供應鏈資訊系統的錯誤運用，使店面貨架上缺貨，而倉儲庫房卻塞滿庫存所導致！

要使供應鏈資訊系統運作順利，並產生其預期價值，必須以有意與整合的方式，將資訊技術與人員及程序連接起來。對人員而言，必須使人員能充分運用供應鏈資訊系統的功能；對程序而言，則須調整程序而充分運用供應鏈資訊系統可提供的功能。圖 14.2 顯示供應鏈資訊系統連接供應鏈網路元素的示意圖。

供應鏈資訊系統將資訊技術與人員及程序加以連接起來，除發揮程序的七種促進因素外，也能使人員方便及願意使用供應鏈資訊系統，如此才能充分發揮供應鏈資訊系統的效能，並發揮供應鏈的價值。

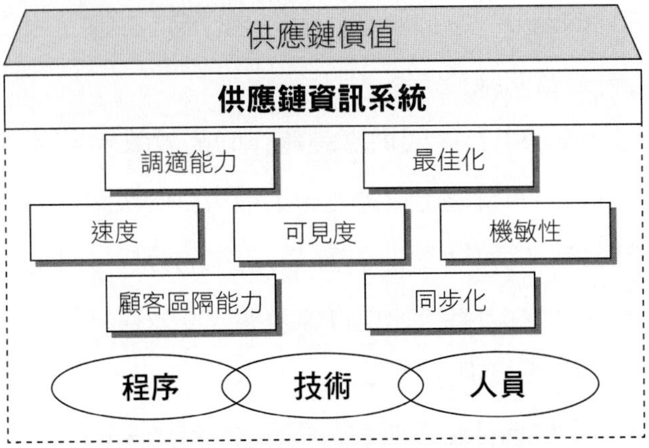

✧ 圖 14.2　供應鏈資訊系統連接示意圖

資料來源：Brian J. Gibson, Ph.D. Used with permission.

當確定供應鏈資訊系統能提供精確、標準化及方便允用的資料與資訊後，供應鏈資訊系統的運用則應專注於網路中的人員因素。此處所謂的人員因素，除負責整合及運用資訊技術的人員須具備需要的資訊專業技能外，每天要運用供應鏈資訊系統的使用者也必須經過適當的訓練，才能充分運用供應鏈資訊系統的功能，並使其發揮功效。這可稱為所謂「馴化使用者」(Acclimating Users)，是指組織應協助使用者瞭解須運用供應鏈資訊系統的理由、讓使用者接受，才能對供應鏈運作績效，產生正面的影響。

當資訊技術的基礎整建完成、使用者瞭解供應鏈資訊系統的能力後，接下來就必須審查既有程序的適宜性。若不對程序執行審查與調整，可能會使過期、不必要、不具效能的程序自動化執行，這對供應鏈資訊系統的投資報酬率不是一件好事！因此，組織的例行運作程序必須依據可用的技術執行更新或調整，並建立程序對供應鏈產能、精確性、及時性與成本的基準。藉此，供應鏈管理者得以充分運用供應鏈資訊系統所提供的程序促進能量。

藉由強化資訊技術、適切訓練的使用者及程序改善的連接，能產生堅韌的運作環境。正確運用供應鏈資訊系統，管理者也能正確的制定計畫、正確的執行供應鏈程序，以制定正確的決策並快速的反應所有潛在的問題。一套完善的供應鏈資訊系統也能自動產生績效分析表 (Scorecards) 及訊息提示 (Dashboards) 等，使管理者得以持續監控、分析與改善供應鏈的績效。

14.3.3 處理已知風險

當資訊技術具備能提供組織強化供應鏈運作績效及提升競爭力的潛能時，卻不能確保運作的成功。供應鏈管理者須審慎評估其資訊技術方案，避開採用或更新供應鏈資訊系統的陷阱。

對供應鏈資訊系統最根本的一項錯誤認知風險，是所謂的「解決方案」(Solutions)。若認為資訊技術可以容易的解決或修正供應鏈的問題，是不切實際的！資訊技術本身，並無法使思慮不周的程序有高的產能，也無法使錯誤的資料變得有效。因此，管理者應避免解決方案的迷思，在採用資訊技術前、先解決程序上的問題，並謹記技術在程序促進上所扮演的真正角色。

不良的技術與程序校準，是另一項阻礙供應鏈資訊系統成功運用的障礙。在一般實務上，軟體通常由高階決定是否採用，另資訊專業人員也不見得瞭解供應鏈的實際需求與運作程序。這種不良的搭配，不會達到採用供應鏈資訊系統的預期效果。為處理此種風險，供應鏈管理者必須參與資訊技術的選用程序。使資訊工具符合程序的需求、以管理支援技術，並專注在所有關鍵供應鏈層面的可見度……等，是管理者的責任。

技術差距 (Technology Gaps) 也是組織運作的嚴重問題之一。通常，能解決個別供應鏈問題的點狀方案 (Point Solutions)，不能處理程序或系統的相關問題。同樣的，採購的軟體，通常也是零散、片段、補丁式的運用，而非無縫式的資訊流。為降低此種資訊技術落差，組織在選用供應鏈資訊系統時，必須以穩定的整體企業運作為參考平台，採用可整合的供應鏈軟體套件。如此即可改善供應鏈程序之間的資料與資訊流通，使管理者從中獲得決策所需的正確資料與精準分析。

更進一步的說，跨供應鏈系統 (Cross-Chain Systems) ──包括供應者、服務提供商及顧客等資訊系統──的整合，也是於供應鏈運用供應鏈資訊系統的關鍵影響因素。對 3PL 服務提供商的資訊長而言，與客戶 (組織) 資訊科技的整合是他們最首要的挑戰與工作重點；但對企業客戶而言，阻礙供應鏈可見度的網路複雜度才是首要的挑戰。為克服此種整合差異認知，供應鏈的合作夥伴必須要能將其運用的資訊系統連接起來，將供應鏈轉換成資訊網路，使彼此都能從中獲利。

技術施行前的不良規劃與準備，也可能會造成問題。大部分組織不習慣制定變革管理計畫，這會增加技術施行延誤的風險、缺乏技術與程序的連接性，最終將導致供應鏈的崩解。

其他與人有關的因素，如文化差異、使用者接受度及人員的適當訓練等的處理不良，都是供應鏈資訊系統無法獲得預期投資報酬率的主要原因。為處理此種人性相關風險，組織在採用資訊系統前，最好能採取階段性、漸進的方式，並以足夠的預算 (或其他資源) 執行系統的建置、整合與人員訓練等。

如上述處理策略的建議，已知、系統性的風險是能被處理、克服的。許多組織也能成功運用供應鏈資訊系統，促進其成本管控、供應鏈可見度及改善服務水準……等。關鍵是組織領導者，應將資訊技術視為組織運作的策略性要素，並主動參與新供應鏈資訊系統的規劃、採購與施行階段，若將此權限授權給資訊團隊、顧問或軟體供應商，都是不智的作法！

另外，要發展如高德納顧問公司〈供應鏈前 25 強〉的系統能力，絕非一朝一夕就可達成。強化程序的卓越性，連接技術、人員與程序等重要網路元素，與消弭系統風險等，都是組織運用供應鏈資訊系統的巨大挑戰。即便是世界一流的供應鏈資訊系統也一樣，長期的時間投入、充分財務資源及高階的承諾……等，都是選用、施行與維護供應鏈資訊系統，並追求卓越供應鏈運作的必要條件。

14.4 供應鏈管理軟體

使供應鏈資訊系統發揮效能的核心要素，是能提供讓管理者安排、分析，並採取因應行動資料與資訊的應用軟體。供應鏈軟體市場上，幾乎包括所有供應鏈活動管理的技術與軟體，不管是發展營銷計畫，分析設施選址方案或保持庫存的可見度……等，都有相關軟體可供選用。

供應鏈應用軟體，充分運用供應鏈資訊系統的計算與溝通能力，能協助管理者做出及時、適合情境的決策。供應鏈應用軟體的主要分類，可區分如規劃、執行、事件管理及**商業智慧** (Business Intelligence, BI) 四大類。如圖 14.3 所示供應鏈應用軟體的拼圖，顯示供應鏈軟體之間的資訊分享與跨方案連接的重要性。

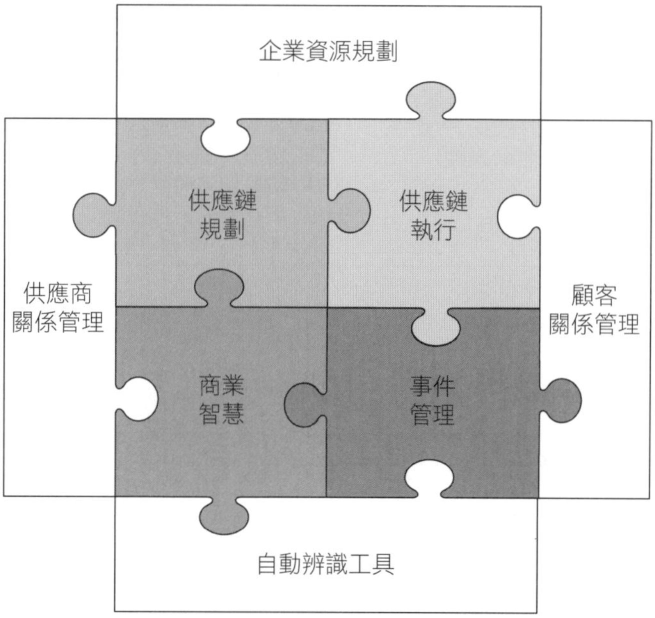

✧ 圖 14.3 供應鏈軟體類型示意圖

資料來源：Brian J. Gibson, Ph.D. Used with permission.

瞭解圖 14.3 所示供應鏈應用軟體之間的連接關係，在選用適當的軟體相當重要。以整合角度選用適合的應用軟體，才能使供應鏈資訊系統充分支援組織的運作效能、提升顧客認知價值及提升組織的獲利能力……等。

14.4.1 規劃

運用複雜演算、最佳化及啟發技術等，供應鏈的規劃應用軟體，能協助組織評估原物料、生產能量及服務水準的評估，以制定有效的訂單履行計畫及發展相關排程規劃。

當規劃應用軟體支援組織內部的規劃作業時，運用及時、分享的資料，供應鏈管理的應用軟體，則能將個別組織的自動化規劃活動，轉化成供應鏈之間的同步規劃程序。這種能力能讓供應鏈管理規劃軟體，在不同時域(週、月或年)提供精確的規劃能力，如策略性網路設計、需求預測，以及表 14.1 所示的運用領域等。

現代的供應鏈管理者，必須要能瞭解與掌握全通路的需求，以細微角度執行預測，並在跨多重供應鏈之間管理資源的配置……等，這些需求都可藉由一套堅實的供應鏈規劃軟體套件所支援。

表 14.1 供應鏈規劃應用軟體的運用領域

- 可承諾或可用的能量
- 銷售與作業規劃（整合式經營規劃）
- 協同規劃、預測與補貨
- 事件規劃（促銷，生命週期）
- 需求規劃
- 供應規劃
- 工廠生產規劃與排程
- 多廠生產能量規劃
- 庫存規劃
- 供應商管理庫存（直接銷售點）
- 物流規劃
- 策略網路設計
- 庫存策略最佳化

資料來源：摘自 Gartner IT Glossary. Retrieved from http://www.gartner.com/it-glossary/scp-supply-chain-planning.

第一線上 驅動預測精確性的規劃軟體

對一銷售大量、低成本貨品的公司而言，平衡產品可得性及跨供應鏈的庫存就變得相當重要。零售店面的缺貨，會導致銷售機會的喪失；而過多的庫存，則會產生過多的庫存持有成本。這就是銷售舒潔面紙、Cottonelle 衛生紙及好奇嬰兒紙尿布大廠金百利公司所面臨的難題。

為改善其產品於適當位置的可得性，金百利需要一套需求分析與規劃系統，以改善其市場預測的精確性。傳統以歷史資料決定貨物交運期程的預測方式已被驗證不夠有效。金百利公司需要於其規劃系統，整合進銷售點資料，以產生一由需求驅動的精確預測資訊。

為處理上述問題，金百利公司採用一套由泰拉科技 (Terra Technology) 所提供的「需求偵知方案」(Demand-Sensing Solution) 以提升其預測精確度。每一天，從三個主要零售商的銷售資訊餵入需求偵知系統，並藉此調整對每一個零售商的補貨交運時程。這套需求偵知軟體還能同時評估零售商的促銷方案，使金百利得以運用此需求預測資訊，規劃與部署其內部補貨交運程序。

運用需求偵知軟體，使金百利的供應鏈管理獲得相當的成功。其需求預測精確度提高了 15~25%，並降低為因應預測誤差所需設置的安全庫存量。在美國市場上，金百利得以在不降低服務水準的狀況下，移除價值 1,000 萬美元以上的安全庫存量。

資料來源：James A. Cooke, "Kimberly-Clark Connects its Supply Chain to the Store Shelf." *CSCMP's Supply Chain Quarterly* (Quarter 1, 2013), pp. 42-44; and, Steve Rosenbush, "Kimberly-Clark Sees Data-Drive 'Step Change' in Retail Forcasts," *The Wall Street Journal* (April 16, 2013). Retrieved September 8, 2015 from https://www.terratechnology.com/assets/Uploads/20130416-wsj.pdf.

14.4.2 執行

由規劃系統所產生的建議與決策，將由供應鏈執行應用軟體來執行。這些執行軟體將促成每日例行任務的預期績效，以支持對顧客需求的滿足。

業界運用此類供應鏈執行軟體的程度既深且廣，這是因為執行應用軟體能有快速的投資報酬率，並對供應鏈運作績效有正面影響。在 2014 一年，美國業者用於採購執行應用軟體的經費即高達 36.6 億美元以上，而此廣泛運用趨勢，還會隨著汰換老舊過期系統、跨供應鏈的合作需求、全通路的訂單履行能量及提升運輸效能等而持續成長。

供應鏈業界運用各種類型的執行軟體，以施行並管理供應鏈上的物流、資訊流與金流等。這些執行軟體的有效整合，也能支援供應鏈上的資料分享與提升跨供應鏈的可見度等。最常被業界採用的執行應用軟體，包括前已提及的倉儲管理系統、運輸管理系統等；除此之外，當業界需要更多的整合能量時，軟體商也開發出各種執行功能的應用軟體，如表 14.2 所示。

執行系統對複雜的供應鏈管理尤其重要。如在 19 個國家、六個產業，並擁有 60 個以上設施的全球工程產品領導製造商——瑞瑪仕工業 (TriMas Industries) 而言，僅僅運用一套有效的運輸管理系統，即能集中管控其運輸的費用與運輸效能。藉由運用運輸管理系統，瑞瑪仕工業能降低其整體運輸費用，並改善其及時運抵績效。瑞瑪仕的運輸費用，從 2014 年占銷售總值的 7.2% 降低到 2015 年的 4.8%，降幅達三成以上。

表 14.2 供應鏈執行功能的應用軟體

• 庫房管理系統 庫存管理 人力管理 訂單處理 碼頭管理 回送管理	• 運輸管理系統 模式與貨運商選擇 路徑規劃與最佳化 派遣與排程 貨運稽核與付款 績效分析
• 訂單管理系統 銷售訂單輸入 定價與信用查核 庫存配置 發票製作	• 全球貿易管理 貿易法規 國際運籌 全球訂單管理 全球貿易財務管理
• 分散式訂單管理：訂單指派	• 製造執行系統：在製品管理

資料來源：摘自 Gartner IT Glossary. Retrieved from http://www.gartner.com/ it-glossary/sce-supply-chain-execution/.

14.4.3 事件管理

事件管理 (Event management) 工具，能從供應鏈網路的不同來源中，蒐集及時的資料，並轉換成能提供管理者掌握供應鏈整體運作績效與情境變化的資訊。事件管理軟體能以每日的基礎，讓組織能自動監控供應鏈上發生的所有特定事件。當問題或例外事件發生時，管理者會收到事件管理系統所產生的及時通知，以利管理者採取立即的更正作為。諸如零件短缺、貨車拋錨或供應鏈上的突發干擾等，可藉由事件管理系統獲得及時的處理，避免問題的擴大與複雜化，以節約供應鏈管理的時間與金錢。

當供應鏈涵蓋的地理範圍及參與組織都持續增加的趨勢中，對供應鏈事件的監控，已超出人力所可承擔的負荷。因此，供應鏈事件管理工具能提供跨供應鏈的可見度，以偵測、評估及做出及時反應，避免事態如滾雪球般的擴大。若將處理原則或政策內建於事件管理系統中，還能主動或預防性的自動啟動反應機制。

雖然最初以獨立系統的型式運作，但近來業界也將事件管理系統的監控能量，整合進全球貿易管理、倉儲管理系統、運輸管理系統及製造執行系統……等，以完成規劃至執行的迴路，並支援點對點活動的同步化等。舉例來說，於全球連接性與事件監控能力的提升，使全球大企業可如小公司一般，在海運上獲得從貨櫃到單項產品的可見度。

14.4.4 商業智慧

當執行軟體可自動擷取資料，並自動產出功能性報表時，管理者仍須從報告中解析可供改善的領域。相對於此，**商業智慧** (Business Intelligence, BI) 工具，則能自動執行資料解析，並以圖表等視覺呈現工具呈現解析的結果，使供應鏈的管理者更方便的執行規劃與決策。

除資料蒐集與解析能力外，商業智慧軟體還能支援自生報告 (Self-Service Reporting)、衡量目標 (達成率) 的績效計分 (Performance Scorecarding)、自動繪製圖表，以及支援事件管理的活動監控等。另外，因商業智慧工具也能從其他供應鏈資訊系統中擷取與運用資料 (無須資訊部門的介入)，因此也同時能支援跨供應鏈的合作能力。

目前新興的商業智慧工具，早已超越以描述性資訊解析過去績效的範疇。現代的商業智慧系統，已具備大數據的動態分析能力，使管理者得以發展更具價值的診斷、預測及處置分析……等。根據高德納顧問公司的分析，先進的商業智慧解析工具，是軟體市場中成長速度最快的領域，其市場規模於 2013 年即以超過 10 億美元以上，並仍持續成長中。

商業智慧軟體的使用者親和性，是驅動業界採用此類型軟體的主要原因。若運用得當，商業智慧軟體能讓組織執行問題的肇因分析 (Root-Cause Analysis)，以確切掌握問題的特性與成因。換個角度來說，較強的決策能力能驅動競爭優勢。商業智慧軟體能讓管理者獲得複雜全球運作的有價值見解，提供成本、花費等更細緻的可見度、改善營銷規劃與需求預測能力，及解決運籌瓶頸問題等能力，使組織以更優化的決策獲得更大的市場競爭優勢。

14.4.5 促進工具

供應鏈的規劃、執行、事件管理及商業智慧等資訊工具，都要比傳統的 Excel 試算表先進得多；即便如此，上述所有資訊工具都不能單獨的運作，而需要其他來源資料的支援，並與組織的供應鏈管理目標和程序校準，才能發揮效能。本小節將討論一些能在供應鏈程序中提供連接功能，並為組織及外部關係人創造供應鏈的全般觀點的應用軟體與系統，如企業資源規劃、供應商關係管理、顧客關係管理及自動辨識技術等，分別簡述如後。

企業資源規劃

企業資源規劃 (Enterprise Resource Planning, ERP) 是將包含多個組織企業的內、外部系統整合成橫跨企業的統一資訊系統方案，其基礎架構包括：

- 各類型應用軟體。
- 安裝與運作軟體的電腦硬體。
- 系統間與跨系統資料溝通的後台網路架構。
- 中央資料庫系統。

資料庫中的資料一經輸入後，即可供所有軟體系統與使用者共同使用。

雖然企業資源規劃系統可能很貴，施行時也可能甚具挑戰，但業界卻仍普遍運用企業資源規劃系統或其中的部分功能。企業資源規劃系統的最大優勢，是能在各功能程序中更新與分享資訊。由企業資源規劃系統連接的功能程序，包括財務與會計、規劃、工程設計、人力資源、採購、生產、庫存與物料管理、訂單處理……等。企業運用企業資源規劃系統可獲得的利益，包括程序的標準化與自動化；節約技術成本；改善銷售、庫存與回收等之可見度；以及法規遵守等。

經過時間的歷練，傳統於供應鏈功能與企業資源規劃系統的分界逐漸淡化。首先，企業資源規劃系統所儲存的資訊與供應鏈資訊系統所需的資訊漸趨一致。其次，主要的企業資源規劃系統供應商，目前也提供能與企業資源規劃系統容易整合的供應鏈資訊系統。雖然系統供應商所提供的倉儲管理系統、運輸管理系統……等，可能不如專業供應鏈資訊系統一般的專業，但能與企業資源規劃系統一站整合，可大幅降低建置與施行所需耗費的時間和成本。

供應商關係管理

供應商關係管理 (Supplier Relationship Management, SRM) 是組織對物料與服務籌資活動的系統化管控工具。供應商關係管理系統謀求在與供應商有共同的參考架構上，改善溝通的效能。軟體則可支援，如合作設計、籌資決策、協商談判及採購程序……等，也可在整個合約生命週期中，協助組織執行供應商風險、績效及法遵……等之分析。

供應商關係管理及其相關軟體的目標，在程序聚合、交易精簡化及改善資訊流路……等，以降低運作成本，並改善顧客所需的產品。供應商關係管理軟體若能與堅實的採購程序校準和整合，則能持續以最佳的價格，獲得品質穩定的庫存，並能以系統化、整合的方式，使跨事業單位與跨功能部門在合約生命週期中，維持和供應商的良好關係。藉此，組織能充分利用供應商的資產、專業及能量……等，獲得最大的市場競爭優勢。

顧客關係管理

顧客關係管理 (Customer Relationship Management, CRM) 相對於供應商關係管理，則專注與顧客互動的實務、策略與技術運用等。顧客關係管理軟體將顧客資訊聚合於資料庫中，使企業的使用者能容易擷取與管理顧客資訊。顧客關係管理系統可被視為供應鏈中供需關係連接（企業與客戶、顧客等）的中央神經節點，它能促進資訊的擷取與分享。

運用顧客關係管理軟體的目標，在改善企業與顧客關係、強化顧客保留率並促進銷售的成長……等。上述每一個目標，都需要組織不斷學習顧客需求、需求模式及採購行為……等，以發展與顧客的更強鏈結。顧客關係管理系統看起來雖然好像是行銷工具，但其顧客資訊也能被供應鏈管理者所運用。對顧客（需求）較佳的瞭解，有助於促進需求可見度、庫存需求的明確化及驅動服務水準改善……等。

自動辨識技術

個別而言，本章所討論的各類型供應鏈應用軟體，若不能持續獲得有品質（及時、精確、相關……等）資料的支持，則對投資報酬率毫無價值。資料的擷取，也必須能自動化執行，才能支持及時的決策。

幸好，供應鏈管理者可運用各類型的**自動辨識**（auto-ID）與資料擷取技術，以獲得規劃、執行與分析等關鍵程序所需的精確資料。這些技術包括條碼標籤、無線射頻辨識標籤、**光學字元辨識**（Optical Character Recognition, OCR）標籤，及其相關的軟、硬體等。這些自動辨識技術能辨識物品、蒐集相關資訊，並將物品資訊直接餽入供應鏈資訊系統中。

業界常用的自動辨識技術，通常為條碼及無線射頻辨識兩種技術。條碼標籤通常用於零售店面，配合掃描器追蹤銷售點的銷售資訊，而無線射頻辨識技術則常用於物流及訂單履行程序，以標籤上的無線射頻自動發射產品資訊至讀取器上。無論條碼系統的 POS 掃描器或無線射頻辨識讀取器，也都會自動將物品（庫存與運輸）資訊傳送到供應鏈資訊系統中。

自動辨識技術，能強化物品於供應鏈中移動的可見度與管控度，自動資料蒐集也有效改善供應鏈資訊系統的資料擷取速度、精確性及成本效益；有助於物品庫存與交運狀態的追蹤；供應鏈事件管理及庫存補貨作業等。自動辨識技術也能對全通路訂單履行，提供有價值的支援如以下「第一線上」專欄所述。

第一線上 支持全通路的無線射頻識別技術

當零售商增加顧客訂貨與取貨的選項時，庫存狀態的精確性就顯得相當重要，這在網購、店取 (Buy Online, Pick Up in Store) 的模式尤其重要。當零售商的網站顯示在某個店面有顧客下訂所需的庫存後，這些庫存就必須真實的存在並準備由顧客親至店面提取。當顧客抵達店面，卻發現店面的庫存無法滿足其訂單需求時，會產生不滿意的顧客與喪失銷售機會等。

為避免上述尷尬的狀況，零售商開始依賴無線射頻辨識技術。這種自動辨識工具，能達到 95% 的庫存精確度，比傳統庫存管理系統有很大的改善效果。無線射頻辨識技術也能協助零售商快速定位貨物的庫存位置、數量與狀態等，錯誤或隱藏性庫存所創造的**假性缺貨** (Phantom Stockouts) 現象不再存在，貨品項目的可用性也提高 2-20%。

世界主要的零售商如沃爾瑪、目標百貨、美羅 (Metro Stores) 及梅西……等，現在都逐漸提升其單項產品庫存的自動辨識貼標。因此，美國零售業 2013 年用於無線射頻辨識的經費為 5 億 4,100 萬美元，到 2014 年即大幅增加到 7 億 3,800 萬美元，漲幅超過 36%。而此趨勢在零售商持續追求庫存可見度、精確度及庫存可用性等要求下，仍會持續成長。

資料來源："GS1 US Survey Shows Manufactures and Retailers Embrace RFID to Enhance Inventory Visibility," *PR Newswire* (March 19, 2015); and, MH&L Staff, "RFID Demand Up with Rise of Omni-Channel Retailing," *Material Handling & Logistics* (June 1, 2015).

14.5 供應鏈管理技術的施行

如前幾節所述，有一系列軟體工具可支援供應鏈的規劃、執行、管控與分析。業界也會投入相當的經費(通常可達數十億美元的規模)採購相關軟體系統，期能增加其供應鏈的產能。但軟體系統的獲得，不能確保快速的成功運用。系統整合複雜性與人員訓練所需的時間，一般可能超過六個月以上，而整合與訓練的成本，也可能超過軟體採購價格的兩倍以上。因此，要在技術運用上獲得快速的投資報酬率，是一項嚴苛的挑戰。

在合理時間內整合供應鏈技術能量的關鍵，在於明快的決策。供應鏈管理者必須在資訊技術的投資與滿足需求、促進供應鏈策略之間，有清晰的宏觀遠見。若管理者在決定採購前，能適切的評估組織的需求、瞭解軟體的應用能量及交付方案，並提前處理相關技術施行議題……等，則 12~18 個月的投資報酬率是可預期的。

14.5.1 需求評估

在制定應用軟體採購決策之前的最重要步驟，在瞭解該軟體系統是否能滿足供應鏈運作的需求。在業界通常發生的狀況，是軟體技術採購者不瞭解供應鏈程序的運作，而負責實際程序運作的人也不瞭解軟體的功能與特性，這樣會產生採購的軟體系統不符合程序運作需求的窘境。

有經驗的管理者會適當診斷與評估軟體系統的實際需求，他們會結合經營程序的有效運作、適當的技術支援及預期的供應鏈績效等考量，執行軟體需求的評估。當軟體能量與組織運作程序確實不能匹配時，就必須對程序做適當的調整或修改，或甚至選擇其他可匹配的軟體系統等。

如亞馬遜、扎拉 (Zara) 等企業，能充分運用資訊技術來支援其供應鏈運作程序的創新，而獲得在其產業領域中的競爭優勢。它們將供應鏈軟體視為程序改善的促動因素，而非「快速解決方案」！這種態度能對供應鏈資訊系統的採購、有效施行及投資報酬率等，有較為符合實際的預期。

14.5.2 軟體選擇

軟體系統的選擇，是一多面向的決策考量。首先，供應鏈管理者必須決定將使用哪一種類型——規劃、執行、事件管理或商業智慧——的軟體。此外，管理者也必須比較商用軟體與內部發展 (In-House Solutions) 的優缺點，選擇單一套件的軟體供應商或多個供應商各自提供不同功能的軟體。最後，是授權使用 (Licensing) 或按照需求採購 (On-Demand Purchases)……等相關議題。

內部發展：軟體可由組織內部自行發展或直接向外採購。如沃爾瑪及亞馬遜等大型企業，由於其運作的特殊性，通常由其內部資訊部門發展與建置某些內部程序應用程式。某些運籌服務提供商也有內部發展程式的能量。當內部發展需要投入大量的研發資源與研發時間時，若能順利發展成功，則其對組織內部程序的整合適應性與客製化，是一般商用軟體無法比擬的。

大部分組織因成本、能力與資源投入優先度等考量，會依賴外部軟體提供商發展其所需的供應鏈應用軟體。這些因應客戶需求的客製化軟體通常因客戶的程序不至於過於獨特或複雜，其建置與施行速度，通常會比內部發展要快得多，但商用軟體與組織現有系統之間的相互操作性，是外購軟體的關鍵考量。故商用軟體通常也會保有為因應客戶需求的客製化調整能力。

商用軟體套件：當組織決定向外採購商用軟體時，組織必須先決定將採用哪種類型的軟體及其獲得方式。採用商用軟體套件的一種觀點是，在各個功能領域中選擇「最佳解決方案」(Best-of-Breed Solutions) 後，再加以整合調整；另一種觀點則是由單一軟體供應商提供所有功能整合的軟體套件，如圖 14.4 所示。折衷的作法則是由單一軟體供應商負責提供主要應用軟體及其整合，另選用個別 (其他軟體提供商) 最佳解決方案。

上述軟體選擇觀點各自有其優勢。單一供應商提供的軟體套件，因匹配性與連接性等議題較少，會比多個供應商提供多種最佳解決方案有更快的建置與施行速度，構建成本也較低。同樣的，因組織所需面對的軟體供應商只有一個，會大幅降低協調的複雜性與提升溝通效率。另使用者只須學習單一軟體套件，其訓練時間也較少。但單一軟體套件可能缺乏先進的功能或業者指定需要的特定能量，而須做客製化的調整。

對技術採購者 (亦即企業) 而言，要瞭解軟體系統的施行議題，如組織對程序客製化的需求、軟體系統的能量，及軟體供應商的快速變化情形等，都是艱鉅的挑戰。但這些軟體系統施行的議題，對技術是否能整合進組織的運作程序至關重要。故即便艱鉅，管理者仍須執行必要的評估。

購置的選擇：傳統上，供應鏈軟體的買方通常會採用購買供應商授權的軟體，並安裝在買方的伺服系統上的方案。這種授權方案的缺點，是持續的資本投資。買方除購買軟體投入的資金外，在更新、解決問題及維護上，也都必須支付額外成本。

網際網路及雲端技術的發展，已改變商用軟體的構建模式。簡單的說，買方無需在自己的電腦上安裝軟體程式，而直接在網路上運用軟體。在此所謂**軟體服務** (Software as Service, SaaS) 分配模式，應用軟體與程式仍由供應商或服務提供商所

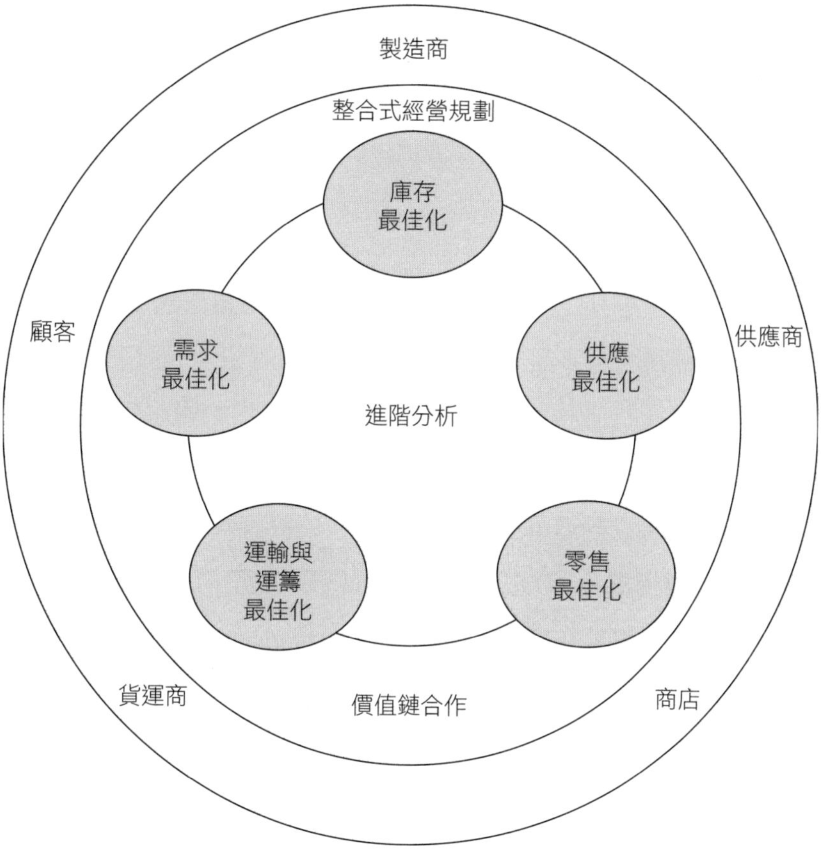

✧ **圖 14.4** 供應鏈軟體套件

資料來源：Logility. Retrieved from http://www.logility.com/solutions.

擁有，只在網路上提供軟體的應用服務。當越來越多的供應鏈軟體與程式工具等，可從網路上直接獲得時，軟體服務模式變得越來越普及。快速施行，低資金投入，可調整需求，網路容易擷取及簡易的軟體更新程序……等，都是業界廣泛採用軟體服務模式的理由。但公司資料敏感性(資料安全性)、網站的不良服務、法規遵守性及應用績效管理……等，是管理者決定採用軟體服務模式須考量的議題。

14.5.3 施行議題

供應鏈管理者在考量應用軟體時，通常只專注於軟體的功能而已，但他們也必須考量軟體的施行與操作議題。有用的軟體如果很難安裝、無法順利與其他系統連接，或運用程序太繁瑣……等，都容易使軟體閒置不用(Shelfware)！因此在決定購置軟體前，必須花些心力於其施行議題的處理上。有關使用人員的訓練、文化的改變、系統間的交互操作性及資料的同步化……等已於前述。另外兩項有關供應鏈資訊系統的施行議題，如資料標準化及應用整合，將於此小節討論如下。

資料標準化

由於軟體供應商、專利工具及公司自行發展程式的類型甚多，在這些各自發展的軟體間要分享供應鏈資料，是一件極具挑戰性的事！正如同不同語言、各地方言及文字等阻礙人際溝通的情形一樣，供應鏈夥伴所用的供應鏈資訊系統及程式語言之間，也很難將資料整合起來。

雖然格式不一致的資料仍可以轉換，但另一項較有效的作法，是為強化跨供應鏈溝通所要求的**資料標準化**(Data Standardization)。也正如現今的國際貿易以英語為通用語言一樣，**電子資料交換**(Electronic Data Exchange, EDI)及**可擴充標記語言**(Extensible Markup Language, XML)兩者，可有效與精確的促成電腦和電腦之間的資料交換。

電子資料交換：以高度標準化、電腦可處理(讀取)的格式，在電腦之間執行結構化資訊的交換。電子資料交換可在幾乎不會出錯、低成本的狀況下，快速的交換大量資料，使供應鏈夥伴能有效率、高效能的運作。但電子資料交換也有其缺陷，如施行程序可能較為複雜；另外，資料在供應鏈增值(交換)過程中，也可能會衍生交易費用。

可擴充標記語言(XML)：是一套可驗證的國際標準文字格式，可同時讓人與電腦「看得懂」！可擴充標記語言提供在網際網路及其他網路環境中創造通用、結構化格式，可同時傳遞資料與格式。可擴充標記語言可用來定義複雜的文件與資料結構，如發票、庫存報告、交運紀錄及其他供應鏈運作所需文件等。

購買具備資料標準化能力的軟體，能確保資訊能在不同的供應鏈資訊系統之間有效且快速的傳遞，另可避免因購買不具資料標準化能力軟體，而須花大量時間與成本於資料的轉換。除供應鏈資訊系統的交互操作性外，具資料標準化能力的軟體，也可強化供應鏈夥伴之間的溝通與可見度等。

應用整合

另一項軟體施行的重要議題，是應用軟體之間的無縫整合。若採購一套供應鏈管理軟體套件，其應用整合性（Application Integration）當然容易達成。但供應鏈夥伴之間所用的軟體系統，常因採購自不同軟體供應商、應用領域及版本不同而甚難整合。當整合所涉及的運用領域越多，軟體之間的應用整合連接與資訊分享的挑戰也越大。

在供應鏈軟體的發展上，為改善應用整合性及強化供應鏈資訊的同步化已有相當努力與成果。如**應用程式介面**（Application Programming Interface, API）為一組律定一應用程式及其他程式溝通的規定與要求。藉著程式內部功能的分享與介面格式化，能使一應用程式得以和其他應用程式分享資料。另外，**服務導向架構**（Service-Oriented Architecture, SOA）也能促進軟體之間的整合。服務導向架構定義兩台電腦之間的互動方式，使一台電腦能「代理」另一台電腦的方式運作。

供應鏈資訊技術的買方，在追求供應鏈資訊系統連接性時，必須要能瞭解應用整合所面臨的挑戰。軟體購買者必須評估與比較每套軟體的整合方法，選擇的軟體除須滿足目前需求外，也必須具備未來功能調整的彈性。

最後，上述有關資料標準化與應用整合議題，在購置軟體時通常會受到管理者的重視。反倒是其他一些容易忽略的議題會對資訊技術的往後運用產生問題。為使供應鏈管理者順利完成資訊系統的購買與建置，以下列舉 10 項成功建置軟體的規則：

1. 獲得高階管理者的支持。
2. 謹記這不僅僅是一項資訊技術專案而已（而是組織的策略方案）。
3. 將此資訊技術專案與組織目標校準。
4. 瞭解軟體的能量。
5. 仔細挑選軟體供應商。
6. 依循已經驗證的施行方法。
7. 以逐步漸進的方法獲得（軟體應用的）價值。
8. 要有變更營運程序的準備。

9. 持續知會終端使用者，並使之參與。

10. 以關鍵績效指標衡量（軟體應用）的成功與否。

14.6 供應鏈技術創新

若要說供應鏈管理中唯一不變的，就是它會持續改變！這看似矛盾，但此持續演化卻是支持全通路創新、全球網路調整及強化顧客服務的學門紀律。為達成運作之成功，供應鏈管理者就必須能有效的運用目前及新興的技術。根據一項研究結果顯示，業者供應鏈軟體上的花費在 2019 年前預計將高達 163 億美元，也就不足為奇了。

當大部分的經費花在目前成熟的技術時，產業觀察家指出三項可大幅提升供應鏈管理效能的技術創新，如物聯網（IoT）、移動連接技術及自動功能，將分別討論如後。

14.6.1 物聯網

我們目前生活在由智慧型手機及電腦所連接的世界中，但絕大多數的人們卻不會發現世界的連接程度已遠超過我們的想像。各類型連接裝置——感測器、各式開關及網際網路連接等——的總數已遠超過世界總人口數，而此差距仍加速擴大中。**物聯網**（Internet of Things, IoT）包括蘋果手錶、Fitbit 追蹤器、各類型穿戴裝置、電子收費，以及其他各類型已被人們使用的智能裝置等。

目前已有廣泛類型的物聯網商用裝備、裝置與機構……等被人們運用著。根據高德納顧問公司的保守估計，到 2020 年時，世界將有超過 260 億美元以上的連接裝置。高德納顧問公司也指出物聯網發展趨勢將影響供應鏈的運作方式。因此，物聯網對供應鏈而言是創新還是顛覆性技術，值得供應鏈管理者的關注。

光從技術層次來說，物聯網的裝置與感測器，能讓供應鏈管理者將人、程序、資料與事物（Things）聰明的連接起來。而其更深層的智慧，則包括供應鏈活動的校準、同步與自動化等。運用物聯網技術能強化供應鏈運作績效的範例如下：

- 適切的庫存水準：如在油箱內以感測器偵測油量一樣，在庫房內布置感測器，能在庫存耗用至某程度(安全存量)時，啟動補貨程序。
- 調整儲存環境：如在實驗室環境一樣，包裝箱或庫房設施內的環境監控感測器，可自動調整溫度、濕度等，以避免重要儲存物品如食品、藥品的損壞。
- 提升轉運可見度：追蹤貨車於供應鏈網路中的交運狀態，必要時(如塞車)可發送新的途徑指令。
- 機具的維修與校準：持續監控機具的運作績效、遙控調整機具的設定，或發工給維護工執行機具的維修等。

未來的物聯網創新，可能會根本改變供應鏈服務終端顧客的方式。如在你的冰箱或印表機上安裝感測器，主動偵測你日常用品的消耗量，並自動啟動零售商對你所需雞蛋、牛奶、衛生紙及碳粉匣的補貨程序，完全是可能實現的事。身為終端顧客的你可能永遠感覺不到缺貨的狀況，而零售商也能以真正需求反應(True Demand-Responsive)的方式運作。

在真正發揮物聯網技術效能之前，有一些安全性的議題必須先獲得解決。在網際網路上傳輸數位化資訊，始終有資料遭竊的風險，而消費者個人資訊必須要能防護於網際網路上的洩漏或駭客的刻意竊取。可能的防護作為包括降低或限制物聯網裝置蒐集資料的種類與數量；布置多層次防護系統包括防火牆、侵入偵測系統、防毒工具及網路區段化等；或甚至讓使用者選擇取消物聯網裝置的自動運作……等。

雖然物聯網資訊遭竊的風險相當真切，但業界似乎並未被嚇退。最近一份調查結果顯示，超過六成五的業者表示已開始或準備運用物聯網技術。物聯網於供應鏈管理領域的運用，顯然可顯著提升供應鏈運作的效率與效果，這也將有前向思維的業者從競爭場域中脫穎而出。

14.6.2 移動連接性

移動技術在供應鏈管理領域並非新的議題，它已被運用將近四個年代。從美國高通(Qualcomm)開始運用移動、雙向衛星定位與傳訊服務(OmniTracs)於車隊管理時，全球定位(Global Positioning System, GPS)、自動辨識(auto-ID)、無線連接、平板電腦及智慧型手機……等技術的持續引進與快速發展，都讓供應鏈程序獲得更高的運作效能。在供應鏈的連接上，**移動連接** (Mobile Connectivity) 技術有三項主要貢獻，即改善可見度、資產控制與機敏性。

雖然全球的移動連接性仍持續成長中，但還未達到市場飽和的狀態。當移動技術問題逐步獲得解決、硬體與通訊價格持續下降、移動技術可靠度獲得大幅提升時，廣泛採用移動連接技術的空間仍大，而各種改善移動技術投資報酬率的解決方案也正持續發展中。

移動連接技術對運輸業者至為重要。貨運公司必須要在最低的運作成本下提供最大的客服水準，以獲得市場競爭優勢。它們要能在地理位置分布甚廣的駕駛、裝備 (貨車) 與貨物等，保持持續的連接性。高效能的地理資訊系統，配合上及時資料的連接、獲取，以進行有效的路徑規劃、決定派遣時間，甚至貨物轉運途中的路徑重新規劃……等。這種移動連接能量，能讓貨運公司精確的預測貨運抵達時間、降低交運成本及能源消耗……等。

倉儲運作也長期依賴無線射頻標籤於叉動車、手持機具等的貼附，以追蹤並指導員工的活動。但以個人電腦為基礎的傳統人力管理系統，會將管理者綁在辦公室內。管理者需要花多點時間在現場上，實際掌握現場的運作並指導員工。而移動連接技術，讓管理者可從平板電腦或智慧型手機上，直接擷取關鍵生產活動、工作負荷管理及例外事件管理等資料，而不管其位置在哪裡。此移動連接能量，讓將管理者從辦公室釋放至現場、直接參與員工的運作，並改善員工的產出效能等。

對製造或生產程序運作而言，移動連接技術也是優先的選項。根據一項資誠 (PwC) 聯合會計事務所對全球企業執行長的調查結果顯示，具有前向思維的製造商將移動連接技術整合進其製造的品質管理系統中，這樣做能讓製造商的管理者及時監控供應商的供貨狀況、品質缺陷與更正作為……等。將移動連接技術整合進入報價系統與庫存系統，使業務員能快速的向顧客報價與提供交貨時間。再者，移動裝置上的及時資訊顯示，也能讓管理者持續監控工作流路的順暢與否。這些移動連接推動計畫的目標，除讓製造商對顧客需求更具備反應能力外，並使**智慧製造** (Smart Manufacturing) 成為生產運作的新典範。

14.6.3 功能自動化

自動化 (Automation) 早已是製造業的重要功能，如輸送帶 (Conveyors) 在工作站位中輸送物料；機器人 (Robots) 執行焊接、噴漆及其他精準性的任務。倉儲自動化 (Warehouse Automation) 的物流中心也用自動化技術處理倉儲、搬運及交運等任務而無需人力的介入。訂單履行速度與精確性——兩項全通路零售作業的必要元素——也能藉由自動化而獲得大幅度的強化與提升。

相對製造與倉儲自動化而言，運輸功能仍持續是個勞力密集的活動，尤其是貨車運輸業！連接技術用於無人駕駛車輛正快速的發展中，雖然比物聯網應用及移動連接運用於軟體上的發展稍慢，但世界許多大型企業，如戴姆勒 (Daimler)、谷歌 (Google) 及日本小松公司 (Komatsu) 等，都正積極投入資源、開發自動化車輛中。

「戴姆勒 2025 未來卡車計畫」(Daimler's Future Truck 2025) 正發展一在高速公路上可自動行駛的卡車，在車上裝設一系列攝影機與雷達感測裝置，可持續將卡車位置傳輸給其他駕駛 (或車輛) 與行控中心，並在裝設有感測器的高速公路上自動行駛。在試行計畫中，卡車內仍配置駕駛，負責市區街道的駕駛操控。此計畫可比擬成飛機在正常飛行途中的自動駕駛系統 (Auto-Pilot Systems)。

無人駕駛車輛的發展前景甚多，首先，在規劃良好公路上的自動駕駛，可避免駕駛的疲勞與可能的撞車事件。其次，自動駕駛系統的設計可發揮最大燃油效率並降低碳排放。最後，無人駕駛技術的運用也可減輕貨車業者缺乏駕駛的壓力。但在無人車輛實際上路前，還有許多先進概念要先經過驗證、獲得政府法規的核可與公眾的接受……等，還有一段長路要走。

毫無疑問的，本章所描述的各種技術，都能驅使供應鏈管理朝向一新績效領域的進展。未來的解決方案，就是今日新的概念。要跟上技術領域的快速發展，就需要對產業的技術發展保持持續的監控。表 14.3 列舉一些能讓你獲知供應鏈技術創新最新狀態的網站。

✤表 14.3 供應鏈技術資訊來源及查詢網站彙整表

來源	網站
Aberdeen	www.aberdeen.com
DC Velocity	www.dcvelocity.com/channels/technology/
Eye For Transport	www.eft.com/technology
Gartner	www.gartner.com
Logistics Viewpoints	logisticsviewpoints.com
Supply Chain 24/7	www.supplychain247.com/topic/category/technology
Supply Chain Digest	www.scdigest.com

資料來源：Brian J. Gibson, Ph.D. Used with permission.

總結

資訊，對供應鏈運作得成功至關重要，必須能在供應鏈夥伴之間(的資訊系統)自由流通。但缺乏精確、及時的資訊，管理者也很難制定有關採購、生產與物流等之有效決策。為促進知識的連接與提升供應鏈的可見度，大部分組織依賴電腦硬體、供應鏈資訊系統及各類型網際網路支援技術等。業界領導業者廣泛運用供應鏈資訊系統，在其產業領域中，創造及時的運作知識、調適性及顯著競爭優勢……等。

當供應鏈資訊系統持續演進時，將資訊技術整合進入組織的程序中，是追求供應鏈卓越運作的持續性努力。供應鏈管理者必須認知到資訊的重要性、瞭解如何選擇應用軟體，並克服所有施行階段所面臨的挑戰，才能顯現資訊技術的最大效能。

本章介紹的關鍵性概念總結如下：

- ❖ 為產生可行動的知識，供應鏈中流通的資訊必須具備高品質、容易在組織間流通，並支援各類型的決策。
- ❖ 領導組織利用供應鏈資訊系統獲得更大的供應鏈可見度、機敏性、速度、同步化、最佳化等能量。
- ❖ 規劃與設計良好的供應鏈資訊系統能有效連接人員、程序與技術；提供可行動的知識並強化決策效能等。

- 精明的供應鏈管理者瞭解供應鏈資訊系統的選擇風險，並在新系統的規劃、採購、建置與施行過程中扮演主動的角色。
- 供應鏈軟體可區分為四種主要類型：(1) 用於預測的規劃工具；(2) 每日例行管理的執行系統；(3) 監控供應鏈流路的事件管理工具；及 (4) 用於分析績效的商業智慧應用。
- 企業資源規劃、供應商關係管理及顧客關係管理等系統，能提供組織供應鏈程序管理及外部關係人所需的資料與運作平台。
- 為獲得供應鏈資訊系統的最大投資報酬，管理者必須要能有效的評估供應鏈管理需求、瞭解應用軟體可提供的解決方案，以及解決技術建置與施行等相關議題。
- 技術領域的持續與快速演進，管理者必須要能持續監控與評估，如物聯網、移動連接與自動化技術等對供應鏈管理所帶來的衝擊與影響。

第 15 章

供應鏈的變化與策略性挑戰

閱讀本章後，你應能……

學習目標

- 瞭解目前及未來對供應鏈的策略挑戰與機會
- 辨識幾項歷久不衰成功供應鏈的關鍵原則
- 對供應鏈分析有一基本的認識，並瞭解它能如何改善供應鏈的規劃、決策及執行作為
- 瞭解運用大數據於供應鏈分析可得到資訊的豐富與內涵
- 瞭解全通路環境下使零售作業的關鍵成功策略
- 瞭解永續性對組織與供應鏈的重要，並發展達成永續性方法的優先次序
- 評估供應鏈上反向流路的角色與重要性，並瞭解其與價值流及廢棄流路的差異性
- 熟悉 3D 列印的觀念與能量及其對供應鏈管理的衝擊影響
- 瞭解供應鏈專業職能及其相關技能的轉變
- 對供應鏈管理的概念與內涵有一全盤性的掌握

供應鏈側寫　現在就為未來調整你的供應鏈

供應鏈管理實務，必須辨識真實世界的變化並調整其作為。這包含長程與短程兩種作為方式。長程作為的範例，可能是現在就為目前還不存在的新產品實施供應鏈的布署，而短期作為則可能是在現今顧客「不耐煩交運等待」(Shipment Impatience) 現況下，對顧客實施「立即交運」……等。

長程案例：〈內向運籌〉期刊編輯，最近訪談位於加拿大溫哥華的 IBC 先進合金公司的經理階層。IBC 先進合金專注於鈹 (berylium) 與銅合金的製造和配送，公司的產品大多用於航太與國防產業，對大多數的人們而言，這家公司的產品大多屬於未知而「科幻」(Sci-Fi) 的領域。

以 IBC 先進合金位於供應鏈的前端地位，它也顯現出目前**物聯網** (Internet of Things, IoT) 對此產業的影響與變化指標。特別是電子及電路板製造商現在都鎖定與鞏固其貴金屬供應商，並做出幾年之內都還不會顯現需求的供應鏈調整。為何如此？主要原因是物聯網的快速發展會使產業對電路板的需求有爆炸性擴充，並將科幻帶進現實生活中。機器對機器之間的對話需要複雜的電路板，而電路板需要許多的稀有貴金屬。因此，全球貴金屬的訂貨與未來交運保證，現在就在發生中。

如前所述，目前的顧客多半不耐煩於交運期的等待。就以你自己在網路購物的經驗來說，你是否願意多付一些錢來立即獲得商品？或當超出預定的交運期時，你的感覺如何？就可以解說目前供應鏈於交運貨物的挑戰。對供應鏈上的企業客戶而言，供應商的立即交貨也變成關鍵成功要素。企業客戶不會在乎供應商的位置在哪裡或供應商需要多少交運期等，他們現在就要！

對交運期不耐煩的現象，或稱顧客的預期，對供應鏈的運作形成巨大挑戰，迫使供應鏈成員必須改用近岸籌資、全通路及快速交運方案……等之調整。

顧客的需求與供應鏈產業的創新變化不會稍微停歇或停止。對供應鏈業者而言，現在即須對未來做出展望，判斷未來的可能變化，並做出因應調整。未來總在你知道前就可能發生。但供應鏈的 (供貨) 速度目前已產生變化，迎接這些變化的挑戰吧！

資料來源：Biondo, Keith, “Adapting Your Supply Chain for the Future...Now,” *Inbound Logistics*, November 2014.

15.1 簡介

本總結章的主要目的，在為讀者提供本書所有內容的基石或整合。希望能讓讀者瞭解從過去到目前為止，供應鏈的發展歷程與目前成就，並思考會塑造和指引未來發展方向的一些關鍵影響因素與議題。為達成此目的，本章的安排專注於下列兩個主要目標：

1. 再度檢視供應鏈管理的七項原則。此七項原則雖已證實其歷久彌新的價值，但本章的重點在檢視此七項原則與目前供應鏈環境挑戰和機會的校準，並提供一些在實際運作中運用此七項原則的案例。
2. 討論對未來供應鏈成長、發展與轉變有重要影響的幾個議題：
   (1) 大數據與供應鏈的（績效）分析。
   (2) 全通路。
   (3) 永續性。
   (4) 3D 製造。
   (5) 供應鏈的才能管理。

15.2 供應鏈管理原則

在供應鏈研究領域中，由安得森（David L. Anderson）、布理特（Frank E. Britt）及費佛（Donavon J. Favre）於 1997 年〈供應鏈管理評論〉（*Supply Chain Management Review*, SCMR）第一期期刊中發表的論文——供應鏈管理的七項原則（The Seven Principles of Supply Chain Management）。根據 SCMR 期刊編輯逵恩（Frank Quinn）表示，該篇文章是最近十年來被索取次數最多的文章，它提供清晰、引人注目的成功供應鏈管理案例。更甚者，逵恩也表示這些原則在歷經十數年後依舊歷久彌新而適用！

本節的目的在再次檢視此七項供應鏈管理原則於現代的定義和內涵，並提供一些實際的案例，證明此七項原則的時代適用性與關聯性。

供應鏈管理七項原則	收入成長	資產運用	降低成本
1. 根據需求區隔顧客	●	◑	◔
2. 客製化運籌網路	◑	●	◔
3. 傾聽市場訊號並因應	○	●	◑
4. 近接顧客的產品差異化	○	◑	●
5. 策略性籌資	○	◑	●
6. 發展供應鏈技術策略*	◑	●	◑
7. 採取跨通路的衡量	●	●	●

● 高　◑ 中　○ 低

✧ **圖 15.1**　供應鏈管理原則與對財務成果影響示意圖

*資訊科技為使供應鏈管理成功的必要基礎架構。

資料來源：David L. Anderson, Frank F. Britt, and Donavan J. Favre, "The Seven Principles of Supply Chain Management," *Supply Chain Management Review* (April, 2007): 46. Copyright © 2007 Reed Business, a division of Reed Elsevier.

圖 15.1 列舉安得森等作者最初於 SCMR 期刊發表論文中列舉的七項供應鏈管理原則，以及這些原則對組織收入成長、資產運用和降低成本等的影響。

15.2.1　根據服務需求區隔顧客群

第一項原則與傳統根據產業、產品或交易管道而區隔顧客的方法不同，是根據運籌與供應鏈需求作為區隔顧客全體的依據。運籌與供應鏈需求的範例包括服務需求、訂單履行優先次序、服務的頻率、需要資訊技術支援的需求……等。同樣重要的，還包括確保供應鏈的服務與顧客需求校準、財務目標與供應組織的一致性調適等。

根據作者所提供的案例，一家食品製造商積極的向所有顧客群體推銷其**供應商管理庫存** (Vendor-Managed Inventory, VMI) 計畫，希望能擴大其銷售量。但遺憾的是，接下來的作業基礎成本會計卻發現，至少對一或多個顧客群體，其銷售量反而呈現下滑的趨勢。

另一個相關案例，是戴爾電腦公司在早期採取「朝向消費者」(Direct-to-Consumer) 的單一營運模式，在電腦產業的供應鏈掀起劇烈變化的風潮。但時至今日，戴爾也開始將其供應鏈轉向區隔(客群)的多管道模式，對消費者、企業客戶、配送商及零售商等，各自有其不同的客服政策。這項轉變使戴爾節省 1,500 萬美元的作業成本，並使戴爾躍居高德納「前 25 大供應鏈」(Top 25 Supply Chains) 排名中的第二名。

15.2.2 客製化運籌網路

傳統上，許多組織在規劃運籌與供應鏈能量時，會參考所有顧客的平均需求，或以某一最難滿足的客群需求而設計。但此原則則強調以足夠的調適與反應性，來滿足個別客群的需求。這種方法雖然會對供應鏈的設計帶來更大的複雜性，但其運用及時決策支援工具的反應彈性卻能彌補複雜度高的缺失。

運用此原則的現代範例，就是全通路供應策略的發展與執行。全通路除能提供顧客於店面或網路購物的選擇外，其供應鏈能量的設計，也必須能同步支援此兩個通路的需求。有關全通路物流策略，將於本章後續小節陸續介紹。

15.2.3 傾聽市場需求並因應

雖然預測在傳統的供應鏈規劃時仍占有一席之地，但此原則強調傾聽市場所發出的訊號——如銷售點資訊——然後做出因應的需求規劃作為。藉此同時納入顧客(需求)與供應商(能量)的考量，能制定出較能直接反應市場變化的程序規劃。

此原則是現代營銷規劃、**整合式經營規劃** (Integrated Business Planning, IBP) 及**整合式經營管理** (Integrated Business Management, IBM) 等程序的核心要素。整合式經營規劃及整合式經營管理更將營銷規劃原則擴充至供應鏈、產品與顧客需求及策略規劃等領域。結果則是根據市場需求發出的訊號所發展出一套無縫式的管理程序。

15.2.4 趨近顧客的產品差異化

若成功運用，此趨近顧客的產品差異化原則將能以較低的缺貨風險改善顧客服務水準，同時還兼具顯著降低供應鏈中庫存持有成本的效果。藉由刻意延遲產品差異化到最後階段，除能對產品循環週期有較多的瞭解與控制外，供應鏈的效率和效果，也可獲得正面的提升。

運用此原則的傳統案例，為以「光面」(未貼標) 儲存的蔬菜罐頭，只有在確定哪些罐頭會交運至哪些特定零售店面時，罐頭才會貼上顧客指定的產品標籤。由於製造工廠並未針對哪些客戶製造特定的罐頭，此刻意延遲的貼標動作能使製造商實現趨近顧客的產品 (實際為標籤) 差異化。運用此原則的好處包括降低庫存與庫存持有成本，對特定顧客需求能有較大反應能力外，也能降低營運資金需求。

運用此原則的較近案例，則是能由消費者自行設計鞋型的運動鞋零售商 (或網路鞋商)。這種讓消費者自行設計所需產品的作法，事實上將消費者擺在產品發展與採購程序中設計者 (designer) 的位置，若要能成功運作，供應鏈程序都要能支持由消費者設計客製化產品的作法，其程序雖然可能較為複雜，但貼近顧客需求的產品差異化也能創造出競爭優勢。

15.2.5 策略性籌資

隨著時間的演進，現代消費者會預期其對產品的付出價格，或多或少都要能反映出供應商的成本。換句話說，消費者或企業客戶對其付出而獲得產品的價值也越來越重視。產品供應商可選用的策略，包括從短期的競價策略，到發展長期合作、策略性供應夥伴關係、外包或甚至垂直整合等不一而足。

時至現代，組織對供應商的興趣逐漸朝向**策略性籌資** (Strategic Sourcing) 的方向發展，也就是以整體供應鏈的策略性價值取代傳統的採購功能。如本書第 5 章中的討論，策略性籌資是改善供應鏈效能的一大促動要素。

策略性籌資的最佳範例，是全球最大零售業者沃爾瑪能從其供應商中，找到最好的供貨價格。藉由以長期合約與大量採購的策略性籌資，以交換供應商能提供最低的供貨價格。除此之外，沃爾瑪的策略性籌資作為還包括與供應商構建起良好的溝通網路，改善物流使沃爾瑪能以較低的庫存水準而正常運作。事實上，沃爾瑪的全球供應鏈網路，包含庫房及零售店面等的表現，與單一公司的表現絲毫無異！

另一個策略性籌資的現代案例則是利豐 (Li & Fung Limited)，這家對不同消費產品品牌、零售商、大型超市、專門店、型錄銷售及電子商務商提供服務的全球供應鏈管理商，利豐代表其許多顧客執行產品設計與發展、資源籌措及運籌服務等，其客戶包括 Tommy Hilfiger, DKNY Jeans, Hudson's Bay, Calvin Klein, Target 及 Walmart 等。

15.2.6 發展供應鏈整體技術策略

此原則的意義是運用企業整體適用的系統，以取代傳統缺乏彈性、整合不易的交易處理系統。此原則也有將可用的資料，轉換成在真實世界可運作的可行動知識或情報。這比傳統交易系統攫取大量資料、卻難以分析、解釋與運用要來得優越許多。

運用此原則的一有趣案例，為家得寶 (Home Depot) 導向店面 (Direct-to-Store) 物流模式的核心特性——快速部署中心 (Rapid Deployment Center, RDC) 的策略。與其要供應商將供貨直接運往家得寶的零售店面，供應商的供貨是依據區域需求、先運往公司物流網路中 18 個快速部署中心的一或數個，每個快速部署中心都是高容量的越庫設施，將全球各地供應商的供貨分類後，再運往分處各地的零售店面。為使此原則運作順利，家得寶採用集中化庫房及堆置場管理，而其技術則由單一技術供貨商提供。

15.2.7 採用跨通路的衡量

當問到個別公司其供應鏈表現如何時，回答者通常都會以包含供應商與顧客的整體供應鏈角度來回答此問題。這就是應採用能含括整個供應鏈通路考量績效衡量的原則。

現代供應鏈的成員都瞭解，組織目標的達成固然重要，但整體供應鏈目標的實現才是個別組織長期成功所可憑持與依賴的。因此，所有供應鏈成員都應彼此合作，充分運用其資源與技術，以支援整體供應鏈目標的達成。

目前逐漸興起的第四方物流概念，正也突顯對此跨通路 (即跨供應鏈) 績效衡量的需求。雖然第四方物流有許多核心優勢，但其控制塔式的運作直接運用採用此跨通路績效衡量的原則。所謂 4PL 控制塔式的運作，是從供應商到顧客或消費者端，提供所有參與者所需的供應鏈透明度及可見度。

此外，移動與雲端技術的發展，也對此跨通路績效衡量原則做出貢獻。使「從最源頭的供應商到最終端的顧客與消費者」都能充分瞭解供應鏈的運作狀態。

15.2.8 供應鏈管理七項原則的更新

為反應逵恩「(此七項供應鏈管理原則) 在歷經十數年後依舊歷久彌新而適用」的評語，作者之一的安得森重新檢視其著作，以判斷是否真如所稱。在檢視後，安得森做出下列數點回應：

1. **此七項原則基本上經得起時間的考驗：**安得森表示，雖然他也想加入一些全球供應鏈風險、內包與外包策略、更先研究案例並著重採購策略的討論等。但公司若僅採取此七項原則所發展出的供應鏈策略，基本上都不會出錯！
2. **在供應鏈策略施行上，還有段長路要走：**從此七項原則歷久而彌新的狀態來看，許多公司在運用此原則來發展其供應鏈管理策略，還是有段長路要走 (意指許多公司仍不會整合運用此七項原則)！
3. **技術與資料將成為未來的遊戲規則變化者：**通用商品碼 (Universal Product Code, UPC)、無線射頻技術及全球定位相關的資料等，在我們發表文章時還不存在。及時供應鏈資料及其技術的快速成長及可用性，使供應鏈規劃與執行成為區分未來贏家與輸家的關鍵因素。

我們現在處於七項原則文章發表後的另一個十年，但很明顯的是，這七項原則仍與現代所面臨的挑戰及管理供應鏈的有效性仍高度相關。

15.3 供應鏈分析與大數據

對供應鏈分析者而言，最重要的議題是如何將供應鏈運作中所蒐集到的資料轉換成資訊，並促成或提升決策者對供應鏈運作現況的瞭解。在掌握供應鏈分析的相關作為前，必須先對資料、資訊與瞭解三個名詞，賦予操作性定義如：

- **資料** (Data)：未經組織需要處理的事實，如財務報告中的庫存水準。
- **資訊** (Information)：將蒐集到的資料依其內涵、特性等加以組織、處理及結構化後的訊息產出，如平均庫存水準或以庫存單位分類的庫存水準……等。
- **瞭解** (Understanding)：針對特定營運情境，對資訊的審查與研究、分析等，如在整體經濟環境、氣候模式等情況下庫存水準的影響等。對情境的營運狀態掌握，又可稱為情報 (Intelligence)、知識 (Knowledge) 或甚至智慧 (Wisdom) 等，則是知識管理 (Knowledge Management) 中探討的要項。

根據上述定義，許多顧問諮詢公司也對**供應鏈分析** (Supply Chain Analytics) 做出定義如 INFORMS 顧問網站把供應鏈分析定義成：「將資料轉換成決策見解的科學程序。」高德納顧問公司則解釋成：「對特定功能程序的資料解析，使成為可行動的特定內涵見解。」亦如一般人的預期，從簡單、可用的資料或事實證據，結合複雜的資料分析程序，能對供應鏈決策目標達成做出貢獻。但如埃森哲顧問公司所稱，其他與決策目標達成有關的因素，還包括分析者與決策者的直覺、個人經驗及專業顧問諮詢……等。由此，我們可將供應鏈分析視為一「供應鏈決策的科學與藝術」。

第一線上 供應鏈地緣的變化

最近幾年來，在美國有許多預測認為製造業將從亞洲 (尤其是中國) 移回美國。這些預測所根據的基礎，是中國及其他區域 (東南亞甚至非洲) 勞工薪資水準的快速增加及跨洋貨運的高額運輸成本等因素所驅使。在當前的趨勢下，合理的問題應是哪些產品或產業應移回美國？近期的許多研究也顯示，諸如電腦、電子產品、機具製造、金屬製品、電器裝備及塑膠、橡膠等資本密集的產業，將領頭移返美國，其他勞力密集的產業則仍將留在海外一段時間。

除了勞力與投資成本的考量外，另有一些促使產業移回美國本土的因素，卻不是那麼明顯的受到重視。首先，就是機器人 (生產線的自動機器手臂) 的逐漸被製造業所採用。在製造程序重複性甚高的製造業中，運用機器人比人更有效率、能 24 小時持續運作而無須如人的休息或排班……等，但這種減少人力需求的自動化生產，在哪裡生產也就不是關鍵影響因素。即便在勞工充沛的中國，世界知名電子製造大廠富士康 (Foxconn) 也積極的推動將其生產工廠轉換成自動化生產作業中。

另一項促成生產基地移轉的因素，是又稱**積層製造** (Additive Manufacturing) 的 3D 列印技術的發展，經由電腦 3D 繪圖及特殊 3D 列印機，將塑料或金屬一層一層的列印成 3D 產品。這種可生產獨一無二、高價值且能滿足顧客特定需求的 3D 列印技術，適合在國內 (近接顧客) 生產。至於那些低價值、一般商品類型貨物的傳統生產，則可繼續留在海外。

製造業重返美國的趨勢，並不意味著全球供應鏈的止息，但其運作確實會比過去幾十年來的活動要下降很多。此處有兩種趨勢影響著生產基地的布置。首先是多國企業希望能滿足區域客戶與顧客的需求，因此仍將生產基地設置在靠近市場處。另一種趨勢則是發展中經濟體對各類產品需求的提升，也促使製造商將生產基地設置在靠近，如中國、印度及其他新興市場的地域內。

在可預見的未來，全球供應鏈應可發展成三個區塊：一在歐洲、一在亞洲，另一個區塊則在美洲。無論歐美製造商移往在岸或近岸生產策略的程度演化為何，已開發國家的離岸生產策略與全球供應鏈的布局，預計仍將持續一段時間。

資料來源：摘自 James A. Cooke, "The Changing Geography of Supply Chain," *CSCMP's Supply Chain Quarterly*, Quarter 4, 2012, p. 9. Used with permission.

15.3.1 供應鏈分析成熟度模型

雖然學術上有許多有關供應鏈分析的成熟度模型被提出，此處以賓州大學蘭利 (John C. Langley) 博士所提出的供應鏈分析成熟度模型，如圖 15.2 所示。

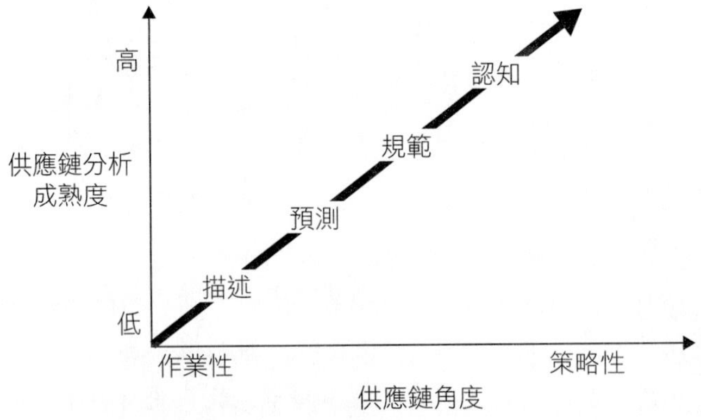

✧ 圖 15.2 供應鏈分析成熟度模型

資料來源：C. John Langley, Ph.D., Penn State University.

從圖 15.2 中，我們可看出由供應鏈是作業性或策略性角度，與供應鏈分析成熟度之間的關係，可分為描述、預測、規範及認知四個複雜性逐漸提升的階段，將分別討論如後。

描述 (Descriptive)：這一層級的供應鏈分析，主要在回答何時、何處及何事等有關特定供應鏈活動、程序或發生的事件等情境。描述性分析的可能型式包括資料的例行蒐集與呈現，特定問題發生時的實際狀況報告……等。執行運籌與供應鏈的描述性分析時，可能包含巨量的資料，而資料來源可能有：

- 移動裝置。
- 無線遠程通訊 (Telematics-Wireless)。
- 機載電子紀錄器 (Electronic Onboard Recorders, EOBR) 或電子紀錄裝置 (Electronic Logging Devices, ELD)。
- 預測與銷售點資訊。
- 企業資源規劃系統。
- 條碼 (Barcodes) 與無線射頻辨識標籤。
- 智慧型感測器 (Smart Sensors)。

事實上，描述性資料分析是所有後續更堅韌分析階段的基礎，描述性資料的正確、精準與及時性等，也是所有供應鏈分析具備信、效度的基礎。

預測 (Predictive)：這一層級的分析作為，主要在回答什麼將會發生、發展趨勢為何，以及事件發生時會有何種結果等問題與關切。要回答上述問題，必須從資料的可用性與可靠性上著手。許多預測分析所需的資料，可從描述分析所得的資料中獲得，可能需要其他額外支援資料而須另行蒐集。之後，會以堅實的統計程序分析出有用且具效度的預測模型。

規範 (Prescriptive)：當供應鏈問題為應完成何事時，就突顯出規範性分析的需求。如當面臨要規劃大規模供應鏈網路的挑戰時，分析者必須運用有效的分析工具與程序，來規範應完成何事等之作為。如本書第 4 章物流與全通路網路設計中所述的最佳化分析技術，就是規範性分析的範例。

在執行規範性分析時的最大挑戰，可能是如何將前一層級的預測性分析結果，進一步運用到規範層級。而規範層級的因素、事件及環境等之變動程度，都比預測性分析要來得大很多，因此分析產出結果可靠性，是規範性分析階段要特別著重的關鍵。

認知 (Cognitive)：之所以是所有分析層級中最複雜的階段，認知分析通常須將社會性意義與內涵納入分析程序中。但社會性意義與內涵卻又最難清楚定義和界定。因此，其所涉及的數學模擬與統計分析程序也最為複雜。

本質上，認知分析所處理的問題通常是模糊或不確定性甚高者，分析所用的資料變動性也大、有時甚至會互相衝突。因此，認知分析如要有效，必須符合下列四個要求：

1. **調適性 (Adaptive)**：當資訊改變時，分析系統的自我調適或甚至學習能力。
2. **互動性 (Interactive)**：容易被分析者所用，這也可能包括雲端能力。
3. **迭代和符合狀態 (Iterative and Stateful)**：為強化分析（產出的可信與可靠）而辨識出額外的資料需求和關聯性問題。
4. **脈絡 (Contextual)**：包含廣泛的輸入與資訊來源。

15.3.2 分析資源

表 15.1 列舉出前一小節所述分析層級的資源範例。當目前可供運用於分析的軟體與品牌甚多而不及備載時，有些常用的分析軟體則如 IBM-SPSS, SAS 及 Microsoft-Revolution Analytics (R) 分析軟體等。

表 15.1 分析資源範例

分析層級	分析資源
描述 (Descriptive)	• 標準與專案報告 • 供應鏈夥伴提供的資料 • 提示與警報 • 詢問與探詢
預測 (Predictive)	• 預測 • 啟發式分析 • 模擬 • 統計分析 • 預測模型（迴歸分析）
規範 (Prescriptive)	• 隨機優化 • 情境規劃
認知 (Cognitive)	• IBM Watson 雲端運算

資料來源：C. John Langley Jr., Ph.D., Penn State University. Used with permission.

至於在高階的認知分析軟體中，較著名的是 IBM Watson Analytics 大數據分析軟體，IBM Watson 具有機器學習的能力，能在巨量資料中辨識出傳統、未結構化資料中的特定模式，並從中學習、推理資料所呈現的現象。這種認知分析能力能協助分析者跳脫目前已知的限制，而探索巨量資料中的未知模式與現象等。

15.3.3 大數據與供應鏈

目前在供應鏈管理領域中，有一項令人非常興奮且經常討論的議題：大數據 (Big Data)，可能會對未來的供應鏈問題與解決方案提供一嶄新的見解。根據大數據的詞義，是指聚合、組織與分析極大量的資訊，以辨識此巨量數據中隱藏的模式、趨勢或值得關切的資訊等。供應鏈管理執行大數據分析的主要目的，是協助管理者對隱藏在巨量資料中的現象、趨勢或模式有一較清晰的瞭解，並藉此做出有效的供應鏈管理決策。當大部分的研究者認為大數據分析適合用於那些不具結構性或半結構性的資料時，但傳統的交易資料及結構化資料，同樣也可納入分析。換言之，大數據分析可適用於各類型的資料。

一般而言，上一小節所提及的分析資源，都可運用在大數據的分析上，另也有專門用於大數據分析的軟體正被開發中。以下則分別說明大數據資料的功能與策略性運用及業界運用之範例。

大數據的功能與策略性運用：供應鏈的諸多功能性活動，如可見度、運輸管理、倉儲管理及物流中心管理等，都會產生大量的資料。這也是發貨人預期第三方物流服務提供商應運用大數據分析改善其服務績效的理由。此外，發貨人也期待 3PL 服務商，能在供應鏈規劃與網路模型最佳化等策略及資訊技術程序上，能充分運用大數據所帶來的機會與效益。結合上述預期，大數據分析的運用範圍甚廣，並能有效改善供應鏈功能與策略性規劃的效能。

供應鏈應用範例：以下列舉一些業界運用大數據分析協助其改善供應鏈實務的範例：

- **聯邦快遞的貨運追蹤：**在高價商品上運用主動感測器自動傳輸資料，使發貨人能追蹤貨運的旅行速度與狀態資料等。這些運輸狀態的大數據分析能使供應鏈及時反應、大幅減低貨運的延誤情形。另外，交運狀態的及時資訊，也能支援發貨人經常變更行程的需求。正如聯邦快遞創辦人史密斯 (Fred Smith) 有趣的形容：「包裹資訊與包裹一樣重要！」

- **聯邦快遞的社群追蹤：**聯邦快遞同樣也運用大數據分析技術於社交網路和公眾播影帶的主動監控上，並提供能使供應商、合作夥伴及客戶使用的網路資訊分享空間，以及時掌握供應鏈上相關成員的心聲及意見、態度等。
- **耐吉的大數據資料庫：**儲存從供應商、製造合作夥伴到零售商等所有供應鏈相關資料及其鏈結。此資料庫經大數據分析後，能辨識出供應鏈中的薄弱環節如生產能量不足、不合理的勞工待遇，及不良的經營決策……等。藉此資料庫與大數據分析，使耐吉能充分掌握其供應鏈的可見度，提前察覺目前或未來需要關注的潛在議題。
- **波士頓顧問集團的企業併購分析：**顧問集團 (Boston Consulting Group, BCG) 在協助兩家消費性產品公司的合併前，運用大數據分析執行合併前的規劃分析。如地理分析模式 (Geoanalytics)，將地理層級、位置與交運途徑結合，能提供對訂單密度及交運重疊區的可見度。另外，車輛交運途徑規劃軟體 (Vehicle-Routing Software) 則可快速、反覆測試每輛貨車的各種可能途徑，迅速察覺未使用的運輸能量 (如車輛或駕駛的閒置)。運用上述兩種大數據分析模式可將兩家公司合併後的狀況提前反映出來，讓兩家公司能提前規劃其合併的協調與談判，避免合併後再整合的困難。

15.4 全通路

在討論**全通路物流** (Omni-Channel Distribution) 前，讓我們先回顧一下全通路的歷史。1999 年美國假期採購季時，讓顧客有新的採購經驗——網際網路上的電子零售 (e-Tailers) 業開始出現，如亞馬遜及已有實體店面的玩具反斗城 (Toys R' Us)，都建置網站，讓顧客可在線上 (或店面) 採購。根據當時的市場分析及投資分析，都認為這種新的顯上採購方式將可比實體店面為企業創造更多的收入與利潤。

雖然電子零售有相當成功的案例 (如亞馬遜)，但也有許多失敗的情形。在失敗案例中的電子零售業者，通常是在庫存或物流網路上未做投資、而依賴產品製造商或批發商等提供之產品可得性。這種運作方式，限制了電子零售廠商對顧客準時交運的承諾。另外，有些電子零售商雖同時維持實體店面與網路銷售通路，且在兩種通路也各自建置庫存。但實體店面與網路通路之間的庫存卻獨立運作而不能相互支援，這樣也不能滿足對顧客準時交貨的承諾。雖然在 1999 年已有許多零售商以多於一種通路的方式運作，但今日定義的全通路概念在當時並不存在！

時至今日，全通路的概念可被定義成：「任何時間、任何地點、任何方式及任何裝置（等的採購）。」其概念是讓顧客決定何時、何處及如何的從零售商購買產品。如今，不管顧客是親赴店面採購商品，或是以手機在網站上下單，全通路零售商都可根據顧客的偏好接受、履行並交運貨品。

雖然從技術的定義上，當時的亞馬遜並不是真的全通路零售商（因無實體店面），但亞馬遜的網路銷售概念卻對今日的全通路概念發展有重要的影響。今日的消費者可在亞馬遜生鮮（Amazon Fresh）網站上訂購生鮮產品，或在亞馬遜快遞（Amazon Flex）網站上訂購非易腐性產品，而在訂購當天（甚至兩小時內）讓消費者取得商品。亞馬遜的網路訂單履行及快速交運運作模式，迫使傳統的零售商在其店面及物流網路中都必須採用與亞馬遜相同的服務。

15.4.1 成功的策略

在現代全通路的零售市場中要獲得競爭優勢，下列六種策略可供參考：

1. **單一顧客觀點（One View of the Customer）：**無論顧客是親赴店面採購或從網路下單，全通路觀點都將此視為擁有兩種採購途徑的單一顧客。傳統的零售業者以顧客從哪裡購買商品的角度來辨識顧客，此區分顧客的方式也使得提供顧客的產品或服務也會不同。但在今日全通路的運作環境中，成功的零售業者關注的是顧客及其採購的商品，而不是從哪裡採購。此種單一顧客觀點，使零售商能於網站上對顧客的採購提供個人化的建議，對店內採購提供折扣優惠，讓零售商有較佳的貨品配置決策（於店面或網站），驅使顧客從擁有庫存的通路採購……等。不但可提升對顧客的產品可得性，同時也能降低零售商的整體庫存與增加收入……等。

2. **短期預測 (Short-Term Forecasts)**：精確的需求預測，對全通路零售商運作成功與否相當關鍵。現代產品類型的多樣化、搭配著由地理區隔、季節性需求的變化等，使短期預測（精確度）成為店面或網站產品可得性的必要條件。現代全通路零售商，通常以地理區域區分，維持一 2-3 天的短期需求預測，並期待該地理區域訂單履行中心（同時執行店面與網路）的庫存能滿足顧客的需求。若是不能，則庫存將在各履行中心間重新配置，以達成庫存與需求之間的平衡。

   當長程預測（通常為一年）讓零售商能規劃指制定能量與庫存決策時，短期預測則能讓零售商滿足目前的需求。而產生精確的短期需求預測，零售商須能有前述的單一顧客觀點，瞭解並掌握顧客買些什麼？從何處購買？何時購買？⋯⋯ 等重要資訊。

3. **無縫式的訂單管理 (Seamless Order Entry and Order Management)**：現代成功的全通路零售商，瞭解其運作環境是「一份訂單、一個顧客」(One Customer/One Order)，而不管顧客是從店面或網站上採購。他們也瞭解顧客的訂單，可能來自於店面、電腦下單、手機下單⋯⋯等許多來源。這種多來源的訂單，需要零售商以其資訊系統將多源訂單輸入 (Data Entry) 彙整成單一管道（對資訊處理而言）饋入其訂單管理系統，以決定產品是否可用、訂單履行中心的訂單撿貨排程，並做出交運承諾⋯⋯等。多源訂單輸入、統一訂單管理的方式，讓顧客有採購的便利性，並使零售商降低運作成本與增加收入⋯⋯等。

4. **單一庫存觀點 (One View of Inventory)**：對全通路零售商而言，其庫存管理的關鍵議題是庫存是否能滿足顧客的訂單（無論從何處發起），而不是庫存要配置在物流網路中的何處。傳統將庫存區分為店面、網站，且不能相互支援的作法，因庫存無法分享，若網路庫存不足以履行網路訂單時，店面庫存也不能支援網路訂單的履行。這樣一來，將使零售商失去此筆訂單！今日的全通路零售概念，是以最靠近訂單發出點（實體店面）或最有效率滿足訂單的方式（訂單履行中心）運作，店面與網路庫存可相互支援。全通路零售策略，需要及時掌控各庫存點——無論是店面或訂單履行中心——的可用庫存狀態。

   單一庫存觀點，可能對各庫存點庫存的調度帶來相當的挑戰，也須在組織的會計制度上加以調整——如店面庫存支援網路訂單，網路庫存不變卻有銷售收入；但店面則庫存見少卻無銷售紀錄。現今已有許多零售商改採店面或網路占整體營收百分比的會計作法。總體而言，單一庫存觀點現已成為提供顧客產品可得性、服務一致性、方便性及訂單履行速度等之必要。

5. **彈性的訂單履行網路 (Flexible Order Fulfillment Network)**：全通路的網路環境必須具備多面向彈性。首先，彈性的意義是能讓顧客決定貨物的交運方式——從幾天到幾小時交貨、店面提領或快遞宅配……等，而零售商必須能從網路上可用庫存來滿足顧客的訂單需求。其次，彈性也意味著網路能依季節性需求之變化而調整。最後，彈性也意味著無論從訂單履行中心或店面都能處理貨品的回收、回送處理，而不論貨品是從何處購買的。這需要網路中各零售店面與履行中心的整合努力，但能增加顧客的便利性。

6. **改變店面運作方式 (Changing Store Operations)**：全通路環境下的零售店面運作方式，與傳統零售店面有很大的不同。首先，是店面對庫存可見度的有效管理，所有貨品都須經過辨識掃描，以確定店面庫存數量與位置。其次，就是產品的可得性，無論是否店內或其他網路設施的庫存，都應如前述彈性訂單履行方式，使顧客得以就近採購並獲得貨品。最後，則是貨品於店面的陳列展示與空間配置……等，都要能以方便顧客選擇與採購為規劃目的。

15.4.2 全通路的未來

現代零售業的運作方式，與 1999 年假期採購季已有很大的差異。而這種差異主要是來自於技術從接收訂單到履行訂單各期間的改變。個人裝置如智慧型手機與無線射頻辨識技術等之運用，已徹底改變零售商和顧客的互動方式，運用大數據及資料倉儲等技術的零售商，也改變了顧客的採購經驗。這十數年來，已驗證技術對全通路的貢獻，未來十年的全通路零售業又會變成什麼？每個人可能都有看法，但可確定的是技術仍將持續推動著零售業者的運作創新。

若技術能獲得商業運作可行的驗證，我們在不久的未來或許能看到亞馬遜無人機隊的宅配服務。積層製造或 3D 列印，或許也能讓顧客在家中自行列印製造出所需商品。不管技術的發展速度，或對全通路零售業會帶來什麼樣的創新與衝擊。將產品移向顧客 (宅配) 勢將取代顧客向產品的移動 (店面採購)。未來成功的全通路零售商，必須專注於方便性、一致性、速度，以及資訊透明與分享……等，以因應顧客對產品和服務要求的持續增加。

15.5 永續性

永續性 (Sustainability) 通常指企業組織的運作與產品對環境的正面影響。永續性所涉及的議題相當多，且不見得在國際間有共識。永續性對國家與企業組織所帶來的變化，有優點也有缺點，最好的範例可以石化產業及其產品說明。我們都知道石化產業及其產品對環境的負面衝擊與影響，可是限制石化產業及其產品雖然可降低環境的污染，但同時也會帶來增加電價、減少石化產業就業機會……等，這通常是各國政府在環保與經濟發展間須權衡的問題！

對企業組織而言，以前永續性或其他相關環保議題，通常會被視為增加營運成本與降低運作效率的負面影響因素，但隨著現代消費者環保意識的抬頭，各國政府也都積極制定環保政策和法規的同時，即便可能帶來負面影響，但企業組織追求永續性的運作與產品已是無法回頭或規避的趨勢。

15.5.1 好處與挑戰

在現代的經濟環境中，越來越多企業組織已認知到永續性運作 (不僅限於產品的回收與廢棄處理) 於增加收入上抵銷成本增加的機會。舉例來說，一些消費性產品廠家發現其產品包裝對永續性目標達成的阻礙，並做出對應的調整，使其產品包裝更能友善環境與提升供應鏈效率。知名的範例如寶鹼與沃爾瑪之間的協議，由寶鹼提供縮小包裝、更濃縮的液體清潔劑產品。當然，消費者的使用習慣也必須被「說服」。一旦消費者能接受更小包裝濃縮產品後，對寶鹼而言，產品的包裝與運輸成本下降；對沃爾瑪而言，庫房倉儲與貨架空間利用率則增加。這是一成本與永續性目標追求雙贏的局面。

除了縮減產品不必要或過多的包裝外，現代企業組織也在其他運籌運作層面發現許多能兼具成本與永續性的運作實務，如運輸車輛的途徑有效規劃、增加車輛運載負荷、供應商管理庫存……等。

永續性運作對企業組織的運作也帶來新的挑戰，這是因為永續性同時具備自然與社會環境等多面向考量。自然環境的環保議題已如前述，至於社會性議題通常指**企業社會責任** (Corporate Social Responsibility, CSR)。現代企業最被廣泛討論的企業社會責任，是所謂**血汗工廠**(Sweat Shop) 議題。血汗工廠此一名詞，是歐美國家形容運用工資低廉、工時過長、工作條件不佳、缺乏勞工安全與福祉照顧……等開發中國家企業運作實務，但這即便在歐美企業內也可能發生。血汗工廠於員工福祉(甚至人權)和經濟發展(如提供就業機會)之間的權衡，迄今仍是企業社會責任最具爭議性的議題之一。即便是歐美的一流企業，將有污染的生產作業移交給開發中國家，不也是其定義國對國之間血汗工廠的範例？

不管如何，在供應鏈趨向國際化的此時，企業有必要在人力、程序及技術的運用上為永續性取得一平衡點。換句話說，就是以持續創新的技術，改善人員與程序的運用，在善盡企業社會責任的同時，還能達成降低企業運作成本、提升運作效率與提升顧客服務水準……等經營目標。

如前所述，企業目前在改善其運作與產品永續性的實務包括減少包裝、選擇友善環境的運輸方式、降低運輸里程、最大化運輸能量……等，這些實務運作都能藉降低運作成本而使企業獲利能力提升。其他永續性的可運用作法，還包括僅使用公平貿易 (Fair Trade) 產品、提供勞工較佳的工作環境……等，這無疑會增加企業的運作成本。但如業界常引用的「成本驅動著行為」(Cost often drives behavior) 原則，若消費者越來越要求企業運作及其產品的永續性，企業也不能不做出調整。

15.5.2 社會及環境責任

在企業永續性運作成功的個案討論中，瑞典的 H&M (Hennes & Mauritz) 的跨國服飾零售商是常被提出的成功範例。H&M 持續追求企業社會責任的努力已超過數十年之久，它在原物料、生產材料的清洗、染整與編織等作業中，都盡量避免使用有毒性的化學品、盡量降低水及能源的耗用，也盡可能採用永續性棉花、回收材料與公平貿易的原物料……等，在在都使 H&M 成為追求企業社會責任與環保的典範。雖然 H&M 的供應商數量不多，但根據 H&M 高層的說法，他們對提升其供應鏈環保意識與永續性效率的努力，也經常獲得令人沮喪的結果！

另一項有關永續性的重要議題，是供應鏈對**天候風險** (Climate Risk) 的認知。降低碳排放量 (Emission Reduction) 雖然已成為國際間討論的重要議題，但仍有許多國家與企業質疑缺乏科學性證據，或抱怨各國於降低碳排放量決策的不一等，都對永續性的實務推動形成層層阻礙。企業對永續性的投入資源，也不見得能獲得政府與公眾的一致性支持。總之，雖然在追求永續性運作有一些成功的案例，但實際抗拒的組織數量依舊很多。

要在供應鏈上推動組織與產品的永續性，需要供應鏈合作夥伴組織、顧客或甚至政府等全面性的支持。其中最重要的驅力應該是消費者環保意識的覺醒與要求，進而促使政府制定環保法規，最終才能促使供應鏈組織的因應調整。如現代消費者對產品履歷資訊透明化的要求，以及網路社群對企業組織運作與其產品的永續性評價等，都是促使企業推動永續性計畫的有效驅動力。

15.5.3 降低風險

在供應鏈永續性的討論中，有一重要的面向不容忽視，就是對降低氣候環境風險的影響。雖然這是一項長期性的環境保護作為，但對未來供應鏈的順利運作也相當重要。我們現在已清楚的瞭解人類過去的經濟與建設作為，對自然環境有諸多的污染和破壞。而大自然的反撲，也以乾旱、野火、颶風、洪水等形式實際呈現在我們的面前。無論各國政府與公眾，對環保的議題也越來越關注。

對如巴西、中國及印度等開發中國家而言，對全球供應鏈的運作相當重要。但這些國家於環保議題或供應鏈運作永續性的關注與投入也應加強。已開發國家的消費者不能再一味的追求產品的低價格，而應在供應鏈與產品的永續性上強化要求，才能促使開發中國家及其企業對永續性的重視與投入。

15.5.4 永續性的 4Rs

在永續性的討論中，**反向物流系統** (Reverse Logistics Systems)、**封閉迴路** (Closed-Loop) 運籌或供應鏈系統，因為對永續性都有正面的貢獻，故也越來越受到企業的重視。在解說反向或封閉迴路運籌系統前，此處宜先對永續性的 4Rs 如再利用、翻新、堪用及回收等，先簡單定義如下：

永續性的 4Rs

- **再利用** (Reuse)：通常指將系統或總成件產品拆解到零附件程度，再清潔、檢視、維修確定其可用性後，重新組裝再利用；另外，拆解後可用的零附件也可再利用。

- **翻新** (Remanufacturing)：產品或其組件經製造商檢視、維修或更換部分零組件，並確定產品可用性後，重新以「翻新」(Good as New) 狀態重返市場。汽車零組件、輪胎及電子零組件等通常以翻新方式達成其永續性。
- **堪用** (Reconditioning)：與翻新類似，但通常只在拆解、清潔、檢視確定產品零組件的可用性後，重組成產品並重返工作。堪用與翻新的主要差異是翻新通常包含部分零組件的更換；但堪用則不更換零組件。
- **回收** (Recycling)：通常指產品汰除或使用後，將部分材料的二次利用。回收品項通常包括玻璃瓶、金屬罐頭、報紙、瓦楞紙、輪胎……等。回收通常由家庭依據政府規定而實施。

在全球供應鏈的環境中，反向運籌系統或封閉迴路供應鏈系統除須有供應鏈合作夥伴之間的整合、合作作為外，各國政府的支持也相當重要。如消費性產品與工業廢料的回收運作，在世界各國已相當普遍。回收的結果也可能創造出與原產品截然不同的新產品，如廢棄汽車輪胎的回收，可用於門墊、地板材料，甚至路面鋪設材料等新產品的製作。

15.5.5 反向流路

本書第 1 章供應鏈管理中，即提到供應鏈中有四種主要流路，即物料、資訊、現金與需求的需要管理，其中除需求外的三種流路都是雙向的。如物料通常通常由原物料端開始，在供應鏈中向下流動，經過製造或生產程序，產生到顧客端可用的產品與服務價值。這種在供應鏈中的向下流動，被稱為**正向流路** (Forward Flows)。和正向流路相反的流路，則將產品以與正向流路相反的方向，回送到製造廠翻新、使堪用或再利用……等，則稱為**反向流路** (Reverse Flows)。反向流路的同義詞很多，也能反映出反向流路的理由如**反向運籌系統** (Reverse Logistics Systems)、**產品回收系統** (Product Recovery Systems)、**產品回收網路** (Product Recovery Networks)、**企業回收管理** (Enterprise Returns Management) 等。由這麼多同義詞來看，即可知反向流路對供應鏈管理的重要。

在說明供應鏈系統的反向流路前，我們必須先從負面觀點來看。供應鏈正向流路因能為企業組織創造收入、利潤與顧客滿意等，通常能獲得企業管理階層的重視。反之，反向流路在其概念一開始時，通常被企業管理階層視為必要之惡 (Necessary Evil)，或以最好的角度來看，以**成本中心** (Cost Center) 的觀點來執行反向流路的成本管控與降低。

傳統的觀點，將反向流物視為無法為組織創造收入與利潤的浪費流 (Waste Stream)，而非價值流 (Value Stream)。本章解說的目標之一，就是要扭轉此錯誤傳統觀點。事實上，若組織能有效的執行反向流路的運作，除能提升顧客的滿意度外，也能將已投入資源的回收產品 (不管是損壞、送修或顧客不滿意的退貨……等) 轉化成可再銷售或再利用之收入或利潤。

資訊流與現金流的反向流路，在反向運籌或封閉迴路供應鏈中也扮演著重要的角色，但也在傳統觀點中未獲得應得的重視！對資訊流而言，所謂的知識就是力量 (Knowledge Is Power)！無論在正向或反向資訊流，都能有效降低環境的不確定性，而讓企業組織掌握市場需求或對產品與服務的反應等，有效提升組織獲利機會。同樣的，現金流的反向流路對組織的營運資金或投資報酬率等，都有重要的意義與貢獻。綜上所述，企業管理階層對資訊流和現金流的主動管理，都是組織獲利能力與提升市場競爭力的必要作為。

另一個有關反向流路的重要觀點，是各國法規為全球供應鏈運作帶來的挑戰與機會。歐盟中的一些國家，已開始所謂**綠色法規** (Green Laws) 的制訂與要求。所謂的綠色法規，通常與環保有關。而這些綠色法規通常也會要求企業的反向流路管理，如包裝材料的回收或甚至產品的環保友善生產與報廢回收處理……等。在一些低度開發或開發中國家，對回收流路的要求較低，甚至毫無作為，這會導致與這些國家做生意時的倫理議題。因此，在全球供應鏈運作環境中，國與國之間對綠色法規和反向流路要求的差異，是供應鏈管理者必須審慎評估與分析的關鍵性議題。

雖然有些人認為運籌與供應鏈的反向流路是一個新的現象，但事實上反向流路的運作在業界已存在甚久，如損壞商品的回收處理，許多消費性產品組織或運輸公司都具備一些處理損壞產品的回收與處理能力。舉例來說，許多組織的庫房都會設置一部門，專門處理包裝部分損壞的重新包裝。運輸公司則承擔損壞產品的價值責任、將損傷產品轉賣給回收商，以補償部分損壞產品的價值。飲料包裝公司通常會以押金方式讓消費者主動回送飲料瓶而再重新裝填；如引擎、車輛等重要裝備，通常也會例行性的回廠維修後，再重新投入運作，這些維修作業都需要將裝備從反向流路中，回送到一集中的維修廠進行維修作業。

從零售的角度來看，這也是許多回收與反向流路的起點。相較於傳統實體店面零售，網路的銷售量通常會大於實體店面銷售量，因此其回收量也相對性的增加。另一項對回收量增加的貢獻因素，是大型零售業者的回收政策，如不問任何問題 (No Question Asked)、無須發票 (No Receipts Necessary)、無時間限制 (No Time Limits)，以及全額退費 (Full Refund) 等容易得荒謬的回收政策，讓消費者相當容易退回購買的產品。另科技性產品的快速汰換率或過期等，也都會增加供應鏈上的回收反向流量。

以上所列因素雖然不夠完整，但已足夠驗證與解釋為何反向流路在供應鏈運作中持續增加的現象，也對企業永續性的作為帶來新的挑戰和機會。因此，反向流路與封閉迴路供應鏈系統，都值得供應鏈管理者付出額外的關注。有關反向流路與封閉迴路系統的運作實例，將於本章附錄 15A 中進一步討論。

15.6 3D 列印

現代有關供應鏈管理創新的書籍裡，3D 列印技術幾乎都是一篇主要的章節。**3D 列印技術** (3D Printing) 又稱為**積層製造** (Additive Manufacturing)——將塑膠、陶瓷或金屬粉末等，以 3D 模型資料，一層一層的堆積成最終的立體產品。3D 列印技術不但能促進供應鏈的活動與程序，也是改變供應鏈管理規則的創新，對供應鏈管理而言，無疑是有巨大策略衝擊的顛覆式技術 (Disruptive Technology)。

最初被廣泛用於模型 (Prototyping) 的製造，但現代的 3D 列印技術已可產製許多類型的產品。於業界一般的認知中，3D 列印具有下列優點：

- **設計到製造的快速周轉：**以往產品的製造，都須從實體模型開始，經過驗證程序後初期小批量生產，到生產技術與程序穩定後才開始量產。這種傳統程序不但耗時，在模型開模製造上也需投入大量的資金。3D 列印則從 3D 繪圖至模型 (甚至最終產品) 製造程序中，無須進行實際的開模而能快速、反覆的修正，直到 3D 模型符合規格要求後，再進行開模製造程序，大幅縮減設計到製造階段的周轉時間。

- **符合成本效益：**對需要特殊工具或製造技術小批量產品的生產，3D 列印技術只要積層材料的允許、可用，能比傳統的生產技術更符合成本效益。
- **設計彈性：**針對構造複雜的產品，3D 列印能在結構製圖階段，執行反覆的驗證後才產製模型或甚至直接生產最終產品，這種設計彈性能有效支援產品客製化的需求。

綜合以上所述，3D 列印在勞力成本、需要特殊生產工具或程序、創造客製化價值，以及少量的產品生產上，比傳統製造技術更具優勢。

15.6.1 一窺究竟 3D 列印

雖然具有上述優勢與潛能，但因 3D 列印機具、材料及維護的成本都相當高（至少現階段如此），因而限制製造業對 3D 列印技術的廣泛採用。3D 列印的機具與維護成本，依據其運用程序的差異，從數千美元到數百萬美元都有。3D 列印所需的塑膠聚合物材料，比傳統射出成型塑料的成本高上 50~100 倍；而 3D 列印所用的金屬粉末成本，也比傳統金屬材料貴上 7~15 倍。3D 列印所用材料與一般材料成本的差異，主要來自於純度與處理程序等之要求（3D 列印要求較高）。

造成 3D 列印成本過高的因素，除了列印材料還未標準化之外，3D 列印技術提供商在列印機具及使用材料之驗證壟斷及缺乏競爭……等因素都限制了業界的採用度。

近期而言，供應鏈專業領域認為 3D 列印技術能適用於全尺寸模型製造，有長交貨期但需求量少零附件的製造，還有及時庫存管理（依據當地及時需求的數位化製造）等領域。而在相關技術持續改善、機具和材料費用大幅下降，以及企業逐漸瞭解並掌握其運用方式後，3D 列印技術會逐漸獲得業界的廣泛採用。

若以長期角度來看，3D 列印可在自由軟體合作（Open Source Collaboration）上扮演關鍵的角色。迄今為止，自由程式碼軟體的開放程度還不高，更遑論開放程式碼的產品設計。但 3D 列印，無論是技術的驅動或業界需求的拉動，都將促使自由軟體的開放與分享。若某些產品的設計程式碼能在自由軟體合作社群上開放和分享，所有參與的製造商都能數位化的下載產品的設計藍圖與製造程式碼，在 3D 列印機上製造模型或最終產品。

15.6.2 3D 列印範例

舉例來說，3D 列印技術能將有複雜內部構造的產品，以分層零附件方式結合成最終產品。如美國奇異航空公司 (GE Aviation) 將其噴射引擎的燃油噴嘴從傳統的製造轉成 3D 列印製造。因奇異航空每年燃油噴嘴的需求量超過 45,000 個之多，一般來說，奇異航空應以傳統的量產技術來生產。但因燃油噴嘴的傳統生產方式，是將 20 個獨立精密鑄造組件焊接而成，但若以 3D 列印技術生產，則除能做到一體成型的較佳強度與較高精度品質外，製造成本也可下降 75% 之多。

供應鏈中的維修零附件產業 (Service Parts Industry) 也可運用 3D 列印技術，顯著的提升其服務水準。若能將 3D 列印機部署在適當位置 (靠近客戶需求處)，當有客戶零附件維護需求產生時，可在網路上下載零附件的產製藍圖與生產程式碼，以 3D 列印機製造出維修客戶裝備所需的零附件。對已過期或已無生產線的零附件 (但客戶仍有裝備持續運作中) 而言，3D 列印所提供維修零附件的能力，將對目前的庫存管理方式帶來明顯的衝擊與影響。換句話說，在產品快速淘汰的現代，3D 列印技術能有效降低零附件備料 (可能超量或過期等風險) 的壓力。

朝未來看，當 3D 列印技術的成本下降到一般可負擔的水準時，有些家用產品甚至可在顧客家中就製造出來。適用的範例包括維修房屋的管道零組件、支架、夾具……等，消費性產品則可能包括智慧型手機外殼、一般家電產品的安裝托架、支架與夾具……等。

第一線上　船艦上的 3D 列印

2014 年 4 月，美國海軍發布消息指稱，已在其胡蜂級 (Wasp-Class) 兩棲突擊艦上安裝 3D 列印機。這在美國海軍 (與其他軍種) 持續對 3D 列印技術表達關切的角度上並不意外。雖然美國海軍目前僅在岸邊對水手執行 3D 列印操作的熟悉訓練，但將 3D 列印技術運用於實際部署是指日可待的。

在船上運用 3D 列印技術並非只有美國海軍而已，事實上，世界最大的貨櫃輪公司丹麥馬士基集團 (Maersk) 也在其貨櫃輪上部署了 3D 列印機。馬士基目前擁有超過 500 艘大型貨櫃輪，並已在海運產業中運作 110 年之久。在本書撰寫時，已知馬士基集團已在其貨櫃輪上安裝 3D 列印機，雖然目前只能運用熱塑性塑料 (Thermoplastics) 製作強度要求不高的零附件，但馬士基目前正積極與 3D 列印製造商合作，開發未來能運用粉末金屬的雷射燒結 (Laser Sintering) 的 3D 列印機中。

不難想像若在大海中，船艦因重要裝備零附件損壞的狀況，若船上沒有所需的備料，則須待船艦靠港，或在緊急需求時以飛機運送所需的維修零附件，這些都要耗費龐大的維修費用，或甚至影響船艦的任務執行。若船艦上有 3D 列印機，則在一通要求維修電話後，零附件的 .STL 檔 (藍圖檔) 就能傳給船艦上的 3D 列印機電腦，幾個小時後，維修所需零附件就可製造出來，使裝備恢復堪用。

雖然目前可用的材料僅有熱塑性塑料限制維修的範圍，但在不久的將來，更複雜的雷射燒結列印機能部署在船艦上時 (成本已非必要考量)，對船艦順利執行任務的貢獻將不言可喻！若技術更進一步的發展或成本下降，都將使海運或海上的軍事行動，都將受惠於 3D 列印技術改善其維修與供應鏈運作的效能。

資料來源：摘自 Brian Krassentein, "Denmark Shipping Company, Maresk, Using 3-D Printing to Fabricate Spare Parts on Ships," http://3-Dprint.com/9021/maersk-ships-3-D-printers/, July 12, 2014.

15.6.3 3D 列印對供應鏈與運籌的策略性衝擊

雖然 3D 列印技術目前仍在初期發展階段，但此新興技術對未來供應鏈管理的衝擊效益確實是可預期的。以下列舉 3D 列印技術發展對供應鏈管理概念的可能改變或強化效應：

- **需求驅動 (Demand-Driven)**：未來的產品可在需要時與需要處生產製造，對需求而言，更具反應性與及時性。
- **客製化與區隔 (Customization/Segmentation)**：依據產品的需求和成本架構，某些產品可以傳統方式製造，某些則以 3D 列印技術製造，將進一步區隔客群與客製化能力。
- **調適性與彈性 (Adaptability and Flexibility)**：以 3D 列印技術的電子化細部修改和模型化能力，有效提升製造與生產的調適性與彈性。

- **更豐富的產品類型 (Range of Product Types)**：更容易製造不同尺寸、顏色……等之產品。
- **降低庫存 (Lower Inventory)**：3D 列印技術將顯著的在供應鏈策略性設施位置部署上，顯著降低產品、零附件與原物料等之所需備料庫存。
- **運輸效率 (Transportation Efficiency)**：供應鏈上運輸作業的重點，將轉移到 3D 列印所需材料的可得性上，3D 列印也能促成製造地點至顧客位置的最後一哩運輸效率等，將大幅降低目前的運輸成本與提升運輸效能。
- **零附件的更換服務 (Service and Replacement Parts)**：未來許多裝備零附件的維修與更換需求，都可藉當地或就近 3D 列印而達成。
- **全球化 (Globalization)**：3D 列印技術將顯著衝擊影響到全球籌資 (Global Sourcing)、製造與物流作業……等，大幅改變我們對離岸、近岸或在岸生產的觀念。
- **分散式供應鏈 (Decentralized Supply Chain)**：靠近市場或顧客的 3D 列印，對供應鏈中安全庫存的依賴性降低，使供應鏈朝向分散式的方向發展。
- **小批量生產能量 (Small Batch Capabilities)**：3D 列印技術適用於小批量接單生產的模式，將顯著衝擊傳統製造商—批發商—零售商之間的運作關係。
- **永續性 (Sustainability)**：降低生產浪費和對反向運籌的需求，降低製造程序的碳排放量等，都有助於企業追求運作與產品的永續性環保目標。
- **工作流路、價值鏈與程序 (Workflows, Value Chains and Processes)**：3D 列印技術對企業組織供應鏈中的工作流路、價值鏈及程序規劃等，都會帶來顯著的衝擊與影響，進一步改變供應鏈網路的運作方式。
- **總在岸成本 (Total Landed Cost, TLC)**：靠近需求端的 3D 列印技術，將大幅改變供應鏈中的成本架構——如運輸、倉儲、庫存、製造、缺貨……等——與總在岸成本的計算方式。

15.7 供應鏈才能管理需求的增加

在供應鏈管理領域的未來預測中，除了技術發展與程序的創新之外，供應鏈中領導職務的適才適所也是關切議題之一。現今企業組織的高階經理人都已體認到，若要使供應鏈能順利、成功的運作，供應鏈合作夥伴組織中的領導高階人員的培育，對企業未來的競爭優勢也相當關鍵。

雖然供應鏈專業發展有光明的前景，但大部分組織都面臨著人才需求與供應差異的挑戰。許多研究已證實，供應鏈管理專業中人才的缺乏對供應鏈運作的阻礙。兼具供應鏈專業技能、一般管理態度與相關產業知識的人才已相當缺乏，在組織內的晉升也面臨許多組織性的障礙。這些問題在未來會更加嚴重，需要目前組織高階領導人員的重視與主動因應來改善。

供應鏈的才能管理，是一個多面向、動態且具挑戰性的活動。在沒有快速、容易的解決方案下，組織必須在才能獲得、發展、留任及晉升……等作為上，採取長程才能管理的策略性作為與投資。

新人的獲得 (Acquiring New Staff)：招募合格且具發展潛能的新人，是維持組織內高品質供應鏈管理團隊的第一步。僱用具備適當技能與能匹配組織文化的新人，除了滿足目前人力需求外，更啟動未來留任和發展人才的程序。在新進階段所需的技能，是一般管理知識而非特定的供應鏈專業知能。新進人員只有在掌握一般管理與產業知識後，才能進一步發展其供應鏈專業所需技能。若要將新進人員發展成未來供應鏈的領導者，必須專注在批判性思維 (Critical Thinkers)、問題解決 (Problem Solvers)、大局視野 (Big Picture Visibility)、整合性方案發展能力 (Develop Integrative Solutions)、發展應變計畫 (Contingency Plans Development) 及遠景思維溝通 (Communicate the Vision)……一般管理技能的發展。

這些具備多面向潛能的人才，不會等待組織的線上招募訊息而浮現出來。在競爭激烈的人才市場上，組織必須採取更主動的招募作為才能優先獲得所需的人才。這些主動招募作為包括在優秀大專院校中的人員招募、組織高階的人際接觸與溝通、現有員工的推薦、領英 (LinkedIn) 線上專業社群……等，主動發掘與招募合格且具有發展潛力的新進人員。

人才的發展(Developing Talent):是維持組織高品質人力庫的第二個關鍵步驟。具備技能與潛能的人員,必須被快速的馴化(與組織文化)、持續的訓練和適當的部署,除滿足供應鏈管理需求外,也同步發展未來的領導梯隊。組織人才發展的重點,應包括挑戰性的任務指派,組織文化的調適與提供發展機會……等,使新進人員樂於接受而降低人才流失、離職的風險。

在人力發展計畫中,導師計畫(Mentoring Program)可協助新進人員快速熟悉其任務、工作環境,以及組織文化與政策……等,而加速其學習曲線的進步。組織文化的調適計畫(Organization Culture Adaptation Program),則讓新進人員能在組織既定的行事風格和政策下,快速追求技能的提升與專業成長機會。最後,供應鏈管理專業與人力資源管理(HRM)專業的合作,則有助於辨識具有發展潛力的人員,並為其安排個人客製化的職涯發展進程等。

高階供應鏈專業技能的進階與強化(Fostering the Advancement of Top Supply Chain Talent):是組織高效能供應鏈管理團隊構建的步驟。職涯指導與挑戰性任務指派的結合,有助於供應鏈管理專業人才的留任與發展。

為避免人才的離職或流失(未能有效運用),組織必須能以合理的職涯發展進路提供人才於供應鏈管理的進階機會,以合理的人才保留策略,如薪資福利與發展機會等留住人才,並以接班規劃(Succession Planning)積極培養未來的供應鏈領導人才等。

毫無疑問的,組織未來供應鏈運作的成功與否,與處理供應鏈人才短缺的能力有關。此處提供一個三步驟的人才管理程序,整合了人員的招募、人才的發展及進階規劃。若能有效管理好此三步驟,組織將可擁有發展未來供應鏈領導人所需的高技能人力庫。

圖 15.3 顯示一個更廣泛的人才管理模型。從人員招募開始,經由領導(技能)發展、組織(指派任務與職位)轉換、整合式人才管理(職涯規劃、接班規劃)等,發展組織未來的高階管理團隊,甚至能促成董事會的運作效能。藉由人力發展策略與組織經營策略的結合,使組織能獲得未來市場上的競爭優勢。

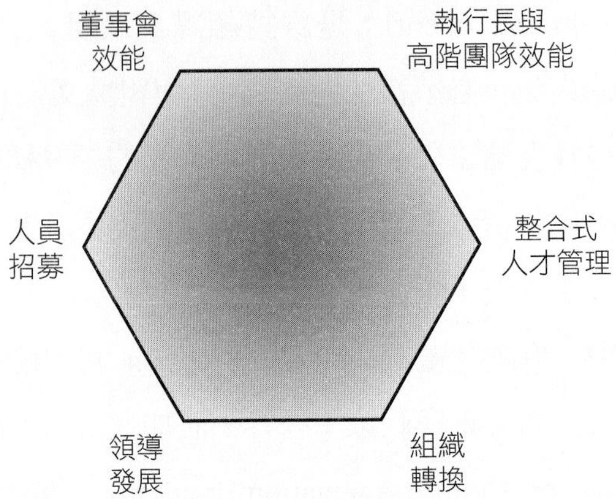

✧ 圖 15.3　人才管理模型

資料來源：Langley, C. John Jr., and Capgemini, LLC, *2015 19th Annual 3PL Study*, Capgemini, LLC. Figure courtesy of KornFerry International.

第一線上　雇主的品牌行動

美國家用與建材零售商家得寶對人才的需求日益增加，這不但是市場上人才缺乏的現況壓力，另因家得寶將大部分供應鏈責任納為組織內部管理，因而造成對供應鏈管理人才的大量需求。

為吸引與保留人才，家得寶正專注於其大量的**雇主品牌** (Employer Brand) 策略性作為，從校園內招募新進人員，並著重於在職訓練……等。根據家得寶全球人力招募計畫的經理史克林 (Eric Schelling) 的說法，家得寶視所有顧客為潛在的未來員工，公司內設有一專職雇主品牌團隊，於市場上塑造公司的雇主形象，並將此雇主品牌形象作為，運用到公司的所有人員招募行動上。

吸引人才加入公司本來就是一項挑戰，對家得寶的庫房位置通常處於較偏僻鄉鎮的挑戰更大！「這些區域的人才庫本來就小，零售業產業人力的快速轉換，對人才招募與保留也造成相當大的壓力！」史克林解釋其品牌策略的一重要部分，就是以善待員工，並以具產業競爭力的薪資福利等，確保員工有最好的工作條件。家得寶並積極的推動校園招募活動。根據史克林的說法，家得寶每年都可從校園中招募到 50~60 名新進員工。

另一個家得寶雇主品牌的重點，是專注在內部人力的機敏運用及深度的才能管理計畫，這些都專注於未來領導者的留任與訓練。「我們盡一切可能，確保與工作人力的發展與接觸，確保他們在職務上不至於流失其才能。」史克林繼續說道：「在我們的零售與供應鏈中，90% 的職務都是內部升遷的。」

資料來源：更多資訊可參考 "Home Depot on Social Media for Recruitment and Employment Branding." Direct Employers Association, http://www. directemployers.org/2013/ 10/09/home-depot-on-social-media-for-recritment-and-employment-branding/.

15.8 總結想法

在本書最後，作者希望讀者能從運籌功能與程序的角度，充分瞭解供應鏈管理的各個面向。本書各部分的重點總結如下：

- **第一篇：供應鏈的基礎 (Supply Chain Foundations)**：有關供應鏈管理、其全球化向度及運籌於供應鏈中所扮演的角色……等。同時，此一部分也強調如何在傳統的角度與更複雜的全通路環境中，規劃和設計供應鏈。
- **第二篇：供應鏈基本原則 (Supply Chain Fundamentals)**：從策略性籌資開始，逐次轉換包含供應鏈運作、需求管理、訂單管理及顧客服務等內涵的強調。第二篇章節的次序安排，也反映出供應鏈中物料從供應端逐次移向生產或製造增值程序，最後是顧客的服務等供應鏈管理架構。
- **第三篇：跨供應鏈運籌程序 (Cross-Chain Logistics Processes)**：專注於使供應鏈管理運作成功的三種關鍵程序類型，涵蓋著供應鏈中的庫存管理、物流作業及運輸等。
- **第四篇：供應鏈的挑戰及未來發展方向 (Supply Chain Challenges and Future Directions)**：本書最後一部分，是所謂「最後但絕非完全」(Last but definitely not least) 的總結。專注於供應鏈的策略性管理議題，如供應鏈校準 (組織內部和供應鏈夥伴之間的策略校準)、績效衡量與財務分析及供應鏈運用技術……等。這些管理層面的策略性挑戰及未來變化，有助於讀者對供應鏈管理創新層面的瞭解，並能使讀者於在本書之外持續追尋其他相關的知識。

在此書最後，作者希望能總結一些能讓讀者帶走 (Takeaways) 的重要概念。作者也希望這些概念的總結能對供應鏈管理領域專業從業人員有所幫助：

- 卓越的供應鏈管理，有助於組織從下到上的所有運作，並從競爭市場中區分出組織的競爭優勢。
- 雖然供應鏈管理涉及與夥伴組織間的互動，但在供應鏈管理人員的職掌中內部的互動和協調會多於外部的互動。
- 供應鏈管理會受到許多內外部因素的影響，其中有關政治、經濟、社會文化及環境等外部影響因素，會放大供應鏈內部規劃與功能運作的衝擊效應。
- 技術對供應鏈管理相當重要，但也不宜過度誇大。目前及未來的供應鏈管理重點，都應擺在實際產品的物流與資產運用管理，除物流外，資訊流則是另一項能使供應鏈運作成功的關鍵性技術。
- 雖然供應鏈管理也從傳統策略管理角度定義其任務、目標與程序，但從更廣泛的角度來看，供應鏈管理應被視為組織和供應商及服務顧客的創新運作方式。
- 供應鏈管理的整合原則，可被視為組織及其事業夥伴之間的整合式管理與領導作為。
- 雖然在市場競爭機制上，所有組織看起來都在相互競爭中，但是沒有一個組織在缺乏供應商網路及顧客的支持下還能達成其目標。因此，供應鏈夥伴之間的競合關係不但有趣，也是供應鏈管理者每天須應對的課題。
- 在獲得長期成功的必要關鍵性成功因素屬性中，供應鏈必須具備因應變化的調適與再創新能力，有時還是一持續、規則性的作為。理想的供應鏈創新，除對目前挑戰的反應能力之外，對未來的預期與主動調整也有必要。

總結

❖ 在〈供應鏈管理評論〉期刊發表過的「供應鏈管理七大原則」，是一篇歷久彌新的文章，除對供應鏈管理議題有深入的解說外，此七項原則同樣也能適用於未來的挑戰。

❖ 供應鏈中會產生大量的運作資料，轉換成資訊後，能對供應鏈分析提供深入的見解。而大數據的分析技術，則能協助供應鏈管理者獲得以前無從掌握的供應鏈運作見解。

- ❖ 傳統的零售商要在全通路環境中持續運作和參與競爭，必須在策略作為上有徹底的改變，而此改變從對顧客的看法到訂單履行及交運程序……等，都必須有全新的看法。
- ❖ 永續性對現代私營企業與非營利性組織等的成功運作都相當重要。組織初期對永續性運作的壓力，主要來自於政治與公眾關切的壓力，隨後演變成對組織對企業社會責任的關注。
- ❖ 因永續性議題的多面向，對組織而言是一個甚具挑戰性與複雜性的議題。但有些供應鏈專業人員發現可從較廣泛功能的劃分——如內向運籌功能、生產與作業功能，以及外向運籌或物流功能等——切入，較能掌握永續性的改進方向和作為。
- ❖ 反向或回收流路的效益，應從反向流路計畫反映出的真實成本與實際可獲得的效益來衡量比較。
- ❖ 又稱為積層製造的 3D 列印技術正快速的發展中，對供應鏈管理也產生顯著的衝擊與影響。其影響層面包括供應鏈的設計、型態規劃、功能運作及供應鏈的整體價值創造……等。
- ❖ 供應鏈管理的專業角色與任務正持續擴增中，更突顯出供應鏈管理人才的缺乏窘境。若無法做好組織內的人才管理，此人才短缺的挑戰於未來會更加嚴峻。
- ❖ 組織在供應鏈人才管理上，應在人才招募、發展、留任及將關鍵個人發展成未來領導角色……等，採取主動式的管理作為。

附錄 15A 反向物流與封閉迴路系統

如本章內文所述，對供應鏈的反向流路的相關活動，有許多通用的專有名詞被發展出來，其中最廣為運用的兩個名詞，在本文的內涵中被定義如下：

- **反向物流** (Reverse Logistics)：將貨品從其前向終點 (客戶或消費者端) 的反向移動或運輸程序，目的在攫取貨品的價值或適當處置。
- **封閉迴路供應鏈** (Close-Loop Supply Chains)：對供應鏈中正向與反向流路活動的設計和管理。

雖然上述兩個專有名詞通常會被交互使用，但兩者之間還是有差異性。反向物流為將新或使用過的產品，在供應鏈中以逆流反向 (Back Up Stream) 的方式回送至製造商或第三方物流服務提供商等，進行修復、再利用、翻新、再銷售、回收再利用、報廢或廢物再利用等程序。反向物流的程序通常包括運輸、接收、檢視與檢測、分類後，再執行相對應的作為如維修、翻新、再銷售……等。執行反向物流的設施可能非原製造廠的獨立設施或 3PL 服務提供商，因此反向物流的系統最初設計，可能並未同時考量正向與反向物流的需求。

相對於反向物流，封閉迴路供應鏈系統則在系統設計之初，就同時考量了正向與反向物流的需求。在封閉迴路供應鏈中的製造商，會主動管理產品的反向物流，並強調運作成本的降低及攫取產品的可能價值。其終極目標在盡可能的回收和再利用的不浪費任何事物 (Nothing Waste)。以下說明一些封閉迴路供應鏈系統的運作方式。

圖 15A.1 顯示一印表機碳粉匣回收再利用的封閉迴路供應鏈。圖 15A.1 的範例，是全錄公司於 1991 年開始運作的封閉迴路供應鏈概念。顧客在用完印表機的碳粉匣後，可以製造商預付郵資的方式回送給製造商，以利碳粉匣的檢視、清理與再填充作業，使再填充的碳粉匣能再銷售。利用此封閉迴路供應鏈運作模式的廠家，還包括影音商品供應商網飛 (Netflix) 及紅盒 (RedBox)……等。

圖 15A.2 則顯示一次性產品如柯達 (Kodak) 一次用相機的封閉迴路供應鏈示意圖。柯達公司於 1990 年代初期，即開始運用如圖 15A.2 所示的封閉迴路供應鏈，

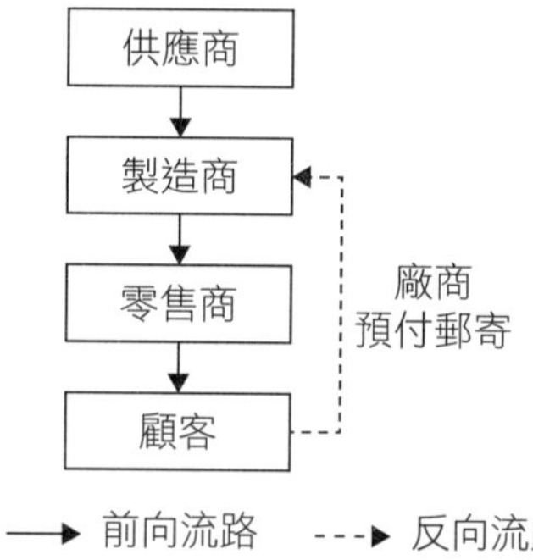

✧ 圖 15A.1 印表機碳粉匣再利用封閉迴路供應鏈示意圖

資料來源：Center for Supply Chain Research, Penn State University.

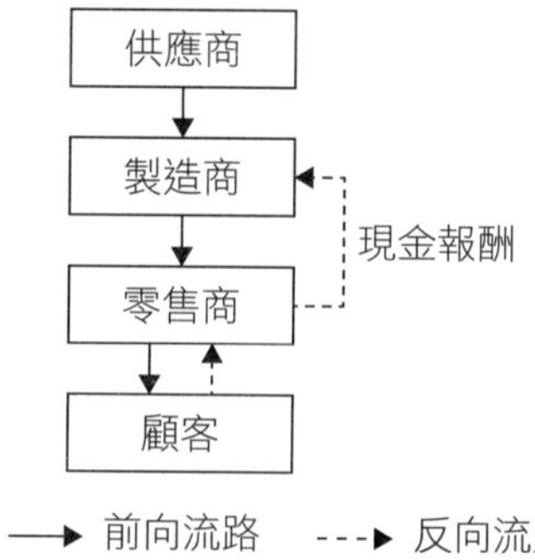

✧ 圖 15A.2 次用相機封閉迴路供應鏈示意圖

資料來源：Center for Supply Chain Research, Penn State University.

當顧客將已照完底片的一次用相機交給照相館沖洗底片時，照相館（零售商）集中各類型一次用相機後，回送給柯達的合約商（圖中的製造商）進行相機的清潔、分解、檢視、再填裝底片與再銷售等作業，零售商則可從製造商獲得回送相機的現金報酬，在顧客端則分辨不出新相機或經再填裝相機之間的差異。

另一種用於商用輪胎翻新的封閉迴路供應鏈，如圖 15A.3 所示。一般車隊的管理者，會定期的車隊輪胎交由輪胎翻新合約商執行輪胎的翻新。在接收到輪胎後，翻新者執行翻新，完成後再將翻新的輪胎送還得車隊，這種作業模式最簡單，也能達成供需的平衡。對較小車隊而言，則通常經由輪胎零售商或經銷商等執行輪胎的回收，彙整到一定數量後，零售商或經銷商再交由翻新者翻新，翻新完成後再經由零售商或經銷商交還給車隊。如此一來，在翻新作業中多了一個中間商，使此供應鏈作業流程稍微複雜一些。若對個別顧客的輪胎翻新，則供應鏈作業因中間商的彙整作業較長、面對顧客較多等而更趨複雜。如顧客的輪胎須經零售商、車廠及中間

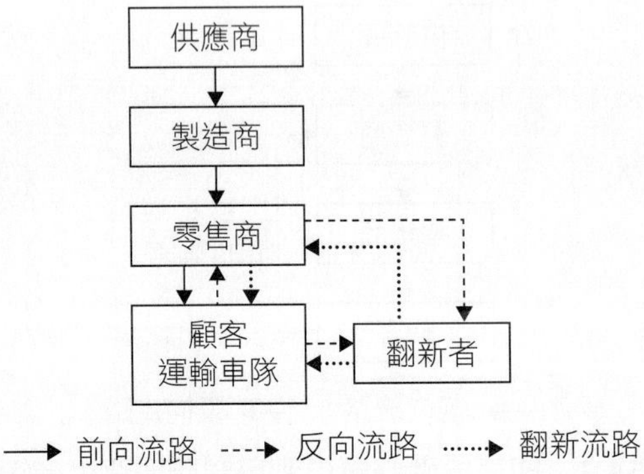

✧ **圖 15A.3** 輪胎翻新供應鏈封閉迴路示意圖

資料來源：Center for Supply Chain Research, Penn State University.

商等之彙整後，再批次銷售給翻新者，翻新者翻新完成後，要再銷售給零售商等，這種對顧客輪胎翻新作業的供需平衡則較難達成，翻新者也可能無法從個別顧客輪胎翻心中獲得利潤。

以上所述的封閉迴路供應鏈範例，同時處理物流的正向與反向流路，而反向流路的目標則在降低成本，並從希望能在物流的反向作業中能攫取貨物的價值（再利用或再銷售……等）。即便反向流路可能攫取的貨品價值，無法達到正向流路的 100%，但確實能攫取回部分百分比的貨物價值。反向流路避免貨物的棄置或掩埋，不但具有攫取回流貨品價值經濟利益，也兼具環保的社會性利益。

比上述圖 15A.1~15A.3 範例更複雜的封閉迴路供應鏈類型還有很多，如全錄於 1991 年對其產製複印機發起一相當成功的無廢料系統（Waste-Free System）計畫，該無廢料系統中包含正向、反向及再製流路。在歐洲，全錄則有一封閉迴路供應鏈系統，全面回收印表機、複印機及其他辦公室裝備，其回收率則高達 65%。這些反向流路回收的項目部分可被修復、部分可用於再製、部分零附件則再利用等，所有這些被修復、再製或再利用的項目，終究會再銷售，以攫取反向流路貨品的價值。

相對於封閉迴路供應鏈系統，反向物流的運作則通常較為困難，也難攫取反向物流的價值。如物品可能須從地理分散的位置回收，有些回收項目還可能是危險的物料，需要特殊機具裝備執行回收與棄置。最後，所有回收的項目還須檢視與檢測、分類、分級……等，這些都是相當耗費人力與時間的。反向物流回收的項目中，有些可以翻修至堪用程度而再銷售，有些則可循環再利用，最後，廢品轉賣也可擭取部分回收項目的價值。總之，反向物流擭取貨品價值流的能力不如封閉迴路供應鏈系統。但如管理妥當，仍有機會創造回收物流的價值鏈。

為瞭解反向物流的挑戰與機會，我們必須從三種影響反向物流運作的力量如顧客服務，環保議題及經濟利益等之影響，分別討論如下。

顧客退貨

反向物流的顧客服務，指的是顧客退貨的處理。顧客退貨的原因很多，如貨品損壞、顧客改變意願而不接收貨物、產品保證問題、貨品召回處理或運送失誤(如遲運或運錯地點)……等。由於退貨的種類與數量可能很多，對企業的損益表也會造成影響。企業對顧客退運的貨物處理方式也根據其退貨原因而有不同，如回收項目可以再入庫後再銷售，修復後在回送顧客，或再入庫等待廢棄處置……等。有高回收率的產業，如雜誌、書籍、報紙、型錄及瓦楞包裝紙箱……等，需要有內部回收處理機制，若能有效管理貨物的回收與後續處理，則能對組織的損益表有正面的影響(擭取回收貨物價值)。

顧客退貨的回收處理若管理得宜，如及時的退款或更換貨品等，也能因好的顧客服務提升顧客滿意度，因而增加企業的市場競爭力。如沃爾瑪、目標百貨及百思買……等大型零售商，都有所謂無障礙的退貨政策。但如前所述，這些無障礙的退貨政策也必須考量合理退貨與不必要退貨之間的平衡，以免增加無謂的反向物流作業成本。

環境挑戰

回收與環保之間的高關聯性，使各國政府的環保法規都要求企業對其產品要有回收處理的機制。公眾對環保意識抬頭與對企業社會責任的要求，也使企業將追求企業社會責任視為必要。事實上，企業經營所謂的 **3P 底線** (Triple Bottom Line) 或三項支柱 (Three Pillars)，即獲利 (Profit)、人 (People) 及地球 (Planet)，在現代都受到公眾、政府與企業之重視。3P 底線將被企業整合到其組織文化、經營策略及相關營運作業中，並反應在組織的經濟(獲利)、社會責任與利益(人)及生態(地球)的運作績效衡量中。

企業著重於公眾關係與法遵價值時，研究證據顯示，越重視環保議題的企業如減廢、降低污染、改善生態效率……等，它們在產品品質、生產效率與產量等，也都能有好的表現。本附錄討論的反向物流與封閉迴路供應鏈等作業，都是企業追求環保和善盡社會責任的作業。若能有效管理好反向物流與封閉迴路供應鏈的運作，也能有效強化企業的整體財務活力。

由於科學家、消費者及各國政府對環保議題的重視，封閉迴路供應鏈的概念也擴及到全球性的規模。如聯合國大學暨高等研究所 (United Nations University/Institute of Advanced Studies, UNU/IAS) 於 1994 年發起的**零排放研究計畫** (Zero Emissions Research Initiative, ZERI)、於 1999 年更名為**零排放論壇** (Zero Emissions Forum, ZEF)，就提倡所有產業的輸入除轉換成產品輸出外，所有回收或廢棄的產品，則應轉換成其他供應鏈的輸入。同樣的國際標準組織 (ISO) 於 1996 年也發布 ISO 14001 環保管理系統，引導企業組織執行符合環保法規與生態責任等之經營活動。

經濟價值

反向物流與封閉迴路供應鏈兩者，對營利企業與非營利組織的順利運作越來越重要。將此反向物流視為價值流，而非浪費流的觀念已存在甚久，**供應鏈管理專業委員會** (Council of Supply Chain Management Professionals, CSCMP) 所發布的白皮書也指稱，經濟利益為企業組織設置反向流物的主要驅動力。產業實務經驗也顯示，除了顧客服務需求 (退貨處理) 及政府的法規要求外，對物品的循環再利用，再製造、翻新與再銷售等，對企業組織而言，都是有獲利潛能的價值流。此觀點對原物料價格逐漸增加的產業，如鋼鐵業、金屬加工業等，都是實際的體會與經驗。

要讓反向流路能獲利，也如掌握機會一樣具有挑戰性。企業組織必須要能審慎規劃反向流物運作程序，並詳細分析成本架構，期能獲得正面的成本效益權衡結果。

反向流路的價值流

如前所述，封閉迴路供應鏈與反向流路一樣，在於是否能創造組織的價值流是挑戰，同時也是機會。若管理得宜，則反向流路能藉由降低成本來增加組織額外的獲利機會；但若管理不佳，反而會增加組織執行反向流物的成本，進而損傷組織的獲利能力。

從製造業的角度來看，反向流物的再製造或翻新產品的成本，可能比以新原物料製造新產品要來得高。這些成本主要來自於反向物流的時間與距離，要看組織是否能掌握回收貨物的回收或殘餘價值而定。值得注意的是，運輸成本通常占反向流路總成本的 25% 以上。因此，組織管理者應妥適運用資訊或其他技術，持續監控運輸網路的運作狀況，做好有效的反向流物提貨 (回收) 排程，以規模經濟達成降低反向流路運作成本的目標。

除了運輸成本外，反向流路的處理程序如檢視與檢測、分類、再包裝、再製造……等的成本也相當高，這是有關人力運用與處理程序的配置，都能在逐漸獲得經驗後，通常也能降低反向流路的處理程序成本。

有些組織運用作業成本法 (Activity-Based Costing, ABC) 來檢視、分析與反向流路的相關成本如勞力、運輸、倉儲與庫存持有、物料處理、包裝、交易及其他經常性成本等，這對反向流路的權衡分析以判定經濟附加價值 (或缺乏) 都相當重要。

一旦決定反向流路可能獲得的經濟價值後，接下來組織管理者就必須審視與排除組織內外對執行反向流路計畫的障礙：

- 反向流路與組織內其他計畫優先度的排序。
- 是否缺乏組織高層的支持。
- 反向流路所需的財務資源可得性。
- 發展與執行反向流路所需的人力資源。
- 支持反向流路的物料處理與資訊系統可用性。
- 政府法規的法遵限制……等。

另如前述，反向流路與封閉迴路供應鏈系統的運作方式和前向物流有甚大差異，反向流路通常也不是組織的核心能量，因此使反向流路與封閉迴路供應鏈系統成為外包的最佳候選計畫。對有短生命週期或有高度過期風險的產品，外包給有處理專業的 3PL 服務商通常也是明智的選擇。

在供應鏈中管理反向流路

在供應鏈中要能有效的管理反向流路，必須考量一些關鍵影響活動與議題，如前所述，主動的管理反向流路對組織的財務績效有正面的影響，但若未能有效的管理反向流路，對組織的財務績效則會產生負面的衝擊。在運籌與供應鏈管理教育領域中，對供應鏈中的反向流路管理通常有下列建議：

- **規避 (Avoidance)**：藉產製高品質產品與服務程序的發展，盡量降低退貨或產品的回送。
- **把關 (Gatekeeping)**：在反向流路的入口端（通常即為零售店面）做好商品的檢視與篩選，盡量降低不必要的回送處理作業。
- **壓縮反向循環時間 (Reducing Reverse Cycle Times)**：藉由退貨原因及反向作業的分析，壓縮反向作業時間以攫取最高的回收價值。
- **資訊系統 (Information Systems) 的協助**：發展有效的資訊系統，以改善產品可見度、降低不確定性及將經濟規模最大化等。
- **回收中心 (Returns Centers)**：在供應鏈網路中的最佳位置，設置集中回收中心，以促使供應鏈正向與反向流路的暢通。
- **再製造或翻新 (Remanufacturing or Refurbishment)**：在封閉式供應鏈中對產品再銷售的再製造或翻新，以攫取產品的最大價值。
- **資產恢復 (Asset Recovery)**：對回收、過剩、廢品及過期項目等的分類與處置，以最小成本獲得最大的資產回收。
- **定價 (Pricing)**：以談判協調方式，獲得回收產品在銷售的最佳價格。
- **外包 (Outsourcing)**：當組織人力、基礎設施、經驗或可用資源不適合自己執行反向運籌或回收作業時，可考慮外包給 3PL 服務提供商執行。
- **零退貨政策 (Zero Returns Policy)**：發展對回收產品的零容忍政策，或在現場直接銷毀退貨商品。
- **財務管理 (Financial Management)**：對顧客的退貨發展相關的財務程序與會計原則，使反向流路能順利運作。

專有名詞釋義

1-9 數字

❖ **3D 列印技術 (3D Printing)**：又稱為積層製造 (Additive Manufacturing)——將塑膠、陶瓷或金屬粉末等，以 3D 模型資料，一層一層的堆積成最終立體產品的產品製作技術。

❖ **3P 底線 (Triple Bottom Line)**：或稱企業經營的三項支柱 (Three Pillars) 如獲利 (Profit)，人 (People) 及地球 (Planet)，在現代都受到公眾、政府與企業等之重視。這 3P 底線將被企業整合進其組織文化、經營策略及相關營運作業中，並反映在組織的經濟 (獲利)、社會責任與利益 (人) 及生態 (地球) 的運作績效衡量中。

❖ **3PL 第三方物流 (3rd Party Logistics)**：企業將運籌或物流功能外包 (Outsourcing) 給第三方物流服務提供商 (3PL Providers) 執行的經營模式。

❖ **4PL 第四方物流 (4th Party Logistics)**：通常指整合其他第三方物流服務商的整合運籌服務商。

❖ **6 Sigma Project 六標準差專案**：由美國摩托羅拉 (Motorola) 公司所倡議，主要先由經過訓練的程序改善專家訓練公司成員來執行問題解決與程序穩定性的改善。六標準差追求的理想目標為零缺點 (Zero Defect)，或在統計學上為每百萬件產出中，僅允許有 3.4 件 (實務為 4 件) 不良品的機率。

❖ **7 Muda 七種浪費**："Muda"「浪費」一詞源自於日本 TPS 豐田生產系統 (Toyota Production System)，其理念是任何無法創造終端顧客價值的所有資源投入，都是浪費！因此，豐田生產系統著重於檢視、消除生產程序中的任何可能的浪費如無效運輸 (Transportation)、多餘庫存 (Inventory)、無效移動 (Motion)、等待 (Waiting)、超量生產、多餘處理 (Over-Processing)、缺陷 (Defects) 等。上述七種浪費的記憶口訣如 "TIMWOOD"。

❖ **7 Rights 七適**：運籌管理 (Logistics Management) 所謂的七適 (7 Rights) 通常來自於顧客或組織對運籌的要求如：「適項、適量、適況、適值、適時、適地、適客」，串起來說，就是「將適當的產品或服務之品項、數量、以適合的狀況及價格，適時、適地的遞交給適當的顧客。」

❖ **80/20 法則 (80/20 Rule)**：柏拉圖法則的通俗稱法。指一經濟體 80 % 的產出，是由 20 % 少數菁英團體或個人所創造。另此現象也可在社會、政治或其他領域獲得驗證。

A 字首

❖ **ABC 分析 (ABC Analysis)**：最初由美國 GE 通用電器工程師迪基 (H. Ford Dicky) 於 1951 年所提出。根據迪基的想法，是將庫存項目依照其相對銷售量、現金流、交貨時間或缺貨成本……等準據，區分其重要性為三類，A 類為重要、B/C 類的重要性則依次遞減。

❖ **ABC (Activity- Based Costing) 作業成本法**：為將產品視為消耗活動、而活動消耗資源的庫存評估 (Inventory Valuation) 方法。

❖ **Account receivable 應收帳款**：企業為客戶提供商品或服務後待收的款項。本質上，應收帳款是授予客戶一種營運信用額度，期限通常較短，由數天到一年不等。應收帳款是資產負債表上的一項流動資產，代表的是客戶短期內必須付清的欠款。

❖ **Accumulation 聚合**：主要指將不同供應源頭聚合的服務，物流中心通常扮演著供應鏈前端作業聚合角色，將各生產工廠或供應商的供貨聚合在物流中心內，隨後再進行分揀、分配及整檢等作業，履行各訂單需求。

❖ **Adaptive Manufacturing 調適製造**：是經由最佳化運用現有資源彈性的發展、生產與遞交產品。這是一種從工廠現場角度運用精實製造原則，六標準差品質最佳實務與及時可行動的情報資訊等的生產策略。調適製造策略傾向快速偵測與反應顧客需求的需求導向，其結果是增加生產彈性與需求履行的速度等。

❖ **Additive Manufacturing 積層製造**：為3D印列的正式名詞，指經由電腦3D繪圖及特殊3D列印機，將塑料或金屬一層一層的列印成3D產品的產品製造技術。

❖ **Agglomeration 群聚效應**：一般公司通常會選擇附近有可用的技能勞力供應、充沛的市場資源、與主要供應商近接的地點或甚至直接選擇與競爭對手在同樣地點設置其運籌設施。

❖ **Agility 機敏性**：指在市場快速變動的情形下，供應鏈管理者必須要能快速的調整計畫，以因應供應與需求巨大變動的能力。

❖ **AGV (Automatic Guided Vehicles) 自動導引車**：連接著接收、儲存、製造及交運等作業之物料搬運需求，AGV自動導引車能以電腦指令控制在設施內自由或以固定路徑等方式移動。

❖ **Air Cargo Carriers 貨運空運商**：指專責運輸貨物、包裹及信件等之空運商。有些貨運空運商在高度整合空運網路中提供每日例行的空運服務，有些則是提供臨時、整機運量的直接空運服務。

❖ **Alignment 校準**：所謂的校準，對供應鏈管理而言，是供應鏈管理與組織其他功能領域的目標，是否能藉由彼此的協力運作而達成。

❖ **Allocation 分配**：物流中心的作業之一，專注於將顧客訂單與SKU庫存單位的搭配。分配功能中化整為零的作業，使庫存能搭配不同需求數量的訂單，使不同顧客能採購不同數量的產品。舉例來說，分配作業能使顧客不必購買整個棧板的超量貨物，而能以箱或項的單位採購物品。

❖ **Anticipated Stock 預期庫存**：又稱季節性庫存 (Seasonal Inventory/ Stock) 或建構庫存 (Build Stock)，是組織為因應季節性或突然的需求變化，所設置的現存庫存量。

❖ **API (Application Programming Interface) 應用程式介面**：為一組律定一應用程式與其他程式溝通的規定與要求。藉著程式內部功能的分享與介面格式化，能使一應用程式得以和其他應用程式分享資料。

❖ **APP (Aggregate Production Plan) 總生產計畫**：為將年度經營計畫、行銷計畫與市場需求預測等轉換成組織整體產品族群的總生產計畫，以用來制定各生產設施的產出率、人力運用率及庫存利用率……等。

❖ **ASN (Advance Shipment Notices) 發貨通知**：為貨物交運前，由交運商將貨物及交運資訊以EDI電子資料交換格式發送給接收商的訊息。

❖ **Assembly Line 組裝線生產**：是專注於產品的生產布局，機具與人員是依據產品的生產工序而安排。組裝線生產通常用於量產，許多個別的組裝線執行特定的組裝程序，然後各組裝線逐次合併到最終的組裝線，另在最終組裝線最後緊隨著物料處理裝備，以包裝、運輸成品。組裝線生產成功的關鍵，在控制與匹配組裝線的速度與人員的技能。

❖ **Asset Utilization 資產運用率**：一般組織對物流設施、物料處理裝備及技術等資產，都投入相當的資金。這些資產的運用對目前及未來投資價值的驗證都相當重要。若物流設施有一半未能利用，裝備在作業時閒置未用或正進行維修保養中等，則代表著設施資產未能充分、有效的運用。

❖ **Assortment 檢整**：物流中心將聚合、分撿及分配的功能整合在一起，提供零售商或顧客一次訂貨、滿足所有需求的服務。

❖ **ATD (Available to Deliver) 可供交運**：若賣方物流網路中有足夠的庫存，則訂單數量將為此訂單而預留、並直接告知顧客交運日期，這是可供交運的概念。

❖ **ATO (Assembly To Order) 組裝生產**：根據顧客下單而將(有限)庫存的模組化組件組裝成最終成品的生產模式。有時與 BTO/MTO 接單生產 (Build/Make To Order) 通用互稱。

❖ **ATP (Available to Promise) 可承諾期**：在某些情況，賣方庫存不足以支應訂單需求，但 CSR 客服代表知道不足的數量將在特定時間內於組織內生產或由組織的供應商補足。在此狀況下，交運日期則根據可承諾期而提供顧客。實施可承諾期，須在組織內對上游供應商與組織自己的生產能量間有良好的資訊溝通與協調能力。

❖ **auto-ID 自動辨識**：如條碼標籤、RFID 無線射頻辨識標籤、OCR 光學字元辨識標籤及其相關的軟、硬體等。這些自動辨識技術能辨識物品、蒐集相關資訊，並將物品資訊直接餽入 SCIS 供應鏈資訊系統中。

❖ **Automated Data Collection 自動化蒐集資料**：運用自動辨識 (Auto-ID) 技術工具(如條碼、RFID 無線射頻辨識標籤等)的 WMS 倉儲管理系統，能在物流活動執行時，自動、精確的擷取資料，提供物流設施中物流的可見度，甚至執行活動的自動化等。一旦擷取資料後，資料會在倉儲管理系統內自動傳輸，供績效分析、產生報告及決策制定之用。

❖ **Automation 自動化**：早已是製造業的重要功能，如輸送帶 (Conveyors) 在工作站位中輸送物料，機器人 (Robots) 執行焊接、噴漆及其他精準性的任務。倉儲自動化 (Warehouse Automation) 的物流中心也用自動化技術處理倉儲、搬運及交運等任務而無需人力的介入。訂單履行速度與精確性——兩項全通路零售作業的必要元素——也能藉自動化而獲得大幅度的強化與提升。

B 字首

❖ **B2R 企業對住宅 (Business to Residences)**：通常指快遞服務商到府收件或送貨到府的服務模式。

❖ **Back Orders 再訂購**：當賣方只有買方訂單所需數量的部分庫存，為保障目前庫存無法滿足那一部分需求，通常需要買方對未滿足數量再下另一次訂單，以確定當賣方庫存補足時能優先滿足該顧客先前訂單未能滿足的數量。

❖ **Balance Sheet 資產負債表**：有時或稱財務狀態表 (Statement of financial position)，表示企業在特定期間(通常為各會計期末)

的資產、負債和業主權益的財務狀態，為企業主要會計報表之一。資產負債表利用會計平衡原則，將符合會計原則的資產、負債、股東權益等科目區分為資產、負債及股東權益兩大區塊，經過分錄、轉帳、分類帳、試算、調整等會計程序後，以特定日期的靜態企業情況為基準，濃縮成一張報表。其功用除企業內部除錯、防止弊端外，也可讓所有關係人於最短時間瞭解企業的經營現況。

- **Bar Codes 條碼**：在商品上列印的條狀編碼，配合著條碼掃描器，可提供運籌管理所需的 POS 銷售點資料。
- **Batching Economies 批量經濟**：通常指將物料匯集成一可達成規模經濟效益的批量後，再執行採購、生產或運輸等作業。
- **Basic Costs 基礎成本**：是採購方為採購物料或服務所付出的價格，這也是傳統競標、議價等程序所討論採購方應支付的價格，通常也被用來作為評估採購程序績效的參考基準。
- **Behavior Substitution 行為取代**：反映了績效衡量最重要的起步："What you measured is what you get!" 若錯誤行為被獎賞、或好的表現未被獎賞，則員工的行為就會傾向錯誤的行為。為目標錯置 (Goal Displacement) 類型之一。
- **BI (Business Intelligence) 商業智慧**：能自動執行資料解析，並以圖表等視覺呈現工具呈現解析的結果，使供應鏈的管理者更方便的執行規劃與決策的資訊技術或軟體工具。
- **BOL (Bill of Landing) 提單**：是最重要的交運文件，它由交運人製作並啟動交運作業。提單提供貨運商為執行交運任務所需的所有資訊，律定著貨運商對貨物損傷或遺失的責任，並作為交運人移交貨物給貨運商的收據，有時還說明著貨物的所有權…… 等。
- **BOM 物料清單 (Bill of Materials)**：為了製造最終產品所使用的文件，內容記載原物料清單、加工流程、各部位明細、半成品與成品數量等資訊。通常作為代工雙方聯繫的文件或是公司內部溝通的文件。
- **BPR (Business Process Reengineering/Redesign) 企業流程再造或再設計**：通常指當組織績效不彰而執行內部程序再造或再設計的劇烈組織變革作為。
- **BRIC 金磚四國**：指巴西、俄國、印度與中國等四個新興經濟國家。
- **Bricks and Clicks 實體與虛擬通路**：資訊與網路技術的迅速發展，使得傳統經營模式（直銷、店面實體通路等）受到嚴峻的挑戰。但 20 世紀純網路經營模式 (dot.com) 的泡沫化，使現代企業經營模式轉而朝向所謂磚塊與滑鼠 (Bricks and Clicks)、或稱滑鼠與泥灰 (Clicks and Mortar)、或加上目錄之磚塊、滑鼠與型錄」(Bricks, Clicks, and Flips) 經營模式，實際上就是結合了實體與虛擬通路的經營模式。
- **Brick & Mortar 實體店面**：相較於全通路環境中的網際網路，以磚頭與石灰的意象，指有實體設施的店面。
- **BSC (Balanced Scorecards) 平衡計分卡**：為美國學者凱普藍 (Robert S. Kaplan) 及管理顧問諾頓 (David P. Norton) 於 90 年代初期所提出的組織績效評估模型，主張從組織設定的目標與策略規劃出發，以多面向角度（內部程序、學習與成長、顧客及財務）來平衡評估組織的整體運作績效。BSC 平衡計分卡模型，著重的除多面向或多構面評估角度（不限於作者舉例的四個面向！）外，也強調財務與非財務指標、長期與短程目標、領先與落後指標……等之平衡觀點。

❖ **BTO (Build To Order) 接單生產**：是在接到、確定有顧客訂單後才開始組裝或製造產品的生產模式。終端產品通常是標準組件與客製組件的組合。與 ATO 組裝生產 (Assembly To Order) 模式不同之處，是接單生產的客製化程度較高，通常需要根據顧客的特定需求對產品做特定構型的製造與生產。

❖ **Bulk Carriers 散裝輪**：通常承載低價格重量比 (Low Value-to-Weight Ratios) 的貨品如礦石、穀物、煤炭及廢五金……等。散裝輪通常在船面上有大型的艙口及起重裝備，方便貨物的裝載與卸載。此外，散裝輪的貨艙通常都是防水隔艙的設計，可同時裝載不同的貨物。

❖ **Bullwhip Effect 長鞭效應**：就像鞭子尾端 (顧客需求) 的稍微變動，就會造成鞭子稍端 (製造商庫存) 的巨大震幅一樣。長鞭效應指為能反應顧客需求，供應鏈各級物流維持安全庫存而往上游逐級擴大的現象。

❖ **Buy-Side System 買方系統**：設置在買方並由買方控制的系統，通常由買方先篩選通過、然後賦予供應商系統擷取權的電子商務系統。

C 字首

❖ **C-TPAT (Customs-Trade Partnership Against Terrorism) 美國海關商貿反恐聯盟計畫**：由前身為美國海關的 CBP 海關邊境保護局 (the U.S. Customs and Border Protection Agency) 所主導，負責避免不法人員與、毒品的進入美國，防護美國農業遭受病蟲害的傷害，保護企業經營的智慧財產權，收取進口關稅及規範與促進全球貿易……等。參與 C-TPAT 海關商貿反恐聯盟計畫的企業，則同意遵守美國相關的保安規定，並負責保障並扮演好自己於全球供應鏈安全防護上的角色。其目的是在確保美國安全的同時，發展一條能加速貨品通關的「綠色通道」(Green Lane)。

❖ **Capacity Planning 產能規劃**：在一特定時段內，系統化的判定預期產出量所需投入的生產資源。

❖ **Capital Cost 資金成本**：又稱利息 (Interest) 或機會成本 (Opportunity Cost)。此類成本指投入資金於庫存而排斥其他投資機會所衍生的成本。

❖ **Carousels 轉動式貨架**：使組織能在一段時間內經濟的持有物料的裝備之一。

❖ **Cash Cycle 現金循環**：或稱 CCC 現金轉換循環 (Cash Conversion Cycle)，衡量公司從投入資源到收到現金所經的天數。這個指標衡量資金在回轉公司前，停留在生產和銷售過程中的時間。現金轉換循環的計算，為平均銷貨天數 + 應收帳款平均收款天數 – 應付帳款平均付款天數。

❖ **Cash Flow Statement 現金流量表**：是三個基本財務報表 [資產負債表 (股東權益表)、損益平衡表 (損益表)、現金流量表] 之一，表達在一固定期間 (通常是每月或每季) 內，一家企業的現金 (包含銀行存款) 的增減變動情形。現金流量表主要在反映資產負債表中各個項目對現金流量的影響，並根據其用途劃分為經營、投資及融資三個分類。現金流量表可用於分析一家企業在短期內有沒有足夠現金去應付開銷。

❖ **Centralized Stock 中央庫房**：有關庫存在供應鏈中應採何種定位的決策。作法之一，是在產品起始點或某個在供應鏈中有戰略地位的位置維持著一中央庫房，然後再由此中央庫存點以物流設施網路分配產品。中央庫存的好處是對庫存與訂單履行方式有較多的控制權、對產品流路有較佳的可見度，以降低需求變異對供應鏈所造成的衝擊。

❖ **Channel of Distribution 物流通路**：由超過一個以上人或組織，參與從產品生產源頭到最終消費點有關貨品、服務、資訊及財務等流路的運作。

❖ **CFE (Cumulative sum of Forecast Errors) 預測誤差累積總和**：加總一組資料的預測誤差，此誤差可正可負，又稱為偏誤 (bias)。預測誤差累積總和雖然提供預測誤差的一種總體衡量方式，但因偏誤可正可負、且在加總時可能相互抵銷而低估了總體誤差。

❖ **Channel Satisfaction 通路滿足**：指產品製造商與終端顧客之外的所有供應鏈通路成員如供應商、批發商及零售商等，對運籌成本與服務的滿足與否。

❖ **Charter Services 包船船運**：根據客戶的時間及航線需求，提供整船的運輸服務。包船船運通常用於整船的大量貨運，並由船運代理商與船東協調船運價格。

❖ **Claims Form 索賠文件**：若貨運商於運輸貨物途中損傷或遺失貨物，則在運輸合約規定截止期限內，由交運人（或收貨人）以書面方式對運輸商提出索賠。索賠可針對於接收清點時明顯、可見的損傷或數量短缺，接收開箱後才發現的隱藏性損傷（與數量短缺）及不合理延誤交運所導致的財務損失等。索賠文件應有照片、接收檢視問題說明及損傷貨物價值等支持性資訊的配合。

❖ **Climate-Friendly Transport 氣候友善運輸**：指以聚合貨物運輸、縮短運輸距離、減少廢氣排放……等環保運輸作為，以降低人類二氧化碳排放對氣候的影響。

❖ **CLO (Chief Logistic Officer) 運籌長**：組織內負責監督與管控內、外向運籌的高階經理人階層。

❖ **Close-Loop Supply Chains 封閉迴路供應鏈**：對供應鏈中正向與反向流路活動的設計與管理。

❖ **Cloud Computing 雲端計算**：是一種利用網際網路共享軟硬體資源執行運算的方式。

❖ **COFC (Container- On-Flatcar) 平板裝載貨櫃**：亦即無須拖車、直接將貨櫃固定在鐵路承載平板上）或雙層貨櫃裝載（Double-Stack Container）等服務模式。

❖ **COGS (Cost of Goods Sold) 銷貨成本**：公司出售商品的直接成本，即製造這些商品而直接投入的原物料與勞動力成本，不包括無法按合理比例分攤到各種產品上的間接成本 (Overhead)。銷貨成本是損益表上的一個費用項目，營業收入 (Operating Income) 減去銷貨成本就成為公司的毛利 (Gross Profit)。

❖ **Cold Supply Chain 冷供應鏈**：或稱「冷鏈」(Cold Chain) 為有溫度控制的供應鏈，在整個運籌程序中保持溫度的控制，適用於易腐敗的食品、冷凍食品、海鮮、底片、化學物品及藥品等冷貨物的輸運。

❖ **Collaborative Distribution 合作物流**：指物流業者間的合作，以獲得資產運用極大化、降低運輸成本及提升顧客滿意度等之利益。

❖ **Combination Carriers 混裝空運商**：同時運輸旅客及貨品的空運模式，在飛機客艙下（機腹）裝載運輸貨物。但隨著空中貨運量需求的增加，換裝空運商也逐漸轉變成專責型的貨運空運商。在美國的混裝空運商包括有聯合 (United)、達美 (Delta) 及美國航空 (American) 等。

❖ **Commercial Zones Rate 商業區費率**：為覆蓋費率 (Blanket Rates) 的一種特別型式，主要針對都會與都會區域 (包含都會及其鄰近城鎮區域) 的運輸，在商業區內的費率一致，但在超出商業區外的運輸則會增加。這種費率突顯出運輸業者定義其運輸範圍與點對點的運作模式。

❖ **Commodity Markets 商品市場**：指穀物、原油、鹽、糖、煤及木材等自然資源的市場，其價格通常由供需關係所決定。

❖ **Consignment Inventory 寄售庫存**：在 VMI 供應商管理庫存中，貨物所有權雖然屬於買方，但由賣方 (供應商) 負責管理。因此，對買方而言，有時稱其庫存為賣方寄售庫存。

❖ **Consumer Packing 消費者包裝**：著重在產品商標的辨識與使用說明，而不同於工業包裝的保護功能。

❖ **Containerized Freight 裝箱式貨運**：聯運模式處理貨物的方式之一，貨物裝進貨櫃或以棧板型式裝載，在運抵目的地卸載前，無須其他特殊的裝備處理。

❖ **Containerships 集裝輪**：又稱為貨櫃輪，是國際貿易中的重要運輸工具。這些集裝輪專門設計用來承載 20 呎 TEU 標準貨櫃或 40 呎 FEU 標準貨櫃 (Forty-foot Equivalent Unit)。集裝輪的尺寸，則從可裝載 400 個 20 呎標準貨櫃的小型貨櫃輪，到可承載 18,000 個 20 呎標準貨櫃的 ULCS 超大型集裝輪 (Ultra-Large Containerships) 都有。

❖ **Continuous Process Facilities 連續生產線生產**：與組裝線生產類似，產品以一預先決定的工序步驟在生產線上流動，與組裝線不同之處，連續生產線的產品流動為連續、不中斷的。

❖ **Contract Logistics 物流合約商**：通常為第三方物流的同義詞。

❖ **Contract Warehousing 合約倉儲**：可視為公共倉儲的客製化，通常由 3PL 第三方物流服務商提供倉儲及相關的物流作業。

❖ **Conveyors 輸送帶**：為在設施內特定位置間固定路徑的貨物輸運裝置，通常用在輸運量大及頻率高的狀況。輸送帶的主要類型區分如單位負載 (Unit Load) 或批量負載 (Bulk Load)；頂置、地面 (On-Floor) 或地下 (In-Floor) 位置；重力或機械動力驅動等。輸送帶若配置得當，可大幅降低人力搬運需求，另自動化的分類輸送帶，也可大幅降低撿貨人力的負荷。

❖ **Core Competence 核心能力**：指組織在執行內部分析後，所辨識出來比其他產業競爭對手更具優勢的潛能，如人力素質、程序效能、團隊運作默契、技術優勢……等，若組織能確實運用並發揮其核心能力，則可能形成競爭優勢 (Competitive Advantages)。

❖ **Cost Center 成本中心**：為責任中心 (Responsibility Centers) 的一種基本類型，通常指組織內只會衍生成本的單位。成本中心的主要任務是在預算額度內控制成本的支出。

❖ **Cost of Lost Sales 喪失銷售成本**：或直接稱為滯銷成本，指因缺貨 (Stockout) 而無法銷售所衍生的短期利潤損失。

❖ **CPFR (Collaborative Planning, Forecasting and Replenishment) 協同規劃、預測與補貨系統**：讓供應鏈夥伴 (包括供應商、企業組織自己及客戶) 共同協議出供應鏈的整體需求計畫的系統。

❖ **CPG (Consumer Packaged Goods) 消費包裝產品**：或稱快速消費品 (Fast Moving Consumer Goods) 或 PMCG 包裝消

費品 (Packaged Mass Consumption Goods) 等，是指那些使用週期短，消費速度快的消費品。包裝如食品、個人衛生用品、煙草、酒類與飲料……等。

❖ **Cranes 起重機**：用在設施內限制區域內位置可能變動的貨物搬運上。起重機具比輸送帶更具彈性，它們可水平與垂直方向的移動貨物，也可處理外形特殊的貨物。當輸運量不大或安裝輸送帶不具成本效益等狀況下，使用起重機具是合理的選擇。

❖ **CRM (Customer Relationship Management) 顧客關係管理**：專注與顧客互動的實務、策略與技術運用等管理作為或軟體工具等。

❖ **Cross-Chain Visibility 跨供應鏈可見度**：管理者必須要能管控供應鏈的關鍵活動，而獲得供應鏈目前狀態的及時資訊，是有效決策與快速反應的前提。可見度資訊科技，能讓管理者快速擷取全球供應鏈資訊，及時產生相關問題的預警警報及促進供應鏈夥伴之間的合作……等。跨供應鏈可見度的終極表現，能降低生產程序的變異，績效控制最佳化及供應鏈的整體成本控制。

❖ **Cross-Docking 越庫**：指貨物從收貨越過倉庫（故稱為「越庫」）而直接到出貨過程，用最少的搬運和存儲作業，減少收貨到發貨的時間並降低倉庫存儲空間的占用。

❖ **CRP (Capacity Requirements Planning) 能量需求規劃**：檢核 MRP 物料需求計畫 (Materials Requirement Plan) 的可行性。此短程產能規劃技術將細部的審視各生產程序與步驟所需的資源能量、如人力工時及機具裝備使用時間等。

❖ **CRP (Continuous Replenishment Planning) 連續補貨規劃**：指 VMI 供應商管理庫存的運作方式，由供應商持續監控客戶的庫存狀況，並依據事前的協定，持續對客戶庫房執行補貨作業，以確保客戶能因應對庫存的需求。

❖ **CSA (Compliance, Safety, Accountability) 法遵、安全與課責**：由美國 FMCSA 聯邦貨運業安全管理委員會 (Federal Motor Carrier Safety Administration) 所推動的計畫，目的在使公路貨運業者遵守法令、推動安全與社會責任。

❖ **CSCMP (Council of Supply Chain Management Professionals) 供應鏈管理專業委員會**：成立於 1963 年，CSCMP 供應鏈管理專業委員會，為世界領先的供應鏈管理研究發展機構，目前已有 67 國政府、業界與學術領域超過 8,500 個會員。目前總部設於美國伊利諾週朗伯德 (Lombard, Illinois, USA.)。

❖ **CSR (Corporate Social Responsibility) 企業社會責任**：又稱企業良知 (Corporate Conscience)，企業公民 (Corporate Citizenship)，社會績效 (Social Performance) 或責任經營 (Responsible Business or sustainable responsible business) 等，是將自律納入經營模式考量之謂。

❖ **CSR (Customer Service Representative) 客服代表**：即一般所謂的業務員，除執行銷售任務外，也負責客戶的問題解決與業務溝通。

❖ **CTM (Collaborative Transportation Management) 合作運輸管理**：指貨運商以 CPFR 協同規劃、預測與補貨系統的概念，發展出的合作運輸管理系統。

❖ **CTS (Cost-to-Service) 服務成本**：將成本指派到客服活動的會計方式，與企業的損益平衡表類似，使組織得以顧客能創造的利潤來區分客群。

❖ **Cubic Capacity 立體儲物空間**：指儲存貨物可用的立體空間。

❖ **Current Assets 流動資產**：資產負債表中的一個資產類別，代表在一特定期間（通常為一年）內可迅速變現的資產。流動資產包括現金、應收帳款、庫存、有價證券、預付費用及其他可容易變現的資產等。

❖ **Current Liabilities 流動負債**：指在資產負債表中一個營業週期（通常為一年）內需要償還的債務合計。流動負債包括如短期借款、應付票據、應付帳款、預收帳款、應付工資、應付股利、應繳稅金、其他暫收應付款項、預提費用和一年內到期的長期借款……等。

❖ **Current Ratio 流動率**：又稱營運資金比率（Working Capital Ratio）或真實比率（Real Ratio）、速動率（Quick Ration）或酸性測試（Acid Test）……等，是指流動資產與流動負債的比率，都是反映企業短期償債能力的指標。

❖ **Customs Brokers 報關商**：以國際 3PL 運輸服務的型式，美國為例，報關商是經美國 CBP 海關暨邊境保護局（Customs and Border Protection）認證並授權的個人或公司，他們專精於通關專業，協助組織的貨運正確完成通關程序，提供如準備通關文件，支付通關規費……等服務，避免因通關阻礙造成的貨運延誤及成本增加。當然，報關商則賺取服務的費用。

❖ **Customer Service 顧客服務**：在運籌所扮演的功能角色有兩個重要向度，一是與顧客直接互動使其下單的程序，另則是決定要對顧客提供何種服務水準。

❖ **Cycle Stock 循環庫存**：又稱運作庫存（Working Stock）或批量庫存（Lot Size Stock），指排除超量與安全庫存後，能因應正常運作需求的庫存量。循環庫存通常以符合規模經濟批量訂購補充庫存後，以因應經常性的小量需求。

❖ **cwt 英擔**：貨運商通常以每百單位重量（hundredweight）的費率報價。貨物總磅數 / 100，cwt 中的 c 為 centum「每百」之意，而 wt 則為 weight 的縮寫。cwt 即為每百磅之意，中文翻譯為英擔。

❖ **CWT 顧客等待時間（Customer Wait Time）**：顧客等待時間不但包括訂單循環時間，還包括維修時間，這種定義同樣適合公、私部門。

D 字首

❖ **Data Mining 資料探勘**：又稱數據挖掘、資料挖掘、資料採礦……等。一般是指從大量的資料中自動搜尋隱藏於其中有特殊關聯性資訊的過程。

❖ **Data Standardization 資料標準化**：如現今的國際貿易以英語為通用語言一樣，EDI 電子資料交換（Electronic Data Exchange）及 XML 可擴充標記語言（Extensible Markup Language）兩者，可有效與精確的促成電腦與電腦之間的資料交換。

❖ **Debt-to-Equity Ration 債務股本比**：又稱負債股權比，是衡量公司財務槓桿的指標，即顯示公司建立資產的資金來源中股本與債務的比例，計算方法為將公司的長期債務除以股東權益。它可用來顯示在考量股東權益時，一家公司的借貸是否過高。

❖ **Decentralized Inventory 分散式庫存**：與中央庫存策略相對的，是面向（近接）顧客的區域或當地庫存策略，產品可以較容易的以較低運輸成本、較快訂單循環時間運交顧客。這種分散式庫存策略較適用於量大、低價且產品需求變異度不大的產品，如早餐穀片、寵物食物及清潔用品等。

❖ **Dedicated Fulfillment 專責式履行**：假設實體通路與虛擬通路訂單量約略相當、且網站上可提供更多產品展示(實體店面則有展示空間的限制)的前提下，專責式履行通路模式再新增一個專責處理網路訂單的物流中心，如此可避免整合式通路模式的衍生的問題；但專責式模式的設施重複設置顯然為其缺點。

❖ **Delayed Differentiation 延遲差異化**：是一種混合的生產模式，只在顧客的特定需求被確定後才開始最後的客製化。

❖ **Delivery Performance 交付績效**：是滿足顧客訂單要求交貨期限的比例。另在生產線上各個站位的交付績效，也可將程序下游的站位視為內部顧客而計算其交付績效。

❖ **Demand Forecasting 需求預測**：指企業針對市場在未來一特定時段內對其產品與服務的需求估計。

❖ **Demand Management 需求管理**：指估計與管理顧客需求的專注努力，並希望能利用此資訊來形塑作業決策。

❖ **Demand Inventory 需求庫存**：由 OTC 訂單到現金循環時間長度反映的庫存量。

❖ **Dependent Demand 相依需求**：通常為依附於獨立需求所產生對成品零組件的需求。

❖ **Diamond Model 鑽石模型**：由美國策略管理大師波特 (Michael Eugene Porter) 提出的國家競爭優勢理論。

❖ **Direct Transaction Costs 直接交易成本**：為偵測、處理採購需求所衍生的交易與處理成本，包括市場需求的辨識、庫存成品缺貨的偵測、發出採購訂單、確認訂單及交運文件的處理……等。

❖ **Distribution Cost Efficiency 物流成本效率**：關注組織內部與外包第三方物流服務商於庫房及物流設施作業的成本效率。

❖ **Distribution Operations 物流作業**：指供應鏈中所構建的物流作業如物流中心、倉儲庫房、越庫及零售店面等能量。

❖ **DMS (Data Management System) 資料管理系統**：或稱 DBMS 資料庫管理系統 (Database Management System)，是創造與管理資料庫的一套系統軟體，能讓使用者及程式設計師系統化的創造、擷取、更新使用與管理資料。

❖ **DOM (Distributed Order Management) 分散式訂單管理**：指在全通路 (Omni-Channel) 環境中，訂單可從不同的倉儲位置如不同的物流中心、靠近顧客的供應商或甚至零售店等來滿足顧客的訂單。

❖ **Downsizing 裁撤**：通常為組織採取精簡政策伴隨而來的人員裁撤，其目的通常為節約組織運作的人事成本。

❖ **Driver Friendly Freight 駕駛友善貨運**：指別讓貨運駕駛閒置、提供駕駛舒適的休息環境等作為。

❖ **DRP (Distribution Requirements Planning) 物流需求規劃**：是一套強有力的外向運籌管理工具，能在符合成本與客服要求下，決定適當的庫存水準，並決定組織製造設施與物流中心之間的補貨期程。

❖ **DSD (Direct Store Delivery) 店面直接交付**：製造商將產品直接運輸並交付至零售店面而略過零售物流中心的物流模式。

E 字首

❖ **E-Procurement 電子採購**：採購端之電子購物 (E-Procurement, E-Tendering & E-Sourcing)。

❖ **E-Sourcing 電子籌資**：以 EC 電子商務模式執行企業策略性資源籌措。

❖ **e-tailing 電子零售**：指在網際網路上零售物品的經營模式，或稱為 EC 電子商務 (e-Commerce) 的 B2C 企業對消費者 (Business-to- Consumer) 交易模式。

❖ **EAN (European International Article Number) 國際商品編碼**：為條碼的基本類型之一，提供 8-13 個電子數字碼的能量，在 POS 銷售點處以掃描器直接掃瞄。

❖ **EBIT (Earnings Before Interest and Taxes) 息稅前利潤**：顧名思義，是指支付利息和所得稅之前的利潤。息稅前利潤的計算公式通常有兩種如：

息稅前利潤 ＝淨利潤＋所得稅＋利息

息稅前利潤 ＝經營利潤＋投資收益＋營外收入－營外支出＋前年度損益調整。

EBIT 與淨利潤的主要差別就在於剔除了資本結構和所得稅的影響。如此，同一行業中的不同企業之間，無論所在地所得稅率有多大差異，或是資本結構有多大的差異，都能夠以 EBIT 指標執行更為準確的盈利能力比較。

❖ **EC (Electronic Commerce) 電子商務**：利用電子傳輸方式如網際網路、電腦網路及無線傳輸等，執行經營交易的模式 (E-Business)。

❖ **Economic Triad 經濟三極體**：在中國經濟實力崛起前，經濟學家慣以歐洲、美國及日本稱為世界經濟的三極體。但在中國經濟崛起後，目前的世界經濟三極體已由歐洲、中國及美國所取代。

❖ **Economies of Scale 規模經濟**：因產量增加而分攤生產成本所產生的經濟效益。

❖ **Economies of Scope 範疇經濟**：生產多樣產品而分攤生產成本所產生的經濟效益。

❖ **ECR (Efficient Consumer Response) 效能式消費者反應**：在衡量運籌作業反應性對財務的衝擊影響時，業界有一相當好的範例，是寶鹼 (P&G) 在對雜貨店產業推動的效能式消費者反應計畫。在此計畫中，寶鹼對其企業客戶提出許多產品與服務客製化增值的活動建議。

❖ **EDI (Electronic Data Interchange) 電子資料交換**：或稱無紙貿易 (Paperless Trade)，是一種利用電腦進行商務的方式。在使用網際網路的電子商務 (E-Business/ E-Commerce) 普及應用之前，曾是一種主要的電子商務模式。

❖ **Electronic Marketplace 電子市場**：由賣方運作的 EC 電子商務系統，在一個網站上提供多家供應商型錄產品，提供買方一次購足的服務。

❖ **Employer Brand 雇主品牌**：是企業在人力資源市場上的定位，指在人力市場上具有高知名度、美譽度、忠誠度的企業品牌。除希望能吸引人才加入企業外，另有希望能社會公眾的認同。

❖ **End-to-End Logistics 端對端運籌**：最基本的型式如與運輸商的及時接觸，或與外包第三方物流分享長程規劃資訊，改善組織內部溝通資訊，並經由與供應商的合作以提升貨運可見度及改善庫存管理績效……等。較進步的觀念則為供應鏈合作。

❖ **EPS (Earnings per Share) 每股收益**：又稱每股稅後利潤、每股盈餘等，指稅後利潤與股本總數的比率。它是測定股票投資價值與分析每股價值的一個基礎性指標，比率越高，表示所創造的利潤就越多。若公司只有普通股時，每股收益就是稅後利潤，股份數是指發行在外的普通股股數。如果公司還有優先股，則應先從稅後利潤中扣除分派給優先股股東的利息。

❖ **ERP (Enterprise Resource Planning) 企業資源規劃**：是將包含多個組織企業的內、外部系統整合成橫跨企業的統一資訊系統方案，其基礎架構包括如各類型應用軟體、安裝與運作軟體的電腦硬體、系統間與跨系統資料溝通的後台網路架構及中央資料庫系統等。資料庫中的資料一經輸入後，即可供所有軟體系統與使用者共同使用。

❖ **ETF (Electronic Funds Transfer) 電子轉帳**：將資金從一銀行轉至另一家銀行的電子轉帳作業，型式包括信用卡、ATM 自動轉帳機、電匯及 POS 售貨點交易等。

❖ **ETO (Engineer To Order) 接單設計**：是 MTO 接單生產 (Make To Order) 各模型中客製化程度最高、或即稱須完全客製化的生產模式。在接單設計的模式中，所有成品都不一樣，每項顧客訂單都須經詳細的成本估計與量身訂製的定價。在生產每一項產品時，都須有特定的零件清單、BOM 物料清單 (Bill of Material)、生產工序……等，致使生產程序複雜性極高、交貨時程也最長等。

❖ **Event management 事件管理工具**：能從供應鏈網路的不同來源中，蒐集及時的資料，並轉換成能提供管理者掌握供應鏈整體運作績效與情境變化的資訊。事件管理軟體能以每日的基礎，讓組織能自動監控供應鏈上發生的所有特定事件。當問題或例外事件發生時，管理者會收到事件管理系統所產生的及時通知，以利管理者採取立即的更正作為。

❖ **Execution and Transaction Processing 交易處理與執行**：從供應鏈資料庫、顧客資料檔、庫存紀錄……等基本資料，支援制定完整訂單履行的決策。

❖ **Exponential Smoothing 指數平滑法**：為需求預測的方法之一。

❖ **Facility Layout 設施布局**：所謂的設施布局，指機具位置的安排，儲物空間大小……及所有在工廠內其他生產所需資源的安排。是影響生產活動將如何執行的主要驅動力之一。

❖ **Facility Location 設施地點**：指運籌與供應鏈網路中有關生產工廠、倉儲廠房、物流中心……等固定設施的選址考量。

❖ **Facility Ownership 設施擁有權**：指物流設施是組織自己掌控或外包給第三方物流服務商者實施之分別。

❖ **Factor Endowment Theory 要素稟賦理論**：在絕對與相對優勢理論後，兩位瑞典經濟學者海克契與歐林 (Eli Heckscher & Bertil Ohlin) 提出要素稟賦論，認為某一個國家出口哪一類產品最主要是由此國的要素稟賦與產品的要素密集度而定，而一國要素稟賦可分成勞動 (L) 與資本 (K) 兩種，而產品可以區分成勞動密集(如成衣)與資本密集(如鋼鐵)。勞動要素稟賦相對豐富的國家必須出口勞動密集的產品，而資本要素稟賦相對豐富的國家必須出口資本密集的產品。

❖ **Factors of Production 生產力要素**：傳統生產力要素一般指土地(自然資源)、勞動力(人力資源)、資金(人為資源)及創業精神(結合上述三種資源並運用於生產上)。另也有管理 (Management)、機具 (Machines)、物料 (Materials) 及資金 (Money) 4M 的說法。到了知識經濟時代，

知識 (Knowledge) 則被視為獨特的勞動力。

❖ **FAST (Free and Secure Trade) 自由與安全貿易計畫**：為 9/11 事件後由美國發起，認證進口商進入北美自由貿易區 (美、加及墨西哥) 的通關計畫。申請的進口商必須完成背景調查及承諾履行一些法律規定。

❖ **FCF (Free Cash Flow) 自由現金流**：為用來衡量企業實際持有、可支付股東現金的財務績效管理指標之一，也是衡量上市公司財務健全與否的一項評估指標，為在不危及公司生存與發展的前提下，可供分配給股東的最大現金額。

❖ **Fixed Order Interval Approach 固定訂購期程模型**：固定訂購期程模型以固定、規則的期程執行庫存的補貨，並通常在每一訂購期程將屆時，計算現有庫存數量，再實施庫存再訂購的補貨作業。

❖ **Fixed Order Quantity 固定訂購量模式**：為 EOQ 經濟訂購量模型的類型之一，指為每次再訂購訂單的訂貨量均為固定。而每個再訂購訂單的訂購量，則由產品成本、需求特性、庫存持有成本及再訂購成本等所決定。

❖ **Flexible Manufacturing 彈性製造**：彈性製造是在生產程序中內建彈性應變能力 (多工機具與多能工)，使生產程序能因應市場上對產品項量需求的快速轉變。

❖ **Flow-Through Distribution 流通物流**：為越庫 (Cross-Docking) 交運模式的另稱。

❖ **Flow-Through Fulfillment 流通履行**：零售店面並不負責網路訂單的履行，而由零售物流中心負責顧客的網路下單，然後將顧客所需貨物運至離顧客最近的店面，準備顧客的就近提貨的物流模式。

❖ **Flying Geese Model 雁行模型**：由日本學者赤松要 (Kaname Akamatsu) 所提出，指某一產業在不同國家伴隨著產業轉移先後興盛衰退過程。

❖ **FMCSA (Federal Motor Carrier Safety Administration) 聯邦貨車運輸業者安全管理**：為反應 1999 年通過的貨運安全法，於 2000 年自美國 DOT 運輸部 (Department of Transportation) 獨立出來的行政部門，專責陸路運輸商的安全管理。

❖ **FOB Destination 終點離岸**：FOB 離岸條款之一，貨物所有權在交運目的地處——通常是買方的卸貨碼頭——移轉，貨物交運到目的地前的責任都屬買方。

❖ **FOB Original 起點離岸**：FOB 離岸條款之一，貨物的擁有權在貨物起運點——通常是交運點或賣方物流中心的貨物裝載碼頭處。從交運起點後，貨物的責任則歸屬買方，運輸途中任何的遺失或損壞，都由買方承擔。

❖ **Foreign Trade Zones Rate 外貿區費率**：是在一國境內劃定區域內的廠商，可獲得處理商品的減稅或免稅優惠政策。

❖ **Forklifts 叉動車**：或其他類似的搬運車輛能在運籌設施內執行變動路徑的物料移動，如從到貨拖車上卸載貨物，將貨物從卸載碼頭運往不同的儲放位置，及裝載外運拖車……等。

❖ **Form Utility 型式效用**：經過生產工廠產製或組裝程序後，由原物料、組件成為最終產品所生成的經濟效用。

❖ **Forward/Reverse Logistics 正向與逆向運籌**：從製造商端到顧客端的運籌規劃方向，為正向運籌；反之則為逆向運籌。

❖ **Fracking 水力裂解**：是利用高壓將水、化學物質和沙打到地下以獲取天然氣的方法，這樣做會污染了地下水。

- **Freight Bill 運單**：為貨運商對運輸貨物的請款發票。運單記載著交運貨物、起迄點、收貨人、運輸條件、貨物總重及總交運款項……等資訊。運單與提單不同之處，在運單記載著運輸貨物的所需款項；而提單則記載著交運貨物的所有權及交運條件等。
- **Freight Collect 運費到付**：運費到付是指貨運商將貨物運到目的地後收貨人在目的地支付運費的支付方式。採取運費預付或運費到付的方式，由當事人約定。若無約定，一般認定為運費預付。
- **Freight Prepaid 運費預付**：是指在簽發提單前或簽發提單後即須預先支付運費，即整個運輸任務尚未執行完畢而先行收取的運費。運費支付方式通常由當事人約定。若無約定，一般認定為運費預付。
- **FTA (Free Trade Agreement/Area) 自由貿易協議或自由貿易區域**：通常由地理位置鄰近或國土接壤的國家所簽訂的合約，在此自由貿易合約中使會員國能免除外貿關稅，資金與勞力亦可自由進出。
- **FTE (Full-Time Equivalent) 全職人力工時**：相當於一全職員工的工時比例。如若有一組織有三名員工，每週分別工作 50, 40 及 10 的個小時（共 100 個小時），而一般全職員工的每週工時為 40 個小時，則該組織的全職人力工時為 100 / 40 = 2.5 (FTE)。
- **Fulfillment Flexibility 履行彈性**：有效的 WMS 倉儲管理系統能支援不同類型的訂單處理，從全通路的單一項目訂單，到商務客戶對完整貨箱或棧板的訂購等。WMS 倉儲管理系統也能支援越庫、簡單組裝與備料作業等，使物流中心能執行不同模式的撿貨作業。
- **Full Collaboration 完全合作**：是垂直與水平合作的動態結合，供應鏈上的成員，只有在完全合作的關係下，才能真正獲得整體供應鏈的巨大效率與效果，而利益與風險的共享，才是完全合作成功的要素。

G 字首

- **Gathering Lines 集輸管路**：通常是 2~8 吋直徑內的小管徑管路，將離岸與在岸油井的油料運往主幹管。
- **GATT 關稅及貿易總協定 (General Agreement on Tariffs and Trade)**：最初由 23 國家於 1947 年簽訂的國際外貿協議，主要目的在降低外貿關稅及排除任何貿易障礙。到 1994 年烏拉圭回合談判後，共有 123 個國家參與，並轉型為目前的 WTO 世界貿易組織。
- **GDP (Gross Domestic Product) 國內生產總值**：指一個國家或地區在一定時期內（通常為一年度）全部產值（包括產品與服務）的市場價值。不同國家間 GDP 國內生產總值的比較有兩種轉換方式，一為以國際匯率轉換，另一則為 PPP 購買力平價 (Purchasing Power Parity) 的比較。
- **General Cargo Ships 雜貨輪**：通常以包船的型式，承載大部分貨品類型的海運服務。雜貨輪上通常都有能自行運作 (Self-sufficient) 的裝、卸載裝備，使其能在發展程度較低的國家（缺乏港口設施）處理貨物。
- **Globalization 全球化**：因網路、通訊、運輸技術……等的進步發展，世界政治、經濟交流需求增加等，導致國際間貿易、投資、移民、生產等經濟活動與社會性關係的緊密聯接現象。
- **Global Warming 全球暖化**：指在一段時間中，地球的大氣和海洋因溫室效應而造成溫度上升的氣候變化現象。

❖ **Green Laws 綠色法規**：指與環保有關的政府法規。

❖ **Gross margin 毛利**：為企業的利潤指標，等於營業收入減去銷貨成本後，再除以營業收入，以百分比表達如：

毛利(%)＝(營業收入 － 銷貨成本)/營業收入

毛利代表公司的營收，在支付產品的直接生產成本後，剩下的百分比。毛利越高，公司可用來支應間接成本、營業費用，以及債務利息的收入越多。

❖ **GSF (Global Shippers Forum) 全球運商論壇**：為 2011 年於英國註冊成立的 NGO 非政府組織，其目的在促進國際貨物運輸業的商務發展與政策制定。

H 字首

❖ **Heuristic Models 啟發式模型**：啟發式建模方法，一般先從設定範圍的限制開始，再以經驗法則作為目標的求解。

❖ **Horizontal Collaboration 水平合作**：通常是在供應鏈程序上有平行位階企業間的合作協議，每家企業都各自在其專業運籌領域對整體運籌績效做出貢獻。

❖ **Hurdle Rate 最低預期報酬率**：亦即資金成本 (Capital Cost) 須達成最低預期回報率。

I 字首

❖ **IBM (Integrated Business Management) 整合式經營管理**：組織領導階層持續監控、校準與同步化關鍵程序與活動的高階管理作為。

❖ **IBP (Integrated Business Planning) 整合式經營規劃**：通常指在達成組織財務與策略目標的前提下，對組織各部門功能運作的整合規劃作為。

❖ **Identification and Control Equipment 辨識與管控裝備**：辨識與管控裝備，用在運籌設施內與對供應商或顧客的設施間，協調物料流路資訊的蒐集與溝通。自動化的辨識工具如條碼、磁性感應貼條及 RFID 無線射頻辨識貼標等，在無須人力介入的狀況下，自動擷取貨物資料。

❖ **IFF (International Freight Forwarders) 國際貨運代理商**：國際 3PL 運輸服務的型式之一，協助進口商與出口商運輸其貨物。許多國際貨運代理商在服務領域、運輸模式或市場上，採取聚集貨運的方式運作。這些代理商協助客戶於最佳航線的辨識與定位，選擇運輸模式，及根據客戶的特定需求，選擇具有運費競爭力的特定貨運商……等。

❖ **ILM (Integrated Logistics Management) 整合式運籌管理**：結合內、外向運籌的整合規劃與管理作為。

❖ **ILS (Integrated Logistics System) 整合運籌系統**：於 70~90 年代整合內、外向運籌的運籌概念。內向運籌是支持製造的物料管理，而外向運籌則為支持市場的產品配送。

❖ **In-Transit Inventory Carrying Cost 轉運中庫存持有成本**：指在貨物轉運過程中，因擁有所有權所衍生的持有成本。

❖ **Inbound-to-Operations 內向至生產運籌系統**：指能促成價值添加活動的程序如採購、生產與組裝等。

❖ **Inbound Logistics 內向運籌**：指廠商對供應商提供原料的採購、檢驗、運輸、入庫等規劃與管理作為。

❖ **Income Statement 損益表**：英文也稱為 Profit and Loss Statement、P&L Account，或 Statement of Revenue and Expense，為公司三大財務報表之一。損益表記錄公司

在特定會計期間收支概要的財務報表，通常以季度或年度報告的形式呈現，反映公司在營業與非營業活動中產生的收入與支出。損益表上的淨利與 EPS 每股收益往往最受投資人的矚目。

❖ **Incoterms 國貿條款(術語)**：為國際商業名詞(International Commercial Terms) 的縮寫，是 ICC 國際商會(International Council of Commerce) 制定國際貿易用語的國際慣例，它的副題為〈貿易條件的國際解釋通則〉(International Rules for the Interpretation of Trade Terms)。第一版制定於 1936 年，多次修訂至今最新版本為 2010 年 9 月 27 日公布，並於 2011 年 1 月 1 日開始全球實施的〈Incoterms 2010〉。〈Incoterms 2010〉最新版中包含了 11 種貿易術語，按照其國際代碼的第一個字母的不同，這 11 種術語被分為四組：C 組、D 組、E 組和 F 組如：

E 組：起運，包括 EX works，指賣方僅在自己的地點為買方備妥貨物。

- EXW 工廠交貨：EX works (……指定地點)

F 組：主要運費未付，包括 FCA, FAS 和 FOB，指賣方需將貨物交至買方指定的承運人。

- FCA 交至承運人：Free Carrier (……指定地點)
- FAS 船邊交貨：Free AlongSide Ship (……指定裝運港)
- FOB 船上交貨：Free On Board (……指定裝運港)

C 組：主要運費已付，包括 CFR, CIF, CPT 和 CIP，指賣方須訂立運輸合同，但對貨物滅失或損壞的風險以及裝船和啟運後發生意外所發生的額外費用，賣方不承擔責任。

- CFR 成本加運費：Cost and Freight (……指定目的港)
- CIF 成本、保險加運費付至：Cost,Insurance and Freight (……指定目的港)
- CPT 運費付至：Carriage Paid to (……指定目的地)
- CIP 運費、保險費付至：Carriage and Insurance Paid to (……指定目的地)

D 組：到達，包括 DAT, DAP, DDU 和 DDP，指賣方須承擔把貨物交至目的地國所需的全部費用和風險。

- DAT 終點站交貨：Delivered At Terminal (……目的地或目地港之指定終點站)
- DAP 目的地交貨：Delivered At Place(……指定目的地)
- DDU 未稅前交貨：Delivered Duty Unpaid (……指定目的地)
- DDP 完稅後交貨：Delivered Duty Paid (……指定目的地)

❖ **Independent Demand 獨立需求**：通常指顧客對主要成品所產生的需求。

❖ **Index 指數** ：則將兩個準據結合成的單一指標，通常用於程序產出的追蹤。運籌相關範例則如完美訂單(執行率)。

❖ **Industrial Packing 工業包裝**：配合儲存與運輸所需的防護包裝如瓦楞紙箱、彈性包覆膠帶、緊固綁帶、包裝袋……等。

❖ **Insourcing 企業內包**：通常指組織將某特定運籌任務指派專人或團隊專責執行之謂。適合企業內包的情形，包括涉及組織核心能力不適合外包，或組織內部能量比外包商更具專業執行能力等。

❖ **Integrated Carriers 整合空運商**：如聯邦快遞 (FedEx) 及優比速 (UPS) 等空運商，以其中心輻射型 (Hub-and-Spoke) 空運與貨車運輸運網，提供預排取貨與交運時程內

的戶對戶 (Door-to-Door) 服務。因能提供可及性及快速運輸的服務，使此運輸模式成為國內次日或兩天內運抵的最佳選擇。

❖ **Intermodal Train 聯運列車**：是單元列車的特殊型式，通常由置於平板上的聯運貨櫃與拖車所組成，從港口運往高處理量的貨櫃場後卸載，再由貨車運往客戶指定位置的鐵運模式。

❖ **Intermodal Transportation 聯運模式**：指結合兩種以上運輸模式如貨車運輸、鐵路運輸、水路運輸、航空運輸管路運輸等之聯合運輸模式。

❖ **Inventory Carrying Cost 庫存持有成本**：是指和庫存相關的成本，它由許多不同的部分組成，通常是物流成本中較大的一部分。庫存持有成本主要由庫存控制、包裝、廢棄物處理等物流活動引起。它是與庫存水準有關的成本，其組成包括庫存貨品所占用的資金成本，庫存服務成本(相關保險和稅收)，倉儲空間成本以及庫存風險成本……等。

❖ **Inventory Carrying Cost Rate 庫存持有成本率 (W)**：將庫存持有成本，以每年每美金 $1 元價值所占比率所表達的成本。

❖ **Inventory Control 庫存控制**：包含兩個向度的考量，一是維持適當的庫存水準，另則是確認庫存的精確性。

❖ **Inventory Deployment 庫存配置**：指在維持最低庫存並滿足客戶需求的原則下，對庫存的安排與配置規劃。

❖ **Inventory Effect 庫存效應**：企業組織的運籌長通常會以提高庫存水準或增加再訂貨點等方式來降低市場上缺貨或滯銷的風險及其衍生的成本，但此舉會增加庫存成本，此現象稱為庫存效應。

❖ **Inventory Management 庫存管理**：維持每一庫存項目最佳庫存數量的管理活動。由於庫存通常是一般企業最大的現有資產，因此，庫存管理的目標是以最低的庫存成本，維持不中斷的生產、銷售與客服水準。

❖ **Inventory Positioning 庫存定位**：指有關庫存在供應鏈中應採何種定位的決策。

❖ **Inventory Risk Cost 庫存風險成本**：是超出組織控制、但卻也最具真實發生機率的庫存持有成本類型。如庫存過久，產品可能因過期而貶值，這在電腦與電子商品產業相當常見。

❖ **Inventory Service Cost 庫存服務成本**：指與保險和稅務有關的成本。根據庫存產品的類型與價值、遺失或損壞的風險……等，有些產品會有較高的保險費用。同樣的，許多國家或當地政府，也會對庫存產品徵收稅費。因此，若庫存量甚大，則須考量倉儲的位置，以避免過高的稅務成本。

❖ **Inventory Turns 庫存周轉**：或稱庫存周轉率 (Inventory Turnover)，指售出貨品成本除以平均庫存數量的比值。庫存周轉率對企業的庫存管理有重要的意義。如製造商的收益是由投入資金 → 獲得原材料 → 製造產品 → 銷售 → 回收資金的循環活動中產生的，若循環運轉很快時，在同額投入資金下的利益率也就越高。

❖ **Inventory Valuation 庫存評價**：評估組織庫存項目對營運成本及獲利價值的評估方法、技術或系統。

❖ **Inventory Visibility 庫存可見度**：指供應鏈上合作夥伴甚至顧客等，都可藉網際網路或通訊技術，分享與掌握供應鏈各級庫存資訊之謂。

❖ **IoT (Internet of Things) 物聯網**：光從技術層次來說，物聯網的裝置與感測器，能讓供應鏈管理者將人、程序、資料與事物

(Things) 聰明的連接起來。而其更深層的智慧，則包括供應鏈活動的校準、同步與自動化等。

❖ **IRR (Internal Rate of Return) 內部報酬率**：指的是使投資計畫的 NPV 淨現值 (Net Present Value) 等於零的折現率。如果 IRR 內部報酬率高於投資計畫的資金成本率或要求的必要報酬率，則該投資計畫可被接受。

❖ **ISF (Inventory Status File) 庫存狀態檔**：記錄著組織所有原物料的現有庫存狀態。從生產所需數量扣除後，則能辨識出各需求原物料項目的淨補貨量與需求時間。ISF 庫存狀態檔顯示的安全庫存量與要求交貨時間等資訊，在支持 MPS 主生產計畫及降低庫存量等，都扮演著重要的角色。

❖ **ISO 9000 國際標準系列**：最初於 1987 年由國際標準組織發布的一系列品質計畫，其目的在讓公司能確保「文件紀錄下所做，並做所紀錄下的品質政策。」ISO 9000 必須由第三單位執行認證。

❖ **Item Fill Rate 單項填充率**：單項 (Item) 可能指一箱、箱內分裝或即每個同樣的產品，為產品可得性的評估準據之一。

J 字首

❖ **JIT (Just-In-Time) 及時系統**：為 TPS 豐田生產系統 (Toyota Production System) 的主要支柱管理概念之一，是指當需要時，需要的資源（不多也不少）能及時到位與備用。

❖ **JV (Joint Venture) 合作投資**：指兩家公司共同出資成立新的經營實體體，通常運用在有高研發風險的航太產業。

K 字首

❖ **KPI (Key Performance Indicator) 關鍵績效指標**：為企業組織用來衡量相關程序是否達成 CSF/KSF 關鍵成功要素 (Critical / Key Success Factors) 要求的量化指標。

L 字首

❖ **Labor Climate 勞動氛圍**：勞力密集型產業的運作，相當強調區域內勞力成本與可用性，除此之外，勞工工會組織、技術水準、職場倫理、生產力及當地政府官員的熱切程度……等，都是有關勞動氛圍必須考量的因素。

❖ **Labor Management 人力管理**：當一般人力管理系統執行（個人）績效分析、誘因計畫及產能改善計畫實施成效時，若與 WMS 倉儲管理系統連結，則能讓組織根據任務的標準工時指派工作人力，評估每名員工的產能及評估其工作品質……等。

❖ **Land Bridge Routing 陸橋連接**：即指海運與鐵運聯運模式。

❖ **Landed Cost 到岸成本**：或即內向運籌成本，一般指國際採購所涉及的船運條款 (Incoterms) 如 FOB 離岸價 (Free On Board)、CIF 成本，保險加運費 (Cost, Insurance & Freight)… 等。

❖ **LCV (Longer Combination Vehicles) 長聯結車**：通常指單一 53 呎長的貨櫃及雙聯裝 28 呎貨櫃的長聯結車。

❖ **Lead Time 交貨時間**：在供應鏈管理術語中，一般概指從買方下單到供應（製造）商交貨所間隔的時間。

❖ **Lean Logistics & Manufacturing 精實運籌與製造**：精實生產或稱精實製造 (Lean Manufacturing)，精實企業 (Lean Enterprise) 或即簡稱精實 (Lean) 等，都是現代企業追求降低成本的同時（故稱為「精實」），希望能提升顧客對企業產品或服務的價值感之努力。

精實生產的概念，源自於日本 TPS 豐田生產系統 (Toyota Production System) 的成功。在 TPS 豐田生產系統消除生產浪費的核心概念下，精實生產進一步追求顧客的價值感，故又稱精益生產，「精」即「精良」、「精確」之義，而「益」者，則為「效益」、「利益」。

❖ **Life Cycle Value 全生命週期價值**：指一產品於其全壽期產生的總價值。

❖ **Line Fill Rate 條目填充率**：指在一份多條目產品訂單內被滿足條目占所有條目的百分比，為產品可得性評估準據之一。

❖ **Linehaul Freight Carriers 長途鐵運商**：在美國鐵路運輸商分類中，由一級鐵運商提供區域（州）間或區域內的長途鐵運任務，其運輸裝備通常包括如（聯運）貨櫃、平板貨車及單位鐵路車廂 (Unit Train Quantities) 等。

❖ **Liner Services 定期船運**：提供定期、固定航線的水運服務，承載的貨物類型則可以是貨箱、棧板、甚至是單位型式。

❖ **Liquidity Ratio 流動比**：一種財務比率，用來評估企業償付短期債務的能力。一般來說，流動性比率越高代表公司償債能力越強。另請參照流動率 (Current Ratio) 的解說。

❖ **Logistics Channel 運籌通路**：指實體產品從生產源頭到需求端的流動方式。

❖ **Logistics Quantification Pyramid 運籌量化金字塔模型**：指運籌與供應鏈管理的績效，應從交易成本與收入、運籌作業、運籌服務等三個基礎面向著手，最終促成通路滿足

❖ **LOR (Logistics Operations Responsiveness) 運籌作業反應性**：指賣方對買方需求的反應能力。

❖ **Lost Sales 滯銷**：指因超量庫存或市場無需求等形成多餘庫存的現象。

❖ **Lot-Size Costs 批量成本**：採購物料的批量除直接影響採購單價外，也影響著儲存空間需求，處理流程及相關的現金流量。這也是庫存的最主要成本來源。

❖ **LP (Linear Programming) 線性規劃**：在設定目標函數（最低成本、最小風險、最高獲利、最高客服水準……等）狀況下，將關鍵考量因素設為限制條件，並在各種因素為線性影響關係的前提下求出最佳解。

❖ **LSI (Logistics System Information) 運籌系統資訊**：指企業組織於高品質產品可得性、訂單循環時間、運籌作業反應性及售後運籌支援等運籌系統運作的相關資訊。

❖ **LTL (Less-than-Truckload) 零擔貨運**：指由多家供應商或製造商的不同產品裝滿一貨櫃的運輸模式。零擔貨運商 (Less-Than-Truckload Carriers) 提供 150~15,000 磅之間貨物的多車或多趟運輸。全國型的零擔貨運商通常採用中央輻射型的運輸網路 (Hub-and-Spoke Network) 設計，由區域貨運站處理貨物的分類與聚合，並交運至各市場區域。區域型的 LTL 零擔貨運商則專注單一區域內的相關貨運作業。

M 字首

❖ **M&A (Merge & Acquisition) 併購**：包括合併 (Merge) 與收購 (Acquisition) 兩個作為。合併通常指兩家公司合資成立第三家公司 (A + B = C)；而收購則指收購者買下被收購者的經營股權後，被收購者不復存在 (A + B = A 或 B)。

❖ **MAD (Mean Absolute Deviation) 平均絕對離差**

❖ **Make or Buy Decision 自製或外購決策**

❖ **Manifest Train 混裝火車**：由多名客戶、多種運輸裝備及多種運輸貨物所組成，

又稱火車艙單。混裝火車會在不同場站中卸載或加裝運貨車廂，這種稱為分類(Classification)的作業，會延緩交運程序。

❖ **Manufacturing Cell 製造單元生產**：是一種專注程序的生產布局類型，將有類似生產程序的各種產品聚攏在製造單元內生產。

❖ **Marketing Channel 行銷通路**：指產品行銷過程中必要的交易管理作為，如顧客訂單處理、帳單處理、應收帳款……等。

❖ **Mass Production 量產**：或稱流水線生產(Flow Production)，是大量標準產品的生產，與單件生產(Job Production)及批次生產(Batch Production)等合稱三種主要生產方法。

❖ **Material Handling 物料處理**：指將原物料從運輸車輛移進倉儲庫房的搬運(內向運籌)，將成品移至訂單處理區、最終在外送碼頭區移至外送車輛(外向運籌)等物料的(搬運)處理。

❖ **Material Planning 物料規劃**：為一特定時段內生產所需原物料的規劃作為，有時又可與MRP物料需求管理(Material Requirement Planning)或MM物料管理(Material Management)互用通稱。

❖ **Measure/Measurement 衡量**：為一向度簡單(單一向度)、無須計算且容易定義的計量方式。運籌的範例包括如庫存單位、再訂購金額……等。

❖ **MES (Manufacturing Execution System) 製造執行系統**：是對工廠現場WIP在製品(Work-In-Process)的監控與管理系統，能接收機器人、機具監控器及員工等所有相關的及時製造資訊，由生產員工做出指令、並確保生產指令能被正確無誤的執行。

❖ **Metric 準據**：通常為較多向度、需要計算且定義稍微複雜的計量方式，通常以比例表示。運籌相關範例包括如未來供應庫存天數、庫存周轉率、每庫存單位銷售金額……等。

❖ **Mezzanines 夾層式貨架**：通常為庫房內的臨時或半結構式夾層，可用於儲放貨物。

❖ **Military Logistics 軍事後勤**：又稱軍事物流學，是軍力規劃與移動部署的學科，具體的說，軍事後勤包括下列活動如：

- 物料的研發設計、籌措、倉儲、配送、維護、撤離與處置。
- 人員的運輸、撤離、醫護。
- 設施的建造、維護、運作與處置。
- 服務的籌措與提供……等。

❖ **Min-Max Approach 最小最大法**：指以最小再訂購量滿足最大庫存需求之謂。雖然對個別再訂購訂單而言，最小最大法的再訂購量會有變動，但一般而言，其運作方式幾乎與EOQ經濟訂購量模式毫無差異。

❖ **MIT (Merge-In-Transit) 途中合併**：MIT途中合併為供應商將不同發貨點的貨品於遞交至顧客的最終交運途中合併的物流配送規劃。在途中合併系統內的合併點，取代傳統的物流倉儲庫房設施。

❖ **MPS 主生產計畫 (Master Production Schedule)**：為長程APP總生產計畫(Aggregate Production Plan)在特定時段內(通常為季度)生產特定產品的細部展開。換句話說，主生產計畫為滿足所有顧客需求，將所有特定產品生產時所需的資源(能量、人力、庫存……等)依照時序的展開。

❖ **Mobile Connectivity 移動連接**：指以移動裝置如智慧型手機、平板電腦、結合著無線連接、GPS 全球定位技術……等所構建起的連接性。

❖ **Modular Drawers 模組化儲物櫃**：撿貨員到儲位上撿貨使用的裝備之一。

❖ **MRO (Maintenance, Repair and Operating Items) 維修運作項目**：通常指低價值、低風險且通常不會在成品呈現的物品分類。

❖ **MRP (Materials Requirement Plan) 物料需求規劃**：MRP 物料需求計畫屬於短期、作業階層的物料需求規劃文件，將 MPS 主生產計畫 (Master Production Schedule) 的特定產品，依照時序展開為生產特定產品所需零、組件時間與數量清單。

❖ **MRP II (Manufacturing Resource Planning) 製造資源規劃系統**：因縮寫詞與 MRP 物料需求規劃一樣，故加上 II 以資區分）則除庫存與生產管理外，另將財務規劃功能整合進組織的生產與運籌程序中。

❖ **MSE (Mean Squared Error) 均方誤差**：MSE 均方誤差法將每個資料的誤差 (e_t) 平方 (E_t^2) 加總後，再除以資料量 (n)，故稱為均方誤差。

❖ **MTS (Make-to-Stock) 備貨生產**：稱存貨型生產或按庫存生產，是在對市場需求進行預測的基礎上，計畫性的進行生產，產品有庫存。

❖ **MTS (Managed Transportation Service) 運輸管理服務**：在一 MTS 運輸管理服務協議中，交運人委託一第三方服務提供商執行貨物的交運任務。換句話說，就是第三方服務商就是 MTS 運輸管理服務的提供者，代理交運人執行貨運任務，而非由交運人直接負責貨物的交運。

❖ **Multiple Sourcing 多重商源**：為向多家供應商採購產品或服務的物料採購政策。

N 字首

❖ **Near-Shoring 近岸**：即將組織業務交給鄰近國家其他服務提供商之謂。

❖ **Net Income (or Loss) 淨收入（或損失）**：指在一會計期程內最終收入扣除費用後的淨值。計算方法通常是總銷售額扣除售貨成本、營運成本、償付利息及支付稅費等。若為正值則稱淨收入；反之，若為負值，則稱為淨損失。

❖ **Net Worth 淨值**：指不同組織獲利的相對性概念。亦即獲利要以報酬率 (Return) 的概念來衡量，如 ROI 投資回報率、ROE 股本報酬率……等。

❖ **New Trade Theory 新貿易理論**：20 世紀初，以美國經濟學家克魯格曼 (Paul Krugman) 為代表的一批經濟學家提出的一系列關於國際貿易的原因，國際分工的決定因素，貿易保護主義的效果以及最優貿易政策的思想和觀點，是為所謂的新貿易理論。新貿易理論強調兩個重點如：

- 因生產專業化衍生的經濟規模
- 因學習效果衍生的先行者優勢

❖ **NMFC (National Motor Freight Classification) 美國國家貨車運輸分類**：依據四項貨物性質如貨物密度、空間利用率、處理容易程度及潛在責任風險等，將貨物從等級 50 到等級 500，區分為 18 種等級的美國國家貨車運輸分類系統。

❖ **Nonintegrated Carriers 非整合式空運商**：僅提供臨時、機場到機場的直接空運服務，進出機場的運輸則由客戶或其他運輸商負責。這種直接空運的速度、彈性及當日運輸的服務能量，是非整合式空運商的成功關鍵要素。

❖ **NPV (Net Present Value) 淨現值**：為將未來投資換算成目前價值(或反向操作，以目前投資估計未來價值)，以便於比較不同投資方案的方法。

❖ **NVOCC (Non-Vessel- Owning Common Carriers) 無船承運商**：國際 3PL 運輸服務的型式之一，協助組織以 LCL 拼裝貨櫃 (Less then Container Load) 的方式運輸貨物。與 IFF 國際貨運代理商不同的是，NVOCC 無船承運商屬於一般貨運商。他定期的向船運公司訂購貨櫃艙位(因此獲得較優惠的價格)後，再將貨櫃空間轉賣給小型公司的小批量貨運。

O 字首

❖ **OCT (Order Cycle Time) 訂單循環時間**：是從買方收到訂單開始到買方收到訂貨的期程。

❖ **Offshoring Outsourcing 離岸外包**：指聘用一國外機構(Offshoring 離岸)負責處理組織部分功能(Outsourcing 外包)，但公司總部或核心的研發功能仍在國內。

❖ **Omni-Channel Distribution 全通路物流**：指實體物流的規劃上，涵蓋對批發商、零售商，甚至從製造商直接遞送產品至顧客端的多管道或全管道物流配置。

❖ **Online Trading Community 線上貿易社群**：由第三方技術提供者維護的系統，使一市場上多個買家與賣家執行 EC 電子商務。

❖ **Onshoring 在岸運作**：即將組織業務交給國內其他服務提供商之謂。

❖ **On-Time 準時交貨**：因運籌功能領域及認知對象不同而有定義上的差異，但一般是指在與客戶約定的時間(日期)完成交貨而言。

❖ **Operating Expense 營業費用**：指銷售產品、半成品和提供勞務過程中所衍生的費用，與企業取得銷售收入有密切相關。

❖ **Operating Ratio 操作比**：或稱營運比，指營運費用占收入的比值。通常以營業費用除以營業收入計算而得。

❖ **Optimization Model 最佳化模型**：通常指一種數學運算模型，以各種限制條件求解問題範圍的最佳解。

❖ **Order Accuracy 訂單精確性**：指訂單撿貨的精確性，與訂單完成性為兩項會影響顧客滿意度與保留度的 KPI 關鍵績效指標。

❖ **Order Completeness 訂單完成性**：指訂單是否能如顧客預期般的完成性之謂，與訂單精確性為兩項會影響顧客滿意度與保留度的 KPI 關鍵績效指標。

❖ **Order Cycle 訂單循環**：指從客戶下單到客戶接收到產品或服務的時間段落。

❖ **Order Fill Rate 訂單填充率**：指一份訂單內被滿足產品項目數量的百分比。

❖ **Order Fulfillment 訂單履行**：又稱為訂單交貨期 (Order Lead Time)，從顧客下單開始，一直到顧客收到定貨為止。其中包含訂單傳送、訂單處理、訂單準備及訂單交付等四個活動。

❖ **Order Management 訂單管理**：訂單管理定義與啟動組織的運籌基礎架構，換句話說，訂單管理包括：

- 組織如何接收訂單：電子或人工
- 如何滿足訂單：庫存政策與庫房的位置與數量等
- 如何遞交訂單：遞交模式的選擇與其對交運時間的影響

❖ **OTC Cycle (Order-To-Cash Cycle) 訂單到現金循環**：指從接到顧客訂單開始，計算到回收顧客付款所經過的時間。時間越短，通常表示企業營運效率越高、獲利能力越強等。

❖ **Out-of-Pocket Investment 實際投資**：相對於實際費用(Out-of-Pocket Expense)，指以現金方式對固定資產的維護投資。

❖ **Outbound-to-Customer 外向至顧客運籌系統**：一般即指朝向顧客端的實體物流。

❖ **Outbound Logistics 外向運籌**：指製造商檢整、包裝及交運產品(至配送商或直接運交顧客)的規劃與管理作為。

❖ **Outsourcing 外包**：將本來應由企業執行的功能，委由組織外其他單位執行。促成組織外包的主要原因，主要為其他專業單位能提供較符合成本效益與專業的服務，使組織專注於其核心能量的開發與運作。因此，組織核心能力不應外包！

P 字首

❖ **Pallet Jacks 棧板搬運車**：可供撿貨人員在棧板上直接組合訂單，並將棧板移動到不同的位置的運輸裝備。

❖ **Pareto's Law 柏拉圖法則**：19 世紀義大利經濟與社會學家柏拉圖(Vilfredo Federico Damaso Pareto)所創的柏拉圖法則(Pareto's Law)。柏拉圖在經濟領域的研究中，發現一經濟體系的大部分產出，是由少數菁英團體或個人所創造。另此現象也可在社會、政治或其他領域獲得驗證。後人將此柏拉圖法則另賦予一較通俗的 80/20 法則(80/20 Rule)。

❖ **Paradigm Shifting 典範轉移**：此名詞最早由美國心理、哲學家庫恩(Thomas Kuhn)所定義，原意是指在科學研究實驗程序與概念的根本性轉變。之後擴展其意涵為個人或社會對世界運作認知的根本性轉變，如以往視地球為宇宙中心，但目前已知地球只是太陽系中的一顆行星等。

❖ **Part-to-Picker 儲位到撿貨員**：貨物儲位在自動化裝備中移向撿貨員，範例包括轉動式儲存系統及 AS/RS 自動儲存暨取貨系統等。

❖ **Perfect Order Index 完美訂單指數**：通常指訂單的準時交運率、訂單完成率及發票程序正確率等三個績效衡量準據的乘積組合而成。

❖ **Perfect Order Rate 完美訂單率**：通常指一份訂單被完全填充、準時接收、結帳精確……等之比率。

❖ **Perpetual Inventory System 永續盤存制度**：為 EOQ 經濟訂購量模型的另稱，指須對庫存是否抵達至再訂購點的持續監控作為。

❖ **Phantom Stockouts 幽靈式缺貨**：指因錯誤或隱藏性庫存所創造出的缺貨現象

❖ **Physical Distribution 實體物流**：為初期的運籌概念，指將製造商的產品檢整、包裝、遞交到顧客手上的物流輸運過程，又稱為製造商的外向運籌(Outbound Logistics)。

❖ **Picker-to-Part 撿貨員到儲位**：撿貨員到儲位系統需要撿貨員移動到貨品儲位上撿貨，使用的裝備包括有壁式貨架、模組化儲物櫃、固定式貨架及夾層式貨架等。

❖ **Pipelines Transportation 管路運輸**：是運輸模式中的隱藏巨人，這種特殊的運輸模式是固定在地面上(或地底下)，而貨物則是在管路中大量的流動著。管路有有效的保護著貨物不受污染、同樣也兼具倉儲的功能。在所有運輸模式中，管路運輸也是每噸運量最低成本的運輸型式。

❖ **Place Utility 地點效用**：因產品銷售地點差異所形成的經濟效益，如大賣場強調規模經濟而能壓低產品售價；另便利商店提供顧客可及便利性而提高產品售價等。

❖ **PLC (Product Life Cycle) 產品生命週期**：指產品經歷開發、引進（合成為引介）、成長、成熟與衰退等階段。

❖ **PLS (Postsale Logistics Support) 售後運籌支援**：PLS 售後運籌支援計有兩種型式。首先，是產品從顧客回到供貨商的（回收）管理，第二種型式的 PLS 售後運籌支援，則是產品零附件的遞交與安裝服務。

❖ **POD (Proof of Delivery) 交運證明**：通常指由交運人在交運貨物時，對接收人發出的證明文件。

❖ **POI (Perfect Order Index) 完美訂單指數**：組織用來評估是否能完美履行訂單的指標，通常是 POI 完美訂單指數，它是多個 KPI 關鍵績效指標的組合，通常包括如訂單完成率、訂單無損傷率、收款文件正確性及準時交運率等。另 POI 完美訂單指數並非單獨衡量每個構成指標的績效、而是其相乘的效應，以強調不正確訂單履行所造成的整體衝擊影響。

❖ **Pool Distribution 池式物流**：通常由零售物流中心委託第三方物流服務商對多個零售店面實施 LTL 零擔貨運補貨的物流模式。

❖ **Pool Freight 聚集貨運**：通常指貨運商匯集某一類或多類貨品到一定數量時，以全車負載的貨運方式。

❖ **POS (Point of Sales) 售貨點**：在 VMI 供應商管理庫存 (Vendor Managed Inventory) 及類似 JIT 及時系統 (Just-In-Time) 管理模式中，供應商為能及時補充市場上零售點的貨物，必須能掌握 POS 售貨點的銷售資訊，這通常可由 POS 售貨點的條碼 (Barcode) 掃描與 EDI 電子資料交換而達成，更先進者，則可由（大賣場）RFID 無線射頻識別技術取代條碼掃描而達成。

❖ **Positioning Equipment 定位裝備**：在特定位置上，將貨物擺在（定位）在能後續處理（加工、運輸或儲存……等）的正確位置上。與運輸裝備不同之處，定位裝備通常用於單一工作站的物料處理，範例包括升降台、機械手臂及工業機器人等。

❖ **Possession Utility 持有效用**：顧客持有產品（與服務）所產生的經濟效用，通常須由行銷的促銷與銷售努力來達成。

❖ **PP (Payback Period) 回收年限**：為評估投資方案的經濟可行性分析方法之一，其重點在計算投資成本回收的年限，一般計算公式如：回收年限 = 投資成本 / 每年現金回收量。

❖ **Price Lists 表訂價格**：對如汽油、辦公室用品、3C 電子消費產品……等標準化商品，產業公會通常也會制定有與採購量相關的表訂價格。如單件採購的原價、小批量採購的小折扣與定期、大批量採購的大折扣……等。

❖ **Price Negotiation 議價**：通常適用於僅有少數或僅有一家供應商，也適用採購方打算與供應商建立策略性聯盟或維持長期關係等情形。

❖ **Price Quotation 競標價格**：適用於標準商品或客製化產品的採購。採購方向潛在供應商發出 RFQ 報價書或 RFP 招標書，請供應商提供報價或提出適合採購方需求的供貨方案。供應商評估採購方所需的項、量及供貨時程、條件後，分析自己的成本結構及期望獲利後，對採購方提出報價。採購方則比較各家的報價，從而選擇最佳報價的供應商。

❖ **Private Facilities 自營設施**：組織自營的物流設施與倉儲庫房，當然有絕對的掌控權。自營設施也是組織的可運用資產，如將多餘的設施空間出租以增加組織的收入。

❖ **Procurement 採購**：獲得企業運作所需原物料與服務等的一系列程序的通稱。

❖ **Product Availability 產品可得性**：指庫存數量是否能滿足顧客訂單需求之謂。

❖ **Production & Operation 生產與作業**：通常生產指製造業中實體產品的生產，而作業則指服務業中有關服務的設計與遞交。無論生產或作業，都是供應鏈上製造或實現的部分，專注在提供能滿足顧客需求的產品與服務的實現。

❖ **Production Costs 生產成本**：不同供應商提供類似的原物料或零組件的型式與品質，也會影響生產成本的高低。如供應商提供品質較好、採購單價較高的零組件，可縮減生產加工時數、縮減工序、提升良品率……等，使生產成本降低；反之，若供應商提供單價較低、但品質稍差的零組件，則可能會增加加工時數、增加工序、使不良率增加……等，而使生產成本增加。

❖ **Production Planning 生產規劃**：由生產經理或運籌長執行對生產線、排程等之規劃作為，目的在有效支援行銷所需產品數量。

❖ **Profit Margin 淨利率**：反映公司盈利能力的財務比率，由某會計期間（通常是季度或年度）的淨利除以同期營業收入得出。淨利率代表每 1 元收入實際賺得的金額。淨利率越高，通常代表企業的盈利能力越強。

❖ **Project Layout 專案生產**：為一在整個生產程序中產品位置固定的生產部署，而人力及物料則移往生產位置。

❖ **Project Manufacturing 專案製造**：在生產模式的分類中，專案製造為 ETO 接單設計（Engineer To Order）的另稱。

❖ **Public Warehousing 公共倉儲**：提供個人或公司所需的儲物空間，以利其短期、交易型的產品倉儲活動，如須冷凍的商品、一般家用品及大量儲存貨物需求等。

❖ **Pull/Push Logistics 拉式與推式運籌**：從顧客需求規劃產品的遞交稱為拉式運籌；而從製造端將產品遞交至顧客的運籌為推式運籌。為提升客服水準與顧客滿意度，現代供應鏈管理通常採取拉式運籌的服務概念。

❖ **Purchasing 採購**：支援生產任務所需原物料或其他資源的採購作為。

Q 字首

❖ **QR (Quick Response) 快速反應**：指將未來需求的規劃擴展到供應鏈的所有合作夥伴，為促進供應鏈上效率與效能的整合活動之一。

❖ **QR Code (Quick Response) 快速反應條碼**：以二維式條碼以符號及形狀等代表資料，雖然以不具「條」的型式，但一般仍習慣稱為條碼。

❖ **Quadrant Model 象限模型**：以庫存項目的價值與風險為向度，將庫存項目區分成關鍵、獨特、商品及通用等四種類型的庫存分類模型。

❖ **Quality of Life 生活品質**：廠址特定考量因素之一，雖然不好量化分析，但這項因素會影響在某一地區員工（尤其指企業既有員工）生活福祉與工作意願。對擁有高技能員工的高科技產業而言，某特地區域廠址的生活品質水準，是讓員工是否願意出差或移動工作位置的關鍵因素。

❖ **Quantity Utility 數量效用**：指遞交正確數量的產品到顧客手中，更重要的考量是降低庫存成本與避免缺貨的損失。

R 字首

❖ **R2R (Residences to Residences) 住宅對住宅**：通常指快遞服務商到府收件並送貨到府的服務模式。

❖ **Racks 貨架**：使組織能在一段時間內經濟的持有物料的裝備之一。

❖ **Rainbow Pallets 彩虹棧板**：又稱混裝棧板，為一棧板上混裝多種類型產品的貨物裝運方式。

❖ **RCCP (Rough-Cut Capacity Planning) 粗略產能規劃**：為中程產能規劃 (Capacity Planning) 作為，為 MPS 主生產計畫 (Master Production Schedule) 可行性的檢核程序。

❖ **Receiving and Make-Ready Costs 接收與備便成本**：指在內向運輸交貨後至生產程序前所有相關活動衍生的成本。

❖ **Refined Product Pipelines 精製油管**：將石油精煉產品如汽油、航空燃油、家庭加熱用油及柴油……等，從精煉廠運往遍布美國各州的大型儲油站。這些油管的直徑從 8 吋到 42 吋都有。

❖ **Resource Efficiency 資源效率**：通常用來衡量物流活動相對於標準時間(如標準工時)的完成時間。在制定關鍵活動的標準時間時，通常運用時間與動作分析 (Time & Motion Studies) 來制定適宜的時間標準。這些標準時間的制定，必須納入任務複雜性、人員疲勞、人員於設施內的移動(距離、時間與頻率)及工作安全性等因素。另資源效率指標也可用於衡量個人、功能、班別或設施等各層級的任務完成時間。

❖ **Resource Productivity 資產產能**：影響著物流中心的物流作業成本及是否能持續維持最大且一致性的產出能力。產能通常以實際產出與實際投入之比例來衡量。在物流成本一般約占產品銷售額 10 % 的狀況下，產能的改善、提升，也對組織的財務績效有正面貢獻。產能相關的 KPI 關鍵績效指標，能使管理者評估相對於目標的設施資產運用效率，估計物流中心的每日最大產出並安排人員工作時程等。設施產能績效的下降，也是物流問題的早期預警。

❖ **Reverse Flows 反向流路**：將產品以與正向流路相反的方向，回送到製造廠翻新、使堪用或再利用……等。

❖ **Reverse Logistics 反向物流**：指與一般從供應源到終端顧客正向物流 (Forward Logistics) 方向相反的運籌活動，包括回收產品處理，費品處置……等。

❖ **RFI (Request for Information) 資訊徵求書**：通常用於嶄新專案，要求可能供應商提供解決方案的資訊徵求。

❖ **RFID (Radio Frequency Identification) 無線射頻辨識技術**：由一矽晶片及發射訊號天線所組成，它能在無線作業環境，將物品資料傳輸到無線接收器，並廣泛運用於流行衣物至汽車等的追蹤。不同於條碼須以掃描器掃描才能閱讀物品資料，RFID 無線射頻技術無須視線式 (Line-of-Sight) 的讀取資料。

❖ **RFP 招標書 (Request for Proposal)**：通常為已有過去經驗，對經篩選過的供應商發出要求提案的招標文件。

❖ **RFQ 報價書 (Request for Quotation)**：通常為對市場標準件，要求廠商報價的招標文件。

❖ **RO-RO (Roll-On, Roll-Off Vessels) 滾裝輪**：通常是超大型的貨輪，使貨物能從內建的舷梯自行(或由拖車牽引)開進貨艙，並在抵達目的地港口自行駛離貨輪。大型的 RO-RO 滾裝輪可一次裝載 2,000 輛以上的汽車、農機裝備或其他輪型車輛等。

❖ **ROA 資產報酬率 (Return On Assets)：** 有時也稱為投 ROI 投資報酬率 (Return on Investment)。ROA 資產報酬率反映企業盈利能力的財務比率，以年度淨利除以公司資產總值得出。資產報酬率以百分比表示，可視為反映經營者利用公司資產賺取盈利的效率。

❖ **ROE (Return on Equity) 股東權益報酬率：** 也稱為 RONW 淨值報酬率 (Return on Net Worth) 或直稱股東報酬率……等，為企業盈利能力的指標，代表公司為所占用的股東資金賺取的報酬率。計算公式如：

ROE 股東權益報酬率 = 淨收益 / 總股東權益值

❖ **ROI (Return On Investment) 投資報酬率：** 為比較一投資專案之淨利與成本後的回報比例。

❖ **Robinson-Patman Act 美國〈魯賓遜帕特曼法案〉：** 為美國於 1936 年通過的一項聯邦法案，旨在禁止阻礙競爭或形成壟斷的價格歧視，因此又被稱為反價格歧視法。但由於該法鼓勵價格統一，消除價格競爭，被普遍批評違背了市場競爭的基本宗旨。

❖ **Routine Decision Making 例行決策：** 需要運作階層的資訊來制定規則式的決策 (Rule-Based Decision)。例行決策所需的資料必須以標準化格式輸入，使資訊系統得以產生適合的報告。

❖ **Routing Flexibility 工序彈性：** 讓生產管理者在某個機具失效或工作站工作滿載時，能將製造工作轉向另一台機具或工作站來取代執行。這種工序彈性，能讓彈性製造系統「吸收」外部需求與內部能量的大幅變化。

❖ **RRP (Resource Requirements Planning) 資源需求規劃：** 為長程、宏觀角度的產能規劃 (Capacity Planning) 工具，它使生產者瞭解總可用資源是否能支援 APP 總生產計畫 (Aggregate Production Plan)。

❖ **RTA (Regional Trade Agreement) 區域貿易協議：** 為 FTA 自由貿易協議的另稱。

S 字首

❖ **S&OP (Sales and Operations Planning) 營銷規劃：** 為美國賓州大學 CSCR 供應鏈研究中心 (Center for Supply Chain Research) S&OP 營銷規劃標竿聯盟 (The S&OP Benchmarking Consortium) 所發展出的五步驟程序模型，專門用在讓組織達成需求預測的共識。

❖ **SaaS (Software as Service) 軟體服務：** 指應用軟體與程式仍由供應商或服務提供商所擁有，只在網路上提供軟體應用服務的模式。

❖ **Safety Stock 安全庫存：** 又稱儲備庫存 (Reserve Inventory) 或緩衝庫存 (Buffer Stock)，為因應預測與實際需求差異或緊急需求狀況等的緩衝性庫存量。

❖ **SALIS (Strategic Analysis of Integrated Logistics Systems) 整合運籌系統策略性分析：** 美國 Insight 公司發展的 SALIS 整合運籌系統策略性分析，它能針對複雜的供應鏈設計中牽涉的供應商、工廠、物流中心到顧客運作程序中的顧客需求（運用歷史或預測資料）、工廠及物流中心能量、運輸方案與費率及公司運籌政策考量（如運輸規劃原則、物流中心庫存限制、顧客服務水準……等）以網路因子分解技術求出如貨物匯池 (Pool)、中途停留 (Stop-Offs)、提貨 (Pickups) 及工廠直運 (Direct Shipments) 等運輸方案規劃（或其他目標函數規劃）的最佳解。

❖ **Scenario Planning 情境規劃**：是探索與學習不確定未來可能帶來的挑戰，並提早制定因應策略的規劃方法。

❖ **Scheduled Deliveries 排程交貨**：由買方要求或由買賣雙方協議遞交貨品時間與速率的安排。

❖ **SCIS (Supply Chain Information System) 供應鏈資訊系統**：包括協調庫存管理與訂單履行的 DOM 分散式訂單管理 (Distributed Order Management)、WMS 倉庫管理系統 (Warehouse Management System)，提供全通路訂單旅行程序端對端可見度與中央管控的 TMS 運輸管理系統 (Transportation Management System) 等。

❖ **SCM (Supply Chain Management) 供應鏈管理**：APICS 網路辭典的定義如：在創造收益、構建具競爭性組織架構、運用全球化運籌、全球供需同步化及衡量營運績效等目標下，對供應鏈活動的設計、規劃、執行、控制與監控作為。

❖ **Seasonality 季節性變化**：通常指以月或季而具備週期性、重複性、規則性的可預測的商業活動。

❖ **Sell-Side System 賣方系統**：EC 電子商務模型之一，為線上企業銷售其產品與服務給個別的客戶 (B2B) 及終端消費者 (B2C)。

❖ **Sensibility Analysis 敏感度分析**：通常指在其他變項固定、只變動一變數以探討對模型績效影響的分析方式。

❖ **Service Failure 服務失效**：一般指運籌活動無法達成服務績效目標之謂。

❖ **Service Recovery 服務補救**：指對務失效而於事前發展出彌補錯誤的因應計畫。

❖ **Shanghai Waigaoqiao Free Trade Zone 上海外高橋自由貿易區**：上海外高橋自由貿易區於 1990 年即開始規劃，並於 2013 年 9 月 29 日正式試行運作。在此占地一萬平方公里的區域內，參與廠家除享有自貿區的各種誘因計畫外，另享有五年內稅務優惠(頭一年 8%，並於五年逐漸增至一般的 15%)。

❖ **Shareholders' Equity 股東權益**：是指企業總資產中扣除負債所餘下的部分，也稱為淨資產。股東權益是一個重要的財務指標，它反映了公司的自有資本。當資產總額小於負債總額，公司就陷入資本無法償付債務的窘境，企業的股東權益便消失殆盡。若企業決定破產清算，股東將一無所得。反之，若股東權益金額越大，這家公司的實力就越雄厚。

❖ **Shelving 壁式貨架**：撿貨員到儲位系統需要撿貨員移動到貨品儲位上撿貨使用的裝備之一。

❖ **Short-Run/Static Analysis 短程靜態分析**：針對某一特定時點或產量水準，來解析不同運籌系統中各成本要素，並據以決定選擇何種運籌系統。

❖ **Shortline Carriers 短程鐵運商**：在美國鐵路運輸商的分類中，由二級鐵運商提供區域內或一級鐵運網之間的轉運服務。運輸裝備與長途鐵運商約略一致。

❖ **Simple Moving Average 簡單移動平均法**：是時間序列分析中最簡單的預測方法。它根據最近的需求歷史資料，並能去除隨機效應，但不能涵蓋季節、趨勢與經營循環等變動影響。

❖ **Simulation 模擬**：全稱為模式模擬 (Modeling & Simulation)，為利用電腦以事前建立的邏輯運算規則，將系統各種相互關聯模型 (Models) 內的數據隨機抽樣並執行多次(前千上萬次！)演算，以得出最可能發生的情況。

❖ **SKU (Stock Keeping Units) 庫存單位：** 指以倉儲 (Warehousing) 項目按照其品牌、體積大小、顏色、模式……等某項特徵而與其他項目區隔儲存基本單位之謂。以方便採購、銷售、物流、財務及資訊系統的之有效管理。每一 SKU 庫存單位都將賦予一獨特的倉儲辨識號碼，或通常即以該項目的 UPC 通用產品編號 (Universal Product Code) 為倉儲辨識碼。

❖ **Slipsheets 滑托板：** 是由塑料、多層紙板製成棧板大小的片材，通常用於商業運輸。

❖ **Slotting 儲位：** 是以達成物料處理最佳化及空間運用效率的貨品儲放位置。其意義在盡量降低在設施內處理貨品與員工移動的頻率。這對占設施內無產能幾乎六成的人力工時而言相當重要。

❖ **Small Package Carriers 小包裹貨運商：** 通常以單一箱型車或貨車，負責 150 磅內貨物的多點運輸，其運輸網路也與 LTL 零擔貨運商的中央輻射型的運輸網路類似。UPS 優比速、FedEx 聯邦快遞及 USPS 美國郵政等，都是美國的主要小包裹貨運商。

❖ **Smart Manufacturing 智慧製造：** 或在歐洲被稱為「工業 4.0」計畫 (Industries 4.0)，打算運用機器人與自動機械，網路化的資料蒐集與分析等，驅動生產效能的更大提升。智慧製造生產在產品單位各個物料轉換程序中，大量運用偵測器來推動與執行品質管控與程序的持續改善。其預期的正面效果包括人力、物料及能源的更大運用效率，更好的裝備維護與利用及產品與程序的更高穩定性 (可靠度) 等。

❖ **SOA (Service- Oriented Architecture) 服務導向架構：** 定義兩台電腦之間的互動方式，使一台電腦能「代理」另一台電腦的方式運作。

❖ **Sortation 分撿：** 指將同類產品分撿在一起，以利後續儲存、處理及交運至顧客等作業。在接收階段，產品根據某些特性如生產批號、SKU 庫存單位編號、包裝箱尺寸、過期日期……等加以區分，以準備安全的儲放或立即交運等。正確的分撿作業，對有效庫存管理及顧客需求履行都相當重要。舉例來說，若將兩種不同效期的生鮮產品置於同一棧板上，可能導致不當的庫存周轉或甚至產品腐敗。同樣的，不正確的 SKU 庫存單位，可能會導致交運給顧客不正確的產品。

❖ **Spin-Off 分拆：** 通常指組織執行精簡策略時，將某特定部門或功能，獨立成為一子公司之謂。

❖ **SPM 策略獲利模型 (Strategic Profit Model)：** 為以電子表單方式執行財務決策分析 (Spreadsheet Analysis) 之模型。

❖ **Square-Root Rule 平方根規則：** 指庫存設施數量與總庫存數量成平方根關係的規則，可用來估計庫存設施數量所需的總安全存量。。

❖ **SRM 供應商關係管理 (Supplier Relationship Management)：** 是組織對物料與服務籌資活動的系統化管控工具。

❖ **Stockout 缺貨：** 指庫存不足以滿足訂單需求的現象。

❖ **Stockout Cost 缺貨成本：** 指當庫存無法滿足訂單需求所衍生的成本。

❖ **Stop-Off 分站卸貨：** 指一次貨運於多站卸貨的狀況。

❖ **Storage 儲存：** 包含兩個分開但彼此相關的活動：庫存管理 (Inventory Management) 與倉儲 (Warehousing)。庫存管理指存貨的管理作為，而倉儲則指庫房選址與空間運用。

- **Storage Equipment 儲存裝備**：使組織能在一段時間內經濟的持有物料的裝備。貨架、轉動式貨架、夾層式貨架及 AS/RS 自動儲存暨取貨系統等，能使組織經濟、有效的利用儲存空間，儲存大量的物品以降低購買成本、因應需求的突然激增等。配置良好的儲存系統也能強化訂單撿貨程序的速度、精確性及成本效益……等。
- **Storage Space Cost 儲存空間成本**：包括在庫房內移入或移出貨品、租借儲存庫房、加熱（或冷卻）與空間照明等所衍生的成本。儲存空間成本的變異受儲存環境的影響很大。舉例來說，組織通常將原物料堆置於設施外，其儲存空間成本甚低；但對成品的室內儲存，則須有防護及較為複雜的設施裝備支援，其儲存空間成本則相對較高。
- **Store Fulfillment 店面履行**：當零售物流中心接到一份顧客網路訂單後，就將此訂單交付給離顧客最近的零售店面處理（履行！）該零售店面接到此訂單後，應從展示架上將此產品移下、包裝、並安排顧客提貨。
- **Strategic Alliance 策略聯盟**：通常指兩家或多家企業或組織，為達成長遠的共同目標，而在目標、策略及作業層面上的合作關係。
- **Strategic Decision Making 策略性決策**：在供應鏈管理領域，策略性決策專注在能與組織任務、目標與策略校準長程供應鏈計畫的制定與產出。
- **Strategic Sourcing 策略性籌資**：涉及的程序比採購更廣泛，主要是讓採購的優先次序能與供應鏈與組織的整體營運目標校準。這意味著採購作為須與組織內部的研發、製造及行銷等功能領域整合、及企業外部供應鏈夥伴之間目標校準……等的策略性規劃與管理作為。
- **Stretch-Wrap 彈性包裝**：指具高度延展性的塑膠製包裝材料。
- **Sub-Optimization 次佳化**：通常發生在管理者追求其單位目標的達成，而將組織整體目標的優先程度排在次佳（次等優先等級）位置的狀況。為目標錯置（Goal Displacement）類型之一。
- **Supply Chain Analytics 供應鏈分析**：將資料轉換成決策見解的科學程序。或對特定功能程序的資料解析，使成為可行動的特定內涵見解。
- **Supply Chain Security 供應鏈防護**：為強化或確保供應鏈安全、以防護來自恐怖攻擊、海盜掠奪或偷竊等威脅的所有作為。
- **Sustainability 可持續性**：通常指企業組織的運作與產品對環境的正面影響。可持續性所涉及的議題相當多，且不見得在國際間有共識。
- **Synergy 綜效**：將個別力量整合起來，希望能發揮更大集成力量的整合作為。以公式形容，則為 1 + 1 > 2 或甚至 > 3……的效果。
- **System Convergence 系統聚合**：指由 WMS 倉儲管理系統與 ERP 企業資源規劃系統、OMS 訂單管理系統、TMS 運輸管理系統等之整合，除能提供供應鏈中強而有力的資訊流外，另也能支援執行程序的同步化。

T 字首

- **Tactical Planning 戰術規劃**：專注在跨組織（功能）的聯結及供應鏈活動的協調等。
- **Talent Management 人才管理**：除一般人力資源管理針對員工的選、訓、用、考等功能外，才能管理則特別注重對有高績效與領導潛能員工的發展。

❖ **Tankers 油輪**：通常是以包船型式裝載大量的油料，其運量可從 18,000 噸到 500,000 噸的 VLSS 大型油輪 (Very Large Crude Carriers) 等。油輪的構造與散裝輪類似，但有較小的艙口。另為避免因碰撞及觸礁等意外漏油事件對環境的破壞，新型的郵輪通常都被要求有雙重船體的設計。

❖ **Tapering Rate Principle 遞減費率原則**：指運輸成本會隨著運輸哩數的增加而遞減的現象。

❖ **Task Interleaving 任務混編**：將性質不同的任務如收儲、撿貨及補貨作業等混編的程序。在大型倉儲庫房內，WMS 倉儲管理系統的任務混編功能，能大幅降低人員的移動時間 (與距離)、降低機具的磨耗、節約機具能源耗用成本及增加產量等。

❖ **Terms of Sales 銷售條款**：律定買賣雙方所協議的交貨與付款條款。

❖ **TEU (Twenty-foot Equivalent Unit) 標準貨櫃**：常用來形容貨櫃輪及貨櫃碼頭的能力。20 呎長的貨櫃是一個標準大小的金屬箱子長度，使用於不同運輸模式如海運、火車鐵路運輸或陸路卡車運輸等。一個標準貨櫃長 20 呎，寬 8 呎。貨櫃的高度則無標準，高度可從最低的 4.25 呎 (1.30 公尺) 到常見的 8.5 呎 (2.59 公尺)，最高 9.5 呎 (2.90 公尺)。

❖ **The Empowered Consumer 消費者主導**：形容現代的消費者，因能在網際網路及社群網路上主動的搜尋、比較與分享各家產品與服務的資訊，因此成為市場主導力量的現象。

❖ **The Value-Risk Quadrant Technique 價值風險象限法**：價值風險象限法是以價值或獲利潛力及風險或獨特性分別為橫縱座標區分的 2 x 2 矩陣，以評估採購品類與服務對企業的重要性。

❖ **Theory of Absolute Advantage 絕對優勢理論**：蘇格蘭哲學與經濟學家亞當史密斯 (Adam Smith) 所主張的絕對優勢理論，指在某種商品的生產上，一個經濟體在勞動生產率上占有絕對優勢，或其生產所耗費的勞動成本絕對低於另一個經濟體。若各個經濟體都從事自己占絕對優勢的產品的生產，繼而進行交換，雙方都可以藉由交換獲得絕對利益，整個世界也可以獲得分工的好處。

❖ **Theory of Comparative Advantage 相對優勢理論**：由英國政治、經濟學家李嘉圖 (David Ricardo) 等學者提出的相對優勢理論，相對優勢理論的核心概念是一個國家若專門生產自己相對優勢較大的產品 (有可用資源及生產成本較低等兩項相對優勢)，並經由國際貿易換取自己不具有相對優勢的產品就能獲得利益。比較優勢理論實際上說明在單一要素經濟中，生產率的差異造成比較優勢，而比較優勢決定了生產模式。

❖ **Timeliness 及時性**：是訂單履行服務水準的關鍵要素之一。傳統上將此指標視為運輸的議題，但物流作業卻是促成與確保訂單及時履行的關鍵。顧客的訂單，必須在交運期限內完成撿貨、包裝、準備裝載交運，同時也必須有貨運商的配合，才能在顧客預期的時間及時運抵。與及時性相關的 KPI 關鍵績效指標如訂單平均處理時間、期限內完成訂單交運百分比……等與訂單履行速度相關的指標。

❖ **Time Utility 時間效用**：在特定的需求時間 (與地點) 能提供顧客所需產品與服務所產生的效用。時間效用須由適當的庫存管理、提供地點的策略性選擇及運輸來達成。

- **TL (TruckLoad) 整車貨運**：指一貨櫃內裝滿一種產品的運輸模式。TL 整車貨運商 (Truckload Carriers) 提供超過 15,000 磅貨品的單一、整車裝載容量的運輸。TL 整車貨運商通常在發貨人處直接提貨、裝載全車貨物後，直接運往目的地卸貨，中途並不停靠其他任何貨物處理站。
- **TLC (Total Landed Cost) 總到岸成本**：從需求產生、製造生產、交付運用……一直到產品經使用後報廢、回收及廢棄處理等所有相關成本，包括如全生命週期、運籌、庫存、策略性籌資、品質管控、廢棄處置、管理、技術及交易成本……等
- **TLC (Total Logistics Costs) 全運籌成本**：指庫存持有、運輸與運籌行政管理等所有運籌活動成本的總和，是企業執行運籌管理效率的重要指標。
- **TMS (Transportation Management System) 運輸管理系統**：為規劃貨物運輸、執行運輸模式評比與貨運商選擇、規劃適當運輸途徑及貨款管理等之軟體。
- **TOFC (Trailer-On-Flatcar) 平板裝載貨櫃拖車模式**：即傳統加掛附運 (Piggy-back) 方式。
- **Total Cost 總成本**：對生產、經濟、會計等領域，總成本為所有直接或間接、固定或變動成本的總和。對投資而言，則為投資金額、佣金、手續費、其他交易成本及稅金等之總和。
- **Total Cycle Time 總循環時間**：是將每一項用於生產重要原物料(低成本、大量的通用物料可排除)從採購開始到用於生產(組裝或製造)為止的總存貨持有時間。
- **TPS 豐田生產系統 (Toyota Production System)**：豐田生產系統雖是以降低生產過程中的浪費以降低生產成本為首要考量，但同時仍兼顧著提升產品品質的要求，而要同時達成降低成本與提升品質的目標，必須要有負責、敬業的員工與組織文化的塑造，這是豐田生產系統的獨特之處。因此，我們應將豐田生產系統視為一管理哲學、而非僅技術層次的獨創或改良！
- **TQM 全面品質管理 (Total Quality Management)**：在日本產業競爭力崛起的 80 年代，由戴明博士 (Edward Deming) 在美國提倡。TQM 全面品質管理為一組織全面性的程序變異改善及持續改進作為，主要運用 SPC 統計製程管制 (Statistical Process Control) 及員工的全面參與，來達成組織的品質追求目標。
- **Transload Freight 轉載貨運**：聯運模式處理貨物方式之一，通常適用於大量原物料在運輸途中，可在不同設施場站以挖舀、幫浦、舉升裝備或輸送帶等型式的多次卸載或裝載轉運。
- **Transportation 運輸**：是供應鏈各組成組織間的實體聯接，通常也是所有運籌變動成本的最大宗，其運輸模式、網路及支援設施等的規劃良窳，會直接影響 TLC 全運籌成本的節約或浪費。
- **Transport Equipment 運輸裝備**：運輸裝備為在運籌設施內將物料從一處移往另一處的裝備，此類裝備能改善設施內的物料流通、降低人力負荷及物料停留時間等。
- **Transportation Effect 庫存效應**：為提升服務水準所增加的運輸成本，會使滯銷成本下降的現象。
- **Transportation Management 運輸管理**：為 SCM 供應鏈管理中的運輸規劃與操作作為，也可視為企業 ERP 企業資源規劃 (Enterprise Resource Planning) 系統中的一部份。

❖ **Transportation Routing Guide 運輸指引**：律定組織內、外向運籌所牽涉得貨物貼標、保險與付款要求、ASN 交運前通知(Advanced Shipping Notification)及其他必要交運資訊等之文件。

❖ **Trunk Lines 主幹管**：通常指 8-24 英吋直徑、將原油從油源運往精煉廠的管路。主幹管也有更大的管徑，如知名的跨阿拉斯加幹管系統，從阿拉斯加北坡的普德霍爾灣(Prudhoe Bay)到北美最北端不結冰的瓦爾德茲港(Valdez Port)，長 800 英哩、幹管最大直徑可達 48 吋。

❖ **TS 追蹤訊號(Tracking Signal)**：從 CFE 預測誤差累積總和及 MAD 平均絕對離差合併而成的 TS 追蹤訊號，適用於辨識預測是否有偏誤的存在。

❖ **Two-Bin 雙倉**：雙倉系統運用其中的一庫存倉(A 倉)來滿足需求，當 A 倉庫存耗盡時(啟動補貨訊號)，另一 B 倉在 A 倉等待補貨期間則接替滿足需求。

U 字首

❖ **UPC 通用產品編碼(Universal Product Code)**：為單維式條碼的一種格式，可提供 8~13 個電子數字碼的能量，在 POS 銷售點處以掃描器直接掃描。

❖ **Upstream and Downstream Settings 上下游整備成本**：生產程序上、下游的整備，是重要的運籌成本，受影響的因素包括生產產品的批量、重量、體積及形狀……等，會影響運輸、處理、儲存及損傷(防護)成本等。採購貨品的包裝，也對上下游運籌整備成本有直接的影響。

❖ **Uncertainty 不確定性**：對決策而言，不確定性是最大的風險因素，通常包括對事物特性與次序的未知狀態，及對事物發生結果、影響程度等的無法預測性……等。

❖ **Unit Load Formation Equipment 單位負載成型裝備**：限制貨品的移動，使其在輸運及儲放時維持完整性的裝備，棧板是運籌設施內最常見的標準化單位負載成型裝備。單位負載成型裝備能使運籌設施以叉動車或其他運輸裝備，一次運輸多量、多項或多樣物料，除降低輸運來回的趟次之外，也能降低處理成本、卸載及裝載時間及物品的送損機率……等。

❖ **Unit Train 單元列車**：通常指單一貨物(如煤炭)的多個箱車組成，從出發地直接運往目的地，中途不停留的運輸方式。這種運輸方式免除在場站中分類所耗損的時間，通常也有鐵路運網的優先行駛權。因此，單元列車具備有能與貨車運輸競爭的潛能，尤其是跨州的長途運輸而言。

❖ **Urbanization 都市化**：指人口移動的趨勢，這種人口移動對發展程度較低的國家中尤其顯著。另一種新的城市樣態被賦予新的定義，那就是居民人數超過一千萬以上的超級城市(Megacities)。

V 字首

❖ **VCA (Value Chain Analysis) 價值鏈分析**：國際策略管理大師波特(Michael E. Porter)所提出企業競爭優勢的分析模型。為藉解析企業主要與支援活動間能提供經營或顧客認知價值鏈路的辨識與重構，以創造企業於該產業領域的競爭優勢之謂。

❖ **Vertical Collaboration 垂直合作**：主要是指供應鏈買賣關係的合作，如製造商向供應商購買物料、物流商向製造商批購商品、再買給零售商等。

❖ **Vertical Integration 垂直整合**：指企業將其供應鏈上下游的功能與活動，納歸到組織的控制範圍之謂。若僅整合供應商功能，稱為後向整合(Backward Integration)；若整合配送商功能，則稱為

前項整合 (Forward Integration)。兼含前、後向整合則稱為完全垂直整合 (Full Vertical Integration)。

❖ **VISTA 展望五國**：指越南、印尼、南非、土耳其與阿根廷等五個新興經濟國家。

❖ **VMI (Vendor Managed Inventory) 供應商管理庫存**：由供應商負責規劃、監控與管理消費組織的庫存狀況，能同時兼顧庫存成本與服務水準。

❖ **VMS (Vertical Marketing System) 垂直行銷系統**：將製造商、批發商與零售商整合起來，以專業化管理與集中規劃的方法來運作行銷通路。

W 字首

❖ **WACC (Weighted Average Cost of Capital) 加權平均資金成本**：將所有從組織外部獲得的資源，包括股權、債務等，視組織運作需要賦予權重並加總平均的成本。此 WACC 加權平均資金成本模式，可直接在資金成本中反映出庫存持有成本所占的比例。

❖ **Weighted Moving Average 加權移動平均法**：在加權移動平均法中，各期程則有不同的權重，越近的期程被賦予較高的權重，而所有計算期程的權重總和也必須為 1。加權移動平均法的意義，在強調越近期的實際需求越能預測下一期程的需求。

❖ **WIP (Work-In-Process) 在製品**：指的是正在加工，尚未完成的產品。有廣狹二義。廣義的包括正在加工的產品和準備進一步加工的半成品；狹義的僅指正在加工的產品。

❖ **WMS (Warehouse Management System) 倉儲管理系統**：對物料存放空間 (庫房) 進行管理的軟體，其功能主要有二，一 在系統中設定一定的倉位結構對物料具體空間位置的定位，二 在系統中設定一些對物料入庫、出庫及庫內作業流程的管理規則。

❖ **Working Capital 營運資金**：是指目前資產超過債務的資金量，為企業用來支持營運的資金。此資金有現金轉換循環 (Cash Conversion Cycle) 的意涵，其中包括如將原料轉換成成品，將成品銷售及將應收帳轉換成現金等的天數等。

❖ **WorkCentre 工作中心生產**：是一種將相似裝備或生產功能群聚在一起的程序導向生產布局。物料從一部門移到另一部門，以完成該部門的特定工作與生產活動。

❖ **Working Capital 營運資金**：營運資金用以衡量企業的短期償債能力，其金額越大，代表企業對支付義務的準備越充足，短期償債能力越好。當營運資金出現負數，也就是一家企業的流動資產小於流動負債時，這家企業的營運可能隨時因周轉不靈而中斷。

❖ **WTO (World Trade Organization) 世界貿易組織**：為促進全球貿易或全球經濟的發展，世界各國致力於降低關稅及貿易壁壘的努力的第一個成果，是 1947 年由美國、英國、法國等 23 個國家在日內瓦簽訂的 GATT 關稅及貿易總協定 (General Agreement on Tariffs and Trade)，隨後在 1995 年成立 WTO 世界貿易組織，則專注於制定全球貿易法律與解決貿易爭端等，目前全球已有 161 個國家或經濟體加入世界貿易組織，是當代最重要的國際經濟組織之一，其成員的貿易額占世界貿易額的絕大多數，被稱為「經濟聯合國」。

X 字首

❖ **XML (Extensible Markup Language) 可擴充標記語言**：是一套可驗證的國際標準文字格式，可同時讓人與電腦「看得懂」！可擴充標記語言提供在網際網路及其他網路環境中創造通用、結構化格式，可同時傳遞資料與格式。XML 可擴充標記語言可用來定義複雜的文件與資料結構如發票、庫存報告、交運紀錄及其他供應鏈運作所需文件等。

Z 字首

❖ **ZEF (Zero Emissions Forum) 零排放論壇**：UNU-IAS 聯合國大學暨高等研究所 (United Nations University-Institute of Advanced Studies) 於 1994 年發起的 ZERI 零排放研究計畫 (Zero Emissions Research Initiative)、於 1999 年更名為 ZEF 零排放論壇 (Zero Emissions Forum)，提倡所有產業的輸入除轉換成產品輸出外，所有回收或廢棄的產品，則應轉換成其他供應鏈的輸入。

❖ **ZERI (Zero Emissions Research Initiative) 零排放研究計畫**：UNU-IAS 聯合國大學暨高等研究所 (United Nations University-Institute of Advanced Studies) 於 1994 年發起的 ZERI 零排放研究計畫 (Zero Emissions Research Initiative)、於 1999 年更名為 ZEF 零排放論壇 (Zero Emissions Forum)，提倡所有產業的輸入除轉換成產品輸出外，所有回收或廢棄的產品，則應轉換成其他供應鏈的輸入。

❖ **Zero Defects 零缺陷**：指及時補貨作業與貨品的高品質、正確數量、正確運抵時間與正確運送地點……等。

❖ **Zero Inventories 零庫存**：是指 JIT 及時系統 (Just-In-Time) 發揮到極致的理想狀態。因組織所需的庫存，都會在需要時由供應商及時補貨，使組織無須為運作而備料。但實務中，為確保不會因缺貨而造成運作的停滯，組織通常仍須準備 JIC 以防萬一 (Just-In-Case) 的安全庫存量。

❖ **Zone or Blanket Rates 區域或覆蓋費率**：在某一特定區域內運輸費率一致的區域或覆蓋費率。

索引

1~9 數字

3D 列印技術　3D Printing　15.6
3P 底線　Triple Bottom Line　15A
3PL 第三方物流　3rd Party Logistics　1P, 12.2.1
4PL 第四方物流　4th Party Logistics　12.2.1
6 Sigma Project　六標準差專案　5.3.4
7 Muda　七種浪費　6.3.1
7 Rights　七適　1.4.9
80/20 法則　80/20 Rule　9.6.1

A 字首

ABC 分析　ABC Analysis　9.6.1
ABC 作業成本法　Activity- Based Costing　3.6.3, 8.2.5
Account receivable　應收帳款　13A
Accumulation　聚合　10.2.1
Adaptive Manufacturing　調適製造　6.3.1
Additive Manufacturing　積層製造　15O
Agglomeration　群聚效應　4.4.1
Agility　機敏性　14.3.1
AGV 自動導引車　Automatic Guided Vehicles　10A
Air Cargo Carriers　貨運空運商　11.3.3
Alignment　校準　12.1
Allocation　分配　10.2.1
Anticipated Stock　預期庫存　9.2.5
API 應用程式介面　Application Programming Interface　14.5.3
APP 總生產計畫　Aggregate Production Plan　6.3.2
AS/RS 自動倉儲系統　Automated Storage/ Retrieval Systems　10O, 10A
ASN 發貨通知　Advance Shipment Notices　1.2.3, 8.7.4, 11.5.1
Assembly Line　組裝線生產　6.4.2
Asset Utilization　資產運用率　10.5
Assortment　檢整　10.2.1
ATD 可供交運　Available to Deliver　8.3.1
ATO 組裝生產　Assembly To Order　6.3.1
ATP 可承諾期　Available to Promise　8.3.1
auto-ID　自動辨識　14.4.5
Automated Data Collection　自動化蒐集資料　10.6.1
Automation　自動化　14.6.3

B 字首

B2R 企業對住宅　Business to Residences　3O
Back Orders　再訂購　8.6.1
Balance Sheet　資產負債表　13.8, 13A
Bar Codes　條碼　10.6.2
Batching Economies　批量經濟　9.2.1
Basic Costs　基礎成本　5.6.2
Behavior Substitution　行為取代　1.4.7
BI 商業智能　Business Intelligence　14.4.4
BOL 提單　Bill of Landing　11.5.2
BOM 物料清單　Bill of Materials　5O, 9.5.2
BPR 企業流程再造或再設計　Business Process Reengineering/ Redesign　4.2.8, 8.2.3
BRIC　金磚四國　2.2
Bricks and Clicks　實體與虛擬通路　2.3.3

Brick & Mortar　實體店面　4.6
BSC（Balanced Scorecards）　平衡計分卡　11.5.5, 12O, 13.2
BTO 接單生產　Build To Order　6.4.1
Bulk Carriers　散裝輪　13.3.4
Bullwhip Effect　長鞭效應　6.3.1
Buy-Side System　買方系統　5.8

C 字首

C-TPAT（Customs-Trade Partnership Against Terrorism）　美國海關商貿反恐聯盟計畫　2.7, 11.2
Capacity Planning　產能規劃　6.3.2
Capital Cost　資金成本　9.3.1
Carousels　轉動式貨架　10A
Cash Cycle　現金循環　13A
Cash Flow Statement　現金流量表　13A
Centralized Stock　中央庫房　10.3.2
Channel of Distribution　物流通路　4.6.2
CFE（Cumulative sum of Forecast Errors）　預測誤差累積總和　7.5
Channel Satisfaction　通路滿足　13.4
Charter Services　包船船運　11.3.4
Claims Form　索賠文件　11.5.2
Climate-Friendly Transport　氣候友善運輸　8P
CLO（Chief Logistic Officer）　運籌長　4.2.5
Close-Loop Supply Chains　封閉迴路供應鏈　15A
Cloud Computing　雲端計算　1.2.2
COFC（Container- On-Flatcar）　平板裝載貨櫃　11.3.6
COGS（Cost of Goods Sold）　銷貨成本　13A
Cold Supply Chain　冷供應鏈　1P
Collaborative Distribution　合作物流　12O
Combination Carriers　混裝空運商　11.3.3
Commercial Zones　商業區費率　4.5.6
Commodity Markets　商品市場　5.6.1
Consignment Inventory　寄售庫存　9.5.4
Consumer Packing　消費者包裝　3.6.1
Containerized Freight　裝箱式貨運　11.3.6
Containerships　集裝輪　11.3.4
Continuous Process Facilities　連續生產線生產　6.4.2
Contract Logistics　物流合約商　12.2.1
Contract Warehousing　合約倉儲　10.3.2
Conveyors　輸送帶　10A
Core Competence　核心能力　12.1.2
Cost Center　成本中心　15.5.5
Cost of Lost Sales　喪失銷售成本　13A
CPFR（Collaborative Planning, Forecasting and Replenishment）　協同規劃、預測與補貨系統　7.8, 9.5.4
CPG（Consumer Packaged Goods）　消費包裝產品　2P
Cranes　起重機　10A
Cross-Chain Visibility　跨供應鏈可見度　14.3.1
Cross-Docking　越庫　4.1, 4.4.2, 10.3.1
CRM（Customer Relationship Management）　顧客關係管理　8.2, 14.4.5
CRP（Capacity Requirements Planning）　能量需求規劃　6.3.2
CRP 連續補貨規劃　Continuous Replenishment Planning　7.8
CSCMP（Council of Supply Chain Management Professionals）　供應鏈管理專業委員會　15A
CSA（Compliance, Safety, Accountability）　法遵、安全與課責　11.2
CSR 企業社會責任　Corporate Social

Responsibility 15.5.1
CSR（Customer Service Representative） 客服代表 8.3.1
CTM（Collaborative Transportation Management） 合作運輸管理 7.8
CTS（Cost-to-Service） 服務成本 8.2.1
Cubic Capacity 立體儲物空間 10A
Current Assets 流動資產 13A
Current Liabilities 流動負債 13A
Current Ratio 流動率 13A
Customs Brokers 報關商 11.4.3
Customer Service 顧客服務 3.4.10, 8.5
Cycle Stock 循環庫存 9.2.1
cwt 英擔 11A
CWT（Customer Wait Time） 顧客等待時間 8.7.2

D 字首

Data Mining 資料探勘 1.2.2
Data Standardization 資料標準化 14.5.3
Debt-to-Equity Ration 債務股本比 13A
Decentralized Inventory 分散式庫存 10.3.2
Dedicated Fulfillment 專責式履行 4.6.3
Delayed Differentiation 延遲差異化 6.4.1
Delivery Performance 交付績效 6.5.3
Demand Forecasting 需求預測 3.4.7
Demand Management 需求管理 7.2
Demand Inventory 需求庫存 8.3.2
Dependent Demand 相依需求 7.4
Diamond Model 鑽石模型 2.2
Direct Transaction Costs 直接交易成本 5.6.3
Distribution Cost Efficiency 物流成本效率 10.5
Distribution Operations 物流作業 10.2
DMS（Data Management System） 資料管理系統 5.7
DOM（Distributed Order Management） 分散式訂單管理 9P, 14P
Downsizing 裁撤 4.2.8
Driver Friendly Freight 駕駛友善貨運 11O
DRP（Distribution Requirements Planning） 物流需求規劃 9.5.3
DSD（Direct Store Delivery） 店面直接交付 4.6.3

E 字首

E-Procurement 電子採購 5.7
E-Sourcing 電子籌資 5.7
e-tailing 電子零售 3.1
EAN（European International Article Number） 國際商品編碼 10.6.2
EBIT（Earnings Before Interest and Taxes） 息稅前利潤 13A
EC（Electronic Commerce） 電子商務 5.7
Economies of Scale 規模經濟 6.2.2
Economies of Scope 範疇經濟 6.2.2
Economic Triad 經濟三極體 2.4
ECR（Efficient Consumer Response） 效能式消費者反應 7.8, 8.7.3
EDI（Electronic Data Interchange） 電子資料交換 5.7, 14.5.3
Electronic Marketplace 電子市場 5.8
Employer Brand 雇主品牌 15O
End-to-End Logistics 端對端運籌 7P
EPS（Earnings per Share） 每股收益 13A
ERP（Enterprise Resource Planning） 企業資源規劃 14.4.5
ETF（Electronic Funds Transfer） 電子轉帳 5.7

ETO (Engineer To Order) 接單設計 6.4.1
Event management 事件管理工具 14.4.3
Execution and Transaction Processing 交易處理與執行 14.2.3
Exponential Smoothing 指數平滑法 7.6.3

F 字首

Facility Layout 設施布局 6.4.2
Facility Location 設施地點 3.4.11
Facility Ownership 設施擁有權 10.3.2
Factor Endowment Theory 要素稟賦論 2.2
FAST (Free and Secure Trade) 自由與安全貿易計畫 11.2
FCF (Free Cash Flow) 自由現金流 1.3
Factors of Production 生產力要素 2.3.2
Fixed Order Interval Approach 固定訂購期程模型 9.4.5
Fixed Order Quantity 固定訂購量模式 9.4.3
Flexible Manufacturing 彈性製造 6.3.1
Flow-Through Distribution 流通物流 4.4.2
Flow-Through Fulfillmen 流通履行 4.6.3
Flying Geese Model 雁行模型 2.2
FMCSA (Federal Motor Carrier Safety Administration) 聯邦貨車運輸業者安全管理 11.2
FOB Destination 終點離岸 9.3.5,9.5.4, 11.4.2
FOB Original 起點離岸 11.4.2
Foreign Trade Zones 外貿區費率 4.5.6
Forklifts 叉動車 10A
Form Utility 型式效用 3.3.1, 6.2
Forward/Reverse Logistics 正向與逆向運籌 1.3
Fracking 水力裂解 2.3.2
Freight Bill 運單 11.5.2
Freight Collect 運費到付 11.4.2
Freight Prepaid 運費預付 11.4.2
FTA (Free Trade Agreement/Area) 自由貿易協議或自由貿易區域 2.9
FTE (Full-Time Equivalent) 全職人力工時 8.2.5
Fulfillment Flexibility 履行彈性 10.6.1
Full Collaboration 完全合作 12.1.3

G 字首

Gathering Lines 集輸管路 11.3.5
GATT (General Agreement on Tariffs and Trade) 關稅及貿易總協定 2.5
GDP (Gross Domestic Product) 國內生產總值 2.8, 3.5, 9.1
General Cargo Ships 雜貨輪 11.3.4
Globalization 全球化 1.2.1
Global Warming 全球暖化 2P
Green Laws 綠色法規 15.5.5
Gross margin 毛利 13A
GSF (Global Shippers Forum) 全球運商論壇 13O

H 字首

Heuristic Models 啟發式模型 4.5.3
Horizontal Collaboration 水平合作 12.1.3
Hurdle Rate 最低預期報酬率 9.3.1

I 字首

IBM (Integrated Business Management) 整合式經營管理 15.2.3
IBP (Integrated Business Planning) 整合式經營規劃 12.1.3, 15.2.3
Identification and Control Equipment 辨識與管控裝備 10A
IFF (International Freight Forwarders) 國際貨運代理商 11.4.3

ILM (Integrated Logistics Management) 整合式運籌管理 1.3
ILS (Integrated Logistics System) 整合運籌系統 3.2
In-Transit Inventory Carrying Cost 轉運中庫存持有成本 9.3.5
Inbound-to-Operations 內向至生產運籌系統 7.1
Inbound Logistics 內向運籌 1.3
Income Statement 損益表 13.8, 13A
Incoterms 國貿條款（術語） 11.4.2
Independent Demand 獨立需求 7.4
Index 指數 13.2
Industrial Packing 工業包裝 3.4.3
Insourcing 企業內包 12.2.1
Integrated Carriers 整合空運商 11.3.3
Intermodal Train 聯運列車 11.3.2
Intermodal Transportation 聯運模式 11.3
Inventory Carrying Cost 庫存持有成本 9.3.1, 13A
Inventory Carrying Cost Rate 庫存持有成本率（W） 13A
Inventory Control 庫存控制 3.4.5, 10.4.2
Inventory Deployment 庫存配置
Inventory Effect 庫存效應 3.7.1
Inventory Management 庫存管理 1.2.1
Inventory Positioning 庫存定位 10.3.2
Inventory Risk Cost 庫存風險成本 9.3.1
Inventory Service Cost 庫存服務成本 9.3.1
Inventory Turns 庫存周轉 13A
Inventory Valuation 庫存評價 9.3.1
Inventory Visibility 庫存可見度 1.3
IoT (Internet of Things) 物聯網 14.6.1, 15P
IRR (Internal Rate of Return) 內部報酬率 3.6.3
ISF (Inventory Status File) 庫存狀態檔 9.5.2
ISO 9000 國際標準系列 5.3.4
Item Fill Rate 單項填充率 8.7.1

J 字首

JIT 及時系統 Just-In-Time 1.4.9, 9.5.1
JV (Joint Venture) 合作投資 4.2.4, 12.1.1

K 字首

KPI (Key Performance Indicator) 關鍵績效指標 6.5, 10.5, 13.2

L 字首

Labor Climate 勞動氛圍 4.4.1
Labor Management 人力管理 10.6.1
Land Bridge Routing 陸橋連接 11.3.2
Landed Cost 到岸成本 5.6.5, 11.2
LCV (Longer Combination Vehicles) 長聯結車 11.3.1
Lead Time 交貨時間 3.3.3
Lean Logistics & Manufacturing 精實運籌與製造 1.4.9
Life Cycle Value 全生命周期價值 5.1
Line Fill Rate 條目填充率 8.7.1
Linehaul Freight Carriers 長途鐵運商 11.3.2
Liner Services 定期船運 11.3.4
Liquidity Ratio 流動比 13A
Logistics Channel 運籌通路 4.6.2
Logistics Quantification Pyramid 運籌量化金字塔模型 13.4
LOR (Logistics Operations Responsiveness) 運籌作業反應性 8.7.3
Lost Sales 滯銷 8.6.2
Lot-Size Costs 批量成本 5.6.7
LP (Linear Programming) 線性規劃 4.5.1
LSI (Logistics System Information) 運籌系統資訊 8.7.4

LTL (Less-than-Truckload) 零擔貨運 4.6.3, 8.3.1, 11.3.1

M 字首

M&A (Merge & Acquisition) 併購 3O, 3.4.12
MAD (Mean Absolute Deviation) 平均絕對離差 7.5
Make or Buy Decision 自製或外購決策 5.3.2
Manifest Train 混裝火車 11.3.2
Manufacturing Cell 製造單元生產 6.4.2
MAPE (Mean Absolute Percent Error) 平均絕對偏誤百分比 7.5
Marketing Channel 行銷通路 4.6.2
Mass Production 量產 6.3.1
Material Handling 物料處理 3.4.4
Material Planning 物料規劃 6.3.2
Measure/Measurement 衡量 13.2
MES (Manufacturing Execution System) 製造執行系統 6.6
Metric 準據 13.2
Mezzanines 夾層式貨架 10A
Military Logistics 軍事後勤 3.2
Min-Max Approach 最小最大法 9.4.3
MIT (Merge-In-Transit) 途中合併 1.3
MPS (Master Production Schedule) 主生產計畫 6.3.2, 9.5.2
Mobile Connectivity 移動連接 14.6.2
Modular Drawers 模組化儲物櫃 10A
MRO (Maintenance, Repair and Operating Items) 維修運作項目 5.2
MRP (Materials Requirement Plan) 物料需求規劃 6.3.2, 9.5.2
MRP II (Manufacturing Resource Planning) 製造資源規劃系統 9.5.2
MSE (Mean Squared Error) 均方誤差 7.5
MSSP (Managing Strategic Sourcing Process) 策略性籌資管理程序模型 5.3
MTS (Make-to-Stock) 備貨生產 6.4.1, 9P
MTS (Managed Transportation Service) 運輸管理服務 13O
Multiple Sourcing 多重商源 1.2.1

N 字首

Near-Shoring 近岸 6.3.1
Net Income (or Loss) 淨收入（或損失） 13A
Net Worth 淨值 13.7
New Trade Theory 新貿易理論 2.2
NMFC (National Motor Freight Classification) 美國國家貨車運輸分類 11A
Nonintegrated Carriers 非整合式空運商 13.3.3
NPV (Net Present Value) 淨現值 3.6.3
NVOCC (Non-Vessel- Owning Common Carriers) 無船承運商 11.4.3

O 字首

OCT (Order Cycle Time) 訂單循環時間 8.7.2, 13.4
Offshoring Outsourcing 離岸外包 4O, 6.3.1
Omni-Channel Distribution 全通路物流 1.2.4, 4.2.3, 4.6.1, 15.4
Online Trading Community 線上貿易社群 5.8
Onshoring 在岸運作 4O, 6.3.1
On-Time 準時交貨 13.2
Operating Expense 營業費用 13A
Operating Ratio 操作比 13A
Optimization Model 最佳化模型 4.5.1
Order Accuracy 訂單精確性 10.5
Order Completeness 訂單完成性 10.5

Order Cycle 訂單循環 2.6, 3.7.1
Order Fill Rate 訂單填充率 8.7.1
Order Fulfillment 訂單履行 3.4.6
Order Management 訂單管理 8.1
OTC Cycle (Order-To-Cash Cycle) 訂單到現金循環 8.3.1, 8.7.4, 13.5, 13A
Out-of-Pocket Investment 實際投資 9.3.1
Outbound-to-Customer 外向至顧客運籌系統 7.1
Outbound Logistics 外向運籌 1.3, 3.2
Outsourcing 外包

P 字首

Pallet Jacks 棧板搬運車 10A
Pareto's Law 柏拉圖法則 9.6.1
Paradigm Shifting 典範轉移 12.1.2
Part-to-Picker 儲位到撿貨員 10A
Perfect Order Index 完美訂單指數 8.5.4
Perfect Order Rate 完美訂單率 8.7.1
Perpetual Inventory System 永續盤存制度 9.4.3
Phantom Stockouts 假性缺貨 14O
Physical Distribution 實體物流 1.3
Picker-to-Part 撿貨員到儲位 10A
Pipelines Transportation 管路運輸 11.3.5
Place Utility 地點效用 3.3.2
PLC (Product Life Cycle) 產品生命週期 1.2.1
PLS (Postsale Logistics Support) 售後運籌支援 8.7.5
POD (Proof of Delivery) 交運證明 8.7.4
POI (Perfect Order Index) 完美訂單指數 10.5
Pool Distribution 池式物流 4.6.3
Pool Freight 聚集貨運 8.3.1
POS (Point of Sales) 銷售點 1.2.3
Positioning Equipment 定位裝備 10A
Possession Utility 持有效用 3.3.5
PP (Payback Period) 回收年限 3.6.3
Price Lists 表訂價格 5.6.1
Price Negotiation 議價 5.6.1
Price Quotation 競標價格 5.6.1
Private Facilities 自營設施 10.3.2
Procurement 採購 5.1
Product Availability 產品可得性 8.7.1
Production & Operation 生產與作業 6.1
Production Costs 生產成本 5.6.7
Production Planning 生產規劃 3.4.8
Profit Margin 淨利率 13A
Project Layout 專案生產 6.4.2
Project Manufacturing 專案製造 6.4.1
Public Warehousing 公共倉儲 10.3.2
Pull/Push Logistics 拉式與推式運籌 1.2
Purchasing 採購 3.4.9, 5.1

Q 字首

QR (Quick Response) 快速反應 7.8
QR Code 快速反應條碼 10.6.2
Quadrant Model 象限模型 9.6.2
Quality of Life 生活品質 4.4.1
Quantity Utility 數量效用 3.3.4

R 字首

R2R (Residences to Residences) 住宅對住宅 3O
Racks 貨架 10A
Rainbow Pallets 彩虹棧板 1.2.3
RCCP (Rough-Cut Capacity Planning) 粗略產能規劃 6.3.2
Receiving and Make-Ready Costs 接收與備便成本 5.6.7

Refined Product Pipelines 精製油管 11.3.5
Resource Efficiency 資源效率 10.5
Resource Productivity 資產產能 10.5
Reverse Flows 反向流路 15.5.5
Reverse Logistics 反向物流 3.4.12, 15A
RFI (Request for Information) 資訊徵詢書 5.3.4
RFID (Radio Frequency Identification) 無線射頻辨識技術 10.6.2
RFP (Request for Proposal) 招標書 5.3.4
RFQ (Request for Quotation) 報價書 5.3.4
RO-RO Vessels (Roll-On, Roll-Off) 滾裝輪 11.3.4
ROA (Return On Assets) 資產報酬率 3.6.3, 13.7, 13A
ROE (Return on Equity) 股東權益報酬率 13A
ROI (Return On Investment) 投資報酬率 3.6.1, 14.3.3
Robinson-Patman Act 美國〈魯賓遜帕特曼法案〉 3.6.2
Routine Decision Making 例行決策 14.2.3
Routing Flexibility 工序彈性 6.3.1
RRP (Resource Requirements Planning) 資源需求規劃 6.3.2
RTA (Regional Trade Agreement) 區域貿易協議 2.5

S 字首

S&OP (Sales and Operations Planning) 營銷規劃 7.7
SaaS (Software as Service) 軟體服務 14.5.2
Safety Stock 安全庫存 8.3.2, 9.2.2
SALIS (Strategic Analysis of Integrated Logistics Systems) 整合運籌系統策略性分析 4.5.1
Scenario Planning 情境規劃 1.4.10
Scheduled Deliveries 排程交貨 1.2.3
SCM (Supply Chain Management) 供應鏈管理 1.2
SCOR (Supply Chain Operation Reference Model) 供應鏈作業參考模型 8.3.1, 13.4
SCIS (Supply Chain Information System) 供應鏈資訊系統 14P
Seasonality 季節性變化 9.2.4
Sell-Side System 賣方系統 5.8
Sensibility Analysis 敏感度分析 4.3.3
Service Failure 服務失效 13.10
Service Recovery 服務補救 8.8
Shanghai Waigaoqiao Free Trade Zone 上海外高橋自由貿易區 4.4.1
Shareholders' Equity 股東權益 13A
Shelving 壁式貨架 10A
Short-Run/Static Analysis 短程靜態分析 3.7.4
Shortline Carriers 短程鐵運商 15.3.2
Simple Moving Average 簡單移動平均法 7.6.1
Simulation 模擬 4.5.1
SKU (Stock Keeping Units) 庫存單位 1.2.3
Slipsheets 滑托板 10A
Slotting 儲位 10.3.2
Small Package Carriers 小包裹貨運商 11.3.1, 13.3.1
Smart Manufacturing 智慧製造 6.3.1, 14.6.2
SOA (Service- Oriented Architecture) 服務導向架構 14.5.3
Sortation 分撿 10.2.1
Spin-Off 分拆 12.2.1
SPM (Strategic Profit Model) 策略獲利模型 13.9

Square-Root Rule 平方根規則 9.6.3
SRM (Supplier Relationship Management) 供應商關係管理 14.4.5
Stockout 缺貨 8.6
Stockout Cost 缺貨成本 9.3.4
Stop-Off 分站卸貨 8.3.1
Storage 儲存 3.4.2
Storage Equipment 儲存裝備 10A
Storage Space Cost 儲存空間成本 9.3.1
Store Fulfillment 店面履行 4.6.3
Strategic Alliance 策略聯盟 12.1.1
Strategic Decision Making 策略性決策 14.2.3
Strategic Sourcing 策略性籌資 5.1, 15.2.5
Stretch-Wrap 彈性包裝 10A
Sub-Optimization 次佳化 1.4.5
Supply Chain Analytics 供應鏈分析 15.3
Supply Chain Security 供應鏈防護 1.4.10
Sustainability 可持續性 15.5
Synergy 綜效 1.4.5
System Convergence 系統聚合 10.6.1

T 字首

Tactical Planning 戰術規劃 14.2.3
Talent Management 人才管理 1.4.11
Tankers 油輪 11.3.4
Tapering Rate Principle 遞減費率原則 4.5.6, 11A
Task Interleaving 任務混編 10.6.1
Ten Principles of Materials Handling 十項物料處理原則 10A
Terms of Sales 銷售條款 11.4.2
TEU (Twenty-foot Equivalent Unit) 標準貨櫃 3P
The Empowered Consumer 消費者主導 1.2.4
Theory of Absolute Advantage 絕對優勢理論 2.2
Theory of Comparative Advantage 相對優勢理論 2.2
The Value-Risk Quadrant Technique 價值風險象限法 5.2
Timeliness 及時性 10.5
Time Utility 時間效用 3.3.2
TL (TruckLoad) 整車貨運 4.6.3, 11.3.1
TLC (Total Landed Cost) 總到岸成本 5.5
TLC (Total Logistics Costs) 全運籌成本 3.4
TMS (Transportation Management System) 運輸管理系統 8.3.1, 11.6, 14P
TOFC (Trailer-On-Flatcar) 平板裝載貨櫃拖車模式 11.3.6
Total Cost 總成本 6.5.1
Total Cycle Time 總循環時間 6.5.2
TPS (Toyota Production System) 豐田生產系統 6.3.1
TQM (Total Quality Management) 全面品質管理 5.3.4
Transload Freight 轉載貨運 11.3.6
Transportation 運輸 3.4.1, 12.2.2
Transportation Effect 運輸效應 3.7.1
Transportation Routing Guide 運輸指引 11.5.1
Transport Equipment 運輸裝備 10A
Transportation Management 運輸管理 1.4.9
Trunk Lines 主幹管 11.3.5
TS (Tracking Signal) 追蹤訊號 7.5
Two-Bin 雙倉 9.5.1

U 字首

UPC (Universal Product Code) 通用產品編碼 10.6.2

Upstream and Downstream Settings 上下游整備成本 5.6.7
Uncertainty 不確定性 9.2.2
Unit Load Formation Equipment 單位負載成型裝備 10A
Unit Train 單元列車 11.3.2
Urbanization 都市化 2.3.1

V 字首

VCA (Value Chain Analysis) 價值鏈分析 1.3
Vertical Collaboration 垂直合作 12.1.3
Vertical Integration 垂直整合 12.1
VISTA 展望五國 2.2
VMI (Vendor Managed Inventory) 供應商管理庫存 4.6.3, 5.1, 7.8, 9.5.4
VMS (Vertical Marketing System) 垂直行銷系統 4.6.2

W 字首

WACC (Weighted Average Cost of Capital) 加權平均資金成本 9.3.1
Weighted Moving Average 加權移動平均法 7.6.2
WIP (Work-In-Process) 在製品 6.3.1, 9.2.3
WMS (Warehouse Management System) 倉庫管理系統 4O, 10.6.1
Working Capital 營運資金 1.4.3
WorkCentre 工作中心生產 6.4.2
Working Capital 營運資金 13A
WTO (World Trade Organization) 世界貿易組織 2.5

X 字首

XML (Extensible Markup Language) 可擴充標記語言 14.5.3

Z 字首

ZEF (Zero Emissions Forum) 零排放論壇 15A
ZERI (Zero Emissions Research Initiative) 零排放研究計畫 15A
Zero Defects 零缺陷 9.5.1
Zero Inventories 零庫存 9.5.1
Zone or Blanket Rates 區域或覆蓋費率 4.5.6